制冷空调国家标准汇编

（中）

中　国　标　准　出　版　社
全国冷冻设备标准化技术委员会　编

中国标准出版社

北　京

图书在版编目(CIP)数据

制冷空调国家标准汇编.中/中国标准出版社,全国冷
冻设备标准化技术委员会编.—北京:中国标准出版社,
2015.5(2016.1重印)
ISBN 978-7-5066-7873-5

Ⅰ.①制… Ⅱ.①中…②全… Ⅲ.①制冷装置-空气
调节器-国家标准-汇编-中国 Ⅳ.①TB657.2-65

中国版本图书馆 CIP 数据核字(2015)第 072538 号

中国标准出版社出版发行
北京市朝阳区和平里西街甲 2 号(100029)
北京市西城区三里河北街 16 号(100045)
网址:www.spc.net.cn
总编室:(010)68533533 发行中心:(010)51780238
读者服务部:(010)68523946
中国标准出版社秦皇岛印刷厂印刷
各地新华书店经销

*

开本 880×1230 1/16 印张 46.25 字数 1 424 千字
2015 年 5 月第一版 2016 年 1 月第二次印刷

*

定价 220.00 元

出　版　说　明

　　制冷空调设备是指在工厂制造的用于创造人类舒适性环境、特定人工环境和工艺流程条件等为目标的温度、湿度、空气流量和空气品质控制调节设备及其辅助装置。制冷空调设备的制造是我国装备制造工业的重要组成部分,它为国民经济各个部门提供技术装备,同时也向科学研究、国防事业、文教卫生等部门提供必需的装备,是我国增强综合国力、发展先进生产力和提高人民物质、文化生活水平的重要保证条件。近年来我国国民经济的高速发展,我国制造的制冷空调产品的数量和质量不断提高,其中家用空调器、商用空调设备、制冷压缩机、电冰箱和冷柜的产量连续多年居世界第一位。随着制冷空调行业的不断努力和新技术的广泛使用,产品的能效水平不断提高,因为开发和应用了更加环保的制冷剂,制冷空调设备对环境的友好程度不断改善。

　　依据国家对高耗能产品提出的节约能源、保护环境和确保安全的要求,最近几年,在制冷空调领域制修订了大量的国家标准,特别对空调的能效水平、安全要求等方面发布了一系列强制性国家标准。为了促进制冷空调行业在设计、制造、安装、改造、维修和检验水平的进一步提高,满足读者对制冷空调设备标准的需求,我们选编了《制冷空调国家标准汇编》。

　　本汇编由全国冷冻设备标准化技术委员会和中国标准出版社共同选遍,汇编分三册出版,内容包括:基础与综合,安全与能效,压缩机、压缩冷凝机组,冷水机组,空气调节,冷暖通风设备,冷冻、冷藏设备,辅助设备与控制元器件,安装设计规范,运输与包装。本册收集了截至 2015 年 3 月底前现行有效的国家标准 32 项。

编　者

2015 年 3 月

目　　录

冷 水 机 组

空 气 调 节

冷暖通风设备

冷水机组

ICS 27.200
J 73

中华人民共和国国家标准

GB/T 10870—2014
代替 GB/T 10870—2001

蒸气压缩循环冷水（热泵）机组
性能试验方法

The methods of performance test for water chilling (heat pump)
packages using the vaper compression cycle

2014-06-24 发布

2014-12-31 实施

中华人民共和国国家质量监督检验检疫总局
中国国家标准化管理委员会 发布

前　言

本标准按照 GB/T 1.1—2009 给出的规则起草。

本标准代替 GB/T 10870—2001《容积式和离心式冷水（热泵）机组性能试验方法》，与 GB/T 10870—2001 相比主要变化如下：

——标准名称改为"蒸气压缩循环冷水（热泵）机组性能试验方法"；

——修改了主要试验和校核试验试验结果的允许偏差的要求；

——删除了水冷冷凝器校核试验方法；

——增加冷水（热泵）机组制热性能系数的评定；

——增加风冷式和蒸发冷却式冷水（热泵）机组制热性能试验要求；

——增加风冷式和蒸发冷却式冷水（热泵）机组空气进口温度测量；

——增加水冷式冷水机组制冷性能测量不确定度分析示例。

本标准由中国机械工业联合会提出。

本标准由全国冷冻空调设备标准化技术委员会（SAC/TC 238）归口。

本标准主要起草单位：合肥通用机械研究院、合肥通用机电产品检测院有限公司、宁波博浪热能科技有限公司、广东芬尼克兹节能设备有限公司、合肥通用环境控制技术有限责任公司。

本标准主要起草人：张秀平、王汝金、昝世超、陈劲康、王凯。

本标准所代替的历次版本发布情况为：

——GB/T 10870—2001。

蒸气压缩循环冷水（热泵）机组性能试验方法

1 范围

本标准规定了由电动机驱动的采用蒸气压缩制冷循环的冷水（热泵）机组的主要性能参数的术语和定义、试验规定、试验方法、试验偏差、总输入功率、性能系数的评定等。

本标准适用于由电动机驱动的采用蒸气压缩制冷循环的冷水（热泵）机组（以下简称"机组"）的性能试验。冷却塔一体机组、盐水机组、乙二醇机组等可参照执行。

2 规范性引用文件

下列文件对于本文件的应用是必不可少的。凡是注日期的引用文件，仅注日期的版本适用于本文件。凡是不注日期的引用文件，其最新版本（包括所有的修改单）适用于本文件。

GB/T 2624.1 用安装在圆形截面管道中的差压装置测量满管流体流量 第1部分：一般原理和要求

GB/T 2624.2 用安装在圆形截面管道中的差压装置测量满管流体流量 第2部分：孔板

GB/T 2624.3 用安装在圆形截面管道中的差压装置测量满管流体流量 第3部分：喷嘴和文丘里喷嘴

GB/T 2624.4 用安装在圆形截面管道中的差压装置测量满管流体流量 第4部分：文丘里管

GB/T 5773—2004 容积式制冷剂压缩机性能试验方法

GB/T 18430.1 蒸气压缩循环冷水（热泵）机组 第1部分：工业或商业用及类似用途的冷水（热泵）机组

GB/T 18430.2 蒸气压缩循环冷水（热泵）机组 第2部分：户用及类似用途的冷水（热泵）机组

GB 50050 工业循环冷却水处理设计规范

JB/T 7249 制冷设备 术语

3 术语和定义

GB/T 5773—2004、GB/T 18430.1、GB/T 18430.2 和 JB/T 7249 界定的以及下列术语和定义适用于本文件。

3.1

总输入功率 gross electric power

在规定的制冷（热）能力试验条件下，机组运行时所消耗的输入功率的总和。

注1：总输入功率包括压缩机电动机、油泵电动机、电加热器和操作控制电路等的输入功率。

注2：对于风冷式机组，总输入功率还包括冷却风机功率；对于蒸发冷却式机组，总输入功率还包括淋水装置水泵功率及冷却风机功率。

3.2

制冷性能系数 coefficient of performance for cooling；COP_C

在规定的制冷能力试验条件下，机组制冷量与制冷总输入功率之比，其值用 W/W 表示。

3.3

制热性能系数 coefficient of performance for heating；COP_H

在规定的制热能力试验条件下，机组制热量与制热总输入功率之比，其值用 W/W 表示。

4 试验规定

4.1 一般规定

4.1.1 排除机组制冷系统内的不凝性气体，并确认没有制冷剂的泄漏。

4.1.2 机组制冷（热）系统内应有足够的制冷剂（按使用说明书的要求），制冷剂为混合工质的应保证其组分及构成，压缩机内应保持正常运转用润滑油量。

4.1.3 试验系统应设置温度计套管和压力表引出接头等。

4.1.4 试验用的测试设备和仪器仪表不应妨碍机组的正常运转和操作。

4.1.5 机组使用侧换热器、热源侧换热器和油冷却器等的水侧应清洗干净。

4.1.6 机组使用的水质应符合 GB 50050 的规定。

4.1.7 风冷式和蒸发冷却式机组的试验环境应充分宽敞，距离机组 0.5 m 处的空气流速不应大于 2 m/s。

4.2 试验要求

4.2.1 水冷式机组性能试验应包括主要试验和校核试验，两者应同时进行测量；风冷式和蒸发冷却式机组进行主要试验时，应采用两套仪表进行同时测量。机组性能试验时，应在对应测点位置处，预留一套测量仪表接口供第三方测试时使用。

校核试验仅适用于水冷式机组，风冷式和蒸发冷却式机组不做校核试验。

4.2.2 水冷式机组的校核试验与主要试验的试验结果之间的允许偏差应不大于式（1）计算值，并以主要试验的测量结果为计算依据。

风冷式和蒸发冷却式机组采用两套仪表同时测量时，两组测量值中水温测量值的偏差不大于 0.1 ℃，水流量测量值的偏差不大于 2%，总输入功率测量值的偏差不大于 2%；两组试验结果之间的允许偏差应不大于式（1）计算值，并以两组试验测量结果的平均值作为计算依据。

$$\sigma = 10.5 - (0.07 \times FL) + \left(\frac{833.3}{DT_{FL} \times FL} \right) \qquad \cdots\cdots\cdots\cdots\cdots(1)$$

式中：

σ —— 试验结果的允许偏差，%；

FL —— 负荷百分数，%；

DT_{FL} —— 使用侧换热器满负荷运行时的进、出水温差，单位为摄氏度（℃）。

4.2.3 测量应在机组试验工况稳定 1 h 后进行。在测量开始前允许压力、温度、流量和液面作微小的调节。测量开始后不允许对机组做任何调节，所有记录的测量数据应满足 GB/T 18430.1 和 GB/T 18430.2 的试验规定。稳态试验时，每 5 min 取一组数据，每一个数据点的采集周期不应超过 10 s，至少采集 7 组数据作为测试报告的原始记录。

4.2.4 风冷式和蒸发冷却式机组制热性能试验要求按附录 A 执行。

4.3 试验方法

4.3.1 机组性能的主要试验方法为液体载冷剂法（见 5.1）。

4.3.2 机组性能的校核试验方法可选取以下一种：

—— 热平衡法（见 5.2）；

——液体制冷剂流量计法(见5.3)。

4.3.3 风冷式和蒸发冷却式机组的空气进口温度测量按附录B执行。

4.4 试验参数

试验时,试验参数按GB/T 18430.1或GB/T 18430.2的规定执行。

4.5 仪器仪表

4.5.1 试验用仪器仪表应经法定计量检验部门检定合格,并在有效期内。

4.5.2 试验用仪器仪表的型式及准确度应按附录C的规定。

4.6 试验数据

4.6.1 一般应记录数据为:
　　——试验日期、地点和人员;
　　——机组型号和出厂编号;
　　——电源电压、频率;
　　——机组总输入功率;
　　——使用侧冷(热)水进、出口温度;
　　——使用侧冷(热)水体积流量;
　　——使用侧进、出口水侧压降;
　　——制冷剂、润滑油及其充注量;
　　——大气压力及环境温度;
　　——使用侧换热器隔热层的说明。

4.6.2 水冷式机组还应记录:
　　——热源侧水进、出口温度;
　　——热源侧水体积流量;
　　——热源侧进、出口水侧压降。

4.6.3 风冷式机组还应记录:
　　——热源侧换热器进风干、湿球温度;
　　——风机转速。

4.6.4 蒸发冷却式机组还应记录:
　　——热源侧换热器进风干、湿球温度;
　　——风机转速;
　　——淋水装置水泵电动机输入功率;
　　——热源侧换热器供水温度;
　　——热源侧换热器供水体积流量。

4.6.5 试验结果应记录:
　　——水冷式机组的主要试验和校核试验的制冷(热)量,风冷式和蒸发冷却式机组的主要试验的制
　　　　冷(热)量;
　　——校核试验和主要试验的试验结果的偏差(适用于水冷式机组),或采用两套仪表试验的试验结
　　　　果的偏差(适用于风冷式或蒸发冷却式机组);
　　——机组总输入功率;
　　——制冷(热)性能系数。

5 试验方法

5.1 液体载冷剂法

5.1.1 试验装置

试验装置如图1所示,在机组使用侧换热器的冷(热)水进(出)口处安装有水量测量装置,进、出口处设置水量调节阀门。

水冷式机组试验时,还应有能提供满足热源侧水温和水流量试验条件的附加装置;风冷式或蒸发冷却式机组试验时,还应有能提供满足热源侧空气环境温湿度试验条件的附加装置。

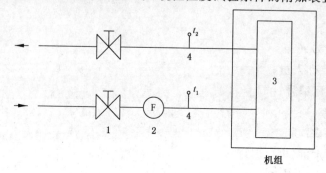

说明:
1——流量调节阀;
2——流量计;
3——使用侧换热器;
4——温度计。

图 1

5.1.2 试验要求

5.1.2.1 使用侧冷(热)水进、出口温度及流量的允许偏差应符合 GB/T 18430.1 或 GB/T 18430.2 的规定。

5.1.2.2 热源侧水进、出口温度或空气进口温度及流量的允许偏差应符合 GB/T 18430.1 或 GB/T 18430.2的规定。

5.1.2.3 电源电压、频率应符合 GB/T 18430.1 或 GB/T 18430.2 的规定。

5.1.3 制冷量和制热量

机组制冷量按式(2)计算:

$$Q_n = C\rho q_v (t_1 - t_2) + Q_{c,r} \qquad\qquad (2)$$

机组制热量按式(3)计算:

$$Q_h = C\rho q_v (t_2 - t_1) + Q_{c,h} \qquad\qquad (3)$$

对于使用侧换热器水侧进行隔热时,式(2)中的 $Q_{c,r}$ 和式(3)中的 $Q_{c,h}$ 可忽略不计;无隔热时,$Q_{c,r}$ 由式(4)确定,$Q_{c,h}$ 由式(5)确定:

$$Q_{c,r} = K_e A_e (t_a - t_{e,m}) \qquad\qquad (4)$$

$$Q_{c,h} = K_e A_e (t_{e,m} - t_a) \qquad\qquad (5)$$

式(2)~式(5)中:

Q_n ——主要试验测量的机组制冷量,单位为瓦(W);

C ——平均温度下水的比热容,单位为焦每千克摄氏度[J/(kg·℃)];

ρ ——平均温度下水的密度,单位为千克每立方米(kg/m³);

q_v ——使用侧冷(热)水体积流量,单位为立方米每秒(m³/s);

t_1 ——使用侧冷(热)水进口温度,单位为摄氏度(℃);

t_2 ——使用侧冷(热)水出口温度,单位为摄氏度(℃);

$Q_{c,r}$ ——环境空气传入使用侧换热器水侧的热量修正项,单位为瓦(W);

Q_h ——主要试验测量的机组制热量,单位为瓦(W);

$Q_{c,h}$ ——使用侧换热器水侧向环境空气放出的热量修正项,单位为瓦(W);

K_e ——使用侧换热器外表面与环境空气之间的传热系数,单位为瓦每平方米摄氏度
[W/(m²·℃)][可取 $K=20$ W/(m²·℃)];

A_e ——使用侧换热器水侧的外表面面积,单位为平方米(m²);

t_a ——环境空气温度,单位为摄氏度(℃);

$t_{e,m}$ ——使用侧换热器冷(热)水进、出口温度的平均值,单位为摄氏度(℃)。

5.2 热平衡法

5.2.1 试验装置

试验装置如图2所示,在机组热源侧换热器(以及油冷却器和压缩机气(缸冷却水路等)的进水口处安装有水量测量装置,进、出水口处设置水量调节阀门。

试验时,该装置应与采用液体载冷剂法的试验装置配合使用。

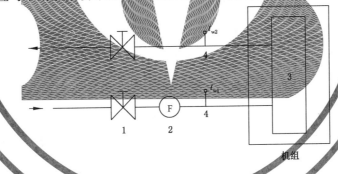

说明:

1——流量调节阀;

2——流量计;

3——热源侧换热器;

4——温度计。

图 2

5.2.2 试验要求

5.2.2.1 热源侧水流量测量值的允许偏差应符合 GB/T 18430.1 或 GB/T 18430.2 的规定。

5.2.2.2 电源电压、频率和压缩机转速应符合 GB/T 18430.1 或 GB/T 18430.2 的规定。

5.2.3 制冷量和制热量

机组制冷量按式(6)计算:

$$Q_{n,f} = C\rho q_{vw}(t_{w2} - t_{w1}) + Q_{I,r} + Q_{II} - P - Q_{r,r} \quad\quad\cdots\cdots\cdots\cdots\cdots(6)$$

其中：

$$Q_{II} = K_f A_f(t_r - t_a) \quad\quad\cdots\cdots\cdots\cdots\cdots(7)$$

机组制热量按式(8)计算：

$$Q_{h,f} = C\rho q_{vw}(t_{w1} - t_{w2}) - Q_{I,h} - Q_{II} + P + Q_{r,h} \quad\quad\cdots\cdots\cdots\cdots\cdots(8)$$

对使用侧换热器制冷剂侧进行隔热时，式(6)中的 $Q_{r,r}$ 和式(8)中的 $Q_{I,h}$ 可忽略不计；无隔热时，$Q_{r,r}$ 由式(9)确定，$Q'_{I,h}$ 由式(10)确定：

$$Q_{r,r} = K_e A_e(t_a - t_{r,m}) \quad\quad\cdots\cdots\cdots\cdots\cdots(9)$$

$$Q'_{I,h} = K_e A_e(t_{r,m} - t_a) \quad\quad\cdots\cdots\cdots\cdots\cdots(10)$$

对热源侧换热器制冷剂侧，式(6)中的 $Q'_{I,r}$ 由式(11)确定，式(8)中的 $Q_{r,h}$ 由式(12)确定：

$$Q'_{I,r} = K_h A_h(t_{h,m} - t_a) \quad\quad\cdots\cdots\cdots\cdots\cdots(11)$$

$$Q_{r,h} = K_h A_h(t_a - t_{h,m}) \quad\quad\cdots\cdots\cdots\cdots\cdots(12)$$

热源侧换热器制冷剂侧无隔热时，取 $K_h = 7$ W/(m²·℃)；对热源侧换热器进行隔热时，K_h 由式(13)确定：

$$\frac{1}{K_h} = \frac{1}{\alpha_h} + \frac{\delta_h}{\lambda_h} \quad\quad\cdots\cdots\cdots\cdots\cdots(13)$$

辅助设备无隔热时，取 $K_f = 7$ W/(m²·℃)；对辅助设备进行隔热时，K_f 由式(14)确定：

$$\frac{1}{K_f} = \frac{1}{\alpha_f} + \frac{\delta_f}{\lambda_f} \quad\quad\cdots\cdots\cdots\cdots\cdots(14)$$

式(6)～式(14)中：

$Q_{n,f}$ ——校核试验测量的机组制冷量，单位为瓦(W)；

C ——平均温度下水的比热容，单位为焦每千克摄氏度[J/(kg·℃)]；

ρ ——平均温度下水的密度，单位为千克每立方米(kg/m³)；

q_{vw} ——热源侧水体积流量，单位为立方米每秒(m³/s)；

t_{w1} ——热源侧水进口温度，单位为摄氏度(℃)；

t_{w2} ——热源侧水出口温度，单位为摄氏度(℃)；

$Q_{I,r}$ ——热源侧换热器制冷剂侧向环境空气放出的热量修正项，单位为瓦(W)；

Q_{II} ——压缩机至冷凝器段的油分离器、油冷却器等辅助设备向环境空气放出(吸收)的总热量，单位为瓦(W)；

P ——水冷式机组的压缩机电动机、油泵电动机、电加热器等的输入功率，单位为瓦(W)；

$Q_{r,r}$ ——环境空气传入使用侧换热器制冷剂侧的热量修正项，单位为瓦(W)；

K_f ——上述辅助设备外表面与环境空气间的传热系数，单位为瓦每平方米摄氏度[W/(m²·℃)]；

A_f ——上述辅助设备外表面积，单位为平方米(m²)；

t_r ——上述辅助设备外表面的平均温度，单位为摄氏度(℃)；

t_a ——环境空气温度，单位为摄氏度(℃)；

$Q_{h,f}$ ——(水冷式热泵机组)校核试验测量的机组制热量，单位为瓦(W)；

$Q_{I,h}$ ——使用侧换热器制冷剂侧向环境空气放出的热量修正项，单位为瓦(W)；

$Q_{r,h}$ ——环境空气传入热源侧换热器制冷剂侧的热量修正项，单位为瓦(W)；

K_e ——使用侧换热器外表面与环境空气之间的传热系数，单位为瓦每平方米摄氏度[W/(m²·℃)][可取 $K = 20$ W/(m²·℃)]；

A_e ——使用侧换热器水侧的外表面面积，单位为平方米(m²)；

$t_{r,m}$ ——使用侧换热器的制冷剂侧外表面的平均温度(即制冷剂饱和温度)，单位为摄氏度(℃)；

K_h ——热源侧换热器外表面与环境空气之间的传热系数,单位为瓦每平方米摄氏度
[W/(m² · ℃)];

A_h ——热源侧换热器外表面积,单位为平方米(m²);

$t_{h,m}$ ——热源侧换热器的制冷剂侧外表面的平均温度(即制冷剂饱和温度),单位为摄氏度(℃);

α_h ——热源侧换热器外表面传热系数,单位为瓦每平方米摄氏度[W/(m² · ℃)];

δ_h ——热源侧换热器外表面隔热材料厚度,单位为米(m);

λ_h ——热源侧换热器外表面隔热材料导热系数,单位为瓦每平方米摄氏度[W/(m² · ℃)];

α_f ——辅助设备表面传热系数,单位为瓦每平方米摄氏度[W/(m² · ℃)];

δ_f ——辅助设备表面隔热材料厚度,单位为米(m);

λ_f ——辅助设备表面隔热材料导热系数,单位为瓦每平方米摄氏度[W/(m² · ℃)]。

5.3 液体制冷剂流量计法

5.3.1 试验装置

试验装置如图3所示。为测定机组循环中的制冷剂液体流量,可使用记录式、积算式或指示式流量计。流量计安装在贮液器或冷凝器(无贮液器时)出液阀与节流阀之间的液体管道中。为观察制冷剂液体中是否含有气泡,在紧接流量计后面安装一个玻璃窥镜。

流量计还应配置一旁通管道,其中旁通管道上的截止阀和管路的阻力应和流量计的阻力大约相等。除了测量流量的时间以外,旁通管道应是畅通的。

试验时,还应提供为测量含油量而抽取制冷剂-润滑油混合物样品的设备,并应与液体载冷剂法试验装置配合使用。

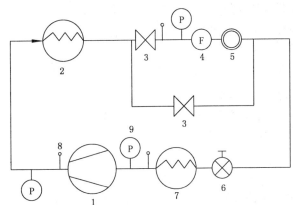

说明:

1——压缩机;

2——冷凝器;

3——截止阀;

4——液体制冷剂流量计;

5——玻璃窥镜;

6——节流阀;

7——蒸发器;

8——温度计;

9——压力表。

图 3

5.3.2 试验要求

5.3.2.1 为防止制冷剂在流量计中气化,进入流量计的制冷剂温度应至少比流量计出口压力对应的温度过冷 3 ℃,因而试验时还应记录以下附加数据:

——流量计进口制冷剂液体温度;

——流量计出口压力对应制冷剂饱和温度。

5.3.2.2 试验时,液体制冷剂容积流量的波动引起机组制冷量的变化应不大于1%。

5.3.2.3 流量计应定期校正,校正液体的黏度为使用制冷剂黏度的 0.5 倍～2 倍。校正时的流量用流量计刻度范围内的最小、中间、最大值等,至少进行 3 个点。

5.3.3 制冷量和制热量

机组制冷量按式(15)计算:

$$Q_{n,f} = \omega M (h_2 - h_1) \qquad\qquad (15)$$

机组制热量按式(16)计算:

$$Q_{h,f} = \omega M (h_1 - h_2) \qquad\qquad (16)$$

式(15)～式(16)中:

$Q_{n,f}$——校核试验测量的机组制冷量,单位为瓦(W);

$Q_{h,f}$——(水冷式热泵机组)校核试验测量的机组制热量,单位为瓦(W);

ω ——制冷剂和润滑油的混合液中制冷剂与混合液的质量比(油循环率为 $1-\omega$);

M ——用制冷剂流量计测得的制冷剂和润滑油混合物液体质量流量,单位为千克每秒(kg/s);

h_1 ——使用侧换热器进口制冷剂比焓,单位为焦每千克(J/kg);

h_2 ——使用侧换热器出口制冷剂比焓,单位为焦每千克(J/kg)。

5.3.4 含油量的测定

制冷剂-润滑油混合物液体含油量的测定按 GB/T 5773—2004 中附录 A 的规定。

注:GB/T 5773—2004 已发布了第 1 号修改单。

6 试验偏差

水冷式机组校核试验和主要试验的试验结果的偏差由式(17)或式(18)计算。

$$\Delta_R = \frac{|Q_n - Q_{n,f}|}{Q_n} \times 100\% \qquad\qquad (17)$$

$$\Delta_H = \frac{|Q_h - Q_{h,f}|}{Q_h} \times 100\% \qquad\qquad (18)$$

风冷式或蒸发冷却式机组采用两套测试仪表试验的试验结果的偏差由式(19)或式(20)计算。

$$\Delta'_R = \frac{2|Q_{n1} - Q_{n2}|}{Q_{n1} + Q_{n2}} \times 100\% \qquad\qquad (19)$$

$$\Delta'_H = \frac{2|Q_{h1} - Q_{h2}|}{Q_{h1} + Q_{h2}} \times 100\% \qquad\qquad (20)$$

式(17)～式(20)中:

Δ_R ——(水冷式)机组校核试验和主要试验的制冷试验结果的偏差,%;

Δ_H ——(水冷式)机组校核试验和主要试验的制热试验结果的偏差,%;

Δ'_R ——(风冷式或蒸发冷却式)机组采用两套测试仪表试验的制冷试验结果的偏差,%;

Δ'_H ——（风冷式或蒸发冷却式）机组采用两套测试仪表试验的制热试验结果的偏差，%；

Q_n ——主要试验测量的机组制冷量，单位为瓦（W）；

Q_h ——主要试验测量的机组制热量，单位为瓦（W）；

$Q_{n,f}$ ——校核试验测量的机组制冷量，单位为瓦（W）；

$Q_{h,f}$ ——（水冷式热泵机组）校核试验测量的机组制热量，单位为瓦（W）；

Q_{n1} ——（风冷式或蒸发冷却式）采用一套测试仪表试验测量的机组制冷量，单位为瓦（W）；

Q_{n2} ——（风冷式或蒸发冷却式）采用另一套测试仪表试验测量的机组制冷量，单位为瓦（W）；

Q_{h1} ——（风冷式或蒸发冷却式）采用一套测试仪表试验测量的机组制热量，单位为瓦（W）；

Q_{h2} ——（风冷式或蒸发冷却式）采用另一套测试仪表试验测量的机组制热量，单位为瓦（W）。

7 总输入功率

机组压缩机、油泵、风机和淋水装置水泵电动机等输入功率的测量和计算按附录 D 的规定。

8 性能系数的评定

水冷式机组制冷性能系数由式(21)确定：

$$COP_{C,w} = \frac{Q_n}{N_n} \qquad\qquad (21)$$

风冷式或蒸发冷却式机组制冷性能系数由式(22)确定：

$$COP_{C,A} = \frac{Q_{n1} + Q_{n2}}{N_{n1} + N_{n2}} \qquad\qquad (22)$$

水冷式机组制热性能系数由式(23)确定：

$$COP_{H,w} = \frac{Q_h}{N_h} \qquad\qquad (23)$$

风冷式或蒸发冷却式机组制热性能系数由式(24)确定：

$$COP_{H,A} = \frac{Q_{h1} + Q_{h2}}{N_{h1} + N_{h2}} \qquad\qquad (24)$$

式(21)~式(24)中：

$COP_{C,w}$ ——（水冷式）机组制冷性能系数，W/W；

$COP_{C,A}$ ——（风冷式或蒸发冷却式）机组制冷性能系数，W/W；

$COP_{H,w}$ ——（水冷式）机组制冷性能系数，W/W；

$COP_{H,A}$ ——（风冷式或蒸发冷却式）机组制热性能系数，W/W；

Q_n ——主要试验测量的机组制冷量，单位为瓦（W）；

Q_h ——主要试验测量的机组制热量，单位为瓦（W）；

Q_{n1} ——（风冷式或蒸发冷却式）采用一套测试仪表试验测量的机组制冷量，单位为瓦（W）；

Q_{n2} ——（风冷式或蒸发冷却式）采用另一套测试仪表试验测量的机组制冷量，单位为瓦（W）；

Q_{h1} ——（风冷式或蒸发冷却式）采用一套测试仪表试验测量的机组制热量，单位为瓦（W）；

Q_{h2} ——（风冷式或蒸发冷却式）采用另一套测试仪表试验测量的机组制热量，单位为瓦（W）。

N_n ——（水冷式）主要试验测量的机组制冷总输入功率，单位为瓦（W）；

N_h ——（水冷式）主要试验测量的机组制热总输入功率，单位为瓦（W）；

N_{n1} ——（风冷式或蒸发冷却式）采用一套测试仪表试验测量的机组制冷总输入功率，单位为瓦
（W）；

N_{n2} ——(风冷式或蒸发冷却式)采用另一套测试仪表试验测量的机组制冷总输入功率,单位为瓦(W);

N_{h1} ——(风冷式或蒸发冷却式)采用一套测试仪表试验测量的机组制热总输入功率,单位为瓦(W);

N_{h2} ——(风冷式或蒸发冷却式)采用另一套测试仪表试验测量的机组制热总输入功率,单位为瓦(W)。

9 性能不确定度分析示例

水冷式机组制冷性能测量不确定度分析示例参见附录 E。

附　录　A

（规范性附录）

风冷式和蒸发冷却式冷水（热泵）机组制热性能试验要求

A.1　试验过程

A.1.1　预处理阶段

A.1.1.1　当试验满足 GB/T 18430.1 或 GB/T 18430.2 规定的试验工况参数的读数允差时，试验进入预处理阶段并持续运行至少 10 min。

A.1.1.2　如果在预处理阶段结束前进行了一个除霜循环，则试验需要在除霜结束后，应在满足 GB/T 18430.1 或 GB/T 18430.2 规定的试验工况参数的读数允差的条件下再持续制热运行超过 10 min。

A.1.1.3　可用自动除霜或手动除霜方式以结束预处理阶段。

A.1.2　平衡阶段

A.1.2.1　预处理阶段结束后为平衡阶段。

A.1.2.2　平衡阶段持续时间应不少于 1 h。

A.1.2.3　在平衡阶段，试验应满足表 A.1 规定的试验工况参数的读数允差。

A.1.3　数据采集阶段

A.1.3.1　平衡阶段结束后立即进入数据采集阶段。

A.1.3.2　按第 4 章的要求采集所需的数据，并计算热泵机组制热量。

A.1.3.3　应采用一个积分式的电功率计或试验系统测量热泵机组的耗电量。

A.1.3.4　应在数据采集阶段的前 35 min 内计算机组使用侧进、出水的平均温差变化率 $\Delta T_i(\tau)$。数据采集期间每 5 min 取值一次，其中第一个 5 min 的进、出水温度偏差 $[\Delta T_i(\tau=0)]$ 应记录保存以计算温差变化率。温差变化率根据式（A.1）计算：

$$\%\Delta T = \frac{\Delta T_i(\tau=0) - \Delta T_i(\tau)}{\Delta T_i(\tau=0)} \times 100 \qquad\cdots\cdots\cdots\cdots\cdots\cdots(A.1)$$

式中：

$\%\Delta T$　　　——机组使用侧进、出水温度变化百分率；

$\Delta T_i(\tau=0)$　——第 1 个 5 min 时间段的进、出水温度偏差，单位为摄氏度（℃）；

$\Delta T_i(\tau)$　　——第（$\tau+1$）个 5 min 时间段的进、出水的温度偏差，单位为摄氏度（℃）。

A.2　稳态和非稳态试验的判定

A.2.1　试验情形 1：以一个除霜循环结束预处理阶段

A.2.1.1　若在平衡阶段中，机组进行了除霜，则此次制热量试验应确认为一个非稳态试验；反之，若机组在平衡阶段没有除霜，则在数据采集阶段前 35 min 内，对 $\%\Delta T$ 值或机组是否除霜进行判断，若期间 $\%\Delta T$ 超过了 2.5% 或机组进入除霜循环，则此次制热量试验应确认为一个非稳态试验（见 A.3）。

A.2.1.2 在数据采集阶段的前 35 min，如果 A.2.1.1 提到的情形没有出现，同时试验满足 GB/T 18430.1或 GB/T 18430.2 规定的试验工况参数的读数允差，则此次制热量试验确认为一个稳态试验。稳态测试的数据采集周期为 35 min。

A.2.2 试验情形 2：未能以一个除霜循环结束预处理阶段

A.2.2.1 在平衡阶段或在数据采集阶段的前 35 min，如果机组开始除霜，机组制热量试验应该重新进行，试验按 A.2.2.3 的规定执行。

A.2.2.2 在数据采集阶段的前 35 min 内，如果 %ΔT 超过 2.5%，机组制热量试验应重新开始。在重新试验前，应完成一个除霜循环。该除霜过程可以手动触发，也可以等至热泵机组自动触发。

A.2.2.3 若符合 A.2.2.1 或 A.2.2.2 的要求时，机组应在除霜结束后运行 10 min，之后重新开始一个持续 1 h 的平衡阶段。本阶段试验应尝试满足 A.1.2、A.1.3 和 A.2.1 的试验要求。

A.2.2.4 如果在试验平衡阶段和数据采集的前 35 min，没有出现 A.2.2.1 或 A.2.2.2 所描述的情形，同时试验满足 GB/T 18430.1 或 GB/T 18430.2 规定的试验工况参数的读数允差，则该次制热性能试验确认为一个稳态试验。稳态试验的数据采集周期为 35 min。

A.3 非稳态试验的要求

A.3.1 根据 A.2.1.1，确定机组制热量试验为非稳态过程时，按 A.3.2 和 A.3.3 的规定执行。

A.3.2 一个有效的机组非稳态过程制热量试验，在试验的平衡阶段和数据采集阶段，都应满足表 A.1 规定的试验工况参数的读数允差。

A.3.3 数据采集阶段应该延长至 3 h（或热泵机组完成 3 个除霜循环，取其短者）。如果在 3 h 内，机组进行了一个除霜循环，必须等循环完成后方可结束数据采集。一个完整的循环应该包括一个制热过程和一个除霜过程（从一个除霜结束到另一个除霜结束）。

注：连续的循环应该是可重复的，有相同的结霜和除霜间隔，以利于计算积分式的制热量和耗功。

表 A.1 非稳态试验工况参数的读数允差

读 数	与测试工况的平均变动幅度		与测试工况的最大变动幅度	
	间隔 H[a]	间隔 D[b]	间隔 H[a]	间隔 D[b]
出水温度 ℃	±0.5	—	±0.5 ℃	—
水流量 m³/(h·kW)	±5%			
室外进风温度 ℃ 干球	±1.0	±1.5	±1.0	±5.0
湿球	±0.6	±1.0	±0.6	—
电压 V	—	—	±2%	±2%
静压 Pa	—	—	±5	—
[a] 适用于热泵的制热模式，除了除霜过程和除霜结束之后的前 10 min。				
[b] 适用于热泵除霜过程和除霜结束之后的前 10 min。				

A.4 制热量试验结果

A.4.1 稳态制热量计算

A.4.1.1 用数据采集阶段 35 min 所记录的制热量的平均值作为平均制热量。

A.4.1.2 用数据采集阶段 35 min 所记录的输入功率的平均值或 35 min 所记录的积分的输入功率作为平均输入功率。

A.4.2 非稳态制热量计算

A.4.2.1 对于在数据采集期间,如果包含一个或多个完整循环,机组平均制热量应由积分的制热量和数据采集期间所包含的所有时间来确定,平均输入电功率应由积分的输入功率和数据采集期间与测量制热量相同的时间来确定。

注:一个完整的循环包含一个热泵制热过程和从除霜终止到下一次除霜终止的除霜过程。

A.4.2.2 对于在数据采集期间,没有发生完整循环的,机组平均制热量应由积分的制热量和数据采集期间的发生时间来确定,平均输入电功率应由积分的输入功率和数据采集期间与测量制热量相同的时间来确定。

A.5 除霜期间制热性能试验过程示例图

A.5.1 所有示例都含有一个用除霜循环来结束预处理阶段的情况。非稳态试验的数据采集周期需持续 3 h 或 3 个完整循环。

A.5.2 除霜期间制热性能试验过程示例图见图 A.1～图 A.6。

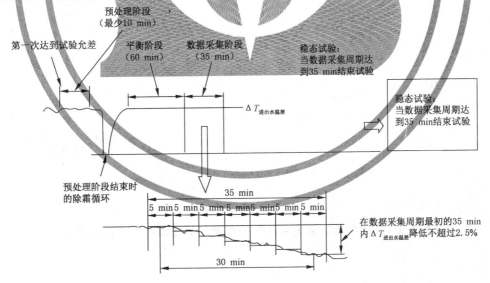

图 A.1 稳态制热性能试验

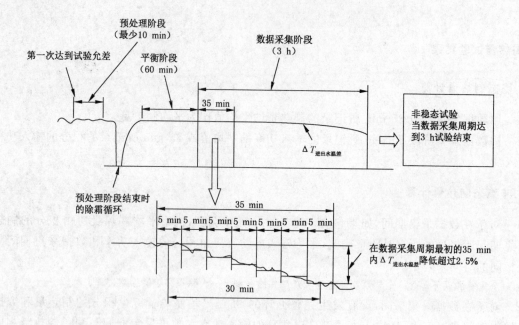

图 A.2　无除霜循环的非稳态制热性能试验

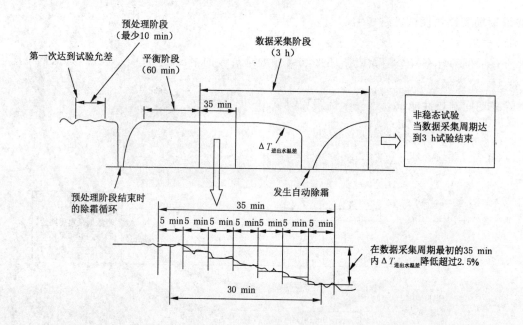

图 A.3　在数据采集期间有一个除霜循环的非稳态制热性能试验

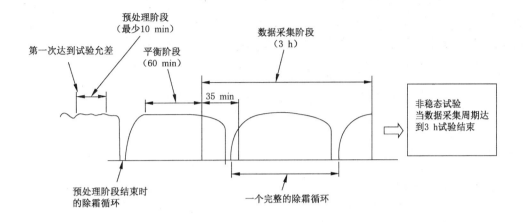

图 A.4   在数据采集期间有一个完整除霜循环的非稳态制热性能试验

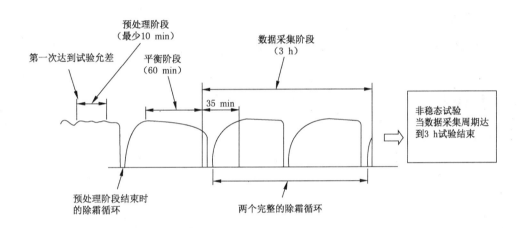

图 A.5   在数据采集期间有两个完整除霜循环的非稳态制热性能试验

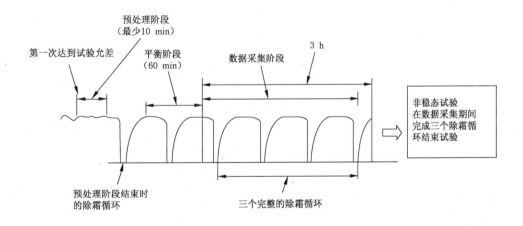

图 A.6   在数据采集期间完成三个完整循环的非稳态制热性能试验

附 录 B

（规范性附录）

风冷式和蒸发冷却式冷水（热泵）机组空气进口温度测量

B.1 概述

本附录规定了风冷式和蒸发冷却式冷水（热泵）机组的空气进口温度的测量方法，同时规定了该类机组试验时，机组空气进口温度分布要求。

B.2 定义

B.2.1 空气取样器

空气取样器是一种空气取样管组件，这种组件通过取样管提取空气，来提供进入风冷换热盘管的均匀空气样品。

B.2.2 温湿度测定盒

温湿度测定盒是一种与空气取样器连接，用于安装测量空气温度和湿度的探头的设备。

B.3 一般要求

B.3.1 温度测量仪表及准确度应符合附录 C 的要求。

B.3.2 测试房间和测试装置应合理设计和运行，以保证气流分布的足够均匀及空气的充分混合。

B.3.3 测试环境应避免机组风冷换热器盘管排风的再循环，可使用如下方法检验换热器排风是否循环回换热器盘管：在机组排风口周围均匀安装多个单个读数热电偶（每个取样位置至少布置 1 个），所安装热电偶位于风冷换热盘管风机排气口平面的下方且刚好超过风冷换热器盘管的顶端。这些热电偶的温度与温湿度测定盒处测取的温度之差应不大于 2.8 ℃。

B.3.4 测试装置在进行测量前应仔细检查和校正。试验时，机组进口空气温度分布要求应满足表 B.1 规定。

表 B.1 机组空气进口温度分布要求

项　　目	变化范围 ℃
平均空气干球温度与任何单个温湿度测定盒处的空气干球温度之间的偏差	±1.00（制冷量≤700 kW）
	±1.50（制冷量＞700 kW）
用空气取样器热电偶组测量平均值和对应的温湿度测定盒处的空气干球温度之间的之差	±0.80
平均湿球温度与任何单个温湿度测定盒处的空气湿球温度之间的偏差	±0.50

B.4 空气取样器要求

B.4.1 空气取样器用于抽取一份进入风冷换热器盘管的气流均匀样品。典型空气取样器结构见图 B.1。一般用不锈钢、塑料或其他合适的耐久材料制成，其支管应带有适当间隔的孔，其尺寸应在远离干管时通过增加孔尺寸来保证在所有孔中提供相同的气流，从而维持支管和干管中的静压恢复效应。通过取样器孔的平均最小速度应为 0.75 m/s。该取样器组件应有一个管状接口，用于取样风管连接到取样器和温湿度测定盒上。

单位为毫米

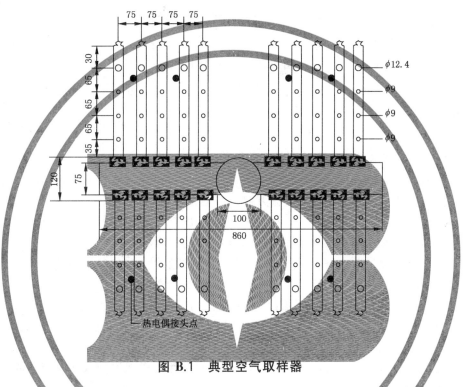

图 B.1 典型空气取样器

B.4.2 取样器还应配有一套热电偶组用于测量取样器上气流的平均温度。热电偶组在每个取样器上应至少有 8 个测点，这些测点均匀间隔分布在取样器上。较小的机组若只带有两个取样器，可以接受单独测量 8 个热电偶点，作为空间分层的确定依据。

B.5 温湿度测定盒要求

温湿度测定盒由一个过流段和抽吸空气通过该过流段的一台风机组成。过流段应配有两个干球温度探头接口，其中一个用于设备干球温度的测量，另一个通过使用附加的温度传感器探头对干球温度测量进行确认。过流段还应配有两个湿球温度探头接口，其中一个用于设备湿球温度的测量，另一个用来通过附加的湿球传感器探头对湿球温度测量进行确认。温湿度测定盒应包括一台可手动或自动调节的风机以保持穿过传感器的空气平均速度。温湿度测定盒的典型配置见图 B.2。

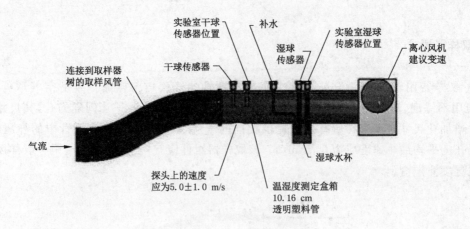

图 B.2 温湿度测定盒

B.6 试验装置

B.6.1 试验装置中,空气取样器的位置设置应满足下列条件:

    a) 机组进风口的上流;

    b) 空气取样器取样管的孔应对着气流方向;

    c) 空气取样器应设置在距机组 500 mm 处,且放置在进风面换热器中心高度;

    d) 空气取样器的风管应不接触地坪,以免妨碍空气的流通;

    e) 机组迎风面长度方向上每隔 1.5 m 对应中心位置处放置一个空气取样器。

B.6.2 在任何情况下应使用至少两个空气取样器以便评估空气温度的均匀性。

B.6.3 冷水机组的每侧应使用至少一只温湿度测定盒(对于有三侧的机组,可使用两只取样器共用一个温湿度测定盒,但对第三侧将需要一个单独的温湿度测定盒)。对于空气进入机组的侧边和底部的机组,应使用附加的空气取样器,附加空气取样器的位置设置应满足上述要求。

B.6.4 一个温湿度测定盒最多连接 4 个空气取样器。应使用经过保温的取样风管将取样器连接到温湿度测定盒,以防止热量传给气流。

B.6.5 空气取样器和温湿度测定盒的典型配置见图 B.3。

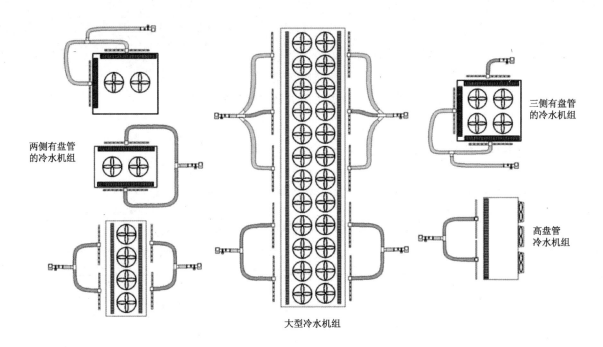

两侧有盘管
的冷水机组

三侧有盘管
的冷水机组

高盘管
冷水机组

大型冷水机组

图 B.3　典型试验装置配置

附 录 C

（规范性附录）

试验用仪器仪表的型式及准确度的规定

C.1 试验用仪器仪表的型式及准确度

试验用仪器仪表的型式及准确度按表 C.1 的规定。

表 C.1 试验用仪器仪表的型式及准确度

类别	型式	准确度
温度测量仪表	水银玻璃温度计、电阻温度计	制冷剂温度：±0.1 ℃ 水温及水温温差：±0.1 ℃ 空气温度：±0.1 ℃
	热电偶	热电偶温度：±0.5 ℃
制冷剂压力测量仪表	压力表、变送器	测量压力：±2.0%
空气压力测量仪表	气压表、气压变送器	静压差：±2.45 Pa
流量测量仪表	记录式、指示式、积算式	测量流量：±1.0%
电量测量仪表	功率表(指示式、积算式)、数字功率计、电流表、电压表、功率因素表、频率表、互感器	功率表：指示式不低于 0.5 级精度，积算式不低于 1 级精度 数字功率计：± 0.2% 量程 电流表、电压表、功率因素表、频率表：不低于 0.5 级精度 互感器：不低于 0.2 级精度
功率测量仪表	转矩转速仪、天平式测功计、标准电动机和其他测功仪表	测定轴功率的±1.5%
转速测量仪表	机械式、电子式	测定转速的±1.0%
时间测量仪表	秒表	测定经过时间的±0.2%
质量测量仪表	各类台秤、磅秤等	测定质量的±1.0%

C.2 测量规定

C.2.1 温度测量

C.2.1.1 温度计套管采用薄壁钢管或不锈钢薄壁管，垂直插入流体（温度计套管的尺寸不使气流受到明显影响），管径较小时可逆流向斜插或用测温管，插入深度为二分之一管道直径。套管内注润滑油或其他导热介质，读数时不应拔出温度计。

C.2.1.2 可能时，在用于测量水和制冷剂进、出口温差时，应在每次读数之后，交换进、出口温度计进行测量，以提高测量准确度。

C.2.1.3 空气进口温度的测量按附录 B 的规定。

C.2.2　压力测量

用水银大气压力计测量大气压时，读数应作温度修正。

C.2.3　流量测量

C.2.3.1 流量节流装置的设计、制造、安装和计算应按 GB/T 2624.1～2624.4 的规定。

C.2.3.2 流量节流装置的压差读数应不小于 250 mm 液柱高度。

C.2.4　电气测量

功率表测量值应在满量程的三分之一以上（采用"两功率表"法测量时，其中一个功率表的测量值可以小于满量程的 1/3）。用"两功率表"法或"三功率表"法测量三相交流电动机功率时，指示的电流和电压值应不低于功率表额定电压和电流值的 60%。

对于数字功率计：如果使用电流互感器，电流的实际显示值应不低于互感器量程的 20%。

附 录 D

（规范性附录）

压缩机、油泵、风机和淋水装置水泵输入功率的测量和计算

D.1 适用范围

本附录适用于机组压缩机、油泵、风机和淋水装置水泵电动机输入功率和压缩机、油泵、风机和淋水装置水泵轴输入功率的测量和计算。

D.2 电动机输入功率

压缩机、油泵、风机和淋水装置水泵电动机输入功率应在电动机输入线端测量。测量三相交流电动机输入功率采用"两功率表"法或"三功率表"法。测量仪表和精度按附录 C 的规定。

电动机输入功率由式（D.1）计算。

$$N = \sum P_i \qquad\qquad \cdots\cdots\cdots\cdots\cdots(D.1)$$

式中：

N ——电动机输入功率，单位为瓦（W）；

P_i——每个电动机的功率表测得的功率，单位为瓦（W）。

D.3 轴输入功率

D.3.1 压缩机、油泵、风机和淋水装置水泵轴输入功率的测量和计算应采用 D.3.2～D.3.4 中的任一种方法。

D.3.2 直接法。采用转矩转速仪直接测得轴的输入扭矩和转速。

D.3.3 标准电动机法。根据测得的输入电流、电压、输入功率查电动机实测效率曲线，求得轴功率。

D.3.4 天平式测功计法。轴功率由式（D.2）计算：

$$N_z = \frac{GIn_1}{974} \qquad\qquad \cdots\cdots\cdots\cdots\cdots(D.2)$$

式中：

N_z ——轴输入功率，单位为瓦（W）；

G ——放在电动机定子外壳固定横杆上，用以平衡压缩机（或油泵、风机、淋水装置水泵）制动力矩的砝码质量，单位为千克（kg）；

I ——砝码至电动机转子中心距离，单位为米（m）；

n_1 ——压缩机（或油泵、风机、淋水装置水泵）实际转速，单位为转每分（r/min）。

D.3.5 对于有皮带或外部齿轮传动时，D.3.2～D.3.4 测得的功率，还应乘上传动效率。其中：直联传动的传动效率为 1.0；精密齿轮传动的传动效率为每级 0.985；三角皮带传动的传动效率为 0.965。

D.4 功率修正

必要时，开启式压缩机轴功率采用轴转速修正，封闭式压缩机输入功率采用电网频率修正。修正值按式（D.3）计算：

$$N_c = N_z \frac{n}{n_1} \text{ 或 } N_c = N \frac{f}{f_1} \qquad \cdots\cdots\cdots\cdots\cdots (D.3)$$

式中：

N_c ——经转速修正的轴功率或频率修正的输入功率，单位为瓦（W）；

N_z ——轴输入功率，单位为瓦（W）；

N ——电动机输入功率，单位为瓦（W）；

n_1 ——压缩机（或油泵、风机、淋水装置水泵）实际转速，单位为转每分（r/min）；

n ——压缩机名义转速，单位为转每分（r/min）；

f ——电源名义频率，单位为赫兹（Hz）；

f_1 ——电源实际频率，单位为赫兹（Hz）。

附 录 E

（资料性附录）

水冷式冷水机组制冷性能测量不确定度分析示例

以下给出水冷式冷水机组制冷性能测量的不确定度分析的示例。

E.1 测量原理和数学模型

E.1.1 概述

本算例中，水冷式冷水机组的主要试验采用液体载冷剂法，校核试验采用热平衡法。其测量原理见第 5 章。忽略使用侧或热源侧换热器及压缩机至冷凝器段的辅助设备与环境空气的传递热量的影响。

本算例水冷式冷水机组名义制冷量为 300 kW，名义制冷消耗总功率为 60 kW。

E.1.2 主要试验测量的机组制冷量

根据规定，主要试验采用液体载冷剂法测量的机组制冷量的计算式如下：

$$Q_{ne} = C_e \rho_e q_{ve}(t_{1e} - t_{2e}) \quad\quad\quad\cdots\cdots\cdots\cdots\cdots\cdots（E.1）$$

测试过程中冷水的温度变化很小，可视 C_e 和 ρ_e 为常数。影响机组制冷量的直接测量为 q_{ve}、t_{1e} 和 t_{2e}。

根据测量不确定度合成原理，主要试验测量的机组制冷量的扩展不确定度为：

$$U(Q_{ne}) = k\sqrt{u_1^2 + (c_2 u_2)^2 + (c_3 u_3)^2 + (c_4 u_4)^2} \quad\quad\cdots\cdots\cdots\cdots\cdots\cdots（E.2）$$

其中：

$$c_2 = \frac{\partial Q_{ne}}{\partial q_{vo}} = C_e \rho_e(t_{1e} - t_{2e}) \quad\quad\quad\cdots\cdots\cdots\cdots\cdots\cdots（E.3）$$

$$c_3 = \frac{\partial Q_{ne}}{\partial t_{1e}} = C_e \rho_e q_{ve} \quad\quad\quad\cdots\cdots\cdots\cdots\cdots\cdots（E.4）$$

$$c_4 = \frac{\partial Q_{ne}}{\partial t_{2e}} = -C_e \rho_e q_{ve} \quad\quad\quad\cdots\cdots\cdots\cdots\cdots\cdots（E.5）$$

式（E.1）～式（E.5）中：

Q_{ne} ——主要试验测量的机组制冷量，单位为瓦（W）；

C_e ——平均温度下使用侧水的比热容，单位为焦每千克摄氏度[J/(kg·℃)]；

ρ_e ——平均温度下使用侧水的密度，单位为千克每立方米（kg/m³）；

q_{ve} ——使用侧水的体积流量，单位为立方米每秒（m³/s）；

t_{1e} ——使用侧冷（热）水进口温度，单位为摄氏度（℃）；

t_{2e} ——使用侧冷（热）水出口温度，单位为摄氏度（℃）；

$U(Q_{ne})$ ——主要试验测量的机组制冷量的扩展不确定度；

k ——包含因子；

u_1 ——主要试验的重复测量引起的 A 类标准不确定度分项；

u_2 ——主要试验的流量测试系统 B 类标准不确定度分项；

u_3 ——主要试验的进水温度测试系统 B 类标准不确定度分项；

u_4 ——主要试验的出水温度测试系统 B 类标准不确定度分项；

c_i ——各项灵敏系数。

E.1.3 输入功率

输入功率扩展不确定度为：

$$U(P_0) = k\sqrt{u_5^2 + u_6^2} \qquad\qquad \text{(E.6)}$$

式中：

$U(P_0)$——输入功率扩展不确定度；

k ——包含因子；

u_5 ——重复测量引起的 A 类标准不确定度分项；

u_6 ——功率测试系统 B 类标准不确定度分项。

E.1.4 校核试验测量的机组制冷量

根据规定，校核试验采用热平衡法测量的机组制冷量的计算式如下：

$$Q_{nc} = C_c \rho_c q_{vc}(t_{w2,c} - t_{w1,c}) - P_0 \qquad\qquad \text{(E.7)}$$

测试过程中热源侧水的温度变化很小，可视 C_c 和 ρ_c 为常数。影响机组制冷量的直接测量量为 q_{vc}、$t_{w1,c}$ 和 $t_{w2,c}$。

根据测量不确定度合成原理，校核试验测量的机组制冷量的扩展不确定度为：

$$U(Q_{nc}) = k\sqrt{u_7^2 + (c_8 u_8)^2 + (c_9 u_9)^2 + (c_{10} u_{10})^2 + (c_{11} u_{11})^2} \qquad \text{(E.8)}$$

$$c_8 = \frac{\partial Q_{nc}}{\partial q_{vc}} = C_c \rho_c(t_{w2,c} - t_{w1,c}) \qquad\qquad \text{(E.9)}$$

$$c_9 = \frac{\partial Q_{nc}}{\partial t_{w1,c}} = -C_c \rho_c q_{vc} \qquad\qquad \text{(E.10)}$$

$$c_{10} = \frac{\partial Q_{nc}}{\partial t_{w2,c}} = C_c \rho_c q_{vc} \qquad\qquad \text{(E.11)}$$

$$c_{11} = \frac{\partial Q_{nc}}{\partial P_0} = -1 \qquad\qquad \text{(E.12)}$$

式（E.7）～式（E.12）中：

Q_{nc} ——校核试验测量的机组制冷量，单位为瓦（W）；

C_c ——平均温度下热源侧水的比热容，单位为焦每千克摄氏度[J/(kg·℃)]；

ρ_c ——平均温度下热源侧水的密度，单位为千克每立方米（kg/m³）；

q_{vc} ——热源侧水的体积流量，单位为立方米每秒（m³/s）；

$t_{w1,c}$ ——热源侧水进口温度，单位为摄氏度（℃）；

$t_{w2,c}$ ——热源侧水出口温度，单位为摄氏度（℃）；

P_0 ——水冷式机组的压缩机电动机、油泵电动机、电加热器等的输入功率，单位为瓦（W）；

$U(Q_{nc})$——校核试验测量的机组制冷量的扩展不确定度；

k ——包含因子；

u_7 ——校核试验的重复测量引起的 A 类标准不确定度分项；

u_8 ——校核试验的流量测试系统 B 类标准不确定度分项；

u_9 ——校核试验的进水温度测试系统 B 类标准不确定度分项；

u_{10} ——校核试验的出水温度测试系统 B 类标准不确定度分项；

u_{11} ——输入功率标准不确定度。

E.2 标准不确定度分量评定

E.2.1 标准不确定度分量的 A 类评定

对被测冷水机组进行不少于 7 次独立的重复测量，测量数据（示例值）见表 E.1。

表 E.1　机组制冷量的 7 次测量数据(示例值)

序号	Q_{ne}	Q_{nc}	P_0
	kW		
1	301.978	299.700	60.112
2	303.771	297.580	60.497
3	303.375	297.615	60.406
4	302.780	297.865	60.666
5	302.198	296.848	60.617
6	302.125	298.683	60.382
7	303.116	298.250	60.314
平均值	302.763	298.077	60.428
标准不确定度	$u_1 = 0.261$	$u_7 = 0.347$	$u_5 = 0.071$

A 类方法评定的不确定度分量按式(E.13)计算:

$$u(x_i) = \sqrt{\frac{1}{m(m-1)} \sum_{j=1}^{m} (x_{ij} - \bar{x}_i)^2} \qquad\cdots\cdots\cdots\cdots\cdots\cdots (\text{E.13})$$

式中:

$u(x_i)$——分别代表主要试验测量的机组制冷量、校核试验测量的机组制冷量或输入功率的 A 类
　　　　标准不确定度分量;

m　　——独立的重复测量总次数,本算例中为 7;

j　　——独立的重复测量次数;

x_{ij}　——分别代表主要试验测量的机组制冷量、校核试验测量的机组制冷量或输入功率的第 j
　　　　次独立测量值;

$\bar{x}_i$　——分别代表主要试验测量的机组制冷量、校核试验测量的机组制冷量或输入功率的 j 次
　　　　独立测量的平均值。

E.2.2　标准不确定度分量的 B 类评定

E.2.2.1　概述

以各测量的平均值为计算依据,计算出各项灵敏系数,进一步得到各项测量不确定度分量。

E.2.2.2　主要试验测量参数的不确定度分量

灵敏系数 c_2 为 20 869 kJ/m³,根据检定/校准证书给出的不确定度为 0.1％ F.S.(示例值),得到
$u_2 = 3 \times 10^{-5}$ m³/s,则主要试验的流量的不确定度分量 $c_2 u_2 = 0.626$ kW。灵敏系数 c_3 为 60.86 kW/K,
根据检定/校准证书给出的标准不确定度 $u_3 = 0.03$ K(示例值),则主要试验的进水温度的不确定度分
量 $c_3 u_3 = 1.757$ kW。灵敏系数 c_4 为 −60.86 kW/K,根据检定/校准证书给出的标准不确定度
$u_4 = 0.03$ K(示例值),则主要试验的出水温度的不确定度分量 $c_4 u_4 = -1.757$ kW。

E.2.2.3 输入功率的 B 类标准不确定度

功率计的最大允许误差为±0.5%(示例值),按均匀分布考虑,输入功率的 B 类标准不确定度为:

$$u_6 = \frac{60.428 \times 0.5\%}{\sqrt{3}} = 0.174 \text{ kW} \qquad\qquad (\text{E.14})$$

E.2.2.4 校核试验测量参数的不确定度分量

灵敏系数 c_8 为 20 635 kJ/m³,根据检定/校准证书给出的不确定度为 0.1%F.S.(示例值),得到标准不确定度 $u_8 = 3 \times 10^{-5}$ m³/s,则校核试验的流量的不确定度分量 $c_8 u_8 = 0.619$ kW。灵敏系数 c_9 为 -72.67 kW/K,根据检定/校准证书给出的标准不确定度 $u_9 = 0.03$ K(示例值),则校核试验进水温度的不确定度分量 $c_9 u_9 = -2.181$ kW。灵敏系数 c_{10} 为 72.67 kW/K,根据检定/校准证书给出的标准不确定度 $u_{10} = 0.03$ K(示例值),则校核试验的出水温度的不确定度分量 $c_{10} u_{10} = 2.181$ kW。

E.3 合成标准不确定度的评定

表 E.2 给出了标准不确定度数据。

表 E.2 标准不确定度数据

输入量	灵敏系数 c_i	标准不确定度 u_i	$|c_i u_i|$	输入量	灵敏系数 c_i	标准不确定度 u_i	$|c_i u_i|$
u_1	1	0.261 kW	0.261 kW	u_6	1	0.174 kW	0.174 kW
q_{ve}	20 869 kJ/m³	3×10^{-5} m³/s	0.626 kW	u_7	1	0.347 kW	0.347 kW
t_{1e}	60.86 kW/K	0.03 K	1.757 kW	q_{vc}	20 635 kJ/m³	3×10^{-5} m³/s	0.619 kW
t_{2e}	-60.86 kW/K	0.03 K	1.757 kW	$t_{w1,c}$	-72.67 kW/K	0.03 K	2.181 kW
u_5	1	0.071 kW	0.071 kW	$t_{w2,c}$	72.67 kW/K	0.03 K	2.181 kW

根据测量不确定度合成原理,主要试验测量的机组制冷量的合成标准不确定度按式(E.15)计算:

$$u_c(Q_{ne}) = \sqrt{u_1^2 + (c_2 u_2)^2 + (c_3 u_3)^2 + (c_4 u_4)^2} = 2.576 \text{ kW} \qquad (\text{E.15})$$

主要试验测量的机组制冷量的相对合成标准不确定度为 0.9%;

根据测量不确定度合成原理,输入功率的合成标准不确定度按式(E.16)计算:

$$u_c(P_0) = \sqrt{u_5^2 + u_6^2} = 0.188 \text{ kW} \qquad\qquad (\text{E.16})$$

输入功率的相对合成标准不确定度为 0.3%;

根据测量不确定度合成原理,校核试验测量的机组制冷量的合成标准不确定度按式(E.17)计算:

$$u_c(Q_{nc}) = \sqrt{u_7^2 + (c_8 u_8)^2 + (c_9 u_9)^2 + (c_{10} u_{10})^2 + u_{11}^2} = 3.165 \text{ kW} \qquad (\text{E.17})$$

其中:$u_{11} = u_c(P_0)$。

校核试验测量的机组制冷量的相对合成标准不确定度为 1.1%。

注:相对合成标准不确定度为合成标准不确定度与对应的独立重复测量结果算数平均值的比值。

E.4 扩展不确定度的评定

取置信概率 $p=95\%$，包含因子 $k=2$。按照式（E.2）、式（E.6）和式（E.8）计算扩展不确定度：机组主要试验测量的机组制冷量的扩展不确定度 $U(Q_{ne})=5.152\ \text{kW}$，主要试验测量的机组制冷量的相对扩展不确定度为 1.8%；输入功率的扩展不确定度 $U(P_0)=0.376\ \text{kW}$，输入功率的相对扩展不确定度为 0.6%；校核试验测量的机组制冷量的扩展不确定度 $U(Q_{nc})=6.330\ \text{kW}$，校核试验测量的机组制冷量的相对扩展不确定度为 2.2%。

注：相对扩展不确定度为扩展不确定度与对应的独立重复测量结果算数平均值的比值。

附件

GB/T 10870—2014《蒸气压缩循环冷水(热泵)机组性能试验方法》国家标准第 1 号修改单

国家标准化管理委员会批准 GB/T 10870—2014《蒸气压缩循环冷水(热泵)机组性能试验方法》国家标准第 1 号修改单,自 2015 年 3 月 5 日起实施,现予以公布(见附件)。

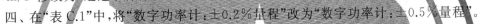

一、"4.2.1"条修改为"水冷式机组性能试验应包括主要试验和校核试验,两者应同时进行测量;风冷式和蒸发冷却式机组进行性能试验时,可采用一套仪表进行测量,并计算性能。

校核试验仅适用于水冷式机组,风冷式和蒸发冷却式机组不做校核试验。

只有在进行风冷式和蒸发冷却式机组试验室校准试验时,才采用两套仪表同时测量。"

二、"4.2.4"条修改为"名义制冷量小于等于 8 kW 的风冷式和蒸发冷却式冷水(热泵)机组的制热性能试验要求按照附录 A 执行。"

三、删除附录 B 的 B.3.3 条和 B.3.4 条。并将 B.4.1 条中"通过取样器孔的平均最小速度应为 0.75 m/s"修改为"通过取样器孔的设计平均最小速度应为 0.75 m/s"。

四、在"表 C.1"中,将"数字功率计:±0.2%量程"改为"数字功率计:±0.5%量程"。

ICS 27.200
J 73

中华人民共和国国家标准

GB/T 18362—2008
代替 GB/T 18362—2001

直燃型溴化锂吸收式冷（温）水机组

Direct-fired lithium bromide absorption water chiller（heater）

2008-11-12 发布

2009-05-01 实施

中华人民共和国国家质量监督检验检疫总局
中国国家标准化管理委员会　发　布

前　言

本标准是对 GB/T 18362—2001《直燃型溴化锂吸收式冷（温）水机组》的修订，本标准与
GB/T 18362—2001相比，主要变化如下：

——4.1取消了原按制冷循环分类和按安装场所分类的方法。

——4.2.1名义工况增加了冷水进口温度 14 ℃的可供选择的参考值。

——4.2.1名义工况的污垢系数由 0.086 m² · ℃/kW 改为：蒸发器水侧 0.018 m² · ℃/kW，冷凝
　　器、吸收器水侧 0.044 m² · ℃/kW。并参照 GB/T 18430.1—2007 的方法试验和计算。

——6.3.5性能系数的计算方法转入附录 A。

——6.3.8水侧耐压性修订为设计压力 1.25 倍的水压试验。

——检验规则，加了抽样检验规定及检测内容。

——表 6 中将电磁兼容性检测从出厂检验调整为型式检验。

——附录 A.11，烟气损失的计算修订为采用 GB 10180 的公式。

本标准自实施之日起代替 GB/T 18362—2001。

本标准的附录 A、附录 B、附录 C 是规范性附录，附录 D 是资料性附录。

本标准由中国机械工业联合会提出。

本标准由全国冷冻空调设备标准化技术委员会归口。

本标准起草单位：远大空调有限公司、合肥通用机械研究院。

本标准主要起草人：张跃、陈伯鲲、王劲东、杨庭旭、谭波、王世国。

本标准所代替标准的历次版本发布情况为：

——GB/T 18362—2001。

直燃型溴化锂吸收式冷(温)水机组

1 范围

本标准规定了直燃型溴化锂吸收式冷(温)水机组(简称:直燃机)的术语和定义、型式与基本参数、技术要求、试验方法、检验规则、标志、包装、运输和贮存。

本标准适用于以燃油、燃气直接燃烧为热源,以水为制冷剂,溴化锂水溶液作吸收液,交替或者同时制取空气调节、工艺冷水、温水及生活热水的机组。其他同类型机组可参照执行。

2 规范性引用文件

下列标准所包含的条文,通过在本标准中引用而成为本标准的条文。凡是注日期的引用文件,其随后所有的修改单(不含勘误内容)或修订版均不适用于本标准,然而,鼓励根据本标准达成协议的各方研究是否可使用这些文件的最新版本。凡是不注日期的引用文件,其最新版本适用于本标准。

GB 252—2000 轻柴油

GB 9969.1—1998 工业产品使用说明书 总则

GB/T 10180—2003 工业锅炉热工性能试验规程

GB 11174—1997 液化石油气

GB/T 13306—1991 标牌

GB 13612—1992 人工煤气

GB 17820—1999 天然气

GB 18361—2001 溴化锂吸收式冷(温)水机组安全要求

GB/T 18430.1—2007 蒸气压缩循环冷水(热泵)机组 第1部分:工业或商业用和类似用途的冷水(热泵)机组

JB/T 4330—1999 制冷和空调设备噪声的测定

JB/T 7249—1994 制冷设备术语

3 术语和定义

JB/T 7249确立的以及下列术语和定义适用于本标准。

3.1

名义制冷量 rated cooling capacity

机组在6.1试验条件下运行时,由循环冷水带出的热量。单位:kW。

3.2

名义供热量 rated heating capacity

机组在6.1试验条件下运行时,通过循环温水带出的热量。单位:kW。

3.3

名义散热量 rate heat gain

机组在制冷试验运行时,通过循环冷却水所带出的热量。单位:kW。

3.4

烟气损失 exhaust heat loss

通过机组的燃烧产生烟气向机外排放出的热量。单位:kW。

3.5

本体热损失 chiller radiation loss

由于机组的本体表面与环境温差而交换的热量。单位:kW。

3.6

名义流量 rated flowrate

在机组进行制冷量和供热量试验时,水、燃料等的流量。单位:m^3/h、L/h 或 kg/h。

3.7

最高使用压力 maximum application pressure

机组结构强度能保证安全使用的燃气、燃油、水等的最高压力。单位:MPa。

3.8

名义压力损失 rated pressure drop

名义流量的冷水、温水、冷却水等通过机组时所产生的压力损失值。单位:MPa。

3.9

配套设施 supporting facilities

直燃机本体以外附带的燃料系统、水泵、冷却塔、烟道、水配管等设施。

4 型式与基本参数

4.1 型式

4.1.1 按使用性能分类

a) 单冷型:专供冷水的直燃机。

b) 冷暖型:交替或同时兼供冷水、温水的直燃机。

4.1.2 按燃料分类

a) 燃气式:采用人工煤气,液化石油气,天然气等气体燃料的机组。

b) 燃油式:采用轻柴油、重柴油等液体燃料的机组。

4.2 基本参数

4.2.1 机组名义工况和性能参数按表1的规定。

4.2.2 机组燃料按表2的规定。

表 1 名义工况和性能参数

项目	冷(温)水[a]		冷却水[b]		性能系数 COP
	进口温度	出口温度	进口温度	出口温度	
制冷	12 ℃(14 ℃)	7 ℃	30 ℃(32 ℃)	35 ℃(37.5 ℃)	≥1.10
供热	—	60 ℃	—	—	≥0.90
电源	三相交流,380 V,50 Hz(单相交流,220 V,50 Hz);或用户所在国供电电源。				
污垢系数	蒸发器水侧:0.018 $m^2 \cdot$ ℃/kW,冷凝器、吸收器水侧:0.044 $m^2 \cdot$ ℃/kW。 新机组蒸发器和冷凝器的水侧应被认为是清洁的,测试时污垢系数应考虑为 0 $m^2 \cdot$ ℃/kW,性能测试时应按附录 A 模拟污垢系数。				

[a] 表中()内数值为可供选择的大温差送冷水的参考值。

[b] 表中()内数值为可供选择的应用名义工况参考值。

表 2　直燃机燃料标准

热 源 种 类		燃料标准	其他
燃 气	人工煤气	GB 13612—1992	燃料种类、热值及压力(燃气)以用户和厂家的协议为准。
	天然气	GB 17820—1999	
	液化石油气	GB 11174—1997	
燃 油	轻柴油	GB 252—2000	

5　技术要求

5.1　一般要求

5.1.1　机组应符合本标准的规定,并按经规定程序批准的图样和技术文件制造。

5.1.2　机组燃烧装置、电气装置、安全器件等安全要求应符合 GB 18361—2001 的要求。

5.1.3　机组溴化锂溶液的技术要求见附录 D。

5.1.4　机组冷却水的技术要求见附录 D。

5.2　机组成套设备组成

机组成套设备的组成按表3的规定。

表 3　直燃机成套设备组成一览表

	燃 气 型	燃 油 型	说　明
吸收器	○	○	
蒸发器	○	○	
高压发生器	○	○	
低压发生器	○	○	
冷凝器	○	○	
高温热交换器	○	○	
低温热交换器	○	○	
温水交换器	△	△	高发侧供热机组配备
发生泵	○	○	
吸收泵	△	△	
冷媒泵	△	△	
抽气装置	○	○	
燃烧设备	○	○	
安全器件	○	○	按 GB 18361—2001 配备
操作盘(屏)	○	○	
控制装置	○	○	
铭牌	○	○	
溴化锂溶液	○	○	可与机组分别供货
防护罩壳	△	△	室外型机组配备
烟气热回收器	△	△	

注:○ 表示应有项目;△ 表示根据情况配备。

5.3 性能

5.3.1 机组实测制冷量不应低于名义制冷量的95%。

5.3.2 机组实测供热量不应低于名义供热量的95%。

5.3.3 机组实测热源消耗量,以单位制冷(供热)量或单位时间量表示,不应高于名义热源消耗量的105%。

5.3.4 机组的电力消耗量不应高于名义电力消耗量的105%。

5.3.5 机组实测性能系数不应低于名义性能系数的95%。

5.3.6 机组冷(温)水、冷却水的压力损失不应大于名义压力损失的110%。

5.3.7 机组泄漏速度不应大于$2.03×10^{-6}$Pa·m³/s。

5.3.8 机组水侧管路应无异常变形或漏水。

5.3.9 机组的噪声应符合环境保护法规和设计要求。

5.3.10 机组涉及安全的性能:燃料配管系统的耐压性、密闭性,绝缘电阻,耐电压强度,电磁兼容性,燃烧设备性能,安全保护器件的动作等,应符合GB 18361—2001的要求。

5.3.11 机组制冷(供热)量控制装置应灵敏、可靠。部分负荷特性符合表4规定。

表4 直燃机部分负荷特性

	冷(温)水	冷 却 水
制冷工况	出口温度7 ℃; 流量同名义流量	进口温度:100%负荷时30 ℃,0%负荷时22 ℃,中间温度随负荷呈线形变化。流量同名义流量
供热工况	出口温度60 ℃; 流量同名义流量	
注:部分负荷性能数据(制冷量、供热量、热源消耗量)分别以名义工况时负荷性能数据的百分数表示。		

6 试验方法

6.1 试验条件

试验时应达到的条件及误差范围如下。

6.1.1 电源:额定频率±1 Hz,额定电压±10%。

6.1.2 冷水:出口温度7 ℃±0.3 ℃,流量为名义值±5%。

6.1.3 冷却水:入口温度30 ℃±0.3 ℃,流量为名义值±5%。

6.1.4 温水:出口温度60 ℃±0.3 ℃,流量为名义值±5%。

6.1.5 燃料的发热量、压力等实际供应条件。误差范围±1%。

6.1.6 部分负荷特性

    a) 制冷时:冷水出口温度7 ℃±0.3 ℃,流量为名义值±5%。冷却水进口温度:100%负荷时30 ℃±0.3 ℃,零负荷时22 ℃±0.3 ℃,中间按负荷比例计算。

    b) 供热时:温水出口温度60 ℃±0.3 ℃,流量为名义值±5%。

    c) 用替代热源进行试验时,必须与名义热源在热平衡上等同。

6.2 测量仪表

检测用计量仪器须经检定合格,并在有效期内。类型和准确度按表5规定。

表 5 计量仪器的类型和精确度

用 途	类 型	准 确 度	
温度测量	玻璃棒温度计、热电偶温度计、电阻温度计、热敏电阻温度计	冷水、温水、冷却水 制冷剂、吸收液 吸收液(≥100 ℃时)、环境 烟气	±0.1 ℃ ±0.5 ℃(<100 ℃时) ±1.0 ℃ ±2.0 ℃
流量测量	差压式流量计、电磁式流量计、容量式流量计、涡街式流量计	±1.0%	
压力测量 (含真空)	水柱压力计、电子压力计、弹簧管压力表、膜片压力计	±1.0%	
烟气分析	红外线式、氧化锆式、磁气式、电池式气体分析仪,烟浓度计,化学、电化学方法	>1%时,相对误差±2% 0.04%~1%时,相对误差±5% <0.04%时,绝对误差±0.002%;	
燃料检测	燃气量热器 燃弹式量热器 气相色谱仪	±0.5%	
电气计测	电流表、电压表	±0.5%	
	绝缘电阻计	±1%	
	电能表	±1%	
噪声检测	声级计	Ⅰ型或Ⅰ型以上	
真空检漏	氦质谱检漏仪	灵敏度高于 2.03×10^{-8} Pa·m³/s	
时间测量	秒表	±0.2%	
质量测量	天平、台秤、磅秤	±0.5%	

6.3 试验方法

6.3.1 制冷量

按附录 A 所示测定方法及公式计算出制冷量。

6.3.2 供热量

按附录 A 所示测定方法及公式计算出供热量。

6.3.3 热源耗量

在 6.3.1 试验中待制冷量数值稳定时和在 6.3.2 试验中待供热量数值稳定时,按附录 A 的 A.9.1 所示方法及公式计算出直燃机消耗的燃气、燃油等热源的量(以低位热值计)。测定时机组未隔热保温的,按附录 A 的 A.9.2 及附录 B 所示方法求出热源消耗量和本体热损失,再按其计算式进行耗量修正。

6.3.4 电力消耗量

在 6.3.1 试验中待制冷量数值稳定时和在 6.3.2 试验中待供热量数值稳定时,测定名义工况运行时电力消耗的值。

6.3.5 性能系数

按附录 A 所示测定方法及公式计算出性能系数。

6.3.6 水侧压力损失

在 6.3.1 试验中待制冷量数值稳定时和在 6.3.2 试验中待供热量数值稳定时,按附录 C 所示方法及公式求出冷水侧、冷却水侧或温水侧的压力损失。

6.3.7 本体气密性

用干燥、洁净空气或氮气发泡检漏和保压试验合格后,再进行氦质谱仪检漏:

    a) 将机组连接氦质谱仪及辅助真空泵,抽真空至氦质谱仪要求真空度后,直接对机组可能泄漏处(焊缝、密封件等)喷氦气,用氦质谱仪对机组局部检漏;

    b) 将机组置于气罩中,连接氦质谱仪及辅助真空泵,抽真空至氦质谱仪要求真空度后,关闭辅助真空泵,在气罩中充氦气,用氦质谱仪检测机组整体泄漏率。

6.3.8 水侧耐压性

采用清洁的、不低于 5 ℃的水,将水侧排净空气,进行耐压性试验。试验压力为 1.25 倍的设计压力,加压 10 min 以上,进行检查,应符合 5.3.8 的规定。试验完毕应将水排净并吹干。

6.3.9 噪声

在 6.3.1 试验中待制冷量数值稳定时,按 JB/T 4330—1999 方法进行测定和计算机组噪声。

6.3.10 安全性能

燃料配管系统的耐压性、密闭性,绝缘电阻,耐电压强度,电磁兼容性,燃烧设备性能,安全保护器件动作等试验,按 GB 18361—2001 规定的方法进行。

6.3.11 部分负荷特性

    a) 比例控制时

        1) 通过 2 点以上的测定,求最小能力的点(含 1 点);

        2) 按附录 A 的测试方法及计算公式算出制冷量,供热量、热量消耗量。

    b) 阶段控制时

        1) 在各阶段的控制位置上测定;

        2) 按附录 A 的测试方法及计算公式算出制冷量,供热量、热量消耗量。

7 检验规则

7.1 出厂检验

每台机组均应做出厂检验。检验项目、技术要求和检验方法按表 6 的规定。

7.2 抽样检验

批量生产的机组应做抽样检验。检验项目、技术要求和检验方法按表 6 的规定。抽样方法、批量、方案由制造厂质量部门自行确定,或与购货方协商确定。

7.3 型式检验

新产品,或定型产品在设计、工艺、材料作重大改进对性能有影响时,应做型式检验。检验项目、技术要求和检验方法按表 6 的规定。

表 6 检验规则

序号	项　目	出厂检验	抽样检验	型式试验	技术要求	检验方法
1	设备成套组成				5.2	视检
2	标志与安全标示				8.1	视检
3	本体气密性				5.3.7	6.3.7
4	水耐压性				5.3.8	6.3.8
5	绝缘电阻	○	○	○	5.3.10 按 GB 18361—2001	6.3.10 按 GB 18361—2001
6	耐电压强度					
7	燃料管路耐压、密闭性					
8	燃烧设备性能					
9	安全保护器件动作					

表 6（续）

序号	项　目	出厂检验	抽样检验	型式试验	技术要求	检验方法
10	制冷量				5.3.1	6.3.1
11	供热量				5.3.2	6.3.2
12	热源消耗量		○		5.3.3	6.3.3
13	电力消耗				5.3.4	6.3.4
14	性能系数	—		○	5.3.5	6.3.5
15	水侧压力损失				5.3.6	6.3.6
16	噪声				5.3.9	6.3.9
17	部分负荷性能		—		5.3.11	6.3.11
18	电磁兼容性				按 GB 18361—2001	按 GB 18361—2001

注："○"表示应进行项目；"—"表示不需要进行项目。

8 标志、包装、运输和贮存

8.1 标志

8.1.1 每台机组应在显著位置固定标牌。标牌应符合 GB/T 13306—1991 的要求,标示以下内容:

　　a) 制造厂名称;

　　b) 产品型号、名称;

　　c) 主要技术参数(制冷量、供热量、燃料种类及参数、燃料消耗量、电源及配电量、水侧最高允许压力、运输质量、冷水出口温度、冷水流量、温水出口温度、温水流量、冷却水进口温度、冷却水流量);

　　d) 产品出厂编号;

　　e) 制造日期。

8.1.2 机组相关部位应标明运行状态的标志(如转向,流向等)。对易造成人体伤害的地方(如高温等),应贴显著的安全标示。

8.1.3 灌有吸收液出厂的机组,应有明显的标示。

8.2 包装

8.2.1 机组应采取防锈措施。随机出厂的配件应采取防锈措施并固定在包装箱内。

8.2.2 机组整体出厂的,应在包装前充注 0.01 MPa～0.03 MPa 的氮气或者保持真空。

8.2.3 每台机组出厂包装中应随带下列文件:

8.2.3.1 产品合格证。

8.2.3.2 安装使用说明书。其内容应符合 GB 9969.1—1998 的要求,内容包括:

　　a) 标牌内容及其他技术参数(水侧压力损失、几何尺寸、溶液灌装量、运行质量等);

　　b) 产品运输、贮存、安装的说明、要求和注意事项;

　　c) 使用、维护保养说明注意事项。其内容参考附录 D。

8.2.3.3 装箱单。

8.3 运输和贮存

8.3.1 机组运输和贮存中应采取防锈措施,存放在有遮盖的场所。

8.3.2 机组与大气连接的阀门,应不容易打开。

8.3.3 机组外露的螺纹接头用螺栓塞堵、法兰孔用盲板封盖,以免杂物进入。

附 录 A

（规范性附录）

制冷及供热试验

A.1 适用范围

本附录规定了直燃机的制冷和供热试验方法

A.2 试验方法

机组制冷量和供热量，通过测定流过表 A.1 所示的机组各部件的流量和出进口温度，进行计算。

表 A.1

试验项目	检测部件
制冷量	蒸发器
供热量	蒸发器、吸收器、冷凝器、温水交换器

A.3 试验装置

直燃机试验装置如图 A.1。

A.3.1 试验装置能连续获得稳定的流量和水温。

A.3.2 在试验装置上配备了必要的测试仪器。仪器的类型及精度按照本标准 6.2 所示。

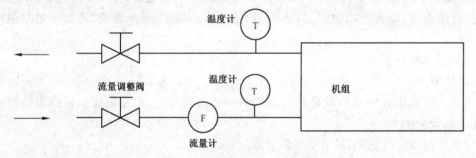

图 A.1 直燃机试验装置图

A.4 试验准备过程

A.4.1 待测机组已安装运转必需的附属装置，并排尽试验装置水管内的空气，并确认已灌满水。

A.4.2 待测机组中装进规定量的溴化锂溶液、添加剂；并抽气达到运行真空度要求。

A.5 试验条件

试验条件按本标准 6.1。

A.6 测试要领

A.6.1 达到并稳定在试验条件的状态后，进行测试。

A.6.2 同次各数据测试同时进行，以减少试验条件波动的影响。

A.6.3 每 15 min 测试一次，取连续记录三次以上符合试验条件的数据的平均值为计算依据。

A.6.4 每次测试的数据应用热平衡法校核，其偏差应在±5％以内。

A.7 试验记录

A.7.1 蒸发器(制冷时)

　　a) 冷水进口温度,℃;

　　b) 冷水出口温度,℃;

　　c) 冷水流量,m³/h。

A.7.2 蒸发器、吸收器、冷凝器、温水交换器(供热时)

　　a) 温水进口温度,℃;

　　b) 温水出口温度,℃;

　　c) 温水流量,m³/h。

A.7.3 吸收器、冷凝器(制冷时,散热量)

　　a) 冷却水进口温度,℃;

　　b) 冷却水出口温度,℃;

　　c) 冷却水流量,m³/h。

A.7.4 高压发生器或发生器(热源消耗量计算)

　　a) 燃气

　　　　1) 燃气流量,m³/h;

　　　　2) 燃气温度,℃;

　　　　3) 燃气压力,kPa;

　　　　4) 燃气热值低位,kJ/m³;

　　　　5) 排烟温度,℃;

　　　　6) 燃气成分及烟气成分。

　　b) 燃油

　　　　1) 燃油流量,L/h 或 kg/h;

　　　　2) 燃油温度,℃;

　　　　3) 燃油低位热值,kJ/kg;

　　　　4) 燃油密度,kg/L;

　　　　5) 排烟温度,℃;

　　　　6) 燃油成分及烟气成分。

A.8 制冷量及供热量计算方法

A.8.1 制冷量

$$Q_c = W_c C_c \gamma_c (t_{c1} - t_{c2})/3.6 \quad\quad\quad\quad\quad (A.1)$$

式中:

　　Q_c——制冷量,单位为千瓦(kW);

　　W_c——冷水流量,单位为立方米每小时(m³/h);

　　C_c——冷水比热,单位为千焦每千克摄氏度(kJ/kg·℃);

　　γ_c——冷水密度,单位为千克每升(kg/L);

　　t_{c1}——冷水进口温度,单位为摄氏度(℃);

　　t_{c2}——冷水出口温度,单位为摄氏度(℃)。

A.8.2 供热量

$$Q_h = W_h C_h \gamma_h (t_{h2} - t_{h1})/3.6 \quad\quad\quad\quad\quad (A.2)$$

式中：

Q_h——供热量，单位为千瓦（kW）；

W_h——温水流量，单位为立方米每小时（m³/h）；

C_h——温水比热，单位为千焦每千克摄氏度（kJ/kg·℃）；

γ_h——温水密度，单位为千克每升（kg/L）；

t_{h1}——温水进口温度，单位为摄氏度（℃）；

t_{h2}——温水出口温度，单位为摄氏度（℃）。

A.8.3 制冷时散热量

$$Q_w = W_w C_w \gamma_w (t_{w2} - t_{w1})/3.6 \qquad \cdots\cdots\cdots\cdots\cdots\cdots\cdots\cdots\cdots\cdots（A.3）$$

式中：

Q_w——散热量，单位为千瓦（kW）；

W_w——冷却水流量，单位为立方米每小时（m³/h）；

C_w——冷却水比热，单位为千焦每千克摄氏度（kJ/kg·℃）；

γ_w——冷却水密度，单位为千克每升（kg/L）；

t_{w1}——冷却水进口温度，单位为摄氏度（℃）；

t_{w2}——冷却水出口温度，单位为摄氏度（℃）。

A.9 热源消耗量计算方法

A.9.1 有绝热层情况下

a) 燃气

$$Q_i = W_g q_g /3\ 600 \qquad \cdots\cdots\cdots\cdots\cdots\cdots\cdots\cdots\cdots\cdots（A.4）$$

式中：

Q_i——热消耗量，单位为千瓦（kW）；

W_g——燃气流量，单位为立方米每小时（m³/h）；

q_g——燃气热值，单位为千焦每立方米（kJ/m³）。

b) 燃油

$$Q_i = W_o q_o /3\ 600 \qquad \cdots\cdots\cdots\cdots\cdots\cdots\cdots\cdots\cdots\cdots（A.5）$$

式中：

W_o——燃油流量，单位为千克每小时（kg/h）；

q_o——燃油热值，单位为千焦每千克（kJ/kg）。

A.9.2 无绝热层情况下

a) 燃气

$$Q_i = W_g q_g (1-L)/3\ 600 \qquad \cdots\cdots\cdots\cdots\cdots\cdots\cdots\cdots（A.6）$$

式中：

L——按附录B求得的本体热损失率。

b) 燃油

$$Q_i = W_o q_o (1-L)/3\ 600 \qquad \cdots\cdots\cdots\cdots\cdots\cdots\cdots\cdots（A.7）$$

A.10 性能系数（COP）计算方法

A.10.1 制冷时

$$COP = Q_c /(Q_i + A) \qquad \cdots\cdots\cdots\cdots\cdots\cdots\cdots\cdots\cdots\cdots（A.8）$$

式中：

A——消耗电力，单位为千瓦（kW）。

A.10.2 供热时

$$COP = Q_h/(Q_i + A) \quad\cdots\cdots\cdots\cdots\cdots\cdots\cdots (\text{A.9})$$

A.11 烟气损失

按 GB/T 10180—2003 的公式计算。

A.12 热平衡校核

A.12.1 制冷时

$$\Delta = |Q_w - Q_c - (Q_i + A - Q_f)|/Q_w \times 100\% \cdots\cdots\cdots\cdots (\text{A.10})$$

式中：

Δ——热平衡偏差。

A.12.2 供热时

$$\Delta = |Q_h - (Q_i + A - Q_f)|/Q_h \times 100\% \quad\cdots\cdots\cdots\cdots (\text{A.11})$$

A.13 污垢系数的影响

污垢系数对机组制冷量、供热量测试的温差的修正，按照 GB/T 18430.1—2007 附录 C 进行。

A.14 其他记录事项

机组标牌记录的项目以及试验环境温度、气压,试验地点,试验日期和试验人员。

附 录 B
（规范性附录）
本体热损失率计算

B.1 适用范围

本附录规定了直燃机本体热损失率的计算方法。

B.2 本体热损失量

$$Q_o = (\theta_o - \theta_r) \cdot \alpha \cdot A \qquad \cdots\cdots\cdots\cdots\cdots\cdots\cdots\cdots\cdots\cdots\cdots (B.1)$$

$$Q_i = \frac{(\theta_o - \theta_r) \cdot A}{\frac{1}{\alpha} + \frac{x}{\lambda}} \qquad \cdots\cdots\cdots\cdots\cdots\cdots\cdots\cdots\cdots\cdots\cdots (B.2)$$

式中：

Q_o——绝热施工前热损失量，单位为瓦（W）；

Q_i——绝热施工后热损失量，单位为瓦（W）；

θ_o——本体表面温度，单位为摄氏度（℃）；

θ_r——环境温度，单位为摄氏度（℃）；

α——表面传热系数，单位为瓦每平方米开[W/(m²·K)]；

A——表面积，单位为平方米（m²）；

x——保温材料厚度，单位为米（m）；

λ——保温材料导热率，单位为瓦每米开 W/(m·K)；

　　[$\theta_r = 20$ ℃时，$\alpha \approx 11.63$W/(m²·K)]。

B.3 本体热损失率

$$L = \frac{Q_o - Q_i}{Q_t} \qquad \cdots\cdots\cdots\cdots\cdots\cdots\cdots\cdots\cdots\cdots\cdots (B.3)$$

式中：

L——热损失率，%；

Q_t——热源消耗量，单位为瓦（W）。

B.4 本体热损失率参考值

直燃机本体热损失率与机组的结构、制冷（供热）量、隔热材料的厚度、导热系数有关。表 B.1 列出按式(B.3)计算的名义工况时本体热损失率的平均值，作为参考。

表 B.1

制冷（供热）量/kW	350	1 050	1 750
本体热损失率/%	0.07	0.05	0.04

附　录　C

（规范性附录）

水侧压力损失试验

C.1　适用范围

本附录规定直燃机水侧压力损失试验方法。

C.2　试验方法

C.2.1　测压管

a)　在水的进出接口上安装直管,直管长度为接管内径的4倍以上。测压孔设在接管的外圆上,距直燃机机体的距离及距弯管的距离均为接管内径2倍以上。测压孔的轴线垂直于直燃机内部管系和外接管系的弯曲段构成的平面。如图C.1所示。

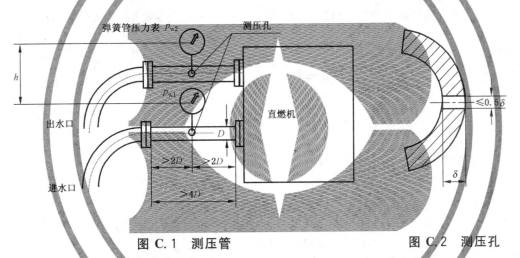

图C.1　测压管　　　　　　　　　图C.2　测压孔

b)　测压孔垂直接管内壁(见图C.2),测压孔直径取2 mm～6 mm,但不得大于接管直径的1/10及测压孔深度的1/2。测压孔所处位置的接管内表面应光滑,且开孔的内缘平整无异物。

C.2.2　水侧压力损失测定方法

将符合本标准6.2规定的弹簧管压力表连接在机组水管接口处的测压管上。彻底排除管路中的空气,并充满清水。在名义流量下,分别测量冷水、冷却水、温水的进口和出口的压力。

C.2.3　水侧压力损失的计算方法:

$$h_w = p_{w1} - p_{w2} - 0.01h \qquad \cdots\cdots\cdots\cdots\cdots\cdots\cdots(C.1)$$

式中:

h_w——水侧压力损失,单位为兆帕(MPa);

p_{w1}——装置进口处压力,单位为兆帕(MPa);

p_{w2}——装置出口处压力,单位为兆帕(MPa);

h——两压力表中心之间的垂直高度差,单位为米(m);出口高取正值,进口高取负值。

附 录 D
（资料性附录）
运转、使用和维护

D.1 一般事项

D.1.1 必须明确了解机组及附属设备的构造、性能,熟知安全装置的功能。

D.1.2 所用燃料必须是说明书和标牌规定的,且符合本标准表2的规定。

D.1.3 不允许关闭安全装置运转。燃料压力、风压及安全控制装置设定值等不得擅自变动。

D.2 运转

D.2.1 机组和泵、冷却塔、空调器等附属设备,必须遵照说明书规定运转。

D.2.2 附属设备和机组自动开停预设的时间间隔,不得随意变更。

D.2.3 机组的安全阀、燃料控制阀、空气调节阀等燃烧安全设备不得用手动启闭。

D.2.4 运转时应经常巡视机组。异常停机后,要在消除异常源,确认安全之后,再按规程启动。

D.3 日常检查

D.3.1 必须要保持机内真空。要进行抽气等保持真空的操作时,必须按规定的周期和程序操作。

D.3.2 日常检查和运转数据的记录,按使用说明书的要求进行。

D.4 定期检查

D.4.1 按照规定的检查项目和检查方法进行定期检查。

D.4.2 记录检查结果,并按规定时间保存记录。

D.4.3 水质管理

    a) 机器使用的循环或一次性冷却水、循环补给水的水质,以表D.1为标准;

表 D.1 冷却水、补给水水质标准

指标（计量单位）	冷却水标准值	补给水标准值	超标可能形成的危害	
			腐蚀	结垢
25 ℃时 pH	6.5～8.0	6.0～8.0	○(过低)	○(过高)
25 ℃时电导率(μS/cm)	<800	<200	○	—
氯化物 Cl^-(mgCl^-/L)	<200	<50	○	—
硫酸根 SO_4^{2-}(mgCaSO$_4$/L)	<200	<50	○	—
酸消耗量($pH^{4.8}$)(mgCaCO$_3$/L)	<100	<50	—	○
总硬度(mgCaCO$_3$/L)	<200	<50	—	○
铁 Fe(mgFe/L)	<1.0	<0.3	○	○
硫离子 S^{2-}(mgS^{2-}/L)	不得检出	不得检出	○	—
铵离子 NH_4^+(mgNH_4^+/L)	<1.0	<0.2	○	—
溶解硅酸 SiO_2(mgSiO_2/L)	<50	<30	—	○
注:"○"表示超标存在此危害;"—"表示超标不存在此危害。				

    b) 为防止冷却水系统的腐蚀、结垢和产生黏液,可适当添加水处理剂;

    c) 为防止杂质浓缩,需排放部分冷却水;根据需要也可全部更换冷却水。

d) 冷水、温水的水质,可参照表 D.1。

D.4.4 吸收液管理

a) 直燃机吸收液技术指标按表 D.2。

b) 定期抽取吸收液,检查浓度、pH 或碱度,缓蚀剂含量,杂质等。

c) 根据检查结果,添加缓蚀剂、调整 pH 或碱度、分离除去污物。

表 D.2 吸收液技术指标

项 目	铬酸锂缓蚀剂系列	钼酸锂缓蚀剂系列
溴化锂 LiBr(或氯化锂 LiCl)	50％～55％(可根据需要调整)	
铬酸锂 Li_2CrO_4	0.10～0.30％	0
钼酸锂 Li_2MoO_4	0	0.05％～0.20％
pH 或碱度	pH 9～10.5	LiOH 0.05 mol/L～0.2 mol/L
硫酸根 SO_4^{2-}	＜0.02％	
氯离子 Cl^-	＜0.05％(氯化锂或混合溶液无限制)	
钾钠合计 $K^+ + Na^+$	＜0.02％	
氨 NH_3	＜0.001％	
钙 Ca^{2+}	＜0.001％	
镁 Mg^{2+}	＜0.001％	
钡 Ba^{2+}	＜0.001％	
铜 Cu^{2+}	＜0.0001％	
总铁 Fe	＜0.0001％	
硫化物 S^{2-} 试验	无反应	
溴酸盐 BrO_3^- 试验	无反应	
有机物试验	无反应(添加剂辛醇等除外)	

D.4.5 燃烧设备管理

a) 定期检查燃烧安全装置的动作及进行燃料系统泄漏试验,如有异常应更换配件或维修;

b) 燃烧系统有可能附着烟垢时,应检查燃烧机和高压发生器并进行清扫。

D.4.6 运转体止期按规定的保养项目及时进行保养。

D.5 维护

为使机组安全经济地运行,机器要定期交替保养、检修。

ICS 27.200
J 73

中华人民共和国国家标准

GB/T 18430.1—2007
代替 GB/T 18430.1—2001

蒸气压缩循环冷水(热泵)机组
第 1 部分:工业或商业用及类似用途
的冷水(热泵)机组

Water chilling (heat pump) packages using the vapor compression cycle—
Part 1:Water chilling(heat pump) packages for
industrial & commercial and similar application

2007-11-05 发布

2008-02-01 实施

中华人民共和国国家质量监督检验检疫总局
中国国家标准化管理委员会   发 布

前　言

GB/T 18430《蒸气压缩循环冷水(热泵)机组》分为两部分:

——第1部分:工业或商业用及类似用途的冷水(热泵)机组;

——第2部分:户用及类似用途的冷水(热泵)机组。

本部分为 GB/T 18430 的第1部分。

本部分修订 GB/T 18430.1—2001,与 GB/T 18430.1—2001 相比主要变化如下:

——本部分名称改为:工业或商业用及类似用途的冷水(热泵)机组;

——增加部分负荷性能系数 IPLV/NPLV 的定义(见3.2);

——名义工况调整为规定蒸发器的出口水温和流量、冷凝器的进口水温和流量(2001年版3.3.2,本版的4.3.2.1);

——污垢系数修订为:蒸发器水侧污垢系数为 0.018 $m^2 \cdot ℃/kW$,冷凝器水测污垢系数为 0.044 $m^2 \cdot ℃/kW$(2001年版3.3.3,本版的4.3.2.2);

——增加部分负荷工况及综合部分负荷性能系数(见4.3.2.3、4.3.3.1);

——机组名义工况时的制冷性能系数(COP)改为不低于 GB 19577 的限定值(2001年版3.3.4,本版的4.3.3.1);

——增加机组部分负荷性能的要求和试验方法(见5.5、6.3.3);

——增加接地电阻的要求和接地电阻测试方法(见5.8.9、6.3.7.8);

——调整了绝缘电阻试验、耐电压试验和淋水试验方法的内容(2001年版5.3.7.3、5.3.7.4、5.3.7.7,本版5.8.3、5.8.4、5.8.7)。

本部分自实施之日起代替 GB/T 18430.1—2001。

本部分的附录 A、附录 B、附录 C 是规范性附录,附录 D、附录 E 是资料性附录。

本部分由中国机械工业联合会提出。

本部分由全国冷冻空调设备标准化技术委员会(SAC/TC 238)归口。

本部分负责起草单位:约克(无锡)空调冷冻设备有限公司、合肥通用机械研究院、特灵空调系统(江苏)有限公司、浙江盾安人工环境设备股份有限公司、合肥通用环境控制技术有限公司。

本部分参加起草单位:烟台冰轮股份有限公司、武汉新世界制冷工业有限公司、广东省吉荣空调设备公司、珠海格力电器股份有限公司、上海一冷开利空调设备有限公司、广东美的商用空调设备有限公司、青岛海尔空调电子有限公司、丹佛斯(上海)自动控制有限公司、大金空调(上海)有限公司、深圳麦克维尔空调有限公司、广东申菱空调设备有限公司、宁波奥克斯电气有限公司、劳特斯空调(江苏)有限公司、重庆美的通用制冷设备有限公司、上海富田空调冷冻设备有限公司、昆山台佳机电有限公司、浙江春晖智能控制股份有限公司。

本部分主要起草人:胡祥华、戴世龙、张维加、李建军、杜娟。

本部分参加起草人:杜英芬、霍正齐、吴杰生、谭建明、汤成忠、舒为民、张晓兰、崔景潭、史剑春、周鸿钧、易新文、董云达、陈振乾、韩树衡、姚宏雷、刘一民、贝正其。

本部分由全国冷冻空调设备标准化技术委员会负责解释。

本部分所代替标准的历次版本发布情况为:

——GB/T 18430.1—2001。

蒸气压缩循环冷水(热泵)机组
第1部分:工业或商业用及类似用途
的冷水(热泵)机组

1 范围

本部分规定了电动机驱动的采用蒸气压缩制冷循环应用于工业或商业及类似用途的冷水(热泵)机组(以下简称"机组")的术语和定义、型式与基本参数、要求、试验方法、检验规则、标志、包装和贮存等。

本部分适用于制冷量为 50 kW 以上的集中空调或工艺用冷水的机组,也适用于为防止因室外气温降低而引起冻结、在水中溶解化学药剂作载冷(热)的机组。以发动机(柴油机或燃气机)或透平发动机(蒸汽轮机或燃气轮机)驱动的机组可参照执行。

本部分不适用于饮用水、饮料及不以水作载冷(热)剂的工业专用的机组。

2 规范性引用文件

下列文件中的条款通过 GB/T 18430 的本部分的引用而成为本部分的条款。凡是注日期的引用文件,其随后所有的修改单(不包括勘误的内容)或修订版均不适用于本部分,然而,鼓励根据本部分达成协议的各方研究是否可使用这些文件的最新版本。凡是不注日期的引用文件,其最新版本适用于本部分。

GB 4208—1993 外壳防护等级(IP 代码)(eqv IEC 529:1989)

GB 4343.2 电磁兼容 家用电器、电动工具和类似器具的要求 第2部分:抗扰度 产品类标准(GB 4343.2—1999,idt CISPR 14-2:1997)

GB/T 10870—2001 容积式和离心式冷水(热泵)机组性能试验方法

GB/T 13306 标牌

GB/T 13384 机电产品包装通用技术条件

GB/T 17758 单元式空气调节机

GB 19577 冷水机组能效限定值及能源效率等级

JB/T 4330 制冷空调设备噪声的测定

JB/T 4750 制冷装置用压力容器

JB/T 7249 制冷设备术语

JB 8654 容积式和离心式冷水(热泵)机组 安全要求

3 术语和定义

JB/T 7249 确立的以及下列术语和定义适用于本部分。

3.1

名义工况性能系数(COP) coefficient of performance(COP)

在表2规定的名义工况下,机组以同一单位表示的制冷(热)量除以总输入电功率得出的比值。

3.2

部分负荷性能系数 part load value(PLV)

用一个单一数值表示的空气调节用冷水机组的部分负荷效率指标,它基于机组部分负荷的性能系数值,按照机组在各种负荷下运行时间的加权因子计算得出。

3.2.1

综合部分负荷性能系数 integrated part load value(IPLV)

用一个单一数值表示的空气调节用冷水机组的部分负荷效率指标,基于表 3 规定的 IPLV 工况下机组部分负荷的性能系数值,按机组在特定负荷下运行时间的加权因素,通过式(1)获得。

$$IPLV(或 NPLV) = 2.3\% \times A + 41.5\% \times B + 46.1\% \times C + 10.1\% \times D \cdots\cdots(1)$$

式中:

A——100%负荷时的性能系数 COP(kW/kW);

B——75%负荷时的性能系数 COP(kW/kW);

C——50%负荷时的性能系数 COP(kW/kW);

D——25%负荷时的性能系数 COP(kW/kW)。

注 1:部分负荷百分数计算基准是指名义制冷量。

注 2:部分负荷性能系数 IPLV 代表了平均的单台机组的运行工况,可能不代表一个特有的工程安装实例。

3.2.2

非标准部分负荷性能系数 non-standard part load value(NPLV)

用一个单一数值表示的空气调节用冷水机组的部分负荷效率指标,基于表 3 规定的 NPLV 工况下机组部分负荷的性能系数值,按机组在特定负荷下运行时间的加权因素,通过式(1)获得。

4 型式与基本参数

4.1 型式

4.1.1 按制冷压缩机型式分类:

——开启式;

——半封闭式;

——全封闭式。

4.1.2 按制冷压缩机类型分类:

——往复活塞式;

——离心式;

——螺杆式;

——涡旋式。

4.1.3 按机组功能分类:

——单冷式;

——制冷及电加热制热兼用式;

——制冷及热泵制热兼用式(包括热泵制热和电加热制热同时使用的机组及热泵制热和电加热装置切换使用的机组)。

4.1.4 按制冷运行放热侧热交换方式分类:

——水冷式(水热源);

——风冷式(空气热源);

——蒸发冷却式。

4.2 型号

机组型号的编制方法,可由制造商自行编制,但型号中应体现本部分名义工况下机组的制冷量。

4.3 基本参数

4.3.1 机组名称及功能

机组相关的名称及功能见表 1。

表 1 机组名称及相应功能

机 组 名 称	机 组 功 能
水冷式	水冷单冷式
水-水热泵	水冷式制冷及水热源热泵制热
风冷式	风冷单冷式
空气-水热泵	风冷式制冷及空气热源热泵制热
蒸发冷却式	蒸发冷却单冷式

4.3.2 工况

4.3.2.1 名义工况

机组的名义工况见表2。

表 2 名义工况时的温度/流量条件

项 目	使用侧			热源侧(或放热侧)					
	冷、热水			水冷式		风冷式		蒸发冷却式	
	水流量/ [m³/(h·kW)]	出口水温/ ℃	进口水温/ ℃	水流量/ [m³/(h·kW)]	干球温度 ℃	湿球温度	干球温度 ℃	湿球温度	
制 冷	0.172	7	30	0.215	35			24	
热泵制热		45	15	0.184	7	6	—		

4.3.2.2 名义工况的其他规定

a) 机组名义工况时的蒸发器水侧污垢系数为 0.018 m²·℃/kW,冷凝器水侧污垢系数为 0.044 m²·℃/kW。新机组蒸发器和冷凝器的水侧应被认为是清洁的,测试时污垢系数应考虑为 0 m²·℃/kW,性能测试时应按附录C模拟污垢系数。

附录 C 为模拟机组名义工况下水侧污垢系数修正温差的计算方法。

b) 大气压力为 101 kPa。

4.3.2.3 部分负荷工况

部分负荷工况的温度条件见表3。

表 3 部分负荷工况

名 称		部分负荷规定工况	
		IPLV	NPLV
蒸发器	100%负荷出水温度/℃	7	选定的出水温度
	0%负荷出水温度/℃		同100%负荷的出水温度
	流量/[m³/(h·kW)]	0.172	选定的流量
	污垢系数/(m²·℃/kW)	0.018	指定的污垢系数
水冷式冷凝器	100%负荷进水温度/℃	30	选定的进水温度
	75%负荷进水温度/℃	26	a
	50%负荷进水温度/℃	23	
	25%负荷进水温度/℃	19	19
	流量/[m³/(h·kW)]	0.215	选定的流量
	污垢系数/(m²·℃/kW)	0.044	指定的污垢系数

表 3（续）

名　称		部分负荷规定工况	
		IPLV	NPLV
风冷式冷凝器	100%负荷干球温度/℃	35	
	75%负荷干球温度/℃	31.5	—
	50%负荷干球温度/℃	28	
	25%负荷干球温度/℃	24.5	
	污垢系数/(m²·℃/kW)	0	

a 75%和50%负荷的进水温度必须在15.5℃至选定的100%负荷进水温度之间按负荷百分比线形变化,保留一位小数。

4.3.3　制冷性能系数

4.3.3.1　机组名义工况时的制冷性能系数和综合部分负荷性能系数不应低于表 4 的数值。

表 4　制冷性能系数

机组类型	机组制冷量/kW	性能系数 COP	综合部分负荷性能系数 IPLV
			kW/kW
风冷式	>50	不低于 GB 19577 的限定值	2.8
水冷式	≤528		4.5
	>528～1 163		4.8
	>1 163		5.1
蒸发冷却式	>50		—

注:蒸发器和冷凝器水侧的污垢系数按附录 C 进行修正。

4.3.3.2　不能卸载的机组不适用 IPLV 数据,但必须明示。

5　要求

5.1　一般规定

机组应符合 JB 8654 和本部分的规定,并按经规定程序批准的图样和技术文件(或按用户和制造厂的协议)制造。

5.2　气密性、真空试验和压力试验

5.2.1　气密性

机组采用电子卤素检漏仪或氦检漏仪时,机组单点泄漏率应低于 14 g/a,并充分保证机组在应用周期中的气密性。

5.2.2　真空试验

机组进行真空试验时,制冷系统的各部位应无异常变形,且压力回升不得超过 0.15 kPa。

5.2.3　压力试验

机组试验时,水侧各部位应无异常变形和泄漏。

5.3　运转

机组出厂前应进行运转试验,机组应无异常。若试验条件不完备或对于额定电压 3 000 V 及以上的机组,可在使用现场进行运转试验。

5.4　名义工况性能

机组在制冷和热泵制热名义工况下进行试验时,其最大偏差应不超过以下规定:

a) 制冷量和热泵制热量应不小于名义规定值的 95%；

b) 机组消耗总电功率应不大于机组名义消耗电功率的 110%（热泵制热消耗总电功率不包括辅助电加热消耗功率）；

c) 名义工况的性能系数 COP 应符合表 4 的要求，并应不低于机组的明示值（当机组明示值的92% 高于表 4 规定的值时）的 92%；

d) 带有辅助电加热热泵制热机组的辅助电加热功率消耗应不大于名义消耗电功率的 105%；

e) 冷（热）水、冷却水的压力损失应不大于机组名义规定值的 115%。

5.5 部分负荷性能

5.5.1 综合部分负荷性能

5.5.1.1 冷水机组应按表 3 规定的 IPLV 部分负荷工况测定 100%、75%、50% 和 25% 负荷点的性能系数，并按式（1）计算其综合部分负荷性能系数 IPLV。

5.5.1.2 若机组不能按 5.5.1.1 或表 3 规定的 IPLV 工况正常运行，则可以按以下规定进行。

5.5.1.2.1 若机组不能在 75%、50% 或 25% 名义制冷量运行时，可以使机组在按表 3 规定的 IPLV 工况条件下的其他部分负荷点运行，测量的各个负荷点的性能系数，并在点与点之间用直线连接，绘出部分负荷曲线图。此时可从曲线图通过内插法来计算机组的 75%、50% 或 25% 负荷效率，但不得使用外插法。

5.5.1.2.2 若机组不能卸载到 25%、50% 或 75%，按以下规定进行：

a) 若机组无法卸载到 25% 但低于 50%，则其 75% 和 50% 的 COP 按 5.5.1.2.1，机组在最小负荷运行，按表 3 规定的 25% 的 IPLV 工况条件，测试制冷性能系数，然后按式（2）计算 25% 负载的 COP。

b) 若机组无法卸载到 50% 但低于 75%，则其 75% 的 COP 按 5.5.1.2.1，机组在最小负荷运行，分别按表 3 规定的 50%、25% 的 IPLV 工况条件，测试制冷性能系数，按式（2）计算 50% 和25% 的 COP。

$$\text{COP} = \frac{Q_{m}}{C_{D} \cdot P_{m}} \qquad\qquad\cdots\cdots\cdots\cdots\cdots\cdots（2）$$

式中：

Q_{m}——实测制冷量，单位为千瓦（kW）；

P_{m}——实测输入总功率，单位为千瓦（kW）；

C_{D}——衰减系数，是由于机组无法达到最小负荷，压缩机循环停机引起。由式（3）计算。

$$C_{D} = (-0.13 \cdot \text{LF}) + 1.13 \qquad\qquad\cdots\cdots\cdots\cdots\cdots\cdots（3）$$

$$\text{LF} = \frac{\left(\dfrac{\text{LD}}{100}\right) \cdot Q_{\text{FL}}}{Q_{\text{PL}}} \qquad\qquad\cdots\cdots\cdots\cdots\cdots\cdots（4）$$

式中：

LF——负荷系数；

LD——表 3 中规定的 4 个 IPLV 的负荷数；

Q_{FL}——满负荷制冷量，单位为千瓦（kW）；

Q_{PL}——部分负荷制冷量，单位为千瓦（kW）。

5.5.1.3 综合部分负荷性能系数与明示值的偏差

综合部分负荷性能系数 IPLV 应符合表 4 的规定，并应不低于明示值的 92%（当机组明示值的92% 高于表 4 规定的值时）。

5.5.2 非标准部分负荷性能

必要时应进行非标准部分负荷性能试验。

5.5.2.1 按表 3 规定的 NPLV 部分负荷工况测定 100%、75%、50% 和 25% 负荷点的性能系数，并按式(1)计算其非标准部分负荷性能系数 NPLV。

5.5.2.2 若机组不能按 5.5.2.1 或表 3 规定的 NPLV 工况正常运行,则可以按以下规定进行。

5.5.2.2.1 若机组不能在 75%、50% 或 25% 名义制冷量运行时,可以使机组在按表 3 规定的 NPLV 工况条件的其他部分负荷点运行,测量的各个负荷点的性能系数,在点与点之间用直线连接,绘出部分负荷曲线图。此时可从曲线图通过内插法来计算机组的 75%、50% 或 25% 负荷效率,但不得使用外插法。

5.5.2.2.2 若机组不能卸载到 25%、50% 或 75%,按以下规定进行:

　　a) 若机组无法卸载到 25% 但低于 50%,则其 75% 和 50% 的 COP 按 5.5.1.2.1,机组在最小负荷运行,按表 3 规定的 25% 的 NPLV 工况条件,测试制冷性能系数,然后按式(2)计算 25% 负载的 COP。

　　b) 若机组无法卸载到 50% 但低于 75% 负载,则其 75% 的 COP 按 5.5.1.2.1,机组在最小负荷运行,分别按表 3 规定的 50%、25% 的 NPLV 工况条件,测试制冷性能系数,按式(2)计算 50% 和 25% 的 COP。

5.5.2.3 非标准部分负荷性能系数与明示值偏差

非标准部分负荷性能系数应不低于机组明示值的 92%。

5.6 设计和使用条件

机组应在表 5 规定的条件下正常工作。

表 5　机组设计温度/流量条件

项　目		使用侧		热源侧(或放热侧)					
		冷、热水		水冷式		风冷式		蒸发冷却式	
		水流量	出口水温	进口水温	水流量	干球温度	湿球温度	干球温度	湿球温度
制冷	名义工况	0.172	7	30	0.215	35			24
	最大负荷工况		15	33		43	—		27[a]
	低温工况		5	19		21			15.5[b]
热泵制热	名义工况	0.172	45	15	0.134	7	6		—
	最大负荷工况		50	21		21	15.5		
	融霜工况		45	—	—	2	1		

[a] 补充水温度为 32℃。

[b] 补充水温度为 15℃。

注:表中温度单位为 ℃,流量单位为 m³/(h·kW)。

5.6.1 最大负荷工况

机组按表 5 最大负荷工况运行时,电动机、电器元件、连接接线及其他部件应正常工作。

5.6.2 低温工况

机组按表 5 低温工况运行时应正常工作。

5.6.3 融霜工况

装有自动融霜机构的空气源热泵机组按表 5 融霜工况运行时应符合以下要求:

　　——安全保护元器件不应动作而停止运行;

　　——融霜应自动进行;

　　——融霜时的融化水及制热运行时室外侧(热源侧)换热器的凝结水应能正常排放或处理;

　　——在最初融霜结束后的连续运行中,融霜所需的时间总和不应超过运行周期时间的 20%,两个以上独立制冷循环的机组,各独立循环融霜时间的总和不应超过各独立循环总运转时间的 20%。

5.6.4 变工况性能

机组变工况性能温度条件如表6所示。

表 6 变工况性能温度范围   单位为摄氏度

项 目	使用侧		热源侧（或放热侧）					
	冷、热水		水冷式		风冷式		蒸发冷却式	
	进口水温	出口水温	进口水温	出口水温	干球温度	湿球温度	干球温度	湿球温度
制冷	—	5～15	19～33	—	21～43			15.5～27
热泵制热	40～50	15～21			—7～21			—

5.7 噪声和振动

5.7.1 机组应按 JB/T 4330 的规定测量机组的噪声声压级,实测值应不大于机组的明示值。

5.7.2 机组应进行振动测量,实测值应不大于机组的明示值。

5.8 电器安全

5.8.1 电压变化性能

机组在表5规定的制冷和热泵制热名义工况下运行,改变电压时,安全保护机构不动作。带有辅助电加热的热泵制热机组其防过热保护器亦不应动作,机组无异常现象并能连续运行。

注:电动机、电器元件及安全保护机构等由相关质量监督部门进行检测并提供报告则可不进行此项测试。

5.8.2 电动机绕组温度

机组在表5制冷和热泵制热名义工况下运行时,电动机绕组温度应符合 JB 8654 的规定。

5.8.3 绝缘电阻

机组带电部位和可能接地的非带电部位之间的绝缘电阻值,额定电压单相交流220 V、三相交流380 V 时应不小于1 MΩ;额定电压三相交流3 000 V、6 000 V 时应不小于5 MΩ;额定电压三相交流10 000 V时应不小于10 MΩ。

5.8.4 耐电压

在绝缘电阻试验后,机组带电部位和非带电部位之间加上6.3.7.4规定的试验电压时,应无击穿和闪络。

5.8.5 启动性能

做启动试验时,启动电流值应小于规定启动电流值的115%,且电动机的启动试验应和电动机转子停止位置无关。

5.8.6 耐湿性能

机组应进行耐湿试验。试验后其绝缘电阻和耐电压应分别符合5.8.3和5.8.4规定。

5.8.7 淋水绝缘性能

对室外机组应进行淋水试验。试验后其绝缘电阻和耐电压应分别符合5.8.3和5.8.4规定。

5.8.8 抗干扰性能

采用微处理器的机组控制系统,应具有抑制无线电或其他通讯干扰信号的性能。按 GB 4343.2 进行测试,应符合标准中有关限制产生干扰影响的要求。

5.8.9 接地电阻

机组应有符合 JB 8654 规定的接地装置,接地电阻应小于0.1 Ω。

5.9 外观

机组外表面应清洁,涂漆表面应光滑。管路附件安装一般应横平竖直、美观大方。充装制冷剂前,机组内与制冷剂和润滑油接触的表面应保持洁净、干燥。

5.10 保用期

用户在遵守机组运输、保管、安装、使用和维护规定的条件下,从制造厂发货之日起18个月内或开机调试运行后 12 个月内（以两者中先到者为准），机组因制造质量不良而发生损坏或不能正常工作时，制造厂应免费修理或更换。

6 试验方法

6.1 测量仪表准确度和测量规定

6.1.1 测量仪表、仪器准确度按 GB/T 10870—2001 中附录 A 的规定并经校验或校准合格。

6.1.2 测量按以下规定进行：

    a) 测量仪表的安装和使用按 GB/T 10870 的规定；

    b) 机组空气干、湿球温度的测量采用取样法测量，取样器按附录 A 的要求。

6.2 安装和试验规定

6.2.1 测试时，应符合以下规定的条件：

    ——机组的水温及空气干、湿球温度偏差按表 7 的规定；

    ——被试机组应在额定频率、额定电压下运行，其频率偏差值不应大于 0.5 Hz、电压偏差不应大于 ±5%。

6.2.2 被试机组应按生产厂规定的方法进行安装，并且不应进行影响制冷量和热泵制热量的构造改装。风冷式和蒸发冷却式机组的测试环境应充分宽敞，机组附近的风速应减小到充分低的值，以免影响机组的性能。

6.2.3 机组使用的水质应符合附录 D 的规定。

6.2.4 机组测试时，温度和流量偏差应符合表 7 和表 8 规定。

表 7 机组测试温度和流量偏差

项 目		使用侧			热源侧（或放热侧）				
		冷、热水			水冷式	风冷式		蒸发冷却式	
		水流量/[m³/(h·kW)]	出口水温/℃	进口水温/℃	水流量/[m³/(h·kW)]	干球温度/℃	湿球温度/℃	干球温度/℃	湿球温度/℃
制冷	名义工况	±5%	±0.3	±0.3	±5%	±1	—	—	±0.5
	最大负荷工况		±0.5	±0.5					±0.5[a]
	低温工况								
热泵制热	名义工况		±0.3	±0.3		±0.5			—
	最大负荷工况		±0.5						
	融霜工况[b]			—	—				

    [a] 补充水温度偏差为 ±2℃。

    [b] 融霜工况为融霜运行前的条件，开始融霜时表 7 和表 8 规定的温度条件均可。

表 8 融霜时的温度偏差　　　　　　　　　单位为摄氏度

工 况	使 用 侧	热 源 侧
	出口水温	干球温度
热泵制热融霜	±3	±6

6.3 试验要求

6.3.1 气密性、真空和压力试验

    ——气密性试验：机组制冷剂侧在设计压力下，按 JB/T 4750 中气密性试验方法进行检验，应符合 5.2.1 的规定。

——真空试验:机组制冷剂侧进行气密性试验合格后,抽真空至 0.3 kPa,至少保压 30 min,应符合 5.2.2 的规定。

——压力试验:机组水侧在 1.25 倍设计压力(液压)或在 1.15 倍设计压力(气压)下,按 JB/T 4750 中液压试验方法进行检验,应符合 5.2.3 的规定。

6.3.2 名义工况性能试验

6.3.2.1 制冷量和消耗总电功率试验

将机组卸载机构等能量调节置于最大制冷量位置,在表 2 和表 5 规定的制冷名义工况下,按以下规定进行试验测定和计算制冷量与消耗总电功率,并应符合 5.4 a)和 5.4 b)的规定。同时测量运行电流和功率因数。

    a) 水冷式机组:制冷量按 GB/T 10870—2001 的规定,主要试验采用液体载冷剂法进行试验测定和计算,校核试验采用机组热平衡法。消耗总电功率包括压缩机电动机、油泵电动机和操作控制电路等的输入总电功率。

    b) 风冷式和蒸发冷却式机组:制冷量按 GB/T 10870—2001 的规定,采用液体载冷剂法进行试验测定和计算。放热侧采用 GB/T 17758 的空气焓差法中的室内空调装置使其达到放热侧环境温度条件。消耗总电功率除 6.3.2.1 a)中包括项目外,风冷式还应包括放热侧冷却风机消耗的电功率,蒸发冷却式还应包括水泵和风机消耗的电功率。

6.3.2.2 热泵制热量和消耗总电功率试验

将机组的卸载机构等能量调节置于最大制热量的位置,在表 2 和表 5 规定的制热名义工况下,按以下规定进行试验测定和计算制热量与消耗总电功率,并应符合 5.4 a)和 5.4 b)的规定。同时测量运行电流和功率因数。

    a) 水冷式机组:制热量按 GB/T 10870—2001 的规定,主要试验采用液体载冷剂法(实为使用侧冷凝器载热剂)进行试验测定和计算,校核试验采用机组热平衡法(实为热源侧蒸发器)。消耗总电功率同 6.3.2.1 a)的内容。但制热量和消耗总电功率不包括辅助电加热的制热量和电功率消耗。

    b) 风冷式机组:制热量按 GB/T 10870—2001 的规定,采用液体载冷剂法(实为使用侧冷凝器载热剂)进行试验测定和计算。热源侧同 6.3.2.1 b)的规定。制热量和消耗总电功率不包括辅助电加热的制热量和电功率消耗。

6.3.2.3 辅助电加热消耗的电功率

带有辅助电加热的机组按 6.3.2.2 进行热泵制热量试验时,当热泵制热量的测定稳定后,给辅助电加热通电,并测定消耗的电功率,应符合 5.4 d)的规定。

6.3.2.4 名义工况性能系数

由 6.3.2.1 和 6.3.2.2 求得的制冷量(制热量)Q_n(kW)和消耗总电功率 N_0(kW)按式(5)计算,计算结果应符合表 4 和 5.4 c)的规定。

$$COP = \frac{Q_n}{N_0} \qquad \cdots\cdots\cdots\cdots\cdots\cdots\cdots\cdots\cdots\cdots(5)$$

6.3.2.5 水侧压力损失

在进行上述试验时,按附录 B 的方法测量冷、热水和冷却水的压力损失,应符合 5.4 e)的规定。

6.3.3 机组部分负荷性能试验

在表 3 规定的部分负荷工况下,按以下规定进行试验测定,并按式(5)计算性能系数,按式(1)计算部分负荷性能系数 IPLV 或 NPLV,IPLV 应符合表 4 和 5.5.1.3 的规定,NPLV 应符合 5.5.2.3 的规定。

a) 水冷式机组:制冷量按 GB/T 10870—2001 的规定,主要试验采用液体载冷剂法进行试验测定和计算,校核试验采用机组热平衡法。消耗总电功率包括压缩机电动机、油泵电动机和操作控制电路等的输入总电功率。

   1) 校核试验热平衡偏差不得大于公式(6)的计算值。

$$热平衡允许偏差 \% = 10.5 - (0.07 \times FL) + \left(\frac{833.3}{DT_{FL} \times FL} \right) \qquad\cdots\cdots\cdots\cdots (6)$$

式中:

DT_{FL}——满负荷蒸发器进出水温差,单位为摄氏度(℃);

  FL——负荷百分数。

   2) 部分负荷试验时,75%,50%和25%负荷点的实测制冷量在各负荷点名义制冷量的±2%以内有效,否则必须按内插法计算。

b) 风冷式机组:制冷量按 GB/T 10870—2001 的规定,采用液体载冷剂法进行试验测定和计算。放热侧采用 GB/T 17758 的空气焓差法中的室内空调装置使其达到放热侧环境温度条件,消耗总电功率除 6.3.3 a)中包括项目外,风冷式还应包括放热侧冷却风机消耗的电功率。

6.3.4 运转试验

机组进行运转试验,检查机组运行是否正常。

6.3.5 机组设计和使用范围试验

6.3.5.1 最大负荷试验

在额定电压和额定频率以及表5规定的最大负荷工况下运行,达到稳定状态后再运行2 h,应符合5.6.1的规定。

6.3.5.2 低温试验

在额定电压和额定频率以及表5规定的制冷低温工况下运行6 h,应符合5.6.2的规定。

6.3.5.3 融霜试验

在表5规定的融霜工况下,连续进行热泵制热,最初的融霜周期结束后,再继续运行3 h,应符合5.6.3的规定。

6.3.5.4 变工况试验

机组按表6某一条件改变时,其他条件按名义工况时的流量和温度条件。该试验应包括表6中相应的工况温度条件点。将试验结果绘制成曲线图或编制成表格,每条曲线或每个表格应不少于4个测量点的值。

6.3.6 噪声和振动

6.3.6.1 噪声测量

噪声测量按 JB/T 4330 矩形六面体测量表面的方法,并按 JB/T 4330 表面平均声压级的方法计算声压级。

6.3.6.2 振动测量

机组按如下方法测量振动:

a) 测量仪器的频率范围应为 10 Hz~500Hz。在此频率范围内的相对灵敏度以 80 Hz 的相对灵敏度为基准,其他频率的相对灵敏度应在基准灵敏度的+10%~−20%的范围以内。

b) 机组安装在平台上。安装平台和基础应不产生附加振动或机组共振,机组运行时安装平台的振动值应小于被测机组最大振动值的10%。

c) 机组在测定时的运行状态:机组应在输入电源的额定频率和额定电压的名义工况运行状态下进行测定。

d) 测点的配置:测点数一般为一点,该测点应在机架下部压缩机正下方分别按轴向、垂直轴向和水平面垂直轴向配置。

e) 测量的要求:测量时,测量仪器的传感器与测点的接触应良好,并应保证具有可靠的联结。机组的振动值系以各测点测得的最大数据为准。

f) 试验报告:试验报告中应写明机组型号、测定的工况、机组制造厂名及产品编号。试验报告中应注明最大振动值的测点位置。

6.3.7 电气安全试验

6.3.7.1 电压变化试验

机组分别在表5中制冷和热泵制热名义工况下,使电源电压在额定电压值±5%的范围内变化运行1 h,应符合5.8.1的规定。

6.3.7.2 电动机绕组温度试验

机组按6.3.2.1或6.3.2.2做制冷量或热泵制热试验的同时,利用电阻法测定电动机绕组温度,应符合JB 8654的规定;对具有调速设备的机组,应分别进行最高和最低转速的试验。

6.3.7.3 绝缘电阻试验

按表9规定,用绝缘电阻计测量机组带电部位与可能接地的非带电部位之间的绝缘电阻,并符合5.8.3的规定。

注:在控制电路的电压范围内,在对地电压为直流30 V以下的控制回路中应用的电子器件,可免去该项耐电压试验。

表 9 绝缘电阻计额定电压

单位为伏

输入电压值	绝缘电阻计额定试验电压
$V \leqslant 500$	500
$500 < V \leqslant 3\ 000$	1 000
$V > 3\ 000$	2 500

6.3.7.4 耐电压试验

机组经6.3.7.3绝缘电阻试验后,或6.3.7.6耐湿试验、6.3.7.7淋水试验后,按以下方法进行耐电压试验:

a) 在机组带电部位和非带电金属部位之间加上一个频率为50 Hz的基本正弦波电压,试验电压值为1 000 V+2倍额定电压值,试验时间为1 min;试验时间也可采用1 s,但试验电压值应为1.2倍的(1 000 V+2倍额定电压值)。

b) 电机已由生产商进行耐电压试验并出具检测报告的,可不再进行该项目测试。

c) 已进行耐电压试验的部件可不再进行试验。

d) 在控制电路的电压范围内,在对地电压为直流30 V以下的控制回路中应用的电子器件,可免去该项耐电压试验。

6.3.7.5 启动试验

启动试验包括启动电流试验和启动电压试验。

a) 启动电流试验:继6.3.7.2试验后,立即运行6.3.7.3和6.3.7.4的试验。在电机转子停止状态时,施加额定频率的某一电压值,该值应是电流达到与在制冷消耗总电功率试验时测得的电动机电流值相似测得的电压值。由式(7)算出启动电流值,并应符合5.8.5的规定。

$$I_Q = I_D = I'_D \frac{V}{V'_D} \qquad\qquad\cdots\cdots\cdots\cdots\cdots\cdots (7)$$

65

式中：

I_Q——启动电流，单位为安（A）；

I_D——额定电压下的堵转电流，单位为安（A）；

I'_D——在额定电压下制冷消耗总电功率试验时测得的电动机电流值相近的堵转电流，单位为安（A）；

V——额定电压，单位为伏（V）；

V'_D——与电流 I'_D 相对应的阻抗电压，单位为伏（V）。

> 注：以常规的控制方式使两台以上电动机同时启动的机组启动电流，是指同时通电时的启动电流或各自启动电流之和。对分别启动电动机的机组，是指在表5制冷名义工况下，直到最后一台电动机启动后的最大电流。

  b) 启动电压试验：机组在表5规定的制冷名义工况下运转后，使电动机停止运行，按制造厂规定的停止间歇时间后，再施以额定频率下的90%额定电压进行启动，应符合5.8.5的规定。

  c) 热泵制热机组按表5规定的制热名义工况运转进行6.3.7.5 a)、6.3.7.5 b)测定。

6.3.7.6 耐湿试验

机组在6.3.5.2低温试验后或在6.3.5.3融霜试验后，立即进行6.3.7.3绝缘电阻试验和6.3.7.4耐电压试验，应分别符合5.8.3和5.8.4的规定。

经过6.3.7.7试验的机组可以免除该项试验。

6.3.7.7 淋水绝缘试验

淋水绝缘试验应按GB 4208—1993中IPX4等级进行淋水试验，结束后立即进行6.3.7.3绝缘电阻试验和6.3.7.4耐电压试验，测试结果应分别符合5.8.3和5.8.4的规定。

6.3.7.8 接地电阻值测试

检查机组是否安装具有符合规定的接地装置。在接地端子和保护接地电路部件之间，通入保安特低电压电源的50 Hz、至少10 A电流和至少10 s时间，测量接地端子和各测试点间的电压降，由电流和该电压降计算出电阻。

6.3.8 外观

目测机组外观，应符合5.9的规定。

6.3.9 试验报告

6.3.9.1 根据6.3.1～6.3.7各项试验内容，记录测试参数和结果，并根据相应标准的规定进行计算。

6.3.9.2 试验操作人员、审核人员签字。

7 检验规则

7.1 检验项目

机组的检验分为出厂检验和型式检验。

7.2 出厂检验

每台机组均应做出厂检验，检验项目、要求及试验方法按表10的规定。

7.3 型式检验

7.3.1 新产品或定型产品作重大改进对性能有影响时，第一台产品应做型式检验。

7.3.2 型式检验的项目、要求及试验方法按表10的规定。

7.3.3 型式检验时，在名义工况运行不少于12 h，允许中途停车，以检查机组运行情况。运行时如有故障，在故障排除后应重新进行试验，前面进行的试验无效。

表 10 检验项目

项目		出厂检验	型式检验	技术要求	试验方法
气密性、真空、压力试验				5.2	6.3.1
绝缘电阻		✓		5.8.3	6.3.7.3
耐电压				5.8.4	6.3.7.4
运转				5.3	6.3.4
外观			✓	5.9	6.3.8
名义工况性能	制冷量、消耗电功率			5.4	6.3.2.1、6.3.2.4
	制热量、消耗电功率			5.4	6.3.2.2、6.3.2.3、6.3.2.4
	水侧压力损失			5.4	6.3.2.5
	性能系数			4.3.3 和 5.4	6.3.2.4
	非标准部分负荷		—	5.5.2	6.3.3
最大负荷				5.6.1	6.3.5.1
低温				5.6.2	6.3.5.2
融霜		—		5.6.3	6.3.5.3
变工况				5.6.4	6.3.5.4
噪声和振动				5.7	6.3.6
电压变化			✓	5.8.1	6.3.7.1
电动机绕组温度				5.8.2	6.3.7.2
耐电压				5.8.4	6.3.7.4
启动				5.8.5	6.3.7.5
耐湿				5.8.6	6.3.7.6
淋水绝缘性能				5.8.7	6.3.7.7
接地电阻				5.8.9	6.3.7.8
注:"√"表示需检验项目;"—"表示不需检验项目。					

8 标志、包装和贮存

8.1 标志

8.1.1 每台机组应在明显位置上设置永久性铭牌,铭牌应符合 GB/T 13306 的规定。铭牌内容见表11。

表 11 铭牌内容

标记内容	机组功能		
	单冷式机组	制冷及热泵制热兼用机组	制冷及电加热装置制热兼用机组
型号	✓	✓	✓
名称	✓	✓	✓
名义制冷量/kW	✓	✓	✓
名义制热量/kW	—	✓	✓
额定电压/V;相数;频率/Hz	✓	✓	✓
最大运行电流	△	△	△

表 11（续）

标 记 内 容	机 组 功 能		
	单冷式机组	制冷及热泵制热兼用机组	制冷及电加热装置制热兼用机组
名义制冷消耗总功率/kW	√	√	√
名义制热消耗总功率/kW	—	√	√
COP	√	√	√
IPLV	△	△	△
水侧阻力/kPa	△	△	△
噪声（声压级）	△	△	△
制冷剂名称及充注量/kg	√	√	√
机组外形尺寸/mm	△	△	△
机组总质量/kg	√	√	√
制造厂名称和商标	√	√	√
制造年月及产品编号	√	√	√

注："√"表示"需要"；"△"表示"选项"；"—"表示"不需要"。不能卸载的机组不适用 IPLV 数据，需明示"不适用"或以"—"表示。

8.1.2 机组相关部位上应设有工作情况标志，如转向、水流方向、液位、油位标记等。

8.1.3 应在相应的地方（如铭牌、产品说明书等）标注产品执行标准编号。

8.2 随机文件

每台机组出厂时应随带产品合格证、产品说明书和装箱单。

8.2.1 产品合格证的内容包括：

——型号和名称；

——产品编号；

——制造厂商标和名称；

——检验结论；

——检验员、检验负责人签章及日期。

8.2.2 产品说明书的内容包括：

——工作原理、特点及用途；

——主要技术参数；

——结构示意图、压力损失、电气线路等；

——安装说明、使用要求、维护保养及注意事项；

——机组主要部件名称、数量。

8.3 防锈

机组外露的不涂漆加工表面应采取防锈措施，螺纹接头用螺塞堵住，法兰孔用盲板封盖。

8.4 包装

机组的包装应符合 GB/T 13384 的规定。

8.5 贮存

8.5.1 机组出厂前应充入或保持规定的制冷剂量，或充入 0.02 MPa～0.03 MPa（表压）的干燥氮气。

8.5.2 机组应存放在库房或有遮盖的场所。根据协议露天存放时，应注意整台机组和自控、电气系统的防潮。

附　录　A
（规范性附录）
机组空气干、湿球温度的测量（取样法）

A.1　适用范围

本附录规定了风冷冷水（热泵）机组空气干、湿球温度的测量（取样法）。

A.2　试验方法

A.2.1　机组空气进口处的温度测量应在风冷翅片热交换器周围至少取 3 点，测量点的空气温度不应受机组排出空气的影响。

A.2.2　温度测量仪表取样器（典型的取样器见图 A.1）的位置应离风冷翅片热交换器的表面 600 mm。

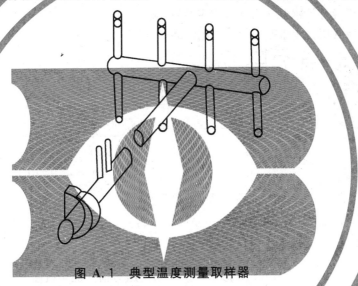

图 A.1　典型温度测量取样器

A.2.3　测出的温度应是机组周围温度的代表值。

A.2.4　经过湿球温度测量仪表的空气流速应为 5 m/s 左右，在空气进口和出口处的温度测量应用同样的流速。

附　录　B

（规范性附录）

机组水侧压力损失的测量

B.1　适用范围

本附录规定了蒸气压缩循环冷水（热泵）机组水侧压力损失的测量。

B.2　试验方法

B.2.1　水侧压力损失测定装置

水侧压力损失测定装置，在冷水（热泵）机组的水配管接头上连接压力测试用管，按以下装置测定冷水、冷却水或热水进口侧与出口侧的压差。

B.2.1.1 U形水银液柱计水侧压力损失测定装置（图 B.1）。

B.2.1.2 弹性金属管压力表水侧压力损失测定装置（图 B.2）。

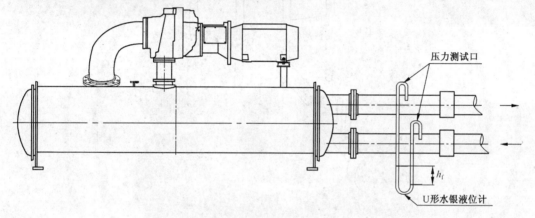

图 B.1　U形水银液柱水侧压力损失测定装置

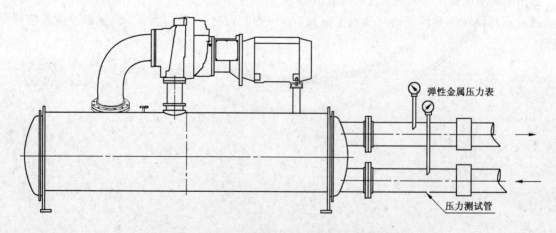

图 B.2　弹性金属管压力表水侧压力损失测定装置

B.2.1.3　压力测试管

a)　冷水（热泵）机组的冷水、冷却水及热水进出接口上连接各自的直管，直管长度为配管直径 4 倍以上的直管，在距加接后的配管直径 2 倍以上位置圆周上设置一个压力测试孔，其位置与冷水（热泵）机组内部配管及连接配管弯头平面成垂直方向（图 B.3）。

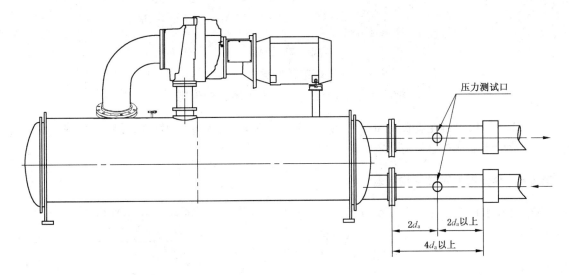

图 B.3　压力测试管

b)　测定孔径为 2 mm～6 mm 如图 B.4 所示,与管内壁垂直,长度为孔径的 2 倍以上。其位置的内表面应光滑,孔内缘应无毛刺。

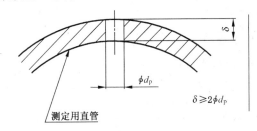

图 B.4　压力测试孔

B.2.2　水侧压力损失测定方法

在规定水量时,测定冷水(热泵)机组进口侧与出口侧的压力差。此时应完全排除仪表及仪表与压力测试孔之间接管内的空气,并充满清水。

附　录　C

（规范性附录）

模拟机组水侧污垢系数修正温差的确定

本附录详细说明机组在满负荷和部分负荷工况下,模拟机组实际应用水侧污垢系数的增加而造成机组性能测试中附加修正温差的确定。

C.1　蒸发器、冷凝器的对数平均温差

按下列公式求得在相应污垢系数(ff_{sp})时蒸发器、冷凝器的对数平均温差(LMTD):

$$\mathrm{LMTD} = \frac{R}{\ln(1+R/S)} \qquad\qquad\text{(C.1)}$$

式中:

R——进出水温差$=(t_{wl}-t_{we})$的绝对值,单位为摄氏度(℃);

S——小温差$=(t_s-t_{wl})$的绝对值,单位为摄氏度(℃)。

C.2　对数平均温差(LMTD)

对数平均温差(LMTD)按以下规定推导:

$$\mathrm{LMTD} = \frac{(t_s-t_{we})-(t_s-t_{wl})}{\ln\dfrac{(t_s-t_{we})}{(t_s-t_{wl})}} = \frac{(t_{wl}-t_{we})}{\ln\left[\dfrac{(t_s-t_{wl})+(t_{wl}-t_{we})}{(t_s-t_{wl})}\right]} \qquad\text{(C.2)}$$

由于水侧污垢系数(ff_{sp})导致对数平均温差的增量(ILMTD)等于:

$$\mathrm{ILMTD} = ff_{sp}(q/A)$$

C.3　模拟水侧污垢系数增加后的水侧修正温差 TD_a

模拟水侧污垢系数增加后的水侧修正温差 TD_a 按下列公式计算:

$$TD_a = S_{sp} - S_c \qquad\qquad\text{(C.3)}$$

$$TD_a = S_{sp} - \frac{R}{e^Z-1} \qquad\qquad\text{(C.4)}$$

式中:

$$Z = \frac{R}{\mathrm{LMTD-ILMTD}}$$

$$S_c = \frac{R}{e^Z-1}$$

S_{sp}——指定的小温差;

S_c——在清洁工况下测试时的小温差。

按式 C.3、式 C.4 计算出模拟水侧污垢系数的修正温差 TD。须加到冷凝器冷却水进水温度和/或从蒸发器冷水出水温度中减去,以模拟增加水侧污垢后对机组运行工况的影响来测试机组的性能。

C.4　符号和下标

C.4.1　符号:

A——蒸发器或冷凝器的总传热面积,m²;

e——自然对数底;

q——换热量;

R——进出水温差，$(t_{wl}-t_{we})$的绝对值，℃；

S——小温差，(t_s-t_{wl})的绝对值，℃；

t——温度，℃；

ff——水侧污垢系数；

t_s——对单一组分或共沸混合工质为饱和蒸汽温度，对于非共沸混合工质等于露点温度。

C.4.2 下标：

a——附加污垢系数；

e——进水；

c——清洁；

l——出水；

w——水；

s——饱和；

sp——指定的。

从上述计算公式中，尤其是式 C.2 中可以看出，对于相同名义制冷量的机组在不同水侧污垢系数（ff_{sp}）工况下，其对数平均温差的增量（ILMTD）与蒸发器或冷凝器的总传热面积直接相关，即水侧污垢系数增加对机组性能的影响与机组热交换器的类型、结构和传热管的数量及传热管强化表面的性能相关。

C.4.3 计算示例

以下就一台满液式冷水机组的为例计算蒸发器的污垢系数模拟：

设计工况：

制冷量：$q=1\,055$ kW；

污垢系数：$ff_{sp}=0.018$ m²·℃/kW；

设计蒸发温度：$t_s=6$℃；

进水温度：$t_{we}=12$℃；

出水温度：$t_{wl}=7$℃；

管内（污垢侧）换热总面积：$A=74$ m²；

换热管数量：307；

长度：3 048 mm；

单位长度管内换热面积（换热管厂家提供，强化换热管应为翅化面积）：0.08 m²/m；

管内总换热面积：$A=307\times3.048\times0.08=74.85$ m²，去除深入管板的面积，实际换热面积74 m²。

$$\text{LMTD}=\frac{(t_s-t_{we})-(t_s-t_{wl})}{\ln\frac{(t_s-t_{we})}{(t_s-t_{wl})}}=\frac{(12-7)}{\ln\frac{(6-12)}{(6-7)}}=2.79$$

$$\text{ILMTD}=ff_{sp}(q/A)=0.018\times(1\,055/74)=0.257$$

$$Z=\frac{R}{\text{LMTD}-\text{ILMTD}}=\frac{5}{2.79-0.257}=1.97$$

$$\text{TD}_a=S_{sp}-\frac{R}{e^z-1}=1-\frac{5}{e^{1.97}-1}=0.19$$

因此清洁工况下测试时应以出水温度 7−0.19=6.81（℃）进行测试。

附　录　D

（资料性附录）

冷却水水质

D.1 冷却水水质

见表 D.1。

表 D.1　冷却水水质

冷却水水质				倾　向	
项　目			基　准　值	腐　蚀	结　垢
基准项	酸碱度 pH(25℃)		6.5~8.0	O	O
	导电率（25℃）	μS/cm	<800	O	O
	氯离子 Cl⁻	mg(Cl⁻)/L	<200	O	
	硫酸根离子 SO₄²⁻	mg(SO₄²⁻)/L	<200	O	
	酸消耗量(pH=4.8)	mg(CaCO₃)/L	<100		O
	全硬度	mg(CaCO₃)/L	<200		O
参考项目	铁 Fe	mg(Fe)/L	<1.0	O	O
	硫离子 S²⁻	mg(S²⁻)/L	不得检出	O	
	铵离子 NH⁺	mg(NH⁺)/L	<1.0	O	
	氧化硅 SiO₂	mg(SiO₂)/L	<50		O
注：O 表示腐蚀或结垢倾向的有关因素。					

附　录　E

（资料性附录）

部分负荷性能系数计算示例

E.1　部分负荷性能系数的计算示例

一台机组,满负荷名义制冷量为 400 kW,其测试数据如表 E.1。

表 E.1　部分负荷测试数据

负荷步数	负荷/%	制冷量/kW	输入功率/kW	COP
3（满载）	100	398	83.8	4.75
2[a]	72.3	289	57.6	5.02
1[b]	39	156	30.4	5.13
1[c]	40.5	162	32.0	5.06

[a]　测试条件为按表 3 和公式(2)计算出的 75% 负荷的工况条件。

[b]　最小负荷,测试条件为按表 3 和公式(2)计算出的 50% 负荷的工况条件。

[c]　最小负荷,测试条件为表 3 中 25% 负载工况条件。

根据 5.5.1.1,按照表中的数据绘制曲线如下图,按内插法计算 B 和 C 点的性能系数见表 E.2。

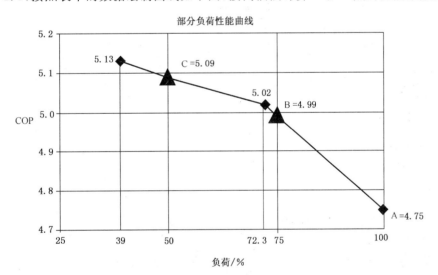

部分负荷性能曲线

表 E.2　部分负荷性能计算值

部分负荷点	负荷/%	制冷量/kW	COP
A	100	400	4.75
B	75	300	4.99
C	50	200	5.09

因为机组无法卸载到 25%,按 5.5.1.2 计算 D 点的性能系数:

$$LF = \frac{0.25 \times 400}{162} = 0.62$$

$$C_D = (-0.13 \times 0.62) + 1.13 = 1.05$$

$$COP = \frac{162}{1.05 \times 32} = 4.82$$

根据 A、B、C、D 点的性能系数计算部分负荷性能系数如下：

IPLV/NPLV = 2.3‰×4.75 + 41.5‰×4.99 + 46.1‰×5.09 + 10.1‰×4.82 = 5.01

GB/T 18430.1—2007《蒸气压缩循环冷水（热泵）机组 第 1 部分：工业或商业用及类似用途的冷水（热泵）机组》国家标准第 1 号修改单

本修改单经国家标准化管理委员会于 2008 年 5 月 28 日批准，自 2008 年 8 月 1 日起实施。

将 GB/T 18430.1—2007 中表 10 修改为：

表 10 检验项目

项 目		出厂检验	型式检验	技术要求	试验方法
气密性、真空、压力试验				5.2	6.3.1
绝缘电阻				5.8.3	6.3.7.3
耐电压		✓		5.8.4	6.3.7.4
运转				5.3	6.3.4
外观			✓	5.9	6.3.8
名义工况性能	制冷量、消耗电功率			5.4	6.3.2.1、6.3.2.4
	制热量、消耗电功率			5.4	6.3.2.2、6.3.2.3、6.3.2.4
	水侧压力损失			5.4	6.3.2.5
	性能系数			4.3.3 和 5.4	6.3.2.4
部分负荷性能	综合部分负荷			5.5.1	6.3.3
	非标准部分负荷		—	5.5.2	6.3.3
最大负荷				5.6.1	6.3.5.1
低温				5.6.2	6.3.5.2
融霜		—		5.6.3	6.3.5.3
变工况				5.6.4	6.3.5.4
噪声和振动				5.7	6.3.6
电压变化				5.8.1	6.3.7.1
电动机绕组温度			✓	5.8.2	6.3.7.2
耐电压				5.8.4	6.3.7.4
启动				5.8.5	6.3.7.5
耐湿				5.8.6	6.3.7.6
淋水绝缘性能				5.8.7	6.3.7.7
接地电阻				5.8.9	6.3.7.8

注："√"表示需检验项目；"—"表示不需检验项目。

ICS 27.200
J 73

中华人民共和国国家标准

GB/T 18430.2—2008
代替 GB/T 18430.2—2001

蒸气压缩循环冷水(热泵)机组
第2部分:户用及类似用途的
冷水(热泵)机组

Water chilling (heat pump) packages using the vapor compression cycle—
Part 2:Water chilling (heat pump) packages for
household and similar application

2008-07-01 发布
2009-02-01 实施

中华人民共和国国家质量监督检验检疫总局
中国国家标准化管理委员会 发布

前　言

GB/T 18430《蒸气压缩循环冷水(热泵)机组》分为两部分：

——第1部分：工业或商业用及类似用途的冷水(热泵)机组；

——第2部分：户用及类似用途的冷水(热泵)机组。

本部分为 GB/T 18430 的第2部分。本部分与 GB/T 18430.2—2001 相比主要变化内容如下：

——增加分体户用机的分类(见4.1.4)；

——名义工况调整为规定蒸发器的出水温度和流量，冷凝器的进水温度和流量(2001年版3.3.1，本版的4.3.1)；

——污垢系数的修订：蒸发器水侧污垢系数调整为 0.018 m² · ℃/kW，冷凝器水侧污垢系数调整为 0.044 m² · ℃/kW(2001年版3.3.2，本版的4.3.2)；

——增加部分负荷性能系数 IPLV/NPLV 的定义(见3.2)；

——增加部分负荷工况及综合部分负荷性能系数(见4.3.3、4.3.4)；

——增加部分负荷性能的要求和试验方法(见5.5、6.3.6)；

——机组名义工况性能系数 COP 改为不低于 GB 19577 的限定值并增加与机组明示值的关系(2001年版3.3.3，本版的5.4)；

——增加机组总消耗电功率的限定(见5.4)。

本部分自实施之日起代替 GB/T 18430.2—2001。

本部分附录 A 为资料性附录。

本部分由中国机械工业联合会提出。

本部分由全国冷冻空调设备标准化技术委员会(SAC/TC 238)归口。

本部分由全国冷冻空调设备标准化技术委员会负责解释。

本部分主要起草单位：浙江盾安人工环境设备股份有限公司、合肥通用机械研究院。

本部分参加起草单位：珠海格力电器股份有限公司、劳特斯空调(江苏)有限公司、深圳麦克维尔空调有限公司、广东美的商用空调设备有限公司、埃美圣龙(宁波)机械有限公司、青岛海尔空调电子有限公司、合肥通用环境控制技术有限责任公司。

本部分主要起草人：李建军、汪新民、史敏、姜灿华、丁伟、周鸿钧、舒卫民、李苏、周文部。

本部分所代替标准的历次版本发布情况为：

——GB/T 18430.2—2001。

蒸气压缩循环冷水(热泵)机组
第2部分:户用及类似用途的
冷水(热泵)机组

1 范围

GB/T 18430 的本部分规定了由电动机驱动的采用蒸气压缩制冷循环的户用及类似用途的冷水(热泵)机组(以下简称"机组")的术语和定义、型式与基本参数、要求、试验方法、检验规则、标志、包装、运输和贮存。

本部分适用于制冷量不大于 50 kW 的户用及类似用途的冷水(热泵)机组。

2 规范性引用文件

下列文件中的条款通过 GB/T 18430 的本部分的引用而成为本部分的条款。凡是注日期的引用文件,其随后所有的修改单(不包括勘误的内容)或修订版均不适用于本部分,然而,鼓励根据本部分达成协议的各方研究是否可使用这些文件的最新版本。凡是不注日期的引用文件,其最新版本适用于本部分。

GB/T 2423.17 电工电子产品基本环境试验 第 2 部分:试验方法 试验 Ka:盐雾 (GB/T 2423.17—2008,IEC 60068-2-11:1981,IDT)

GB/T 10870—2001 容积式和离心式冷水(热泵)机组性能试验方法(neq ASHRAE 30:1995)

GB/T 13306 标牌

GB/T 13384 机电产品包装通用技术条件

GB/T 17758 单元式空气调节机

GB/T 18430.1—2007 蒸气压缩循环冷水(热泵)机组 第 1 部分:工业或商业及类似用途的冷水(热泵)机组

GB 19577 冷水机组能效限定值及能源效率等级

JB/T 4330—1999 制冷和空调设备噪声的测定

JB/T 7249 制冷设备术语

JB 8654 容积式和离心式冷水(热泵)机组 安全要求

3 术语和定义

JB/T 7249 确立的以及下列术语和定义适用于本部分。

3.1

名义工况性能系数 coefficient of performance(COP)

在本部分表 1 规定的名义工况下,机组以同一单位表示的制冷(热)量除以总输入电功率得出的比值。

3.2

部分负荷性能系数 part load value(PLV)

用一个单一数值表示的空气调节用冷水机组的部分负荷效率指标,它基于机组部分负荷的性能系数值,按机组在各种负荷下运行时间的加权因素计算得出。

3.2.1

综合部分负荷性能系数 integrated part load value(IPLV)

用一个单一数值表示的空气调节用冷水机组的部分负荷效率指标,基于表 2 规定的 IPLV 工况下机组部分负荷的性能系数值,按机组在各种负荷下运行时间的加权因素,通过式(1)得出。

$$\text{IPLV(或 NPLV)} = 2.3\% \times A + 41.5\% \times B + 46.1\% \times C + 10.1\% \times D \quad \cdots\cdots(1)$$

式中:

A=100%负荷时的性能系数 COP(kW/ kW);

B=75%负荷时的性能系数 COP(kW/ kW);

C=50%负荷时的性能系数 COP(kW/ kW);

D=25%负荷时的性能系数 COP(kW/ kW)。

注1:部分负荷百分数计算基准是指名义制冷量。

注2:部分负荷性能系数 IPLV 代表了平均的单台机组的运行工况,可能不代表一个特有的工程安装实例。

3.2.2

非标准部分负荷性能系数　non-standard part load value(NPLV)

用一个单一数值表示的空气调节用冷水机组的部分负荷效率指标,基于表2规定的 NPLV 工况下机组部分负荷的性能系数值,按照机组在各种负荷下运行时间的加权因素,通过式(1)得出。

4　型式与基本参数

4.1　型式

4.1.1　按机组功能分类:

——单冷式机组;

——制冷及热泵制热机组(包括热泵和电加热装置同时或切换使用制热的机组);

——制冷及电加热制热机组。

4.1.2　按机组冷却方式分类:

——风冷式;

——水冷式。

4.1.3　按机组使用电源分类:

——使用单相交流电源;

——使用三相交流电源。

4.1.4　按机组结构形式分类:

——整体式;

——分体式。

4.2　型号

机组型号的编制方法,可由制造商自行编制,但型号中应体现名义工况下机组的制冷量。

4.3　基本参数

4.3.1　机组的名义工况见表1。

表 1　名义工况时的温度/流量条件

项　　目	使用侧		热源侧(或放热侧)			
	冷、热水		水冷式		风冷式	
	水流量	出口温度	进口温度	水流量	干球温度	湿球温度
制冷	0.172	7	30	0.215	35	—
热泵制热		45	15	0.134	7	6

注:水流量单位为:m³/(h·kW);温度单位为:℃。

4.3.2 机组名义工况的其他规定

a) 机组名义工况时的蒸发器水侧污垢系数为 0.018 m²·℃/kW,冷凝器水侧污垢系数为 0.044 m²·℃/kW。新蒸发器和冷凝器的水侧应被认为是清洁的,测试时污垢系数应考虑为 0.0 m²·℃/kW,性能测试时应按 GB/T 18430.1—2007 附录 C 模拟污垢系数进行温差修正。

b) 机组名义工况时的额定电压,单相交流为 220 V、三相交流为 380 V,额定频率均为 50 Hz。

c) 大气压力为 101 kPa。

4.3.3 机组部分负荷工况见表 2。

表 2 部分负荷工况

名 称		部分负荷规定工况	
		IPLV	NPLV
蒸发器	100%负荷出水温度/℃	7	选定的出水温度
	0%负荷出水温度/℃		同100%负荷的出水温度
	流量/[m³/(h·kW)]	0.172	选定的流量
	污垢系数/[m²·℃/kW]	0.018	指定的污垢系数
水冷式冷凝器	100%负荷进水温度/℃	30	选定的进水温度
	75%负荷进水温度/℃	26	a
	50%负荷进水温度/℃	23	
	25%负荷进水温度/℃	19	19
	流量/[m³/(h·kW)]	0.215	选定的流量
	污垢系数/(m²·℃/kW)	0.044	指定的污垢系数
风冷冷凝器	100%负荷干球温度/℃	35	
	75%负荷干球温度/℃	31.5	
	50%负荷干球温度/℃	28	
	25%负荷干球温度/℃	24.5	
	污垢系数/(m²·℃/kW)	0	

a 75%和50%负荷的进水温度必须在 15.5 ℃至选定的100%负荷进水温度之间按负荷百分比线形变化,保留一位小数。

4.3.4 制冷性能系数

机组名义工况时的制冷性能系数和综合部分负荷性能系数不得低于表 3 规定值。

表 3 制冷性能系数

机组类型	性能系数(COP)	综合部分负荷性能系数 IPLV
风冷式	不低于 GB 19577 的限定值	2.6
水冷式		4.1
注:蒸发器和冷凝器水侧的污垢系数按 GB/T 18430.1—2007 附录 C 进行修正。		

5 要求

5.1 一般规定

5.1.1 机组应符合本部分的规定,并按经规定程序批准的图样和技术文件(或按用户和制造厂的协议)制造。

5.1.2 机组除配置所有制冷系统组件外,一般还可以包括冷水循环水泵。

5.1.3 机组的黑色金属制件,表面应进行防锈蚀处理。

5.1.4 机组电镀件表面应光滑,色泽均匀,不得有剥落、露底、针孔、明显的花斑和划伤等缺陷。

5.1.5 机组涂装件表面应平整、涂布均匀、色泽均匀,不应有明显的气泡、流痕、漏涂、底漆外露及不应有的皱纹和其他损伤。

5.1.6 机组装饰性塑料件表面应平整光滑、色泽均匀,不得有裂痕、气泡和明显缩孔等缺陷,塑料件应耐老化。

5.1.7 电镀件耐盐雾性

按6.3.9方法试验后,机组金属镀层上的每个锈点锈迹面积不应超过1 mm²,每100 cm²试件镀层不超过2个锈点、锈迹,小于100 cm²时,不应有锈点和锈迹。

5.1.8 涂装件涂层附着力

机组涂装件的涂层应牢固,按6.3.10方法试验,漆膜脱落格数不超过15%。

5.1.9 机组的零部件和材料应符合各有关标准的规定,满足使用性能要求。

5.1.10 机组内与制冷剂和润滑油接触的表面应保持清洁、干燥,机组外表面应清洁。

5.1.11 机组各零部件的安装应牢固、可靠,制冷压缩机应具有防振动措施。

5.1.12 机组的隔热层应有良好的隔热性能,并且无毒、无异味且有自熄性能。

5.1.13 机组的电气控制应包括对水泵、压缩机和风机的控制,一般还应具有电机过载保护、缺相保护(三相电源)、水系统断流保护、防冻保护,制冷系统高、低压保护等功能或器件。

5.1.14 机组可根据用户要求或实际用途配置合适扬程的冷水循环水泵,其流量和扬程应保证机组的正常工作。

5.2 气密性和压力试验

5.2.1 气密性

机组制冷系统各部分应密封,按6.3.1.1方法试验时,机组制冷系统各部分不应有制冷剂泄漏现象。

5.2.2 压力试验

按6.3.1.2方法试验时,机组水侧各部位及接头处不应有异常变形和水泄漏现象。

5.3 运转

机组出厂前应进行运转试验,运转时机组应无异常。

5.4 名义工况性能

机组在制冷和热泵制热名义工况下进行试验时,其最大偏差应不超过以下规定:

a) 制冷量和热泵制热量应不小于名义值的95%;

b) 名义工况性能系数COP应符合表3的要求,并应不低于明示值的92%(当机组明示值的92%高于表3规定值时);

c) 带有电加热的热泵(或非热泵)制热机组的电加热消耗功率应为机组名义电加热消耗电功率的90%~105%;

d) 机组消耗总电功率不应大于机组名义消耗电功率的110%(热泵制热消耗总电功率不包括辅助电加热消耗功率);

e) 冷(热)水、冷却水的压力损失不应大于机组名义值的115%;

f) 机组应按6.3.5规定进行噪声测量,其平均表面声压级应符合表4要求,并不高于机组明示值+2dB(A)[当机组明示值+2dB(A)小于表6规定值时]。

表 4 噪声限定值(声压级) 单位为分贝(A声级)

名义制冷量/kW	整体式		分体式		
	风冷式	水冷式	室外机		室内机
			风冷式	水冷式	
≤8	64	—	62	—	45
>8~16	66		64		50
>16~31.5	68	65	66	63	55
>31.5~50	70	67	68	65	

5.5 部分负荷性能

5.5.1 综合部分负荷性能

5.5.1.1 机组应按表2规定的IPLV部分负荷工况测定100%、75%、50%和25%负荷点的性能系数,并按式(1)计算其综合部分负荷性能系数IPLV。

5.5.1.2 如机组不能按5.5.1.1或表2规定的IPLV工况正常运行,则可以按以下规定进行。

5.5.1.2.1 如机组不能在75%、50%或25%名义制冷量运行时,可以使机组在按表2规定的IPLV工况条件下的其他部分负荷点运行,测量各个负荷点的性能系数,并在点与点之间用直线连接,绘出部分负荷曲线图。此时可从曲线图上通过内插法计算机组的75%、50%或25%负荷效率,但不得使用外插法。

5.5.1.2.2 如机组无法卸载到75%、50%或25%:

a) 如机组无法卸载到25%但低于50%,则其75%和50%的COP按5.5.1.2.1,机组在最小负荷运行,按表2规定的25%的IPLV工况条件,测试制冷性能系数,然后按式(2)计算25%负荷的COP。

b) 如机组无法卸载到50%但低于75%,则其75%的COP按5.5.1.2.1,机组在最小负荷运行,按表2规定的50%、25%的IPLV工况条件,测试制冷性能系数,然后按式(2)计算50%和25%负荷的COP。

$$COP = \frac{Q_m}{C_D \cdot P_m} \qquad \cdots\cdots\cdots\cdots\cdots\cdots (2)$$

式中:

Q_m——实测制冷量,单位为千瓦(kW);

P_m——实测输入总功率,单位为千瓦(kW);

C_D——衰减系数,由公式(3)计算。是由于机组无法达到最小负荷,压缩机循环停机引起。

$$C_D = -0.13 \times LF + 1.13 \qquad \cdots\cdots\cdots\cdots\cdots (3)$$

$$LF = \frac{\left(\frac{LD}{100}\right) \cdot Q_{FL}}{Q_{PL}} \qquad \cdots\cdots\cdots\cdots\cdots (4)$$

式中:

LF——负荷系数;

LD——表2中规定的负荷数;

Q_{FL}——满负荷制冷量,单位为千瓦(kW);

Q_{PL}——部分负荷制冷量,单位为千瓦(kW)。

c) 如机组无法卸载到75%,机组在最小能力运行,按表2规定的75%、50%、25%的IPLV工况条件,测试制冷性能系数,然后按按式(2)计算75%、50%和25%负荷的COP。

5.5.1.3 综合部分负荷性能系数与明示值的偏差

综合部分负荷性能系数 IPLV 应符合表3的要求,并应不低于明示值的92%(当机组明示值的92%高于表3规定值时)。

5.5.2 非标准部分负荷性能

必要时应进行非标准部分负荷性能试验。

5.5.2.1 冷水机组应按表2规定的 NPLV 部分负荷工况测定100%、75%、50%和25%负荷点的性能系数,并按式(1)计算其综合部分负荷性能系数 NPLV。

5.5.2.2 如机组不能按5.5.2.1或表2规定的 NPLV 工况正常运行,则可以按以下规定进行。

5.5.2.2.1 如机组不能在75%、50%或25%名义制冷量运行时,可以使机组在按表2规定的 NPLV 工况条件下的其他部分负荷点运行,测量各个负荷点的性能系数,并在点与点之间用直线连接,绘出部分负荷曲线图。此时可从曲线图上通过内插法来计算机组的75%、50%或25%负荷效率,但不得使用外插法。

5.5.2.2.2 如机组无法卸载到75%、50%或25%:

a) 如机组无法卸载到25%但低于50%,则其75%和50%的 COP 按5.5.2.2.1,机组在最小负荷运行,按表2规定的25%的 NPLV 工况条件,测试制冷性能系数,然后按式(2)计算25%负荷的 COP。

b) 如机组无法卸载到50%但低于75%,则其75%的 COP 按5.5.2.2.1,机组在最小负荷运行,按表2规定的50%、25%的 NPLV 工况条件,测试制冷性能系数,然后按式(2)计算50%和25%负荷的 COP。

c) 如机组无法卸载到75%,机组在最小能力运行,按表2规定的75%、50%、25%的 IPLV 工况条件,测试制冷性能系数,然后按式(2)计算75%、50%和25%负荷的 COP。

5.5.2.3 非标准部分负荷性能系数与明示值的偏差

非标准部分负荷性能系数偏差不得小于明示值的92%。

5.6 设计和使用条件

机组在表5规定条件下应能正常工作。

表5 机组的设计温度/流量条件

项 目		使用侧		热源侧(或放热侧)			
		冷、热水		水冷式		风冷式	
		水流量	出口水温	进口水温	水流量	干球温度	湿球温度
制冷	名义工况		7	30		35	
	最大负荷工况		15	33	0.215	43	—
	低温工况	0.172	5	19		21	
热泵制热	名义工况		45	15		7	6
	最大负荷工况		50	21	0.134	21	15.5
	融霜工况		45	—	—	2	1

注:表中温度单位为 ℃,流量单位为 m³/(h·kW)。

5.6.1 最大负荷工况

机组按表5规定的最大负荷工况运行时,电动机、电器元件连接连线和其他部件应能正常工作。

5.6.2 低温工况

机组按表5规定的低温工况运行时,机组各部件不应损坏,低压、防冻及过载保护器不应跳开,机组应正常工作。

5.6.3 融霜工况

装有自动融霜机构的空气源热泵机组按表5规定的融霜工况运行时,应符合以下要求:

——安全保护元、器件不应动作而停止运行；

——融霜应自动进行、功能正常，融霜彻底，融霜时的融化水应能正常排放；

——在最初融霜结束后的连续运行中，融霜所需时间总和不应超过运行周期时间的20%；两个以上独立制冷循环的机组，各自循环融霜时间的总和不应超过各独立循环总运转时间的20%（如共用一个翅片式换热器，则融霜时间总和不超过循环总运转时间的20%）。

5.6.4 变工况性能

机组变工况性能温度条件如表6所示。按6.3.7.4方法进行试验并绘制性能曲线图或表。

表6 变工况性能温度范围　　　　　　　　　单位为摄氏度

项　目	使用侧		热源侧（或放热侧）			
	冷、热水		水冷式		风冷式	
	进口温度	出口温度	进口温度	出口温度	干球温度	湿球温度
制冷	—	5~15	19~33		21~43	—
热泵制热		40~50	15~21		-7~21	

5.7 安全性能

机组的安全性能应符合 JB 8654 的规定。

5.8 保用期

在用户遵守机组运输、保管、安装、使用和维护的条件下，从制造厂发货之日起18个月内或开机调试运行经用户认可之日起12个月内（以两者中先到者为准），机组因制造质量不良而发生损坏或不能正常工作时，制造厂应免费更换或修理。

6 试验方法

6.1 测量仪表精度及测量规定

6.1.1 测量仪表、仪器精度按 GB/T 10870—2001 中附录 A 的规定并经校验或校准合格。

6.1.2 测量按以下规定进行：

　　a) 测量仪表的安装和使用按 GB/T 10870—2001 的规定。

　　b) 风冷机组的空气干、湿球温度的测量按 GB/T 18430.1—2007 附录 A 的要求。

　　c) 机组冷（热）水和冷却水的压力损失测定按 GB/T 18430.1—2007 附录 B 的要求。

6.2 安装和试验规定

6.2.1 机组的水温和流量以及空气干、湿球偏差应符合表7和表8规定。

表7 机组测试温度和流量偏差

项　目		使用侧		热源侧（或放热侧）			
		冷、热水		水冷式		风冷式	
		水流量	出口水温	进口水温	水流量	干球温度	湿球温度
制冷	名义工况	±5%	±0.3	±0.3	±5%	±1	—
	最大负荷工况		±0.5	±0.5			
	低温工况						
热泵制热	名义工况		±0.3	±0.3			±0.5
	最大负荷工况		±0.5				
	融霜工况ᵃ			—	—		
注：表中温度单位为℃，流量单位为 m³/(h·kW)。							
ᵃ 融霜工况为融霜运行前的条件，开始融霜时表7和表8规定的温度条件均可。							

表 8 融霜时的温度偏差
单位为摄氏度

工 况	使用侧	热源侧
热泵制热融霜	出口水温	干球温度
	±3	±6

6.2.2 机组应在其铭牌规定的额定电压和额定频率下运行。

6.2.3 被试机组应按生产厂规定的方法进行安装,并且不应进行影响制冷量和热泵制热量的构造改装。风冷式机组的环境应符合 GB/T 18430.1—2007 附录 A 的要求。

6.2.4 带冷水循环水泵的机组在试验时,水泵不通电。

6.2.5 分体式机组其室内、外机组的连接管应按制造厂提供的全部管长、或制冷量小于等于 12 500 W 的机组连接管长为 5 m、大于 12 500 W 的机组连接管长为 7.5 m 进行试验(按较长者进行)。连接管在室外部分的长度不少于 3 m,室内部分的隔热和安装要求按产品使用说明书进行。

6.2.6 机组试验的其他要求应符合 GB/T 10870—2001 规定。

6.2.7 机组使用的水质应符合 GB/T 18430.1—2007 附录 D 的规定。

6.3 试验要求

6.3.1 气密性和压力试验

6.3.1.1 气密性试验

机组制冷系统在正常的制冷剂充灌量下,不通电置于环境温度为 16 ℃～35 ℃ 的室内,用灵敏度为 $5×10^{-6}$ Pa·m^3/s(泄漏量为 7.5 g/a)的检漏仪进行检验,应符合 5.2.1 的规定。

6.3.1.2 压力试验

机组水侧在施加 1.25 倍设计压力(液压)或 1.15 倍设计压力(气压)下,观察各部位及接头处,应符合 5.2.2 的规定。

6.3.2 运转试验

机组进行运转试验,应符合 5.3 规定。

6.3.3 名义工况性能试验

6.3.3.1 制冷量和消耗总功率试验

将机组能量调节置于最大制冷量位置,在表 1 和表 5 规定的制冷名义工况下,按以下规定进行试验测定和计算制冷量和消耗总功率,并应符合 5.4a)和 5.4d)的规定。同时测量运行电流和求出功率因数。

    a) 水冷式机组:制冷量按 GB/T 10870—2001 的规定,主要试验采用液体载冷剂法进行试验测定和计算。校核试验采用机组热平衡法。消耗总电功率包括压缩机电动机、油泵电动机和操作控制电路等的输入总电功率(不包括水泵电机输入功率)。

    b) 风冷式机组:制冷量按 GB/T 10870—2001 的规定进行试验测定和计算,采用液体载冷剂法进行试验测定和计算。放热侧环境的温、湿度条件可采用 GB/T 17758 的空气焓差法中的空调装置使其达到规定的工况要求,消耗总电功率除 6.3.3.1a)中包括项目外,风冷式还应包括放热侧冷却风机电功率。

6.3.3.2 制热量和消耗总功率试验

将机组能量调节置于最大制热量位置,在表 1 和表 5 规定的热泵制热名义工况下,按以下规定进行试验测定和计算制热量和消耗总功率,并应符合 5.4a)和 5.4d)的规定。同时测量运行电流和求出功率因数。

    a) 水冷式机组:制热量按 GB/T 10870—2001 的规定,主要试验采用液体载冷剂法进行试验测定和计算。校核试验采用机组热平衡法。消耗总电功率同 6.3.3.1a)的内容。但制热量和消耗总电功率不包括电加热的制热量和电功率消耗。

b) 风冷式机组:制热量按 GB/T 10870—2001 的规定进行试验测定和计算,采用液体载冷剂法进行试验测定和计算。热源侧同 6.3.3.1b)的规定。制热量和消耗总电功率不包括电加热的制热量和电功率消耗。

6.3.3.3 电加热消耗的电功率

带有电加热的机组按 6.3.3.2 进行热泵制热量试验时,当热泵制热量的测定稳定后,给电加热通电,并测定消耗的电功率,应符合 5.4c)的规定。

6.3.3.4 名义工况性能系数(COP)

机组的名义工况性能系数(COP)按式(5)计算,计算结果应符合表 3 和 5.4b)的规定。

$$COP = \frac{Q_n}{N_0} \qquad\qquad\qquad (5)$$

式中:

Q_n——由 6.3.3.1a)和 6.3.3.2a)确定的制冷量(制热量),单位为千瓦(kW);

N_0——消耗总电功率,单位为千瓦(kW)。

6.3.4 水侧的压力损失

在进行名义工况制冷和制热性能试验时,按 GB/T 18430.1—2007 附录 B 的规定测定机组冷(热)水和冷却水的压力损失,其结果应符合 5.4e)的规定。

6.3.5 噪声

机组在额定电压和额定频率以及接近制冷名义工况下,带循环水泵的机组,水泵应在接近铭牌标明的流量和扬程条件下进行运转,按 JB/T 4330—1999 中附录 C 的规定测量机组的噪声。其结果应符合 5.4f)的规定。

6.3.6 部分负荷性能试验

机组在表 2 规定的部分负荷工况,按以下规定进行试验测定,并按式(5)计算性能系数,按式(1)计算部分负荷性能系数 IPLV/NPLV。IPLV 应符合表 3 和 5.5.1.3 的规定,NPLV 应符合 5.5.2.3 的规定。

a) 水冷式机组:制冷量按 GB/T 10870—2001 的规定,主要试验采用液体载冷剂法进行试验测定和计算。校核试验采用机组热平衡法。消耗总电功率包括压缩机电动机、油泵电动机和操作控制电路等的输入总电功率(不包括水泵电机输入功率)。

1) 校核试验热平衡偏差不应大于式(6)的计算值。

$$热平衡允许偏差 \% = 10.5 - (0.07 \times \%FL) + \left(\frac{833.3}{DT_{FL} \times FL}\right) \qquad (6)$$

式中:

DT_{FL}——蒸发器进出水温差,单位为摄氏度(℃);

FL——负荷百分数。

2) 部分负荷试验时,75%、50% 和 25% 负荷点的实测制冷量的偏差在满负荷点名义制冷量的 ±2% 以内有效,否则必须按内插法计算。

b) 风冷式机组:制冷量按 GB/T 10870—2001 的规定进行试验测定和计算,主要试验采用液体载冷剂法进行试验测定和计算。放热侧环境的温、湿度条件可采用 GB/T 17758 的空气焓差法中的空调装置使其达到规定的工况要求,消耗总电功率除 6.3.6a)中包括项目外,风冷式还应包括放热侧冷却风机电功率。

6.3.7 设计和使用范围试验

6.3.7.1 最大负荷工况试验

机组在额定电压和额定频率及表 5 规定的最大负荷工况下分别进行制冷和制热运行,达到稳定状态后再运行 2 h,应符合 5.6.1 的规定。

6.3.7.2 低温工况试验

机组在额定电压和额定频率及表 5 规定的低温工况下运行 6 h,应符合 5.6.2 的规定。

6.3.7.3 融霜试验

机组在表 5 规定的融霜工况下,连续进行热泵制热,最初的融霜周期结束后,再继续运行 3 h,应符合 5.6.3 的规定。

6.3.7.4 变工况试验

机组按表 6 某一条件改变时,其他条件按名义工况时的流量和温度条件进行试验,测定其制冷量、制热量以及对应的消耗总电功率。该试验应包括表 6 中相应的工况温度条件点。将试验结果绘制成曲线图或编制成表格,每条曲线或每个表格应不少于四个测量点的值。

6.3.8 安全性能

机组按 JB 8654 的规定进行安全性能试验,应符合 5.7 规定。

6.3.9 电镀件耐盐雾试验

机组的电镀件应按 GB/T 2423.17 进行盐雾试验,试验周期为 24 h。试验前,电镀件表面清洗除油;试验后,用清水冲掉残留在表面上的盐分,检查电镀件腐蚀情况,其结果应符合 5.1.7 的规定。

6.3.10 涂漆件的涂层附着力试验

在机组外表面任取长 10 mm、宽 10 mm 的面积,用新刀片纵横各划 11 条间隔 1 mm、深达底材的平行切痕。用氧化锌医用胶布贴牢,然后沿垂直方向快速撕下。按划痕范围内漆膜脱落的格数对 100 的比值评定,每小格漆膜保留不足 70% 的视为脱落。试验后,检查漆膜脱落情况,其结果应符合 5.1.8 的规定。

6.3.11 试验报告

根据 6.3.1~6.3.10 各项试验内容,记录测试参数和结果,并根据相应试验标准的规定进行计算,试验报告的内容应符合相应试验标准的规定,并按本标准的要求进行判定是否合格,应由试验操作人员、审核人员签字。

7 检验规则

每台机组应经制造厂质量检验部门检验合格后方能出厂,并附有合格证、使用说明书以及装箱单等。

7.1 出厂检验

每台机组应做出厂检验,检验项目、技术要求和试验方法按表 9 的规定。

表 9 检验项目、要求和试验方法

序号	检验项目	出厂检验	抽样检验	型式试验	技术要求	试验方法
1	一般检查				5.1.2~5.1.6 5.1.9~5.1.11	视检
2	标志与安全标识				8.1、JB 8654	
3	包装				8.3	
4	泄漏电流					
5	电气强度	√	√	√	5.7	6.3.8
6	接地电阻					
7	气密性试验				5.2.1	6.3.1.1
8	压力实验				5.2.2	6.3.1.2
9	运转试验				5.3	6.3.2

表 9（续）

序号	检验项目	出厂检验	抽样检验	型式试验	技术要求	试验方法
10	制冷量				5.4a)	6.3.3.1
11	制热量				5.4a)	6.3.3.2
12	制冷消耗总功率				5.4d)	6.3.3.1
13	制热消耗总功率				5.4d)	6.3.3.2
14	电加热制热消耗功率		√		5.4c)	6.3.3.3
15	制冷名义工况 COP				5.4b)	6.3.3.4
16	综合部分负荷性能				5.5.1.3	6.3.6
17	水压力损失				5.4e)	6.3.4
18	噪声				5.4f)	6.3.5
19	最大负荷工况				5.6.1	6.3.7.1
20	低温工况	—		√	5.6.2	6.3.7.2
21	融霜工况				5.6.3	6.3.7.3
22	变工况性能				5.6.4	6.3.7.4
23	电镀件耐盐雾性				5.1.7	6.3.9
24	涂装件涂层附着力				5.1.8	6.3.10
25	耐潮湿性					
26	防触电保护					
27	电压变化				5.7	6.3.8
28	温度控制					
29	机械安全					
30	电磁兼容性					

注："√"应做试验,"—"不做试验。

7.2 抽样检验

批量生产的机组应进行抽样检验,检验项目、技术要求和试验方法按表9的规定。抽样方法、批量、抽样方案、检查水平及合格质量水平等由制造厂质量检验部门自行确定。

7.3 型式检验

7.3.1 机组在下列情况之一时,应进行型式检验:

a) 试制的新产品;

b) 定型产品作重大改进对性能有影响时。

7.3.2 型式检验的项目、技术要求和试验方法按表9的规定,型式试验时间不应少于试验方法中规定的时间,其中名义工况运行不少于 12 h,允许中途停车,以检查机组运行情况。运行中如有故障,在故障排除后应重新进行试验,前面的试验无效。

8 标志、包装、运输和贮存

8.1 标志

8.1.1 每台机组应在明显的位置上设置永久性铭牌,铭牌应符合 GB/T 13306 的规定,铭牌内容见表10。

表 10 铭牌内容

标记名称	机组功能		
	单冷式机组	制冷及热泵制热兼用机组	制冷及电加热制热兼用机组
型号	√	√	√
名称	√	√	√
名义制冷量/kW	√	√	√
名义制热量/kW	—	√	√
额定电压/V;相数;频率/Hz;	√	√	√
最大运行电流	△	△	△
名义制冷消耗总功率/kW	√	√	√
名义制热消耗总功率/kW	√	√	√
COP	√	√	√
IPLV	△	△	△
水侧阻力/kPa	△	△	△
噪声(声压级)	△	△	△
制冷剂名称及充注量/kg	√	√	√
机组外形尺寸/mm	√	√	√
机组总质量/kg	√	√	√
制造厂名称和商标	√	√	√
制造年月及产品编号	√	√	√

注:"√"表示需要;"△"表示"选项";"—"表示"不需要"。

8.1.2 工作标志

机组相关部位上应设有运行状态的标志(如转向、水流方向、指示仪表以及各控制按钮等)。

8.2 出厂附件及文件

每台机组上应随带下列技术文件。

8.2.1 产品合格证,其内容包括:

a) 产品型号和名称;

b) 产品出厂编号;

c) 检验员、检验负责人签章及日期;

d) 制造厂名称。

8.2.2 产品说明书,其内容包括:

a) 产品型号和名称、工作原理、适用范围、执行标准、主要技术参数[除铭牌标示的主要技术性能参数外,还应包括冷(热)水和冷却水的压力损失、电加热功率、机外扬程、水泵流量及功率、最大运行电流等];

b) 产品的结构示意图、制冷系统图、电气原理图及接线图;

c) 安装说明和要求;

d) 使用说明、维护保养和注意事项。

8.2.3 装箱单。

8.2.4 随机附件。

8.3 包装

8.3.1 机组在包装前应进行清洁处理,各部件应清洁、干燥,易锈部件应涂防锈剂。制冷系统应充入额定量的制冷剂。

8.3.2 机组应外套塑料罩或防潮纸并应固定在包装箱内,其包装应符合 GB/T 13384 的规定。

8.3.3 机组包装箱上应有下列标志:

 a) 制造单位名称;

 b) 产品型号、名称及编号;

 c) 质量(净质量、毛质量);

 d) 包装外形尺寸;

 e) "小心轻放"、"向上"和"怕湿"等。

8.4 运输和贮存

8.4.1 机组在运输和贮存过程中不应碰撞、倾斜、雨雪淋袭。

8.4.2 产品应贮存在干燥的通风良好的仓库中,并注意电气系统的防潮。

附 录 A

（资料性附录）

部分负荷性能系数计算示例

A.1 部分负荷性能系数计算示例

一台机组，满负荷名义制冷量为 33 kW，其测试数据如表 A.1。

表 A.1 部分负荷测试数据

负荷步数	负荷	制冷量/kW	功率/kW	COP
4(100％)	100％	32.8	11.23	2.92
3(50％)[a]	46.8％	15.44	5.51	2.80
2(50％)[b]	48.2％	15.9	5.08	3.13
1(50％)[c]	49.1％	16.2	4.86	3.33

[a] 最小负荷(50％)，按 75％负载工况条件运行。

[b] 最小负荷(50％)，按 50％负载工况条件运行。

[c] 最小负荷(50％)，按 25％负载工况条件运行。

根据 5.5.1.1，按表中的数据绘制曲线如下图，用内插法计算 B 点(75％)的性能系数：

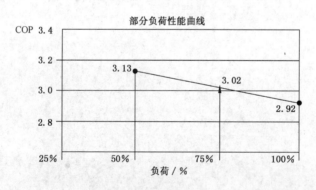

因为机组 50％负荷点试验实测制冷量偏差在满负荷点名义制冷量的－2％以内，故该性能系数可作为 C 点(50％)的性能系数。

因为机组无法卸载到 25％，按式(2)计算 D 点(25％)性能系数：

$$LF = \frac{0.25 \times 32}{16.2} = 0.49$$

$$C_D = -0.13 \times 0.49 + 1.13 = 1.07$$

$$COP = \frac{16.2}{1.07 \times 4.86} = 3.11$$

表 A.2 部分负荷性能计算值

部分负荷点	负荷	制冷量/kW	COP
A	100%	32	2.92
B	75%	24	3.02
C	50%	16	3.13
D	25%	8	3.11

根据 A、B、C、D 点的性能系数计算部分负荷性能系数如下：

IPLV=2.3%×2.92+41.5%×3.02+46.1%×3.13+10.1%×3.11=3.08

ICS 27.200
J 73

中华人民共和国国家标准

GB/T 18431—2014
代替 GB/T 18431—2001

蒸汽和热水型溴化锂吸收式冷水机组

Steam and hot water type lithium bromide absorption water chiller

2014-06-24 发布

2014-12-31 实施

中华人民共和国国家质量监督检验检疫总局
中国国家标准化管理委员会　发 布

前　言

本标准按照 GB/T 1.1—2009 给出的规则起草。

本标准代替 GB/T 18431—2001《蒸汽和热水型溴化锂吸收式冷水机组》,与 GB/T 18431—2001 相比主要技术变化如下:

——修改了名义工况冷却水进、出口温度(见 4.3.1,2001 年版的 4.3.1);

——修改了名义工况时性能参数(单位制冷量加热源耗量)指标(见 4.3.1,2001 年版的 4.3.1);

——修改了机组名义工况时的冷水侧和冷却水侧污垢系数[见 4.3.2 a),2001 年版的 4.3.2.1]。

本标准由中国机械工业联合会提出。

本标准由全国冷冻空调设备标准化技术委员会(SAC/TC 238)归口。

本标准主要起草单位:双良节能系统股份有限公司、合肥通用机械研究院、大连三洋制冷有限公司、合肥通用机电产品检测院有限公司、合肥通用环境控制技术有限责任公司。

本标准主要起草人:毛洪财、刘晓立、王汝金、蔡小荣、糜华、丁玉娟。

本标准所代替标准的历次版本发布情况为:

——GB/T 18431—2001。

蒸汽和热水型溴化锂吸收式冷水机组

1 范围

本标准规定了蒸汽和热水型溴化锂吸收式冷水机组（以下简称"机组"）的术语和定义、型式与基本参数、要求、试验方法、检验规则、标志、包装和贮存。

本标准适用于集中空调和工艺用蒸汽和热水单、双效型机组。

2 规范性引用文件

下列文件对于本文件的应用是必不可少的。凡是注日期的引用文件，仅注日期的版本适用于本文件。凡是不注日期的引用文件，其最新版本（包括所有的修改单）适用于本文件。

GB 151 管壳式换热器

GB/T 13306 标牌

GB 18361 溴化锂吸收式冷（温）水机组安全要求

GB/T 18430.1—2007 蒸汽压缩循环冷水（热泵）机组 第1部分：工业或商业用及类似用途的冷水（热泵）机组

JB/T 4330—1999 制冷和空调设备噪声的测定

JB/T 7249 制冷设备 术语

3 术语和定义

JB/T 7249确立的以及下列术语和定义适用于本文件。

3.1

加热源消耗量 consumption of heat source

机组消耗蒸汽和热水的流量，单位：kg/h（蒸汽），kg/h或 m³/h（热水）。

3.2

加热源输入热量 heat consumption of heat source

将加热源消耗量换算成热量的值，单位：kW。

3.3

性能系数 coefficient of performance；COP

制冷量除以加热源输入热量与消耗电功率之和所得的比值。

4 型式与基本参数

4.1 型式

4.1.1 机组按加热源分为：

——蒸汽型；

——热水型。

4.1.2 机组按制冷循环分为：

——单效型；

——双效型。

4.2 型号

机组的型号编制方法由制造厂自行确定,但型号中应体现加热源类型和名义制冷量。

4.3 基本参数

4.3.1 机组名义工况和名义工况时的性能参数按表1的规定。

表 1 名义工况和性能参数

型式	名义工况						性能参数
	加热源		冷水		冷却水		单位制冷量加热源耗量 kg/(h·kW)
	蒸汽压力a (饱和) MPa	热水进、出口温度 ℃	进口温度 ℃	出口温度 ℃	进口温度 ℃	出口温度 ℃	
蒸汽单效型	0.1		12	7	32	40	≤2.17
蒸汽双效型	0.4	—				38	≤1.40
	0.6						≤1.31
	0.8						≤1.28
热水型	—	—b					—b
a 指发生器或高压发生器蒸汽进口处压力。							
b 具体参数值由制造厂和用户协商确定。							

4.3.2 机组名义工况的其他规定:

a) 机组名义工况时的冷水侧污垢系数为 0.018 m²·℃/kW,冷却水侧污垢系数为 0.044 m²·℃/kW。新机组冷水和冷却水侧应被认为是清洁的,测试时污垢系数应考虑为 0 m²·℃/kW,性能测试时应按 GB/T 18430.1—2007 中附录 C 模拟污垢系数;

b) 机组名义工况时的额定电压,单相交流为 220 V、三相交流电为 380 V,额定频率为 50 Hz。

5 要求

5.1 一般要求

机组应按经规定程序批准的图样和技术文件(或用户和制造厂的协议)制造。

5.2 气密性和液压试验

5.2.1 气密性试验

机组整机漏率应不大于 2.03×10^{-6} Pa·m³/s。

5.2.2 液压试验

机组冷水、冷却水侧和加热源侧各部位应无异常变形和泄漏。

5.3 名义工况性能

5.3.1 制冷量

机组制冷量应不小于名义制冷量的95%。

5.3.2 加热源消耗量

机组单位制冷量加热源消耗量应符合表1的规定,并应不大于机组明示值(当机组明示值的95%低于表1规定的值时)的105%。

5.3.3 消耗电功率

机组消耗电功率应不大于明示值的105%。

5.3.4 性能系数(COP)

机组性能系数应不低于明示值的95%。

5.3.5 水侧压力损失

机组冷水和冷却水的压力损失应不大于明示值的110%。

5.4 变工况性能

机组在表2规定的范围内应能正常工作,并按间隔值进行变工况性能试验。

表 2 使用范围

参 数		名义工况	使用范围	间隔值
冷水出口温度/℃		7	5～10	1
冷却水进口温度/℃		32	24～34	2
蒸汽单效型	蒸汽压力/MPa	0.1	0.08～0.12	0.01
蒸汽双效型		0.4	0.35～0.45	0.025
		0.6	0.50～0.65	0.05
		0.8	0.65～0.85	
热水型	热水进口温度(t_{h1})/℃	选定值	$t_{h1}{}^{+7}_{-3}$	2

5.5 部分负荷性能

5.5.1 机组应通过两点以上的测定求得可能的最小能力的点。

5.5.2 部分负荷性能测定应符合以下规定:

——冷水出口温度为名义工况规定值;

——冷水流量为名义工况时流量;

——冷却水进口温度:100%负荷时32 ℃,零负荷时22 ℃,中间按比例折算;

——冷水侧污垢系数为0.018 m²·℃/kW,冷却水侧污垢系数为0.044 m²·℃/kW。

5.6 噪声

机组噪声声压级应不大于明示值。

5.7 安全要求

机组安全要求应符合 GB 18361 的规定。

6 试验方法

6.1 测量仪表

测量用仪表的型式及准确度应符合表3的规定,并需经检定合格且在有效期内。

表 3 测量仪表的型式及准确度

类别	型式	准确度
温度测量	玻璃水银温度计、热电偶温度计、热电阻温度计	冷水、冷却水:±0.1 ℃;冷剂水、热水:±0.5 ℃;溴化锂溶液、蒸汽及其凝水、环境:±1.0 ℃
流量测量	差压式流量计、电磁流量计、容积式流量计、涡街流量计	测量流量的±1%
压力测量	弹簧管压力表、压力传感器	测定压力的±1%
电气测量	指示仪表、数字仪表	指示仪表:0.5 级;数字仪表:1.0 级
噪声测量	声级计	Ⅰ型或Ⅰ型以上
时间测量	秒表	测定经过时间的±0.2%
质量测量	台秤、磅秤	测定质量的±0.5%

6.2 试验

6.2.1 气密性和液压试验

6.2.1.1 气密性

机组用 0.08 MPa 以上干燥、洁净的空气或氮气气泡检漏合格后,再采用氦罩法检漏。

6.2.1.2 液压试验

6.2.1.2.1 液压试验规定如下:

a) 试验液体为洁净的水。

b) 试验压力为 1.25 倍的设计压力。

c) 水温不低于 5 ℃。

d) 试验方法:

   1) 试验时容器顶部应设排气口,充水时应将容器内的空气排尽。试验过程中,容器观察表面应保持干燥;

   2) 试验时压力应缓慢上升,达到规定试验压力后,保压 10 min。然后降至设计压力,并保持足够长的时间对所有焊接接头和连接部位进行检查,以无泄漏和异常变形为合格;

   3) 液压试验完毕后应将水排尽,并用压缩空气将内部吹干。

6.2.1.2.2 加热源侧按 GB 151 设计、制造时,按 GB 151 规定进行液压试验。

6.2.2 名义工况性能试验

6.2.2.1 制冷量

在 4.3 规定的名义工况下,按附录 A 进行试验。

6.2.2.2 加热源消耗量

在进行制冷量试验时,测定加热源消耗量。试验时若机组未进行绝热施工,应按附录 B 得出机组热损失,按附录 A 修正加热源消耗量。

6.2.2.3 消耗电功率

在进行制冷量试验时,测定机组的输入电功率。

6.2.2.4 水侧压力损失

机组按名义工况运行,待制冷量的测定达到稳定后,按附录 C 测定机组冷水、冷却水的压力损失。

6.2.3 变工况试验

机组按表 2 规定的使用范围和间隔值,分别单独改变某一参数,其他条件按名义工况时的条件进行变工况试验,并将试验结果绘制成曲线图或编制成表格。

6.2.4 部分负荷试验

在 5.5 规定的部分负荷工况下,按附录 A 测定制冷量以及对应的加热源消耗量。

6.2.5 噪声试验

机组在名义工况下运行,按 JB/T 4330—1999 中矩形六面体测量表面的方法进行噪声测量,并按 JB/T 4330—1999 中表面平均声压级的方法计算声压级。

6.2.6 安全性能试验

安全性能试验按 GB 18361 的规定进行。

7 检验规则

7.1 检验项目

机组的检验分为出厂检验和型式检验。

7.2 出厂检验

每台机组均应做出厂检验,检验项目和试验方法按表 4 的规定。

7.3 型式检验

新产品或定型产品作重大改进对性能有影响时,第一台产品应做型式检验。检验项目和试验方法按表 4 的规定。

表 4　检验的项目、要求和试验方法

序号	项目		出厂检验	型式检验	要求	试验方法
1	气密性试验				5.2.1	6.2.1.1
2	液压试验				5.2.2	6.2.1.2
3	绝缘电阻		√			
4	耐电压				5.7	6.2.6
5	安全保护元器件					
6	名义工况性能试验	制冷量		√	5.3.1	6.2.2.1
7		加热源消耗量			5.3.2	6.2.2.2
8		消耗电功率			5.3.3	6.2.2.3
9		性能系数			5.3.4	6.2.2.1～6.2.2.3
10		水侧压力损失	—		5.3.5	6.2.2.4
11	变工况试验				5.4	6.2.3
12	部分负荷试验				5.5	6.2.4
13	噪声				5.6	6.2.5
注："√"表示需要;"—"表示不需要。						

8 标志、包装和贮存

8.1 标志

8.1.1 每台机组应在明显的位置上设置永久性铭牌,铭牌应符合 GB/T 13306 的规定。铭牌内容包括:
   a) 制造厂的名称和商标;
   b) 产品型号和名称;
   c) 主要参数(制冷量、冷水出口温度、冷水流量、冷却水进口温度、冷却水流量、加热源参数及消耗量、电源等);
   d) 产品出厂编号;
   e) 制造日期。

8.1.2 出厂文件

每台机组出厂时应随带下列文件:
   a) 产品合格证,其内容包括:
      1) 产品型号和名称;
      2) 产品出厂编号;
      3) 检验结论;
      4) 检验员签字或印章;
      5) 检验日期。
   b) 安装使用说明书,其内容包括:
      1) 产品型号和名称;
      2) 产品的结构示意图、电气图及接线图;

3) 安装说明和要求；

4) 使用说明、维修和保养注意事项。

c) 装箱单。

8.2 包装

机组外露的不涂表面应采取防锈措施，螺纹接头用螺塞堵住，法兰孔用盲板封盖。

8.3 贮存

8.3.1 机组出厂前充入 0.01 MPa～0.03 MPa 的干燥氮气或保持真空。

8.3.2 机组应存放在库房或者有遮盖的场所。

附　录　A

（规范性附录）

制冷量试验方法

A.1　试验方法

机组的制冷量通过测定冷水的流量和进、出口温度来求得。

A.2　试验装置

试验装置如图 A.1 所示。试验装置中应设有能提供连续稳定的流量和水温的附加装置。

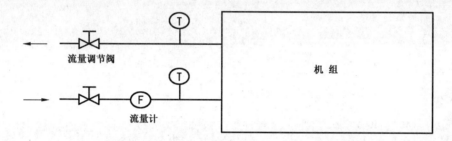

图 A.1　试验装置

A.3　试验规定

A.3.1　一般规定

A.3.1.1　被试验机组应按制造厂规定的方法进行安装,并不应进行影响制冷量的改装。

A.3.1.2　被试验机组应充分抽气,并充注规定的溶液量。溴化锂溶液应符合附录 D 的规定。

A.3.1.3　排尽水管内的空气,并确认管内已灌满水。

A.3.1.4　机组使用的冷却水和补充水水质要求见附录 E。

A.3.2　测量和记录规定

A.3.2.1　测量应在机组试验工况稳定后进行,每隔 15 min 测量一次,连续记录不少于 3 次的平均值为计算依据。试验参数的允许偏差应符合表 A.1 的规定。

表 A.1　试验参数的允许偏差

试验参数	允许偏差
冷水进、出口温度	±0.3 ℃
冷水流量	±5%
冷却水进、出口温度	±0.3 ℃
冷却水流量	±5%

表 A.1（续）

试验参数	允许偏差
蒸汽压力	±0.02 MPa
热水进、出口温度	±0.5 ℃
热水流量	±5%
电压	±5%
频率	±1%

A.3.2.2 机组每次测量的数据应用热平衡法校核，其偏差应在±5%以内。

A.4 试验记录

试验应记录的数据见表 A.2。

表 A.2 试验应记录的数据

序号	项 目			
1				冷水进口温度
2		蒸发器		冷水出口温度
3				冷水流量
4				冷却水进口温度
5		吸收器、冷凝器		冷却水出口温度
6				冷却水流量
7				蒸汽压力
8			蒸汽型	蒸汽温度
9				蒸汽流量
10	发生器、			凝结水温度
11	高压发生器			热水进口温度
12				热水出口温度
13			热水型	热水流量
14				热水比热容
15				热水密度
16	消耗电功率			
17	产品型号、出厂编号			
18	试验地点环境温度			
19	试验地点、试验日期			
20	试验人员			

A.5　试验结果计算

A.5.1　制冷量

机组制冷量按式(A.1)计算：

$$Q_c = (1/3\ 600)q_{vc}C_c\rho_c(t_{c1} - t_{c2}) \quad\cdots\cdots\cdots\cdots\cdots\cdots\cdots（A.1）$$

式中：

Q_c ——机组制冷量，单位为千瓦(kW)；

q_{vc} ——冷水体积流量，单位为立方米每小时(m³/h)；

C_c ——平均温度下冷水的比热容，单位为千焦每千克摄氏度[kJ/(kg·℃)]；

ρ_c ——冷水密度，单位为千克每立方米(kg/m³)；

t_{c1} ——冷水进口温度，单位为摄氏度(℃)；

t_{c2} ——冷水出口温度，单位为摄氏度(℃)。

A.5.2　加热源输入热量

加热源输入热量按式(A.2)、式(A.3)、式(A.4)或式(A.5)计算：

a)　已进行绝热施工时：

  1)　蒸汽型：

$$Q_i = (1/3\ 600)q_{ms}(h_{s1} - h_{s2}) \quad\cdots\cdots\cdots\cdots\cdots\cdots\cdots（A.2）$$

  2)　热水型：

$$Q_i = (1/3\ 600)q_{vk}C_k\rho_k(t_{k1} - t_{k2}) \quad\cdots\cdots\cdots\cdots\cdots\cdots（A.3）$$

b)　未进行隔热施工时：

  1)　蒸汽型：

$$Q_i = (1/3\ 600)q_{ms}(h_{s1} - h_{s2})(1 - L) \quad\cdots\cdots\cdots\cdots\cdots（A.4）$$

  2)　热水型：

$$Q_i = (1/3\ 600)q_{vk}C_k\rho_k(t_{k1} - t_{k2})(1 - L) \quad\cdots\cdots\cdots\cdots（A.5）$$

式(A.2)～式(A.5)中：

Q_i ——加热源输入热量，单位为千瓦(kW)；

q_{ms} ——蒸汽消耗量，单位为千克每小时(kg/h)；

h_{s1} ——蒸汽比焓，单位为千焦每千克(kJ/kg)；

h_{s2} ——凝结水比焓，单位为千焦每千克(kJ/kg)；

q_{vk} ——热水体积流量，单位为立方米每小时(m³/h)；

C_k ——平均温度下热水的比热容，单位为千焦每千克摄氏度[kJ/(kg·℃)]；

ρ_k ——热水密度，单位为千克每立方米(kg/m³)；

t_{k1} ——热水进口温度，单位为摄氏度(℃)；

t_{k2} ——热水出口温度，单位为摄氏度(℃)；

L ——按附录B求得的机组热损失率。

A.5.3　冷却水排放的热量

冷却水排放的热量按式(A.6)计算：

$$Q_w = (1/3\ 600)q_{vw}C_w\rho_w(t_{w2} - t_{w1}) \quad\cdots\cdots\cdots\cdots\cdots\cdots（A.6）$$

式中：

Q_w ——冷却水排放的热量,单位为千瓦(kW);

q_{vw} ——冷却水体积流量,单位为立方米每小时(m^3/h);

C_w ——平均温度下冷却水的比热容,单位为千焦每千克摄氏度[kJ/(kg·℃)];

ρ_w ——冷却水密度,单位为千克每立方米(kg/m^3);

t_{w1} ——冷却水进口温度,单位为摄氏度(℃);

t_{w2} ——冷却水出口温度,单位为摄氏度(℃)。

A.5.4 热平衡校核

机组热平衡偏差按式(A.7)计算:

$$\Delta = \frac{Q_c + Q_i + P - Q_w}{Q_w} \times 100\% \quad\quad\quad\quad\quad (A.7)$$

式中:

Δ ——机组热平衡偏差;

Q_c ——机组制冷量,单位为千瓦(kW);

Q_i ——加热源输入热量,单位为千瓦(kW);

P ——消耗电功率,单位为千瓦(kW);

Q_w ——冷却水排放的热量,单位为千瓦(kW)。

A.5.5 性能系数

机组的性能系数按式(A.8)计算:

$$COP = \frac{Q_c}{Q_i + P} \quad\quad\quad\quad\quad (A.8)$$

式中:

COP ——机组的性能系数;

Q_c ——机组制冷量,单位为千瓦(kW);

Q_i ——加热源输入热量,单位为千瓦(kW);

P ——消耗电功率,单位为千瓦(kW)。

附　录　B

（规范性附录）

机组热损失率计算方法

B.1　热损失量计算

机组热损失量按式(B.1)和式(B.2)计算：

$$Q_0 = Ah(t_0 - t_a) \quad\cdots\cdots\cdots\cdots\cdots\cdots\cdots\cdots\cdots(\text{B.1})$$

$$Q_1 = A(t_0 - t_a)/(1/h + \delta/\lambda) \quad\cdots\cdots\cdots\cdots\cdots\cdots(\text{B.2})$$

式中：

Q_0——绝热施工前热损失量，单位为千瓦(kW)；

Q_1——绝热施工后热损失量，单位为千瓦(kW)；

A——表面积，单位为平方米(m^2)；

h——表面传热系数，单位为千瓦每平方米开[kW/($m^2 \cdot$ K)]，取 $h = 11.6 \times 10^{-3}$ kW/($m^2 \cdot$ K)；

t_0——表面温度，单位为摄氏度(℃)；

t_a——环境温度，单位为摄氏度(℃)，取 $t_a = 20$ ℃；

δ——保温材料厚度，单位为米(m)；

λ——保温材料导热系数，单位为千瓦每米开[kW/(m $\cdot$ K)]。

B.2　热损失率计算

B.2.1　机组的热损失率按式(B.3)计算：

$$L = \frac{Q_0 - Q_1}{Q_i} \quad\cdots\cdots\cdots\cdots\cdots\cdots\cdots\cdots\cdots(\text{B.3})$$

式中：

L——热损失率；

Q_0——绝热施工前热损失量，单位为千瓦(kW)；

Q_1——绝热施工后热损失量，单位为千瓦(kW)；

Q_i——加热源输入热量，单位为千瓦(kW)。

B.2.2　热损失率因机组型式、结构、制冷量、绝热方式不同而异。按式(B.3)计算的名义工况时的热损失率的平均值见表 B.1。

表 B.1　热损失率

制冷量 kW	175	350	1 050	1 750
单效型	0.03	0.02	0.02	0.01
双效型	0.08	0.07	0.05	0.04

附　录　C

（规范性附录）

压力损失的测定方法

C.1　测定装置

在机组的冷水及冷却水配管接头上连接压力测试管，采用图 C.1 所示装置测定冷水或冷却水进口侧与出口侧的压差。

a)　压力测试管：机组的冷水及冷却水进出口接口上连接各自的直管，直管长度为配管内径 4 倍以上，在距加接后配管内径 2 倍以上位置圆周上设置一个压力测试孔，其位置与机组内部配管及连接配管的弯头平面成垂直方向。

b)　压力测试孔为 2 mm～6 mm 或压力测试管内径的 1/10，取两者之中较小的值，如图 C.2 所示，与管内壁垂直，其深度为孔径的 2 倍以上。其表面应光滑，孔内缘应无毛刺。

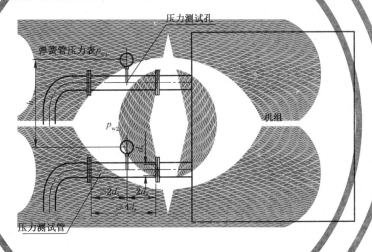

图 C.1　压力损失测定装置

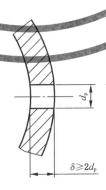

图 C.2　压力测试孔

C.2 测定方法

在规定水流量时,测定机组进口与出口侧的压力差,此时,应完全排除仪表及仪表与压力测试孔之间接管内的空气,并充满清水。

C.3 计算方法

机组的压力损失按式(C.1)计算:

$$h_w = (p_{w1} - p_{w2}) - 9.81h \qquad\cdots\cdots\cdots\cdots\cdots\cdots\cdots\cdots(C.1)$$

式中:

h_w ——压力损失,单位为千帕(kPa);

p_{w1} ——进口侧压力,单位为千帕(kPa);

p_{w2} ——出口侧压力,单位为千帕(kPa);

h ——两压力表中心之间的垂直距离,单位为米(m),出口高时取正值,出口低时取负值。

附　录　D

（规范性附录）

溴化锂溶液技术要求

溴化锂溶液技术要求见表 D.1。

表 D.1　溴化锂溶液技术要求

成　分	钼系列	铬系列
溴化锂 LiBr	50%～55%[a]	
钼酸锂 Li_2MoO_4	0.05%～0.20%[a]	—
铬酸锂 Li_2CrO_4	—	0.10%～0.30%[a]
碱度或 pH	0.01 mol/L～0.20 mol/L	pH 9～10.5
氨 NH_3	≤0.000 1%	
钙离子 Ca^{2+}	≤0.001%	
镁离子 Mg^{2+}	≤0.001%	
硫酸根 SO^{2-}	≤0.02%	
氯离子 Cl^-	≤0.05%	
钡离子 Ba^{2+}	≤0.001%	
铁 Fe	≤0.000 1%	
铜离子 Cu^{2+}	≤0.000 1%	
溴酸盐 BrO_3^-	无反应	
[a] 可根据需要调整。		

附　录　E
（规范性附录）
冷却水和补充水水质要求

E.1　冷却水

冷却水水质要求见表 E.1。

表 E.1　冷却水水质要求

项　　目		基准值	倾向	
			腐蚀	结垢
基准项目	酸碱度 pH(25 ℃)	6.5～8.0	○	○
	导电率(25 ℃)/(μS/cm)	≤800	○	
	氯离子 Cl^-/[mg(Cl^-)/L]	≤200	○	
	硫酸根离子 SO_4^{2-}/[mg(SO_4^{2-})/L]	≤200	○	
	酸消耗量(pH=4.8)/[mg($CaCO_3$)/L]	≤100		○
	全硬度/[mg($CaCO_3$)/L]	≤200		○
参考项目	铁 Fe/[mg(Fe)/L]	≤1.0	○	○
	硫离子 S^{2-}/[mg(S^{2-})/L]	不应检出	○	
	氨离子 NH_4^+/[mg(NH_4^+)/L]	≤1.0	○	
	氧化硅 SiO_2/[mg(SiO_2)/L]	≤50		○
注："○"表示腐蚀或结垢倾向的有关因素。				

E.2　补充水

补充水水质要求见表 E.2。

表 E.2　补充水水质要求

项　　目		基准值
基准项目	酸碱度 pH(25 ℃)	6.5～8.0
	导电率(25 ℃)/(μS/cm)	≤200
	氯离子 Cl^-/[mg(Cl^-)/L]	≤50
	硫酸根离子 SO_4^{2-}/[mg(SO_4^{2-})/L]	≤50
	酸消耗量(pH=4.8)/[mg($CaCO_3$)/L]	≤50
	全硬度/[mg($CaCO_3$)/L]	≤50

表 E.2（续）

项 目		基准值
参考项目	铁 Fe/[mg(Fe)/L]	≤0.3
	硫离子 S^{2-}/[mg(S^{2-})/L]	不应检出
	氨离子 NH_4^+/[mg(NH_4^+)/L]	≤0.3
	氧化硅 SiO_2/[mg(SiO_2)/L]	≤30

ICS 27.200
J 73

中华人民共和国国家标准

GB/T 19409—2013
代替 GB/T 19409—2003

水（地）源热泵机组

Water-source(ground-source)heat pumps

2013-12-17 发布

2014-10-01 实施

中华人民共和国国家质量监督检验检疫总局
中国国家标准化管理委员会 发布

前　言

本标准按照 GB/T 1.1—2009 给出的规则起草。

本标准代替 GB/T 19409—2003《水源热泵机组》，与 GB/T 19409—2003 相比主要变化如下：

——型式中增加"地表水式"；

——地下环路式改称为"地埋管式"；

——冷热水机型的试验工况中热源侧进出水温差由 5 ℃改为出水温度和水流量的组合；

——将机组按冷量分类由 8 档改为 2 档；

——修改试验工况，将离心式机组和容积式机组的工况分开确定；

——增加全年综合性能系数（ACOP）作为热泵机组的能效指标。

本标准由中国机械工业联合会提出。

本标准由全国冷冻空调设备标准化技术委员会（SAC/TC 238）归口。

本标准负责起草单位：合肥通用机械研究院、深圳麦克维尔空调有限公司、美意（浙江）空调设备有限公司、山东宏力空调设备有限公司、宁波沃弗圣龙环境技术有限公司、合肥通用机电产品检测院有限公司、合肥通用环境控制技术有限责任公司。

本标准参加起草单位：珠海格力电器股份有限公司、劳特斯空调（江苏）有限公司、烟台蓝德空调工业有限责任公司、南京天加空调设备有限公司、江森自控楼宇设备科技（无锡）有限公司、特灵空调系统（中国）有限公司、青岛海尔空调电子有限公司、浙江盾安人工环境股份有限公司、江西清华泰豪三波电机有限公司、山东科灵空调设备有限公司、广东西屋康达空调有限公司、陕西四季春清洁热源股份有限公司。

本标准主要起草人：张明圣、周威、吴展豪、崔海成、董云达、钟瑜、王严杰、陈昭晖、陈金花、陈春蕾、胡祥华、张维加、国德防、潘祖栋、陈敏峰、葛建民、彭景华、李建峰、王汝金、蔡永坚、汪代杰。

本标准所代替标准的历次版本发布情况为：

——GB/T 19409—2003。

水(地)源热泵机组

1 范围

本标准规定了水(地)源热泵机组(以下简称"机组")的术语和定义、型式和基本参数、要求、试验方法、检验规则、标志、包装、运输和贮存。

本标准适用于以电动机械压缩式制冷系统,以循环流动于地埋管中的水或水井、湖泊、河流、海洋中的水或生活污水及工业废水或共用管路中的水为冷(热)源的水源热泵机组。

2 规范性引用文件

下列文件对于本文件的应用是必不可少的。凡是注日期的引用文件,仅注日期的版本适用于本文件。凡是不注日期的引用文件,其最新版本(包括所有的修改单)适用于本文件。

GB/T 191 包装储运图示标志

GB/T 3785—1983 声级计的电、声性能及测试方法

GB 4706.32 家用和类似用途电器的安全 热泵、空调机和除湿机的特殊要求

GB/T 5226.1 工业机械电气设备 第1部分:通用技术条件

GB/T 6388 运输包装收发货标志

GB/T 10870—2001 容积式和离心式冷水(热泵)机组 性能试验方法

GB/T 13306 标牌

GB/T 18430.1—2007 蒸气压缩循环冷水(热泵)机组 1 工商业用和类似用途的冷水(热泵)机组

GB/T 17758—2010 单元式空气调节机

GB/T 18836—2002 风管送风式空调(热泵)机组

GB 25131 蒸气压缩循环冷水(热泵)机组 安全要求

JB/T 4330—1999 制冷和空调设备噪声的测定

JB/T 7249 制冷设备术语

3 术语和定义

JB/T 7249中界定的以及下列术语和定义适用于本文件。

3.1

水源热泵机组 water-source heat pumps

一种以循环流动于地埋管中的水或井水、湖水、河水、海水或生活污水及工业废水或共用管路中的水为冷(热)源,制取冷(热)风或冷(热)水的设备。

注:水源热泵的"水"还包括"盐水"或类似功能的流体(如"乙二醇水溶液"),根据机组所使用的热源流体而定。

3.1.1

冷热风型机组 water-to-air heat pump

使用侧换热设备为带送风设备的室内空气调节盘管的机组。

3.1.2

冷热水型机组　water-to-water heat pump

使用侧换热设备为制冷剂-水热交换器的机组。

3.1.3

水环式机组　water-loop heat pump

以在共用管路循环流动的水为冷（热）源的机组。

3.1.4

地下水式机组　ground-water heat pump

以从水井中抽取的地下水为冷（热）源的机组。

3.1.5

地埋管式机组　ground-loop heat pump

以埋在地表下的盘管中循环流动的水为冷（热）源的机组。

3.1.6

地表水式机组　surface-water heat pump

以湖水、河水、海水、生活污水及工业废水等地表水为冷（热）源的机组。

3.2

全年综合性能系数（ACOP）　Annual Coefficient Of Performance；ACOP

水（地）源热泵机组机组在额定制冷工况和额定制热工况下满负荷运行时的能效，与多个典型城市的办公建筑按制冷、制热时间比例进行综合加权而来的全年性能系数，用 ACOP 表示。

全年综合性能系数　$ACOP = 0.56EER + 0.44COP$

注 1：EER 为水（地）源热泵机组在额定制冷工况下满负荷运行时的能效；

注 2：COP 为水（地）源热泵机组在额定制热工况下满负荷运行时的能效；

注 3：加权系数 0.56 和 0.44 为选择北京、哈尔滨、武汉，南京和广州五个典型城市的办公建筑制冷、制热时间分别占办公建筑总的空调时间的比例。

4　型式和基本参数

4.1　冷热风型机组的型式

4.1.1　机组按功能分为：

　　a）　热泵型；

　　b）　单冷型；

　　c）　单热型。

4.1.2　机组按结构型式分为：

　　a）　整体型；

　　b）　分体型。

4.1.3　机组按送风型式分为：

　　a）　直接吹出型；

　　b）　接风管型。

4.1.4　机组按冷（热）源类型分为：

　　a）　水环式；

　　b）　地下水式；

c)　地埋管式；

d)　地表水式。

4.2　冷热水型机组的型式

4.2.1　机组按功能分为：

a)　热泵型；

b)　单冷型；

c)　单热型。

4.2.2　机组按结构形式分为：

a)　整体型；

b)　分体型。

4.2.3　机组按冷（热）源类型分为：

a)　水环式；

b)　地下水式；

c)　地埋管式；

d)　地表水式。

4.3　基本参数

4.3.1　使用容积式制冷压缩机的机组正常工作的冷（热）源温度范围见表1。

表 1　使用容积式制冷压缩机的机组正常工作的冷（热）源温度范围　　单位为摄氏度

机组型式	制冷	制热
水环式机组	20～40	15～30
地下水式机组	10～25	10～25
地埋管式机组	10～40	5～25
地表水式（含污水）机组	10～40	5～30

4.3.2　使用离心式制冷压缩机的机组正常工作的冷（热）源温度范围见表2。

表 2　使用离心式制冷压缩机的机组正常工作的冷（热）源温度范围　　单位为摄氏度

机组型式	制冷	制热
水环式机组	20～35	15～30
地下水式机组	15～25	15～25
地埋管式机组	15～35	10～25
地表水式（含污水）机组	15～35	10～30

5　要求

5.1　一般要求

机组应按经规定程序批准的图样和技术文件制造。

5.2 零件及材料及制造要求

5.2.1 除配置所有制冷系统组件外,冷热风型机组应配置送风设备。

5.2.2 热泵型机组的电磁换向阀动作应灵敏、可靠,保证机组正常工作。

5.2.3 对地下水式机组和地埋管式机组,所有室外水侧的管路、换热设备应具有抗腐蚀的能力,使用过程中机组不应污染所使用的水源。

5.2.4 机组所有的零部件和材料应分别符合各有关标准的规定,满足使用性能要求,并保证安全。

5.2.5 机组热源侧水质应符合 GB/T 18430.1—2007 附录 D 的要求。不符合水质要求的水源应进行特殊处理或采用适宜的换热装置。

5.3 性能要求

5.3.1 制冷系统密封性

机组制冷系统各部分不应有制冷剂泄漏。

5.3.2 运转

机组在出厂前应进行运转试验,机组应无异常。若试验条件不完备或对于额定电压 3 000 V 及以上的机组,可在使用现场进行运转。

5.3.3 制冷量

机组实测制冷量不应小于名义制冷量的 95%。

5.3.4 制冷消耗功率

机组的实测制冷消耗功率不应大于名义制冷消耗功率的 110%。

5.3.5 热泵制热量

机组实测制热量不应小于名义制热量的 95%。

5.3.6 热泵制热消耗功率

机组的实测制热消耗功率不应大于名义制热消耗功率的 110%。

5.3.7 静压和风量

5.3.7.1 接风管的室内机组最小机外静压实测值应不低于名义静压值的 95%。

5.3.7.2 对冷热风型机组,机组的实测风量不应小于名义风量的 95%。

5.3.8 最大运行制冷

机组在最大运行制冷工况运行时,应满足以下条件:
- a) 机组正常运行,没有任何故障;
- b) 电机过载保护装置或其他保护装置不应动作;
- c) 对冷热风型机组,当机组停机 3 min 后,再启动连续运行 1 h,但在启动运行的最初 5 min 内允许电机过载保护器跳开,其后不允许动作;在运行的最初 5 min 内跳开的电机过载保护器不复位时,在停机不超过 30 min 内复位的,应连续运行 1 h。

5.3.9 最大运行制热

机组在最大运行制热工况运行时,应满足以下条件:

a) 机组正常运行,没有任何故障。

b) 电机过载保护装置或其他保护装置不应动作。

c) 对冷热风型机组,当机组停机 3 min 后,再启动连续运行 1 h,但在启动运行的最初 5 min 内允许电机过载保护器跳开,其后不允许动作;在运行的最初 5 min 内跳开的电机过载保护器不复位时,在停机不超过 30 min 内复位的,应连续运行 1 h。

5.3.10 最小运行制冷

机组按最小制冷工况运行时,在 10 min 的启动期间后 4 h 运行中安全装置不应跳开。对冷风型机组蒸发器室内侧的迎风表面凝结的冰霜面积不应大于蒸发器迎风面积的 50%。

5.3.11 最小运行制热

机组按最小制热工况运行时,保护装置不允许跳开,机组不应损坏。

5.3.12 凝露

在凝露工况下运行时,机组壳体凝露不应滴下、流下或吹出。

5.3.13 凝结水排除能力

按凝露工况运行时,冷热风型机组应具有排除冷凝水的能力,并不应有水从机组中溢出或吹出。

5.3.14 噪声

机组的实测噪声值应不大于明示值。

5.3.15 部分负荷性能调节

带能量调节的机组,其调节装置应灵敏、可靠。

5.3.16 性能系数

5.3.16.1 全年综合性能系数(ACOP)

热泵型机组全年综合性能系数(ACOP)不应小于明示值的 92%,且不应小于表 3 的数值。

5.3.16.2 制冷能效比(EER)

单冷型机组的制冷能效比(EER)不应小于明示值的 92%,且不应小于表 3 的数值。

5.3.16.3 制热性能系数(COP)

单热型机组的制热性能系数(COP)不应小于明示值的 92%,且不应小于表 3 的数值。

表 3 性能系数

类　型		额定制冷量 kW	热泵型机组 综合性能系数 ACOP	单冷型机组 EER	单热型 COP
冷热 风型	水环式		3.5	3.3	—
	地下水式		3.8	4.1	
	地埋管式		3.5	3.8	
	地表水式		3.5	3.8	
冷热 水型	水环式	CC≤150	3.8	4.1	4.6
		CC>150	4.0	4.3	4.4
	地下水式	CC≤150	3.9	4.3	4.0
		CC>150	4.4	4.8	4.4
	地埋管式	CC≤150	3.8	4.1	4.2
		CC>150	4.0	4.3	4.4
	地表水式	CC≤150	3.8	4.1	4.2
		CC>150	4.0	4.3	4.4

注：1 "—"表示不考核；
　　2 单热型机组以名义制热量 150 kW 作为分档界线。

5.3.17　水系统压力损失试验

在名义制冷工况下,机组水侧的压力损失不应大于机组名义值的 115%。

5.3.18　变工况性能

按表 4 或表 5 规定的变工况运行,并绘制性能曲线图或表。

5.4　安全要求

5.4.1　机组的安全要求应符合 GB 25131 的规定。

5.4.2　冷热风型机组的电器元件的选择以及电器安装、布线应符合 GB 4706.32 的要求;冷热水型机组的电器元件的选择以及电器安装、布线应符合 GB/T 5226.1 的要求。

6　试验方法

6.1　试验条件

6.1.1　冷热风型机组的试验工况见表 4。

表 4 冷热风型机组的试验工况 单位为摄氏度

试验条件		使用侧入口空气状态		热源侧状态				
		干球温度	湿球温度	环境干球温度	进水温度/单位制冷(热)量水流量			
					水环式	地下水式	地埋管式和地表水	
制冷运行	名义制冷	27	19	27	30/0.215	18/0.103	25/0.215	25/0.215
	最大运行	32	23	32	40/—a	25/—a	40/—a	40/—a
	最小运行	21	15	21	20/—a	10/—a	10/—a	10/—a
	凝露	27	24	27	20/—a	10/—a	10/—a	10/—a
	凝结水排除							
	变工况运行	21～32	15～24	27	20～40/—a	10～25/—a	10～40/—a	10～40/—a
制热运行	名义制热	20	15	20	20/—a	15/—a	10a	10a
	最大运行	27	—	27	30/—a	25/—a	25/—a	25/—a
	最小运行	15		15	15/—a	10/—a	5/—a	5/—a
	变工况运行	15～27	—	27	15～30/—a	10～25/—a	5～25/—a	5～25/—a
风量		20	16	—	—	—	—	—

注：1 机组在标称的静压下进行试验。
　　2 单位制冷(热)量水流量单位为 m³/(h·kW)，温度单位为℃。
　　3 单冷型机组仅需进行制冷运行试验工况的测试，单热型机组仅需进行制热运行试验工况的测试。

a 采用名义制冷工况确定的单位制冷(热)量水流量。

6.1.2 冷热水型机组的各试验工况见表5。

表 5 冷热水型机组的试验工况 单位为摄氏度

试验条件			使用侧出水温度/单位制冷(热)量水流量	进水温度/单位制冷(热)量水流量			
				水环式	地下水式	地埋管式	(地表水)
制冷运行	名义制冷		7/0.172	30/0.215	18/0.103	25/0.215	25/0.215
	最大运行	容积式	15/—a	40/—a	25/—a	40/—a	40/—a
		离心式	15/—a	35/—a	25/—a	35/—a	35/—a
	最小运行	容积式	5/—a	20/—a	10/—a	10/—a	10/—a
		离心式	5/—a	20/—a	15/—a	15/—a	15/—a
	变工况运行	容积式	5～15/—a	20～40/—a	10～25/—a	10～40/—a	10～40/—a
		离心式	5～15/—c	20～35/—c	15～25/—c	15～35/—c	15～35/—c

表 5（续）

单位为摄氏度

试验条件			使用侧出水温度/单位制冷（热）量水流量	进水温度/单位制冷（热）量水流量			
				水环式	地下水式	地埋管式	（地表水）
制热运行	名义制热[b]		45/—[a]	20/—[a]	15/—[a]	10/—[a]	10/—[a]
	最大运行	容积式	50/—[a]	30/—[a]	25/—[a]	25/—[a]	30/—[a]
		离心式	50/—[a]	30/—[a]	25/—[a]	25/—[a]	30/—[a]
	最小运行	容积式	40/—[a]	15/—[a]	10/—[a]	5/—[a]	5/—[a]
		离心式	40/—[a]	15/—[a]	15/—[a]	10/—[a]	10/—[a]
	变工况运行	容积式	40～50/—[a]	15～30/—[a]	10～25/—[a]	5～25/—[a]	5～30/—[a]
		离心式	40～50/—[c]	15～30/—[c]	15～25/—[c]	10～25/—[c]	10～30/—[c]

注：1 单位制冷（热）量水流量单位为 $m^3/(h \cdot kW)$，温度单位为℃。
    2 单冷型机组仅需进行制冷运行试验工况的测试，单热型机组仅需进行制热运行试验工况的测试。

[a] 采用名义制冷工况确定的单位制冷（热）量水流量。
[b] 单热型的单位制冷（热）量水流量按设计温差（15℃/8℃）确定。
[c] 离心式机组的变工况运行范围见附录 B。

6.1.3 测试间的要求

6.1.3.1 使用侧测试间应能建立试验所需的工况。

6.1.3.2 试验过程中机组周围的风速建议不超过 2.5 m/s。

6.1.4 测量仪器仪表的型式及准确度

空气温度测量仪表的型式有玻璃温度计和电阻温度计，其准确度为±0.1 ℃；其他仪表的型式和准确度按 GB/T 10870—2001 附录 A 的规定。

6.1.5 在进行制冷量和热泵制热量试验时，试验工况各参数的读数允差应符合表 6 规定。

表 6　制冷量和热泵制热量试验的读数允差

读　　数		读数的平均值对额定工况的偏差	各读数对额定工况的最大偏差
使用侧进口空气温度	干 球	±0.3 ℃	±1.0 ℃
	湿 球	±0.2 ℃	±0.5 ℃
水温	进 口	±0.3 ℃	±0.5 ℃
	出 口	±0.3 ℃	±0.5 ℃

6.1.6 在进行性能试验时（除制冷量、热泵制热量外），试验工况各参数的读数允差应符合表 7 的规定。

表 7　性能试验的读数允差

试验工况	测 量 值	读数与规定值的最大允许偏差
最小运行试验	空气温度	+1.0 ℃
	水 温	+0.6 ℃

表 7（续）

试验工况	测量值	读数与规定值的最大允许偏差
最大运行试验	空气温度	−1.0 ℃
	水温	−0.6 ℃
其他试验	空气温度	±1.0 ℃
	水温	±0.6 ℃

6.1.7 除机组噪声试验外,带水泵的机组在试验时,水泵不应通电。

6.2 试验的一般要求

6.2.1 制冷量和制热量

制冷量和制热量应为净值,对冷热风机组其包含循环风扇热量,但不包含水泵热量和辅助热量。制冷(热)量由试验结果确定,在试验工况允许波动的范围之内不作修正,冷热风型机组,对试验时大气压的低于 101 kPa 时,大气压读数每低 3.5 kPa,实测的制冷(热)量可增加 0.8%。

6.2.2 被测机组的安装要求

6.2.2.1 应按制造厂的安装规定,使用所提供或推荐使用的附件、工具进行安装。

6.2.2.2 除按规定的方式进行试验所需要的装置和仪器的连接外,对机组不能进行更改和调整。

6.2.2.3 必要时,试验机组可以根据制造厂的指导抽真空和充注制冷剂。

6.2.2.4 分体式机组的安装要求

6.2.2.4.1 室内机组和室外机组的制冷剂连接管,应按照制造厂指定的最大长度或 7.5 m 为测试管长,两者中取其大值;若连接管作为机组的一个整体且没有被要求截短连接管,则按已安装好的连接管的完整长度进行测试。另外,连接管的管径、保温、抽空和充注制冷剂应与制造厂的要求相符。

6.2.2.4.2 连接管安装高度差应小于 2 m。

6.2.3 试验流体

6.2.3.1 水环式机组、地下水式机组、地表水式机组及地埋管式机组的热源侧测试流体使用当地生活用水。

6.2.3.2 冷热水式机组使用侧应使用当地生活用水。

6.2.3.3 试验液体中必须充分排尽空气,以保证试验结果不受存在的空气的影响。

6.3 性能试验

6.3.1 制冷系统密封性能试验

机组的制冷系统在正常的制冷剂充灌量下,用下列灵敏度的制冷剂检漏仪进行检验:名义制冷量(单热型机组为名义制热量)小于或等于 150 kW 的机组,灵敏度为 1×10^{-6} Pa·m³/s;名义制冷量(单热型机组为名义制热量)大于 150 kW 的机组,灵敏度为 1×10^{-5} Pa·m³/s。

6.3.2 运转试验

机组运转时,检查机组的运转状况、安全保护装置的灵敏度和可靠性,检验温度、电器等控制元件的动作是否正常。

6.3.3 制冷量试验

冷热风型机组在表4规定的名义制冷工况下,按 GB/T 17758—2010 中附录 A 规定的试验方法进行试验,并以空气焓差法为校准试验方法;冷热水型机组在表5规定的名义制冷工况下,按 GB/T 10870 中规定的试验方法进行试验,并以载冷剂法为校准试验方法。

6.3.4 制冷消耗功率

在进行制冷量试验时,测量机组的输入功率和电流。

6.3.5 制热量试验

冷热风型机组在表4规定的名义制热工况下,按 GB/T 17758—2010 中附录 A 规定的试验方法进行试验,并以空气焓差法为校准试验方法;冷热水型机组按表5规定的名义制热工况下,按 GB/T 10870 中规定的试验方法进行试验,并以载冷剂法为校准试验方法。

6.3.6 热泵制热消耗功率

在进行制热量试验时,测量机组的输入功率和电流。

6.3.7 冷热风型机组的风量试验

机组的名义风量由表4规定的风量测量工况确定。
使用时带风管的机组,在机组标称的静压下测试其风量。
使用时不带风管的机组,在机外静压为 0 Pa 的条件下进行测试。

6.3.8 最大运行制冷试验

6.3.8.1 冷热风型机组的最大运行制冷试验

试验电压为额定电压,按表4规定的最大运行制冷工况运行稳定后,连续运行 1 h,然后停机 3 min(此间电压上升不超过 3%),再启动运行 1h。

6.3.8.2 冷热水型机组的最大运行制冷试验

试验电压为额定电压,按表5规定的最大运行制冷工况运行稳定后,连续运行应不小于 1 h。

6.3.9 热泵最大运行制热试验

6.3.9.1 冷热风型机组的最大运行制热试验

试验电压为额定电压,按表4规定的最大运行制热工况运行稳定后,连续运行 1 h,然后停机 3 min(此间电压上升不超过 3%),再启动运行 1 h。

6.3.9.2 冷热水型机组的最大运行制热试验

试验电压为额定电压,按表5规定的最大运行制热工况运行稳定后,机组连续运行 1 h。

6.3.10 最小运行制冷试验

试验电压为额定电压,冷热风型机组按表4规定的最小运行制冷工况运行,冷热水型机组按表5规定的最小运行制冷工况运行,运行稳定后,再至少连续运行 30 min。

6.3.11 热泵最小运行制热试验

试验电压为额定电压,使用规定温度的液体流经盘管,浸湿盘管 10 min,冷热风型机组按表 4 规定的最小运行制热工况运行,冷热水型机组按表 5 规定的最小运行制热工况运行,机组应能连续运行至少 30 min。

6.3.12 凝露试验

试验电压为额定电压,机组在表 4 规定的凝露工况下作制冷运行。

所有的控制器、风机、风门和格栅在不违反制造厂对用户规定的情况下调到最易凝水的状态进行制冷运行。机组运行达到规定的工况后,再连续运行 4 h。

6.3.13 冷热风型机组的凝结水排除能力试验

将机组的温度控制器、风机速度、风门和导向格栅调到最易凝水的状态,在接水盘注满水即达到排水口流水后,按表 4 规定的凝露工况作制冷运行,当接水盘的水位稳定后,再连续运行 1h。

6.3.14 噪声试验

机组在额定电压和额定频率以及接近名义制冷工况(单热型机组:名义制热工况)下进行制冷(单热型机组:制热)运行,带水泵的机组,水泵应在接近铭牌规定的流量和扬程下进行运转,测试方法见附录 A。

6.3.15 水系统压力损失

水系统的压力损失测定按照 GB/T 18430.1—2007 附录 B 的要求进行,带水泵的机组允许拆除水泵。

6.3.16 变工况试验

冷热风型机组按表 3 规定的变工况运行中的某一条件改变,冷热水型机组按表 5 规定的变工况运行中的某一条件改变,其他条件按名义工况时的流量和温度条件。将试验结果绘制成曲线图或制成表格,每条曲线或每个表格应不少于 4 个测量点的值。

7 检验规则

7.1 分类

机组检验分为出厂检验、抽样检验和型式检验。

7.2 出厂检验

每台机组均应做出厂检验,检验项目、要求和试验方法按表 8 的规定。

表 8 检验项目

序号	项目	出厂检验	抽样检验	型式检验	要求	试验方法
1	一般要求				5.1	视检
2	标志				8.1	视检
3	包装				8.2	视检
4	泄漏电流	√				
5	电气强度				5.4	GB 25131
6	接地电阻					
7	制冷系统密封				5.3.1	6.3.1
8	运转		√		5.3.2	6.3.2
9	制冷量				5.3.3	6.3.3
10	制冷消耗功率				5.3.4	6.3.4
11	热泵制热量				5.3.5	6.3.5
12	热泵制热消耗功率				5.3.6	6.3.6
13	能效比(EER)				5.3.16	6.3.3、6.3.4
14	性能系数(COP)				5.3.17	6.3.5、6.3.6
15	噪声			√	5.3.14	6.3.14
16	最大运行制冷				5.3.8	6.3.8
17	热泵最大运行制热				5.3.9	6.3.9
18	最小运行制冷				5.3.10	6.3.10
19	热泵最小运行制热	—			5.3.11	6.3.11
20	凝露				5.3.12	6.3.12
21	凝结水排除能力[a]				5.3.13	6.3.13
22	风量[a]				5.3.7	6.3.7
23	水系统压力损失		—		5.3.18	6.3.15
24	变工况试验				5.3.19	6.3.16
25	耐潮湿性					
26	防触电保护					
27	温度限制				5.4	GB 25131
28	机械安全					
29	电磁兼容性					

注:"√"应做试验;"—"不做试验。

[a] 冷热风型机组需要试验,冷热水型机组没有此项试验。

7.3 抽样检验

7.3.1 机组应从出厂检验合格的产品中抽样,检验项目和试验方法按表7的规定。

7.3.2 抽检方法、批量、抽样方案、检查水平及合格质量水平等由制造厂检验部门自行决定。

7.4 型式检验

7.4.1 新产品或定型产品作重大改进,第一台产品应作型式检验,检验项目按表7的规定。

7.4.2 型式检验过程中如有故障,在排除故障后应重新检验。

8 标志、包装、运输和贮存

8.1 标志

8.1.1 每台机组应在显著的位置设置永久性铭牌,铭牌应符合GB/T 13306的规定。铭牌上应标示下列内容:

    a) 制造厂名称和商标;

    b) 产品名称和型号;

    c) 主要技术性能参数(名义制冷量、名义制热量、制冷剂类型和充注量、额定电压、频率和相数、总输入功率、质量等,对冷热风型机组还应包含机组的静压和风量);

    d) 产品出厂编号;

    e) 制造日期。

8.1.2 机组上应有标明运行状态的标志,如指示仪表和控制按钮的标志等。

8.1.3 在相应的地方(如铭牌、产品说明书等)标注执行标准的编号。

8.1.4 每台机组上应随带下列出厂文件:

    a) 产品合格证,其内容包括:

        ——产品型号和名称;

        ——产品出厂编号;

        ——检验结论;

        ——检验员签字或印章;

        ——检验日期。

    b) 产品使用说明书,其内容包括:

        ——产品型号和名称、适用范围、执行标准、噪声、水系统压力损失;

        ——产品的结构示意图、电气原理图及接线图;

        ——安装说明和要求;

        ——使用说明、维修和保养注意事项。

    c) 装箱单。

8.2 包装

8.2.1 机组包装前应进行清洁处理。各部件应清洁、干燥,易锈部件应涂防锈剂。

8.2.2 机组应外套塑料袋或防潮纸并应固定在箱内,以免运输中受潮和发生机械损伤。

8.2.3 机组包装箱上应有下列标志:

    a) 制造厂名称;

    b) 产品型号和名称;

    c) 净质量、毛质量;

d) 外形尺寸；

e) "向上""怕雨""禁止翻滚"和"堆码层数极限"等。有关包装、储运标志应符合 GB/T 6388 和 GB/T 191 的有关规定。

8.3 运输和贮存

8.3.1 机组在运输和贮存过程中不应碰撞、倾斜、雨雪淋袭。

8.3.2 产品应储存在干燥的通风良好的仓库中。

附　录　A
（规范性附录）
水（地）源热泵机组噪声试验方法

A.1　适用范围

本附录规定了水（地）源热泵机组的噪声试验方法。

A.2　测定场所

测定场所应为反射平面上的半自由声场，被测机组的噪声与背景噪声之差应为 8 dB 以上。

A.3　测量仪器

测试仪器应使用 GB/T 3785—1983 中规定的 Ⅰ 型或 Ⅰ 型以上的声级计，以及精度相当的其他测试仪器。

A.4　安装与运行条件

机器的安装与运行条件参照 JB/T 4330 的相应规定。

A.5　测点布置与测试方法

A.5.1　冷热风型

A.5.1.1　整体式机组

a)　接风管类型机组的噪声测试参照 GB/T 18836—2002 附录 B 相应规定。
b)　不接风管类型机组的噪声测试参照 JB/T 4330—1999 附录 D 相应规定。

A.5.1.2　分体式机组

a)　室内机
　　——接风管类型机组的噪声测试参照 GB/T 18836—2002 附录 B 相应规定。
　　——不接风管类型机组的噪声测试参照 JB/T 4330—1999 附录 D 相应规定。

b)　室外机
在机组四面距机组 1 m，其测点高度为机组高度加 1 m 的总高度的的 1/2 处 4 个测点，测试结果为按式（A.1）进行平均的平均声压级。在图 A.1 所示位置进行测量，噪声测试时机组应调至名义制冷工况并稳定运行。

$$\overline{L}_{\mathrm{p}} = 10\lg(1/4)\left(\sum_{i=1}^{4} 10^{0.1L_{\mathrm{p}i}}\right) \qquad\cdots\cdots\cdots\cdots\cdots\cdots\cdots（A.1）$$

式中：
$\overline{L}_{\mathrm{p}}$ ——测量表面平均 A 计权或倍频程声压级，dB（基准值为 20 μPa）;

L_{pi} ——第 i 测点所测得的 A 计权或倍频程声压级按 JB/T 4330—1999 中 8.1.1 修正后的数据，
dB(基准值为 20 μPa)。

A.5.2 冷热水型(含分体和整体)

A.5.2.1 落地式安装

在机组四面距机组 1 m,其测点高度为机组高度加 1 m 的总高度的的 1/2 处 4 个测点,测试结果为按式(A.1)进行平均的平均声压级。在图 A.1 所示位置进行测量,噪声测试时机组应调至名义制冷工况并稳定运行。

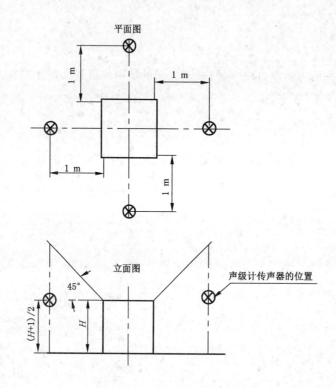

说明:

H——机组高度,单位:m。

图 A.1　冷热风型分体式室外机　落地式安装

A.5.2.2 吊顶式安装

分体水(地)源热泵机组室外机吊装方法示意见图 A.2。在图 A.2 所示位置进行测量,机组应调至最大噪声点的工况。

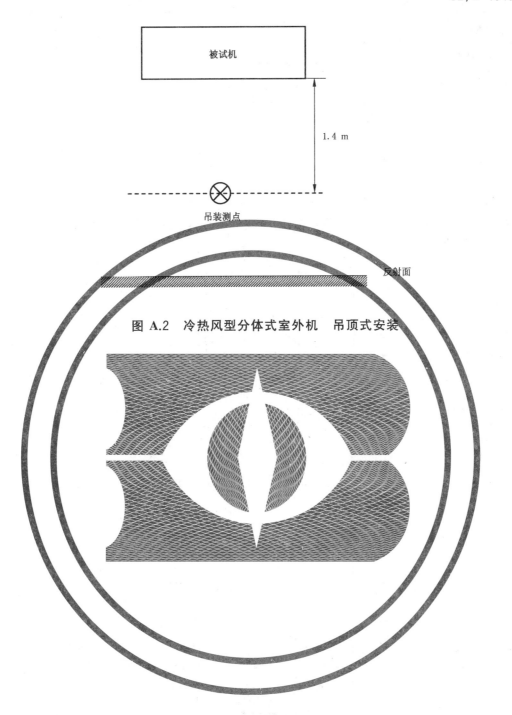

被试机

1.4 m

吊装测点

反射面

图 A.2　冷热风型分体式室外机　吊顶式安装

附　录　B
（规范性附录）
离心式机组的变工况范围

B.1　离心式机组的变工况范围

离心式机组的变工况范围如图 B.1～B.8。

确定离心式机组的原则是根据确定的最大、最小运行工况，参考了原有变工况范围，同时兼顾离心式机组的定压头特性。

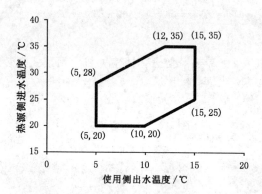

图 B.1　水环式机组制冷运行变工况范围

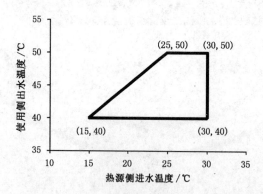

图 B.2　水环式机组制热运行变工况范围

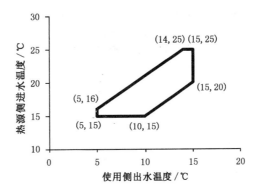

图 B.3　地下水式机组制冷运行变工况范围

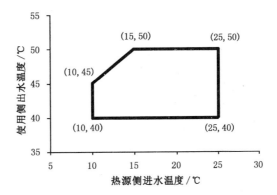

图 B.4　地下水式机组制热运行变工况范围

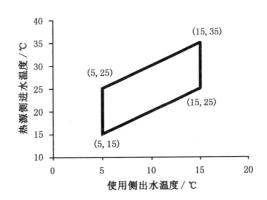

图 B.5　地埋管式机组制冷运行变工况范围

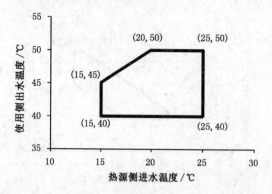

图 B.6 地埋管式机组制热运行变工况范围

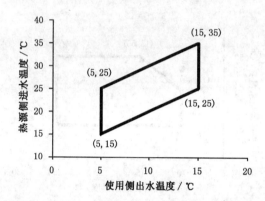

图 B.7 地表水式机组制冷运行变工况范围

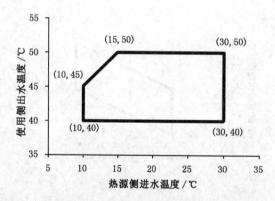

图 B.8 地表水式机组制热运行变工况范围

ICS 27.200
J 73

中华人民共和国国家标准

GB/T 20107—2006

户用及类似用途的吸收式冷（热）水机

Absorption water chiller(heater) for villa and similar application

2006-02-16 发布

2006-09-01 实施

中华人民共和国国家质量监督检验检疫总局
中国国家标准化管理委员会
发布

137

前　　言

本标准是首次制定。

本标准的附录 A 是规范性附录。

本标准由中国机械工业联合会提出。

本标准由全国冷冻空调设备标准化技术委员会(SAC/TC 238)归口。

本标准负责起草单位:远大空调有限公司。

本标准主要起草人:张跃、陈伯鲲、王劲东、龙惟定、卓志红、刘华、傅立新。

本标准由全国冷冻空调设备标准化技术委员会解释。

户用及类似用途的吸收式冷（热）水机

1 范围

本标准规定了户用及类似用途的吸收式冷（热）水机的定义、型式和基本参数、技术要求、试验方法、检验规则、标志、包装、运输及贮存等。

本标准适用于名义制冷量不大于 120 kW 的户用及类似用途的吸收式冷（热）水机。

2 规范性引用文件

下列文件中的条款通过本标准的引用而成为本标准的条款。凡是注日期的引用文件，其随后所有的修改单（不包括勘误的内容）或修订版均不适用于本标准，然而，鼓励根据本标准达成协议的各方研究是否可使用这些文件的最新版本。凡是不注日期的引用文件，其最新版本适用于本标准。

GB/T 191　包装储运图示标志

GB 4208—1993　外壳防护等级（IP 代码）

GB 4343.1　家用和类似用途电动、电热器具、电动工具以及类似电器无线电干扰特性测量方法和允许值（CISPR 14-1:2000,IDT）

GB 4343.2　电磁兼容　家用电器、电动工具和类似器具的要求　第 2 部分:抗扰度　产品类标准（idt CISPR 14-2:1997）

GB 4706.1—1998　家用和类似用途电器的安全　第一部分:通用要求（eqv IEC 335-1:1991）

GB 4706.32　家用和类似用途电器的安全　热泵、空调器和除湿机的特殊要求（IEC 60335-2-40:1995,IDT）

GB/T 7190.1　玻璃纤维增强塑料冷却塔　第 1 部分:中小型玻璃纤维增强塑料冷却塔

GB 9969.1　工业产品使用说明书　总则

GB/T 14436　工业产品保证文件　总则

GB 16914　燃气燃烧器具安全技术通则

GB/T 17758　单元式空气调节机

GB 18361—2001　溴化锂吸收式冷（温）水机组安全要求

GB/T 18362—2001　直燃型溴化锂吸收式冷（温）水机组

JB/T 4330—1999　制冷和空调设备噪声的测定

3 术语和定义

下列术语和定义适用于本标准。

3.1

户用及类似用途的吸收式冷（热）水机　**Absorption water chiller（heater）for villa and similar application**

一种以燃气、燃油等为热源，水为制冷剂、溴化锂为吸收剂，包含（或不包含）冷却塔及水循环装置的，制取空调等用途冷（热）水的户用及类似用途的整体式机组（以下简称"户用机"）。

4 型式与基本参数

4.1 型式

4.1.1 按热源分类

a) 燃气型　以天然气、人工煤气、液化石油气等气体燃料为热源的户用机。

b) 燃油型　以柴油等燃料为热源的户用机。

4.1.2 按功能分类

a) 单冷型　只有制冷而无制热功能的户用机。

b) 冷暖型　兼有制冷和制热功能的户用机。

4.2 基本参数

4.2.1 名义工况

户用机名义工况和名义工况时的性能系数,按表1的规定。

表 1　名义工况参数

项目	干球温度[a]/℃	湿球温度/℃	冷、热水进口温度/℃	冷、热水出口温度/℃	性能系数
制冷	31.5	28	12(14)[b]	7	≥1.00
制热	7	—	50	55(57)[b]	≥0.85

[a] 采用外接冷却水的机组,冷却水参数按 GB/T 18362—2001 名义工况的规定。

[b] 括号内数值为采用增大冷、热水温差供水方式的选择值。

4.2.2 名义工况的其他规定

a) 冷(热)水侧污垢系数 $0.043\ m^2 \cdot K/kW$,冷却水侧污垢系数 $0.086\ m^2 \cdot K/kW$。

b) 电源为单相交流 220 V,50 Hz 或三相交流 380 V,50 Hz。

c) 热源根据实际供应情况确定,应符合相关标准的规定。

5 要求

5.1 一般要求

5.1.1 户用机应符合本标准的要求,并按经规定程序批准的图样和技术文件(含与用户协议)制造。

5.1.2 户用机的材料和零部件(含泵等),应满足使用性能的要求和符合相关标准。

5.1.3 户用机的电镀、涂漆件应符合 GB/T 17758 的有关规定,并按标准规定的方法检验。

5.1.4 户用机各部件安装应牢固可靠,不得有相互摩擦和碰撞。

5.1.5 户用机应保证正常运输、安装和使用过程的稳定性。

5.1.6 户用机正常使用状态下,公众可能触及的运动部件,应设有足够强度的防护,且只有借助工具才能拆卸。其外壳应符合 GB 4208—1993 中 IP24 防护等级,并按标准规定的方法检验。

5.1.7 户用机真空侧工作压力应保持在当地大气压以下。且当环境状况变化(如温度异常升高)使机内压力异常升高时,不应危及人身和环境安全。

5.1.8 户用机在环境温度低于 0℃ 的地区使用时,应有相应的防冻、防结晶措施。

5.1.9 户用机工作时,温度高于 60℃ 的外露部位应有保温隔热;如果不宜隔热的,则应有防护网罩,避免公众触及。

5.1.10 户用机与高温部分连接的塑料、橡胶等零部件,应具有难燃自熄性能。

5.1.11 户用机的燃料箱和燃料管道、排烟口等,应符合消防部门规定。

5.1.12 户用机的外罩应通风良好,避免高温气体或可燃气体滞留在罩箱内。

5.1.13 户用机的冷却塔飘水率应符合 GB/T 7190.1 的规定,并按标准规定的方法检验。

5.1.14 户用机的水循环装置应有延缓腐蚀、结垢和阻止有害生物滋生的措施。

5.1.15 户用机的冷却水水质应符合 GB/T 18362—2001 附录 D 中表 D1 的规定。

5.1.16 户用机的溴化锂溶液应符合 GB/T 18362—2001 附录 D 中表 D2 的规定。

5.2 电气安全要求

5.2.1 户用机的电器应符合 GB 4706.1—1998 和 GB 4706.32 的有关规定;有接入楼宇控制系统及公共网络(因特网、公共电话网)接口的,应符合相关技术规范。

5.2.2 户用机的电气设备在电源电压 90%~110%、环境温度 5℃~45℃(直接外露的 5℃~55℃)、相对湿度 30%~95%的范围内,应能正常工作。在此范围外工作的应采取相应的技术措施。

5.2.3 户用机的电器部件应能防止水(露)的侵入,户用机正常凝结水和排水应不影响电气绝缘。

5.2.4 防触电保护

按 6.3.10 试验时,户用机防触电保护应符合 GB 4706.1—1998 中 I 类器具要求。

5.2.5 绝缘电阻

按 6.3.11 试验时,户用机绝缘电阻应在 2 MΩ 以上。

5.2.6 接地电阻

户用机应有可靠的接地装置并明显标识。按 6.3.12 试验时,其接地电阻值不应超过 0.1 Ω。

5.2.7 耐潮湿性

按 6.3.13 试验时,户用机外露部分(部件)和电源线间的泄漏电流值不超过 3.5 mA,带电部位与非带电体之间应无击穿或闪络。

5.2.8 电磁兼容性

户用机电气控制系统应具抑制电磁干扰的性能和抗电磁干扰的性能。按 6.3.14 试验时,其干扰特性允许值不超过 GB 4343.1 的规定,抗扰度符合 GB 4343.2 规定的 II 类器具要求。

5.3 燃烧设备要求

5.3.1 燃气型户用机的燃烧器具应符合 GB 16914 中有关规定,并按标准规定的方法检查和验收。

5.3.2 按 GB 18361—2001 附录 B(规范性附录)试验时,户用机燃烧设备性能应符合该标准的规定。且按名义燃料燃烧量试验时,其烟气中大气污染物的含量不超过表2的规定。

表 2 烟气中大气污染物最高浓度

污染物种类	CO	NOx	SO2	烟尘	林格曼黑度
最高浓度/(mg/m³)	300	400	500(燃油),100(燃气)	80(燃油),50(燃气)	1(级)

5.4 安全保护器件动作要求

户用机应具有电机过载、缺相保护(三相电源时),冷水断流或流量不足保护,防冻保护,温度、压力过高保护,燃烧设备控制等必要的保护功能和器件,且符合 GB 18361—2001 中 4.3 的要求。按 6.3.15 进行视检时,安全保护器件的各种功能应符合设计要求。

5.5 性能要求

5.5.1 名义制冷量

按 6.3.1 方法试验时,户用机实测制冷量不应低于名义制冷量的 95%。

5.5.2 名义制热量

按 6.3.2 方法试验时,户用机实测制热量不应低于名义制热量的 95%。

5.5.3 热源消耗量

按 6.3.3 方法试验时,户用机实测热源消耗量,不应高于名义值的 105%。

5.5.4 电力消耗功率

按 6.3.4 方法试验时,户用机实测电力消耗功率不应高于名义值的 105%。

5.5.5 名义性能系数

按 6.3.5 方法试验时,户用机实测性能系数不应低于名义值的 95%。

5.5.6 变工况性能

按 6.3.6 方法试验时,户用机应能正常运行。

5.5.7 真空侧泄漏率

按 6.3.7 方法试验时,户用机真空侧泄漏率不应大于 $2 \times 10^{-6} Pa \cdot m^3/s$。

5.5.8 水侧耐压及密封性

按 6.3.8 方法试验时,户用机水回路应无异常变形或渗漏,且水压不得下降。

5.5.9 噪声

按 6.3.9 方法试验时,户用机噪声限值按表 3 的规定。

表 3 户用机噪声限值

名义制冷量 Q/kW	$Q \leqslant 20$	$20 < Q \leqslant 50$	$50 < Q \leqslant 80$	$80 > Q$
声压级/dB(A)	67	69	71	73

6 试验

6.1 试验条件

试验的条件及波动范围按表 4。其他试验条件按 4.2.2 的规定:电源电压波动范围 ±10%,电源频率波动范围 ±1 Hz;燃料发热量、燃气压力等波动范围 ±1%。

表 4 试验的条件及波动范围

项目		出口水温/℃	进口水温/℃	干球温度/℃	湿球温度/℃	冷(热)水流量
制冷[a]	名义工况	名义值±0.3	名义值±0.3	名义值±0.5	名义值±0.5	名义值±5%
	变工况	(5.0~15.0)±0.3	±0.3[b]	—	(18.0~30.0)±0.5	
制热	名义工况	名义值±0.3	名义值±0.3	名义值±0.5	—	

> [a] 采用外接冷却水的机组,冷却水参数按 GB/T 18362—2001 试验条件的规定。
> [b] 变工况时冷水进口水温根据出口水温、湿球温度的改变而变化,仅规定其波动范围。

6.2 测量仪表

检测用计量仪器须经检定合格,并在有效期内。测量仪表的类型和精确度按表 5 的规定。

表 5 计量仪器的类型和精确度

用途	类型	精确度	
温度测量	玻璃棒温度计、电阻温度计 通风干湿球温度计	冷(热)水、冷却水温度和环境温度	±0.1℃
		冷剂水、热源温度	±0.5℃
		吸收液温度、烟气温度	±1.0℃
流量测量	差压式流量计、电磁式流量计、 容量式流量计、涡街式流量计	±1.0%(满量程)	
压力测量 (含真空)	弹簧管压力表、U 型管压力计、 膜片真空计、麦式真空计等	±1.0%(满量程)	
烟气分析	红外线式、氧化锆式、磁气式、电 池式气体分析仪,烟浓度计	含量>1%时,测量值的±2%	
		含量 0.04%~1%时,测量值的±5%	
		含量<0.04%时,±0.002%	
燃料检测	燃气量热器,气相色谱仪 燃弹式量热器	±0.5%	

表 5（续）

用　途	类　　型	精　　确　　度
电气计测	电流表、电压表	±0.5%（满量程）
	绝缘电阻计	±1%（满量程）
	频率表	
	电能表	
	接地电阻计	
噪声检测	声级计	Ⅰ型或Ⅰ型以上
真空检漏	氦质谱检漏仪	检出限≤$1×10^{-7}$Pa·m^3/s
时间测量	秒表	±0.2%
质量测量	天平、台秤、磅秤	±0.3%

6.3　试验方法

6.3.1　制冷量试验

按附录 A 所示方法、公式测定及计算制冷量。

6.3.2　制热量试验

按附录 A 所示方法、公式测定及计算制热量。

6.3.3　热源耗量试验

在 6.3.1 和 6.3.2 试验中,待制冷(热)量数值稳定时,测定户用机消耗热源的量。

6.3.4　电力消耗功率试验

在 6.3.1 和 6.3.2 试验中,待制冷(热)量数值稳定时,测定户用机消耗的电功率。

6.3.5　名义性能系数试验

在 6.3.1 和 6.3.2 试验中,按附录 A 所示公式计算性能系数。

6.3.6　变工况试验

按表 4 变工况的试验条件,改变工况的某一条件,其他条件按名义工况时,进行试验。测量和计算制冷量、热源耗量、电力消耗量和性能系数。将试验结果制成曲线图或列表。每条曲线或数据应包括名义工况的值,且不少于 4 个测量点的值。

6.3.7　真空侧气密性试验

按 GB/T 18362—2001 中 6.3.7 方法进行试验。

6.3.8　水侧耐压及密封性试验

组装后,对户用机水侧采用 1.25 倍设计压力,注水加压后,保持 10 min 以上。试验水温应在 5℃ 以上。试验后不立即运行的,应用干净的空气将内部吹干。

6.3.9　噪声试验

名义工况试验达状态稳定时,按 JB/T 4330—1999 中矩形六面体测量法测量户用机噪声。

6.3.10　防触电保护试验

按 GB 4706.1—1998 中 8.1 的方法进行防触电保护试验。

6.3.11　绝缘电阻试验

户用机制冷或制热试验前后,分别用 500 V 绝缘电阻计测定其带电部分与非带电导体间的绝缘电阻。

6.3.12　接地电阻试验

按 GB 4706.1—1998 中 27.5 的方法进行接地电阻值试验。

6.3.13　耐潮湿性试验

按 GB 4208—1993 进行溅水试验、并且按 GB 4706.1—1998 中 15 的方法进行潮湿处理后,立即按

GB 4706.1—1998 中 16.2 的方法进行泄漏电流试验;并按 GB 4706.1—1998 中 16.3 的方法进行电气强度试验。

6.3.14 电磁兼容性试验

按 GB 4343.1 进行干扰特性试验;按 GB 4343.2 进行抗扰度试验。

6.3.15 安全保护器件动作

根据户用机安全保护器件的设计参数进行动作试验。

7 检验规则

7.1 一般规则

户用机应由制造商的技术检验部门按本标准和技术文件进行检验,合格后方可出厂。

7.2 检验项目

户用机检验分为出厂检验、抽样检验和型式检验。

7.2.1 出厂检验

每台户用机均应做出厂检验。检验项目按表 6 规定。

7.2.2 抽样检验

批量生产的户用机应进行抽样检验,检验项目按表 6 规定。抽样方法由生产厂家自行确定。

7.2.3 型式检验

新产品或定型产品作重大改进时,首台户用机应做型式检验。检验项目按表 6 规定。

表 6 检验规则

序号	检验项目	出厂检验	抽样检验	型式检验	技术要求	检验方法
1	外观、标志、安全标识及包装	△	△	△	5.1,8.1~8.3	视检
2	真空侧泄漏率				5.5.7	6.3.7
3	水侧耐压及密封性				5.5.8	6.3.8
4	防触电保护				5.2.4	6.3.10
5	绝缘电阻				5.2.5	6.3.11
6	接地电阻				5.2.6	6.3.12
7	安全保护器件动作				5.4	6.3.15
8	燃气型的燃烧器具安全性				5.3.1	GB 16914
9	耐潮湿性				5.2.7	6.3.13
10	噪声			△	5.5.9	6.3.9
11	燃烧器具性能及烟气成分				5.3.2	GB 18361—2001 附录 B
12	名义制冷量	—			5.5.1	6.3.1
13	名义制热量				5.5.2	6.3.2
14	热源消耗量				5.5.3	6.3.3
15	电力消耗量				5.5.4	6.3.4
16	性能系数				5.5.5	6.3.5
17	变工况性能				5.5.6	6.3.6
18	电磁兼容性		—		5.2.8	6.3.14
19	飘水率(包含冷却塔的)				5.1.13	GB/T 7190.1
注:"△"应做试验,"—"不做试验。						

8 标志、包装、运输及贮存

8.1 标志

8.1.1 每台户用机应在显著位置固定标牌，标示以下内容：

    a) 制造单位名称及商标；

    b) 产品型号和名称；

    c) 主要技术性能参数：制冷量、制热量、冷（热）水出口温度和流量、燃料种类及参数、燃料消耗量、电源及配电量、防护等级、重量；

    d) 产品出厂编号和产品制造日期。

8.1.2 相关部位应标明运行状态（如旋转方向）的标志和安全标识（如高温警告、接地装置等）。

8.2 出厂文件

每台户用机出厂时应随带下列文件：

8.2.1 产品合格证。其内容应符合 GB/T 14436 的要求。

8.2.2 安装使用说明书。其内容应符合 GB 9969.1 的要求，应包括：

    a) 标牌内容及其他技术参数；

    b) 产品的结构示意图、外型尺寸、制冷（热）系统图、电路图及接线图；

    c) 产品运输、贮存、安装的说明、要求和注意事项；

    d) 使用、维护保养说明注意事项。

8.2.3 装箱单。

8.3 包装

8.3.1 包装前应该进行清洁、防腐处理；真空侧应抽真空，并标明状态。

8.3.2 应采用防潮、防机械损伤的包装物。

8.3.3 包装物上的标志应符合 GB/T 191 的有关规定，并包括：

    a) 制造单位名称；

    b) 产品名称和型号；

    c) 净重和毛重；

    d) 外形尺寸；

    e) 方向，吊装受力点，堆放层数及警告性标志等。

8.4 运输贮存

8.4.1 运输和贮存中不得碰撞、倾斜、雨雪淋袭。

8.4.2 应采取防锈措施，存放在有遮盖，干燥通风的场所。

8.4.3 螺纹接头用螺栓塞堵，法兰孔用盲板封盖。

8.4.4 真空侧与大气连接的阀门，应不容易打开，并有警告标识。

附 录 A
（规范性附录）
户用机制冷（热）量的试验方法

A.1 适用范围

本附录规定了户用机制冷（热）量的试验方法。

A.2 试验方法

户用机的制冷量和供热量，采用水侧热计法：通过测定户用机的冷（热）水进出口温度和流量，计算制冷量和供热量。

A.3 试验装置

户用机试验装置示意如图A.1。不含冷却塔的户用机试验装置需按GB/T 18362—2001附录A另外配备冷却塔和冷却水检测仪器。

A.3.1 试验装置能连续提供稳定的、满足6.1的预处理空气、热源和电力。

A.3.2 试验负荷能调节，并连续维持稳定的、满足6.1的水流量和温度。

A.3.3 在试验装置上配备了必要的测试仪器。仪器的类型及精度按6.2中所示。

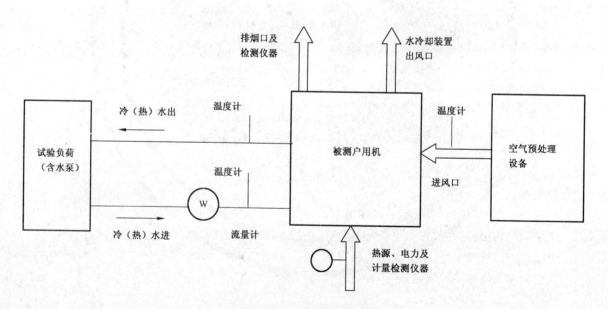

图 A.1 试验装置示意图

A.4 试验要求

A.4.1 待测户用机已安装、运转必需的附属装置，排尽试验装置水管内的空气，并确认已灌满水。

A.4.2 待测户用机中装进规定量的溴化锂溶液、添加剂，并抽气达到运行真空度要求。

A.4.3 达到并稳定在6.1试验条件的状态后，进行测试。

A.4.4 每15 min测试、记录1次。同次各数据测试同时进行，以减少试验条件波动的影响。

A.4.5 取连续3次以上符合试验条件的数据，以其算术平均值为计算依据。

A.5 试验记录

应记录的试验数据按表 A.1。

表 A.1 应记录的试验数据

应记录的试验数据	在算式中符号	计量单位
冷(热)水进口温度	t_1	℃
冷(热)水出口温度	t_2	℃
冷(热)水比热	C	kJ/kg·℃
冷(热)水流量	W	m^3/h
冷(热)水密度	ρ	kg/m^3
燃气耗量	W_g	m^3/h
燃气低位热值	q_g	kJ/m^3
燃油耗量	W_o	kg/h
燃油低位热值	q_o	kJ/kg
电力消耗功率,不包括冷(热)水水泵	E	kW
环境干、湿球温度		℃
燃料温度		℃
燃气成分		%
燃气压力		kPa
排烟温度		℃
烟气成分及黑度		mg/m^3,%,级
其他记录	标牌所示项目;试验地点,大气压,试验人员和日期	

A.6 计算方法

A.6.1 制冷(热)量(Q,kW)

$$Q = |WC\rho(t_1 - t_2)|/3600 \quad\quad\quad\quad\quad\quad\quad（ A.1 ）$$

A.6.2 热源消耗量(Q_i,kW)

　　a) 燃气型　$Q_i = W_g q_g/3600$ $\quad\quad\quad\quad\quad\quad\quad（ A.2 ）$

　　b) 燃油型　$Q_i = W_o q_o/3600$ $\quad\quad\quad\quad\quad\quad\quad（ A.3 ）$

A.6.3 性能系数(COP)

$$COP = Q/(Q_i + E) \quad\quad\quad\quad\quad\quad\quad（ A.4 ）$$

注：水侧污垢系数对制冷量、制热量的影响按 GB/T 18362—2001 附录 A 的规定。

ICS 27.200
J 73

中华人民共和国国家标准

GB/T 21362—2008

商业或工业用及类似用途的热泵热水机

Heat pump water heater for commercial & industrial and similar application

2008-01-14 发布　　　　　　　　　　　　　　2008-05-01 实施

中华人民共和国国家质量监督检验检疫总局
中国国家标准化管理委员会　　发布

前　言

本标准附录 B 为规范性附录、附录 A 为资料性附录。

本标准由中国机械工业联合会提出。

本标准由全国冷冻空调设备标准化技术委员会(SAC/TC 238)归口。

本标准主要起草单位:广州中宇冷气科技发展有限公司、合肥通用机械研究院、江苏天舒电器有限公司、广东美的商用空调设备有限公司、合肥通用环境控制技术有限公司。

本标准参加起草单位:大连冰山集团有限公司、重庆九龙韵新能源发展有限公司、北京同方洁净技术有限公司、广州恒星冷冻机械制造有限公司、艾欧史密斯(中国)热水器有限公司、浙江正理电子电气有限公司、北京华清融利空调科技有限公司、佛山市伊雷斯制冷科技有限公司、劳特斯空调(江苏)有限公司、浙江星星中央空调设备有限公司、泰豪科技股份有限公司、广东申菱空调设备有限公司、上海富田空调冷冻设备有限公司、艾默生环境优化技术(苏州)研发有限公司、(中外合资)滁州扬子必威中央空调有限公司、宁波博浪热能设备有限公司。

本标准主要起草人:覃志成、张秀平、张明圣、王天舒、舒卫民、李柏。

本标准参加起草人:俞乔力、朱勇、刘耀斌、袁博洪、邱步、凌拥军、黄国琦、区志强、丁伟、沙凤岐、黄晓儒、易新文、姚宏雷、文茂华、谢勇、王磊、钟瑜、王玉军、汪吉平。

本标准由全国冷冻空调设备标准化技术委员会负责解释。

本标准是首次制定。

商业或工业用及类似用途的热泵热水机

1 范围

本标准规定了商业或工业用及类似用途的热泵热水机(以下简称"热水机")的术语和定义、型式与基本参数、要求、试验方法、检验规则、标志、包装、运输和贮存等。

本标准适用于采用电动机驱动,蒸汽压缩制冷循环,名义制热能力3 000 W以上,以空气、水为热源,以提供热水为目的热泵热水机,其他用途的热泵热水机也可参照使用。

2 规范性引用文件

下列文件中的条款通过本标准的引用而构成本标准的条款。凡是注日期的引用文件,其随后所有的修改单(不包括勘误的内容)或修订版均不适用于本标准。然而,鼓励根据本标准达成协议的各方研究是否使用这些文件的最新版本。凡是不注日期的引用文件,其最新版本适用于本标准。

GB/T 191 包装储运图示标志(GB/T 191—2000,eqv ISO 780:1997)

GB/T 1720 漆膜附着力测定法

GB/T 2423.17 电工电子产品基本环境试验规程 试验 Ka:盐雾试验方法(GB/T 2423.17—1999,eqv IEC 60068-2-11:1981)

GB/T 2828.1 计数抽样检验程序 第1部分:按接收质量限(AQL)检索的逐批检验抽样计划(GB/T 2828.1—2003,ISO 2859:1999 IDT)

GB/T 6388 运输包装收发货标志

GB 8624 建筑材料燃烧性能分级方法

GB/T 10870—2001 容积式和离心式冷水(热泵)机组 性能试验方法

GB/T 13306 标牌

GB/T 13384 机电产品包装通用技术条件

GB/T 17758 单元式空气调节机

GB/T 18430.1 蒸汽压缩循环冷水(热泵)机组 第1部分:工商业用和类似用途的冷水(热泵)机组

JB/T 4330 制冷和空调设备噪声的测定

JB/T 4750 制冷装置用压力容器

JB/T 7249 制冷设备术语

JB 8654 容积式和离心式冷水(热泵)机组 安全要求

3 术语和定义

JB/T 7249确立的以及下列术语和定义适用于本标准。

3.1

热泵热水机 heat pump water heater

一种采用电动机驱动,采用蒸气压缩制冷循环,将低品位热源(空气或水)的热量转移到被加热的水中用以制取热水的设备。

3.2

空气源热泵热水机 air-source heatpump water heater

以空气为热源的热泵热水机。

3.3

水源热泵热水机　water-source heat pump water heater

以水为直接热源或作为传热介质传递热量的热泵热水机。

3.4

一次加热式热水机　one‑time heating heat pump water heater

使用侧进水流过热泵热水机一次就达到设定终止温度的热水机。

3.5

循环加热式热水机　circulate heating heat pump water heater

使用侧进水通过水泵多次流过热泵热水机逐渐达到设定终止温度的热水机。

3.6

辅助电加热式热水机　additional electrical heating heat pump water heater

带辅助电加热器(包括后安装的电加热器)与热泵一起使用进行制热的热水机。

3.7

初始水温度　initial temperature of water

热水机开始加热前,在使用侧总进口处测得的水温度,单位:℃。

3.8

终止水温度　termination temperature of water

a)　对一次加热式热水机,指当加热稳定时热水机在使用侧最终出口处测得的水温度,单位:℃。

b)　对循环加热式热水机,指热水机加热完成后在储热水箱中测得的平均水温度,单位:℃。

3.9

制热量　heating capacity

在规定试验工况下,热水机运行时间内提供热水的热量与运行时间之比,单位:kW。

3.10

消耗功率　heating consumed power

在规定试验工况下,热水机运行时所消耗的总电功与运行时间之比,单位:kW。

3.11

性能系数　(COP)coefficient of performance

制热量与消耗功率之比,其值用 W/W 表示。

3.12

产水量　heating water flow

在规定试验工况下,热水机单位时间内提供的热水流量,单位:m^3/h。

3.13

其他术语　other terms

a)　承压式水箱　pressure‑resistant water tank

指箱体密闭,不与大气相通,并能承受一定水压力的水箱,单位:L。

b)　非承压式水箱　free‑surface water tank

指水箱顶部与大气相通,通过液位控制装置控制其水面的水箱,单位:L。

4 型式与基本参数

4.1 型式

4.1.1 热水机按使用电源形式分类:

a)　单相电源式(220 V,50 Hz);

b)　三相电源式(380 V,50 Hz)。

4.1.2 热水机按制热方式分类：

a) 一次加热式；

b) 循环加热式。

4.1.3 热水机按机组结构型式分类：

a) 自带水箱；

b) 不带水箱。

4.1.4 热水机按热源方式分类：

a) 空气源式；

b) 水源式。

4.1.5 辅助电加热式

4.1.6 热水机按使用气候环境分为：

类型	普通型	低温型
最高温度	43℃	38℃
最低温度	0℃	−10℃

4.2 热水机型号编制方法

热水机水箱的名义容量优选值、名义制热量优选值及型号编制方法见附录A。

4.3 基本参数

4.3.1 空气源热泵热水机的试验工况见表1,水源热泵热水机的试验工况见表2,融霜的试验条件见表3。

表 1 空气源热泵热水机的试验工况

单位为℃

项 目			使用侧（或热水侧）[a]		热源侧（空气侧）	
			初始水温度	终止水温度	干球温度	湿球温度
热泵	名义工况	普通型	15	55	20	15
		低温型	9		7	6
	最大负荷工况	普通型	29		43	26
		低温型			38	23
	融霜工况[b]		9	55[c]	2	1
	低温工况	普通型	9	55	7	6
		低温型		55[c]	−7[d]	−8[d]
	变工况运行	普通型	—	9～55	0[d]～43	—
		低温型			−10[d]～38	

a 对循环加热式热水机,进行名义工况试验时,使用侧试验系统的试验水量为热水机1 h的名义产水量;其他工况试验,使用侧试验系统的试验水量为热水机2 h或以上的名义产水量。

b 融霜工况为融霜运行前的条件,开始运行时,表1和表3规定的温度条件均可。

c 或按照制造厂商明示的该工况最高使用侧温度进行试验。

d 或按照制造厂商明示的最低热源侧温度进行试验。

表2 水源热泵热水机的试验工况

单位为℃

试验条件		使用侧(或热水侧)[a]		热源侧(水侧)
		初始水温度	终止水温度	进水温度/出水温度
制热运行	名义工况	15	55	15/—[b]
	最大负荷工况	29		25/—[b]
	最小负荷工况	9	55[c]	10/—[b]
	变工况运行	—	9~55	10~35/—[b]

a 对循环加热式热水机,进行名义工况试验时,使用侧试验系统的试验水量为热水机1 h的名义产水量;其他工况试验,使用侧试验系统的试验水量为热水机2 h或以上的名义产水量。
b 采用名义制热量及进出口5℃温差确定的水流量。
c 或按照制造厂商明示的该工况最高使用侧温度进行试验。

表3 融霜的试验条件

单位为℃

工况	使用侧(或热水侧)		热源侧(空气侧)	
	初始水温度	终止水温度	干球温度	湿球温度
融霜工况	9	55[a]	2	—

a 或按照制造厂商明示的该工况最高使用侧温度进行试验。

4.3.2 热水机名义工况的其他规定:

a) 热水机名义工况时的额定电压:单相交流为220 V,三相交流为380 V,额定频率为50 Hz。

b) 机组名义工况时的使用侧和水源式热源侧污垢系数为0.086 $m^2 \cdot$ ℃/kW。

c) 对于不提供水泵的机组试验时,使用侧循环流量为按名义制热量及进出口5℃温差确定的水流量;对于提供水泵的机组试验时,使用侧循环流量按保证热水机使用侧的水压差达标称明示值来确定。

4.3.3 热水机名义工况时的性能系数(COP)限值见表4。

表4 热水机名义工况时的性能系数(COP)

单位为 W/W

热水机型式		热 源 型 式		
		空气源式		水源式
		普通型	低温型	
一次加热式		3.70	3.10	4.50
循环加热式	不提供水泵	3.70	3.10	4.50
	提供水泵	3.60	3.00	4.40

5 要求

5.1 一般要求

5.1.1 热水机应符合本标准的规定,并按经规定程序批准的图样和技术文件制造。

5.1.2 热水机的黑色金属制件,表面应进行防锈蚀处理。

5.1.3 热水机涂装件,不应有明显的气泡、皱纹、流痕、漏涂、底漆外露等缺陷及其他损伤。

5.1.4 热水机电镀件表面不应有剥落、露底、针孔、明显的花斑和划伤等缺陷。

5.1.5 热水机内部与制冷剂和润滑油接触的表面应保持清洁、干燥,机组外表面应清洁,管路附件安装应美观大方。

5.1.6 热水机装饰性塑料件不得有裂痕、气泡和明显缩孔等缺陷,塑料件按相关标准规定的热老化和机械强度试验后,不应有明显的碎裂、变形等缺陷。

5.1.7 热水机的铭牌和装饰板应经久耐用,经型式试验后不得变形、脱落,其图案和字迹应清晰。

5.1.8 热水机的紧固件及其他组件应符合有关标准规定,其易损件应便于更换。

5.1.9 热水机的保温层应有良好的保温性能,机组表面不应凝露。保温材料应无毒、无异味且为难燃材料,并应符合 GB 8624 的要求。

5.1.10 热水机承压式水箱进出水管如直接安装于公共供水系统时,进出水管应符合国家有关水管接头标准的要求。

5.1.11 电气控制设备

热水机各种控制设备应能正常工作,各种保护器件应符合设计要求并灵敏可靠。

5.1.12 热水机主机各零部件的安装应牢固、可靠,压缩机应具有防振动措施。热水机运转时无异常声响,管路与零部件间不应有相互磨擦和碰撞,热水机的电磁换向阀动作应灵敏、可靠。

5.1.13 热水机配置的循环水泵其流量、扬程应保证热水机的正常工作;热水机配置的热源换热器和热水换热器均应满足热水的相关要求。

5.1.14 电镀件耐盐雾性

按 6.4.11 的方法试验后,金属镀层上的每个锈点锈迹面积不应超过 $1~mm^2$,试件镀层每 $100~cm^2$ 面积上不应有超过 2 个锈点、锈迹,小于 $100~cm^2$ 时,不应有锈点和锈迹。

5.1.15 涂装件涂层附着力

涂装件的涂层应牢固,按 6.4.12 的方法试验,其附着力应达到 GB/T 1720 规定的二级以上。

5.2 安全要求

热水机的安全要求应符合 JB 8654 的有关规定。

5.3 性能要求

5.3.1 制热系统气密性要求

热水机热泵系统各部分应密封,按 6.4.1 的方法试验,热水机热泵系统各部分不应有制冷剂泄漏现象。

5.3.2 液压要求

5.3.2.1 按 6.4.2.1 的方法试验时,热水机使用侧各部位应无异常变形和泄漏。

5.3.2.2 热水机自带承压式水箱的设计压力应不小于 0.7 MPa,按 6.4.2.2 的方法试验时,水箱各部位及接头处不应有异常变形和泄漏现象。

5.3.3 热水机的名义工况性能

5.3.3.1 按 6.4.4.1 方法试验时,热水机的实测制热量应不小于名义制热量的 95%。

5.3.3.2 按 6.4.4.2 方法试验时,热水机的实测制热消耗功率应不大于名义制热消耗功率的 110%。

5.3.3.3 性能系数(COP)

按 6.4.4.1 方法实测制热量与按 6.4.4.2 方法实测制热消耗功率的比,应不小于明示值的 92% 且应不小于表 4 的规定值。

5.3.3.4 辅助电加热式热水机,按 6.4.4.3 方法试验,对其电加热器的实测制热消耗功率要求为:辅助电加热器的消耗功率允差为名义值的 -10%~+5%。

5.3.3.5 按 6.4.4.4 测定,水源热水机热源侧和不提供水泵热水机使用侧的水侧压力损失应不大于机组明示值的 115%。

5.3.4 最大负荷工况要求

按 6.4.5 的方法试验时,热水机各部件不应损坏,过载保护器不应跳开,热水机应能正常运行。

5.3.5 低温工况要求

按 6.4.6 的方法试验时,空气源热泵热水机制热各部件不应损坏,高压、防冻及过载保护器不应跳开,机组应能正常运行。

5.3.6 自动融霜

空气源热泵热水机按6.4.7的方法进行融霜试验时,应符合以下要求:

——安全保护元、器件不应动作而停止运行;

——融霜功能正常,融霜彻底,融霜时的融化水应能正常排放;

——在最初融霜结束后的连续运行中,融霜所需的时间总和不应超过运行周期时间的20%,两个以上独立制冷循环的机组,各独立循环融霜时间的总和不应超过各独立循环总运转时间的20%。

5.3.7 最小负荷工况要求

水源热泵热水机应在热源侧采用低温保护,按6.4.8的方法试验时,应符合以下要求:

——保护装置不允许跳开,热水机不能损坏;

——低温保护功能正常,热源水温度等于或高于允许低温温度时热水机应能正常工作。

5.3.8 变工况性能

热水机变工况性能温度条件如表1、表2所示。按6.4.9方法进行试验并绘制性能曲线图或表。

5.3.9 噪声

热水机应进行噪声测量,按6.4.10的规定进行测量,实测最大噪声值应不大于表5的规定值,且不应大于机组明示值,允差+3 dB(A)。

表5 噪声限值

名义制热量/kW	噪声限值(声压级)/dB(A)		
	空气源		水源
	不带水泵	带水泵	
≤20	65	67	63
>20~50	68	70	66
>50~80	71	73	69
>80~150	74	76	72
>150	明示值		

5.4 其他要求

对于自带水箱的热水机,热水贮存性能(保温及使用)见表6。

表6 自带水箱的热水机保温及使用性能试验要求

名义容量/L		≤300	>300~500
保温性能	放置13 h后水温/℃	≥(T_2−6)	≥(T_2−5)
使用性能	放水量/(L/min)	10	15
注:T_2 为终止水温度。			

5.4.1 保温性能

按6.6.2.1方法试验时,放置13 h后热水的温度应符合表6规定。

5.4.2 使用性能

按6.6.2.2的方法试验时,放水量同水箱额定容量比值不低于65%。

5.4.3 热水机水箱容量

按6.6.2.3的方法试验时,热水机水箱容量允许偏差为±10%。

6 试验方法

6.1 试验条件

6.1.1 温度条件:空气源式热水机的水温及空气干、湿球温度偏差按表1的规定;水源式热水机的水温偏差按表2的规定。

6.1.2 电源条件:热水机应在其铭牌规定的额定电压和额定频率下运行,其偏差不应大于名义值的±1%。

6.2 试验用仪器仪表

6.2.1 试验用仪器仪表应经法定计量检验部门检定合格,并在有效期内。

6.2.2 测量仪表精度:按 GB/T 10870—2001 附录 A 的规定。

6.2.3 测量规定如下:

　　a) 测量仪表的安装和使用按 GB/T 10870 的规定。

　　b) 热水机的空气干、湿球温度按 GB/T 18430.1 规定的机组空气干、湿球温度的测量方法测量。

6.3 试验的一般要求

6.3.1 热水机所有试验应按铭牌上的额定电压和额定频率进行。

6.3.2 被试热水机应按照制造厂的安装规定,使用所提供或推荐使用的附件、工具进行安装。

6.3.3 除按规定的方式进行试验所需要的装置和仪器的连接外,对热水机不应进行更改和调整。

6.3.4 必要时,试验机组可按制造厂的规定抽真空和充注制冷剂。

6.3.5 空气源热泵热水机的环境应充分宽敞,热水机附近的风速应减小到充分低的值,以免影响机组的性能。

6.3.6 热水机进行名义制热工况试验时,试验工况各参数的读数允差应符合表7的规定。

表 7　制热量试验的读数允差

参　数			读数的平均值对额定工况的偏差	各读数对额定工况的最大偏差
使用侧进口空气温度	℃	干球	±1.0	±1.0
		湿球	±0.5	±0.5
水温		进口	±0.3	0.3
		出口		
电压			±1.0	±2.0
液体体积流量	%		±2	±5
压力				

6.3.7 热水机进行性能试验时(除名义制热工况外),试验工况各参数的读数允差应符合表8的规定。

表 8　性能试验的读数允差　　　　　　　　　　　　　　　　　　　　　　单位为℃

试验工况	测量参数		读数与规定值的最大允许偏差
最小运行试验	空气温度		±1.0
	水温		±0.6
最大运行试验	空气温度		±1.0
	水温		±0.6
融霜工况	空气温度		±6.0
	水温	初始水温	±3.0
		终止水温	±1.0
其他试验	空气温度		±1.0
	水温		±0.6

6.4 气密性和液压试验

6.4.1 气密性试验

热水机制热系统在正常的制冷剂充注量下,不通电置于环境温度为16℃~35℃的室内,用灵敏度为 $1×10^{-6}$ Pa·m³/s(泄漏量为7.5 g/a)的检漏仪进行检验,应符合5.3.1的规定。

6.4.2 液压试验

6.4.2.1 热水机使用侧在1.25倍设计压力下,按JB/T 4750中液压试验方法进行检验,应符合5.3.2.1的规定。

6.4.2.2 往承压式水箱内充入洁净水并保证1.25倍设计压力,观察各部位及接头处,应符合5.3.2.2的规定。

6.4.3 电气控制设备试验

热水机在接近名义制热工况条件下连续运行,检查电气控制设备和保护器件,应符合5.1.11的规定。

6.4.4 热水机名义工况性能试验

6.4.4.1 制热量试验

在表1、表2规定的名义工况和6.1.2规定的电源条件下,用附录B的方法测定热水机的制热量。辅助电加热不应打开。

6.4.4.2 制热消耗功率试验

按附录B的方法测定制热量的同时,测定热水机运行时所消耗的总功率。

6.4.4.3 辅助电加热式热水机电加热器试验

辅助电加热式热水机按6.4.4.1进行热泵制热量试验时,待终止水温度达到制造厂规定的温度后,给辅助电加热器通电,并测定消耗的电功率,应符合5.3.3.4的规定。

6.4.4.4 水侧压力损失试验

水侧压力损失按GB/T 18430.1规定的机组水侧压力损失的测量方法测定。测得使用侧和热源侧的压力损失应符合5.3.3.5的规定。

6.4.5 最大负荷工况试验

6.4.5.1 一次加热式热水机

在额定频率下,试验电压分别为额定电压的90%和110%,按表1、表2规定的制热最大负荷工况运行,在达到稳定后,连续运行1 h;然后停机3 min(此间电压上升不超过3%),再启动运行1 h。

6.4.5.2 循环加热式热水机

在额定频率下,试验电压分别为额定电压的90%和110%,按表1、表2规定的制热最大负荷工况和试验水量运行,在热水机使用侧水箱温度达到本工况终止水温度后停机。停机10 min后(此间电压上升不超过3%,同时调节使用侧水箱温度达到本工况初始水温度),再启动运行至终止水温度后停机。

6.4.6 低温工况试验

6.4.6.1 一次加热式热水机

空气源热泵热水机在额定电压和额定频率下,按表1规定的制热低温工况运行6 h,应符合5.3.5的规定。

6.4.6.2 循环加热式热水机

空气源热泵热水机在额定频率、额定电压下,按表1规定的制热低温工况和试验水量运行,在热水机使用侧水箱温度达到本工况终止水温度后停机。停机10 min后(此间电压上升不超过3%,同时调节使用侧水箱温度达到本工况初始水温度),再启动运行至终止水温度后停机。

6.4.7 自动融霜试验

6.4.7.1 一次加热式热水机

空气源热泵热水机在额定频率、额定电压下,按表1或表3的融霜工况,连续进行热泵制热,最初的融霜周期结束后,再继续运行 3 h。

6.4.7.2 循环加热式热水机

空气源热泵热水机在额定频率、额定电压下,按表 1 或表 3 规定的融霜工况和试验水量运行,在热水机热源侧水箱温度达到本工况终止水温度后停机。

6.4.8 最小负荷工况试验

6.4.8.1 一次加热式热水机

水源热泵热水机在额定频率、额定电压下、按表 2 规定的最小运行制热工况运行,热水机应能连续运行至少 30 min。

6.4.8.2 循环加热式热水机

水源热泵热水机在额定频率、额定电压下,按表 2 规定的制热低温工况和试验水量运行,在热水机热源侧水箱温度达到本工况终止水温度后停机。

6.4.9 变工况试验

在表 1、表 2 某一条件改变时,其他条件按名义工况时的流量和温度条件进行试验,测定其制热量以及对应的消耗功率。该试验应包括表 1、表 2 中相应的工况温度条件点。将试验结果绘制成曲线图或表格,每条曲线或表格应不少于 4 个测量点的值。

6.4.10 噪声试验

热水机在额定电压、额定频率下,在接近名义工况,按 JB/T 4330—1999 中附录 D 的方法测量机组的噪声。

6.4.11 电镀件耐盐雾性试验

热水机的电镀件应按 GB/T 2423.17 进行盐雾试验。试验周期 24 h。试验前,电镀件表面清洗除油,试验后,用清水冲掉残留在表面上的盐分,检查电镀件腐蚀情况,其结果符合 5.1.14 规定。

6.4.12 涂装件涂层附着力试验

热水机的涂装件应按 GB 1720 进行附着力试验,其附着力应符合 5.1.15 的规定。

6.5 安全性能试验

热水机的安全性能试验按 JB 8654 的有关规定进行。

6.6 热水贮存性能试验

6.6.1 试验条件

a) 环境温度为 20℃±5℃;

b) 供水温度为 15℃±5℃;

c) 贮水取热水的流量按表 6;

d) 取热水配管使用全长为 1.5 m～2 m 的耐热性合成树脂管或者橡胶管,不作保温;

e) 测定时的大气为不受风影响的状态。

6.6.2 试验方法

6.6.2.1 保温性能试验

水箱加满水,将热水机的终止加热温度整定到 55℃±3℃,连续开机至调温器发生动作后,切断电源和水源,保持自然状放置 13 h。测量得到水箱内的平均水温应符合表 6 要求。

6.6.2.2 使用性能试验

水箱加满水,将热水机的终止加热温度整定到 55℃±3℃,连续开机至调温器发生动作后,切断电源。按表 6 的放水流量要求,测量放水降至比最高水温低 10℃时的放水容量,该容量同热水机额定容量的比值应符合 5.4.2 要求。

6.6.2.3 热水机水箱容量试验

将水装满水箱后(带水位开关的水箱,以水位开关动作时的容量作为最大容量),在其排水口接上流量表,从排水口排水,排水完后读取数据,此值应符合 5.4.3 的要求。

7 检验规则

7.1 检验类别

热水机的检验分出厂检验、抽样检验和型式检验三类。

7.2 出厂检验

每台热水机均应做出厂检验。检验项目、要求和试验方法按表9规定。

7.3 抽样检验

7.3.1 热水机应从出厂检验合格的产品中抽样,检验项目和试验方法应按表9的规定。

7.3.2 抽样方法按 GB/T 2828.1进行,逐批检验的抽检项目、批量、抽样方案、检查水平及合格质量水平等由制造厂质量检验部门自行决定。

7.4 型式检验

7.4.1 下列情况之一的应做型式检验,检验项目、要求和试验方法按表9的规定。

　　a) 试制新产品;

　　b) 间隔一年以上再生产时;

　　c) 连续生产中的产品,每年不少于一次;

　　d) 当产品在设计、工艺和材料等有重大改变时;

　　e) 出厂检验结果与上次型式检验有较大差异时。

7.4.2 型式检验运行时如有故障,在故障排除后应重新试验。

表 9 出厂、抽样和型式检验的项目、要求和试验方法

序号	检验项目	出厂检验	抽样检验	型式检验	要求	试验方法
1	一般检查				5.1	视检
2	标志和安全标识				8.1	
3	包装				8.2	
4	泄漏电流	√				
5	电气强度				5.2	6.5
6	接地电阻					
7	防触电保护					
8	气密性试验		√	√	5.3.1	6.4.1
9	液压试验				5.3.2	6.4.2
10	电气控制设备				5.1.11	6.4.3
11	制热量				5.3.3.1	6.4.4.1
12	制热消耗功率				5.3.3.2	6.4.4.2
13	制热性能系数	—			5.3.3.3	6.4.4.1、6.4.4.2
14	辅助电加热式热水机电加热器试验				5.3.3.4	6.4.4.3
15	噪声				5.3.9	6.4.10
16	水侧压力损失	—		√	5.3.3.5	6.4.4.4
17	最大负荷工况		—		5.3.4	6.4.5
18	低温工况				5.3.5	6.4.6

表 9 （续）

序号	检验项目	出厂检验	抽样检验	型式检验	要求	试验方法
19	自动融霜				5.3.6	6.4.7
20	最小负荷工况试验				5.3.7	6.4.8
21	变工况试验				5.3.8	6.4.9
22	电镀件耐盐雾性				5.1.14	6.4.11
23	涂装件涂层附着力	—	—	√	5.1.15	6.4.12
24	保温性能				5.4.1	6.6.2.1
25	使用性能				5.4.2	6.6.2.2
26	热水机水箱容量				5.4.3	6.6.2.3
27	耐潮湿性				5.2	6.5
28	机械安全				5.2	6.5

注："√"应做试验;"—"不做试验。

8 标志、包装、运输和贮存

8.1 标志

8.1.1 每台热水机应在明显位置设置永久性铭牌,铭牌应符合 GB/T 13306 的规定,铭牌内容应包括:

　a) 制造厂名称及商标;

　b) 产品型号和名称;

　c) 气候类型;

　d) 主要技术性能参数[名义制热量、名义产水量、制冷剂代号及其充注量、电源(电压、相数、频率)、保护类别、噪声、额定电压、额定频率、额定电流、输入功率、水侧压力损失、使用侧水压差(对于提供水泵的机组)等];

　e) 产品出厂编号;

　f) 生产日期。

8.1.2 其他标志要求:热水机相关部位上应有标明运行状态的标志[如进、出水口、排污口和制冷剂气阀、液阀等、安全标识(如接地装置、警告标识等)]。

8.1.3 热水机包装箱上应有下列标志:

　a) 制造单位名称;

　b) 产品型号、名称和商标;

　c) 净质量、毛质量;

　d) 包装外形尺寸;

　e) 执行标准;

　f) 其他标志(或:有关包装、储运图示标志,运输包装收发货标志应分别符合 GB/T 6388 和 GB/T 191 的有关规定)。

8.1.4 应在相应地方(如铭牌、产品说明书等)标注产品执行标准编号。

8.2 包装

8.2.1 热水机在包装前应进行清洁处理,各部件应清洁、干燥,易锈部件应涂防锈剂;热水机应外套塑料罩或防潮纸并应固定在包装箱内,其包装应符合 GB/T 13384 的规定。

8.2.2 包装箱内应附随机文件,随机文件包括产品合格证、产品说明书和装箱单。

8.2.2.1 产品合格证的内容包括:

——型号和名称；

——出厂编号；

——制造厂名称和商标；

——（检验结论）；

——检验员签章；

——检验日期。

8.2.2.2 产品说明书的内容包括：

——主要技术参数，如产品型号和名称、工作原理、适用范围、执行标准、主要技术参数（除铭牌标示的主要技术性能参数外，还应包括最大总功率、最大运行电流等）；

——变工况曲线图；

——产品的结构示意图、热水系统图、电气原理图及接线图等；

——安装说明和要求、使用要求、维修及注意事项。

8.3 运输和贮存

8.3.1 热水机在运输和贮存过程中不应碰撞、倾斜、雨水淋湿。

8.3.2 热水机应贮存在干燥、通风良好的仓库中，并注意电气系统的防潮。

附 录 A

（资料性附录）

热水机水箱名义容量优选值、名义制热量优选值及型号编制方法

A.1 热水机水箱的名义容量优选值如下，单位为 L：

300,400,500,600,800,1 000,1 500,2 000,3 000,4 000,5 000,6 000,8 000,10 000,15 000,20 000,25 000,30 000,……（按等差级数递增）。

A.2 热水机的名义制热量优选值如下，单位为 kW：

3,4,6,8,10,12,14,16,18,20,25,30,40,60,80,100,120,140,160,……（按等差级数递增）。

A.3 机组的型号表示方法：

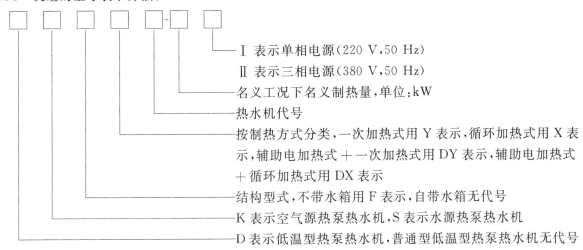

Ⅰ 表示单相电源(220 V,50 Hz)
Ⅱ 表示三相电源(380 V,50 Hz)
名义工况下名义制热量，单位:kW
热水机代号
按制热方式分类，一次加热式用 Y 表示，循环加热式用 X 表示，辅助电加热式＋一次加热式用 DY 表示，辅助电加热式＋循环加热式用 DX 表示
结构型式，不带水箱用 F 表示，自带水箱无代号
K 表示空气源热泵热水机，S 表示水源热泵热水机
D 表示低温型热泵热水机，普通型低温型热泵热水机无代号

A.3.1 型号示例：

DKYRS-20Ⅰ

表示使用单相电源(220 V)，名义工况下名义制热量为 20 kW 的自带水箱空气源一次加热式低温型热泵热水机。

KFXRS-12Ⅱ

表示使用三相电源(380 V)，名义工况下名义制热量为 12 kW 的不带水箱空气源循环加热式普通型热泵热水机。

KFDYRS-160Ⅱ

表示使用三相电源(380 V)，名义工况下名义制热量为 160 kW 的不带水箱空气源辅助电加热式、一次加热式普通型热泵热水机。

SDXRS-20Ⅰ

表示使用单相电源(220 V)，名义工况下名义制热量为 20 kW 的自带水箱水源辅助电加热式、循环加热式普通型热泵热水机。

SFYRS-12Ⅱ

表示使用三相电源(380 V)，名义工况下名义制热量为 12 kW 的不带水箱水源一次加热式普通型热泵热水机。

附 录 B

（规范性附录）

热水机性能制热量试验方法

B.1 试验方法分类

B.1.1 本附录规定了两种试验方法：

　　a） 一次加热式热泵热水机的试验方法；

　　b） 循环加热式热泵热水机的试验方法。

B.2 一次加热式热水机的试验方法

B.2.1 试验装置

B.2.1.1 热源侧

　　按照 GB/T 10870—2001 中 5.1.1 的规定提供水侧条件；空气侧采用 GB/T 17758 规定的空气焓差法中的室内空调装置使其达到热源侧环境温度条件。

B.2.1.2 使用侧

　　试验装置如图 B.1 所示。

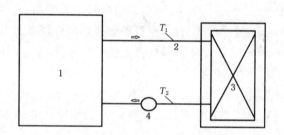

1——试验水箱；

2——温度计；

3——被试机；

4——流量计。

图 B.1 一次加热式热泵热水机试验装置

B.2.2 试验要求

B.2.2.1 机组的使用侧和热源侧的进（出）水温度，热源侧的空气温（湿）度、流量以及所有这些参数的允许偏差应符合考核工况表规定试验工况的要求。

B.2.2.2 电源的电压、频率符合试验工况的要求。

B.2.3 试验规定

B.2.3.1 一般规定

　　按 GB/T 10870—2001 中 4.1 的规定。

B.2.3.2 试验规定

　　热水机的进（出）水应符合考核工况表规定试验工况的要求测量应在机组试验工况稳定 30 min 后

进行,每隔 10 min 测量记录一次,直至连续 4 次的测量数据满足工况和测量规定为止;第一次测量至第四次测量记录的时间称为试验周期,在该周期内允许压力、温度、流量和液面作微小的调节。

B.2.4 机组制热量

机组制热量按 GB/T 10870—2001 中 5.1.4 规定计算。

B.3 循环加热式热水机的试验方法

B.3.1 试验装置

B.3.1.1 热源侧

按 GB/T 10870—2001 中 5.1.1 规定提供水侧条件;空气侧采用 GB/T 17758 规定的空气焓差法中的室内空调装置使其达到热源侧环境温度条件。

B.3.1.2 使用侧

试验装置如图 B.2 所示,循环加热式热水机按热水机提供水泵和热水机不提供水泵分为两种形式。

对于不提供水泵的热水机,选配水泵,使循环水流量保持一定值。循环水流量的值由在机组名义制热量条件下,假设循环水在热水机换热端温升 5℃计算得到。

$$q_v = 0.86 \times Q_n / 5 \qquad\qquad\cdots\cdots\cdots\cdots\cdots(B.1)$$

式中:

q_v——循环水流量,单位为立方米每小时(m³/h);

Q_n——热泵热水机名义制热量,单位为千瓦(kW)。

对于提供水泵的热水机,热水机提供的水泵按正常使用情况运行,调节试验装置,使热水机的进出口压差保持在设计值。

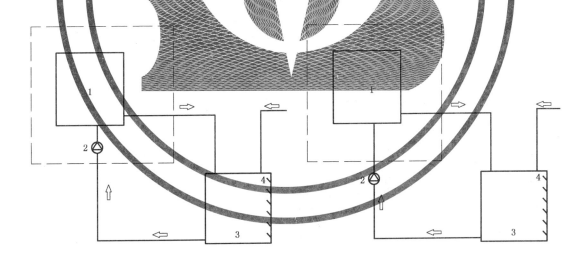

1——被试机组;

2——水泵;

3——标准水箱;

4——温度计。

图 B.2 循环加热式热泵热水机使用侧试验装置

标准水箱液面高为 H,分别在标准水箱液面高 1/4 H 附近处和 3/4 H 附近处同一水平方向分别均匀布置 4 个温度测点,共 8 个温度测点。

B.3.1.3 应记录的数据

a) 热源侧:干球温度、湿球温度(空气源热水机);进水温度、水流量(水源热水机);

　　b)　使用侧:被加热水的质量,加热时间,加热时间内的热水机耗电量,初始水温度,终止水温度,
　　　　循环水流量。

B.3.2　试验要求

B.3.2.1　热水机的使用侧和热源侧的进(出)水温度,热源侧的空气温(湿)度以及所有这些参数的允
许偏差应符合考核工况表规定试验工况的要求;标准水箱内的水量为热泵热水机1 h加热的产水量。

B.3.2.2　电源的电压、频率符合试验工况的要求。

B.3.2.3　试验设备需进行标定。

B.3.2.4　管道和标准水箱需进行保温处理。

B.3.2.5　标准水箱内各测点温度与平均温度之差的绝对值应不大于0.3℃。

B.3.3　试验装置的标定

B.3.3.1　试验装置应定期进行标定试验,以验证试验装置的测量准确度。标定试验至少每半年一次。
试验装置作重大改变后也应进行标定试验。

B.3.3.2　标定试验的装置如图B.3所示。标定装置代替被测试热泵热水机连接到测试装置上。

B.3.3.3　在标定试验时,调节热源侧和使用侧工况使之与热水机试验考核工况表相一致,并在允许偏
差范围内。

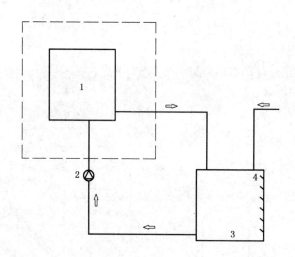

1——电加热器或其他换热设备;

2——水泵;

3——标准水箱;

4——温度计。

图 B.3　循环加热式热泵热水机的试验标定装置

B.3.3.4　标定装置采用电加热器或其他换热设备,电加热器的输入热量按下式计算:

$$\phi_r = P_r \quad\quad\quad\quad\quad\quad\quad\quad\quad\quad\quad\text{(B.2)}$$

式中:

　　ϕ_r——电加热器的制热能力,单位为千瓦(kW);

　　P_r——电加热器的输入功率,单位为千瓦(kW)。

B.3.3.5　标定装置的输出热量按式B.3计算。

B.3.3.6　标定装置的输入热量(电加热器输入热量按式(B.2)计算)与测得的输出热量之差应在4%以
内,则认为试验装置是合格的。

B.3.4 试验规定

B.3.4.1 一般规定

按 GB/T 10870—2001 中 4.1 的规定。

B.3.4.2 试验规定

保证测试前机组、管道及水箱内水排尽。向测试水箱补入一定质量的水,水的质量为该试验工况下要求的试验水量,见表 2 或表 3。

当进水温度稳定在略低于表 2 或表 3 规定的初始水温度值,且热源侧温度符合表 2 或表 3 规定值时,开机运行。标准水箱内水的平均温度达到表 2 或表 3 规定的该试验工况下的终止水温度后,关机。

在测试水箱注水端布置流量计,或利用称重的方法记录注入标准水箱水的质量。在测试水箱内布置温度测点,记录标准水箱内水的平均温度。功率计记录从试验计时点开始(水箱内水平均温度为试验工况表规定的该试验工况下的初始水温度)到计时点终止(水箱内水的平均温度为试验工况表规定的该试验工况下的出水温度)的被试机耗电量。

B.3.5 机组制热量

机组制热量按式 B.3 计算:

$$Q_h = C \times G \times (t_2 - t_1)/(3\ 600 \times H \times 1\ 000) + Q_x + Q_l \qquad\cdots\cdots(B.3)$$

式中:

Q_h——热泵热水机制热量,单位为千瓦(kW);

C——平均温度下水的比热容,单位为焦耳每千克摄氏度[J/(kg·℃)];

G——被加热水质量,单位为千克(kg);

t_1——初始水温度,即为计时点开始时水箱内水的平均温度,单位为摄氏度(℃);

t_2——终止水温度,即为计时点结束时水箱内水的平均温度,单位为摄氏度(℃);

H——加热时间,即为计时点计时开始到计时结束所用时间,单位为小时(h);

Q_x——标准水箱和管道的蓄热,单位为千瓦(kW);

Q_l——标准水箱和管道的漏热,单位为千瓦(kW)。

其中,Q_x 按式(B.4)计算:

$$Q_x = \sum_{i=0}^{i=n} C_i G_i \times (t_2 - t_1) \qquad\cdots\cdots(B.4)$$

式中:

C_i——平均温度下管道和水箱各部件的比热容,单位为焦耳每千克摄氏度[J/(kg·℃)];

G_i——管道和标准水箱各部分的质量,单位为千克(kg)。

B.3.6 机组消耗功率

$$E = N_0/H \qquad\cdots\cdots(B.5)$$

式中:

E——机组消耗功率,单位为千瓦(kW);

N_0——热泵热水机加热一个周期的总耗功,单位为千瓦小时(kW·h)。

注:制热量 Q_h 和耗电量 N_0 不包括辅助电加热的制热量和耗电量。

B.3.7 性能系数(COP)计算

$$COP = Q_h/E \qquad\cdots\cdots(B.6)$$

ICS 27.200
J 73

中华人民共和国国家标准

GB/T 22070—2008

氨水吸收式制冷机组

Aqua-ammonia absorption refrigerating unit

2008-07-01 发布

2009-02-01 实施

中华人民共和国国家质量监督检验检疫总局
中国国家标准化管理委员会　发布

前　言

本标准的附录 A、附录 B、附录 C 为规范性附录。

本标准由中国机械工业联合会提出。

本标准由全国冷冻空调设备标准化技术委员会(SAC/TC 238)归口。

本标准由全国冷冻空调设备标准化技术委员会负责解释。

本标准起草单位:江苏双良空调设备股份有限公司、合肥通用机械研究院。

本标准主要起草人:朱宏清、刘晓立、张明圣、毛洪财。

氨水吸收式制冷机组

1 范围

本标准规定了氨水吸收式制冷机组(以下简称"机组")的术语和定义、型式和基本参数、要求、试验方法、检验规则、标志、包装、运输和贮存等。

本标准适用于制冷量 50 kW 以上,以蒸汽、燃气或燃油为加热源的单级氨水吸收式制冷机组。以热水或烟气为加热源的氨水吸收式制冷机组可参照执行。

2 规范性引用文件

下列文件中的条款通过本标准的引用而成为本部分的条款。凡是注日期的引用文件,其随后所有的修改单(不包括勘误的内容)或修订版均不适用于本标准,然而,鼓励根据本标准达成协议的各方研究是否可使用这些文件的最新版本。凡是不注日期的引用文件,其最新版本适用于本标准。

GB 151 管壳式换热器

GB 4824 工业、科学和医疗(ISM)射频设备 电磁骚扰特性 限值和测量方法(GB 4824—2004,CISPR11:2003,IDT)

GB 9237 制冷和供热用机械制冷系统安全要求(GB 9237—2001,eqv ISO 5149:1993)

GB/T 13306 标牌

GB/T 13384 机电产品包装通用技术条件

GB/T 17799.2 电磁兼容 通用标准 工业环境中的抗扰度试验(GB/T 17799.2—2003,IEC 61000-6-2:1999,IDT)

GB 18361—2001 溴化锂吸收式冷(温)水机组安全要求

GB/T 18362—2001 直燃型溴化锂吸收式冷(温)水机组

JB/T 4330—1999 制冷和空调设备噪声的测定

JB/T 4750 制冷装置用压力容器

JB/T 7249 制冷设备术语

3 术语和定义

JB/T 7249 确立的以及下列术语和定义适用于本标准。

3.1

氨水吸收式制冷机组 aqua-ammonia absorption refrigerating unit

一种以蒸汽、燃气、燃油等为加热源,以氨为制冷剂、氨水溶液为吸收剂,用于冷冻、工艺等间接制冷的整体式机组。

3.2

加热源消耗量 consumption of heat source

机组消耗蒸汽、燃气和燃油等的量,单位:kg/h 或 m³/h。

3.3

加热源消耗热量 heat consumption of heat source

将机组加热源消耗量换算成热量的值,单位:kW。

3.4

性能系数(COP) coefficient of performance

制冷量被加热源消耗热量与消耗电功率之和除所得的比值,其值用 kW/kW 表示。

4 型式和基本参数

4.1 型式

机组按加热源分为：

a) 蒸汽型；

b) 燃气型；

c) 燃油型。

4.2 型号

机组的型号编制方法由制造厂自行确定,但型号中应体现名义工况下机组的制冷量。

4.3 基本参数

4.3.1 机组名义工况和名义工况时的性能系数按表1的规定。

表 1 名义工况和性能系数

机组型式	加热源种类及参数		载冷剂		冷却水		性能系数
			进口温度	出口温度	进口温度	出口温度	
蒸气型	蒸气/MPa	0.8	−25 ℃	−30 ℃	30 ℃	37 ℃	0.37
		0.6					0.36
燃气型	天然气、人工煤气、液化石油气[a]						0.34
燃油型	轻柴油、重柴油、重油[a]						
[a] 燃料种类、热值及压力(燃气)以用户和制造厂的协议为准。							

4.3.2 机组名义工况的其他规定：

a) 机组名义工况时的载冷剂侧污垢系数为 $0.086 \ m^2 \cdot ℃/kW$,冷却水侧污垢系数为 $0.172 \ m^2 \cdot ℃/kW$;

b) 机组名义工况时的额定电压,单相交流为 220 V、三相交流电为 380 V,额定频率为 50 Hz。

5 要求

5.1 一般要求

5.1.1 机组应符合本标准的规定,并按经规定程序批准的图样和技术文件(或用户和制造厂的协议)制造。

5.2 气密性、真空试验和液压试验

5.2.1 气密性

按 6.2.1.1 方法试验,采用电子卤素仪或氦检漏仪时,机组单点泄漏率应低于 14 g/a,充分保证机组在应用周期中的气密性。

5.2.2 真空试验

按 6.2.1.2 方法试验时,制冷系统的各部位应无异常变形,且压力回升应在 0.15 kPa 以下。

5.2.3 液压试验

按 6.2.1.3 方法试验时,机组载冷剂和冷却水侧各部位应无异常变形和泄漏。

5.3 名义工况性能

机组在名义工况进行试验时,其性能最大偏差不应超过以下规定。

5.3.1 制冷量

按 6.2.2.1 方法试验时,机组实测制冷量不应小于名义制冷量的 95%。

5.3.2 加热源消耗量

按 6.2.2.2 方法试验时,机组实测单位制冷量加热源消耗量不应大于明示值的 105%。

5.3.3 消耗电功率

按 6.2.2.3 方法试验时,机组实测消耗电功率不应大于明示值的 105%。

5.3.4 载冷剂和冷却水侧压力损失

按 6.2.2.4 方法试验时,机组实测载冷剂和冷却水侧压力损失不应大于明示值的 110%。

5.3.5 性能系数(COP)

机组按 6.2.2.1 方法实测制冷量被按 6.2.2.2 方法实测消耗加热源热量与按 6.2.2.3 方法实测消耗电功率之和除所得的比值不应小于明示值的 95%,且不应小于表 1 中的值。

5.4 变工况性能

机组变工况性能范围见表 2。按 6.2.3 方法进行试验,并绘制性能曲线图或表。

表 2 变工况性能范围

单位为摄氏度

载冷剂		冷却水	
进口温度	出口温度	进口温度	出口温度
—	0～—35	15～30	—

5.5 部分负荷性能

机组应按 100%、75%、50% 和 25% 负荷点测定部分负荷性能特性(包括制冷量和加热源消耗量)。部分负荷性能测试时应遵守以下规定:

——载冷剂出口温度为名义工况规定值;

——载冷剂流量为名义工况时流量;

——冷却水进口温度条件按表 3 规定;

——冷却水流量为名义工况时流量;

——载冷剂侧污垢系数为 0.086 m² · ℃/kW,冷却水侧污垢系数为 0.172 m² · ℃/kW;

——部分负荷性能数据应以名义工况时的百分数表示。

表 3 部分负荷性能冷却水进口温度条件

单位为摄氏度

负荷	冷却水进口温度
100%	30
75%	25
50%	20
25%	15

5.6 燃烧设备性能

燃气型和燃油型机组按 GB 18361—2001 附录 B 进行名义燃烧量试验时,燃烧烟气中 CO、NO$_x$ 含量和烟气黑度不应超过表 4 的规定。

表 4 燃烧烟气中 CO、NO$_x$ 含量和烟气黑度

燃料种类	CO 含量(体积分数)/%	NO$_x$ 含量(体积分数)/%	烟气黑度(林格曼黑度)级
天然气		0.007	
人工煤气、液化石油气	0.030	0.015	1
轻柴油		0.015	
重柴油、重油		0.017	

5.7 噪声

按 6.2.5 方法试验时,机组的噪声(声压级)不应超过表 5 的规定。

表 5 噪声限值(声压级) 单位为分贝(A)

名义制冷量/ kW	蒸汽型和热水型	燃气型和燃油型
≤528	75	80
>528~1 163	80	85
>1 163	85	—[a]
[a] 按用户和制造厂协议要求。		

5.8 安全要求

5.8.1 制冷系统安全

机组的制冷系统安全性能应符合 GB 9237 的规定。

5.8.2 机械安全

蒸汽型机组发生器承受加热源压力部分应符合 GB 151 的规定。

5.8.3 燃烧设备安全

燃气型和燃油型机组燃烧设备安全技术要求应符合 GB 18361—2001 中 4.1.4 和 4.2 的规定。

5.8.4 安全保护元器件

机组应具有液位保护、载冷剂断流保护、载冷剂低温保护、发生器高温保护、排烟高温保护(仅适用于燃气型和燃油型机组)、电机过载保护和制冷系统高压保护等安全保护功能和器件,保护器件设置应符合设计要求并灵敏可靠。

5.8.5 电气安全

5.8.5.1 绝缘电阻

按 6.2.6.1 方法试验时,机组带电部位和可能接地的非带电部位之间的绝缘电阻值应不小于 1 MΩ。

5.8.5.2 耐电压

按 6.2.6.2 方法试验时,机组带电部位和非带电部位之间施加规定的试验电压时,应无击穿和闪络。

5.8.5.3 电磁兼容性

采用微处理器电气控制的机组,其电磁兼容性应符合以下规定:

a) 机组电气控制系统应具有抑制电磁干扰的性能,按 GB 4824 进行测试,应不超过该标准中规定的干扰特性允许值;

b) 机组电气控制系统应具有抗电磁干扰的性能,按 GB/T 17799.2 进行测试,应不超过该标准中规定的抗扰度要求。

6 试验方法

6.1 测量仪表的型式及准确度

测量仪表的型式及准确度应符合表 6 的规定,并需经检定合格且在有效期内。

表 6 测量仪表的型式及准确度

类 别	型 式	准 确 度
温度测量仪表	玻璃水银温度计、热电偶、电阻温度计	载冷剂和冷却水温度:±0.1 ℃ 蒸汽、环境温度: ±1.0 ℃ 排烟温度: ±2.0 ℃
流量测量仪表	记录式、指示式、积算式	测量流量的 ±1.0%

表 6（续）

类 别	型 式	准 确 度	
压力（真空）测量仪表	弹簧管压力表、压力传感器、大气压力计	压力读数的	±1.0%
烟气分析仪表	红外线式、氧化锆式、磁气式、电池式气体分析仪,烟浓度计,化学、电化学方法	—	
电工测量仪表	指示式	0.5 级	
	积算式	1 级	
	绝缘电阻计	—	
噪音测量仪表	声级计	Ⅰ型或Ⅰ型以上	
时间测量仪表	秒表	测定经过时间的	±0.2%
质量测量仪表	台秤、天平、磅秤	测定质量的	±1.0%

6.2 试验方法

6.2.1 气密性、真空和液压试验

6.2.1.1 气密性试验

机组筒体侧在设计压力下,按 JB/T 4750 中气密性试验方法进行检验,应符合 5.2.1 的规定。

6.2.1.2 真空试验

机组筒体侧进行气密性试验合格后,抽真空至 0.3 kPa(绝对压力)。试验应使用有足够容量的真空泵及其配套件,当达到规定的试验压力后,将容器各部分处于密封状态,并放置 30 min 以上,应符合 5.2.2 的规定。若放置前、后的温度发生变化,应按式(1)修正放置后的测定值。

$$p_0 = \frac{273 + t_0}{273 + t} \times p \qquad \cdots\cdots\cdots\cdots\cdots\cdots\cdots\cdots(1)$$

式中:

p_0——修正后的试验结束时机组内绝对压力,单位为千帕(kPa);

p——试验结束时机组内绝对压力,单位为千帕(kPa);

t_0——试验开始时机组内的温度,单位为摄氏度(℃);

t——试验结束时机组内的温度,单位为摄氏度(℃)。

6.2.1.3 液压试验

机组载冷剂和冷却水侧在 1.25 倍设计压力下,按 JB/T 4750 中液压试验方法进行检验,应符合 5.2.3 的规定。

6.2.2 名义工况性能试验

6.2.2.1 制冷量

机组制冷量按附录 A 规定的方法和表 1 规定的名义工况进行试验。

6.2.2.2 加热源消耗量

机组按附录 A 规定的方法,在制冷量测定的同时,测定加热源消耗量。

6.2.2.3 消耗电功率

机组在名义工况下运行,测定机组的输入电功率。消耗电功率包括溶液泵、燃烧器和控制电路等的输入电功率。

6.2.2.4 载冷剂和冷却水侧压力损失

在进行名义工况试验时,按附录 C 规定的方法测定机组载冷剂和冷却水侧的压力损失。

6.2.3 变工况试验

机组按表 2 某一条件改变时,其他条件按名义工况时的流量和温度条件进行试验,测定其制冷量以及对应的热源耗量、消耗电功率和性能系数。将试验结果给制成曲线图或编制成表格,每条曲线或每个表格不应少于 5 个测量点的值。

6.2.4 部分负荷试验

机组按附录 A 规定的方法和 5.5 规定的部分负荷工况进行试验,测定其制冷量以及对应的加热源消耗量。

6.2.5 噪声试验

机组在名义工况运行,按 JB/T 4330—1999 附录 C 的规定测量机组的噪声。

6.2.6 电气安全试验

6.2.6.1 绝缘电阻试验

用 500 V 绝缘电阻计来测定机组带电部位与可能接地的非带电部位之间的绝缘电阻,应符合 5.8.5.1 的规定。

6.2.6.2 耐电压试验

在 6.2.6.1 试验后,在机组带电部位和非带电金属部位之加上一个频率为 50 Hz 的基本正弦波电压,试验电压值为(1 000 V+2 倍额定电压值),试验时间为 1 min;试验时间也可采用 1 s,但试验电压应为 1.2 倍的(1 000 V+2 倍额定电压值)。

注1:泵已由生产商进行耐电压试验并出具检测报告的,可不再进行该项目测试。

注2:在对地电压为直流 30 V 以下的控制电路中应用的电子器件,可免去该项试验。

7 检验规则

7.1 每台机组经制造厂质量检验部门检验合格后方能出厂。

7.2 机组出厂检验和型式检验项目、要求和试验方法按表 7 的规定。

7.3 出厂检验

每台机组均应做出厂检验,检验项目和试验方法按表 7 的规定。

7.4 型式检验

新产品或定型产品作重大改进对性能有影响时,第一台产品应做型式检验。检验项目和试验方法按表 7 的规定。

表 7 检验的项目、要求和试验方法

序号	项	目	出厂检验	型式检验	要 求	试验方法
1	气密性试验				5.2.1	6.2.1.1
2	真空试验				5.2.2	6.2.1.2
3	液压试验		√		5.2.3	6.2.1.3
4	绝缘电阻				5.8.5.1	6.2.6.1
5	耐电压				5.8.5.2	6.2.6.2
6	安全保护元器件				5.8.3、5.8.4	GB 18361—2001 附录 B
7	名义工况性能试验	制冷量			5.3.1	6.2.2.1
8		加热源消耗量			5.3.2	6.2.2.2
9		消耗电功率	—	√	5.3.3	6.2.2.3
10		载冷剂和冷却水侧压力损失			5.3.4	6.2.2.4
11		性能系数			5.3.5	6.2.2.1～6.2.2.3
12	变工况试验				5.4	6.2.3
13	部分负荷试验				5.5	6.2.4
14	燃烧设备性能		—		5.6	GB 18361—2001 附录 B
15	噪声				5.7	6.2.5
16	电磁兼容性				5.8.5.3	GB 4824、GB/T 17799.2

注:"√"表示需要;"—"表示不需要。

8 标志、包装和贮存

8.1 标志

8.1.1 每台机组应在明显的位置上设置永久性铭牌。铭牌应符合 GB/T 13306 的规定。铭牌内容包括：

    a) 制造厂的名称和商标；

    b) 产品型号和名称；

    c) 主要技术参数（名义制冷量、载冷剂种类、载冷剂出口温度、载冷剂流量、冷却水进口温度、冷却水流量、加热源种类及其消耗量、电源、功率及质量等）；

    d) 产品出厂编号；

    e) 制造日期。

8.1.2 机组相关部位上应设有工作情况标志和安全标志（如接地装置、警告标志等）。

8.1.3 机组应在相应位置（如铭牌、产品说明书等）上标注产品执行标准编号。

8.2 出厂文件

每台机组出厂时应随带下列文件。

8.2.1 产品合格证，其内容包括：

    a) 产品型号和名称；

    b) 产品出厂编号；

    c) 检验结论；

    d) 检验员、检验负责人签章及日期；

    e) 制造厂名称。

8.2.2 产品说明书，其内容包括：

    a) 产品型号和名称；

    b) 产品的结构示意图、电气图及接线图；

    c) 安装说明和要求；

    d) 使用说明、维修和保养注意事项。

8.2.3 装箱单。

8.3 机组外露的不涂漆表面应采取防锈措施，螺纹接头用螺塞堵注，法兰孔用盲板封盖。

8.4 包装

机组的包装应符合 GB/T 13384 的规定。

8.5 运输和贮存

8.5.1 机组出厂前应充入或保持规定的溶液量，或充入 0.02 MPa～0.03 MPa 的干燥氮气。

8.5.2 机组在运输和贮存过程中，不应碰撞、倾斜和雨雪淋袭。

8.5.3 机组应存放在库房或有遮盖的场所，场地应通风良好、干燥。

附 录 A

（规范性附录）

制冷量试验方法

A.1 试验方法

机组制冷量的试验方法采用液体载冷剂法。

A.2 试验装置

机组的试验装置如图 A.1 所示,在机组的蒸发器载冷剂进(出)口处安装流量测量装置,进、出口处设置流量调节阀门。

试验装置还应设有能提供连续稳定的载冷剂流量、冷却水流量和符合试验工况载冷剂、冷却水温度的附加装置。

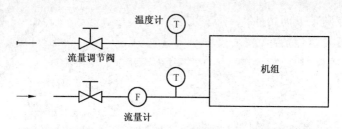

图 A.1 试验装置

A.3 试验规定

A.3.1 一般规定

A.3.1.1 被试机组应按制造厂规定的方法进行安装,并不应进行影响制冷量的构造改装。

A.3.1.2 被试机组应充分抽气,并充注规定的溶液量。

A.3.1.3 排尽载冷剂和冷却水管内的空气,并确认管内已灌满载冷剂和冷却水。

A.3.1.4 加热源应符合表 1 的规定。

A.3.2 试验规定

A.3.2.1 测量应在机组试验工况稳定后进行,每隔 15 min 测量一次,连续记录不少于三次的平均值为计算依据。试验参数的允许偏差应符合表 A.1 的规定。

表 A.1 试验参数的允许偏差

试验参数	允许偏差
载冷剂进、出口温度	±0.3 ℃
冷却水进、出口温度	±0.3 ℃
蒸汽压力	±0.02 MPa
电压	±5％
频率	±1％
注:燃料热值按实际供应条件。	

A.3.2.2 机组每次测量的数据应用热平衡法校核,其偏差应在±5％以内。

A.4 试验记录

试验应记录的数据见表 A.2。

表 A.2 试验应记录的数据

序号	记 录 内 容		
1	蒸发器		载冷剂进口温度
2			载冷剂出口温度
3			载冷剂流量
4	吸收器、冷凝器、分凝器		冷却水进口温度
5			冷却水出口温度
6			冷却水流量
7	发生器	加热源为蒸汽时	蒸汽流量
8			蒸汽温度
9			蒸汽压力
10		加热源为燃气时	标准状态下燃气流量
11			燃气温度
12			燃气压力
13			燃气低热值
14			燃气种类
15			排烟温度
16			烟气成分
17		加热源为燃油时	燃油流量
18			燃油温度
19			燃油低热值
20			燃油密度
21			燃油种类
22			烟气温度
23			烟气成分及黑度
24	消耗电功率		
25	产品型号、出厂编号		
26	试验地点的环境温度		
27	试验地点、试验日期		
28	试验人员姓名		

A.5 试验结果计算

A.5.1 制冷量

机组制冷量按式（A.1）计算：

$$Q_c = (1/3\ 600)q_{Vc}C_c\rho_c(t_{c1} - t_{c2}) \qquad\cdots\cdots\cdots\cdots\cdots\cdots\ (A.1)$$

式中：

Q_c——机组制冷量，单位为千瓦（kW）；

q_{Vc}——载冷剂体积流量，单位为立方米每小时（m³/h）；

C_c——平均温度下载冷剂的比热容,单位为千焦每千克摄氏度[kJ/(kg·℃)];

ρ_c——载冷剂密度,单位为千克每立方米(kg/m³);

t_{c1}——载冷剂进口温度,单位为摄氏度(℃);

t_{c2}——载冷剂出口温度,单位为摄氏度(℃)。

A.5.2 加热源消耗量

机组燃气消耗量按式(A.2)计算:

$$q_{Vgo} = q_{Vg} \times \frac{273.15}{273.15 + t_g} \times \frac{101.325 + p}{101.325} \quad\cdots\cdots\cdots\cdots\cdots(A.2)$$

式中:

q_{Vgo}——标准状态下燃气体积流量,单位为立方米每小时(m³/h);

q_{Vg}——燃气体积流量,单位为立方米每小时(m³/h);

t_g——燃气温度,单位为摄氏度(℃);

p——燃气压力,单位为千帕(kPa)。

A.5.3 加热源消耗热量

加热源消耗热量按式(A.3)、式(A.4)或式(A.5)计算,未进行绝热施工情况下,应按附录B进行修正。

　　a) 加热源为蒸汽时:

$$Q_i = (1/3\ 600)q_{ms}(h_{s1} - h_{s2}) \quad\cdots\cdots\cdots\cdots\cdots(A.3)$$

式中:

Q_i——加热源消耗热量,单位为千瓦(kW),下同;

q_{ms}——蒸汽质量流量,单位为千克每小时(kg/h);

h_{s1}——蒸汽比焓,单位为千焦每千克(kJ/kg);

h_{s2}——凝结水比焓,单位为千焦每千克(kJ/kg)。

　　b) 加热源为燃气时:

$$Q_i = (1/3\ 600)q_{Vgo}H_{lg} \quad\cdots\cdots\cdots\cdots\cdots(A.4)$$

式中:

q_{Vgo}——标准状态下燃气体积流量,单位为立方米每小时(m³/h);

H_{lg}——标准状态下燃气的低热值,单位为千焦每立方米(kJ/m³)。

　　c) 加热源为燃油时:

$$Q_i = (1/3\ 600)q_{mo}H_{lo} \quad\cdots\cdots\cdots\cdots\cdots(A.5)$$

式中:

q_{mo}——燃油质量流量,单位为千克每小时(kg/h);

H_{lo}——燃油低热值,单位为千焦每千克(kJ/kg)。

A.5.4 性能系数

机组性能系数按式(A.6)计算:

$$COP = \frac{Q_c}{Q_i + P} \quad\cdots\cdots\cdots\cdots\cdots(A.6)$$

式中:

P——消耗电功率,单位为千瓦(kW)。

A.5.5 排给冷却水的热量

机组排给冷却水的热量按式(A.7)计算:

$$Q_w = (1/3\ 600)q_{Vw}C_w\rho_w(t_{w2} - t_{w1}) \quad\cdots\cdots\cdots\cdots\cdots(A.7)$$

式中：

Q_w——排给冷却水的热量,单位为千瓦(kW);

q_{Vw}——冷却水体积流量,单位为立方米每小时(m³/h);

C_w——平均温度下冷却水的比热容,单位为千焦每千克摄氏度[kJ/(kg·℃)];

ρ_w——冷却水密度,单位为千克每立方米(kg/m³);

t_{w1}——冷却水进口温度,单位为摄氏度(℃);

t_{w2}——冷却水出口温度,单位为摄氏度(℃)。

A.5.6 排烟热损失

燃气型和燃油型机组排烟热损失 Q_f 按 GB/T 18362—2001 中式(A.10)式(A.11)计算。

A.5.7 热平衡校核

机组热平衡偏差按式(A.8)或式(A.9)计算:

a) 蒸汽型机组:

$$\Delta = \frac{Q_c + Q_i + P - Q_w}{Q_w} \times 100\% \qquad\cdots\cdots\cdots\cdots\cdots\cdots(A.8)$$

b) 燃气型和燃油型机组:

$$\Delta = \frac{Q_c + Q_i + P - Q_w - Q_f}{Q_w + Q_f} \times 100\% \qquad\cdots\cdots\cdots\cdots\cdots(A.9)$$

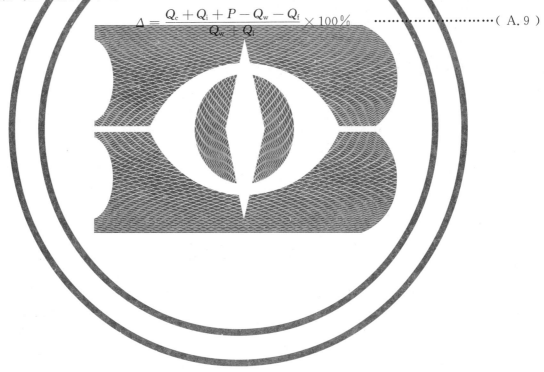

附 录 B
（规范性附录）
机组热损失率计算方法

B.1 机组热损失量按式（B.1）和式（B.2）计算：

$$Q_o = Ah(t_o - t_a) \qquad\qquad\qquad\qquad (B.1)$$

$$Q_l = \frac{A(t_o - t_a)}{\dfrac{1}{h} + \dfrac{\delta}{\lambda}} \qquad\qquad\qquad\qquad (B.2)$$

式中：

Q_o——绝热施工前热损失量，单位为千瓦（kW）；

Q_l——绝热施工后热损失量，单位为千瓦（kW）；

A——表面积，单位为平方米（m²）；

h——表面传热系数，单位为千瓦每平方米开[kW/(m² · K)]，取 $h = 11.6 \times 10^{-3}$ kW/(m² · K)；

t_o——表面温度，单位为摄氏度（℃）；

t_a——环境温度，单位为摄氏度（℃），取 $t_a = 20$ ℃；

δ——保温材料厚度，单位为米（m）；

λ——保温材料导热系数，单位为千瓦每米开[kW/(m · K)]。

B.2 热损失系数按式（B.3）计算：

$$l = \frac{Q_o - Q_l}{Q_i} \qquad\qquad\qquad\qquad (B.3)$$

式中：

l——热损失率；

Q_i——加热源消耗热量，单位为千瓦（kW）。

B.3 热损失率因机组型式、结构、制冷量、绝热方式不同而异。按式（B.3）计算的名义工况时的热损失率的平均值参见表 B.1。

表 B.1 热损失率

制冷量/kW	175	350	1 050	1 750
热损失率	0.03	0.02	0.02	0.01

附　录　C
（规范性附录）
压力损失的测定

C.1　压力损失测定装置

在机组的载冷剂及冷却水配管接头上连接压力测试管,采用图 C.1 所示装置测定载冷剂或冷却水进口侧与出口侧的压差。

　　a)　压力测试管:机组的载冷剂及冷却水进出接口上连接各自的直管,直管长度为配管内径 4 倍以上,在距加接后的配管内径 2 倍以上位置圆周上设置一个压力测试孔,其位置与机组内部配管及连接配管的弯头平面成垂直方向。

　　b)　压力测试孔为 2 mm～6 mm 或压力测试管内径的 1/10,取两者之中较小的值,如图 C.2 所示,与管内壁垂直,其深度为孔径的 2 倍以上。其内表面应光滑,孔内缘应无毛刺。

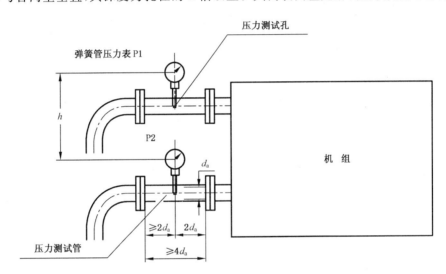

图 C.1　压力损失测定装置

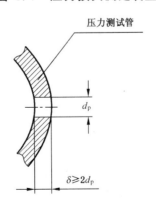

图 C.2　压力测试孔

C.2　压力损失测定方法

在规定水量时,测定机组进口侧与出口侧的压力差,此时,应完全排除仪表及仪表与压力测试孔之间接管内的空气,并充满清水。

C.3 压力损失的计算方法

压力损失按式(C.1)计算：

$$h_w = p_1 - p_2 - 9.81 \times 10^{-5} \rho h \quad \cdots\cdots\cdots\cdots\cdots\cdots\cdots\cdots\cdots\cdots\cdots\cdots\cdots (\text{C.1})$$

式中：

h_w——压力损失，单位为兆帕(MPa)；

p_1——机组进口处压力，单位为兆帕(MPa)；

p_2——机组出口处压力，单位为兆帕(MPa)；

ρ——载冷剂或冷却水密度，单位为吨每立方米(t/m^3)；

h——两压力表中心之间的垂直距离，单位为米(m)，出口高时取正值，出口低时取负值。

ICS 27.200
J 73

中华人民共和国国家标准

GB/T 25127.1—2010

低环境温度空气源热泵(冷水)机组 第1部分:工业或商业用及类似用途 的热泵(冷水)机组

Low ambient temperature air source heat pump (water chilling) packages—
Part 1:Heat pump (water chilling) packages
for industrial & commercial and similar application

2010-09-26 发布

2011-02-01 实施

中华人民共和国国家质量监督检验检疫总局
中国国家标准化管理委员会
发 布

前　言

GB/T 25127《低环境温度空气源热泵(冷水)机组》分为两部分：
——第1部分：工业或商业用及类似用途的热泵(冷水)机组；
——第2部分：户用及类似用途的热泵(冷水)机组。
本部分为 GB/T 25127 的第1部分。
本部分的附录 A 是资料性附录。
本部分由中国机械工业联合会提出。
本部分由全国冷冻空调设备标准化技术委员会(SAC/TC 238)归口。
本部分负责起草单位：同方人工环境有限公司、合肥通用机械研究院、清华大学、深圳麦克维尔空调设备有限公司、南京天加空调设备有限公司、浙江正理电子电气有限公司、合肥通用机电产品检测院、合肥通用环境控制技术有限责任公司、北京通用人环科技有限公司。
本部分参加起草单位：江森自控楼宇设备科技(无锡)有限公司、山东科灵空调设备有限公司、浙江盾安机电科技有限公司、宁波奥克斯电气有限公司、台州亿能建筑节能科技有限公司、无锡同方人工环境有限公司、大连三洋压缩机有限公司。
本部分主要起草人：谢崎、张乐平、张明圣、石文星、周鸿钧、梁路军、黄道德、张秀平、胡祥华、沙凤岐、陈松、董云达、赵恩、秦海杰、郑兴旺。
本部分由全国冷冻空调设备标准化技术委员会负责解释。
本部分为首次制定。

低环境温度空气源热泵(冷水)机组
第1部分:工业或商业用及类似用途
的热泵(冷水)机组

1 范围

GB/T 25127 的本部分规定了由电动机驱动的工业或商业用及类似用途低环境温度空气源热泵(冷水)机组(以下简称"机组")的术语和定义、型式和基本参数、要求、试验方法、检验规则、标志、包装和贮存。

本部分适用于制冷量 50 kW 以上,以空气为热(冷)源的集中空调或工艺用热(冷)水机组,并能在不低于-20 ℃的环境温度里制取热水的机组,其他同类机组可参照执行。

2 规范性引用文件

下列文件中的条款通过 GB/T 25127 的本部分的引用而成为本部分的条款。凡是注日期的引用文件,其随后所有的修改单(不包括勘误的内容)或修订版均不适用于本部分,然而,鼓励根据本部分达成协议的各方研究是否可使用这些文件的最新版本。凡是不注日期的引用文件,其最新版本适用于本部分。

GB/T 10870—2001 容积式和离心式冷水(热泵)机组 性能试验方法

GB/T 13306 标牌

GB/T 13384 机电产品包装通用技术条件

GB/T 17758 单元式空气调节机

GB/T 18430.1—2007 蒸汽压缩循环冷水(热泵)机组 第 1 部分 工业或商业用及类似用途的冷水(热泵)机组

GB 25131 蒸气压缩循环冷水(热泵)机组 安全要求

JB/T 4330 制冷空调设备噪声的测定

JB/T 4750 制冷装置用压力容器

JB/T 7249 制冷设备术语

3 术语和定义

JB/T 7249 确立的以及下列术语和定义适用于本部分。

3.1

低环境温度空气源热泵(冷水)机组 low ambient temperature air source heat pump (water chilling) packages

由电动机驱动的蒸汽压缩制冷循环,以空气为热(冷)源的集中空调或工艺用热(冷)水机组,并能在不低于-20 ℃的环境温度里制取热水的整体或分体设备。

3.2

名义工况性能系数(COP_h、COP_c) coefficient of performance (COP)

在表 1 规定的名义工况下,机组以同一单位表示的制热量(制冷量)除以总输入电功率得出的数值。

3.3

综合部分负荷性能系数(IPLV(H)、IPLV(C)) integrated part load value (IPLV)

用一个单一数值表示的空气调节用热(冷)水机组的部分负荷效率指标,基于表 2 规定的部分负荷工况下机组的部分负荷性能系数值,按机组在特定的负荷下运行时间的加权因素,通过式(1)、式(2)计算得出。

制热综合部分负荷性能系数:

$$IPLV(H) = 8.3\% \times A_1 + 40.3\% \times B_1 + 38.6\% \times C_1 + 12.9\% \times D_1 \quad \cdots\cdots(1)$$

制冷综合部分负荷性能系数:

$$IPLV(C) = 2.3\% \times A_0 + 41.5\% \times B_0 + 46.1\% \times C_0 + 10.1\% \times D_0 \quad \cdots\cdots(2)$$

式中:

$A_0(A_1)$——为100%负荷时的制冷(制热)性能系数COP,单位为千瓦每千瓦(kW/kW);

$B_0(B_1)$——为75%负荷时的制冷(制热)性能系数COP,单位为千瓦每千瓦(kW/kW);

$C_0(C_1)$——为50%负荷时的制冷(制热)性能系数COP,单位为千瓦每千瓦(kW/kW);

$D_0(D_1)$——为25%负荷时的制冷(制热)性能系数COP,单位为千瓦每千瓦(kW/kW)。

注1:部分负荷百分数计算是以名义制冷(热)量为基准。

注2:部分负荷系数IPLV代表了平均的单台机组的运行工况,可能不代表一个特有的工程安装实例。

注3:IPLV(H)的计算是以北京为典型城市,其他城市的IPLV(H)系数见附录A。

3.4

连续制热周期 continuous heating cycle

在制热运行模式下,从上一次制热开始(除霜结束)到本次除霜结束的一个完整的制热、除霜过程。

4 型式与基本参数

4.1 型式

机组结构型式分为整体式及分体式。

4.2 型号

机组型号的编制方法,可由制造商自行编制。但型号中应体现本部分名义工况下机组的制冷量。

4.3 基本参数

4.3.1 工况

4.3.1.1 名义工况

机组的名义工况见表1。

表1 名义工况

项目	使用侧		热源侧(或放热侧)	
	水流量/ m³/(h·kW)	出口水温/ ℃	干球温度/ ℃	湿球温度/ ℃
制热	0.172[a]	41	—12	—14
制冷		7	35	—
[a] 水流量单位 m³/(h·kW) 里的"kW"是单位名义制冷量,下同。				

4.3.1.2 名义工况其他规定

a) 机组换热器水侧污垢系数为 0.018 m²·℃/kW;新机组换热器应被认为是清洁的,测试时污垢系数应被考虑为 0 m²·℃/kW,性能测试时应按 GB/T 18430.1—2007 的附录C模拟污垢系数进行温差修正。

b) 大气压力为 101 kPa。

4.3.1.3 部分负荷工况

部分负荷工况见表2。

表 2　部分负荷工况

项目	负荷/%	使用侧		热源侧	
		水流量/ m³/(h·kW)	出口水温/℃	干球温度/℃	湿球温度/℃
制热	100		41	−12	−14
	75			−6	−8
	50			0	−3
	25	0.172		7	6
制冷	100		7	35	
	75			31.5	
	50			28	—
	25			24.5	

注：在所有工况下，机组换热器水侧污垢系数为 0.018 m²·℃/kW；新机组换热器水侧应被认为是清洁的，测试时污垢系数应被考虑为 0 m²·℃/kW，性能测试时应按 GB/T 18430.1—2007 的附录 C 进行温差修正。

4.3.2　性能系数

机组名义工况时的性能系数和综合部分负荷性能系数不应低于表 3 的数值。

表 3　性能系数

名义工况	性能系数（COP_h、COP_c）	综合部分负荷性能系数（IPLV(H)、IPLV(C)）
制热	2.3	2.5
制冷	2.6	2.8

5　要求

5.1　一般要求

5.1.1　机组应符合本部分的规定，并按经规定程序批准的图样和技术条件（或按用户和制造厂的协议）制造。

5.1.2　机组的电气控制应包括对压缩机、风机等的控制，一般还应具有电机过载保护、缺相保护（三相电源）、水系统断流保护、防冻保护、系统高、低压保护等功能或器件。

5.2　气密性、真空和压力试验

5.2.1　气密性

机组采用电子卤素检漏仪或氦检漏仪检验时，机组单点泄漏率应低于 14 g/a，充分保证机组在应用周期中的气密性。

5.2.2　真空试验

机组试验时，制冷系统的各部位应无异常变形，且压力回升应不大于 0.15 kPa。

5.2.3　压力试验

机组试验时，水侧各部位应无异常变形和水泄漏。

5.3　运转

机组出厂前应进行运转试验，运转时机组应无异常。若试验条件不完备或对于额定电压 3 000 V 及以上的机组，可在使用现场进行运转试验。

5.4　名义工况性能

机组在制热和制冷名义工况下进行试验时，其最大偏差应不超过以下规定：

a) 制热量和制冷量不应小于名义规定值的 95%；

b) 机组消耗总电功率不应大于机组名义消耗电功率的 110%（制热消耗总电功率不包括辅助电加热消耗功率）；

c) 名义工况的性能系数 COP 应符合表 3 的规定，且不应小于机组名义值的 92%；

d) 带有辅助电加热的热泵制热机组的辅助电加热功率消耗不应大于电加热名义消耗电功率的 105%；

e) 冷（热）水、冷却水的压力损失不应大于机组名义规定值的 115%。

5.5 综合部分负荷性能

5.5.1 机组应按表 2 的规定的部分负荷工况测定制热（制冷）100%、75%、50% 和 25% 负荷点的性能系数，并按式（1）、式（2）计算其制热（冷）综合部分负荷性能系数 IPLV(H) 及 IPLV(C)。

5.5.2 若机组不能按 5.5.1 或表 2 规定的部分负荷工况正常运行，则可以按以下规定进行。

5.5.2.1 如机组不能在 75%、50% 或 25% 中的一些部分负荷点运行时，可让机组在按表 2 规定的工况下的其余部分负荷点运行，测量各负荷点的性能系数，并在点与点之间用直线连接，绘出部分负荷曲线图。再由曲线图通过内插法来计算机组待求部分负荷点的性能系数，而不得使用外插法。

5.5.2.2 如机组不能卸载到 75%、50% 或 25%：

a) 如机组无法卸载到 25% 但低于 50%，则其 75% 和 50% 的 COP 按 5.5.2.1 获得；机组在最小负载运行，按表 2 规定的 25% 的负荷工况测试制热（制冷）性能系数，然后按式（3）计算 25% 负荷的 COP。

b) 如机组无法卸载到 50% 但低于 75%，则其 75% 的 COP 按 5.5.2.1，机组在最小负载运行，分别按表 2 规定的 50%、25% 的负荷工况测试制热（制冷）性能系数，按式（3）计算 50% 和 25% 负荷的 COP。

$$COP = \frac{Q_m}{C_D P_m} \qquad\cdots\cdots\cdots\cdots\cdots(3)$$

式中：

Q_m——实测制热（制冷）量，单位为千瓦（kW）；

P_m——实测输入总功率，单位为千瓦（kW）；

C_D——由于机组无法卸载到最小负载，致使压缩机间歇停机所引起的衰减系数，由式（4）计算。

$$C_D = -0.13LF + 1.13 \qquad\cdots\cdots\cdots\cdots\cdots(4)$$

式中：

LF——负荷系数，由式（5）计算；

$$LF = \frac{\left(\frac{LD}{100}\right) Q_{FL}}{Q_{PL}} \qquad\cdots\cdots\cdots\cdots\cdots(5)$$

LD——表 2 中规定的负荷点；

Q_{FL}——满负荷制热（制冷）量，单位为千瓦（kW）；

Q_{PL}——部分负荷制热（制冷）量，单位为千瓦（kW）。

c) 如机组无法卸载到 75%，机组在最小负载运行，按表 2 规定的 75%、50%、25% 的负荷工况测试制冷（制热）性能系数，然后按式（3）计算 75%、50%、25% 负荷的 COP。

5.5.3 综合部分负荷性能系数 IPLV(H)、IPLV(C) 应符合表 3 的规定，并应不低于明示值的 92%（当机组明示值的 92% 高于表 3 规定的值时）。

5.5.4 综合部分负荷性能系数计算示例参考 GB/T 18430.1—2007 附录 E。

5.6 设计和使用条件

机组应在表 4 规定的温度/流量条件下正常工作。

5.6.1 最大负荷工况

机组按表 4 最大负荷工况运行时,电动机、电器元件、连接接线及其他部件应正常工作。

5.6.2 低温工况

机组按表 4 低温工况运行时应能正常工作,但允许出现卸载运行。

表 4 机组设计温度/流量条件

项 目		使用侧		热源侧	
		水流量/m³/(h·kW)	出口水温/℃	干球温度/℃	湿球温度/℃
制热	名义工况	0.172	41	−12	−14
	最大负荷工况		50	21	15.5
	低温工况		41	−20	—
	融霜工况		41	2	1
制冷	名义工况		7	35	
	最大负荷工况		15	43	—
	低温工况		5	21	

5.6.3 融霜工况

机组按表 1 规定的融霜工况(装有自动融霜机构的空气源热泵机组)运行时应符合以下要求:

——安全保护元器件不应动作而停止运行;

——融霜应自动进行;

——融霜时的融化水及制热运行时室外侧(热源侧)换热器的凝结水应能正常排放或处理;

——在最初融霜结束后的连续运行中,融霜所需的时间总和不应超过一个连续制热周期的 20%;两个以上独立制冷循环的机组,各独立循环融霜时间的总和不应超过各独立循环总运转时间的 20%。

5.6.4 变工况性能

机组变工况性能温度条件如表 5 所示。

表 5 变工况性能温度条件   单位为摄氏度

项 目	使用侧		热源侧	
	进口水温	出口水温	干球温度	湿球温度
制热	—	41~50	−20~21	—
制冷		5~15	21~43	

5.7 噪声和振动

5.7.1 机组应按 JB/T 4330 的规定测量机组的噪声声压级,实测值不应大于机组的明示值。

5.7.2 机组应进行振动测量,实测值应不大于机组的明示值。

5.8 安全性能

机组的安全性能应符合 GB 25131《蒸气压缩循环冷水(热泵)机组 安全要求》的规定。

5.9 变电压性能

机组在表 4 规定的制冷和热泵制热名义工况下运行,改变电压时,安全保护机构不动作。带有辅助电加热的热泵制热机组其防过热保护器亦不应动作,机组无异常现象并能连续运行。

注:电动机、电器元件及安全保护机构等由相关质量监督部门进行检测并提供报告则不进行此项测试。

5.10 启动性能

机组的启动电流值应小于规定启动电流值的 115%,且电动机的启动试验应和电动机转子停止位置无关。

5.11 外观

机组外表面应清洁,涂漆表面应光滑。管路附件安装一般应横平竖直、美观大方。充装制冷剂之前,机组内与制冷剂和润滑油接触的表面应保持洁净、干燥。

6 试验方法

6.1 仪表准确度和测量规定

6.1.1 仪表准确度按 GB/T 10870—2001 中附录 A 的规定并经校验或校准合格。

6.1.2 测量按以下规定进行:

    a) 测量仪表的安装和使用按 GB/T 10870 的规定;

    b) 机组空气干、湿球温度的测量采用取样法测量,取样器按 GB/T 18430.1—2007 附录 A 的要求;

    c) 机组热(制冷)水侧压力损失测定按 GB/T 18430.1—2007 附录 B 的要求。

6.2 机组安装和试验规定

6.2.1 测试时,温度和流量以及空气干、湿球温度偏差应符合表 6 和表 7 的规定。

表 6 机组测试温度和流量偏差

项 目		水流量/ m³/(h·kW)	出口水温/ ℃	干球温度/ ℃	湿球温度/ ℃
制热	名义工况	±5%	±0.3	±1	±1
	最大负荷工况		±0.5		
	低温制热工况				
	融霜工况				
制冷	名义工况	±5%	±0.3	±1	—
	最大负荷工况		±0.5		
	低温工况				
注:融霜工况为融霜运行前的条件,开始融霜时满足表 6 和表 7 规定的温度条件均可。					

表 7 融霜时的温度偏差

单位为摄氏度

工况	使用侧	热源侧
热泵制热融霜	出口水温	干球温度
	±3	±6

6.2.2 被试机组应在额定频率、额定电压下运行,其频率偏差值不应大于 0.5 Hz、电压偏差不应大于 ±5%。

6.2.3 被试机组应按生产厂规定的方法进行安装,并且不应进行影响制冷量和热泵制热量的构造改装。机组的试验环境应满足 GB/T 18430.1—2007 附录 A 的要求。

6.2.4 机组使用的水质应符合 GB/T 18430.1—2007 附录 D 的规定。

6.3 试验方法

6.3.1 气密性、真空和压力试验

6.3.1.1 气密性

机组制冷剂侧在设计压力下,按 JB/T 4750 中气密性试验方法进行检验,应符合 5.2.1 的规定。

6.3.1.2 真空试验

机组制冷剂侧进行气密性试验合格后,抽真空至 0.3 kPa,至少保压 30 min,应符合 5.2.2 的规定。

6.3.1.3 压力试验

机组水侧在 1.25 倍设计压力(液压)或在 1.15 倍设计压力(气压)下,按 JB/T 4750 中压力试验方法进行检验,应符合 5.2.3 的规定。

6.3.2 名义工况性能

6.3.2.1 制冷量和消耗总电功率

将机组卸载机构等能量调节置于最大制冷量位置,在表 1 规定的制冷名义工况下,按 GB/T 10870 的规定,采用液体载冷剂法进行试验测定和计算制冷量。放热侧采用 GB/T 17758 的空气焓差法中的室内空调装置使其达到放热侧环境温度条件,消耗总电功率包括压缩机电动机、油泵电动机和操作控制电路的输入功率和放热侧冷却风机消耗的电功率。并应符合 5.4a)和 5.4b)的规定。同时测量运行电流和功率因数。

6.3.2.2 制热量和消耗总电功率

将机组的卸载机构等能量调节置于最大制热量的位置,在表 1 规定的制热名义工况下,按 GB/T 10870 的规定,采用液体载冷剂法(实为使用侧冷凝器载热剂)进行试验测定和计算制热量。制热量和消耗总电功率不包括辅助电加热的制热量和电功率消耗。应符合 5.4a)、5.4b)的规定。同时测量运行电流和功率因数。

6.3.2.3 名义工况性能系数(COP_h、COP_c)

机组的名义工况性能系数按式(6)、式(7)计算,计算结果应符合表 1 和 5.4c)的规定。

$$制热名义工况性能系数:COP_h = \frac{Q_h}{N_h} \quad\quad\quad\quad\quad (6)$$

$$制冷名义工况性能系数:COP_c = \frac{Q_c}{N_c} \quad\quad\quad\quad\quad (7)$$

式中:

$Q_h(Q_c)$—— 由 6.3.2.2(6.3.2.1)测得的制热量(制冷量),单位为千瓦(kW);

$N_h(N_c)$—— 由 6.3.2.2(6.3.2.1)测得的制热(制冷)时消耗总电功率,单位为千瓦(kW)。

6.3.2.4 辅助电加热消耗的电功率

带有辅助电加热的机组按 6.3.2.2 进行制热量试验时,当其测定稳定后,给电加热通电,并测定消耗的电功率,应符合 5.4d)的规定。

6.3.2.5 水侧压力损失

在进行名义工况制冷和制热性能试验时,按 GB/T 18430.1—2007 附录 B 的方法测量冷、热水的压力损失,应符合 5.4e)的规定。

6.3.3 部分负荷性能

6.3.3.1 在表 2 规定的制冷部分负荷工况下,按 6.3.2.1 进行制冷试验测定,并按式(7)计算制冷性能系数,按式(2)计算制冷综合部分负荷性能系数 IPLV(C),应符合表 3 和 5.5.3 的规定。

6.3.3.2 在表 2 规定的制热部分负荷工况下,按如下方法进行制热试验测定:

25%、100%负荷工况:按 6.3.2.2 进行制热试验测定,并按式(6)计算制热性能系数;

50%负荷工况:按 6.3.2.2 行制热试验测定,要求在首次除霜结束后,需连续进行 2 个周期的制热、除霜过程,根据累计制热量($Q_{\sum h}$)和消耗总功率($N_{\sum h}$),按式(8)计算该工况下的平均制热部分负荷工况性能系数($COP_{h'}$);

75%负荷工况:按 6.3.2.2 进行制热试验测定,要求在首次除霜结束后,需连续进行 1 个周期的制热、除霜过程,根据累计制热量 $Q_{\sum h}$ 和消耗总功率 $N_{\sum h}$,按式(8)计算该工况下的平均制热部分负荷工况性能系数($COP_{h'}$);

然后,按式(1)计算机组的制热综合部分负荷性能系数 IPLV(H),应符合表 3 和 5.5.3 的规定。

根据相应部分负荷工况下测得的累计制热量 $Q_{\sum h}$(kWh)和消耗总功率 $N_{\sum h}$(kWh),按式(8)计算:

$$制热部分负荷工况性能系数:COP_{h'} = \frac{Q_{\sum h}}{N_{\sum h}} \quad \cdots\cdots\cdots\cdots\cdots\cdots\cdots\cdots (8)$$

6.3.4 运转

机组进行运转试验,检查机组运行是否正常。

6.3.5 设计和使用范围

6.3.5.1 最大负荷工况试验

机组在额定电压和额定频率及表4规定的最大负荷工况下分别进行制冷和制热运行,达到稳定状态后再运行2 h,应符合5.6.1的规定。

6.3.5.2 低温工况试验

机组在额定电压和额定频率以及表4规定的低温工况下运行3 h,应符合5.6.2的规定。

6.3.5.3 融霜

机组在表4的融霜工况下,连续进行制热运行,最初的融霜周期结束后,再继续运行3 h,应符合5.6.3的规定。

6.3.5.4 变工况

机组在表5某一条件改变时,其他条件按名义工况时的流量和温度条件。该试验应包括表5中相应的工况温度条件点。将试验结果绘制成曲线图或编制成表格,每条曲线或每个表格应不少于四个测量点的值。

6.3.6 噪声和振动

6.3.6.1 噪声

机组的噪声按JB/T 4330中矩形六面体测量表面的方法,并按JB/T 4330表面平均声压级的方法计算声压级。

6.3.6.2 振动

机组按如下方法测量振动:

a) 测量仪器频率范围应为10 Hz～500 Hz,在此频率范围内的相对灵敏度以80 Hz的相对灵敏度为基准,其他频率的相对灵敏度应在基准灵敏度的+10%～−20%的范围以内。

b) 机组安装在平台上。安装平台和基础应不产生附加振动或机组共振,机组运行时安装平台的振动值应小于被测机组最大振动值的10%。

c) 机组在测定时的运行状态:机组应在输入电源的额定频率和额定电压的名义工况运行状态下进行测定。

d) 测点的配置:测点数一般为一点,该测点应在机架下部压缩机正下方分别按轴向、垂直轴向和水平面垂直轴向配置。

e) 测量的要求:测量时,测量仪器的传感器与测点的接触应良好,并应保证具有可靠的联结。机组的振动值系以各测点测得的最大数据为准。

f) 试验报告:试验报告中应写明机组型号、测定的工况、机组制造厂名及产品编号。试验报告中应注明最大振动值的测点位置。

6.3.7 安全性能

机组按GB 25131《蒸气压缩循环冷水(热泵)机组 安全要求》的规定进行安全性能试验,应符合5.8规定。

6.3.8 变电压

机组分别在表4中制冷和热泵制热名义工况下,使电源电压在额定电压值±5%的范围内变化运行1 h,应符合5.9的规定。

6.3.9 启动

启动试验包括启动电流试验和启动电压试验。

a) 启动电流试验:继电动机绕组温度试验后,立即进行绝缘电阻试验和耐电压试验。在电动机转子停止状态时,施加额定频率的某一电压值,该值应是电流达到与在制热消耗总电功率试验时测得的电动机电流值相似测得的电压值。由式(9)算出启动电流值,并应符合5.10的规定。

$$I_Q = I_D = I'_D \frac{V}{V'_D} \qquad \cdots\cdots\cdots\cdots\cdots\cdots\cdots\cdots\cdots\cdots\cdots\cdots (9)$$

式中:

I_Q——启动电流,单位为安(A);

I_D——额定电压下的堵转电流,单位为安(A);

I'_D——在额定电压下制热(制冷)消耗总电功率试验时测得的电动机电流值相近的堵转电流,

  单位为安(A);

V——额定电压,单位为伏(V);

V'_D——与电流I_D'相对应的阻抗电压,单位为伏(V)。

> 注:以常规的控制方式使两台以上电动机同时启动的机组启动电流,是指同时通电时的启动电流或各自启动电流之和。对分别启动电动机的机组,是指在表3制冷名义工况下,直到最后一台电动机启动后的最大电流。

  b) 启动电压试验:机组在表4制热名义工况下运转后,使电动机停止运行,按制造厂规定的停止间歇时间后,再施以额定频率下的90%额定电压进行启动,应符合5.10的规定。

6.3.10 外观

目测机组外观,应符合5.11的规定。

6.3.11 试验报告

根据6.3.1~6.3.10中各项试验内容,记录测试参数和结果,并根据相应试验标准的规定,进行计算和填写试验报告,并按本标准的要求判定是否合格,应由试验操作人员与审核人员签字后生效。

7 检验规则

7.1 一般要求

每台机组应经制造厂质量检验部门检验合格后方能出厂,并附有合格证、使用说明书以及装箱单等。

7.2 检验类别

机组检验分为出厂检验、抽样检验、型式检验。检验项目、要求、试验方法按表8的规定。

表 8 检验项目

项　目		出厂检验	抽样检验	型式检验	技术要求	试验方法
气密性、真空、压力试验		√			5.2	6.3.1
运转		√			5.3	6.3.4
绝缘电阻		√			5.8	6.3.7
耐电压		√			5.8	6.3.7
外观		√			5.11	6.3.10
名义工况性能	制冷量、消耗电功率	—	√	√	5.4a)、5.4b)	6.3.2.1
	制热量、消耗电功率	—	√	√	5.4a)、5.4b)	6.3.2.2
	性能系数	—	√	√	5.4c)	6.3.2.3
	辅助电加热消耗电功率	—	√	√	5.4d)	6.3.2.4
	水侧压力损失	—	√	√	5.4e)	6.3.2.5
部分负荷性能	综合部分负荷	—	√	√	5.5	6.3.3

表8（续）

项　目	出厂检验	抽样检验	型式检验	技术要求	试验方法
最大负荷				5.6.1	6.3.5.1
低温工况				5.6.2	6.3.5.2
融霜				5.6.3	6.3.5.3
变工况				5.6.4	6.3.5.4
噪声和振动				5.7	6.3.6
电动机绕组温度	—	—	√		
淋水绝缘性能				5.8	6.3.7
抗干扰性能					
接地电阻					
变电压				5.9	6.3.8
启动				5.10	6.3.9

注："√"表示需要检验项目，"—"表示不需要检验项目。

7.3 出厂检验

每台机组均应做出厂检验。

7.4 抽样检验

批量生产的机组应进行抽样检验。抽样方法、批量、抽样方案、检验水平及合格质量水平等由制造厂质量检验部门自行确定。

7.5 型式检验

7.5.1 新产品或定型产品作重大改进对性能有影响时，第一台产品应做型式检验。

7.5.2 型式检验时间不应少于试验方法中规定的时间，其中名义工况运行不少于12 h，允许中途停车，以检查机组运行情况。运行时如有故障，在故障排除后应重新进行试验，前面进行的试验无效。

8 标志、包装和贮存

8.1 标志

8.1.1 每台机组应在明显而平整部位固定上铭牌，铭牌应符合GB/T 13306的规定。机组铭牌上应标出的内容见表9。

表9 铭牌内容

标记内容	机组功能
	制冷及热泵制热兼用机组
型号	√
名称	√
名义制冷量/kW	√
名义制热量/kW	√
额定电压/V；相数；频率/Hz	√

表 9（续）

标记内容	机组功能
	制冷及热泵制热兼用机组
最大运行电流	△
名义制冷消耗总功率/kW	√
名义制热消耗总功率/kW	√
制冷 COP$_c$	△
制热 COP$_h$	√
IPLV(C)	√
IPLV(H)	√
水侧阻力/kPa	△
噪声(声压级)	△
制冷剂名称及充注量/kg	√
机组外形尺寸/mm	△
机组总质量/kg	√
制造厂名称和商标	√
制造年月及产品编号	√
注："√"表示需要;"△"表示选项	

8.1.2 工作标志

机组相关部位上应设有运行状态的标志(如转向、水流方向、指示仪表以及各控制按钮等)和安全标识(如接地装置、警告标识等)。

8.1.3 机组应在相应的地方标明(如产品说明书、铭牌等)执行标准的编号。

8.2 包装

8.2.1 机组外露不涂漆加工表面应采取防锈措施,螺纹接头用螺塞堵住,法兰孔用盲板封盖。

8.2.2 机组应外套塑料罩或防潮纸并应固定在包装箱内,其包装应符合 GB/T 13384 的规定。

8.2.3 包装内应附随机文件,随机文件包括产品合格证、产品说明书和装箱单等。

8.2.3.1 产品合格证的内容包括:

    a) 型号和名称;

    b) 产品编号;

    c) 制造厂商标和名称;

    d) 检验结论;

    e) 检验员、检验负责人签章及日期。

8.2.3.2 产品说明书的内容包括:

    a) 工作原理、特点及用途;

    b) 主要技术参数;

    c) 结构示意图、压力损失、电气线路等;

    d) 安装说明、使用要求、维护保养及注意事项;

    e)　机组主要部件名称、数量。

8.2.3.3　装箱单。

8.2.3.4　随机附件。

8.3　贮存

8.3.1　机组出厂前应充入或保持规定的制冷剂量,或充入 0.02 MPa~0.03 MPa(表压)的干燥氮气。

8.3.2　机组应存放在库房或有遮盖的场所。根据协议露天存放时,应注意整台机组和自控、电气系统的防潮。

附　录　A
（资料性附录）
其他典型城市制热综合部分性能系数 IPLV(H)

$$IPLV(H) = A \times A_1 + B \times B_1 + C \times C_1 + D \times D_1 \quad\cdots\cdots\cdots\cdots\quad (A.1)$$

式中：

A_1——为100%负荷时的制热（制冷）性能系数COP，单位为千瓦每千瓦(kW/kW)；

B_1——为75%负荷时的制热（制冷）性能系数COP，单位为千瓦每千瓦(kW/kW)；

C_1——为50%负荷时的制热（制冷）性能系数COP，单位为千瓦每千瓦(kW/kW)；

D_1——为25%负荷时的制热（制冷）性能系数COP，单位为千瓦每千瓦(kW/kW)。

其他典型城市 A、B、C、D 数值见表 A.1：

表 A.1

典型城市	IPLV 系数			
	A	B	C	D
北京	8.3%	40.3%	38.6%	12.9%
天津	5.9%	39.5%	43.2%	11.5%
济南	2.3%	29.0%	43.0%	25.7%
石家庄	2.1%	31.3%	52.1%	14.5%
太原	15.1%	33.7%	35.2%	16.1%
西安	0.0%	18.2%	58.4%	23.3%
郑州	0.1%	14.7%	54.0%	31.2%
兰州	12.6%	35.9%	37.4%	14.1%

ICS 27.200
J 73

中华人民共和国国家标准

GB/T 25127.2—2010

低环境温度空气源热泵（冷水）机组 第 2 部分：户用及类似用途的 热泵（冷水）机组

Low ambient temperature air source heat pump（water chilling）packages—
Part 2：Heat pump（water chilling）packages for
household and similar application

2010-09-26 发布

2011-02-01 实施

中华人民共和国国家质量监督检验检疫总局
中国国家标准化管理委员会 发布

前　言

GB/T 25127《低环境温度空气源热泵（冷水）机组》分为两部分：

——第 1 部分：工业或商业用及类似用途的热泵（冷水）机组；

——第 2 部分：户用及类似用途的热泵（冷水）机组。

本部分为 GB/T 25127《低环境温度空气源热泵（冷水）机组》的第 2 部分。

本部分由中国机械工业联合会提出。

本部分由全国冷冻空调设备标准化技术委员会（SAC/TC 238）归口。

本部分负责起草单位：大连冷冻机股份有限公司、大连三洋压缩机有限公司、合肥通用机械研究院、博浪热能科技有限公司、深圳麦克维尔空调设备有限公司、浙江正理电子电气有限公司、合肥通用机电产品检测院、合肥通用环境控制技术有限责任公司。

本部分参加起草单位：艾默生环境优化技术（苏州）有限公司、宁波奥克斯电气有限公司、同方人工环境有限公司、大金空调（上海）有限公司。

本部分主要起草人：秦海杰、翁乔力、潘莉、赵之海、汪吉平、周鸿钧、黄道德、田旭东、文茂华、董运达、张乐平、史剑春。

本部分由全国冷冻空调设备标准化技术委员会负责解释。

本部分是首次制定。

低环境温度空气源热泵(冷水)机组
第2部分:户用及类似用途的
热泵(冷水)机组

1 范围

GB/T 25127 的本部分规定了由电动机驱动的户用及类似用途低环境温度空气源热泵(冷水)机组(以下简称"机组")的术语和定义、型式和基本参数、要求、试验方法、检验规则、标志、包装、运输和贮存。

本部分适用于制冷量不大于 50 kW,以空气为热(冷)源的热泵(冷水)机组,并能在不低于 −20 ℃的环境温度里制取热水的机组,其他同类机组可参照执行。

2 规范性引用文件

下列文件中的条款通过在 GB/T 25127 的本部分的引用而构成为本部分的条款。凡是注日期的引用文件,其随后所有的修改单(不包括勘误的内容)或修订版均不适用于本部分,然而,鼓励根据本部分达成协议的各方研究是否可使用这些文件的最新版本。凡是未注日期的引用文件,其最新版本适用于本部分。

GB/T 1720 漆膜附着力测定法

GB/T 2423.17 电工电子产品基本环境试验 第2部分:试验方法 试验 Ka:盐雾(GB/T 2423.17—2008,IEC 60068-2-11:1981,IDT)

GB/T 10870 容积式和离心式冷水(热泵)机组 性能试验方法

GB/T 13306 标牌

GB/T 13384 机电产品包装通用技术条件

GB/T 17758 单元式空气调节机

GB/T 18430.1—2007 蒸气压缩循环冷水(热泵)机组 第1部分:工业或商业用及类似用途的冷水(热泵)机组

GB/T 18430.2—2007 蒸气压缩循环冷水(热泵)机组 第2部分:户用及类似用途的冷水(热泵)机组

GB 19577 冷水机组能效限定值及能源效率等级

GB 25131 蒸气压缩循环冷水(热泵)机组 安全要求

JB/T 4330—1999 制冷和空调设备噪声的测定

JB/T 7249 制冷设备术语

3 术语和定义

JB/T 7249 确立的以及下列术语和定义适用于本部分。

3.1

低环境温度空气源热泵(冷水)机组 lower ambient temperature air source heat pump (water chilling) packages

由电动机驱动的蒸气压缩制冷循环,以空气为热(冷)源的热泵(冷水)机组,并能在不低于 −20 ℃的环境温度里制取热水的机组。

3.2

名义工况性能系数（COP$_h$、COP$_c$）　coefficient of performance（COP）

在表 1 规定的名义工况下，机组以相同单位表示的制热（冷）量与总输入电功率的比值。

3.3

综合部分负荷性能系数（IPLV）　integrated part load value

用一个单一数值表示的空气调节用热（冷）水机组的部分负荷效率指标，基于表 2 规定的部分负荷工况下的部分负荷性能系数值，按机组在特定的负荷下运行时间的加权因素，通过式（1）、式（2）计算得出。

制热综合部分负荷性能系数 IPLV(H)：

$$IPLV(H) = 8.3\% \times A_1 + 40.3\% \times B_1 + 38.6\% \times C_1 + 12.9\% \times D_1 \quad\cdots\cdots\cdots（1）$$

制冷综合部分负荷性能系数 IPLV(C)：

$$IPLV(C) = 2.3\% \times A_0 + 41.5\% \times B_0 + 46.1\% \times C_0 + 10.1\% \times D_0 \quad\cdots\cdots\cdots（2）$$

式中：

$A_0(A_1)$——100％负荷时的制冷（制热）性能系数 COP，单位为千瓦每千瓦（kW/kW）；

$B_0(B_1)$——75％负荷时的制冷（制热）性能系数 COP，单位为千瓦每千瓦（kW/kW）；

$C_0(C_1)$——50％负荷时的制冷（制热）性能系数 COP，单位为千瓦每千瓦（kW/kW）；

$D_0(D_1)$——25％负荷时的制冷（制热）性能系数 COP，单位为千瓦每千瓦（kW/kW）。

注 1：部分负荷百分数计算是以名义制冷（热）量为基准。

注 2：部分负荷系数 IPLV 代表了平均的单台机组的运行工况，可能不代表一个特有的工程安装实例。

注 3：IPLV(H)的计算是以北京为典型城市，其他典型城市的 IPLV(H)系数见 GB/T 25127.1—2010《低环境温度空气源热泵（冷水）机组　第 1 部分：工业或商业用及类似用途的热泵（冷水）机组》附录 A。

3.4

连续制热周期　continuous heating cycle

在制热运行模式下，从上一次制热开始（除霜结束）到本次除霜结束的一个完整的制热、除霜过程。

4　型式和基本参数

4.1　型式

4.1.1　按结构型式分为：

——整体式；

——分体式。

4.1.2　按机组功能分为：

——制热机组（包括和电热器同时或切换使用的机组）；

——制热及制冷机组。

4.1.3　按机组使用电源分为：

——单相交流电源；

——三相交流电源。

4.2　型号

机组型号的编制方法可由制造商自行编制。但型号中应体现本部分名义工况下机组的制冷量。

4.3　基本参数

4.3.1　工况

4.3.1.1　名义工况

机组的名义工况见表 1。

表 1　名义工况

项　　目	使用侧		热源侧（或放热侧）	
	水流量/ m³/(h·kW)	出口水温/ ℃	干球温度/ ℃	湿球温度/ ℃
制热	0.172ᵃ	41	−12	−14
制冷		7	35	—
ᵃ　水流量单位 m³/(h·kW) 里的"kW"是单位名义制冷量，下同。				

4.3.1.2　名义工况的其他规定

a)　机组换热器水侧污垢系数为 0.018 m²·℃/kW，新机组换热器应被认为是清洁的，测试时污垢系数应考虑为 0 m²·℃/kW，性能测试时应按 GB/T 18430.1—2007 附录 C 模拟污垢系数进行温差修正。

b)　大气压力为 101 kPa。

4.3.1.3　部分负荷工况

部分负荷工况规定见表 2。

表 2　部分负荷工况

项　　目	负荷/ %	使用侧		热源侧	
		水流量/ m³/(h·kW))	出口水温/ ℃	干球温度/ ℃	湿球温度/ ℃
制热	100	0.172	41	−12	−14
	75			−6	−8
	50			0	−3
	25			7	6
制冷	100		7	35	—
	75			31.5	
	50			28	
	25			24.5	
注：在所有工况下，机组换热器水侧污垢系数为 0.018 m²·℃/kW；新机组换热器水侧应被认为是清洁的，测试时污垢系数应被考虑为 0 m²·℃/kW，性能测试时应按 GB/T 18430.1—2007 的附录 C 进行温差修正。					

4.3.2　性能系数

机组名义工况时的性能系数和综合部分负荷性能系数应不低于表 3 的规定值。

表 3　机组性能系数限值

名义工况性能系数（COP）		综合部分负荷性能系数（IPLV）	
制热（COP_h）	制冷（COP_c）	制热 IPLV(H)	制冷 IPLV(C)
2.10	不低于 GB 19577 的规定值	2.40	2.60

5　要求

5.1　一般要求

5.1.1　机组应符合本部分的规定，并按经规定程序批准的图样和技术文件（或按用户和制造厂的协议）制造。

5.1.2 机组除配置所有制冷(热)系统组件外,一般还可以包括冷(热)水循环水泵、管路与附件。

5.1.3 机组的黑色金属制件,表面应进行防锈蚀处理。

5.1.4 电镀件表面应光滑,色泽均匀,不得有剥落、露底、针孔、明显的花斑和划伤等缺陷。

5.1.5 机组涂装件表面应平整、涂布均匀、色泽均匀,不应有明显的气泡、流痕、漏涂、底漆外露及不应有的皱纹和其他损伤。

5.1.6 机组装饰性塑料件表面应平整光滑、色泽均匀,不应有裂痕、气泡和明显缩孔等缺陷,塑料件应耐老化。

5.1.7 电镀件耐盐雾性

机组金属镀层上的每个锈点锈迹面积不应超过 1 mm²,每 100 cm² 试件镀层不应超过 2 个锈点、锈迹,小于 100 cm² 时,不应有锈点和锈迹。

5.1.8 涂装件涂层附着力

机组涂装件涂层的附着力应达到 GB/T 1720 规定的二级以上。

5.1.9 机组的零部件和材料应符合各有关标准的规定,满足使用性能要求。

5.1.10 充装制冷剂之前,机组内与制冷剂和润滑油接触的表面应保持清洁、干燥,机组外表面应清洁。

5.1.11 机组各零部件的安装应牢固、可靠,制冷压缩机应具有防振动措施。

5.1.12 机组的隔热层应隔热性能良好,正常运行时不应有凝露现象,并且无毒、无异味且有自熄性能。

5.1.13 机组的电气控制应包括对压缩机、循环水泵和风机等的控制,一般还应具有电机过载保护、缺相保护(三相电源),水系统断流保护、防冻保护,系统高、低压保护等功能或器件。

5.1.14 机组可根据用户要求或实际用途配置冷(热)水循环泵,其流量和扬程应保证机组的正常工作。

5.2 气密性和压力试验

5.2.1 气密性

机组制冷(热)系统各部分应密封,系统各部分不应有制冷剂泄漏。

5.2.2 压力试验

机组水侧各部位及接头处不应有异常变形和水泄漏。

5.3 运转试验

机组出厂前应进行运转试验,运转时机组应无异常。

5.4 名义工况性能

机组在制热和制冷名义工况下进行试验时,其最大偏差应不超过以下规定:

a) 制热量和制冷量允许的负偏差为明示值的 5%;

b) 性能系数 COP 应符合表 3 的要求,并不应低于明示值的 92%(当机组标称值的 92% 高于表 3 规定值时);

c) 带有电加热器的热泵机组,其电加热消耗功率允许偏差应为机组电加热消耗电功率明示值的 −10%~+5%;

d) 消耗总电功率允许正偏差为机组明示值的 10%(热泵制热消耗总电功率不包括电加热消耗电功率);

e) 热(冷)水侧压力损失允许正偏差为机组明示值的 15%;

f) 机组应按 6.3.6 规定测量噪声,其平均表面声压级应符合表 4 要求,并不高于机组名义值 +2 dB(A)(当机组名义值 +2 dB(A)小于表 4 规定值时)。

表 4 噪声限定值(声压级)

名义制冷量/ kW	整体式/ dB(A)	分体式/dB(A)	
		室外机	室内机
≤8	64	62	45

表 4（续）

名义制冷量/ kW	整体式/ dB(A)	分体式/dB(A)	
		室外机	室内机
>8～16	66	64	50
>16～31.5	68	66	55
>31.5～50	70	68	

5.5 综合部分负荷性能

5.5.1 机组应按表 2 规定的部分负荷工况,测定制热(制冷)100％、75％、50％、25％负荷点的性能系数,并按式(1)、式(2)分别计算综合部分负荷性能系数 IPLV(H)、IPLV(C)。

5.5.2 如机组不能满足 5.5.1 或表 2 规定的部分负荷工况的要求,则可按以下规定进行。

5.5.2.1 如机组不能在 75％、50％或 25％中的一些部分负荷点运行时,可让机组在按表 2 规定工况下的其余部分负荷点运行,测量各负荷点的性能系数,并在点与点之间用直线连接,绘出部分负荷曲线图;再由曲线图通过内插法计算机组待求部分负荷点的性能系数,而不得使用外插法。

5.5.2.2 如机组无法卸载到 75％、50％或 25％:

a) 如机组无法卸载到 25％但低于 50％,则其 75％和 50％的 COP 按 5.5.2.1 获得;机组在最小负载运行,按表 2 规定的 25％负荷工况测试制热(制冷)性能系数,然后按式(3)计算 25％负荷的 COP。

b) 如机组无法卸载到 50％但低于 75％,则其 75％的 COP 按 5.5.2.1 获得,机组在最小负载运行,按表 2 规定的 50％、25％负荷工况测试制热(制冷)性能系数,然后按式(3)计算 50％、25％负荷的 COP。

$$COP = \frac{Q_m}{C_D \cdot P_m} \quad \cdots\cdots\cdots\cdots\cdots\cdots (3)$$

式中:

Q_m——实测制热(制冷)量,单位为千瓦(kW);

P_m——实测消耗总电功率,单位为千瓦(kW);

C_D——由于机组无法卸载到最小负载,致使压缩机间歇停机所引起的衰减系数,由式(4)计算。

$$C_D = -0.13 \times LF + 1.13 \quad \cdots\cdots\cdots\cdots\cdots (4)$$

式中:

LF——负荷系数,式(5)计算;

$$LF = \frac{\left(\dfrac{LD}{100}\right) Q_{FL}}{Q_{PL}} \quad \cdots\cdots\cdots\cdots\cdots (5)$$

式中:

LD——表 2 中规定的负荷数;

Q_{FL}——满负荷制热(制冷)量,单位为千瓦(kW);

Q_{PL}——部分负荷制热(制冷)量,单位为千瓦(kW)。

c) 如机组无法卸载到 75％,机组在最小负载运行,按表 2 规定的 75％、50％、25％的负荷工况测试制热(制冷)性能系数,然后按式(3)计算 75％、50％、25％负荷的 COP。

5.5.3 综合部分负荷性能系数 IPLV(H)、IPLV(C)应符合表 3 的要求,并应不低于明示值的 92％(当机组明示值的 92％高于表 3 规定值时)。

5.5.4 综合部分负荷性能系数计算示例参考 GB/T 18430.2—2007 附录 A。

5.6 设计和使用条件

机组在表 5 规定条件下应能正常工作。

5.6.1 最大负荷工况

机组按表 5 规定的最大负荷工况运行时,电动机、电器元件连接线和其他部件应能正常工作。

5.6.2 低温工况

机组按表 5 规定的低温工况运行时,机组各部件不应损坏,低压、防冻及过载保护器不应跳开,机组应正常工作。

表 5 机组的设计温度/流量条件

项 目		使用侧		热源侧	
		水流量	出口水温	干球温度	湿球温度
		m³/(h·kW)	℃	℃	℃
制热	名义工况	0.172	41	−12	−14
	最大负荷工况		50	21	15.5
	低温工况		41	−20	—
	融霜工况			2	1
制冷	名义工况		7	35	—
	最大负荷工况		15	43	
	低温工况		5	21	

5.6.3 融霜工况

装有自动融霜机构的机组按表 5 规定的融霜工况运行时,应符合以下要求:

——安全保护元器件不应动作而停止运行;

——融霜应自动进行、功能正常,融霜彻底,融霜时的融化水应能正常排放;

——在最初融霜结束后的连续运行中,融霜所需时间总和不应超过一个连续制热周期的 20%;两个以上独立热泵循环的机组,各自循环的融霜时间总和不应超过各自运行周期的 20%(如共用同一翅片式换热器,则融霜时间总和不应超过总运行时间的 20%)。

5.6.4 变工况性能

机组变工况性能温度条件如表 6 所示。按 6.3.7.4 方法进行试验并绘制性能曲线图或表。

表 6 变工况性能温度条件   单位为摄氏度

项 目	使用侧		热源侧	
	进口水温	出口水温	干球温度	湿球温度
制热	—	41~50	−20~21	—
制冷		5~15	21~43	

5.7 安全性能

机组的安全性能应符合 GB 25131《蒸气压缩循环冷水(热泵)机组 安全要求》的规定。

6 试验方法

6.1 仪表准确度及测量规定

6.1.1 试验用仪表、仪器的准确度按 GB/T 10870 中附录 A 的规定并经校验或校准合格。

6.1.2 测量按以下规定进行:

a) 测量仪表的安装和使用按 GB/T 10870 的规定;

b) 机组的空气干、湿球温度的测量按 GB/T 18430.1—2007 附录 A 的要求;

c) 机组冷(热)水侧压力损失测定按 GB/T 18430.1—2007 附录 B 的要求。

6.2 机组安装和试验规定

6.2.1 测试时机组的水温和循环水流量以及空气干、湿球温度偏差应符合表7和表8的规定。

表 7 机组测试温度和流量偏差

项　　目		使用侧		热源侧	
		水流量	出口水温	干球温度	湿球温度
		m³/(h·kW)	℃	℃	
制热	名义工况	±5%	±0.3	±1	±1
	最大负荷工况		±0.5		
	低温制热工况				
	融霜工况				
制冷	名义工况	±5%	±0.3	±1	—
	最大负荷工况		±0.5		
	低温工况				

注：融霜工况为融霜运行前的条件，开始融霜时满足表6和表7规定的温度条件均可。

表 8 融霜时的温度偏差　　　　　　　　　单位为摄氏度

工　　况	使用侧	热源侧
	出口水温	干球温度
制热融霜	±3	±6

6.2.2 机组应在其铭牌规定的额定电压和额定频率下运行。

6.2.3 被试机组应按制造厂规定的方法进行安装，并且不应进行影响制冷量和制热量的构造改装。机组的试验环境应满足 GB/T 18430.1—2007 附录A的要求。

6.2.4 试验时机组室内、外机的连接管长应按制造厂所提供的全部管长，或者制冷量不大于 12 500 W 的机组连接管长为 5 m，大于 12 500 W 的机组连接管长为 7.5 m 进行试验(按较长者进行)。连接管的室外部分长度不少于 3 m，室内部分的隔热和安装按产品使用说明书的要求进行。

6.2.5 机组使用的水质应符合 GB/T 18430.1—2007 附录D的要求。

6.2.6 机组试验的其他要求应符合 GB/T 10870 规定。

6.3 试验方法

6.3.1 气密性和压力试验

6.3.1.1 气密性试验

机组系统在正常的制冷剂充灌量下，不通电置于环境温度为 16 ℃～35 ℃的室内，用灵敏度为 $5×10^{-6}$ Pa·m³/s 的检漏仪进行检验，应符合 5.2.1 的规定。

6.3.1.2 压力试验

机组水侧在施加 1.25 倍设计压力(液压)或 1.15 倍设计压力(气压)下，观察各部位及接头处，应符合 5.2.2 的规定。

6.3.2 名义工况性能试验

6.3.2.1 制冷量和消耗总电功率

将机组的能量调节置于最大制冷量，在表1规定的制冷名义工况下，制冷量按 GB/T 10870 的规定，主要试验采用液体载冷剂法进行试验测定和计算(校核试验采用机组热平衡法)。放热侧环境的温、湿度条件可采用 GB/T 17758 的空气焓差法中的空调装置使其达到规定的工况要求。消耗总电功率包括压缩机电动机、油泵电动机、操作控制电路和放热侧冷却风机电动机等的输入总电功率(不包括循环水泵电动机的输入电功率)。并应符合 5.4a)和 5.4d)的规定。同时测量运行电流和功率因数。

6.3.2.2 制热量和消耗总电功率

将机组的能量调节置于最大制热量,在表 1 规定的制热名义工况下,制热量按 GB/T 10870 的规定,主要试验采用液体载冷剂法进行试验测定和计算(校核试验采用机组热平衡法)。消耗总电功率测试和计算同 6.3.2.1 的内容。但制热量和消耗总电功率不包括电加热的制热量和消耗电功率。并应符合 5.4a)和 5.4d)的规定。同时测量运行电流和功率因数。

6.3.2.3 辅助电加热消耗的电功率

带有辅助电加热的机组按 6.3.2.2 进行制热量试验时,当其测定稳定后,给电加热通电,并测定消耗的电功率,应符合 5.4c)的规定。

6.3.2.4 名义工况性能系数(COP_h、COP_c)

机组的名义工况性能系数按式(6)计算,计算结果应符合表 3 和 5.4b)的规定。

$$COP = \frac{Q_n}{N_0} \qquad\qquad\qquad (6)$$

式中:

Q_n——由 6.3.2.2 和 6.3.2.1 测定的制热(制冷)量,单位为千瓦(kW);

N_0——由 6.3.2.2 和 6.3.2.1 测定机组消耗总电功率,单位为千瓦(kW)。

6.3.2.5 水侧压力损失

在进行名义工况制冷和制热性能试验时,按 GB/T 18430.1—2007 附录 B 的规定测量机组冷(热)水侧压力损失,其结果应符合 5.4e)的规定。

6.3.3 部分负荷性能试验

6.3.3.1 机组在表 2 规定的部分负荷工况,按 6.3.2.1 方法进行制冷量试验,并按式(6)计算性能系数,按式(2)计算制冷综合部分负荷性能系数 IPLV(C),应符合表 3 和 5.5.3 的规定。

6.3.3.2 机组在表 2 规定的制热部分负荷工况,按如下方法进行制热试验测定:

25%、100%负荷工况:按 6.3.2.2 进行制热试验测定,并按式(6)计算制热性能系数;

50%负荷工况:按 6.3.2.2 进行制热试验测定,要求在首次除霜结束后,需进行 2 个连续制热周期的测定,根据累计制热量 $Q_{\Sigma h}$ 和消耗总功率 $N_{\Sigma h}$,按式(7)计算该工况下的平均制热部分负荷性能系数(COP_h);

75%负荷工况:按 6.3.2.2 进行制热试验测定,要求在首次除霜结束后,需进行 1 个连续制热周期的测定,根据累计制热量 $Q_{\Sigma h}$ 和消耗总功率 $N_{\Sigma h}$,按式(7)计算该工况下的平均制热部分负荷性能系数(COP_h);

然后,按式(1)计算机组的制热综合部分负荷性能系数 IPLV(H),应符合表 3 和 5.5.3 的规定。

根据相应部分负荷工况下测得的累计制热量 $Q_{\Sigma h}$(kWh)和消耗总功率 $N_{\Sigma h}$(kWh),按式(7)计算:

$$制热部分负荷工况性能系数:COP_{h'} = \frac{Q_{\Sigma h}}{N_{\Sigma h}} \qquad\qquad (7)$$

6.3.4 运转试验

机组进行运转试验,应符合 5.3 的规定。

6.3.5 设计和使用范围试验

6.3.5.1 最大负荷工况

机组在额定电压和额定频率及表 5 规定的最大负荷工况下分别进行制冷和制热运行,达到稳定状态后再运行 2 h,应符合 5.6.1 的规定。

6.3.5.2 低温工况

机组在额定电压和额定频率及表 5 规定的低温工况下运行 3 h,应符合 5.6.2 的规定。

6.3.5.3 融霜

机组在表5规定的融霜工况下,连续进行制热,最初的融霜周期结束后,再继续运行3 h,应符合5.6.3的规定。

6.3.5.4 变工况

机组按表6某一条件改变时,其他条件按名义工况时的流量和温度条件进行试验,测定其制冷量、制热量以及对应的消耗总电功率。该试验应包括表5中相应的工况温度条件点。将试验结果绘制成曲线图或编制成表格,每条曲线或每个表格应不少于四个测量点的值。

6.3.6 噪声试验

机组在额定电压和额定频率以及接近制冷名义工况下,带循环水泵的机组,水泵应在接近铭牌明示的流量和扬程条件下进行运转,按JB/T 4330—1999中附录C的规定测量机组的噪声。其结果应符合5.4f)的规定。

6.3.7 安全性能试验

机组按GB 25131《蒸气压缩循环冷水(热泵)机组 安全要求》的规定进行安全性能试验,应符合5.7规定。

6.3.8 电镀件盐雾试验

机组的电镀件应按GB/T 2423.17进行盐雾试验,试验周期为24 h。试验前,电镀件表面清洗除油;试验后,用清水冲掉残留在表面上的盐分,检查电镀件腐蚀情况,其结果应符合5.1.7的规定。

6.3.9 涂装件的涂层附着力试验

在机组外表面任取长10 mm、宽10 mm的面积,用新刀片纵横各划11条间隔1 mm、深达底材的平行切痕。由医用氧化锌胶布贴牢,然后沿垂直方向快速撕下。检查划痕范围内漆膜脱落的格数(每小格漆膜保留不足70%的视为脱落),并以对100的比值评定附着力,其结果应符合5.1.8的规定。

6.3.10 试验报告

根据6.3.1~6.3.9中各项试验内容,记录测试参数和结果,并根据相应试验标准的规定,进行计算和填写试验报告,并按本标准的要求判定是否合格,应由试验操作人员与审核人员签字后生效。

7 检验规则

7.1 一般要求

每台机组应经制造厂质量检验部门检验合格后方能出厂,并附有合格证、使用说明书以及装箱单等。

7.2 检验类别

机组检验分为出厂检验、抽样检验、型式检验。检验项目按表9的规定。

表9 检验项目

序号	检验项目	出厂检验	抽样检验	型式试验	技术要求	试验方法
1	一般检查				5.1.2~5.1.6 5.1.9~5.1.11	视检
2	标志与安全标识				8.1.2、GB 25131《蒸气压缩循环冷水(热泵)机组 安全要求》	
3	包装	✓	✓	✓	8.2	
4	泄漏电流					
5	电气强度				5.7	6.3.7
6	接地电阻					
7	气密性试验				5.2.1	6.3.1.1

表 9（续）

序号	检验项目	出厂检验	抽样检验	型式试验	技术要求	试验方法
8	压力试验	√			5.2.2	6.3.1.2
9	运转试验				5.3	6.3.4
10	名义制冷量、消耗总功率		√		5.4a)、5.4d)	6.3.2.1
11	名义制热量、消耗总功率					6.3.2.2
12	电加热制热消耗功率				5.4c)	6.3.2.3
13	制冷名义工况 COP$_c$				5.4b)	6.3.2.4
14	制热名义工况 COP$_h$					
15	综合部分符合性能				5.5	6.3.3
16	水侧压力损失				5.4e)	6.3.2.5
17	噪声				5.4f)	6.3.6
18	最大负荷工况			√	5.6.1	6.3.5.1
19	低温工况	—			5.6.2	6.3.5.2
20	融霜工况				5.6.3	6.3.5.3
21	变工况性能				5.6.4	6.3.5.4
22	电镀件耐盐雾性				5.1.7	6.3.8
23	涂装件涂层附着力		—		5.1.8	6.3.9
24	耐潮湿性					
25	防触电保护					
26	电压变化				5.7	6.3.7
27	温度限制					
28	机械安全					

注："√"表示需要；"—"表示不需要。

7.3 出厂检验

每台机组均应做出厂检验。

7.4 抽样检验

批量生产的机组应进行抽样检验。批量、抽样方案、检查水平及合格质量水平等由制造厂质量检验部门自行确定。

7.5 型式检验

7.5.1 新产品或定型产品作重大改进对性能有影响时,第一台产品应做型式检验。

7.5.2 在名义工况运行应不少于 12 h,允许中途停车,以检查机组运行情况。运行时如有故障,在故障排除后应重新进行试验,前面进行的试验无效。

8 标志、包装、运输和贮存

8.1 标志

8.1.1 每台机组应在明显部位设置永久性铭牌,铭牌应符合 GB/T 13306 的规定,铭牌内容见表 10。

8.1.2 工作标志

机组相关部位上应设有运行状态的标志(如转向、水流方向、指示仪表以及各控制按钮等)和安全标识（如接地装置、警告标识等）。

8.1.3 机组应在相应的地方（如铭牌、产品说明书等）说明执行标准的编号。

表 10 铭牌内容

序号	标记名称	机组功能	
		单制热	制热和制冷（含带有辅助电加热）
1	型号		
2	名称		
3	额定电压 V;相数;频率(Hz)	√	
4	名义制热量(kW)		
5	名义制热消耗总电功率(kW)		√
6	名义制热 COP$_h$		
7	名义制冷量(kW)		
8	名义制冷消耗总电功率(kW)	—	
9	名义制冷 COP$_c$		
10	最大运行电流	△	△
11	IPLV(C)		
12	IPLV(H)	√	√
13	水侧阻力(kPa)		
14	噪声(声压级)	△	△
15	制冷剂代号及充注量(kg)		√
16	机组外形尺寸(mm)	△	△
17	机组总质量(kg)		
18	制造厂名称和商标	√	√
19	制造年月及产品出厂编号		

注："√"表示"需要"；"△"表示"可选项"；"—"表示"不需要"。

8.2 包装

8.2.1 机组在包装前应进行清洁处理，各部件应清洁、干燥，易锈部件应涂防锈剂。

8.2.2 机组应外套塑料罩或防潮纸并应固定在包装箱内，其包装应符合 GB/T 13384 的规定。

8.2.3 包装内应附随机文件，随机文件包括产品合格证、产品说明书和装箱单等。

8.2.3.1 产品合格证的内容包括：

a) 产品型号和名称；

b) 产品出厂编号；

c) 制造厂名称；

d) 检验员、检验负责人签章及日期。

8.2.3.2 产品说明书的内容包括：

a) 产品型号和名称、工作原理、适用范围、执行标准、主要技术参数［除铭牌标示的主要技术性能参数外，还应包括冷（热）水侧压力损失、电加热功率，循环水泵的扬程、流量及功率、最大运行电流等］；

b) 产品的结构示意图、系统图、电气原理图及接线图；

    c)　安装说明和要求；

    d)　使用说明、维护保养和注意事项。

8.2.3.3　装箱单。

8.2.3.4　随机附件。

8.3　运输和贮存

8.3.1　机组在运输和贮存过程中不应碰撞、倾斜、雨雪淋袭。

8.3.2　机组出厂前应充入或保持规定的制冷剂量，或充入 0.02 MPa～0.03 MPa(表压)的干燥氮气。

8.3.3　产品应贮存在干燥的通风良好的仓库中，并注意电气系统的防潮。

ICS 27.200
J 73

中华人民共和国国家标准

GB/T 25142—2010

风冷式循环冷却液制冷机组

Air-cooled circulating cooling liquid refrigerating packages

2010-09-26 发布

2011-02-01 实施

中华人民共和国国家质量监督检验检疫总局
中国国家标准化管理委员会 发 布

前　言

本标准的附录 A 为资料性附录。

本标准由中国航空工业集团公司提出。

本标准由全国冷冻空调设备标准化技术委员会归口。

本标准起草单位：合肥天鹅制冷科技有限公司。

本标准主要起草人：金从卓、刘刚强、高道宇、陈斌、张贤根、张勇、郝红霞、黄卫、姚红焰。

风冷式循环冷却液制冷机组

1 范围

本标准规定了风冷式循环冷却液制冷机组的术语和定义、型式、要求、试验方法、检验规则、标志、包装、运输和贮存等要求。

本标准适用于采用电动机驱动的蒸汽压缩制冷循环，自带冷却液泵、冷却液箱的风冷式循环冷却液制冷机组（以下简称冷液机）的研制、生产、检验和验收等。

2 规范性引用文件

下列文件中的条款通过本标准的引用而成为本标准的条款。凡是注日期的引用文件，其随后所有的修改单（不包括勘误的内容）或修订版均不适用于本标准，然而，鼓励根据本标准达成协议的各方研究是否可使用这些文件的最新版本。凡是不注日期的引用文件，其最新版本适用于本标准。

GB/T 191 包装储运图示标志（GB/T 191—2008,ISO 780:1997,MOD）

GB/T 1720 漆膜附着力测定法

GB 4208—2008 外壳防护等级（IP代码）（IEC 60529:2001,IDT）

GB 4343.1—2003 电磁兼容 家用电器 电动工具和类似器具的要求 第1部分:发射（CISPR 14-1:2000+A1,IDT）

GB 4343.2—1999 电磁兼容 家用电器 电动工具和类似器具的要求 第2部分:抗扰度——产品类标准（IEC/CISPR 14-2:1997,IDT）

GB 4706.1—2005 家用和类似用途电器的安全 第1部分:通用要求（IEC 60335-1:2004(Ed4.1),IDT）

GB 4706.32—2004 家用和类似用途电器的安全 热泵、空调器和除湿机的特殊要求（IEC 60335-2-40:1995,IDT）

GB 6388—1986 运输包装收发货标志

GB/T 10870—2001 容积式和离心式冷水（热泵）机组性能试验方法

GB/T 13306—1991 标牌

GB/T 18430.1—2007 蒸汽循环冷水（热泵）机组 第1部分:工业或商用及类似用途的冷水（热泵）机组

GB/T 18517—2001 制冷术语

JB/T 4330—1999 制冷和空调设备噪声的测定

3 术语和定义

GB/T 18517—2001确定的以及下列术语和定义适用于本标准。

3.1

风冷式循环冷却液制冷机组 air-cooled circulating liquid refrigerating packages
一种为工业及类似用途设备提供循环冷却液的专用制冷设备。

3.2

冷却液 cooling liquid
冷却液是指一种挥发性的或不挥发性的液体，在液路中循环流动，与被冷却对象换热。

4 型式

4.1 按结构型式分类：

a) 整体式；

b) 分体式。

4.2 按主要功能分类：

a) 制冷；

b) 制冷带电加热。

4.3 按使用环境温度分类：

a) 中温型（M） 适用温度范围—7 ℃～43 ℃；

b) 低温型（L） 适用温度范围—15 ℃～35 ℃；

c) 高温型（H） 适用温度范围2 ℃～52 ℃。

4.4 按出液温控精度分类：

a) 普通型 出液温控精度大于±0.5 ℃；

b) 精密型 出液温控精度±0.5 ℃。

5 要求

5.1 一般要求

5.1.1 冷液机选用材料应符合现行国家有关标准。

5.1.2 机架、机壳、管路不应有明显变形和机械擦伤，系统管路走向应合理。

5.1.3 使用黑色金属材料时，应采取防锈蚀措施。

5.1.4 油漆或涂装的零部件，表面油漆或涂层应均匀，不应有气泡、流痕、龟裂、起皱等缺陷。

5.1.5 电镀件表面应光滑，镀层应均匀，不应有剥落、露底、针孔、明显的花斑、划伤等缺陷。

5.1.6 塑料件应耐老化，且不应有裂纹及明显流痕等缺陷。

5.1.7 隔热材料应无毒、无异味、阻燃和耐腐蚀。

5.2 性能要求

5.2.1 制冷系统气密性

按6.3.2的方法试验，冷液机的制冷系统各部分不应有制冷剂泄漏。

5.2.2 冷却液侧密封

按6.3.3的方法试验，冷却液侧各部位应无泄漏。

5.2.3 运转

按6.3.4的方法试验，冷液机正常运转。

5.2.4 额定制冷量及制冷消耗功率

按6.3.5的方法试验，冷液机实测制冷量应不小于额定制冷量的95%，实测制冷消耗功率应不大于额定制冷消耗功率的110%。

5.2.5 制冷性能系数（COP）

按6.3.6的方法试验，冷液机额定工况时的制冷性能系数（COP）数值应不低于2.4。

5.2.6 电热装置制热消耗功率

按6.3.7的方法试验，电热装置实测制热消耗功率应在额定制热消耗功率的90%～105%之内。

5.2.7 冷却液出口压力

按6.3.8的方法试验，冷却液出口压力应不低于明示出口压力。

5.2.8 最大负荷工况制冷

按6.3.9的方法试验，最大负荷运行时，冷液机保护装置不动作，应正常工作。

5.2.9 低温工况制冷

按6.3.10的方法试验,低温工况运行时,冷液机保护装置不动作,应正常工作。

5.2.10 冷却液箱保温性能

按6.3.11的方法试验,冷却液箱内液温上升应不大于5 ℃。

5.2.11 噪声

按6.3.12的方法试验,冷液机在额定工况下运转时,噪声值(声压级)应不高于明示值加3 dB(A),且不高于表1限值加2 dB(A)规定。

表 1 噪声值(声压级)

额定制冷量/kW	整体式/dB(A)	分体式(压缩机内置)/dB(A)		分体式(压缩机外置)/dB(A)	
		室内侧	室外侧	室内侧	室外侧
≤4	≤62	≤54	≤60	≤51	≤61
>4～≤7	≤66	≤61	≤64	≤58	≤65
>7～≤12	≤72	≤68	≤70	≤65	≤71
>12～≤32	—	≤73	≤76	≤70	≤77
>32～≤96	—	≤77	≤79	≤74	≤80
>96	—	—	—	—	—

5.2.12 涂装件涂层附着力

按6.3.13的方法试验,冷液机的涂装件涂层附着力应达到GB/T 1720规定的二级以上。

5.3 电气安全及性能要求

5.3.1 电气强度

按6.3.14.1的方法试验,冷液机带电部位和非带电部位之间不应有闪络或击穿发生。

5.3.2 泄漏电流

按6.3.14.2的方法试验,泄漏电流应符合GB 4706.32—2004中16.2的规定。

5.3.3 接地电阻

按6.3.14.3的方法试验,冷液机的接地电阻应不大于0.1 Ω(不包括外接软缆或软线的电阻)。

5.3.4 电磁兼容性能

冷液机按GB 4343.1—2003和GB 4343.2—1999进行测试,应符合标准中有关发射和抗扰度的要求。

5.3.5 淋水绝缘性能

按6.3.14.4的方法试验,试验后其电气强度和泄漏电流应分别符合5.3.1和5.3.2的要求。

5.3.6 防触电保护

冷液机按GB 4706.1—2005中第8章的规定进行测试,应符合标准中的有关要求。

5.4 保用期

用户在遵守冷液机运输、保管、安装、使用和维护规定的条件下从制造厂发货之日起18个月内或冷液机调试运行后12个月内(以两者中先到为准),因制造质量不良而发生损坏或不能正常工作时,制造厂应免费修理或更换。

6 试验方法

6.1 测量仪表准确度和测量规定

6.1.1 测量仪表、仪器准确度按GB/T 10870—2001中附录A的规定并经校验或校准合格。

6.1.2 测量按以下规定进行:

a) 测量仪表的安装和使用按 GB/T 10870—2001 的规定；

b) 空气干、湿球温度的测量按 GB/T 18430.1—2007 规定的空气干、湿球温度的测量方法测量。

6.2 试验的一般要求

6.2.1 所有试验应按额定电压和额定频率进行(特殊规定除外)，其偏差不应大于±1%。

6.2.2 应按照制造厂商的说明书正确安装。

6.2.3 测试时，试验工况各温度点读数允差应符合以下规定：

a) 各有关冷却液侧的温度点精度为：±0.2 ℃；

b) 各有关空气侧的干球温度点精度为：±0.5 ℃。

6.3 试验要求

6.3.1 一般要求检查

目测冷液机外观，应符合 5.1 的规定。

6.3.2 制冷系统气密性

冷液机的制冷系统在正常的制冷剂充灌量下，不通电置于正压室内，在环境温度为 16 ℃～35 ℃条件下，风速小于 3 m/s，使用灵敏度为 1×10^{-6} Pa·m³/s 的检漏仪进行检漏，探头移动速度应小于 3 cm/s，结果应符合 5.2.1 的规定。

6.3.3 冷却液侧密封

将冷液机水箱进出液口连接，向冷却液箱注液，直到液位开关动作自动停止，启动泵运转 2 h，观察液路各个部位应符合 5.2.2 的规定。

6.3.4 运转

冷液机在接近额定工况环境中进行运转试验，使用 90%～110% 额定电压值范围内运行 1 h，试验结果应符合 5.2.3 的规定。

6.3.5 额定制冷量及制冷消耗功率

制冷量按 GB/T 10870—2001 中 5.1.1 和表 2 规定的额定工况进行试验，消耗功率为整机消耗功率。试验时计算制冷量，并测量消耗功率，试验结果应符合 5.2.4 的规定。

6.3.6 制冷性能系数

按公式(1)计算 COP，计算结果应符合 5.2.5 的规定。

$$COP = Q/N_1 \qquad\qquad\cdots\cdots\cdots\cdots\cdots\cdots\cdots(1)$$

式中：

COP——冷液机的制冷性能系数；

Q——冷液机额定制冷量，单位为千瓦(kW)；

N_1——冷液机消耗功率(不含泵功率)，单位为千瓦(kW)。

6.3.7 电热装置制热消耗功率

具有电加热功能的冷液机，开启电加热并测量功率，结果应符合 5.2.6 的规定。

6.3.8 冷却液出口压力

调节冷液机出口流量至额定流量时，测试冷液机出口压力，试验结果应符合 5.2.7 的规定。

6.3.9 最大负荷工况制冷

冷液机在额定电压和额定频率以及表 2 规定的最大负荷工况下运行，达到稳定状态后再运行 1 h，应符合的 5.2.8 的规定。

6.3.10 低温工况制冷

冷液机在额定电压和额定频率以及表 2 规定的低温制冷工况下运行 1 h，应符合 5.2.9 的规定。

6.3.11 冷却液箱保温性

保持环境温度 30 ℃，当冷却液箱中液温达到 10 ℃时关闭总电源，开始计算停放时间，12 h 后复测液温，应符合 5.2.10 的规定。

6.3.12 噪声

在接近额定工况下,启动冷液机,按 JB/T 4330—1999 中附录 C 的方法测试,试验结果应符合 5.2.11 的规定。

6.3.13 涂装件涂层附着力

冷液机的涂装件涂层附着力按 GB/T 1720 进行,结果应符合 5.2.12 的规定。

6.3.14 电气安全

6.3.14.1 电气强度

GB 4706.1—2005 中 16.3 的规定进行,试验结果应符合 5.3.1 的规定。

6.3.14.2 泄漏电流

冷液机的泄漏电流按 GB 4706.1—2005 中 16.2 的规定进行,试验结果应符合 5.3.2 的规定。

6.3.14.3 接地电阻

GB 4706.1—2005 中 27.5 的规定进行,试验结果应符合 5.3.3 的规定。

6.3.14.4 淋水绝缘

淋水绝缘试验应按 GB 4208—2008 中 IPX4 等级进行淋水试验,结束后立即进行 6.3.14.1 电气强度和 6.3.14.2 泄漏电流试验,试验结果应分别符合 5.3.1 和 5.3.2 的规定。

表 2 风冷式循环冷却液制冷机组试验工况

项 目		冷却液侧		环境
		流量/[m³/(h·kW)]	出口温度/℃	干球温度/℃
M	额定工况		15	35
	最大负荷工况		22	43
	低温工况		10	21
L	额定工况		10	27
	最大负荷工况	L	17	35
	低温工况		5	−7
H	额定工况		20	46
	最大负荷工况		27	52
	低温工况		15	21

注：按公式(2)计算 L。

$$L = 1/(\rho c_p \Delta t) \quad\quad\quad\quad\quad\quad (2)$$

式中:

L——单位制冷量所需的冷却液流量,单位为立方米每小时千瓦[m³/(h·kW)];

ρ——冷却液的密度,单位为千克每立方米(kg/m³);

c_p——冷却液的定压比热容,单位为千焦每千克开[kJ/(kg·K)];

Δt——冷却液的进出口温差,单位为开(K),该处取 $\Delta t = 5$ K。

示例:

冷却液为水,温度为 15 ℃时:

$$L = 0.172 \text{ m}^3/(\text{h·kW})$$

7 检验规则

7.1 检验类别

冷液机的检验分出厂检验和型式检验。

7.2 出厂检验

每台冷液机均应做出厂检验,检验项目、要求及试验方法按表3的规定。

7.3 型式检验

7.3.1 新产品或定型产品作重大改进对性能有影响时,第一台产品应做型式检验。

7.3.2 型式检验的项目、要求及试验方法按表3的规定。

7.3.3 运行时,如有故障,在故障排除后应重新进行试验,前面进行的相关试验无效。

表 3 检验项目

序号	项目	出厂检验	型式检验	技术要求	试验方法
1	一般要求			5.1	6.3.1
2	标志、包装			8	目测
3	制冷系统气密性			5.2.1	6.3.2
4	冷却液侧密封	√		5.2.2	6.3.3
5	运转			5.2.3	6.3.4
6	电气强度			5.3.1	6.3.14.1
7	泄漏电流			5.3.2	6.3.14.2
8	接地电阻			5.3.3	6.3.14.3
9	淋水绝缘性能			5.3.5	6.3.14.4
10	防触电保护		√	5.3.6	GB 4706.1—2005 中第 8 章
11	额定制冷量及制冷消耗功率			5.2.4	6.3.5
12	制冷性能系数			5.2.5	6.3.6
13	电热装置制热消耗功率			5.2.6	6.3.7
14	冷却液出口压力	—		5.2.7	6.3.8
15	最大负荷工况制冷			5.2.8	6.3.9
16	低温工况制冷			5.2.9	6.3.10
17	冷却液箱保温性能			5.2.10	6.3.11
18	噪声			5.2.11	6.3.12
19	电磁兼容性能			5.3.4	GB 4343.1、GB 4343.2
20	涂装件涂层附着力			5.2.12	6.3.13
注:"√"表示需要检验项目;"—"表示不需检验项目。					

8 标志、包装、运输和贮存

8.1 标志

8.1.1 冷液机在明显部位设置标牌,标牌尺寸应符合 GB/T 13306—1991 的规定。标牌应列有下列主要内容:

　　a) 名称及型号(命名方法应符合附录 A 要求);

　　b) 主要技术参数(额定制冷量、额定制冷消耗功率、电热装置消耗功率、额定电压、额定频率、防护等级、出口流量、出口压力、制冷剂名称及充注量、冷却液名称、冷液机总质量、外形尺寸、环境温度类型等);

　　c) 出厂编号及出厂日期;

    d)   制造单位名称。

8.1.2　其他标志:进液、出液、安全、警示标识等。

8.2　随机文件

8.2.1　冷液机出厂时应有产品合格证、产品说明书和装箱单。

8.2.2　产品合格证的内容包括:

    a)   产品型号和名称;

    b)   产品出厂编号;

    c)   检验印章;

    d)   检验日期。

8.2.3　产品说明书的内容包括:

    a)   产品型号和名称、适用范围、执行标准、主要技术参数;

    b)   产品安装示意图、制冷系统图、电气原理图及外形图;

    c)   安装说明和要求;

    d)   使用说明、维修和保养注意事项。

8.3　包装

8.3.1　冷液机固定在包装箱内,并有防潮措施;易生锈部分应进行防锈处理;液管进出液口应封闭。

8.3.2　冷液机在出厂装箱前应进行清洁和干燥处理。

8.3.3　冷液机若为分体式,其中未充注制冷剂一侧应充入 0.05 MPa~0.1 MPa 氮气封闭。

8.3.4　冷液机包装箱上应有下列标识:

    a)   制造单位;

    b)   产品型号和名称;

    c)   外形尺寸;

    d)   净质量、毛质量;

    e)   "向上"、"怕雨"、"易碎"、"堆码层数极限"、"重心"等有关包装、储运标志应符合 GB/T 191 和
        GB 6388 的规定。

8.4　运输和贮存

8.4.1　冷液机装箱后,可用公路、铁路运输或水运、空运,运输要求应满足8.3.4中e)的要求。

8.4.2　冷液机应存放在干燥的通风良好的库房中。

附 录 A

（资料性附录）

产品型号命名方法

A.1 组成

产品型号由产品代号、结构型式代号、功能代号、特殊结构代号、规格代号、分体式机组代号、设计序号等组成，组成形式如图 A.1 所示。

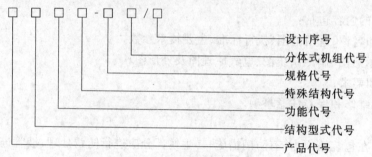

图 A.1 产品型号组成形式

A.2 表示方法

A.2.1 设计序号允许用英文字母。

A.2.2 分体式机组，室外机组结构代号 W；分体式室内机组结构代号 N。

A.2.3 规格代号，额定制冷量，用阿拉伯数字表示，其值取制冷量百位数或百位以上数。

A.2.4 特殊结构代号，压缩机放置在室内代号 N；压缩机放置在室外机代号省略。

A.2.5 功能代号，电热型代号 D；单制冷代号省略。

A.2.6 结构型式代号，分体式代号 F；整体式代号省略。

A.2.7 产品代号，LY。

A.3 产品型号示例

产品型号具体表示方法，见示例。

示例 1：

LYF-640WN 分体式风冷式循环冷却液制冷机组，额定制冷量 64 000 W。LYF-640W 表示分体式风冷式循环冷却液制冷机组的室外机，LYF-640N 表示分体式风冷式循环冷却液制冷机组的室内机。

示例 2：

LYD-50/A 整体式带电热的风冷式循环冷却液制冷机组，额定制冷量 5 000 W，第一次改型设计。

A.4 冷液机制冷量优选值

1 000、1 500、3 000、3 500、5 000、6 000、7 000、12 000、21 000、32 000、64 000、96 000……等，单位为瓦（W）。

ICS 27.200
J 73

中华人民共和国国家标准

GB/T 25861—2010

蒸气压缩循环水源高温热泵机组

Water-source high temperature heat pumps using the vapor compression cycle

2011-01-10 发布

2011-10-01 实施

中华人民共和国国家质量监督检验检疫总局
中国国家标准化管理委员会 发布

前　言

本标准按 GB/T 1.1—2009 给出的规则起草。

本标准由中国机械工业联合会提出。

本标准由全国冷冻空调设备标准化技术委员会(SAC/TC 238)归口。

本标准负责起草单位:烟台蓝德空调工业有限责任公司、合肥通用机械研究院、合肥天鹅制冷科技有限公司、山东科灵空调设备有限公司、上海本家空调系统有限公司。

本标准参加起草单位:珠海格力电器股份有限公司、青岛海尔空调电子有限公司、昆山台佳机电有限公司、广东力优环境系统股份有限公司、广东欧科空调制冷有限公司、博浪热能科技有限公司。

本标准主要起草人:陈金花、李芳、俞乔力、沙凤岐、张小力、肖洪波、国德防、杨长武、莫理光、张平、颜世峰。

本标准由全国冷冻空调设备标准化技术委员会负责解释。

蒸气压缩循环水源高温热泵机组

1 范围

本标准规定了蒸气压缩循环水源高温热泵机组(以下简称"机组")的术语和定义、型式和基本参数、要求、试验方法、检验规则、标志、包装、运输和贮存。

本标准适用于以电动机驱动的蒸气压缩式系统、热源水温度为 12 ℃～58 ℃、热水侧出水温度大于 50 ℃的热泵机组。

2 规范性引用文件

下列文件对于本文件的应用是必不可少的。凡是注日期的引用文件,仅注日期的版本适用于本文件。凡是不注日期的引用文件,其最新版本(包括所有的修改单)适用于本文件。

GB/T 191　包装储运图示标志

GB/T 6388　运输包装收发货标志

GB/T 10870—2001　容积式和离心式冷水(热泵)机组　性能试验方法

GB/T 13306　标牌

GB/T 18430.1—2007　蒸汽压缩循环冷水(热泵)机组　第 1 部分:工商业用和类似用途的冷水(热泵)机组

GB/T 19409—2003　水源热泵机组

GB 25131　蒸汽压缩循环冷水(热泵)机组　安全要求

JB/T 4330—1999　制冷和空调设备噪音的测定

JB/T 7249　制冷设备　术语

3 术语和定义

JB/T 7249 中界定的及下列术语和定义适用于本文件。

蒸气压缩循环水源高温热泵机组　water source high temperature heat pumps using the vapor compression cycle

热水侧出水温度大于 50 ℃的水源热泵机组,热源水温度范围为 12 ℃～58 ℃。

4 型式和基本参数

4.1 按机组名义工况热水出水温度分为

a)　H1 型:名义出水温度为 55 ℃;

b)　H2 型:名义出水温度为 60 ℃;

c)　H3 型:名义出水温度为 70 ℃;

d)　H4 型:名义出水温度为 80 ℃。

4.2 型号编制方法

机组的型号编制可由制造商自行编制,但要体现本标准名义工况下机组的制热量。

4.3 基本参数

4.3.1 机组水源温度范围见表1。

表 1 机组水源温度范围　　　　　　　　　　　　　　　　　单位为摄氏度

型　式	热源水温度范围
H1	12～28
H2	18～38
H3	28～48
H4	38～58

4.3.2 名义工况

4.3.2.1 机组名义工况见表2。

表 2 机组名义工况温度条件　　　　　　　　　　　　　　　单位为摄氏度

项　目	使用侧		热源侧	
	进口水温	出口水温	进口水温	出口水温
H1	47	55	20	12
H2	52	60	28	20
H3	62	70	38	30
H4	72	80	48	40

4.3.2.2 机组名义工况其他要求

机组名义工况时蒸发器、冷凝器水侧的污垢系数为 $0 \ m^2 \cdot ℃/kW$；同新机组测试时认为蒸发器和冷凝器的水侧是清洁，污垢系数应为 $0 \ m^2 \cdot ℃/kW$。

5 要求

5.1 一般要求

5.1.1 机组应符合本标准的规定，并按经规定程序批准的图样和技术文件（或按用户和制造厂的协议）制造。

5.1.2 机组的黑色金属制作表面应进行防锈蚀处理。

5.1.3 机组电镀件表面应平整、色泽均匀，不得有剥落、露底、针孔，不应有明显的花斑和划伤等缺陷。

5.1.4 机组涂漆件表面应平整、涂布均匀、色泽一致，不应有明显的气泡、流痕、漏涂、底漆及不应有的皱纹和其他损伤。

5.1.5 机组装饰性塑料件表面应平整、色泽均匀、不应有裂痕、气泡和明显缩孔等缺陷，塑料件应耐老化。

5.1.6 机组各零部件的安装应牢固可靠，管路与零部件不应有相互摩擦和碰撞。

5.1.7 机组的隔热层应有良好的隔热性能，并且无毒、无异味、难燃。

5.1.8 机组应具有电机过载保护、缺相保护（三相电源）、水系统断水保护、防冻保护、制冷系统高低压保护等的保护功能。各种控制功能正常，各种保护器件应符合设计要求并灵敏可靠。

5.1.9 换热设备应具有相应抗腐蚀的能力;使用过程中机组不应污染使用水源。

5.1.10 机组外表面应清洁,涂漆表面应光滑。管路附件安装一般应横平竖直、美观大方。充装制冷剂前,机组内与制冷剂和润滑接触的表面应保持洁净、干燥。

5.2 零部件和材料

5.2.1 机组的零部件和材料应符合有关标准的规定,满足使用性能要求,并保证安全。

5.2.2 机组制冷系统零部件的材料应能在循环工质、润滑油及其混合物的作用下,不生产劣化且保证整机正常工作。

5.3 性能要求

5.3.1 气密、真空、压力试验

5.3.1.1 机组气密性要求应符合 GB/T 18430.1—2007 中 5.2.1 的规定。

5.3.1.2 机组真空要求应符合 GB/T 18430.1—2007 中 5.2.2 的规定。

5.3.1.3 机组压力试验要求应符合 GB/T 18430.1—2007 中 5.2.3 的规定。

5.3.2 运转

机组正常运转时,所检测项目应符合设计要求。

5.3.3 制热量

机组实测制热量不应小于名义制热量的95%。

5.3.4 制热消耗功率

机组的实测制热消耗功率不应大于名义制热消耗功率的110%。

5.3.5 最大制热运行

机组在最大制热运行时,电动机、电器元件、连接接线以及其他部件应正常工作。

5.3.6 最小制热运行

机组在最小制热运行试验过程中,保护装置不允许跳开,机组不能损坏。

5.3.7 噪声

机组噪声实测值应不大于明示值 2 dB(A)。

5.3.8 机组水侧压力损失

机组水侧的压力损失不应大于机组名义值的115%。

5.3.9 变工况性能

对机组进行变工况性能试验时应绘制性能曲线图或表。

5.3.10 部分负荷性能调节

带能量调节的机组,其调节装置应灵敏、可靠。

5.3.11 电镀件耐盐雾性

机组电镀件耐盐雾性按 GB/T 19409—2003 的 5.3.20 的规定。

5.3.12 涂漆件的漆膜附着力

机组涂漆件的漆膜附着力按 GB/T 19409—2003 的 5.3.21 的规定。

5.3.13 性能系数(COP)

机组实测制热量和实测制热消耗功率之比不应小于表3中的规定值。

表 3 机组性能系数(COP)

型 式	COP
H1	3.8
H2	3.8
H3	3.4
H4	3.0

5.4 安全要求

5.4.1 机组的电器元件的选择以及电器安装、布线应符合 GB 25131 的要求。

5.4.2 机组的安全要求应符合 GB 25131 的有关规定。

6 试验

6.1 试验条件

6.1.1 机组的制热试验工况见表4。

表 4 制热试验工况　　　　　　　　　　　　　单位为摄氏度

项目		进水/出水温度	
		使用侧	热源侧
H1	名义	47/55	20/12
	最大运行	52/—[a]	28/—[a]
	最小运行	20/—[a]	12/—[a]
	变工况运行	20~52/—[a]	12~28/—[a]
H2	名义	52/60	28/20
	最大运行	57/—[a]	35/—[a]
	最小运行	28/—[a]	18/—[a]
	变工况运行	28~57/—[a]	18~38/—[a]
H3	名义	62/70	38/30
	最大运行	67/—[a]	48/—[a]

表 4（续）　　　　　　　　　　　　　　　　　　　　　　　　　　单位为摄氏度

项目		进水/出水温度	
		使用侧	热源侧
H3	最小运行	38/—[a]	28/—[a]
	变工况运行	38～67/—[a]	28～48/—[a]
H4	名义	72/80	48/40
	最大运行	77/—[a]	58/—[a]
	最小运行	48/—[a]	38/—[a]
	变工况运行	48～77/—[a]	38～58/—[a]
[a]　采用名义制热工况确定的水流量。			

6.1.2　试验用仪器、仪表按 GB/T 10870—2001 附录 A 的规定。

6.1.3　机组进行制热量试验时,试验工况各参数的读数允差应符合表 5 的规定。

6.1.4　机组进行性能试验时,试验工况各参数的读数允差应符合表 6 的规定。

表 5　制热量试验允许偏差

项目		平均值对名义工况的偏差	各名义工况的最大偏差
水温	进口	±0.3 ℃	±0.5 ℃
	出口		
电压		±1.0%	±2.0%
液体体积流量			

表 6　性能试验的允许偏差　　　　　　　　　　　　　　　　　　　　单位为摄氏度

试验工况	测量值	与规定的最大允许偏差
最小运行试验	水温	+0.6
最大运行试验		−0.6
其他试验		±0.6

6.2　试验要求

6.2.1　制热量

制热量由试验结果确定,在试验工况允许波动的范围之内不作修正。

6.2.2　安装要求

6.2.2.1　被测机组应按制造厂的安装规定。

6.2.2.2　除按规定的方式进行试验所需要的装置和仪器的连接外,对机组不能进行更改。

6.2.2.3　必要时,试验机组可以根据制造厂的指导抽真空和充注工质。

6.2.3 试验流体

试验流体为水,试验中必须充分排尽空气,以保证试验结果不受残留空气的影响。

6.3 试验方法

6.3.1 气密性、真空、压力试验

6.3.1.1 机组气密性试验按照 GB/T 18430.1—2007 中 6.3.1 的"气密性试验"的规定执行。

6.3.1.2 真空试验,真空抽至 80 Pa,至少保压 30 min,应符合 5.3.1 的规定。

6.3.1.3 压力试验按照 GB/T 18430.1—2007 中 6.3.1 中的"压力试验"的规定执行。

6.3.2 运转

机组应在接近名义制热工况的条件下运行,检查机组的运转状况、安全保护装置的灵敏度和可靠性,检验温度、电器等控制元件的动作是否正常。

6.3.3 名义制热量

机组名义制热量在表 4 规定的名义制热工况、按 GB/T 10870—2001 中 5.1 载冷剂法进行试验。

6.3.4 制热消耗功率

机组在制热量试验时,测量机组的输入功率和电流。

6.3.5 最大制热运行

机组最大制热运行试验时:
a) 试验电压为额定电压(不超额定电压±10%),按表 4 规定的最大制热运行工况运行稳定后,整个试验过程,机组须正常运行,没有任何故障;
b) 机组应能连续运行,电机过载保护装置或其他保护装置不应动作;
c) 当机组停机 10 min 后,再启动连续运行 1 h 但在启动运行的最初 5 min 内允许电机过载保护器跳开,其后不允许动作;在运行的最初 5 min 内跳开的电机过载保护器不复位时,在停机超过 30 min 内复位的,应连续运行 1 h。

6.3.6 最小制热运行

机组在额定电压、按表 4 规定的最小运行制热工况连续运行至少 30 min。

6.3.7 噪声

机组在额定电压和额定功率以及接近名义制热工况下,按 JB/T 4330 中矩形六面体测量方法进行测试,并按 JB/T 4330 中表面平均声压级的方法计算声压级。

6.3.8 水系统压力损失

水系统的压力损失测试按照 GB/T 18430.1—2007 附录 B 的要求进行。

6.3.9 变工况试验

按表 4 规定的变工况运行中的某一条件改变,其他条件按名义工况时的流量和温度条件。该试验应包含相应的名义工况、最大运行、最小运行温度条件点。将试验结果绘制成曲线或制成表格,每条曲线或每个表格应不少于四个测量点的值。

6.3.10 电镀件盐雾试验

机组电镀件盐雾试验按 GB/T 19409—2003 中 6.3.17 的规定进行。

6.3.11 油漆件漆膜附着力试验

机组油漆件漆膜附着力试验按 GB/T 19409—2003 中 6.3.18 的规定进行。

7 检验规则

机组检验分为出厂检验、抽样检验和型式检验。

7.1 出厂检验

每台机组均应做出厂检验,检验项目、技术要求和试验方法按表 7 的规定。

7.2 抽样检验

7.2.1 机组应从出厂检验合格的产品中抽样,检验项目和试验方法按表 7 的规定。

7.2.2 抽样方法、逐批检验的抽检项目、批量、抽样方案、检查水平及合格质量水平等由制造厂质量检验部门自行决定。

表 7 检验项目

序号	项目	出厂检验	抽样检验	型式检验	技术要求	试验方法
1	一般要求				5.1	
2	标志、包装				8.1,8.2	视检
3	外观				5.1.10	
4	气密性、真空、压力试验	√			5.3.1	6.3.1
5	绝缘电阻				5.4	GB 25131
6	耐电压					
7	运转		√		5.3.2	6.3.2
8	制热量				5.3.3	6.3.3
9	制热消耗功率				5.3.4	6.3.4
10	性能系数(COP)			√	5.3.13	6.3.3、6.3.4
11	噪声				5.3.7	6.3.7
12	最大制热运行				5.3.5	6.3.5
13	最小制热运行		—		5.3.6	6.3.6
14	水系统压力				5.3.8	6.3.8
15	变工况试验				5.3.9	6.3.9
16	电镀件耐盐雾试验		—		5.3.11	6.3.10
17	涂漆件漆膜附着力				5.3.12	6.3.11
18	耐潮湿性				5.4	GB 25131
19	接地电阻				5.4	
注:"√"应作试验,"—"不做试验。						

7.3 型式检验

7.3.1 产品或定型产品作重大改进,第一台产品应作型式检验,检验项目按表7的规定。

7.3.2 型式检验时间不应少于试验方法中规定的时间,运行时如有故障,在排除故障后应重新检验。

8 标志、包装、运输和贮存

8.1 标志

8.1.1 每台机组应有耐久性铭牌固定在明显部位,铭牌的尺寸和技术要求应符合 GB/T 13306 的规定。铭牌上应标示下列内容:

    a) 制造厂商名称和商标;

    b) 产品名称和型号;

    c) 主要技术性能参数(名义制热量、工质类型和充注量、额定电压、频率和相数、总输入功率、机组外型尺寸、质量等);

    d) 产品出厂编号;

    e) 制造日期。

8.1.2 机组上应有标明运行状态的标志,转向、水流方向、液位、油位标记等。

8.1.3 每台机组上应随带下列技术文件。

8.1.3.1 产品合格证,其内容包括:

    a) 产品型号和名称;

    b) 产品出厂编号;

    c) 检验结论;

    d) 检验员签字或印章;

    e) 检验日期。

8.1.3.2 产品使用说明书,其内容包括:

    a) 产品型号和名称、适用范围、执行标准、噪声、水系统压力损失;

    b) 产品的结构示意图、电气原理图及接线图;

    c) 安装说明和要求;

    d) 使用说明、维修和保养注意事项。

8.1.3.3 装箱单

8.2 包装

8.2.1 机组包装前应进行清洁处理。各部件应清洁、干燥,易锈部件应涂防绣剂。

8.2.2 机组应外套塑料袋或防潮纸并应固定在箱子内,以免运输中受潮和发生机械损伤。

8.2.3 机组包装箱上应有下列标志:

    a) 制造厂名称;

    b) 产品型号和名称;

    c) 净质量、毛质量;

    d) 外形尺寸;

    e) "向上"、"怕雨"、"禁止翻滚"和"堆码层数极限"等。有关包装、储运标志应符合 GB/T 6388 和 GB/T 191 的有关规定。

8.3 运输和贮存

8.3.1 机组在运输和贮存过程中不应碰撞、倾斜、雨雪淋袭。

8.3.2 产品应贮存在干燥和通风良好的仓库中。

————————

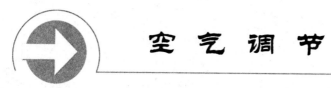

空气调节

ICS 91. 140. 30
Y 61

中华人民共和国国家标准

GB/T 7725—2004
代替 GB/T 7725—1996

房 间 空 气 调 节 器

Room air conditioners

(ISO 5151:1994,Non-ducted air conditioners and heat pumps—
Testing and rating for performance,NEQ)

2004-12-02 发布   2005-03-01 实施

中华人民共和国国家质量监督检验检疫总局
中国国家标准化管理委员会   发布

前　言

GB/T 7725《房间空气调节器》为产品的使用性能标准。

本标准与 ISO 5151:1994《自由送风型空气调节器和热泵的试验和测定》(英文版)的一致性程度为非等效,本标准增加了主要技术参数、检验规则的要求和转速可控型、一拖多型空调器的技术要求和试验等内容,并对其编写进行了编辑性修改。

本标准是对 GB/T 7725—1996《房间空气调节器》的修订。

本标准与 GB/T 7725—1996 相比主要变化如下:

——增加了对新技术的要求和关注:对再生资源的利用、电磁兼容性、可靠性;

——调整和提高了产品的技术性能指标:噪声、能源效率;

——增加了"转速可控型空调器"产品的要求、试验及季节能源消耗效率的计算;

——增加了"一拖多空调器"产品的要求、试验、标识;

——增加了焓值法试验装置等。

本标准与 GB 4706.32《家用和类似用途电器的安全　热泵、空调器和除湿机的特殊要求》一并使用;本标准附录 E 等效采用 JRA 4046—1999《房间空气调节器的季节消耗电量的计算基准》,附录 F 等效采用 JRA 4033—2000《多连式房间空气调节器》。

本标准的附录 A、附录 B、附录 E、附录 F 为规范性附录,附录 C、附录 D 为资料性附录。

本标准于 1987 年 6 月首次发布,1996 年 4 月第一次修定,本次为第二次修订。

本标准由中国轻工业联合会提出。

本标准由全国家用电器标准化技术委员会归口。

本标准主要起草单位:中国家用电器研究院、广州日用电器检测院、珠海格力电器股份有限公司、江苏春兰制冷设备股份有限公司、青岛海尔空调器有限总公司、四川长虹电器股份有限公司、广东科龙空调器股份有限公司、广东美的制冷设备有限公司、青岛海信空调有限公司、上海三菱电机·上菱空调器有限公司、上海日立家用电器有限公司、广州华凌空调设备有限公司。

本标准主要起草人:张铁雁、姜俊明、陈建民、童杏生、沈健、王本庭、秦振宇、陈伟升、张仁天、郑崇开、王泰宇、潘培忠、刘连志。

房 间 空 气 调 节 器

1 范围

本标准规定了房间空气调节器的术语和定义、产品分类、技术要求、试验、检验规则、标志、包装、运输、贮存等。

本标准适用于采用风冷及水冷冷凝器、全封闭型电动机-压缩机,制冷量 14 000 W 以下家用和类似用途等房间空气调节器。

2 规范性引用文件

下列文件中的条款通过本标准的引用而成为本标准的条款。凡是注日期的引用文件,其随后所有的修改单(不包括勘误的内容)或修订版均不适用于本标准,然而,鼓励根据本标准达成协议的各方研究是否可使用这些文件的最新版本。凡是不注日期的引用文件,其最新版本适用于本标准。

GB/T 191　包装储运图示标志

GB/T 1019　家用电器包装通则

GB/T 1766　色漆和清漆　涂层老化的评级方法(GB/T 1766—1995,neq ISO 4628-1:1980)

GB/T 2423.3　电子电工产品基本环境试验规程　试验 Ca:恒定湿热试验方法(GB/T 2423.3—1993,eqv IEC 60068-2-3:1984)

GB/T 2423.17　电子电工产品基本环境试验规程　试验 Ka:盐雾试验方法(GB/T 2423.17—1993,eqv IEC 60068-2-11:1981)

GB/T 2828.1　计数抽样检验程序　第 1 部分:按接收质量限(AQL)检索的逐批检验抽样计划(GB/T 2828.1—2003,ISO 2859-1:1999,IDT)

GB/T 2829　周期检验计数抽样程序及表(适用于对过程稳定性的检验)

GB 4706.32　家用和类似用途电器的安全　热泵、空调器和除湿机的特殊要求(GB 4706.32—2004,IEC 60335-2-40:1995,IDT)

GB/T 4798.1　电工电子产品应用环境条件　贮存

GB/T 4798.2　电工电子产品应用环境条件　运输(GB/T 4798.2—1996,neq IEC 60721-3-2:1985)

GB/T 4857.7　包装　运输包装件　正弦定频振动试验方法(GB/T 4857.7—1992,eqv ISO 2247:1985)

GB/T 4857.10　包装　运输包装件　正弦变频振动试验方法(GB/T 4857.10—1992,eqv ISO 8318:1986)

GB 5296.2　消费品使用说明　家用和类似用途电器的使用说明

GB 6882　声学　噪声源声功率级的测定　消声室和半消声室精密法

GB/T 9286　色漆和清漆　漆膜的划格试验(GB/T 9286—1998,eqv ISO 2409:1992)

GB 12021.3　房间空气调节器能效限定值及能源效率等级

GB/T 14522　机械工业产品用塑料、涂料、橡胶材料人工气候加速试验方法(GB/T 14522—1993,neq ASTM G 53:1984)

JB/T 10359　空调器室外机用塑料环境技术要求

3 术语和定义

下列术语和定义适用于本标准。

3.1

房间空气调节器 room air conditioner

一种向密闭空间、房间或区域直接提供经过处理的空气的设备。它主要包括制冷和除湿用的制冷系统以及空气循环和净化装置,还可包括加热和通风装置(它们可被组装在一个箱壳内或被设计成一起使用的组件系统),以下简称空调器。

3.2

热泵 heat pump

通过转换制冷系统制冷剂运行流向,从室外低温空气吸热并向室内放热,使室内空气升温的制冷系统,还可包括空气循环、净化装置和加湿、通风装置。

3.3

制热用电热装置 electrical heating devices used for heating

只用电热方法进行制热的电热装置及用温度开关等(因室内、室外温度等因素而动作的开关)转换用热泵和电热装置进行制热的电热装置(包括后安装的电热装置)。

3.4

制热用辅助电热装置 additionnal electrical heating devices used for heating

与热泵一起使用进行制热的电热装置(包括后安装的电热装置)。

3.5

制冷量(制冷能力) total cooling capacity

空调器在额定工况和规定条件下进行制冷运行时,单位时间内从密闭空间、房间或区域内除去的热量总和,单位:W。

3.6

制冷消耗功率 total cooling power input

空调器在额定工况和规定条件下进行制冷运行时,所输入的总功率,单位:W。

3.7

制热量(制热能力) heating capacity

空调器在额定工况和规定条件下进行制热运行时,单位时间内送入密闭空间、房间或区域内的热量总和,单位:W。

注:只有热泵制热功能时,其制热量(制热能力)称为热泵制热量(热泵制热能力)。

3.8

制热消耗功率 heating power input

空调器在额定工况和规定条件下进行制热运行时,所输入的总功率,单位:W。

注:只有热泵制热功能时,其制热消耗功率称为热泵制热消耗功率。

3.9

能效比(EER) energy efficiency ratio

在额定工况和规定条件下,空调器进行制冷运行时,制冷量与有效输入功率之比,其值用 W/W 表示。

3.10

性能系数(COP) coefficient of performance

在额定工况(高温)和规定条件下,空调器进行热泵制热运行时,制热量与有效输入功率(effective power input)*之比,其值用 W/W 表示。

---

* 有效输入功率指在单位时间内输入空调器内的平均电功率。其中包括:

1) 压缩机运行的输入功率和除霜输入功率(不用于除霜的辅助电加热装置除外);

2) 所有控制和安全装置的输入功率;

3) 热交换传输装置的输入功率(风扇、泵等)。

3.11

循环风量(房间送风量) indoor discharge air-flow

空调器用于室内、室外空气进行交换的通风门和排风门(如果有)完全关闭,并在额定制冷运行条件下,单位时间内向密闭空间、房间或区域送入的风量,单位:m³/s(或 m³/h)。

3.12

房间型量热计 room-type calorimeter

由两间相邻、中间有隔墙的房间所组成的试验装置。一间作为室内侧,另一间作为室外侧,每间均装有空气调节设备;其冷量、热量及水量均可测量和控制,并用以平衡被测空调器在室内侧的制冷量和除湿量以及在室外侧的加湿量和加热量。

3.13

空气焓值法 air-enthalpy test method

一种测定空调器制冷、制热能力的试验方法,它对空调器的送风参数、回风参数以及循环风量进行测量,用测出的风量与送风、回风焓差的乘积确定空调器的能力。

3.14

转速可控型房间空气调节器 variable speed room air conditioner

空调器运行时,根据热负荷的大小,其压缩机的转速在一定范围内发生 3 级以上或连续变化的空调器(简称变频空调器)。

3.15

容量可控型房间空气调节器 variable capacity room air conditioner

空调器运行时,根据热负荷的大小,压缩机的转速不变,其有效容积输气量(制冷剂质量流量)发生3 级以上或无级变化的空调器(简称变容空调器)。

3.16

一拖多房间空气调节器 multi-split room air conditioner

一种向多个密闭空间、房间或区域直接提供经过处理的空气的设备。它主要是一台室外机组与多于一台的室内机组相连接,可以实现多室内机组同时工作、部分室内机组同时工作或单独室内机组工作的组合体系统(以下简称"一拖多空调器")。

4 产品分类

4.1 型式

4.1.1 空调器按使用气候环境(最高温度)分为:

类型	T1	T2	T3
气候环境	温带气候	低温气候	高温气候
最高温度	43℃	35℃	52℃

4.1.2 空调器按结构形式分为:

a) 整体式,其代号 C;整体式空调器结构分类为窗式(其代号省略)、穿墙式等[1],其代号为 C 等。

b) 分体式,其代号 F;分体式空调器分为室内机组和室外机组。室内机组结构分类为吊顶式、挂壁式、落地式、嵌入式等,其代号分别为 D、G、L、Q 等,室外机组代号为 W。

---

1) 如移动式,其代号为 Y,移动式空调器可参照执行本标准。

c) 一拖多空调器,详见附录F.4.3。

4.1.3 空调器按主要功能分为:

a) 冷风型,其代号省略(制冷专用);

b) 热泵型,其代号R(包括制冷、热泵制热,制冷、热泵与辅助电热装置一起制热,制冷、热泵和以
转换电热装置与热泵一起使用的辅助电热装置制热);

c) 电热型,其代号D(制冷、电热装置制热)。

4.1.4 空调器按冷却方式分为:

a) 空冷式,其代号省略;

b) 水冷式,其代号S。

4.1.5 空调器按压缩机控制方式分为:

a) 转速一定(频率、转速、容量不变)型,简称定频型,其代号省略;

b) 转速可控(频率、转速、容量可变)型,简称变频型,其代号Bp;

c) 容量可控(容量可变)型,简称变容型,其代号Br。

4.2 基本参数

4.2.1 空调器的额定制冷量(kW)优先选用系列为:

1.4	1.6	1.8	2.0	2.2	2.5	2.8	3.2	3.6
4.0	4.5	5.0	5.6	6.3	7.1	8.0	9.0	10.0
11.2	12.5	14.0						

4.2.2 空调器的额定制热量(kW)优先选用系列为:

1.6	1.8	2.0	2.2	2.5	2.8	3.0	3.2	3.4
3.6	3.8	4.0	4.2	4.5	4.8	5.0	5.3	5.6
6.0	6.3	6.7	7.1	7.5	8.0	8.5	9.0	9.5
10.0	10.6	11.2	11.8	12.5	13.2	14.0	15.0	16.0

4.2.3 电源额定频率50 Hz,单相交流额定电压220 V或三相交流额定电压380 V,特殊要求不受此限。

4.2.4 空调器通常工作的环境温度如表1所示:

表 1 空调器工作的环境温度

空调器型式	气候类型		
	T1	T2	T3
冷风型	18℃～43℃	10℃～35℃	21℃～52℃
热泵型	−7℃～43℃	−7℃～35℃	−7℃～52℃
电热型	≤43℃	≤35℃	≤52℃

注:不带除霜装置的热泵型空调器,工作的最低环境温度可为5℃。

4.2.5 空调器在正常使用条件下,当空调器的设定温度在18℃～30℃中某调定值时,其控制温度可在调定值的±2℃范围内自动调节。

4.3 型号命名

4.3.1 产品型号及含义如下:

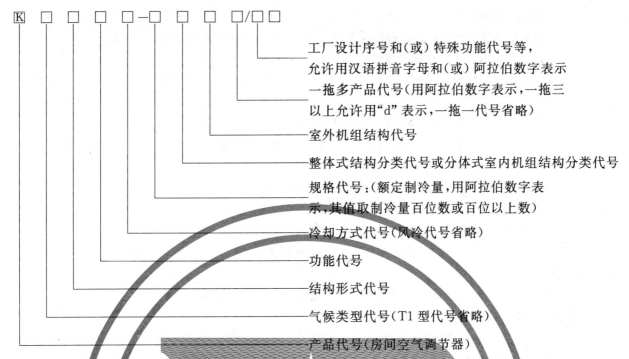

K□□□□—□□□□/□□

工厂设计序号和(或)特殊功能代号等,
允许用汉语拼音字母和(或)阿拉伯数字表示

一拖多产品代号(用阿拉伯数字表示,一拖三
以上允许用"d"表示,一拖一代号省略)

室外机组结构代号

整体式结构分类代号或分体式室内机组结构分类代号

规格代号:(额定制冷量,用阿拉伯数字表
示,其值取制冷量百位数或百位以上数)

冷却方式代号(风冷代号省略)

功能代号

结构形式代号

气候类型代号(T1型代号省略)

产品代号(房间空气调节器)

4.3.2 型号示例

例1:KT3C-35/A

表示 T3 气候类型、整体(窗式)冷风型房间空气调节器,额定制冷量为 3 500 W,第一次改型设计。

例2:KFR-28GW

表示 T1 气候类型、分体热泵型挂壁式房间空气调节器(包括室内机组和室外机组),额定制冷量为
2 800 W。

室内机组 KFR-28G

表示 T1 气候类型、分体热泵型挂壁式房间空气调节器室内机组,额定制冷量为 2 800 W。

室外机组 KFR-28W

表示 T1 气候类型、分体热泵型房间空气调节器室外机组,额定制冷量为 2 800 W。

例3:KFR-50LW/Bp

表示 T1 气候类型、分体热泵型落地式变频房间空气调节器(包括室内机组和室外机组),额定制冷
量为 5 000 W。

室内机组 KFR-50L/Bp

表示 T1 气候类型、分体热泵型落地式变频房间空气调节器室内机组,额定制冷量为 5 000 W。

室外机组 KFR-50W/Bp

表示 T1 气候类型、分体热泵型变频房间空气调节器室外机组,额定制冷量为 5 000 W。

注1:一拖多产品见附录F;

注2:出口产品不受此限。

5 要求

5.1 通用要求

5.1.1 空调器应符合本标准和 GB 4706.32 标准的要求,并应按经规定程序批准的图样和技术文件
制造。

5.1.2 热泵型空调器的热泵额定(高温)制热量应不低于其额定制冷量;对于额定制冷量不大于
7.1 kW 的分体式热泵空调器,其热泵额定(高温)制热量应不低于其额定制冷量的 1.1 倍。

5.1.3 空调器的构件和材料

a) 空调器的构件和材料的镀层和涂层外观应良好,室外部分应有良好的耐候性能。

b) 空调器的保温层应有良好的保温性能和具有阻燃性、且无毒无异味。

c) 空调器制冷系统受压零部件的材料应能在制冷剂、润滑油及其混合物的作用下,不产生劣化且保证整机正常工作。

5.1.4 空调器的结构、部件、材料,宜采用可作为再生资源而利用的部件、产品结构和材料。

5.1.5 空调器所具有的特殊功能(如:具有抑制、杀灭细菌功能的空调器、具有负离子清新空气功能的空调器等)应符合国家有关规定和相关标准的要求。

5.1.6 空调器的电磁兼容性应符合国家有关规定和相应标准的要求。

5.2 性能要求

5.2.1 制冷系统密封性能

按 6.3.1 方法试验时,制冷系统各部分不应有制冷剂泄漏。

5.2.2 制冷量

按 6.3.2 方法试验时,空调器的实测制冷量不应小于额定制冷量的 95%。

5.2.3 制冷消耗功率

按 6.3.3 方法试验时,空调器的实测制冷消耗功率不应大于额定制冷消耗功率的 110%;水冷式空调器制冷量每 300 W 增加 10 W 作为冷却系统水泵和冷却水塔风机的功率消耗。

5.2.4 热泵制热量

按 6.3.4 方法试验时,热泵的实测制热量不应小于热泵额定制热量的 95%。

5.2.5 热泵制热消耗功率

按 6.3.5 方法试验时,热泵的实测制热消耗功率不应大于热泵额定制热消耗功率的 110%。

5.2.6 电热装置制热消耗功率

按 6.3.6 方法试验时,电热型和热泵型空调器的电热装置的实测制热消耗功率要求如下:电热装置额定消耗功率不大于 200 W 的,其允差为 ±10%;200 W 以上的,其允差为 −10%~+5% 或 20 W(选大者),PTC 电热元件制热消耗功率的下限不受此限。

5.2.7 最大运行制冷

a) 按 6.3.7 方法试验时,空调器各部件不应损坏,空调器应能正常运行;

b) 空调器在第 1h 连续运行期间,其电机过载保护器不应跳开;

c) 当空调器停机 3 min 后,再启动连续运行 1 h,但在启动运行的最初 5 min 内允许电机过载保护器跳开,其后不允许动作;在运行的最初 5 min 内电机过载保护器不复位时,其停机不超过 30 min 内复位的,应连续运行 1 h;

d) 对于手动复位的过载保护器,在最初 5 min 内跳开的,应在跳开的 10 min 后使其强行复位,并应能够再连续运行 1 h。

5.2.8 最小运行制冷

a) 按 6.3.8 方法试验时,空调器在 10 min 启动期间后的 4h 运行中,安全装置不应跳开;

b) 室内侧蒸发器的迎风表面凝结的冰霜面积不应大于蒸发器迎风面积的 50%。

注 1:为防冻结而自动控制压缩机开、停的自动可复位保护器不视为安全装置。

注 2:蒸发器迎风表面结霜面积目视不易看出时,可通过风量(风量下降不超过初始风量的 25%)进行判定。

5.2.9 热泵最大运行制热

a) 按 6.3.9 方法试验时,空调器各部件不应损坏,空调器应能正常运行;

b) 空调器在第 1 h 连续运行期间,其电机过载保护器不应跳开;

c) 当空调器停机 3 min 后,再启动连续运行 1 h,但在启动运行的最初 5 min 内允许电机过载保

护器跳开，其后不允许动作；在运行的最初 5 min 内电机过载保护器不复位时，在停机不超过
30 min 内复位的，应连续运行 1 h；

d) 对于手动复位的过载保护器，在最初 5 min 内跳开的，应在跳开的 10 min 后使其强行复位，并
应能够再连续运行 1 h。

注：上述试验中，为防止室内热交换器过热而使电机开、停的自动复位的过载保护装置周期性动作，可视为空调器
连续运行。

5.2.10 热泵最小运行制热

按 6.3.10 方法试验时，空调器在 4 h 试验运行期间，安全装置不应跳开。

注：试验中的除霜运行，其自动控制的保护器动作不视为是安全装置。

5.2.11 冻结

a) 按 6.3.11a)方法试验时，室内侧蒸发器迎风表面凝结的冰霜面积，不应大于蒸发器迎风面积
的 50%；

b) 按 6.3.11b)方法试验时，空调器室内侧不应有冰掉落，水滴滴下或吹出。

注 1：空调器运行期间，允许防冻结的可自动复位装置动作。

注 2：空调器进行最小制冷运行试验，生产厂推荐的空调器的室外侧进风温度低于 21℃时，冻结试验 a)可不进行。

注 3：蒸发器迎风表面结霜面积目视不易看出时，可通过风量（风量下降不超过初始风量的 25%）进行判断。

5.2.12 凝露

按 6.3.12 方法试验时，空调器箱体外表面凝露不应滴下，室内送风不应带有水滴。

5.2.13 凝结水排除能力

按 6.3.13 方法试验时，空调器应具有排除冷凝水能力，并且不应有水从空调器中溢出或吹出，以至
弄湿建筑物或周围环境。

5.2.14 自动除霜

a) 按 6.3.14 方法试验时，要求除霜所需总时间不超过试验总时间的 20%，在除霜周期中，室内
侧的送风温度低于 18℃的持续时间不超过 1 min；如果需要，可以使用制造厂规定的热泵机组内辅助电
加热装置制热。

b) 空调器除霜结束后，室外换热器的霜层应融化掉（以确保制热能力不降低）。

5.2.15 噪声

a) 空调器使用时不应有异常噪声和振动；

b) 按 6.3.15 方法试验时，T1 型和 T2 型空调器在半消声室测试噪声，其噪声测试值（声压级）应
符合表 2 规定，T3 气候类型空调器的噪声值可增加 2 dB(A)；

c) 制造厂对空调器噪声的明示（铭牌、说明书、广告等）值的上偏差为＋3 dB(A)，按 6.3.15 方法
试验时，其噪声的实测值不应大于明示值的上限值（明示值＋上偏差）和表 2 的限定值。

d) 一拖多空调器的噪声按附录 F.6.3.15 进行；

注：空调器在全消声室测试的噪声值须注明"在全消声室测试"等字样，其符合性判定以半消声室测试为准。

表 2 额定噪声值（声压级）

额定制冷量/	室内噪声/dB(A)		室外噪声/dB(A)	
kW	整体式	分体式	整体式	分体式
＜2.5	≤52	≤40	≤57	≤52
2.5～4.5	≤55	≤45	≤60	≤55
＞4.5～7.1	≤60	≤52	≤65	≤60
＞7.1～14		≤55		≤65

5.2.16 能源消耗效率

空调器的能效指标实测值应符合 GB 12021.3 的规定要求。

5.3 可靠性要求

5.3.1 包装强度

按 6.3.16 试验后,包装箱、泡沫及其他防护附件应没有影响防护功能的变形,包装状态下的空调器,应符合 GB/T 1019 的有关规定。

5.3.2 运输强度

按 6.3.17 试验后,空调器不应损坏,紧固件不应松动,制冷剂泄漏和噪声应符合 5.2.1 和 5.2.15 的要求。

5.3.3 耐候性能

按 6.3.18 试验后,空调器应有良好的耐候性能;

a) 电镀件和紧固件应进行防锈蚀处理,其表面应光滑细密、色泽均匀、不应有明显的斑点、针孔、气泡、镀层脱落等缺陷;

b) 涂装件涂层牢固、外观良好,表面不应有明显的气泡、流痕、漏涂、底漆外露及不应有的皱纹和其他损伤,涂层脱落不大于 2 级。室外机部分涂层按 6.3.18.4 试验后,其涂层的光泽失光率小于 50%,表面无明显的粉化和裂纹,色差变化不大于 2 级。

c) 塑料件表面应平整光洁、色泽均匀、耐老化;不得有裂痕、气泡和明显缩孔、变形等缺陷。室外机用工程塑料耐久性应符合 JB/T 10359 标准的规定。

5.3.4 可靠性寿命

可靠性寿命指标要求(正在制定中)。

6 试验

6.1 试验条件

6.1.1 制冷量和热泵制热量的试验装置详见附录 A。

6.1.2 试验工况见表 3 规定,按空调器气候类型分类,选用相应工况进行试验。

6.1.3 测量仪表和仪表准确度要求见附录 C。

表 3 试验工况

工况条件			室内侧回风状态/℃		室外侧进风状态/℃		水冷式进、出水温/℃b	
			干球温度	湿球温度	干球温度	湿球温度a	进水温度	出水温度
制冷运行	额定制冷	T1	27	19	35	24	30	35
		T2	21	15	27	19	22	27
		T3	29	19	46	24	30	35
	最大运行	T1	32	23	43	26	34	与制冷能力相同的水量
		T2	27	19	35	24	27	
		T3	32	23	52	31	34	
	冻结	T1			21	—		21d
		T2	21c	15	10			10d
		T3			21			21d
	最小运行		21c	15	制造厂推荐的最低温度e		10	(或 21℃)
	凝露凝结水排除		27	24	27	24	—	27

表 3（续）

工况条件		室内侧回风状态/℃		室外侧进风状态/℃		水冷式进、出水温/℃ᵇ	
		干球温度	湿球温度	干球温度	湿球温度ᵃ	进水温度	出水温度
制热运行	热泵额定制热ᶠ 高温 低温 超低温	20	15（最大）	7 2 —7	6 1 —8	—	—
	最大制热运行	27	—	24	18	—	—
	最小制热运行ᵍ	20	—	—5	—6	—	—
	自动除霜	20	12	2	1	—	—
	电热额定制热	20	—	—	—	—	—

ᵃ 在空调器制冷运行试验中,空气冷却冷凝器没有冷凝水蒸发时,湿球温度条件可不做要求。

ᵇ 冷凝器进出水温指用冷却塔供水系统,用其水泵时可按制造商明示进、出水温或水量及进水温度。

ᶜ 21℃或因控制原因在 21℃以上的最低温度。

ᵈ 水量按制造厂规定。

ᵉ 制造厂未指明时,以 21℃为最低温度。

ᶠ 制造厂规定适于在低温、超低温工况运行的空调器,应进行低温、超低温工况的试验;若制热量(高温、低温或超低温)试验时发生除霜,则应采用空气焓值法(见附录 A.2)进行制热量试验。

ᵍ 如果空调器在超低温条件下进行制热运行试验,其最小运行制热试验可以不做。

6.2 试验要求

6.2.1 空调器应按铭牌标示的气候类型进行性能试验,对于适用两种以上气候类型的空调器,应在铭牌标出的每种气候类型工况条件下进行试验。

6.2.2 应按照制造厂的安装说明和所提供的附件,将被测空调器安装在试验房间内,空调器所有试验均按铭牌上的额定电压和额定频率进行,另有规定不受此限。

6.2.3 除按规定方式,试验需要的装置和仪器的连接外,对空调器不得更改。

6.2.4 试验进行时不能改变空调器风机转速和系统阻力(变频、变容型空调器除外),其试验结果应按标准大气压修正大气压力。

6.2.5 分体式空调器室内机组与室外机组的连接管,应按制造厂规定*或 7.5 m 为测试的管长,两者取小值,作为空调器部件的连接管不应切断管子进行试验。除设计要求外,一般应将一半管长置于室外侧环境进行试验,其管径、安装、绝缘保温、抽空排气、充注制冷剂等应符合制造厂要求。

6.2.6 对于湿球温度为 0℃以下的工况条件,可通过控制相对湿度来获得对湿球温度的控制。

6.3 试验方法

6.3.1 制冷系统密封性能试验

空调器的制冷系统在正常的制冷剂充灌量下,用灵敏度为 $1×10^{-6}$ Pa·m³/s 的检漏仪进行检验。空调器可不通电置于正压室内,环境温度为 16℃～35℃。

6.3.2 制冷量试验

按附录 A《制冷量和热泵制热量的试验及计算方法》和表 3 规定的额定制冷工况进行试验。

6.3.3 制冷消耗功率试验

按附录 A 给定的方法,在制冷量测定的同时,测定空调器的输入功率、电流。

6.3.4 热泵制热量试验

按附录 A 给定的方法和制造厂的说明,选用表 3 规定的热泵额定制热(高温)工况,进行热泵制热

---

* 空调器的型式检验应使用不得低于 5 m 的管长连接进行试验。

量的试验。

6.3.5 热泵制热消耗功率试验

按附录 A 给定的方法,在热泵制热量测定的同时,测定热泵的输入功率、电流。

6.3.6 电热装置制热消耗功率试验

a) 空调器在热泵额定制热(高温)工况下运行,装有辅助电热装置的热泵以 6.3.4 方法进行试验,待热泵制热量试验稳定后,测定辅助电热装置的输入功率。

b) 在电热额定制热工况下,将空调器设定在电热装置处于最大耗电工作状态下,运行稳定后,测试电热装置的输入功率。

c) 当在 a)、b)工况下进行试验而电热装置不动作时,将空调器设定(或按生产厂规定)在电热装置工作状态,运行稳定后,测试电热装置的输入功率。

6.3.7 最大运行制冷试验

将空调器室内、室外空气进行交换的通风门和排风门(如果有)完全关闭,其设定温度、风扇速度、导向格栅等调到最大制冷状态,试验电压分别为额定电压的 90% 和 110%,按表 3 规定的最大运行制冷工况运行稳定后再连续运行 1 h,然后停机 3 min(此间供电电源电压上升不超过 3%),再启动运行 1 h。

6.3.8 最小运行制冷试验

将空调器室内、室外空气进行交换的通风门和排风门(如果有)完全关闭,其设定温度、风扇速度、导向格栅等调到最易结冰霜状态,按表 3 规定的最小运行制冷工况,使空调器启动运行至工况稳定后再运行 4 h。

6.3.9 热泵最大运行制热试验

将空调器室内、室外空气进行交换的通风门和排风门(如果有)完全关闭,其设定温度、风扇速度、导向格栅等调到最大制热状态,试验电压分别为额定电压的 90% 和 110%,按表 3 规定的热泵最大运行制热工况运行稳定后再连续运行 1 h,然后停机 3 min(此间供电电源电压上升不超过 3%),再启动运行 1 h。

6.3.10 热泵最小运行制热试验

将空调器室内、室外空气进行交换的通风门和排风门(如果有)完全关闭,其设定温度、风扇速度、导向格栅等调到最大制热状态,按表 3 规定的最小运行制热工况,使空调器启动运行至工况稳定后再运行 4 h。

6.3.11 冻结试验

将空调器的设定温度、风扇速度、导向格栅等,在不违反制造厂规定下调到最易使蒸发器结冰和结霜的状态,达到表 3 规定的冻结试验工况后进行下列试验:

a) 空气流通试验:空调器启动并运行 4 h。

b) 滴水试验:将空调器室内回风口遮住,完全阻止空气流通后运行 6 h,使蒸发器盘管风路被完全堵塞,停机后去除遮盖物至冰霜完全融化,再使风机以最高速度运转 5 min。

注:为防冻结自动控制装置动作,应视为空调器正常运行。

6.3.12 凝露试验

将空调器的温度控制器、风扇速度、风门和导向格栅,在不违反制造厂规定下调到最易凝露状态进行制冷运行,达到表 3 规定的凝露工况后,空调器连续运行 4 h。

6.3.13 凝结水排除能力试验

将空调器的温度控制器,风扇速度、风门和导向格栅调到最易凝水状态,在接水盘注满水即达到排水口流水后,按表 3 规定的凝水工况运行,当接水盘的水位稳定后,再连续运行 4 h。

注:非甩水型空调器接水盘的水不必注满。

6.3.14 自动除霜试验

装有自动除霜装置的空调器,将空调器的温度控制器、风扇速度(分体式室内风扇高速、室外风扇低速)、风门和导向格栅等调到换热器最易结霜状态,按表3规定的除霜工况运行稳定后,继续运行两个完整除霜周期或连续运行3 h(试验的总时间应从首次除霜周期结束时开始),直到3 h后首次出现除霜周期结束为止,应取其长者;除霜周期及除霜刚刚结束后,室外侧的空气温度升高不应大于5℃。

6.3.15 噪声试验

按附录B《噪声的测定》(规范性附录)要求,进行额定制冷工况和额定(高温)制热工况条件下噪声试验。

6.3.16 包装试验

空调器的包装应按GB/T 1019要求的防潮包装、流通条件的防震包装进行设计,并按流通条件1进行振动试验和对包装件进行跌落试验。

6.3.17 运输试验

包装好的空调器应按GB/T 4798.2进行运输试验,制造厂应按产地至销售地区在运输中可能经受的环境条件(参照GB/T 4798.2表A.1)确定试验条件和方法,或按合同要求进行试验。

包装好的空调器应做振动试验,推荐按GB/T 4857.7进行正弦定频振动试验,按GB/T 4857.10进行正弦变频试验,根据运输环境或按合同要求,确定试验条件进行试验。

6.3.18 耐候性试验

6.3.18.1 盐雾试验

按GB/T 2423.17进行盐雾试验。试验持续时间为48 h。试验前,试件表面清洗除油,试验后,用清水冲掉残留在表面上的盐分,检查试件腐蚀情况,其结果符合5.3.3规定。

6.3.18.2 湿热试验

按GB/T 2423.3进行试件湿热试验,试验持续时间为96 h,取箱体顶面或侧面平整表面100 mm×100 mm试样(也可取同批产品的试样),试验前对试样表面进行清洗除油,试验后进行外观质量检查,其结果应符合5.3.3规定。

6.3.18.3 涂层脱落(涂层附着力)试验

按GB/T 9286进行试件涂层性能试验,空调器放置16 h后,在箱体外表面任取长100 mm,宽100 mm的面积或同批产品的试样用划格法进行试验,涂层切割表面的脱落表现应不大于2级。

6.3.18.4 空调器室外机工程塑料件的耐候性能,生产厂根据空调器销售地气候和使用条件进行试验,试验结果应符合5.3.3规定。

a) 涂层材料按GB/T 14522标准进行500 h的紫外灯老化试验,并按GB/T 1766标准进行判断。

b) 塑料材料按JB/T 10359标准要求进行试验和判断。

注:上述各项试验,制造厂也可采用等效试验方法对材料、涂层进行试验和判断。

6.3.19 可靠性寿命试验

可靠性寿命试验方法正在制定中。

6.4 测量要求

6.4.1 空调器的制冷量和热泵制热量试验可用房间型量热计方法或空气焓值法进行(详见附录A),当两种试验结果有争议时,应以房间型量热计测试数据为准。

6.4.2 房间型量热计法或空气焓值法进行空调器的制冷量和热泵制热量试验时,其测量不确定度应不超过表4所示值。

6.4.3 空调器进行性能试验时(制冷量、热泵制热量试验除外),试验工况各参数的读数与表3中规定值的允差应符合表5规定。

6.4.4 空调器进行制冷量和热泵制热量试验时,试验工况各参数的读数允差应符合表6规定。

表 4 测量不确定度

测 量 量		测量量显示值的不确定度
水	温度	±0.1℃
	温差	±0.1℃
	体积流量	±5%
	静压差	±5 Pa
空气	干球温度	±0.2℃
	湿球温度	±0.2℃
	体积流量	±5%
	静压差	±5 Pa($P{\leqslant}100$ Pa)或±5%($P{>}100$ Pa)
输入电量		±0.5%
时间		±0.2%
质量		±1.0%
速度		±1.0%

注:测量的不确定度:表征被测量的真值所处值范围的评定。

测量的不确定度通常包括许多分量,其中某些分量可在各连续测量结果的统计分布基础上进行估算并可用试验标准偏差表征,另一些分量可根据经验或其他信息进行估计,并可用假设存在的近似"标准偏差"表征。

表 5 性能试验的读数允差

测量值	读数与规定值的最大偏差
空气温度:干球温度	±1.0℃
湿球温度	±0.5℃
水温	±0.5℃
电压	±2%

表 6 制冷量和热泵制热量试验的读数允差

读 数		读数的平均值对额定工况的偏差	各读数对额定工况的最大偏差
室内侧空气温度	干球	±0.3℃	±0.5℃
	湿球	±0.2℃	±0.3℃
室外侧空气温度	干球	±0.3℃	±0.5℃
	湿球	±0.2℃	±0.3℃
电压、频率		±1.0%	±2.0%
空气体积流量		±5%	±10%
水温	进口	±0.1℃	±0.2℃
	出口	±0.1℃	±0.2℃
水体积流量		±1.0%	±2.0%
空气流动的外阻力		±5 Pa	±10 Pa

6.5 试验结果

6.5.1 制冷量和热泵制热量采用房间型量热计方法试验时至少应记录的数据见表7,采用空气焓值方法时至少应记录的数据见表8。

表 7 量热计法试验应记录的数据

序号	制冷量记录内容	制热量记录内容
1	日期	同左
2	试验者	同左
3	大气压	同左
4	空调器风机速度	同左
5	电压和频率	同左
6	被测机组总输入功率和电流	同左
7	室内侧控制的干球、湿球温度	同左
8	室外侧控制的干球、湿球温度	同左
9	量热计周围平均温度(标定型)	同左
10	室内、外侧隔室的总输入功率	同左
11	加湿器中水的蒸发量	同左
12	进入室内侧、室外侧(如果用)试验室或加湿器的水温	同左
13	通过室外侧冷却盘管的冷却水量	同左
14	进入室外侧冷却盘管的冷却水温	同左
15	离开室外侧冷却盘管的冷却水温	同左
16	通过机组冷凝器的冷却水流量(仅用于水冷机组)	
17	进入机组冷凝器的水温(仅用于水冷机组)	
18	离开机组冷凝器的水温(仅用于水冷机组)	
19	再处理设备中室外盘管的冷凝水量	室内侧或室外侧冷凝水量
20	离开室外侧隔室的冷凝水温度	离开室内侧隔室的冷凝水温度
21	通过隔墙上喷嘴测试的空气体积流量	同左
22	量热计隔墙两侧的空气静压差	同左

注：空调器与多于一个的外部电源连接时,应记录每个连接电源的输入功率和电流,否则为机组的总输入。

表 8 焓值法试验应记录的数据

序号	记录内容
1	日期
2	试验者
3	大气压
4	试验时间
5	输入功率(总输入功率和装置部件的输入功率)
6	使用电压
7	电流
8	频率
9	空气流动的外阻力(送风机外静压)
10	风扇速度(如果可调)
11	空气进入机组的干球、湿球温度
12	空气离开机组的干球、湿球温度
13	空气体积流量及相应测量的计算

6.5.2 制冷量和热泵制热量试验数据的整理和计算见附录 A。

6.5.3 试验结束后应填写试验报告,其内容至少应包括下述各项:

    a) 日期;

    b) 试验地点;

    c) 试验方法(量热计或焓值法);

    d) 试验目的和试验类别;

    e) 试验人员;

    f) 铭牌示出的主要内容;

    g) 试验结果。

7 检验规则

7.1 检验要求

空调器产品的安全要求必须符合 GB 4706.32 的规定,其性能要求应符合本标准的规定。

7.2 产品检验

每台空调器须经制造厂质量部门检验合格后方能出厂,并附有质量检验合格证、使用说明书、保修单、装箱清单等。

空调器检验一般分为出厂检验、抽查检验和型式检验。

7.2.1 出厂检验

凡提出交货的空调器,均应进行出厂检验。出厂检验的试验项目、试验要求和试验方法见表 9,序号(1~9)项为产品必检项目。

表 9　出厂和抽检的试验项目、要求和试验方法

序号	试验项目	本标准		GB 4706.32		不合格分类			致命缺陷
		技术要求	试验方法	技术要求	试验方法	A	B	C	
1	一般检查	5.1	视检					√	
2	标志	8.1	视检	7章	7章				√
3	包装	8.2	视检					√	
4	绝缘电阻(冷态)ᵃ			自定	等效16章				√
5	电气强度(冷态)			自定	等效16章				√
6	泄漏电流			16章	16章				√
7	接地电阻			27章	27章				√
8	制冷剂泄漏	5.2.1	6.3.1			√			
9	运行性能	等效5.2	自定			√			
10	制冷量	5.2.2	6.3.2			√			
11	制冷消耗功率	5.2.3	6.3.3			√			
12	热泵制热量	5.2.4	6.3.4			√			
13	热泵制热消耗功率	5.2.5	6.3.5			√			
14	电热制热消耗功率	5.2.6	6.3.6			√			
15	能效比(EER)、性能系数(COP)	5.2.16	6.3.2~6.3.5			√			
16	季节能源消耗效率ᵇ	附录 E.9				√			

表 9（续）

序号	试验项目	本标准		GB 4706.32		不合格分类			致命缺陷
		技术要求	试验方法	技术要求	试验方法	A	B	C	
17	噪声	5.2.15	6.3.15			√			
18	防水			15 章	15 章				√
19	防触电保护			8 章	8 章				√
20	电源线			25 章	25 章				√

a 按 GB 4706.32 标准最新版要求，此项目可不进行检测；

b 定频型空调器不强制要求。

7.2.2 抽查检验

产品抽查检验的项目见表 9 的序号（10～20）项目。抽查检验项目的抽样可按 GB/T 2828.1 进行，逐批检验的抽检项目、批量、抽样方案、检查水平及合格质量水平等可由制造厂质量检验部门自行决定。

7.2.3 型式检验

7.2.3.1 空调器在下列情况之一时，应进行型式检验：

a) 试制的新产品；

b) 间隔一年以上再生产时；

c) 连续生产中的产品，每年不少于一次；

d) 当产品在设计、工艺和材料等有重大改变时；

e) 出厂检验结果与上次型式检验有较大差异时；

f) 国家质量监督机构提出进行型式检验的要求时。

7.2.3.2 型式检验内容包括表 10 所列各项和 GB 4706.32 中规定的全部试验项目，抽样可按 GB/T 2829 标准进行，采用判别水平 I 的一次抽样方案，其样本大小、不合格质量水平见表 11，或按标准有关规定进行。

表 10 型式试验项目、要求和试验方法

序号	试验项目		本标准		不合格分类		
			技术要求	试验方法	A	B	C
1	制冷系统密封		5.2.1	6.3.1	√		
2	制冷量		5.2.2	6.3.2	√		
3	制冷消耗功率		5.2.3	6.3.3	√		
4	热泵制热量		5.2.4	6.3.4	√		
5	热泵制热消耗功率		5.2.5	6.3.5	√		
6	电热制热消耗功率		5.2.6	6.3.6	√		
7	最大运行制冷		5.2.7	6.3.7		√	
8	最小运行制冷		5.2.8	6.3.8		√	
9	热泵最大运行制热		5.2.9	6.3.9		√	
10	热泵最小运行制热		5.2.10	6.3.10		√	
11	冻结	a) 空气流通	5.2.11	6.3.11a)		√	
		b) 滴水		6.3.11b)		√	

表 10（续）

序号	试验项目	本标准		不合格分类		
		技术要求	试验方法	A	B	C
12	凝露	5.2.12	6.3.12		√	
13	凝结水排除能力	5.2.13	6.3.13		√	
14	自动除霜	5.2.14	6.3.14		√	
15	噪声	5.2.15	6.3.15	√		
16	包装	5.3.1	6.3.16			√
17	运输	5.3.2	6.3.17			√
18	耐候性能	5.3.3	6.3.18			√
19	可靠性寿命	5.3.4	6.3.19			
20	能效比（EER）、性能系数（COP）	5.2.16	6.3.2～3 6.3.4～5	√		
21	季节能源消耗效率[a]	E.5.2.17	附录 E	√		
22	外观检查	5.1	视检			√
23	安全检查	GB 4706.32				

[a] 定频型空调器不强制要求。

表 11 型式试验抽样方案

判别水平	抽样方案	样本大小	不合格质量水平					
			A 类		B 类		C 类	
			RQL=40		RQL=80		RQL=120	
			Ac	Re	Ac	Re	Ac	Re
Ⅰ	一次	n=2	0	1	1	2	2	3

7.3 检验判定

7.3.1 出厂检验项目中安全项目属致命缺陷性质,只要出现一台项不合格,则判该批产品不合格。经出厂检验和抽查检验后,凡合格的样品可作为合格品交订货方。

7.3.2 型式检验的安全项目属致命缺陷,安全项目判定要 100%合格,若发现一台项不合格则判定该周期产品不合格。型式检验的样本应从合格的成品中随机抽取,型式检验的样品一律不能作为合格品交付订货方。

7.4 产品验收

7.4.1 订货方有权检查产品质量是否符合本标准要求,交货时订货方可按出厂检验项目验收。

7.4.2 根据订货方的要求,供货方可提供一年内完整的型式检验报告,验收的质量指标和抽样方案可由双方共同商定,抽样方案也可按 GB/T 2829 进行,如订货方对产品质量有疑问时,可与供货方和生产方共同商定,并可增加型式检验中部分项目或全部检验项目,如有争议应由法定部门进行仲裁。

7.4.3 产品储存超过两年再出厂,必须重新按出厂检验项目检查验收。

8 标志、包装、运输和贮存

8.1 标志

8.1.1 每台空调器上应有耐久性铭牌固定在明显部位,铭牌应清晰标出下述各项,并应标出

GB 4706.32要求的有关内容。转速可控型空调器、一拖多空调器见附录E.8和附录F.8。

a) 产品名称和型号；

b) 气候类型(T1气候类型空调器可不标注)；

c) 制造厂名称；

d) 主要技术参数(制冷量、制热量、能源消耗效率、噪声、循环风量、制冷剂名称或代号以及注入量、额定电压、额定频率、额定电流、输入功率及质量等)。分体式空调器室内、室外机组应分别标示,其中室内机组标示整机所需参数,室外机组标示室外机组参数,但至少应标示制冷剂名称或代号及注入量、额定电压、额定频率和输入电流、功率；

e) 产品出厂编号；

f) 制造日期。

注1：通常铭牌标示的制热量为高温制热量,若空调器进行低温制热量考核时,铭牌应同时标示出低温制热量。

注2：输入功率应分别标示出额定制冷、额定制热消耗功率和电热装置制热消耗功率。

注3：产品出厂编号、制造日期允许在空调器明显部位进行耐久性标示。

8.1.2 空调器上应设有标明工作情况的标志,如控制开关和旋钮等旋动方向标志,在适当位置附上电气原理图。

8.1.3 空调器应有注册商标标志。

8.1.4 包装标志,包装箱应用不褪色的颜料清晰地标出：

a) 产品名称、规格型号和商标；

b) 质量(毛质量、净质量)；

c) 外形尺寸：长×宽×高(cm)；

d) 制造厂名称；

e) 色别标志(整体式空调器应标明面板颜色,分体式空调器应标明室内机组的主色调)；

f) "易碎物品"、"向上"、"怕雨"和"堆码层数极限"等贮运注意事项,其标志应符合 GB/T 191 的有关规定。

8.1.5 包装上应注明采用的产品标准。

8.2 包装

8.2.1 空调器包装前应进行清洁和干燥处理。

8.2.2 空调器包装箱内应附有下述文件及附件。

8.2.2.1 产品合格证,其内容应包括：

a) 产品名称和型号；

b) 产品出厂编号；

c) 检查结论；

d) 检验印章；

e) 检验日期。

8.2.2.2 使用说明书应按 GB 5296.2 要求进行编写,至少应包括：

a) 产品名称、型号(规格)；

b) 产品概述(用途、特点、使用环境及主要使用性能指标和额定参数等)；

c) 接地说明；

d) 安装和使用要求,维护和保养注意事项；

e) 产品附件名称、数量、规格；

f) 常见故障及处理办法一览表,售后服务事项和生产者责任；

g) 制造厂名和地址；

注：上述内容亦可单独编写成册。

8.2.2.3 装箱清单、装箱要求的附件。

8.2.3 随机文件应防潮密封,并放置在箱内适当位置处。

8.3 运输和贮存

8.3.1 空调器在运输和贮存过程中,不应碰撞、倾斜、雨雪淋袭。

8.3.2 产品的存贮环境条件应按 GB/T 4798.1 标准有关规定,产品应储存在干燥的通风良好的仓库中。周围应无腐蚀性及有害气体。

8.3.3 产品包装经拆装后仍须继续贮存时应重新包装。

附　录　A
（规范性附录）
制冷量和热泵制热量的试验及计算方法

房间空调器的制冷量、热泵制热量可采用房间型量热计法或空气焓值法进行测量。

A.1　房间型量热计法

A.1.1　房间型量热计总则

A.1.1.1　房间型量热计有标定型和平衡环境型两种形式。

A.1.1.2　房间型量热计可同时在量热计的室内侧和室外侧测定空调器的制冷量或热泵制热量。空调器室内侧制冷量，是通过测定用于平衡制冷量和除湿量所输入量热计室内侧的热量和水量来确定；室外侧提供测定空调器能力的验证试验，其室外侧制冷量，是通过用于平衡空调器冷凝器侧排出的热量和凝结水量而从量热计室外侧取出的热量和水量来确定。

A.1.1.3　用绝热隔墙把量热计分成两间，即量热计室内侧隔室和量热计室外侧隔室。隔墙上开有孔洞用于安装空调器。应像正常安装情况一样，用支架和密封条安装空调器，不应为了防止漏风而堵塞空调器和内部结构的缝隙。不应有任何可能改变空调器正常运行的连接和改动。

A.1.1.4　在室内侧和室外侧之间的隔墙上应装有压力平衡装置，以保证量热计的室内、外侧压力平衡，并用以测量漏风量、排风量和通风量。压力平衡装置见附录D。由于两室之间气流流动方向可能是变化的，故应采用两套相同的但安装方向相反的压力平衡装置或一套可逆的装置。压力取样装置的安装应不受空调器送风和压力平衡装置排风的影响，排风室的风机或风扇可用挡风板或变速装置改变风量，并应不影响空调器的回风。

　　测量制冷量、热泵制热量或风量时，可调节压力平衡装置，使两室之间的压力差不大于1.25 Pa。

A.1.1.5　量热计室的尺寸应做到不影响空调器回风和送风的气流。再处理机组的出风口应安装孔板或格栅，以使空调器迎风面的风速不超过0.5 m/s。空调器送风、回风格栅的前方应留出足够的空间，以免气流受到干扰。空调器离侧面墙或天花板的最小距离应为1 m，但有特殊安装要求的不受此限。其房间推荐尺寸如表A.1所示。为适应机组特殊尺寸要求可改变其尺寸。

表A.1　量热计隔室内部推荐尺寸

额定制冷量/W	量热计隔室内部最小推荐尺寸/m		
	宽	高	长
3 000	2.4	2.1	1.8
6 000	2.4	2.1	2.4
9 000	2.7	2.4	3.0
12 000	3.0	2.4	3.7

A.1.1.6　量热计室内、外侧分别装有空气再处理机组，以保持室内、外侧的空气循环和规定的工况条件。室内侧再处理机组应包括供给显热的加热器、加湿用的加湿器，室外侧再处理机组应包括冷却、去湿和加湿设备，其能量可以控制并可测量。当量热计用于热泵测量时，两隔室皆应有加热、加湿和制冷功能（见图A.1，图A.2）或用其他方法，如空调器反向安装在量热计内进行测试。两隔室的再处理机组都应安装有足够风量的风机，其风量分别不小于被测空调器室内侧或室外侧循环风量的两倍，再处理机组出风口处风速应低于1.0 m/s。

A.1.1.7　量热计两隔室中再处理机组和空调器在试验中互相影响，其结果合成的温度场和气流场是独特的,它取决于量热计的尺寸、布置、再处理机组的大小和空调器送风特性的组合。取样装置的风机和它的电机应放在量热计室内,其输入功率计入量热计室的总输入功率中。取样管的测温段应在取样风机的吸入段,风机的排风不应影响温度测量或干扰空调器的循环气流。

A.1.1.8 量热计室干、湿球温度测点布置的原则:

    a) 所测得的温度应能代表空调器周围的环境温度,并尽可能接近于机组在实际工作时的室内或室外环境状态;

    b) 温度测点不应受被测空调器送风或出风的影响,即应在空调器循环气流的上游。

A.1.1.9 量热计室的内表面应采用无孔材料,全部接缝必须密封,量热计室的门、窗应采用衬垫或适当方法密封,以防量热计室漏气和漏湿。

A.1.2 标定型房间量热计

A.1.2.1 标定型房间量热计如图 A.1 所示。每个量热计隔室围护结构(包括中间隔墙)应有良好的保温性能,使漏热量(包括辐射热量)不超过被测空调器制冷量的 5%。量热计室应架空,使空气能在地板下方自由流通。

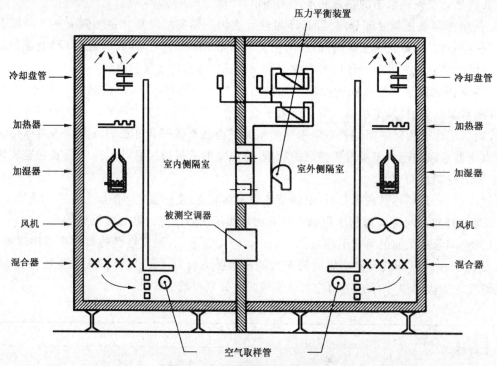

图 A.1 标定型房间量热计

A.1.2.2 量热计室内侧隔室或室外侧隔室的漏热量的标定方法如下:

    将量热计隔室的所有开口关闭,用电加热器把隔室加热,使温度至少高于该隔室周围环境温度 11℃,其隔室的六面围护墙外侧空气温度应维持±1℃温差以内,当温度恒定后,该隔室总输入功率(包括风机等输入功率)即是该隔室在所保持的室内外温差下的漏热量。

A.1.2.3 中间隔墙的漏热量的标定方法如下:

    试验在 A.1.2.2 基础上进行,将中间隔墙另一面隔室的温度升高到与已加热隔室温度相同,如此消除了中间隔墙的漏热,同时保持隔室五面围护墙与外部环境温度 11℃温差(与 A.1.2.2 试验的温差相同)。根据这次试验与 A.1.2.2 试验的热量差,就是中间隔墙的漏热量。如果墙的结构与其他墙相同,其漏热量也可按面积比例确定。

A.1.2.4 对于装有冷却设备的隔室可采取冷却隔室的温度,使其低于环境温度(六面墙)11℃,并进行上述类似分析。

A.1.2.5 用两个房间同时进行试验,以确定空调器能力的方法,其量热计室内侧隔室的性能应定期或至少 6 个月用标准制冷量检验装置进行校验,校验装置可以是一台经测量范围相当的国家试验室用房间型量热计测试过的空调器。

A.1.3 平衡环境型房间量热计

A.1.3.1 平衡环境型房间量热计如图 A.2 所示。其主要特点是在室内侧和室外侧隔室的外面分别设温度可控的套间,使套间内的干球温度分别等于室内侧和室外侧的干球温度。如果使套间的湿球温度也等于量热计室的湿球温度,则 A.1.1.9 可不作要求。

A.1.3.2 量热计隔室的围护与其外套间的相应围护之间必须留有足够的距离,以保证套间内的温度场均匀。建议此距离至少为 0.3 m。此套间内装有空气循环装置以防止空气分层。

A.1.3.3 中间隔墙的漏热量,应计入热平衡计算中。漏热量按 A.1.2.3 标定或计算得出。

A.1.3.4 量热计隔室围护结构应有良好的保温性能,按 A.1.2.2 方法试验,在 11℃ 温差下的漏热量(包括辐射热量)不大于试验机组容量的 10% 或 300 W,两者取大值。

A.1.4 试验

A.1.4.1 调节再处理机组的加热量和加湿量或制冷量和除湿量,使室内侧和室外侧的工况条件满足 6.1.2 和 6.2 的要求。

A.1.4.2 将空调器室内、室外空气进行交换的通风门和排风门(如果有)完全关闭,其设定温度、风扇速度、导向格栅等在不违反制造厂规定下调到最大制冷量的位置;若试验时调到其他位置时,应与额定制冷量同时注明。

A.1.4.3 当试验工况达到稳定 1 h 后进行测试,每 5 min 读值一次,连续七次,其读数允差应符合正文表 6 规定(见正文 6.4.4)。

A.1.4.4 按室内侧测得的空调器制冷量(或制热量)与按室外侧测得的空调器制冷量(或制热量)之间的偏差不大于 4% 时,试验为有效。

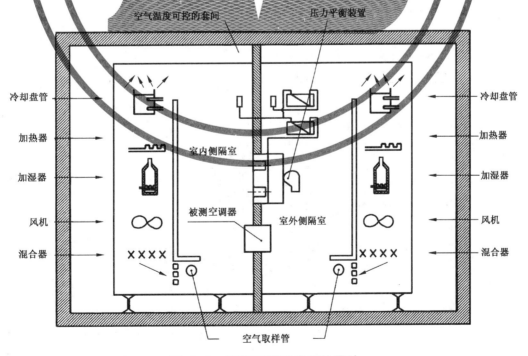

图 A.2 平衡环境型房间热量计

A.1.4.5 空调器测定的制冷量应为显冷、潜冷和总制冷量,并以室内侧测得的值为准。热泵制热量以室内侧或室外侧(当热泵机组反向安装在试验装置内时)测得的值为准。制冷量和制热量均取连续七次的平均值。

A.1.5 水冷式空调器制冷量、制热量试验的量热计和辅助设备

A.1.5.1 标定型和平衡型量热计的室内侧均可用于水冷式空调器制冷量、制热量的试验。

A.1.5.2 用测量方法确定冷凝器冷却水的流量及温升,冷凝器和温度测点间的水管应进行保温处理。

A.2 空气焓值法

A.2.1 试验房间的要求

A.2.1.1 如果对试验房间的室内工况有要求,则此房间或区域应能使工况维持在规定允差内,在试验时装置周围的空气速度不超过 2.5 m/s。

A.2.1.2 如果对试验房间或区域的室外工况有要求,则应具有足够的体积和使试验中空调器的气流场不能改变。

试验房间的尺寸,除了正常安装所要求的距地或墙之间的尺寸外,应使房间任一表面到空调器的送风口表面的距离不小于 1.8 m,到空调器的其他任一表面的距离不小于 0.9 m 房间再处理机组的送风量应不小于室外部分空气流量。在空调器送、回风方向的气流,要求工况稳定,温度均匀,低速。

A.2.2 试验装置

空气焓值法的试验装置布置如图 A.3-1、图 A.3-2、图 A.3-3、图 A.3-4。空气测量装置安装在室内侧并与空调器送风口相接。空气测量装置应有良好的保温,保温从空调器送风口开始,直至测温点为止,包括连接风管在内,以使漏热量不超过被测制热量的 5%。试验房间内设有空气再处理机组,以保证空调器的回风参数在规定的干球、湿球温度范围内。

a) 房间式空气焓值法的试验装置布置原理图见 A.3-1。

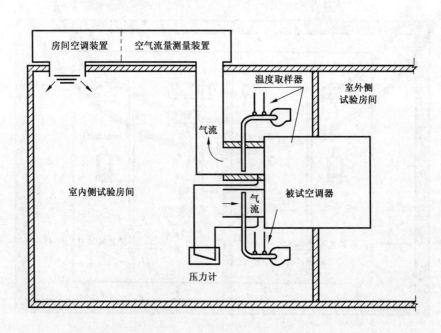

图 A.3-1 房间式空气焓值法的试验装置

b) 风洞式空气焓值法的试验装置布置原理图见 A.3-2。

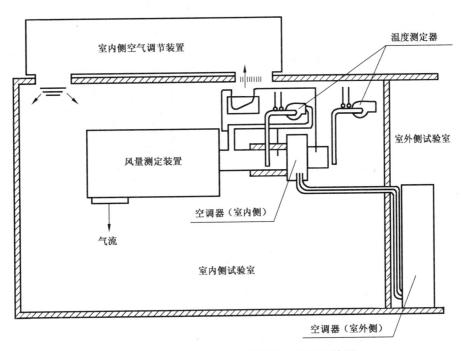

图 A.3-2 风洞式空气焓值法的试验装置

c) 环路式空气焓值法的试验装置布置原理图见 A.3-3。测试环路应密闭,各处的空气渗漏量不应超过空气流量测试值的 1%,空调机周围的空气干球温度应保持在测试所要求的进口干球温度值的±3℃之内。

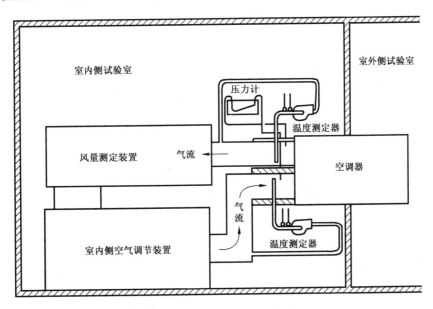

图 A.3-3 环路式空气焓值法的试验装置

d) 量热计式空气焓值法的试验装置布置原理图见 A.3-4。图中的封闭体应制成密闭和隔热的,进入的空气在空调器与封闭壳体之间应能自由循环,壳体和空调器任何部位之间的距离应不小于 150 mm,封闭壳体的空气入口位置应远离空调器的空气进口。空气流量测量装置在封闭壳体中的部位应隔热。

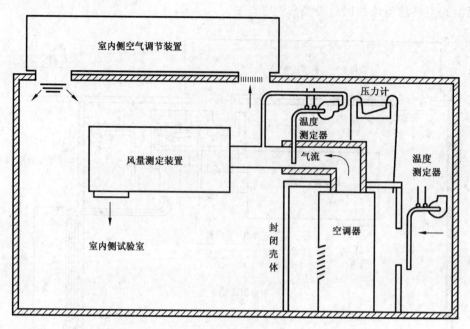

图 A.3-4 量热计式空气焓值法的试验装置

注：图 A.3-1～图 A.3-4 所示的布置是空气焓值法的各种使用场合，不代表某种布置仅适用于图中所示型式的空调器。当压缩机装在室内部分并单独通风时，应使用图 A.3-4 所示的封闭体。

A.2.3 测量

A.2.3.1 温度测量

a) 空调器室内侧送风口温度优先采用图 A.4 的空气取样装置测量，安装位置如图 A.3-1、图 A.3-2、图 A.3-3、图 A.3-4 所示；也可在足够多的位置上直接测量，然后确定其平均温度。

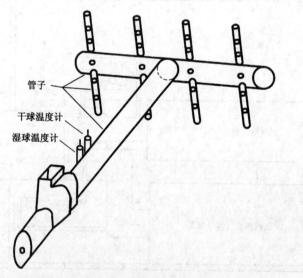

图 A.4 空气取样装置

b) 空调器内侧回风口的温度可用空气取样装置测量，也可在足够多的位置上直接测量，然后确定其平均温度，取样装置测温仪表应位于距空调器室内侧回风口约 0.15 m 处。

c) 空调器室外侧进风口温度的测量位置应不受空调器排出风的影响，所测得的温度应能代表空调器周围的温度。

A.2.3.2 风量测量

风量测量可见附录 D《风量测量》（资料性附录）的有关规定。

A.2.4 热泵制热量试验

A.2.4.1 稳定状态的热泵制热量试验

如果在任一 3 h 的周期内,空调器无除霜动作,并且工况不超过正文表 6 所规定的允许偏差,则应进行稳定状态的热泵制热量试验。

调节再处理机组,使室内侧和室外侧的工况满足正文表 3 制热工况的要求,当试验工况达到稳定后 1 h 内,5 min 读值一次,连续七次;这七次读值的偏差不得超过正文表 6 规定的允许偏差。

A.2.4.2 不稳定状态的热泵制热量试验

室外盘管结霜的热泵空调器,在试验条件下,除霜控制器由于某种原因而有动作,或不能保证表 6 所规定的允许偏差,则应进行不稳定状态的热泵制热量试验。

调节再处理机组,使制热工况达到"平衡状态",但时间不少于 1 h。若空调器进行除霜工作,试验房间的再处理机组的正常功能可能会受到干扰,因此试验工况允许有较宽的偏差,即 3 倍于表 6 规定值。

对于在除霜期内室内侧风机停止运转的空调器,在除霜期间应关闭测量装置的排风扇,用电度表测量空调器的累积输入电量。

机组运行 3 h 试验时间,如果试验结束时机组处于除霜状态应使这一试验周期完成。正常试验期间应每隔 5 min 读值一次,从除霜期开始至结束的除霜周期内(如果室内风扇运行)至少每 10 s 读值一次以保证在除霜期和恢复期内应有足够多次的读值,以便正确地确定空调器送风温度随时间变化的曲线图,并能确定空调器的输入电量。

A.2.4.3 最短的试验时间应符合下列情况之一:

 a) 若没有出现除霜,试验时间应为 6 h;

 b) 最少三个完整的除霜周期;

 c) 最少有 3 h,包括一个完整的除霜周期;

 一个完整的除霜周期由一个完整的制热过程和除霜过程组成。

A.2.4.4 在很多情况,由于不稳定工况和内部损失使测量制热量与精确的检验同时进行是不现实的。因此,主要试验装置应进行如附录 A.2.5 规定的标定试验。

A.2.5 试验装置的标定(空气焓值法)

A.2.5.1 试验装置应定期进行标定试验,以验证试验装置的测量准确度。标定试验至少每半年一次。试验装置作重大改变后也应进行标定试验。

A.2.5.2 标定试验的装置如图 A.5 所示。这种装置的构造和保温应使其向房间的辐射和传导热损失小到忽略不计。标定装置代替被测试空调器连接到空气测量装置上。

A.2.5.3 在标定试验时,调节风量、空气进出口温度使之与空调器试验时的测量值相一致,并在正文表 5 规定的允许偏差范围内。

A.2.5.4 标定装置电加热器输入热量按下式计算:

$$\phi_r = P_r \qquad\qquad\qquad\cdots\cdots\cdots\cdots\cdots\cdots\cdots\cdots\cdots\cdots\cdots(A.0)$$

式中:

 ϕ_r——电加热器的制热能力,单位为瓦(W);

 P_r——电加热器的输入功率,单位为瓦(W)。

A.2.5.5 标定装置的输出热量按 A.3.2.2 的公式进行计算。

A.2.5.6 标定装置电加热器输入热量(式 A.0)与测得的输出热量(A.3.2.2)之差应在 4% 以内,则认为试验装置是合格的。

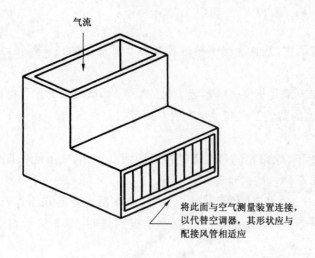

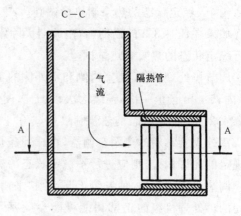

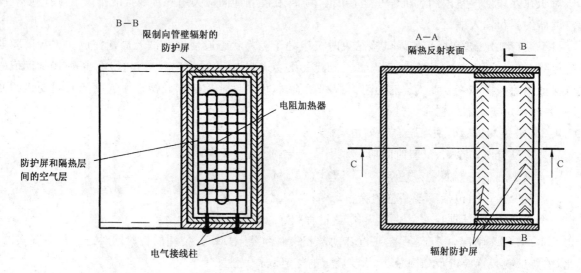

图 A.5 标定试验装置

A.3 制冷量、制热量计算

A.3.1 量热计法

A.3.1.1 制冷量计算

a) 室内侧测定的空调器总制冷量按式 A.1 计算：

$$\phi_{tci} = \Sigma P_r + (h_{w1} - h_{w2})W_r + \phi_{1p} + \phi_{1r} \qquad \cdots\cdots\cdots\cdots\cdots (A.1)$$

式中：

ϕ_{tci}——室内侧测定的空调器总制冷量，单位为瓦（W）；

ΣP_r——室内侧的总输入功率，单位为瓦（W）；

h_{w1}——加湿用的水或蒸汽的焓值，如试验过程中未曾向加湿器供水，则 h_{w1} 取再处理机组中加湿器内水温下的焓值，单位为千焦每千克（kJ/kg）；

h_{w2}——从室内侧排到室外侧的空调器凝结水的焓值，凝结水的温度不能实现测试时（一般在空调器内部发生），可以冷凝温度代替或通常假定等于空调器送风的湿球温度估算，单位为千焦每千克（kJ/kg）；

W_r——空调器内的凝结水量，即为再处理机组中加湿器蒸发的水量，单位为克每秒（g/s）；

ϕ_{1p}——由室外侧通过中间隔墙传到室内侧的漏热量，由标定试验确定（或平衡型量热计可根据计

266

算确定），单位为瓦（W）；

ϕ_{1r}——除了中间墙外，从周围环境通过墙、地板和天花板传到室内侧的漏热量，由标定试验确定，单位为瓦（W）。

b) 室外侧测定的空调器总制冷量按式 A.2 计算：

$$\phi_{tco} = \phi_c - \Sigma P_o - P_t + (h_{w3} - h_{w2})W_r + \phi'_{1p} + \phi_{100} \quad\cdots\cdots\cdots\cdots\cdots(A.2)$$

式中：

ϕ_{tco}——室外侧测定的空调器总制冷量，单位为瓦（W）；

ϕ_c——室外侧再处理机组中冷却盘管带走的热量，单位为瓦（W）；

ΣP_o——室外侧再加热器，风机等全部设备的总输入功率，单位为瓦（W）；

P_t——空调器的总输入功率，单位为瓦（W）；

h_{w3}——室外侧再处理机组排出的凝结水在离开量热计隔室的温度下的焓值，单位为千焦每千克（kJ/kg）；

ϕ'_{1p}——通过中间隔墙，从室外侧漏出的热量，当隔墙暴露在室内侧的面积等于暴露在室外侧的面积时，$\phi'_{1p} = \phi_{1p}$，单位为瓦（W）；

ϕ_{100}——室外侧向外的漏热量（不包括中间隔墙），由标定试验确定，单位为瓦（W）。

c) 水冷机组冷凝侧总制冷量按公式 A.3 计算：

$$\phi_{tco} = \phi_{co} - \Sigma P_e \quad\cdots\cdots\cdots\cdots\cdots\cdots\cdots\cdots\cdots(A.3)$$

式中：

ϕ_{tco}——室外侧测定的空调器总制冷量，单位为瓦（W）；

ϕ_{co}——空调器冷凝器盘管带走的热量，单位为瓦（W）；

ΣP_e——空调器的有效输入功率，单位为瓦（W）。

d) 潜冷量（房间除湿量）按式 A.4 计算：

$$\phi_d = K_1 W_r \quad\cdots\cdots\cdots\cdots\cdots\cdots\cdots\cdots\cdots(A.4)$$

式中：

ϕ_d——潜冷量，单位为瓦（W）；

K_1——2 460，单位为千焦每千克（kJ/kg）；

W_r——空调器内的凝结水量（g/s），详见式 A.1 的说明。

e) 显冷量按式 A.5 计算：

$$\phi_s = \phi_{tci} - \phi_d \quad\cdots\cdots\cdots\cdots\cdots\cdots\cdots\cdots\cdots(A.5)$$

式中：

ϕ_s——显冷量，单位为瓦（W）；

ϕ_{tci}——空调器总净制冷量，单位为瓦（W）；

ϕ_d——潜冷量，单位为瓦（W）详见 d）；

f) 房间显热比计算方法按式 A.6 进行：

$$SHR = \phi_s / \phi_{tci} \quad\cdots\cdots\cdots\cdots\cdots\cdots\cdots\cdots(A.6)$$

式中：

ϕ_s——显冷量，单位为瓦（W）；

ϕ_{tci}——室内侧测定的空调器总制冷量，单位为瓦（W）。

A.3.1.2 热泵制热量的计算（量热计方法）

a) 室内侧测定的热泵制热量按式 A.7 计算：

$$\phi_{hi} = \phi_{1ci} + \phi_t + \phi_{1i} - P_i \quad\cdots\cdots\cdots\cdots\cdots\cdots(A.7)$$

式中：

ϕ_{hi}——室内侧测定的热泵制热量，单位为瓦（W）；

$\phi_{1\text{ci}}$——室内侧再处理机组中冷却盘管带走的热量,单位为瓦(W);

ϕ_t——由室内侧通过中间隔墙传入室外侧的漏热量,单位为瓦(W);

$\phi_{1\text{i}}$——室内侧向室外的漏热量(不包括中间隔墙),单位为瓦(W);

P_i——室内侧的总输入功率(如照明、辅助装置的电热功率、加湿装置的平衡热等),单位为瓦(W)。

b) 室外侧热泵制热量按式 A.8 计算:

$$\phi_{\text{ho}} = P_\text{o} + P_\text{t} + q_{\text{wo}}(h_{\text{w4}} - h_{\text{w5}}) + \phi'_\text{t} + \phi_{100} \quad\cdots\cdots\cdots\cdots\cdots\cdots\cdots\quad(\text{A.8})$$

式中:

ϕ_{ho}——室外侧测定的热泵制热量,单位为瓦(W);

P_o——室外侧的总输入功率(空调器输入功率除外),单位为瓦(W);

P_t——室调器的总输入功率,单位为瓦(W);

q_{wo}——为维持试验工况,进入室外侧隔室水的质量流量,单位为克每秒(g/s);

h_{w4}——进入室外侧水的焓值,单位为千焦每千克(kJ/kg);

h_{w5}——室外侧凝结水的焓值(高温工况),或结霜的焓值(低温或超低温工况),单位为千焦每千克(kJ/kg);

ϕ'_t——由室内侧通过中间墙传入室外侧的漏热量,当隔墙暴露在室内侧的面积等于暴露在室外侧的面积时,$\phi'_\text{t} = \phi_\text{t}$,单位为瓦(W);

ϕ_{100}——除中间隔墙外,通过墙、地板和天花板传入室外侧的漏热量,单位为瓦(W)。

注:空调器漏风量和平衡风量之间的能量转移忽略不计。

A.3.2 空气焓值法

A.3.2.1 制冷量的计算

a) 制冷量由室内侧确定,按式 A.9 进行计算:

$$\phi_{\text{tci}} = q_{\text{mi}}(h_{\text{a1}} - h_{\text{a2}})/V'_\text{n}(1 + W_\text{n}) \quad\cdots\cdots\cdots\cdots\cdots\cdots\cdots\quad(\text{A.9})$$

式中:

ϕ_{tci}——室内侧测量的总制冷量,单位为瓦(W);

q_{mi}——空调器室内测点的风量,单位为立方米每秒(m³/s);

h_{a1}——空调器室内侧回风空气焓值(干空气),单位为焦每千克(J/kg);

h_{a2}——空调器室内侧送风空气焓值(干空气),单位为焦每千克(J/kg);

V'_n——测点处湿空气比容,单位为立方米每千克(m³/kg);

W_n——测点处空气湿度,kg/kg(干)。

b) 显冷量(房间显热制冷量)按式 A.10 计算:

$$\phi_{\text{sci}} = q_{\text{mi}}C_{\text{pa}}(t_{\text{a1}} - t_{\text{a2}})/V'_\text{n}(1 + W_\text{n}) \quad\cdots\cdots\cdots\cdots\cdots\cdots\cdots\quad(\text{A.10})$$

式中:

ϕ_{sci}——显冷量,单位为瓦(W);

C_{pa}——$1\,005 + 1\,846W_\text{n}$,单位为焦耳每千克·开(J/(kg·K))(干);

t_{a1}——空调器室内侧回风温度,单位为摄氏度(℃);

t_{a2}——空调器室内侧送风温度,单位为摄氏度(℃)。

c) 潜冷量(房间除湿量)按式 A.11 进行计算:

$$\phi_{1\text{ci}} = K_1 q_{\text{mi}}(W_{\text{i1}} - W_{\text{i2}})/V'_\text{n}(1 + W_\text{n}) = \phi_{\text{tci}} - \phi_{\text{sci}} \quad\cdots\cdots\cdots\cdots\quad(\text{A.11})$$

式中:

$\phi_{1\text{ci}}$——潜冷量,单位为瓦(W);

K_1——2.47×10^6(此值为 15℃±1℃时的蒸发潜热),单位为焦耳每千克(J/kg);

W_{i1}——室内侧回风空气的绝对湿度,kg/kg(干);

W_{i2}——室内侧送风空气的绝对湿度,kg/kg(干)。

其他符号定义见公式 A.9。

注：公式 A.9～A.10 不包括试验装置的漏热量。

A.3.2.2　热泵制热量的计算（空气焓值法）

a)　稳定状态的热泵制热量按式 A.12 进行计算：

$$\phi_{hi} = \frac{q_{mi}C_{pa}(t_{a2} - t_{a1})}{V'_n(1 + W_n)} \quad\cdots\cdots (A.12)$$

式中：

ϕ_{hi}——空调器热泵室内侧制热量，单位为瓦（W）；

q_{mi}——空调器室内测点的风量，单位为立方米每秒（m³/s）；

C_{pa}——空气比热，单位为焦耳每千克·开（J/kg·K）（干）；

t_{a1}——空调器室内侧回风温度，单位为摄氏度（℃）；

t_{a2}——空调器室内侧送风温度，单位为摄氏度（℃）；

V'_n——测点处湿空气比容，单位为立方米每千克（m³/kg）；

W_n——测点处空气湿度，kg/kg（干）。

注：公式 A.12 没有包括试验装置的漏热量，如若修正管路损失应将其计算在制热量内。

为保证湿度，室内空气的水蒸气增加，使空调器回风和送风的空气含湿量发生很大变化，可用式 A.13 进行计算：

$$\phi_{hi} = \frac{q_{mi}(h_{a2} - h_{a1})}{V'_n(1 + W_n)} \quad\cdots\cdots (A.13)$$

式中：

h_{a1}——空调器室内侧回风空气焓值（干空气），单位为焦耳每千克（J/kg）；

h_{a2}——空调器室内侧送风空气焓值（干空气），单位为焦耳每千克（J/kg）。

其他符号见式 A.12 的符号说明。

b)　不稳定状态的热泵制热量计算

不稳定状态的热泵制热量可按 A.3.2.2 公式 A.13 计算，并在整个试验期内按时间进行平均。对于在除霜期内室内侧风停止运转的空调器，在除霜期内的制热量认为等于零，所经历的除霜时间必须包括在求平均制热量的总试验时间内。

上述试验结果确定的空调器能力，没有进行试验条件的允差的修正。

A.3.3　室外空气焓值法

A.3.3.1　当空气焓值法用于室外侧试验时，其试验装置按 A.3.3.2 配置。如果空调器有远距离的室外盘管时，应对管路损失进行修正。

A.3.3.2　空气焓值法被用于室外侧时，应确认空气流量测试装置对空调器的性能是否有影响，如果有影响应进行修正。在空调器的室外侧热交换器的中点处应布置热电偶，对配有膨胀阀且对充注制冷剂量不敏感的空调器可把压力表接在检修阀上或吸气管和排气管上。把空调器与室内侧试验装置连接但不接室外侧试验装置，在规定的工况下进行预试验，运行至稳定后，每隔 5 min 记录一次数据（包含室内侧数据和热电偶或压力表的数据），连续记录时间不少于 30 min。然后与室外侧试验装置连接进行试验，待运行稳定后，将布置的热电偶指示的温度或压力表指示的压力记录下来。把这些数据的平均值与预试验的平均值进行比较，如果温度超过±0.3℃或压力不在相应的范围内时，则应调整室外空气流量直到达到上述要求为止。连接室外侧试验装置的试验应在运行工况稳定后再运行 30 min，这一期间室内侧试验结果与预试验的结果相差不超过±2%。上述要求对空调器的制冷、制热循环均适用。

A.3.3.3　空调器的压缩机若与室外气流进行通风，考虑压缩机的热辐射应用量热计空气焓值法进行试验，其布置如图 A.3-4。

A.3.3.4　当室外侧空气流量按 A.3.3.2 进行调整后，其调整后的空气流量用于制冷（热）量的计算，但

269

预试验记录的室外风机的输入功率应作为计算时的依据。

A.3.3.5 计算方法

a) 基于室外侧数据的总制冷量由下式计算：

$$\phi_{tco} = \frac{q_{mo}(h_{a4} - h_{a3})}{V'_n(1 + W_n)} - P_t \quad\cdots\cdots\cdots\cdots\cdots\cdots\cdots\cdots\cdots\cdots\cdots\text{(A.14)}$$

对于冷凝水不蒸发的空调器的总制冷量由下式计算：

$$\phi_{tco} = \frac{q_{mo}C_{pa}(t_{a4} - t_{a3})}{V'_n(1 + W_n)} - P_t \quad\cdots\cdots\cdots\cdots\cdots\cdots\cdots\cdots\cdots\text{(A.15)}$$

式中：

ϕ_{tco}——室外侧的总制冷量，单位为瓦（W）；

q_{mo}——室外侧风量测定值，单位为立方米每秒（m³/s）；

h_{a4}——室外侧出风口空气的焓值（干空气），单位为焦耳每千克（J/kg）；

h_{a3}——室外侧进风口空气的焓值（干空气），单位为焦耳每千克（J/kg）；

C_{pa}——空气的比热，单位为焦耳每千克·开（J/kg·K）（干）；

t_{a4}——离开室外侧空气的温度，单位为摄氏度（℃）；

t_{a3}——进入室外侧空气的温度，单位为摄氏度（℃）；

V'_n——测定位置的湿空气比容，单位为立方米每千克（m³/kg）；

W_n——喷嘴处空气湿度，kg/kg（干）；

P_t——空调器的总输入功率，单位为瓦（W）。

注：公式 A.14～A.15 不包括试验装置的漏热量。

b) 基于室外侧数据的总制热量由下式计算：

$$\phi_{tho} = \frac{q_{mo}(h_{a3} - h_{a4})}{V'_n(1 + W_n)} + P_t \quad\cdots\cdots\cdots\cdots\cdots\cdots\cdots\cdots\cdots\text{(A.16)}$$

对于冷凝水不蒸发的空调器的总制热量由下式计算：

$$\phi_{tho} = \frac{q_{mo}C_{pa}(t_{a3} - t_{a4})}{V'_n(1 + W_n)} + P_t \quad\cdots\cdots\cdots\cdots\cdots\cdots\cdots\cdots\text{(A.17)}$$

式中：

ϕ_{tho}——室外侧的总制热量，单位为瓦（W）；

其他符号说明见式（A.15）。

注：公式 A.16～A.17 不包括试验装置的漏热量。

c) 管路漏热损失的修正值由下式计算：

对于光铜管

$$\phi_L = [0.6057 + 0.005316(D_t)^{0.75}(\Delta t)^{1.25} + 79.8D_t\Delta t]L \quad\cdots\cdots\cdots\cdots\text{(A.18)}$$

对于隔热管

$$\phi_L = [0.6154 + 0.3092(T)^{-0.33}(D_t)^{0.75}(\Delta t)^{1.25}]L \quad\cdots\cdots\cdots\text{(A.18')}$$

式中：

ϕ_L——连接管管路漏热损失，单位为瓦（W）；

D_t——室外连接管直径，单位为毫米（mm）；

Δt——制冷剂和周围环境间的平均温差，单位为摄氏度（℃）；

L——连接管的长度，单位为米（m）；

T——绝缘材料的厚度，单位为毫米（mm）。

管路漏热损失的修正值计入室外侧的能力中。

附 录 B

（规范性附录）

噪 声 的 测 定

B.1 噪声测试室要求

B.1.1 本底噪声与空调器噪声测定值的差不应小于 10 dB(A)。

B.1.2 房间的声学环境应符合表 B.1 的要求(可采用 GB 6882—1986 标准中对消声室的鉴定程序进行测试)。

表 B.1 测得的声压级和理论的声压级之间最大允差

测试室类型	1/3 倍频带中心频率/Hz	最大允差/dB(A)
消声室(全消声室)	<630	±1.5
	800～5 000	±1.0
	>6 300	±1.5
半消声室	<630	±2.5
	800～5 000	±2.0
	>6 300	±3.0
注：房间地面应为硬性的光滑平面，正入射的吸声系数在测试频率范围内应不大于 0.06。		

B.2 噪声测试条件

B.2.1 被测空调器的电源输入为额定电压、额定频率。

B.2.2 噪声测试期间，进入空调器室内、外侧的空气状态应维持正文表 3 中额定制冷量或额定(高温)制热量工况(其允差可为 ±1.5℃)条件，运行 30 min 后测量。对于转速可控型空调器，应在额定制冷量或额定(高温)制热量工况，压缩机以最大许用转速下运行进行噪声测试。

B.2.3 空调器的挡风板、导风格栅、风扇速度、温度控制器等，在不违反制造厂规定下调至最大制冷量或制热量位置，即与测定额定制冷量或额定制热量位置一致。

B.2.4 如果空调器有两种以上的安装位置，应按最不利安装位置或在每一种安装位置分别进行噪声试验。

B.3 噪声测试方法

B.3.1 将空调器安装在噪声测试室内，在室内侧按附录 B 中图 B.1～图 B.5 所示位置放置传声器(应佩带海绵球风罩)进行测量。室外侧分体式机组放在 5 mm 厚橡胶(邵氏硬度为 45)的垫上;若出风口中心高度离地面不足 1 m 可垫高至 1 m 处，且距机组前面板 1 m 处，噪声最大位置进行测量。

B.3.2 测试频率范围一般应包含中心频率 125 Hz～8 000 Hz 之间的倍频程和中心频率 100 Hz～10 000 Hz 之间的 1/3 倍频程。

B.3.3 测试用声级计指示表时可用"慢"挡特性，其指针的波动小于 ±3 dB，声级可取观察中极大值和极小值的平均值，超过 ±3 dB 时应采用合适的噪声仪器系统进行检测。

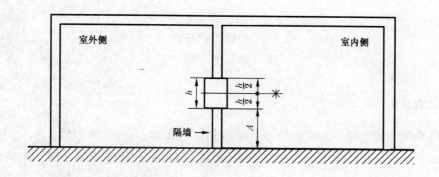

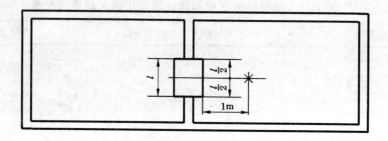

图 B.1 窗式空调器噪声测试

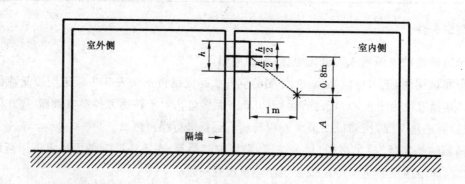

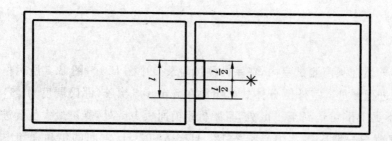

图 B.2 挂壁式空调器噪声测试

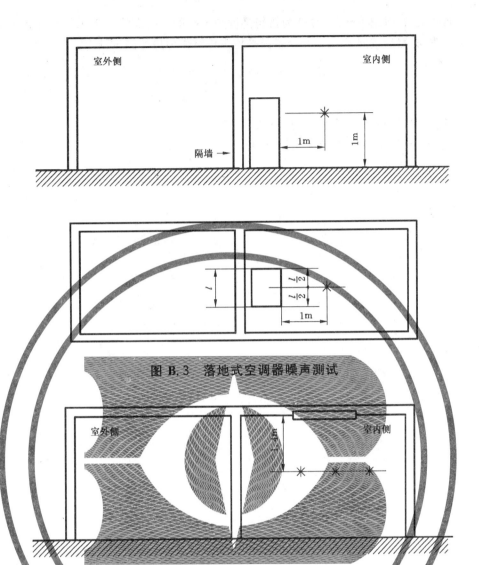

图 B.3 落地式空调器噪声测试

图 B.4 嵌入式和吊顶式空调器噪声测试

注1：图 B.1～图 B.4 中 h 表示空调器的高，l 为空调器的宽，A 约为 1 m；

注2：表示传声器的位置；

注3：嵌入式(嵌入房顶时)空调器的噪声测试时，拾音器置于与空调器安装面 1.4 m 距离的平行面上噪声最大位置处，吊顶式空调器的噪声测试时，传声器置于与空调器出风口中心 1.0 m 距离的平行面上噪声最大位置处。

单位为米

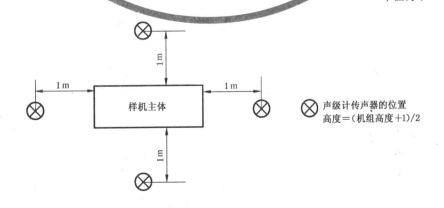

图 B.5 顶出风式室外机的测试方法(平面图)

在机组四面中央、距机组 1 m 远、高度为机组高度加 1 m 的总高度的 1/2 处布置四个测点。按照上述方法测得 4 个数据，然后按照式 B.1 计算表面平均声压级作为最终测试结果：

$$\overline{L}_p = 10\lg(1/N)\left(\sum_{i=1}^{N} 10^{0.1L_{pi}}\right) \quad\cdots\cdots\cdots\cdots\cdots\cdots\cdots(B.1)$$

式中：

$\overline{L}_p$——测量表面平均声压级，单位为分贝（dB(A)）；

L_{pi}——第 i 点的声压级，单位为分贝（dB(A)）；

N——测点总数，这里 $N=4$。

附 录 C

（资料性附录）

测 量 仪 器

C.1 温度测量仪表

C.1.1 温度测量仪表的最小分度值不可超过仪表准确度的2倍。例如：规定仪表准确度为±0.05℃，则最小分度值不超过±0.1℃。

C.1.2 仪表准确度为±0.05℃时，该仪表应与国家计量单位校验过的温度仪表进行比较标定。

C.1.3 湿球温度的测量应保证足够的湿润条件，流过湿球温度计处的气流速度不小于5 m/s；对于其他仪表应有足够气流速度以达到蒸发平衡保证湿润条件，玻璃水银温度计感温包直径不大于6.5 mm。

C.1.4 如有可能安装测量温度变化的温度测量仪表，测量进出口位置温度变化值，以提高测量准确度。

C.1.5 液体管道温度应采用直接插入液体内或套管插入液体内的温度测量仪，使用玻璃水银温度计应校核该压力对温度的影响。

C.1.6 温度测量仪表应对附近热源的辐射有足够的防护。

C.1.7 仪表温差阶约等于或大于7℃时，测量仪表的响应时间需达到最后稳态温差63%的时间。

C.2 压力测量仪表

C.2.1 压力仪表的最大分度值不能大于表C.1所示值：

表 C.1 压力仪表的分度值（理论值）

范围/Pa	最大分度值/Pa
1.25～25	1.25
>25～250	2.5
>250～500	5.0
>500	25

C.2.2 空气流量测量的最小压差为：

a) 采用斜管压力仪表或微压计时为25 Pa；

b) 采用直管压力仪表时为500 Pa。

C.2.3 压力仪表准确度要求：

a) 仪表测量范围1.25 Pa～25 Pa时，微压计的准确度为±0.25 Pa；

b) 仪表测量范围在25 Pa～500 Pa时，勾形计量器或微压计的准确度为±2.5 Pa；

c) 仪表测量范围在500 Pa以上时，直管压力表的准确度为±25 Pa。

C.2.4 大气压测量用气压表，其准确度为±0.1%。

C.3 电气测量仪表

C.3.1 电气测量仪表使用指示型或积算型仪表。

C.3.2 测量输入到量热计的所有电气仪表准确度应达到被测量值的±0.5%以内。

C.4 水流量测量仪表

C.4.1 水流量测量用液体计量器（测量液体的质量、体积或液体流量计），其仪表准确度为测量值的±1.0%。

C.4.2 液体计量器应能积聚至少 2 min 的流量。

C.5 其他仪表

C.5.1 时间测量仪表准确度为测量值的±0.2%。

C.5.2 质量测量应用准确度为测量值的±1.0%的器具。

C.5.3 转速测量可用遥感型测速仪,其准确度为测量值的±1.0%。

C.5.4 噪声测量应使用Ⅰ型或Ⅰ型以上的精确级声级计。

附　录　D
（资料性附录）
风　量　测　量

D.1 风量的确定

D.1.1 被测空调器下述风量可采用本标准规定的装置和试验步骤进行测量。

　　a）　循环风量（房间的送风量）；

　　b）　通风量；

　　c）　排风量；

　　d）　漏风量。

D.1.2 风量以质量流量确定，若以体积流量表示时其风量应在额定工况下（此时比容一定）确定；试验条件应符合正文 6.1.2 表 3 中额定制冷运行工况的要求，并在额定电压、额定频率和制冷系统运行情况下进行试验。

D.2 喷嘴

D.2.1 喷嘴应按图 D.1 规定的结构尺寸，并按本附录规定的下述条款安装。

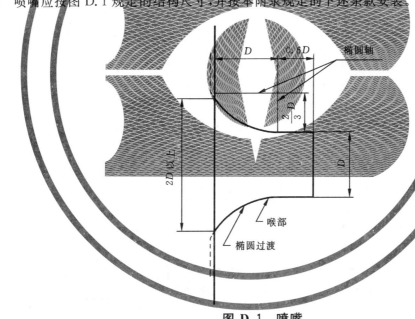

图 D.1 喷嘴

D.2.2 喷嘴的流量系数可按图 D.2 确定，图中各量值说明如下：

$$C_d = f(R_e)$$
$$R_e = VD\rho/\mu \quad \cdots\cdots\cdots\cdots\cdots\cdots\cdots\cdots\cdots (D.1)$$

式中：

C_d——流量系数；

R_e——雷诺数；

D——喷嘴直径；

V——速度；

ρ——密度；

μ——粘度。

其中：

$$V = \phi(h) \quad \cdots\cdots\cdots\cdots\cdots\cdots\cdots\cdots\cdots\cdots\cdots\cdots (\text{D}.2)$$

$$\rho/\mu = \phi(t) \quad \cdots\cdots\cdots\cdots\cdots\cdots\cdots\cdots\cdots\cdots\cdots (\text{D}.3)$$

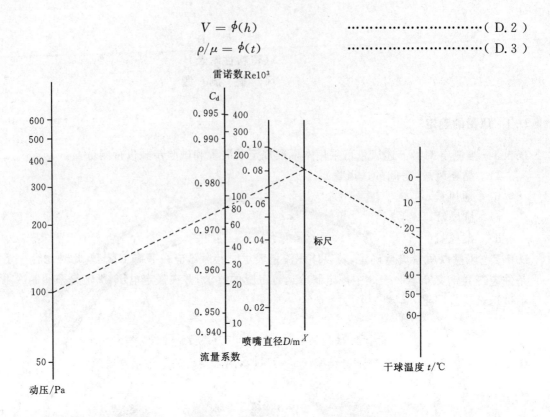

注：由喷嘴直径和干球温度在标尺上得到一点，再由此点与动压线得到雷诺数和流量系数。

图 D.2　喷嘴的流量系数图线

D.3　装置

D.3.1　应采用图 D.1、图 D.3、图 D.4 所示的装置测定风量。

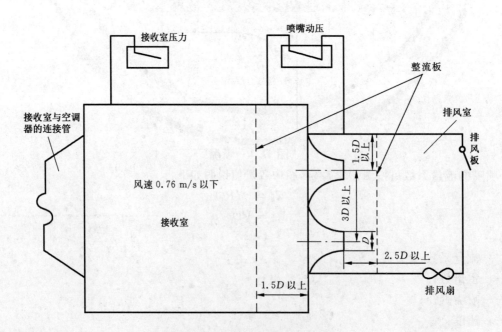

图 D.3　循环风量测量装置

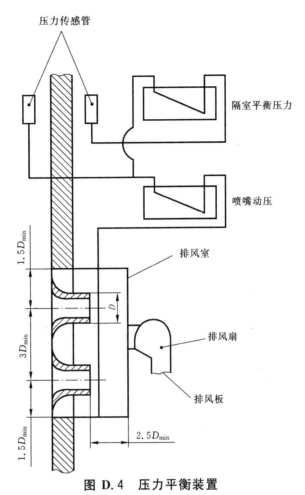

图 D.4 压力平衡装置

D.3.2 将一个或多个按图 D.1、图 D.3 加工的喷嘴安装在接收室的一壁面上,并向排风室排风,排风室的大小应使喉嘴风速不小于 15 m/s。喷嘴间的中心距不应小于三倍喉径;任一喷嘴的中心与相邻四壁面中任一壁面的距离不应小于 1.5 倍喉径。如各喷嘴直径不同,轴间距离应按平均直径取值。接收室的尺寸和布置应能对喷嘴提供均匀的逼近速度,或安装合适的整流板以达到此目的。如此安装的喷嘴对其逼近速度可不加修正。

D.3.3 为了将接收室靠近空调器送风口处的静压调到零,可采用一台压差计,它的一头和接收室的一个或多个静压接管相接,接管应与接收室内壁齐平。

D.3.4 在排风室内,任一喷嘴的中心到相邻壁面的距离应不小于 1.5 倍喉径。喷嘴到下一个障碍物的距离应不小于 5 倍喉径,若采用了合适的整流板则不受此限。

D.3.5 排风室应装排风扇以克服排风室、喷嘴和整流板的阻力。

D.3.6 测量喷嘴前后的压力降应采用一个或多个并联的压差计,压差计的一头与接收室的静压接管相接;而另一头则与排气室的静压接管相接。静压接管的安装必须与外壁内表面齐平,并避免受到气流流动的影响。如有需要,喷嘴出口处的动压可用毕托管测量。若使用多个喷嘴,则需用毕托管对每个喷嘴进行测定。喷嘴处的温度读数仅用来确定空气密度。

D.4 循环风量测量

D.4.1 被测空调器的循环风量应采用图 D.3 所示装置进行测量。

D.4.2 采用一段空气阻力可以忽略不计的风管将房间空调器的送风口与接收室相接。

D.4.3 调节排风扇将接收室内空调器出口处的静压调到零。

D.4.4 记录下列数据

a) 大气压力,kPa;

b) 喷嘴喉部动压或喷嘴前后的静压差,Pa;

c) 喷嘴处干球、湿球温度或露点温度,℃;

d) 采用的电压(V)和频率(Hz)。

D.4.5 通过单个喷嘴的体积流量和质量流量分别按式 D.4、式 D.5 和式 D.6 计算:

$$q_v = K_2 C_d A \sqrt{1\,000\,P_v V_n'} \qquad \cdots\cdots\cdots\cdots\cdots\cdots (D.4)$$

$$q_m = K_2 C_d A \sqrt{P_v / V_n'} \qquad \cdots\cdots\cdots\cdots\cdots\cdots\cdots (D.5)$$

$$V_n' = \frac{P_A V_n}{P_n (1 + W_n)} \qquad \cdots\cdots\cdots\cdots\cdots\cdots\cdots (D.6)$$

式中:

q_v——通过单个喷嘴的体积流量,单位为立方米每秒(m^3/s);

q_m——通过单个喷嘴的质量流量,单位为千克每秒(kg/s);

K_2——1.414;

C_d——喷嘴流量系数(按 D.2.2 确定);

A——喷嘴面积,单位为平方米(m^2);

P_v——喷嘴前后的静压差或喷嘴喉部的动压,单位为帕(Pa);

V_n'——喷嘴进口处的湿空气比容,单位为立方米每千克(m^3/kg);

P_A——标准大气压,101.325,单位为千帕(kPa);

P_n——喷嘴进口处的大气压力,单位为千帕(kPa);

W_n——喷嘴进口处的空气湿度,kg/kg(干);

V_n——按喷嘴进口处的干球、湿球温度确定的,在标准大气压下的湿空气比容,单位为立方米每千克(m^3/kg)。

注:当大气压力与标准大气压偏差不超过 3 kPa 时,为简化计算可以认为 V_n 等于 V_n'。

D.4.6 采用多喷嘴测量时应按 D.4.5 计算,其总风量为各喷嘴风量之和。

D.5 通风量、排风量和漏风量的测量

D.5.1 各种气流定义见图 D.5。

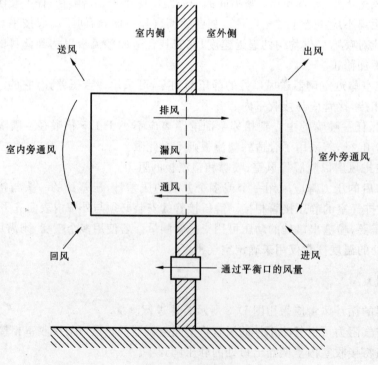

图 D.5 气流图

D.5.2 通风量、排风量和漏风量采用类似于图 D.4 表示装置,并在制冷系统运行达到冷凝平衡后测量,用压力平衡装置调节室内侧与室外侧之间的静压差不超过 1.0 Pa。

D.5.3 记录下列数据:

    a) 大气压力,kPa;

    b) 喷嘴处的干、湿球温度,℃;

    c) 喷嘴喉部的动压,kPa;

    d) 采用的电压 V 和频率 Hz。

D.5.4 按 D.4.5 计算风量。

D.6 静压的测量

D.6.1 单个空气出口的空调器

D.6.1.1 空调器的机外静压测量装置按图 D.6。

在空调器空气出口处安装一只短的静压箱,空气通过静压箱进入空气流量装置(不采用空气流量直接测量法时,进入一合适的风门装置),静压箱的横截面尺寸应大于空调器出口尺寸,使其出风不受影响(静压箱的平均风速小于 0.77 m/s)。

D.6.1.2 测量机外静压的压力计的一端应接至排气静压箱的四个取压接口的箱外连通管,每个接口均位于静压箱各壁面的中心位置,与空调机空气出口的距离为出口平均横截面尺寸的两倍,另一端应和周围大气相通,进口风管的横截面尺寸应等于机组风口的尺寸。

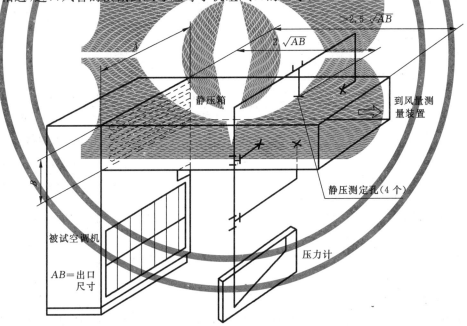

图 D.6 机外静压测量装置

D.6.2 多个空气出口的空调器

在空调器每个空气出口装一个符合图 D.6 的短静压箱,多个送风机使用单个空气出口的空调器应按照 D.6.1 的要求进行试验。

D.6.3 静压测定的一般要求

D.6.3.1 取压接口直径为 6 mm 的短管制作,短管中心应与静压箱外表面上直径为 1 mm 的孔同心。孔的边口不应有毛刺和其他不规则的表面。

D.6.3.2 静压箱和风管段、空调机以及空气测量装置的连接处应密封,不应漏气。在空调机出口和温度测量仪表之间应隔热,防止漏热。

附　录　E
（规范性附录）
房间空气调节器季节能源消耗的计算

E.1　范围

本附录规定了转速可控型房间空气调节器的术语和定义、技术要求、试验和标志，以及房间空气调节器的季节能源消耗效率的计算。

本附录适用于采用风冷冷凝器、转数一定型和转速可控型全封闭型电动机-压缩机，以创造室内舒适环境为目的的制冷量 14 000 W 以下家用和类似用途的房间空气调节器。

注1：水冷式房间空气调节器除外；

注2：容量可控型房间空气调节器可参照执行。

E.2　规范性引用文件

本标准中第 2 章增加：

JRA4046:1999　房间空气调节器季节消耗电量计算基准

E.3　术语和定义

本标准第 3 章除下述内容外，均适用。

E.3.5

制冷量（制冷能力）　total cooling capacity

空调器在额定工况和规定条件下长期稳定制冷运行时，单位时间内从密闭空间、房间或区域内除去的热量总和，单位：W。制冷量包括额定制冷量、额定中间制冷量、最大制冷量及最小制冷量。

注：额定中间制冷量为空调器达到额定制冷量 1/2±0.1 kW 范围时，压缩机电机所处转速下连续稳定运行的能力，单位为 0.1 kW。

E.3.6

制冷消耗功率　cooling power input

空调器进行制冷能力运行时，所消耗的总功率，单位：W。制冷能力运行时的消耗功率包括额定制冷消耗功率及额定中间制冷消耗功率。

注：额定中间制冷消耗功率为额定中间制冷量测试时，空调器所消耗的功率，单位为 5 W。

E.3.7

制热量（制热能力）　heating capacity

空调器在额定工况和规定条件下长期稳定制热运行时，单位时间内送入密闭空间、房间或区域内的热量总和，单位：W。制热量包括额定高温制热量、额定中间制热量和低温制热时的低温制热量。

注1：额定中间制热量为空调器达到额定高温制热量的 1/2±0.1 kW 范围时，压缩机电机所处转速下连续稳定运行的制热能力，单位为 0.1 kW。

注2：低温制热量指在附表 E.1 的低温制热工况条件下，空调器制热运行后，单位时间内送入密闭空间、房间或区域内的热量总和，单位：W。

注3：只具有热泵制热功能时，其制热量称为热泵制热量。

E.3.8

制热消耗功率　heating power input

空调器进行制热运行时，所消耗的总功率，单位：W。制热运行时的消耗功率包括额定高温制热消耗功率、额定中间制热消耗功率和低温制热消耗功率。

注1：额定中间制热消耗功率为额定中间制热量测试时，空调器所消耗的功率，单位为5 W。

注2：只具有热泵制热功能时，其制热消耗功率称为热泵制热消耗功率。

本附录该章增加以下条款：

E.3.17

制冷负荷系数　cooling load factor

CLF

空调器制冷运行时，通过室内温度调节器的通(ON)、断(OFF)使空调器进行断续运行时，由ON时间与OFF时间构成的断续运行的1个周期内，从室内除去的热量和与此等周期时间内连续制冷运行时，从室内除去的热量之比。

E.3.18

制热负荷系数　heating load factor

HLF

空调器制热运行时，通过室内温度调节器的通(ON)、断(OFF)使空调器进行断续运行时，由ON时间与OFF时间构成的断续运行的1个周期内，送入室内的热量和与此等周期时间内连续制热运行时，送入室内的热量之比。

E.3.19

部分负荷率　part load factor

PLF

空调器在同一温湿度条件下，进行断续运行时能源消耗效率与进行连续运行时的能源消耗效率之比。

E.3.20

效率降低系数　degradation coefficient

C_D

空调器因断续运行而发生效率降低的系数，以C_D表示。

E.3.21

制冷季节能源消耗效率　seasonal energy efficiency ratio

SEER

制冷季节期间，空调器进行制冷运行时从室内除去的热量总和与消耗电量的总和之比。

E.3.22

制热季节能源消耗效率　heating seasonal performance factor

HSPF

制热季节期间，空调器进行热泵制热运行时，送入室内的热量总和与消耗电量的总和之比。

E.3.23

全年能源消耗效率　annual performance factor

APF

空调器在制冷季节和制热季节期间，从室内空气中除去的冷量与送入室内的热量的总和与同期间内消耗电量的总和之比。

E.3.24

制冷季节耗电量　cooling seasonal total energe

CSTE

制冷季节期间，空调器进行制冷运转时所消耗的电量总和。

E.3.25

制热季节耗电量　heating seasonal total energe

HSTE

制热季节期间,空调器进行热泵制热运转时所消耗的电量总和。

E.3.26

全年运转时季节耗电量　annual power consumption

APC

制冷季节时的制冷季节耗电量与制热季节时的制热季节耗电量之总和。

E.3.27

转速可控型空调器的最大能力　maximum capacity of revolution-adjustable

转速可控型空调器的最大能力:

a)　在表 E.1 所示的额定制冷工况下试验,压缩机电机所处最大许用转速连续稳定运行(不少于 1 h)时,所具有的能力为最大制冷能力,亦称最大制冷量。

b)　在表 E.1 所示的低温制热能力工况下试验,压缩机电机所处最大许用转速连续运行时,所具有的能力为低温制热能力(最大额定高温制热量按低温制热能力的 1.38 倍计算)。

E.3.28

转速可控型空调器的最小能力　minimum capacity of revolution-adjustable

转速可控型空调器的最小能力:在表 E.1 所示的额定制冷工况试验、额定高温制热工况试验时,保证压缩机所处转速最小时连续运行的能力。

E.3.29

制冷负荷　cooling load

室外温度为 35℃时,空调器的制冷能力(额定制冷量)作为制冷建筑负荷,连接此点与室外温度 23℃时为 0 负荷的点的直线,即为制冷负荷线。

E.3.30

制热负荷　heating load

制热负荷用与制冷负荷大小相同的房间来评价,并用对制冷负荷的固定比率进行计算。

注 1:因住宅结构不同,制冷负荷与制热负荷的比率平均为 1.39,制热负荷可用下面的公式算出:制热负荷＝1.39×制冷负荷

注 2:室外温度 0℃时的制热的负荷(制冷能力×1.39×0.82),与室外温度 17℃为 0 负荷的点连接的直线作为制热负荷线。

E.4　产品分类

本标准第 4 章适用。

E.5　技术要求

E.5.1　通用要求

本标准中 5.1 条适用。

E.5.2　性能要求

本标准 5.2 条除下述条款内容被替代外,均适用。

E.5.2.2　制冷量

1) 额定制冷量

按 E.6.3.2 方法试验时,空调器实测制冷量不应小于额定制冷量的 95％。

2) 额定中间制冷量

按 E.6.3.2 方法试验时,空调器实测中间制冷量不应小于额定中间制冷量的 95％。

3) 额定最小制冷量

按 E.6.3.2 方法试验时,当最小制冷量标示值小于 1 kW,空调器实测最小制冷量不应大于标示值的 120%;当最小制冷量标示值不小于 1 kW,空调器实测最小制冷量不应大于额定最小制冷量的 105%(或不大于(1+0.2) kW,选大者。

4) 额定最大制冷量

按 E.6.3.2 方法试验时,空调器实测最大制冷量不应小于额定最大制冷量的 95%。

E.5.2.3 制冷消耗功率:

1) 额定制冷消耗功率

按 E.6.3.3 方法试验时,空调器实测制冷消耗功率不应大于额定制冷消耗功率的 110%。

2) 额定中间制冷消耗功率

按 E.6.3.3 方法试验时,空调器实测中间制冷消耗功率不应大于额定中间制冷消耗功率的 110%。

3) 额定最小制冷消耗功率

按 E.6.3.3 方法试验时,当最小制冷消耗功率标示值小于 500 W,空调器实测最小制冷消耗功率不应大于标示值的 120%;当最小制冷消耗功率标示值不小于 500 W,空调器实测最小制冷消耗功率不应大于标示值的 110%,或不大于(500+100) W,选大者。

4) 额定最大制冷消耗功率

按 E.6.3.3 方法试验时,空调器实测最大制冷消耗功率不应大于额定最大制冷消耗功率的 110%。

E.5.2.4 热泵制热量

1) 额定制热量

按 E.6.3.4 方法试验时,空调器实测制热量不应小于额定高温制热量的 95%。

2) 额定中间制热量

按 E.6.3.4 方法试验时,空调器实测中间制热量不应小于额定中间制热量的 95%。

3) 额定低温制热量

按 E.6.3.4 方法和表 E.1 低温制热条件下试验时,空调器实测低温制热量不应小于额定低温制热量的 95%。

4) 额定最小制热量

按 E.6.3.4 方法试验时,当最小制热量标示值小于 1 kW,空调器实测最小制热量不应大于标示值的 120%;当最小制热量标示值不小于 1 kW,空调器实测最小制热量不应大于标示值的 105%,或不大于(1+0.2) kW,选大者。

5) 额定最大制热量

空调器的额定最大高温制热量(简称最大制热量)按低温制热能力的 1.38 倍计算,即:

$$最大制热量 = 低温制热量 \times 1.38$$

E.5.2.5 热泵制热消耗功率

1) 额定制热消耗功率

按 E.6.3.5 方法试验时,空调器实测制热消耗功率不应大于额定高温制热消耗功率的 110%。

2) 额定中间制热消耗功率

按 E.6.3.5 方法试验时,空调器实测中间制热消耗功率不应大于额定中间制热消耗功率的 110%。

3) 额定低温制热消耗功率

按 E.6.3.5 方法试验时,空调器实测制热消耗功率不应大于额定低温制热消耗功率的 115%。

4) 额定最小制热消耗功率

按 E.6.3.5 方法试验时,当最小制热消耗功率标示值小于 500 W,空调器实测最小制热消耗功率不应大于标示值的 120%;当最小制热消耗功率标示值不小于 500 W,空调器实测最小制热消耗功率不应大于标示值的 110%,或不大于(500+100) W,选大者。

5）额定最大制热消耗功率

空调器的最大制热消耗功率按低温制热消耗功率的 1.17 倍计算,即:

$$最大制热消耗功率 = 低温制热消耗功率 \times 1.17$$

本附录新增加下述条款:

E.5.2.17 季节能源消耗效率

按 E.6.3.2～E.6.3.5 方法进行试验,并对其实测值进行空调器季节能源消耗效率(制冷、制热、全年)的计算,其计算值不应小于空调器的季节能源消耗效率标示值的 90%,其值为 0.01 的倍数。

E.6 试验

E.6.1 试验条件

本标准 6.1 条除增加下述表 E.1、表 E.2 外,均适用。

表 E.1 试验工况 单位为摄氏度

试验项目	室内侧		室外侧	
	干球	湿球	干球	湿球
额定制冷	27	19	35	24
低温制冷	27	19	29	19
低湿制冷	27	<16	29	—
断续制冷	27	<16	29	—
额定高温制热	20	—	7	6
断续制热	20	—	7	6
额定低温制热	20	<15	2	1
超低温制热	20	<15	—8.5	—9.5

表 E.2 试验允差 单位为摄氏度

项目		室内侧		室外侧	
		干球	湿球	干球	湿球
额定制冷、额定高温制热、额定低温制热	最大偏差	±1.0	±0.5[a]	±1.0	±0.5
	平均偏差	±0.3	±0.2[a]	±0.3	±0.2
低温制冷、低湿制冷	最大偏差	±0.5	±0.3[a]	±0.5	±0.3[a]
	平均偏差	±0.3	±0.2[a]	±0.3	±0.2[a]
断续制冷、断续制热	最大偏差	±1.5	—	±1.5	±1.0[b]
	平均偏差	±0.5	—	±0.5	±0.5[b]
超低温制热	最大偏差	±2.0	±1.5	±2.0	±1.0
	平均偏差	±0.5	±0.5	±0.5	±0.3
注:不稳定状态的热泵制热量试验 3 倍于表中值。					
[a] 额定高温制热试验不适用,低湿制冷试验不适用。					
[b] 断续制冷试验不适用。					

E.6.2 试验要求

本标准 6.2 条除增加下述内容外,均适用。

E.6.2.2 空调器在启动或停止的负荷变动外,电源电压的变动为 ±2%,频率的变动为额定频率的 ±1%。

E.6.3 试验方法

本标准 6.3 条除下述条款内容被替代外,均适用。

E.6.3.2 制冷量试验

1）额定制冷量

按正文6.3.2方法进行试验，空调器在额定制冷工况和规定条件下、连续稳定运行1 h后进行测试。

2）额定中间制冷量

按正文6.3.2方法进行试验，在额定制冷工况和规定条件下、空调器达到额定制冷量的$1/2\pm0.1$ kW时，压缩机电机所处转速下连续稳定运行1 h后进行测试。

3）额定最小制冷量

按正文6.3.2方法进行，空调器在额定制冷工况和规定条件下，保证压缩机处在最小转速下，稳定运行1 h后进行测试。

4）额定最大制冷量（如果额定最大制冷量压缩机的最大许用转速为额定制冷量压缩机的运行转速，此试验可不进行）。

按正文6.3.2方法试验时，在额定工况和规定条件下压缩机处在最大许用转速至少稳定运行1 h后进行测试。

注：上述各试验中压缩机转速设定等可按制造厂提供的方法进行。

E.6.3.3 制冷消耗功率试验

按正文6.3.2方法进行额定制冷量、额定中间制冷量、额定最小制冷运行、额定最大制冷量运行的同时，测定空调器的输入功率、电流。

E.6.3.4 热泵制热量试验

1）额定制热量

按正文6.3.4方法进行试验，空调器在额定高温制热工况和规定条件下、连续稳定运行1 h后进行测试。

2）额定中间制热量

按正文6.3.4方法进行试验，在额定高温制热工况和规定条件下，用空调器达到高温额定制热量的$1/2\pm0.1$ kW时，压缩机电机所处转速下，连续稳定运行1 h后进行测试。

3）额定低温制热量

按正文6.3.4和附录A.2.4.2～A.2.4.3方法进行试验，将空调器置于空气焓值法试验装置内，在表E.1低温制热工况和规定条件下（辅助电加热装置的电路断开），压缩机以最大转速稳定运行后进行测试。

4）额定最小制热量

按正文6.3.4方法进行试验，空调器在额定高温制热工况和规定条件下，保证压缩机处在最小转速下，稳定运行1 h后进行测试。

5）额定最大制热量

最大制热量以计算式算出（最大制热量按低温制热量×1.38计算）。

注：上述各试验中压缩机转速设定等可按制造厂提供的方法进行。

E.6.3.5 热泵制热消耗功率试验

按正文6.3.4方法进行额定高温制热量、额定中间制热量、额定低温制热量、最小制热量运行的同时，测定空调器的输入功率、电流，并以计算式算出空调器的最大制热消耗功率（按低温制热消耗功率×1.13计算）。

本章增加下述条款，其试验可作为验证空调器季节能源消耗计算和控制产品质量的参考。

E.6.20 低温制冷试验

按正文6.3.2方法进行试验，空调器在低温制冷工况和规定条件下、连续稳定运行1 h后进行测试。

E.6.21 低湿制冷试验

按正文6.3.2方法进行试验,空调器在低湿制冷工况和规定条件下、连续稳定运行1 h后进行测试。

E.6.22 断续制冷试验

按正文6.3.2方法进行试验,空调器在断续制冷工况和下述条件下以焓值法进行测试:

1)用室内温度装置反复进行空调器的断续制冷运行1 h以上,达到平衡后连续进行断续运行3个周期后进行测试,并将其换算为小时制冷能力;

2)运行周期为:开始运行至下一个运行开始,断续运行时间为运行7 min,停止5 min;

3)测定间隔为10 s以内。

E.6.23 断续制热试验

按正文6.3.4方法进行试验,空调器在断续制热工况和下述条件下以焓值法进行测试:

1)用室内温度装置反复进行空调器的断续制热运行1 h以上,达到平衡后连续进行断续运行3个周期后进行测试,并将其换算为小时制热能力;

2)运行周期为开始运行至下一个运行开始,断续运行时间为运行5 min,停止3 min;

3)测定间隔为10 s以内。

E.6.24 超低温制热试验

按正文6.3.4方法进行试验,空调器在超低温制热工况和下述条件下以焓值法进行测试:

1)空调器运行达到平衡后再运行30 min之后的20 min期间进行测试,并将其换算为小时制热能力;

2)测定间隔为10 s以内。

E.7 检测规则

标准正文中该章适用。

E.8 标志

E.8.1 本标准8.1条增加以下内容:

除标示出制冷量、输入功率外,还应标出制冷量范围(最大制冷量和最小制冷量)、输入功率范围(最大制冷输入功率和最小制冷输入功率),中间制冷量、中间制冷输入功率;

除标示出制热量、输入功率外,还应标出制热量范围(最大制热量和最小制热量)、输入功率范围(最大制热输入功率和最小制热输入功率),中间制热量、中间制热输入功率,低温制热量、低温制热输入功率;

标示出制冷季节能源消耗效率、制热季节能源消耗效率、全年能源消耗效率。

注:中间制冷/热量、中间制冷/热输入功率、低温制热量、低温制热输入功率可在说明书中表示。

E.9 季节能源消耗的计算

E.9.1 制冷季节能源消耗效率(SEER)、季节耗电量(CSTE)、季节制冷量(CSTL)的计算:

E.9.1.1 定频型空调器

定频空调器制冷计算时所用性能参数见表E.3,制冷季节需要制冷的各温度发生时间见表E.4,房间热负荷与制冷能力的关系见图E.1:

表 E.3 各工况条件的性能参数

试验项目	制冷量	制冷消耗功率
额定制冷	ϕ_{cr}(实测制冷量) ϕ_{cra}(额定制冷量)	P_c(实测制冷消耗功率) P_{ca}(额定制冷消耗功率)
低温制冷	$\phi_{cr(29)}=1.077\ \phi_{cr}$(计算值)	$P_{c(29)}=0.914\ P_c$(计算值)

表 E.4 制冷季节需要制冷的各温度发生时间

温度区分 j	温度 $t/℃$	时间/h	温度区分 j	温度 $t/℃$	时间/h
1	24	267	9	32	122
2	25	295	10	33	59
3	26	362	11	34	37
4	27	331	12	35	16
5	28	288	13	36	2
6	29	246	14	37	3
7	30	194	15	38	0
8	31	177	合计		2 399

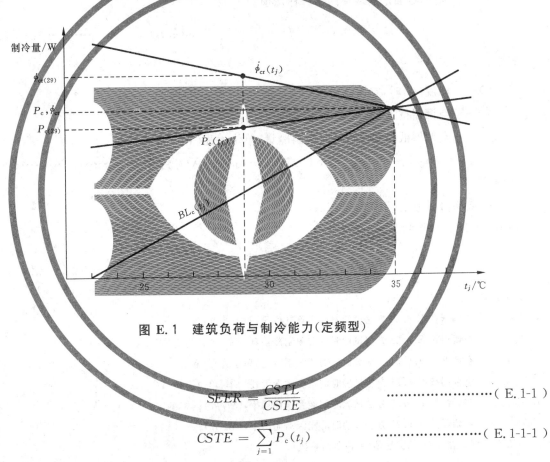

图 E.1 建筑负荷与制冷能力（定频型）

$$SEER = \frac{CSTL}{CSTE} \qquad \cdots\cdots\cdots\cdots\cdots(E.1\text{-}1)$$

$$CSTE = \sum_{j=1}^{15} P_c(t_j) \qquad \cdots\cdots\cdots\cdots\cdots(E.1\text{-}1\text{-}1)$$

式中：

$P_c(t_j)$——在制冷季节的制冷温度(t_j)时间内，空调器制冷所消耗的电量(Wh)。

$$P_c(t_j) = \frac{X(t_j) \times \dot{P}_c(t_j) \times n_j}{PLF(t_j)} \qquad \cdots\cdots\cdots\cdots\cdots(E.1\text{-}1\text{-}2)$$

式中：

$X(t_j)$——温度(t_j)时房间热负荷与空调器制冷运行时的制冷量之比。

$PLF(t_j)$——温度(t_j)时的部分负荷率。

n_j——制冷季节中制冷的各温度下工作时间，由表 E.4 确定，$j=1,2,\cdots14,15$。

$\dot{P}_c(t_j)$——温度(t_j)时，空调器制冷运行所消耗的功率，单位为瓦(W)。

$$\dot{P}_c(t_j) = P_c + \frac{P_{c(29)} - P_c}{35 - 29}(35 - t_j) \qquad \cdots\cdots\cdots\cdots\cdots\text{(E. 1-1-3)}$$

式中：

P_c——空调器按 E. 6.3.2(1)方法试验时的制冷消耗功率，单位为瓦(W)；

$P_{c(29)}$——空调器低温制冷运行时所消耗的功率，单位为瓦(W)，见表 E.3。

$$X(t_j) = \frac{BL_c(t_j)}{\dot{\phi}_{cr}(t_j)} \qquad \cdots\cdots\cdots\cdots\cdots\text{(E. 1-1-4)}$$

$$BL_c(t_j) = \phi_{cra} \frac{t_j - 23}{35 - 23} \qquad \cdots\cdots\cdots\cdots\cdots\text{(E. 1-1-5)}$$

式中：

$BL_c(t_j)$——温度(t_j)时的房间热负荷，单位为瓦(W)，当 $BL_c(t_j) \geqslant \dot{\phi}_{cr}(t_j)$时，$X(t_j) = 1$

ϕ_{cra}——空调器额定制冷量的铭牌标示值。

$$\dot{\phi}_{cr}(t_j) = \phi_{cr} + \frac{\phi_{cr(29)} - \phi_{cr}}{35 - 29}(35 - t_j) \qquad \cdots\cdots\cdots\cdots\cdots\text{(E. 1-1-6)}$$

式中：

$\dot{\phi}_{cr}(t_j)$——温度(t_j)时，空调器运行的制冷能力，单位为瓦(W)；

ϕ_{cr}——空调器按 E. 6.3.2(1)方法试验时的实测制冷量，单位为瓦(W)；

$\phi_{cr(29)}$——空调器低温制冷运行时的制冷量，单位为瓦(W)，见表 E.3。

$$PLF(t_j) = 1 - C_D[1 - X(t_j)] \cdots\cdots\cdots\cdots\cdots\cdots\text{(E. 1-1-7)}$$

式中：

C_D——效率降低系数，取 $C_D = 0.25$；

注：C_D 值可通过试验并用下式计算求之：

$$C_D = \frac{1 - \frac{\phi_{cr(cyc)}/P_{c(cyc)}}{\phi_{cr(dry)}/P_{c(dry)}}}{1 - \phi_{cr(cyc)}/\phi_{cr(dry)}} = \frac{1 - \frac{EER_{c(cyc)}}{EER_{c(dry)}}}{1 - CLF} \qquad \cdots\cdots\cdots\cdots\text{(E. 1-1-8)}$$

式中：

$\phi_{cr(cyc)}$——空调器按 E.6.22 方法试验时的实测制冷量，单位为瓦(W)；

$P_{c(cyc)}$——空调器按 E.6.22 方法试验时的实测制冷消耗功率，单位为瓦(W)；

$\phi_{cr(dry)}$——空调器按 E.6.21 方法试验时的实测制冷量，单位为瓦(W)；

$P_{c(dry)}$——空调器按 E.6.21 方法试验时的实测制冷消耗功率，单位为瓦(W)；

$EER_{c(cyc)}$——空调器按 E.6.22 方法试验时的能源消耗功率，(W/W)；

$EER_{c(dry)}$——空调器按 E.6.21 方法试验时的能源消耗功率，(W/W)；

CLF——$\phi_{cr(cyc)}$ 与 $\phi_{cr(dry)}$ 的比值(制冷负荷系数)。

$$CSTL = \sum_{j=1}^{15} \phi_{cr}(t_j) \qquad \cdots\cdots\cdots\cdots\cdots\text{(E. 1-1-9)}$$

$$\phi_{cr}(t_j) = X(t_j) \times \dot{\phi}_{cr}(t_j) \times n_j \qquad \cdots\cdots\cdots\cdots\text{(E. 1-1-10)}$$

式中：

$\phi_{cr}(t_j)$——在制冷季节制冷温度(t_j)的时间内，空调器对应房间负荷的制冷量，单位为瓦·时(Wh)；

$X(t_j)$——见 E.1-1-4 式；

$\dot{\phi}_{cr}(t_j)$——E.1-1-6 式计算。

E.9.1.2 变频型空调器的计算：

变频空调器制冷计算时所用性能参数见表 E.5,制冷季节需要制冷的各温度发生时间见表 E.4,房间热负荷与制冷能力的关系见图 E.2：

表 E.5 各工况条件的性能参数

试验项目	制 冷 量	制冷消耗功率
额定制冷	ϕ_{cr2a}（额定制冷量） ϕ_{cr2}（实测制冷量）	P_{c2a}（额定制冷消耗功率） P_{c2}（实测制冷消耗功率）
	ϕ_{crm}（实测中间制冷量）	P_{cm}（实测中间制冷消耗功率）
低温制冷	$\phi_{cr2(29)}=1.077\phi_{cr2}$（计算值）	$P_{c2(29)}=0.914P_{c2}$（计算值）
	$\phi_{crm(29)}=1.077\phi_{crm}$（计算值）	$P_{cm(29)}=0.914P_{cm}$（计算值）

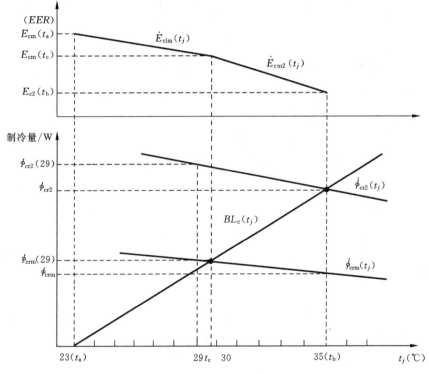

图 E.2 建筑负荷与制冷能力（变频型）

$$SEER = \frac{CSTL}{CSTE} \qquad \cdots\cdots\cdots\cdots\cdots\cdots\cdots （\text{E.1-2}）$$

$$CSTE = \sum_{j=1}^{k} P_{clm}(t_j) + \sum_{j=k+1}^{12} P_{cm2}(t_j) + \sum_{j=13}^{15} P_{c2}(t_j) \cdots\cdots\cdots\cdots （\text{E.1-2-1}）$$

式中：

$P_{clm}(t_j)$——制冷温度为 t_j 时,空调器在额定中间制冷能力以下,对应房间热负荷的能力保持连续可变运行时所需消耗的电量(Wh),用式 E.1-2-5、式 E.1-2-13 计算；

$P_{cm2}(t_j)$——制冷时温度为 t_j 时,空调器额定中间制冷能力与额定制冷能力之间,对应房间热负荷的能力连续可变运行时所需消耗的电量(Wh),用式 E.1-2-16 计算；

$P_{c2}(t_j)$——制冷时温度为 t_j 时,空调器以额定制冷能力运行的耗电量(Wh),用式 E.1-2-21 计算；

t_k——最靠近 t_c 的温度为 t_k。

$$CSTL = \sum_{j=1}^{12} BL_c(t_j) \times n_j + \sum_{j=13}^{15} \phi_{cr2}(t_j) \times n_j \qquad \cdots\cdots\cdots\cdots\cdots （\text{E.1-2-2}）$$

$$BL_c(t_j) = \phi_{cr2a} \frac{t_j - 23}{35 - 23} \qquad\qquad\cdots\cdots\cdots\cdots\cdots\cdots\cdots(\text{ E. 1-2-3 })$$

式中：

ϕ_{cr2a}——空调器的额定制冷量的标示值；

$\phi_{cr2}(t_j)$——空调器制冷运行中,在温度 t_j 时以额定制冷量对应房间所需的热量运行时的制冷量,即对应室外温度 t_b 以上时的房间热负荷的制冷量；

n_j——制冷季节中制冷的各温度下工作时间,由表 E.4 确定,$j = 1,2,\cdots14,15$。

制冷计算时所需温度点(制冷能力与房间热负荷达到均衡时的温度) t_a、t_b、t_c 及其计算,其中: $t_a = 23℃ < t_c < t_b = 35℃$

$$t_c = \frac{\phi_{crm} + 23 \times \dfrac{\phi_{cr2a}}{35 - 23} + 35 \times \dfrac{\phi_{crm(29)} - \phi_{crm}}{35 - 29}}{\dfrac{\phi_{cr2a}}{35 - 23} + \dfrac{\phi_{crm(29)} - \phi_{crm}}{35 - 29}} \qquad\cdots\cdots\cdots\cdots(\text{ E. 1-2-4 })$$

式中：

t_c——房间热负荷与额定中间制冷能力达到均衡时的温度；

t_b——房间热负荷与额定制冷能力达到均衡时的温度,即 $t_b = 35℃$；

t_a——房间热负荷为 0 的温度,即 $t_a = 23℃$；

ϕ_{crm}、$\phi_{crm(29)}$——见表 E.5。

E.9.1.2.1 空调器在额定中间制冷能力以下 $(t_j \leqslant t_c)$ 连续可变运行时的计算：

$$P_{clm}(t_j) \frac{BL_c(t_j) \times n_j}{\dot{E}_{clm}(t_j)} \qquad\qquad\cdots\cdots\cdots\cdots\cdots\cdots(\text{ E. 1-2-5 })$$

式中：

$P_{clm}(t_j)$——见 E.1-2-1 式符号说明；

$BL_c(t_j)$——温度 t_j 时的房间热负荷；

n_j——见 E.1-2-3 式符号说明；

$\dot{E}_{clm}(t_j)$——空调器在温度 (t_j) 以中间制冷能力以下对应与房间热负荷运行时的 EER 的计算值,用下式计算：

$$\dot{E}_{clm}(t_j) = E_{cm}(t_a) + \frac{E_{cm}(t_c) - E_{cm}(t_a)}{t_c - t_a}(t_j - t_a) \qquad\cdots\cdots\cdots\cdots(\text{ E. 1-2-6 })$$

式中：

$E_{cm}(t_a)$——空调器在 $t_a = 23℃$ 时,以中间能力运行时的 EER；

$E_{cm}(t_c)$——空调器在温度 t_c 时,以中间制冷能力运行时的 EER。

$$E_{cm}(t_a) = \frac{\phi_{crm}(t_a)}{P_{cm}(t_a)} \qquad\qquad\cdots\cdots\cdots\cdots\cdots\cdots(\text{ E. 1-2-7 })$$

$$\phi_{crm}(t_a) = \phi_{crm} + \frac{\phi_{crm(29)} - \phi_{crm}}{35 - 29}(35 - t_a) \qquad\cdots\cdots\cdots\cdots(\text{ E. 1-2-8 })$$

式中：

$\phi_{crm}(t_a)$——空调器在温度 t_a 时,以中间制冷能力运行的制冷量,单位为瓦(W)；

$\phi_{crm(29)}$——空调器在低温制冷时,以中间制冷能力运行的制冷量,单位为瓦(W),见表 E.5；

ϕ_{crm}——空调器按 E.6.3.2 的 2)方法试验时的中间制冷量,单位为瓦(W)。

$$P_{cm}(t_a) = P_{cm} + \frac{P_{cm(29)} - P_{cm}}{35 - 29}(35 - t_a) \qquad\cdots\cdots\cdots\cdots(\text{ E. 1-2-9 })$$

式中：

$P_{cm}(t_a)$——空调器在温度 t_a 时，以中间制冷能力运行的消耗功率，单位为瓦（W）；

$P_{cm(29)}$——空调器在低温制冷时，以中间制冷能力运行的消耗功率，单位为瓦（W），见表 E.5；

P_{cm}——空调器按 E.6.3.2 的 2)方法试验时的中间制冷消耗功率，单位为瓦（W）。

$$E_{cm}(t_c) = \frac{\phi_{crm}(t_c)}{P_{cm}(t_c)} \quad \cdots\cdots\cdots\cdots\cdots（\text{E.1-2-10}）$$

$$\phi_{crm}(t_c) = \phi_{crm} + \frac{\phi_{crm(29)} - \phi_{crm}}{35 - 29}(35 - t_c) \quad \cdots\cdots\cdots\cdots（\text{E.1-2-11}）$$

式中：

$\phi_{crm}(t_c)$——空调器在温度 t_a 时，以中间制冷能力运行的制冷量，单位为瓦（W）；

$$P_{cm}(t_c) = P_{cm} + \frac{P_{cm(29)} - P_{cm}}{35 - 29}(35 - t_c) \quad \cdots\cdots\cdots\cdots（\text{E.1-2-12}）$$

式中：

$P_{cm}(t_c)$——空调器在温度 t_c 时，以中间制冷能力运行的消耗功率，单位为瓦（W）。

另外，空调器制冷能力可变幅度下限值大于中间制冷能力时，以其下限值作为中间能力，并用下列公式计算：

$$P_{clm}(t_j) = \frac{BL_c(t_j) \times n_j}{\dot{E}_{clm}(t_j) \times PLF(t_j)} \quad \cdots\cdots\cdots\cdots（\text{E.1-2-13}）$$

$$PLF(t_j) = 1 - C_D[1 - X_1(t_j)] \quad \cdots\cdots\cdots（\text{E.1-2-14}）$$

式中：$C_D = 0.25$

$$X_1(t_j) = \frac{BL_c(t_j)}{\phi_{crm}(t_j)} = \frac{\phi_{cra}\dfrac{t_j - 23}{35 - 23}}{\phi_{crm} + \dfrac{\phi_{crm(29)} - \phi_{crm}}{35 - 29}(35 - t_j)} \quad \cdots\cdots\cdots（\text{E.1-2-15}）$$

式中符号说明同上。当 $BL_c(t_j) \geqslant \phi_{crm}(t_j)$ 时，$X_1(t_j) = 1$。

E.9.1.2.2 空调器以额定中间制冷能力与额定制冷能力之间（$t_c \leqslant t_j \leqslant t_b$）连续可变运转时的计算：

$$P_{cm2}(t_j) = \frac{BL_c(t_j) \times n_j}{\dot{E}_{cm2}(t_j)} \quad \cdots\cdots\cdots\cdots（\text{E.1-2-16}）$$

式中：

$P_{cm2}(t_j)$——见公式 E.1-2-1 符号说明；

$BL_c(t_j)$——见公式 E.1-2-3 符号说明；

$\dot{E}_{cm2}(t_j)$——空调器在温度（t_j）时，在中间制冷能力和额定制冷能力之间对应房间热负荷运行时的 EER 的计算值，用下式计算：

$$\dot{E}_{cm2}(t_j) = E_{cm}(t_c) + \frac{E_{c2}(t_b) - E_{cm}(t_c)}{t_b - t_c}(t_j - t_c) \quad \cdots\cdots\cdots（\text{E.1-2-17}）$$

式中：

$E_{c2}(t_b)$——空调器在 $t_b = 35℃$时，以额定制冷能力运行时的 EER；

$E_{cm}(t_c)$——见公式 E.1-2-6 符号说明。

$$E_{c2}(t_b) = \frac{\phi_{cr2}(t_b)}{P_{c2}(t_b)} \quad \cdots\cdots\cdots\cdots（\text{E.1-2-18}）$$

式中：

$\phi_{cr2}(t_b)$——空调器在温度 $t_b = 35℃$时，以额定制冷能力运行时的制冷量，单位为瓦（W）；

$P_{c2}(t_b)$——空调器在温度 $t_b=35℃$ 时，以额定制冷能力运行时的消耗功率，单位为瓦（W）。

$$\phi_{cr2}(t_b) = \phi_{cr2} + \frac{\phi_{cr2(29)} - \phi_{cr2}}{35 - 29}(35 - t_b) \quad\cdots\cdots\cdots\cdots\cdots(E.1\text{-}2\text{-}19)$$

式中：

$\phi_{cr2(29)}$——空调器在低温制冷时，以额定制冷能力运行的制冷量，单位为瓦（W），见表 E.5；

ϕ_{cr2}——空调器按 E.6.3.2 的 1)方法试验时的实测制冷量，单位为瓦（W）。

$$P_{c2}(t_b) = P_{c2} + \frac{P_{c2(29)} - P_{c2}}{35 - 29}(35 - t_b) \quad\cdots\cdots\cdots\cdots\cdots(E.1\text{-}2\text{-}20)$$

式中：

$P_{c2(29)}$——空调器在低温制冷时，以额定制冷能力运行的制冷消耗功率，单位为瓦（W），见表 E.5；

P_{c2}——空调器按 E.6.3.2 的 1)方法试验时的实测制冷消耗功率，单位为瓦（W）。

E.9.1.2.3 空调器以额定制冷能力（$t_b=35\leqslant t_j$）连续运转时的计算

$$P_{c2}(t_j) = \dot{P}_{c2}(t_j) \times n_j \quad\cdots\cdots\cdots\cdots\cdots(E.1\text{-}2\text{-}21)$$

式中：

$P_{c2}(t_j)$——空调器在温度（t_j）时，以额定制冷能力运行时的消耗电量，单位为瓦时（Wh）；

$\dot{P}_{c2}(t_j)$——空调器在温度（t_j）时，以额定制冷能力运行时的消耗功率（W），用下式计算：

$$\dot{P}_{c2}(t_j) = P_{c2} + \frac{P_{c2(29)} - P_{c2}}{35 - 29}(35 - t_j) \quad\cdots\cdots\cdots\cdots\cdots(E.1\text{-}2\text{-}22)$$

式中：

P_{c2}、$P_{c2(29)}$——见公式 E.1-2-20 符号说明。

$$\phi_{cr2}(t_j) = \dot{\phi}_{cr2}(t_j) \times n_j \quad\cdots\cdots\cdots\cdots\cdots(E.1\text{-}2\text{-}23)$$

式中：

$\phi_{cr2}(t_j)$——见式 E.1-2-2 的符号说明；

$\dot{\phi}_{cr2}(t_j)$——空调器在温度（t_j）时，以额定制冷能力运行时的制冷量，单位为瓦（W），用下式计算：

$$\dot{\phi}_{cr2}(t_j) = \phi_{cr2} + \frac{\phi_{cr2(29)} - \phi_{cr2}}{35 - 29}(35 - t_j) \quad\cdots\cdots\cdots\cdots\cdots(E.1\text{-}2\text{-}24)$$

式中：

$\phi_{cr2(29)}$、ϕ_{cr2}——见公式 E.1-2-19 符号说明。

E.9.2 制热季节能源消耗效率（HSPF）、季节耗电量（HSTE）、季节制热量（HSTL）的计算

E.9.2.1 定频型热泵空调器

定频空调器制热计算时所用性能参数见表 E.6，制热季节需要制热的各温度发生时间见表 E.7，房间热负荷与制热能力的关系见图 E.3：

表 E.6　各条件的性能参数

试验项目	热泵制热量	热泵制热消耗功率
额定高温制热	ϕ_{hr}（实测高温制热量）	P_h（实测高温制热消耗功率）
额定低温制热	ϕ_{def}（实测低温制热量）	P_{def}（实测低温制热消耗功率）
	$\phi_{hr(2)}=1.12\phi_{def}$（计算值）	$P_{h(2)}=1.06P_{def}$（计算值）
超低温制热	$\phi_{hr(-8.5)}=0.601\phi_{hr}$（计算值）	$P_{h(-8.5)}=0.801P_h$（计算值）

表 E.7　制热季节需要制热的各温度的发生时间

温度区分 j	温度 t/℃	时间/h	温度区分 j	温度 t/℃	时间/h
1	−9	0	15	5	241
2	−8	2	16	6	282
3	−7	30	17	7	225
4	−6	29	18	8	199
5	−5	36	19	9	222
6	−4	45	20	10	170
7	−3	55	21	11	159
8	−2	79	22	12	176
9	−1	113	23	13	165
10	0	157	24	14	121
11	1	232	25	15	114
12	2	242	26	16	57
13	3	227			
14	4	222	总计		3 600

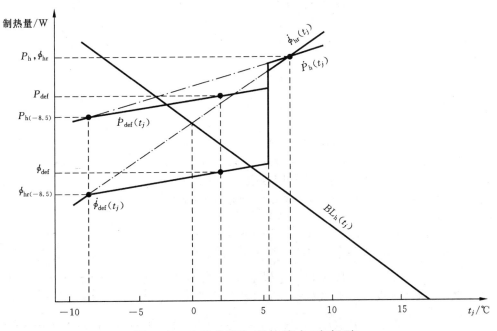

图 E.3　建筑负荷与制热能力（定频型）

$$HSPF = \frac{HSTL}{HSTE} \qquad \cdots\cdots\cdots\cdots\cdots\cdots (\text{E.2-1})$$

$$HSTE = \sum_{1}^{26} \frac{X(t_j) \times \dot{P}_h(t_j) \times n_j}{PLF(t_j)} + \sum_{1}^{26} P_{RH}(t_j) \cdots\cdots\cdots\cdots (\text{E.2-1-1})$$

式中：

$X(t_j)$——温度(t_j)时房间热负荷与空调器制热运行时的制热量之比；

$\dot{P}_h(t_j)$——温度(t_j)时，空调器制热运行所消耗的功率，单位为瓦（W）；

$PLF(t_j)$——温度(t_j)时,空调器继续运行的部分负荷率;

n_j——制热季节中制热的各温度下工作时间,由表 E.6 确定,$j=1,2,\cdots25,26$;

$P_{RH}(t_j)$——空调器在温度(t_j)时,空调器对应于房间负荷的制热能力不足时,加入电热装置的消耗电量(Wh),当 $\dot\phi_{hr}(t_j)\geqslant BL_h(t_j)$时,$P_{RH}(t_j)=0$。

$$HSTL = \sum_1^{26} BL_h(t_j)\times n_j \qquad\qquad (\text{E.2-1-2})$$

$$BL_h(t_j) = 1.39\times0.82\times\phi_{cr2a}\frac{17-t_j}{17} \qquad\qquad (\text{E.2-1-3})$$

式中:

$BL_h(t_j)$——房间热负荷,根据额定制冷量的标示值由 E.2-1-3 式进行计算;

ϕ_{cr2a}——空调器额定制冷量的标示值。

E.9.2.1.1 无霜区域制热运行的情况$(t_j\geqslant5.5℃$ 或 $t_j\leqslant-8.5℃)$:

$$\dot P_h(t_j) = P_{h(-8.5)} + \frac{P_h-P_{h(-8.5)}}{7-(-8.5)}[t_j-(-8.5)] \qquad\qquad (\text{E.2-1-4})$$

$$X(t_j) = \frac{BL_h(t_j)}{\dot\phi_{hr}(t_j)} \qquad\qquad (\text{E.2-1-5})$$

当 $\dot\phi_{hr}(t_j)\leqslant BL_h(t_j)$时,$X(t_j)=1$。

$$\dot\phi_{hr}(t_j) = \phi_{hr(-8.5)} + \frac{\phi_{hr}-\phi_{hr(-8.5)}}{7-(-8.5)}[t_j-(-8.5)] \qquad\qquad (\text{E.2-1-6})$$

$$PLF(t_j) = 1-C_D[1-X(t_j)] \qquad\qquad (\text{E.2-1-7})$$

式中:

C_D——效率降低系数,取 $C_D=0.25$;

注:C_D 值可通过试验并用下式求之:

$$C_D = \frac{1-\dfrac{\phi_{hr(cyc)}/P_{h(cyc)}}{\phi_{hr}/P_h}}{1-\phi_{hr(cyc)}/\phi_{hr}} = \frac{1-\dfrac{COP_{h(cyc)}}{COP_h}}{1-HLF} \qquad\qquad (\text{E.2-1-8})$$

式中:

$\phi_{hr(cyc)}$——空调器按 E.6.23 方法试验时的实测制热量,单位为瓦(W);

$P_{h(cyc)}$——空调器按 E.6.23 方法试验时的实测制热消耗功率,单位为瓦(W);

ϕ_{hr}——空调器按 E.6.3.4 方法试验时的实测制热量,单位为瓦(W);

P_h——空调器按 E.6.3.4 方法试验时的实测制热消耗功率,单位为瓦(W);

$COP_{h(cyc)}$——空调器按 E.6.23 方法试验时的性能系数(W/W);

COP_h——空调器按 E.6.3.4 方法试验时的性能系数(W/W);

HLF——$\phi_{hr(cyc)}$与 ϕ_{hr}的比值(制热负荷系数)。

$$P_{Rh}(t_j) = [BL_h(t_j)-\dot\phi_{hr}(t_j)]\times n_j \qquad\qquad (\text{E.2-1-9})$$

E.9.2.1.2 制热运行发生除霜的情况$(-8.5℃<t_j<5.5℃)$:

$$\dot P_h(t_j) = \dot P_{def}(t_j) = P_{h(-8.5)} + \frac{P_{def}-P_{h(-8.5)}}{2-(-8.5)}[t_j-(-8.5)] \qquad (\text{E.2-1-10})$$

$$X(t_j) = \frac{BL_h(t_j)}{\dot\phi_{def}(t_j)} \qquad\qquad (\text{E.2-1-11})$$

$$\dot\phi_{def}(t_j) = \phi_{hr(-8.5)} + \frac{\phi_{def}-\phi_{hr(-8.5)}}{2-(-8.5)}[t_j-(-8.5)] \qquad\qquad (\text{E.2-1-12})$$

$$PLF(t_j) = 1-C_D[1-X(t_j)] \qquad\qquad (\text{E.2-1-13})$$

$$P_{Rh}(t_j) = [BL_h(t_j)-\dot\phi_{def}(t_j)]\times n_j \qquad\qquad (\text{E.2-1-14})$$

式中:

$\dot P_{def}(t_j)=\dot P_h(t_j)$——见公式 E.2-1-1 符号说明;

$P_{h(-8.5)}$——见表 E.6 说明,单位为瓦(W);

P_{def}——空调器按 E.6.3.4(3)方法试验时的制热消耗功率,单位为瓦(W);

$BL_h(t_j)$——温度(t_j)时的房间热负荷(W),当 $BL_h(t_j) \geqslant \dot{\phi}_{def}(t_j)$时,$X(t_j)=1$;

$\phi_{hr(-8.5)}$——见表 E.6 说明,单位为瓦(W);

ϕ_{def}——空调器按 E.6.3.4(3)方法试验时运行的制热量,单位为瓦(W);

$P_{RH}(t_j)$——见公式 E.2-1-1 符号说明。

E.9.2.2 变频型热泵空调器的计算:

变频空调器制热计算时所用性能参数见表 E.8,制热季节需要制热的各温度发生时间见表 E.7,房间热负荷与制热能力的关系见图 E.3:

表 E.8 各条件的性能

试验项目	热泵制热量	热泵制热消耗功率
高温额定制热	ϕ_{hr2}(实测高温制热量)	P_{h2}(实测高温制热消耗功率)
	ϕ_{hrm}(实测中间制热量)	P_{hm}(实测中间制热消耗功率)
额定低温制热最大值(峰值)	ϕ_{def}(实测低温制热量)	P_{def}(实测低温制热消耗功率)
	$\phi_{hr3(2)}=1.12\phi_{def}$(计算值)	$P_{h3(2)}=1.06 P_{def}$(计算值)
超低温制热	$\phi_{hr3(-8.5)}=0.689\ 784\phi_{hr3(2)}$(计算值)	$P_{h3(-8.5)}=0.855\ 95 P_{h3(2)}$(计算值)
	$\phi_{hr2(-8.5)}=0.601\phi_{hr2}$(计算值)	$P_{h2(-8.5)}=0.801P_{h2}$(计算值)
	$\phi_{hrm(-8.5)}=0.601\phi_{hrm}$(计算值)	$P_{hm(-8.5)}=0.801P_{hm}$(计算值)

表中:

$\phi_{hr3(2)}$——除霜运行结束后,进入下个制热运转时,将制热运转 10 min 后的 20 min 的能力值换算成每小时的制热能力,单位为瓦(W);

$P_{hr3(2)}$——除霜运行结束后,进入下个制热运转时,将制热运转 10 min 后的 20 min 的消耗功率换算成每小时的制热消耗功率,单位为瓦(W)。

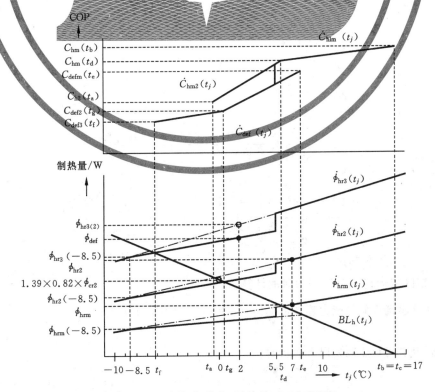

图 E.4 建筑负荷与制热能力(变频型)

$$HSPF = \frac{HSTL}{HSTE} \quad \cdots\cdots\cdots\cdots\cdots\cdots\cdots\cdots (\text{E. 2-2})$$

$$HSTE = \sum_{1}^{26} \dot{P}_{\text{h}}(t_j) \times n_j + \sum_{1}^{26} P_{\text{RH}}(t_j) \quad \cdots\cdots\cdots\cdots\cdots\cdots (\text{E. 2-2-1})$$

$$HSTL = \sum_{1}^{26} BL_{\text{h}}(t_j) \times n_j \quad \cdots\cdots\cdots\cdots\cdots\cdots (\text{E. 2-2-2})$$

$$BL_{\text{h}}(t_j) = 1.39 \times 0.82 \times \frac{17 - t_j}{17} \phi_{\text{cr2a}} \quad \cdots\cdots\cdots\cdots (\text{E. 2-2-3})$$

式中：

$BL_{\text{h}}(t_j)$——空调器在温度(t_j)制热运行时的建筑负荷；

$\quad \phi_{\text{cr2a}}$——额定制冷量的标示值。

制热计算时所需温度点(制热能力与房间热负荷达到平衡时的温度点)t_{f}、t_{a}、t_{g}、t_{d}、t_{e}、t_{b}、t_{c} 及其计算，其中 $t_{\text{b}} = t_{\text{c}} = 17℃$：

$$t_{\text{d}} = \frac{0.82 \times 1.39 \times \phi_{\text{cr2a}} - \phi_{\text{hrm}(-8.5)} - 8.5 \times \dfrac{\phi_{\text{hrm}} - \phi_{\text{hrm}(-8.5)}}{7 - (-8.5)}}{\dfrac{\phi_{\text{hrm}} - \phi_{\text{hrm}(-8.5)}}{7 - (-8.5)} + \dfrac{0.82 \times 1.39 \times \phi_{\text{cr2a}}}{17}} \quad \cdots\cdots\cdots (\text{E. 2-2-4})$$

$$t_{\text{a}} = \frac{0.82 \times 1.39 \times \phi_{\text{cr2a}} - \phi_{\text{hr2}(-8.5)} - 8.5 \times \dfrac{\phi_{\text{hr2}} - \phi_{\text{hr2}(-8.5)}}{7 - (-8.5)}}{\dfrac{\phi_{\text{hr2}} - \phi_{\text{hr2}(-8.5)}}{7 - (-8.5)} + \dfrac{0.82 \times 1.39 \times \phi_{\text{cr2a}}}{17}} \quad \cdots\cdots\cdots (\text{E. 2-2-5})$$

$$t_{\text{e}} = \frac{0.82 \times 1.39 \times \phi_{\text{cr2a}} - \phi_{\text{hrm}(-8.5)} - 8.5 \times \dfrac{\dfrac{\phi_{\text{hrm}(2)}}{1.12} - \phi_{\text{hrm}(-8.5)}}{2 - (-8.5)}}{\dfrac{\dfrac{\phi_{\text{hrm}(2)}}{1.12} - \phi_{\text{hrm}(-8.5)}}{2 - (-8.5)} + \dfrac{0.82 \times 1.39 \times \phi_{\text{cr2a}}}{17}} \quad \cdots\cdots\cdots (\text{E. 2-2-6})$$

式中：$\phi_{\text{hrm}(2)} = 0.871\ 29 \times \phi_{\text{hrm}}$

$$t_{\text{g}} = \frac{0.82 \times 1.39 \times \phi_{\text{cr2a}} - \phi_{\text{hr2}(-8.5)} - 8.5 \times \dfrac{\dfrac{\phi_{\text{hr2}(2)}}{1.12} - \phi_{\text{hr2}(-8.5)}}{2 - (-8.5)}}{\dfrac{\dfrac{\phi_{\text{hr2}(2)}}{1.12} - \phi_{\text{hr2}(-8.5)}}{2 - (-8.5)} + \dfrac{0.82 \times 1.39 \times \phi_{\text{cr2a}}}{17}} \quad \cdots\cdots (\text{E. 2-2-7})$$

式中：$\phi_{\text{hr2}(2)} = 0.871\ 29 \times \phi_{\text{hr2}}$

$$t_{\text{f}} = \frac{0.82 \times 1.39 \times \phi_{\text{cr2a}} - \phi_{\text{hr3}(-8.5)} - 8.5 \times \dfrac{\phi_{\text{def}} - \phi_{\text{hr3}(-8.5)}}{2 - (-8.5)}}{\dfrac{\phi_{\text{def}} - \phi_{\text{hr3}(-8.5)}}{2 - (-8.5)} + \dfrac{0.82 \times 1.39 \times \phi_{\text{cr2a}}}{17}} \quad \cdots\cdots (\text{E. 2-2-8})$$

式中：$\phi_{\text{hr3}(-8.5)} = 0.689\ 78 \times 1.12 \phi_{\text{def}}$

E.9.2.2.1　无霜区域运转$(t_j \geqslant 5.5℃)$时的计算

空调器以对应建筑负荷的能力连续可变运行$[\dot{\phi}_{\text{hr3}}(t_j) \geqslant BL_{\text{h}}(t_j)]$时：

(1) $t_j \geqslant t_{\text{d}}$，

空调器以额定中间制热能力以下运行时：

$$\dot{P}_{\text{h}}(t_j) = \dot{P}_{\text{hlm}}(t_j) = \frac{BL_{\text{h}}(t_j)}{\dot{C}_{\text{h}}(t_j)} \quad \cdots\cdots\cdots\cdots\cdots\cdots (\text{E. 2-2-9})$$

$$\dot{C}_h(t_j) = \dot{C}_{hlm}(t_j) = C_{hm}(t_d) + \frac{C_{hm}(t_b) - C_{hm}(t_d)}{t_b - t_d}(t_j - t_d) \cdots\cdots\cdots (\text{E}.2\text{-}2\text{-}10)$$

$$C_{hm}(t_b) = \frac{\phi_{hrm}(t_b)}{P_{hm}(t_b)} \qquad\cdots\cdots\cdots (\text{E}.2\text{-}2\text{-}11)$$

$$\phi_{hrm}(t_b) = \phi_{hrm(-8.5)} + \frac{\phi_{hrm} - \phi_{hrm(-8.5)}}{7 - (-8.5)}[t_b - (-8.5)] \qquad\cdots\cdots\cdots (\text{E}.2\text{-}2\text{-}12)$$

$$P_{hm}(t_b) = P_{hm(-8.5)} + \frac{P_{hm} - P_{hm(-8.5)}}{7 - (-8.5)}[t_b - (-8.5)] \qquad\cdots\cdots\cdots (\text{E}.2\text{-}2\text{-}13)$$

$$C_{hm}(t_d) = \frac{\phi_{hrm}(t_d)}{P_{hm}(t_d)} \qquad\cdots\cdots\cdots\cdots (\text{E}.2\text{-}2\text{-}14)$$

$$\phi_{hrm}(t_d) = \phi_{hrm(-8.5)} + \frac{\phi_{hrm} - \phi_{hrm(-8.5)}}{7 - (-8.5)}[t_d - (-8.5)] \qquad\cdots\cdots\cdots (\text{E}.2\text{-}2\text{-}15)$$

$$P_{hm}(t_d) = P_{hm(-8.5)} + \frac{P_{hm} - P_{hm(-8.5)}}{7 - (-8.5)}[t_d - (-8.5)] \qquad\cdots\cdots\cdots (\text{E}.2\text{-}2\text{-}16)$$

另外,空调器制热能力可变幅度下限值大于中间制热能力时,以下限值作为中间值,并用下列公式计算:

$$\dot{P}_h(t_j) = \dot{P}_{hlm}(t_j) = \frac{BL_h(t_j)}{\dot{C}_h(t_j)PLF(t_j)} \qquad\cdots\cdots\cdots\cdots (\text{E}.2\text{-}2\text{-}17)$$

$$PLF(t_j) = 1 - C_D[1 - X_1(t_j)] \qquad\cdots\cdots\cdots\cdots (\text{E}.2\text{-}2\text{-}18)$$

式中:取 $C_D = 0.25$

$$X_1(t_j) = X(t_j) = \frac{BL_h(t_j)}{\dot{\phi}_{hrm}(t_j)} \qquad\cdots\cdots\cdots\cdots (\text{E}.2\text{-}2\text{-}19)$$

$$\dot{\phi}_{hrm}(t_j) = \phi_{hrm(-8.5)} + \frac{\phi_{hrm} - \phi_{hrm(-8.5)}}{7 - (-8.5)}[t_j - (-8.5)] \qquad\cdots\cdots\cdots (\text{E}.2\text{-}2\text{-}20)$$

式中:

$\dot{P}_h(t_j) = \dot{P}_{hlm}(t_j)$——空调器在额定中间制热能力以下,以对应房间热负荷的能力连续可变制热运行,在温度(t_j)时的消耗功率,单位为瓦(W);

$\dot{C}_h(t_j) = \dot{C}_{hlm}(t_j)$——空调器在额定中间制热能力以下,以对应房间热负荷的能力连续可变制热运行,在温度(t_j)时的性能系数 COP,通过空调器以中间制热能力在温度(t_b)时的 COP 即 $C_{hm}(t_b)$ 和在温度(t_d)时的 COP 即 $C_{hm}(t_d)$ 进行计算;

$\phi_{hrm}(t_b)$——空调器在额定中间制热能力以下,以对应房间热负荷的能力连续可变制热运行,在温度(t_b)时制热能力,单位为瓦(W),通过式 E.2-2-12 计算;

$P_{hm}(t_b)$——空调器在额定中间制热能力以下,以对应房间热负荷的能力连续可变制热运行,在温度(t_b)时制热消耗功率,单位为瓦(W),通过式 E.2-2-13 计算;

$\phi_{hrm}(t_d)$——空调器在额定中间制热能力以下,以对应房间热负荷的能力连续可变制热运行,在温度(t_d)时制热能力,单位为瓦(W),通过式 E.2-2-15 计算;

$P_{hm}(t_d)$——空调器在额定中间制热能力以下,以对应房间热负荷的能力连续可变制热运行,在温度(t_b)时制热消耗功率,单位为瓦(W),通过式 E.2-2-16 计算;

$BL_h(t_j)$——见式 E.2-2-3;

ϕ_{hrm}、$\phi_{hrm(-8.5)}$、P_{hm}、$P_{hm(-8.5)}$——见表 E.8。

(2) 5.5℃$\leqslant t_j \leqslant t_d$;

空调器在额定中间制热能力与额定制热能力之间运转时：

$$\dot{P}_h(t_j) = \dot{P}_{hm2}(t_j) = \frac{BL_h(t_j)}{\dot{C}_h(t_j)} \qquad \cdots\cdots\cdots\cdots\cdots（ E.2-2-21 ）$$

$$\dot{C}_h(t_j) = \dot{C}_{hm2}(t_j) = C_{h2}(t_a) + \frac{C_{hm}(t_d) - C_{h2}(t_a)}{t_d - t_a}(t_j - t_a) \qquad \cdots\cdots（ E.2-2-22 ）$$

式中：$C_{hm}(t_d)$——按式 E.2-2-14 计算。

$$C_{h2}(t_a) = \frac{\phi_{hr2}(t_a)}{P_{h2}(t_a)} \qquad \cdots\cdots\cdots\cdots\cdots（ E.2-2-23 ）$$

$$\phi_{hr2}(t_a) = \phi_{hr2(-8.5)} + \frac{\phi_{hr2} - \phi_{hr2(-8.5)}}{7 - (-8.5)}[t_a - (-8.5)] \qquad \cdots\cdots\cdots（ E.2-2-24 ）$$

$$P_{h2}(t_a) = P_{h2(-8.5)} + \frac{P_{h2} - P_{h2(-8.5)}}{7 - (-8.5)}[t_a - (-8.5)] \qquad \cdots\cdots\cdots\cdots（ E.2-2-25 ）$$

式中：

$\dot{P}_h(t_j) = \dot{P}_{hm2}(t_j)$——空调器在额定中间制热能力和额定制热能力之间，以对应房间热负荷的能力连续可变制热运行，在温度(t_j)时的消耗功率，单位为瓦（W）；

$\dot{C}_h(t_j) = \dot{C}_{hm2}(t_j)$——空调器在额定中间制热能力和额定制热能力间，以对应房间热负荷的能力连续可变制热运行，在温度(t_j)时的性能系数 COP，通过空调器以额定中间制热能力，在温度(t_a)时的 COP 即 $C_{h2}(t_a)$ 和在温度(t_d)时的 COP 即 $C_{hm}(t_d)$ 进行计算。

E.9.2.2.2 结霜区域运转($-8.5 \leqslant t_j \leqslant 5.5℃$)时的计算

（1）空调器以对应建筑负荷的制热能力连续可变运行时：

（1.1）$t_e \leqslant t_j \leqslant 5.5℃$（若 $t_e \geqslant 5.5℃$ 时，可采用(1.2)区域方法计算）

空调器在额定中间制热能力以下运转时：

$$\dot{P}_h(t_j) = \dot{P}_{deflm}(t_j) = \frac{BL_h(t_j)}{\dot{C}_{def}(t_j)} \qquad \cdots\cdots\cdots\cdots\cdots（ E.2-2-26 ）$$

$$\dot{C}_{def}(t_j) = \dot{C}_h(t_j) = \dot{C}_{deflm}(t_j) = C_{defm}(t_e) + \frac{C_{defm}(t_c) - C_{defm}(t_e)}{t_c - t_e}(t_j - t_e) \cdots（ E.2-2-27 ）$$

$$C_{defm}(t_c) = \frac{\phi_{defm}(t_c)}{P_{defm}(t_c)} \qquad \cdots\cdots\cdots\cdots\cdots\cdots（ E.2-2-28 ）$$

$$\phi_{defm}(t_c) = \phi_{hrm(-8.5)} + \frac{\dfrac{\phi_{hrm(2)}}{1.12} - \phi_{hrm(-8.5)}}{2 - (-8.5)}[t_c - (-8.5)] \qquad \cdots\cdots（ E.2-2-29 ）$$

式中：$\phi_{hrm(2)} = 0.871\,29 \times \phi_{hrm}$

$$P_{defm}(t_c) = P_{hm(-8.5)} + \frac{\dfrac{P_{hm(2)}}{1.06} - P_{hm(-8.5)}}{2 - (-8.5)}[t_c - (-8.5)] \qquad \cdots\cdots\cdots（ E.2-2-30 ）$$

式中：$P_{hm(2)} = 0.935\,81 \times P_{hm}$

$$C_{defm}(t_e) = \frac{\phi_{defm}(t_e)}{P_{defm}(t_e)} \qquad \cdots\cdots\cdots\cdots\cdots（ E.2-2-31 ）$$

$$\phi_{defm}(t_e) = \phi_{hrm(-8.5)} + \frac{\dfrac{\phi_{hrm(2)}}{1.12} - \phi_{hrm(-8.5)}}{2 - (-8.5)}[t_e - (-8.5)] \qquad \cdots\cdots\cdots（ E.2-2-32 ）$$

$$P_{defm}(t_e) = P_{hm(-8.5)} + \frac{\dfrac{P_{hm(2)}}{1.06} - P_{hrm(-8.5)}}{2 - (-8.5)}[t_e - (-8.5)] \qquad \cdots\cdots\cdots（ E.2-2-33 ）$$

另外，空调器制热能力可变幅度下限值大于中间值时，以下限值作为中间值，用下列公式计算：

$$\dot{P}_{\mathrm{h}}(t_j) = \dot{P}_{\mathrm{def1m}}(t_j) = \frac{BL_{\mathrm{h}}(t_j)}{\dot{C}_{\mathrm{def}}(t_j)PLF(t_j)} \qquad\cdots\cdots\cdots\cdots\cdots\quad (\,\mathrm{E.\,2\text{-}2\text{-}34}\,)$$

式中：

$\dot{P}_{\mathrm{h}}(t_j)=\dot{P}_{\mathrm{deflm}}(t_j)$——空调器在额定中间制热能力以下，以对应房间热负荷的能力连续可变制热运行，在温度(t_j)时的消耗功率，单位为瓦（W）；

$\dot{C}_{\mathrm{h}}(t_j)=\dot{C}_{\mathrm{def}}(t_j)=\dot{C}_{\mathrm{deflm}}(t_j)$——空调器在额定中间制热能力以下，以对应房间热负荷的能力连续可变制热运行，在温度(t_j)时的性能系数 COP。通过空调器以中间制热能力在温度(t_e)时的 COP 即 $C_{\mathrm{defm}}(t_e)$ 和在温度(t_c)时的 COP 即 $C_{\mathrm{defm}}(t_c)$进行计算；

$PLF(t_j)$——按式 E.2-2-18 计算；

$\phi_{\mathrm{hrm}(2)}$——空调器以额定中间制热能力对应房间热负荷的连续可变制热运行，在温度 2℃时制热能力，单位为瓦（W）；

$P_{\mathrm{hm}(2)}$——空调器以额定中间制热能力制热运行，在温度 2℃时制热消耗功率，单位为瓦（W）；

$\phi_{\mathrm{hrm}(-8.5)}$、$\phi_{\mathrm{hrm}}$、$P_{\mathrm{hm}(-8.5)}$、$P_{\mathrm{hm}}$——见表 E.8。

（1.2）$t_{\mathrm{g}} \leqslant t_j \leqslant t_{\mathrm{e}}$：

空调器在额定制热能力以下运转时，

$$\dot{P}_{\mathrm{h}}(t_j) = \dot{P}_{\mathrm{defm2}}(t_j) = \frac{BL_{\mathrm{h}}(t_j)}{\dot{C}_{\mathrm{def}}(t_j)} \qquad\cdots\cdots\cdots\quad (\,\mathrm{E.\,2\text{-}2\text{-}35}\,)$$

$$\dot{C}_{\mathrm{h}}(t_j) = \dot{C}_{\mathrm{def}}(t_j) = C_{\mathrm{def2}}(t_{\mathrm{g}}) - \frac{C_{\mathrm{defm}}(t_{\mathrm{e}}) - C_{\mathrm{def2}}(t_{\mathrm{g}})}{t_{\mathrm{e}} - t_{\mathrm{g}}}(t_j - t_{\mathrm{g}}) \qquad\cdots\cdots\quad (\,\mathrm{E.\,2\text{-}2\text{-}36}\,)$$

$$C_{\mathrm{def2}}(t_{\mathrm{g}}) = \frac{\phi_{\mathrm{def2}}(t_{\mathrm{g}})}{P_{\mathrm{def2}}(t_{\mathrm{g}})} \qquad\cdots\cdots\cdots\cdots\cdots\quad (\,\mathrm{E.\,2\text{-}2\text{-}37}\,)$$

$$\phi_{\mathrm{def2}}(t_{\mathrm{g}}) = \phi_{\mathrm{hr2}(-8.5)} + \frac{\phi_{\mathrm{def2}(2)} - \phi_{\mathrm{hr2}(-8.5)}}{2 - (-8.5)}\big[t_{\mathrm{g}} - (-8.5)\big] \qquad\cdots\cdots\quad (\,\mathrm{E.\,2\text{-}2\text{-}38}\,)$$

$$\phi_{\mathrm{def2}(2)} = \frac{0.871\,29}{1.12} \times \phi_{\mathrm{hr2}} \qquad\cdots\cdots\cdots\quad (\,\mathrm{E.\,2\text{-}2\text{-}38'}\,)$$

$$P_{\mathrm{def2}}(t_{\mathrm{g}}) = P_{\mathrm{h2}(-8.5)} + \frac{P_{\mathrm{def2}(2)} - P_{\mathrm{h2}(-8.5)}}{2 - (-8.5)}\big[t_{\mathrm{g}} - (-8.5)\big] \qquad\cdots\cdots\quad (\,\mathrm{E.\,2\text{-}2\text{-}39}\,)$$

$$P_{\mathrm{def2}(2)} = \frac{0.935\,81}{1.06} \times P_{\mathrm{hr2}} \qquad\cdots\cdots\cdots\cdots\cdots\quad (\,\mathrm{E.\,2\text{-}2\text{-}39'}\,)$$

式中：

$\dot{P}_{\mathrm{h}}(t_j)=\dot{P}_{\mathrm{defm2}}(t_j)$——空调器在额定制热能力以下，以对应房间热负荷的能力连续可变制热运行，在温度(t_j)时的消耗功率，单位为瓦（W）；

$\dot{C}_{\mathrm{h}}(t_j)=\dot{C}_{\mathrm{def}}(t_j)$——空调器在额定制热能力以下，以对应房间热负荷的能力连续可变制热运行，在温度(t_j)时的性能系数 COP。通过空调器以额定低温制热能力在温度(t_{g})时的 COP 即 $C_{\mathrm{def2}}(t_{\mathrm{g}})$和以中间制热能力在温度$(t_e)$时的 COP 即 $C_{\mathrm{defm}}(t_e)$进行计算；

$\phi_{\mathrm{hr2}(-8.5)}$、$\phi_{\mathrm{hr2}}$、$P_{\mathrm{h2}(-8.5)}$、$P_{\mathrm{h2}}$——见表 E.8。

（1.3）$t_j < t_{\mathrm{g}}$ 时：

空调器以额定制热能力以上运转时：

$$\dot{P}_{\mathrm{h}}(t_j) = \dot{P}_{\mathrm{def23}}(t_j) = \frac{BL_{\mathrm{h}}(t_j)}{\dot{C}_{\mathrm{def}}(t_j)} \qquad\cdots\cdots\cdots\cdots\cdots\quad (\,\mathrm{E.\,2\text{-}2\text{-}40}\,)$$

$$\dot{C}_{\mathrm{h}}(t_j) = \dot{C}_{\mathrm{def}}(t_j) = C_{\mathrm{def3}}(t_f) + \frac{C_{\mathrm{def2}}(t_g) - C_{\mathrm{def3}}(t_f)}{t_g - t_f}(t_j - t_f) \quad \cdots\cdots(\text{ E. 2-2-41 })$$

$$C_{\mathrm{def3}}(t_f) = \frac{\phi_{\mathrm{def3}}(t_f)}{P_{\mathrm{def3}}(t_f)} \quad \cdots\cdots\cdots(\text{ E. 2-2-42 })$$

$$\phi_{\mathrm{def3}}(t_f) = \phi_{\mathrm{hr3}(-8.5)} + \frac{\phi_{\mathrm{def}} - \phi_{\mathrm{hr3}(-8.5)}}{2-(-8.5)}[t_f - (-8.5)] \quad \cdots\cdots(\text{ E. 2-2-43 })$$

$$P_{\mathrm{def3}}(t_f) = P_{\mathrm{h3}(-8.5)} + \frac{P_{\mathrm{def}} - P_{\mathrm{h3}(-8.5)}}{2-(-8.5)}[t_f - (-8.5)] \quad \cdots\cdots\cdots(\text{ E. 2-2-44 })$$

式中：

$\dot{P}_{\mathrm{h}}(t_j) = \dot{P}_{\mathrm{def23}}(t_j)$——空调器在额定制热能力以上，以对应房间热负荷的能力连续可变制热运行，在温度(t_j)时的消耗功率，单位为瓦（W）；

$\dot{C}_{\mathrm{h}}(t_j) = \dot{C}_{\mathrm{def}}(t_j)$——空调器在额定制热能力以上，以对应房间热负荷的能力连续可变制热运行，在温度(t_j)时的性能系数 COP。通过空调器以最大制热能力在温度(t_f)的 COP 即 $C_{\mathrm{def3}}(t_f)$ 和在额定低温制热能力温度(t_g)时的 COP 即 $C_{\mathrm{def2}}(t_g)$ 进行计算；

$\phi_{\mathrm{hr3}(-8.5)}$、$\phi_{\mathrm{def}}$、$P_{\mathrm{h3}(-8.5)}$、$P_{\mathrm{def}}$——见表 E.8。

（2）空调器以最大转速连续运行区$[\dot{\phi}_{\mathrm{def3}}(t_j) < BL_{\mathrm{h}}(t_j)]$的计算：

$$\dot{\phi}_{\mathrm{def3}}(t_j) = \phi_{\mathrm{hr3}(-8.5)} + \frac{\phi_{\mathrm{def}} - \phi_{\mathrm{hr3}(-8.5)}}{2-(-8.5)}[t_j - (-8.5)] \quad \cdots\cdots(\text{ E. 2-2-45 })$$

$$\dot{P}_{\mathrm{def3}}(t_j) = P_{\mathrm{h3}(-8.5)} + \frac{P_{\mathrm{def}} - P_{\mathrm{h3}(-8.5)}}{2-(-8.5)}[t_j - (-8.5)] \quad \cdots\cdots(\text{ E. 2-2-46 })$$

$$P_{\mathrm{RH}}(t_j) = [BL_{\mathrm{h}}(t_j) - \dot{\phi}_{\mathrm{def3}}(t_j)] \times n_j \quad \cdots\cdots(\text{ E. 2-2-47 })$$

E.9.2.3 全年能源消耗效率计算

$$APF = \frac{CSTL + HSTL}{CSTE + HSTE} \quad \cdots\cdots\cdots(\text{ E. 2-3 })$$

E.9.2.4 全年季节耗电量计算

全年运转时季节耗电量＝制冷季节耗电量＋制热季节耗电量的之和（单位：Wh）：

$$APC = CSTE + HSTE \quad \cdots\cdots\cdots\cdots(\text{ E. 2-4 })$$

附 录 F

（规范性附录）

一拖多房间空气调节器

F.1 范围

本附录规定了一拖多房间空气调节器的术语和定义、产品分类、技术要求、性能试验和标志等。

本附录适用于制冷剂蒸发式系统，采用风冷及水冷冷凝器、全封闭型电动机-压缩机，以创造室内舒适环境为目的的制冷量 14 000 W 以下家用和类似用途的一拖多房间空气调节器。

F.2 规范性引用文件

本标准第 2 章增加：

JRA 4033:2000 多联式房间空气调节器

F.3 术语和定义

本标准第 3 章除下述条款被替代外，均适用。

F.3.5

制冷量 cooling capacity

a) 总制冷量 total cooling capacity

一拖多空调器在额定工况和规定条件下制冷运行时，处于全工工作状态，单位时间内从密闭空间、房间或区域内除去的热量总和，称为总制冷量（室外机组额定制冷能力），单位：W。

b) 单机制冷量 one-unit cooling capacity

一拖多空调器在额定工况和规定条件下制冷运行时，其室内机组分别处于单工工作状态，任一室内机组单位时间内从密闭空间、房间或区域内除去的热量，亦称为该室内机组单机制冷量，单位：W。

注：一拖多空调器处于全工工作状态，任一室内机组单位时间内从密闭空间、房间或区域内除去的热量，亦称为该室内机组全工状态单机制冷量。

F.3.6

制冷消耗功率 cooling power input

a) 总制冷消耗功率 total cooling power input

一拖多空调器在额定工况和规定条件下制冷运行时，处于全工工作状态，所消耗的功率总和，称为总制冷消耗功率（室外机组额定制冷消耗功率），单位：W。

b) 单机制冷消耗功率 one-unit cooling power input

一拖多空调器在额定工况和规定条件下制冷运行时，其室内机组分别处于单工工作状态所消耗的功率，单位：W。

F.3.7

制热量 heating capacity

a) 总制热量 total heating capacity

一拖多空调器在额定高温工况和规定条件下制热运行时，处于全工工作状态，单位时间内向密闭空间、房间或区域内送入的热量总和，称为总制热量（室外机组额定制热能力），单位：W。

b) 单机制热量 one-unit heating capacity

一拖多空调器在额定工况和规定条件下制热运行时，其室内机组分别处于单工工作状态，任一室内机组单位时间内向密闭空间、房间或区域内送入的热量,亦称为该室内机组单机制热量,单位:W。

F.3.8

制热消耗功率　heating power input

a)　总制热消耗功率　total heating power input

一拖多空调器在额定高温工况和规定条件下制热运行时,处于全工工作状态,所消耗的功率总和,称为总制热消耗功率(室外机组额定制热消耗功率),单位:W。

b)　单机制热消耗功率　one-unit heating power input

一拖多空调器在额定工况和规定条件下制热运行时,其室内机组分别处于单工工作状态所消耗的功率,单位:W。

本附录增加以下条款:

F.3.17

单工工作状态　one-unit operation

一拖多空调器室内机组中仅有一台室内机组与室外机组运行,其余室内机组处于停止使用的工作状态。

F.3.18

全工工作状态　all-unit operation

一拖多空调器室外机组与所有能同时启动的室内机组同时运行且处于使用的工作状态。

注1:如果一拖多空调器的室内机组与室外机组有多种组合配置,且存在多个全工工作状态(此状态的室内机组的制冷量总和不低于室外机组的制冷量)时,应在各种组合配置的全工工作状态或选厂家推荐组合配置的一种全工工作状态下进行总能力试验。

注2:如果一拖多空调器的室内机组与室外机组有多种组合并且在最大能力组合运行时,仍有室内机组处于停止使用的工作状态(室内机组同时运行台数少于室内机组的总台数)时,应在室内机组与室外机组最大组合能力工作状态运行即局部-全工工作状态下进行总能力试验。

F.3.19

局部工作状态　part-unit operation

一拖多空调器部分室内机组与室外机组处于同时运行且处于使用工作状态,而另一部分机组处于停止使用的工作状态。

F.4　产品分类

F.4.1　型式

本标准4.1条增加以下内容:

F.4.1.6　空调器按连接方式分为:

特定连接　室外机组与室内机组的连接,限定一种组合方式(固定配置);

不特定连接　室外机组与室内机组的连接,不限定组合方式(自由配置)。

F.4.1.7　空调器按运行方式分为:

同时运行　多台室内机组同时控制时,一台室内机组能运行的方式;

切换运行　多台室内机组分别控制时,室内机组不能同时运行的方式;

分别运行　多台室内机组分别控制时,室内机组能同时运行的方式。

F.4.3　型号命名

F.4.3.2　型号示例

本标准4.3.2条由下述内容替代:

例1:一拖二产品

KFR-50(25×2)GW2

表示 T1 气候类型、分体热泵型挂壁式一拖二房间空气调节器(包括室内机组和室外机组),总制冷量为 5 000 W。

    室外机组　KFR-50W2

    室内机组　KFR-25G　挂壁式

               KFR-25G　挂壁式

例 2:一拖三产品

KFR-112(25G+50L+40D)W3/Bp

表示 T1 气候类型、分体热泵型一拖三变频式房间空气调节器(包括三个室内机组和一个室外机组),总制冷量为 11 200 W。

    室外机组　KFR-112W3/Bp

    室内机组　KFR-25G/Bp　挂壁式

               KFR-50L/Bp　落地式

               KFR-40D/Bp　吊顶式

例 3:一拖四及以上产品

    室外机组　KFR-140Wd/Bp

室内机组根据产品匹配情况和上述命名表示原则可分别进行标示。

注 1:一拖四及以上产品和用于自由配置的室内、外机组可分别标示室内各机组和室外机组的型号规格,其室外机组的代号"d"也可用相应数字代替(其组合情况和技术参数应在说明书中详细标示)。

注 2:室内机组规格代号应标示室内机组额定制冷能力。(一拖三及以下产品应在说明书中标示单工状态制冷量和全工状态制冷量)。

F.5　技术要求

F.5.1　通用要求

本标准 5.1 条适用。

F.5.2　性能要求

本标准 5.2 条除下述条款被替代外,均适用。

F.5.2.2　制冷量

a)　按 F.6.3.2 方法试验,一拖多空调器处于全工工作状态时,实测总制冷量不应小于标示总制冷量(室外机组额定制冷能力)的 95%。

b)　按 F.6.3.2 方法试验,一拖多空调器室内机组处于单工工作状态时,各室内机组实测制冷量,不应小于其标示单机制冷量的 95%。

F.5.2.3　制冷消耗功率

a)　按 F.6.3.3 方法试验,一拖多空调器处于全工工作状态时,实测制冷总消耗功率不应大于标示总制冷消耗功率(室外机组额定制冷消耗功率)的 110%。

b)　按 F.6.3.3 方法试验,一拖多空调器室内机组处于单工工作状态工作时,各室内机组实测制冷消耗功率,不应大于其标示单机制冷消耗功率的 110%。

F.5.2.4　制热量

a)　按 F.6.3.4 方法试验,一拖多空调器处于全工工作状态时,实测总制热量不应小于标示总制热量(室外机组额制热能力)的 95%。

b)　按 F.6.3.4 方法试验,一拖多空调器室内机组处于单工工作状态时,各室内机组实测制热量不应小于其标示单机制热量的 95%。

F.5.2.5　制热消耗功率

a)　按 F.6.3.5 方法试验,一拖多空调器处于全工工作状态时,实测制热消耗总功率不应大于标示总制热消耗功率(室外机组额定制热消耗功率)的110%。

    b) 按 F.6.3.5 方法试验,一拖多空调器室内机组处于单工工作状态,室内机组实测制热消耗功率,不应大于其标示单机制热消耗功率的110%。

F.5.2.15 噪声

按 F.6.3.15 方法测定,应符合标准正文5.2.15 噪声值要求。

F.5.2.16 能源消耗效率

    a) 一拖多空调器按 F.6.3.2~F.6.3.3 方法进行全工工作状态运行试验,其实测制冷量和实测制冷消耗功率的比值,不应小于一拖多空调器能效比(EER)标示值的90%,其值为0.01的倍数。

    b) 一拖多空调器按 F.6.3.4~F.6.3.5 方法进行全工工作状态运行试验,其实测制热量和实测制热消耗功率的比值,不应小于一拖多空调器性能系数(COP)标示值的90%,其值为0.01的倍数。

F.5.3 可靠性要求

本标准5.3条适用。

F.6 试验

F.6.1 试验条件

本标准6.1条适用。

F.6.2 试验的要求

本标准6.2条均适用。

F.6.3 试验方法

本标准6.3条除下述内容被代替外,均适用。

F.6.3.2 制冷量试验

一拖多空调器应分别在全工工作状态,单工工作状态下,按正文6.1试验条件、正文6.3.2试验方法及产品说明书要求进行额定制冷运行试验,分别测定出全工工作状态的总制冷量和室内机组各单机制冷量。

F.6.3.3 制冷消耗功率试验

按 F.6.3.2 进行制冷量试验的同时,测定空调器的输入功率,电流。

F.6.3.4 热泵制热量试验

一拖多空调器应分别在全工工作状态,单工工作状态下,按正文6.1试验条件、正文6.3.4试验方法及产品说明书要求进行额定制热运行试验,分别测定出全工工作状态的总制热量和室内机组各单机制热量。

F.6.3.5 热泵制热消耗功率试验

按 F.6.3.4 进行制热量测定的同时,测定空调器的输入功率,电流。

F.6.3.6 电热装置制热消耗功率试验

一拖多空调器应在最不利(电热装置最大耗电状态)工作状态下,按正文6.3.6的规定进行试验。

F.6.3.7 最大运行制冷试验

一拖多空调器应在全工工作状态下,按正文6.3.7的规定进行试验。

F.6.3.8 最小运行制冷试验

一拖多空调器应在局部(最易结霜)工作状态下,按正文6.3.8的规定进行试验。

F.6.3.9 最大运行制热试验

一拖多空调器应在全工工作状态下,按正文6.3.9的规定进行试验。

F.6.3.10 最小运行制热试验

一拖多空调器应在全工工作状态下,按正文6.3.10的规定进行试验。

F.6.3.11 冻结试验

一拖多空调器应在最有利于冻结的工作状态下,按正文6.3.9的规定进行试验。

F.6.3.12 凝露试验

一拖多空调器应在最有利于凝露的工作状态下,按正文 6.3.12 的规定进行试验。

F.6.3.13 凝结水排除能力试验

一拖多空调器应在最有利于凝结水的工作状态下,按正文 6.3.13 的规定进行试验。

F.6.3.14 自动除霜试验

一拖多空调器应在最不利(全工)工作状态下,按正文 6.3.14 的规定进行试验。

F.6.3.15 噪声试验

一拖多空调器按附录 B《噪声的测定》要求,进行额定制冷和额定制热工况条件下的噪声试验,并进行下列测定:

    a) 在单工工作状态下运行,分别测定各个室内机组各单元的噪声值;

    b) 在全工工作状态下运行,测定室外机组的噪声值。

F.7 检验规则

F.7.1 检验要求

本标准 7.1 条适用。

F.7.2 产品检验

本标准第 7 章除下述内容被代替外,均适用:

本标准第 7 章表 9 和表 10 中的制冷量、制热量,制冷消耗功率、热消耗功率为总制冷量、总制热量,总制冷消耗功率、总热消耗功率和单机制冷量、制热量,单机制冷消耗功率、制热消耗功率。

F.8 标志、包装、运输和贮存

标准正文中该章增加下述内容:

F.8.1.1 一拖多空调器按通常安装状态,应有耐久性铭牌固定在明显部位,标示内容增加:

    d) 总制冷量(kW)、室内机组单机制冷量;

总制热量(kW)、室内机组单机制热量;

总制冷消耗功率(kW)、电流(A),室内机组单机消耗功率、电流(A);

总制热消耗功率(kW)、电流(A),室内机组单机消耗功率、电流(A)。

注 1:一拖多空调器的压缩机为转速或容量可变时,还应标示出能力、功率范围。

注 2:室内机至少标室内机所需参数,室外机至少标室外机所需参数,整机参数(包括整机型号)可以在说明书、室外机铭牌、室内机铭牌的任一处标示。

F.8.1.5 一拖多空调器在各种组合情况运行的数据(如:室内机组单工工作、局部工作、全工工作状态的能力、功率及其范围等)应在使用说明书中注明;一拖多空调器在安装时需要注意和说明的问题(如:安装高度、连接管长度等)应在安装说明书中注明。

ICS 27.200
J 73

中华人民共和国国家标准

GB/T 17758—2010
代替 GB/T 17758—1999

单元式空气调节机

Unitary air conditioners

2010-09-26 发布

2011-02-01 实施

中华人民共和国国家质量监督检验检疫总局
中国国家标准化管理委员会 发 布

前　言

本标准修订 GB/T 17758—1999《单元式空气调节机》。与 GB/T 17758—1999 相比，主要变化如下：

——增加制冷综合部分负荷性能系数 IPLV(C)、制冷季节能效比 SEER 和全年性能系数 APF 的定义。

——试验工况中增加超低温运行工况（见表 C.1）。

——增加性能系数最低限定值的要求（见表 3）。

——增加单元式空气调节机综合性能系数 IPLV(C)的试验和计算，包括部分负荷名义工况、部分负荷曲线图，部分负荷性能系数的计算式及计算示例。

——增加单元式空气调节机季节能源消耗的试验和计算（见附录 C）。

本标准实施之日起，代替 GB/T 17758—1999。

本标准的附录 A、附录 B、附录 C、附录 D 是规范性附录。

本标准由中国机械工业联合会提出。

本标准由全国冷冻空调设备标准化技术委员会（SAC/TC 238）归口。

本标准负责起草单位：合肥通用机械研究院、清华大学、南京五洲制冷集团有限公司、珠海格力电器股份有限公司、广东省吉荣空调设备公司、上海三菱电机·上菱空调机电器有限公司、艾默生环境优化技术（苏州）有限公司、大金空调（上海）有限公司。

本标准参加起草单位：特灵空调系统（江苏）有限公司、大连三洋压缩机有限公司、深圳麦克维尔空调有限公司、约克广州空调冷冻设备有限公司、广东美的商用空调设备有限公司、青岛海信日立空调系统有限公司、宁波奥克斯电气有限公司、广东申菱空调设备有限公司、青岛海尔空调电子有限公司、合肥通用环境技术控制有限责任公司、浙江欣晖制冷设备有限公司、大连三洋空调机有限公司。

本标准主要起草人：樊高定、史敏、张秀平、石文星、谭来仔、张龙、赵薰、童杏生、文茂华、史剑春、张维加、秦妍、周鸿钧、旷平章、田明力、王志刚、董云达、易新文、国德防、钟瑜、姚欣忠、毕建坤。

本标准由全国冷冻空调设备标准化技术委员会负责解释。

本标准所代替的历次版本发布情况为：

——GB/T 17758—1999。

单元式空气调节机

1 范围

本标准规定了单元式空气调节机(以下简称"空调机")的术语和定义、型式和基本参数、要求、试验、检验规则、标志、包装、运输和贮存等。

本标准适用于名义制冷量大于等于 7 000 W 的单元式空气调节机。

2 规范性引用文件

下列文件中的条款通过本标准的引用而成为本标准的条款。凡是注日期的引用文件,其随后所有的修改单(不包括勘误的内容)或修订版均不适用于本标准,然而,鼓励根据本标准达成协议的各方研究是否可使用这些文件的最新版本。凡是不注日期的引用文件,其最新版本适用于本标准。

GB/T 191　包装储运图示标志(GB/T 191—2008,ISO 780:1997,MOD)

GB/T 2828.1—2003　计数抽样检验程序　第 1 部分:按接收质量限(AQL)检索的逐批检验抽样计划(ISO 2859-1:1999,IDT)

GB/T 3785—1983　声级计的电、声性能及测试方法

GB/T 5773　容积式制冷压缩机性能试验方法(GB/T 5773—2004,ISO 917:1989,MOD)

GB/T 6388　运输包装收发货标志

GB/T 13306　标牌

GB/T 18430.1　蒸气压缩循环冷水(热泵)机组　第 1 部分:工业或商业用及类似用途的冷水(热泵)机组

GB/T 18836　风管送风式空调(热泵)机组(GB/T 18836—2002,ISO 13253:1995,NEQ)

GB/T 18837　多联式空调(热泵)机组

GB/T 19409　水源热泵机组(GB/T 19409—2003,ISO 13256:1998,NEQ)

GB/T 19411　除湿机

GB/T 19413　计算机和数据处理机房用单元式空调机组

GB/T 19569　洁净手术室用空调机组

GB/T 19842　轨道车辆空调机组

GB/T 20108　低温单元式空调机组

GB/T 20738　屋顶式空调机组

GB 25130　单元式空气调节机　安全要求

JB/T 7249　制冷设备　术语

3 术语和定义

JB/T 7249 确立的以及下列术语和定义适用于本标准。

3.1

单元式空气调节机　unitary air conditioners

一种向封闭空间、房间或区域直接提供经过处理空气的设备。它主要包括制冷系统以及空气循环

和净化装置,还可以包括加热、加湿和通风装置。

3.1.1

风管送风式空调(热泵)机组 ducted air-conditioning(heat pump)units

一种通过风管向密闭空间、房间或区域直接提供集中处理空气的设备。它主要包括制冷系统以及空气循环和净化装置,还可以包括加热、加湿和通风装置。

3.1.2

多联式空调(热泵)机组 multi-connected air-condition(heat pump)unit

一台或数台风冷室外机可连接数台不同或相同型式、容量的直接蒸发式室内机构成单一制冷循环系统,它可以向一个或数个区域直接提供处理后的空气。

3.1.3

水源热泵机组 water-source heat pumps

一种采用循环流动于共用管路的水、从水井、湖泊或河流中抽取的水或在地下盘管中循环流动的水为冷(热)源,制取冷(热)风或冷(热)水的设备;包括一个使用侧换热设备、压缩机、热源侧换热设备,具有单制冷或制冷和制热功能。水源热泵机组按使用侧换热设备的形式分为冷热风型水源热泵机组和冷热水型水源热泵机组,按冷(热)源类型分为水环式水源热泵机组、地下水式水源热泵机组和地下环路式水源热泵机组。

3.1.4

除湿机 dehumidifiers

一种向密闭空间、房间或区域提供空气湿度处理的设备。

3.1.5

计算机和数据处理机房用单元式空调机组 unitary air-conditioners for computer and data processing room

一种向机房等提供诸如空气循环(大风量)、空气净化、冷却(全年提供)、再加热及湿度控制的单元式空气调节机。

3.1.6

洁净手术室用空调机组 air conditioning unit for clean operating room

一种向洁净手术室和为其服务的区域或其他类似的有生物控制要求场所直接提供处理空气的专用设备。它主要包括空气循环和过滤净化装置,不但包括制冷系统、加热、加湿、净化和通风装置,同时还应包括控制微生物滋生的特别措施。

3.1.7

轨道车辆空调机组 air-conditioning units for railbound vehicles

一种向机车、铁道车辆、轻轨车辆、地铁车辆的客室、工作间提供经过处理的空气的设备。它主要包括制冷系统以及加热(或无加热)、通风装置。

3.1.8

低温单元式空调机组 lowtemperature unitary air conditioners

用于低温工况(5 ℃~18 ℃)下向封闭空间内提供处理空气的设备。它主要包括制冷系统以及空气循环和空气过滤装置,还可以包括加热、加湿装置。

3.1.9

屋顶式空气调节机组 rooftop air conditioning unit

一种安装于屋顶上并通过风管向密闭空间、房间或区域直接提供集中处理空气的设备。它主要包括制冷系统以及空气循环和净化装置,还可以包括加热、加湿和通风装置。

3.2

热泵 heat pump

通过转换制冷系统制冷剂流向,从室外环境介质吸热并向室内放热,使室内空气升温的制冷系统。

3.3

制冷(热)量 cooling(heating)capacity

在规定的制冷(热)能力试验条件下,空调机单位时间内从(向)封闭空间、房间或区域除去(送入)的热量总和,单位:W。

3.4

制冷(热)消耗功率 cooling(heating)power input

在规定的制冷(热)能力试验条件下,空调机运行时所消耗的总功率,单位:W。

3.5

制冷能效比(EER) energy efficiency ratio

在规定的制冷能力试验条件下,空调机制冷量与制冷消耗功率之比,其值用 W/W 表示。

3.6

制热性能系数(COP) coefficient of performance

在规定的制热能力试验条件下,空调机制热量与制热消耗功率之比,其值用 W/W 表示。

3.7

制热用电加热器 electrical heating devices used for heating

只用电加热方法进行制热的电加热器及用温度开关等(因室内、室外温度等因素而动作的开关)转换用热泵和电加热器进行制热的电加热器(包括后安装的电加热器)。

3.8

制热辅助电加热器 additional electrical heating devices used for heating

与热泵一起使用进行制热的电加热器(包括后安装的电加热器)。

3.9

空气焓差法 air enthalpy difference method

一种测定空调机制冷(热)能力的方法,见附录 A。它对空调机的进风参数、出风参数以及循环风量进行测量,用测出的风量与进风、出风焓差的乘积确定空调机的制冷(热)量。

3.10

送风量 discharge airflow

在规定的风量试验条件下,空调机单位时间内向封闭空间、房间或区域送入的空气量,单位 m³/h。

3.11

标准风量 standard airflow

将送风量换算成大气压力为 101.325 kPa、温度为 20 ℃、密度为 1.204 kg/m³ 标准条件下的风量,单位 m³/h。

3.12

制冷综合部分负荷性能系数(IPLV(C)) refrigerating integrated part load value

一个按附录 B 中所述方法试验和计算的描述部分负荷制冷效率的值,其值用 W/W 表示。

3.13

制冷季节能效比(SEER) seasonal energy efficiency ratio

在制冷季节中,空调机进行制冷运行时从室内除去的热量总和与消耗的电量总和之比,按附录 C

中所述方法试验和计算的值,其值用 W/W 表示。

3.14

制热季节能效比(HSPF) heating seasonal performance factor

在制热季节中,空调机进行制热运行时向室内送入的热量总和与消耗的电量总和之比。按附录 C 中所述方法试验和计算的值,其值用 W/W 表示。

3.15

全年性能系数(APF) annual performance factor

在制冷季节及制热季节中,空调机进行制冷(热)运行时从室内除去的热量及向室内送入的热量总和与同一期间内消耗的电量总和之比。按附录 C 中所述方法试验和计算的值,其值用 W/W 表示。

3.16

定容型空调机 single capacity air conditioner

除负荷的变动引起压缩机电机的偏差导致的变化外,容量不发生变化的空调机。

3.17

非定容型空调机 non-single capacity contioner

不符合 3.16 的其他空调机。

4 型式、型号和基本参数

4.1 型式

4.1.1 按功能分为:单冷型、热泵型、恒温恒湿型。

4.1.2 按冷凝器的冷却方式分为:水冷式、风冷式。

4.1.3 按加热方式分为:电加热、热泵制热。

4.1.4 按结构型式分为:整体型、分体型。

4.1.5 按送风型式分为:直接吹出型、接风管型。

4.1.6 按空调机能力调节特性分为:定容型、非定容型。

4.2 型号

空调机型号的编制可由制造商自行确定,但型号中应体现本标准名义工况下空调机的制冷量。

4.3 基本参数

4.3.1 空调机的电源为额定电压 220 V 单相或 380 V 三相交流电,额定频率 50 Hz。

4.3.2 空调机在下列条件下应能正常工作:

4.3.2.1 风冷式

a) 热泵型空调机环境温度:−7 ℃~43 ℃。

b) 单冷型空调机环境温度:18 ℃~43 ℃。

c) 恒温恒湿型空调机环境温度:18 ℃~43 ℃。

4.3.2.2 水冷式

制冷运行时,水冷式空调机冷凝器的进水温度应不超过 34 ℃。

4.3.3 空调机的工况参数按下述内容确定。

a) 水冷式空调机的工况参数见附录 B。

b) 风冷式空调机的工况参数见附录 C。

c) 其他试验工况见表 1。

表 1 其他试验工况

单位为摄氏度

试验条件		室内侧入口空气状态		室外侧状态			
				风冷式 (入口空气状态)		水冷式 (进、出水温度状态)	
		干球温度	湿球温度	干球温度	湿球温度	进水温度	出水温度
制冷 试验	最大运行	32	23	43	26[a]	34	—[b]
	凝露、凝结水排除能力	27	24	27	24[a]	—[b]	27
	低温运行	21	15	21	15[a]		21
制热 试验	最大运行	27	—		15	—	
	融霜		15 以下[c]	2	1		
电加热器制热		20	—	—	—		
风量[d]			16				
恒温 恒湿 试验	名义制冷	23	17	35	24[a]	30	35
	最大运行	30	18	43	26[a]	34	—[b]
	低温运行	21	15	21	15[a]	—[b]	21

a 适应于湿球温度影响室外侧换热的装置(利用水的潜热作为室外侧换热器的热源装置);

b 采用名义制冷试验条件确定的水量;

c 适应于湿球温度影响室内侧换热的装置;

d 风量测量时机外静压的波动应在测定时间内稳定在规定静压的±10%以内,但是规定静压少于 98 Pa 时应取±9.8 Pa。

4.3.4 现场不接风管的空调机,机外静压为 0 Pa;接风管的空调机应标称机外静压。

5 要求

5.1 一般要求

5.1.1 空调机应符合本标准的要求,并应按规定程序批准的图样和技术文件制造。

5.1.2 特殊型式空调机的要求:

a) 风管送风式空调(热泵)机组应符合 GB/T 18836 的规定。

b) 多联式空调(热泵)机组应符合 GB/T 18837 的规定。

c) 冷热风型水源热泵机组应符合 GB/T 19409 的规定。

d) 除湿机应符合 GB/T 19411 的规定。

e) 计算机和数据处理机房用单元式空调机组应符合 GB/T 19413 的规定。

f) 洁净手术室用空调机组应符合 GB/T 19569 的规定。

g) 轨道车辆空调机组应符合 GB/T 19842 的规定。

h) 低温单元式空调机组应符合 GB/T 20108 的规定。

i) 屋顶式空调机组应符合 GB/T 20738 的规定。

5.2 安全要求

空调机的安全要求应符合 GB 25130《单元式空气调节机 安全要求》的规定。

5.3 性能要求

5.3.1 制冷系统密封性能

按 6.3.1 方法试验时,空调机制冷系统各部分不应有制冷剂泄漏。

5.3.2 运转

按6.3.2方法试验,所测空调机的电流、电压、输入功率等参数应符合设计要求。

5.3.3 制冷量

按6.3.3方法试验时,空调机的实测制冷量不应小于其名义制冷量的95%。

5.3.4 制冷消耗功率

按6.3.4方法试验时,空调机的实测制冷消耗功率不应大于名义制冷消耗功率的110%。水冷式空调机制冷量每300 W增加10 W作为冷却水系统水泵和冷却水塔风机的功率消耗。

5.3.5 制热量

按6.3.5方法试验时,空调机的实测制热量不应小于其名义制热量的95%。

5.3.6 制热消耗功率

按6.3.6方法试验时,空调机的实测制热消耗功率不应大于其名义制热消耗功率的110%。

5.3.7 电加热器制热消耗功率

按6.3.7方法试验时,空调机电加热器的实测制热消耗功率要求为:每种电加热器的消耗功率允差应为电加热器名义消耗功率的-10%~+5%。

5.3.8 最大运行制冷

a) 按6.3.8方法试验时,空调机各部件不应损坏,空调机应能正常运行;

b) 空调机在最大运行制冷运行期间,过载保护器不应跳开;

c) 当空调机停机3 min后,再启动连续运行1 h,但在启动运行的最初5 min内允许过载保护器跳开,其后不允许动作;在运行的最初5 min内过载保护器不复位时,在停机不超过30 min复位的,应连续运行1 h;

d) 对于手动复位的过载保护器,在最初5 min内跳开的,并应在跳开10 min后使其强行复位,应能够再连续运行1 h。

5.3.9 最大运行制热

a) 按6.3.9方法试验时,空调机各部件不应损坏,空调机应能正常运行;

b) 空调机在最大运行制热运行期间,过载保护器不应跳开;

c) 当空调机停机3 min后,再启动连续运行1 h,但在启动运行的最初5 min内允许过载保护器跳开,其后不允许动作;在运行的最初5 min内过载保护器不复位时,在停机不超过30 min内复位的,应连续运行1 h;

d) 对于手动复位的过载保护器,在最初5 min内跳开的,并应在跳开10 min后使其强行复位,应能够再连续运行1 h。

注:上述试验中,为防止室内热交换器过热而使电机开、停的自动复位的过载保护装置周期性动作,可视为空调机连续运行。

5.3.10 低温运行

按6.3.10方法试验时,空调机启动10 min后,再进行4 h运行中,安全装置不应跳开,蒸发器的迎风面表面凝结的冰霜面积不应大于蒸发器迎风面积的50%。

注1:空调机运行期间,允许防冻结的可自动复位装置动作。

注2:蒸发器迎风表面结霜面积目视不易看出时,可通过风量(风量下降不超过初始风量的25%)进行判断。

5.3.11 凝露

按6.3.11方法试验时,空调机室内机箱体外表面不应有凝露水滴下,室内送风不应带有水滴。

5.3.12 凝结水排除能力

按6.3.12方法试验时,空调机室内机应具有排除凝结水的能力,不应有水从空调机中溢出或吹出。

5.3.13 自动融霜

按6.3.13方法试验时,融霜所需总时间不应超过试验总时间的20%;在除霜周期中,室内机的送风温度低于18 ℃的持续时间不应超过1 min。融霜周期结束时,室外侧的空气温度升高不应大于5 ℃;如果需要可以使用热泵空调机内的辅助制热或按制造厂的规定。

5.3.14 噪声

按6.3.14测量空调机的噪声,噪声测定值不应大于明示值+3 dB(A),且不应超过表2的规定。

注:空调机在全消声室测试的噪声值须注明"在全消声室测试"等字样,其符合性判定以半消声室测试为准。

表2 噪声限值(声压级)

名义制冷量(热)量/W	空调机的室内机噪声/dB(A)		空调机的室外机/dB(A)
	接风管	不接风管	
>7 000~10 000	53	52	62
>10 000~14 000	56	55	63
>14 000~28 000	65	63	67
>28 000~50 000	69	67	70
>50 000~80 000	71	69	73
>80 000~100 000	74	72	76
>100 000~150 000	77		79
>150 000~200 000	80		82
>200 000	按供货合同要求		按供货合同要求

注:整体式水冷式空调机按室内机考核噪声。

5.3.15 采用水冷冷凝器的空调机在规定的各工况运行时,通过空调机的水压压降不应大于105 kPa。

5.3.16 热泵型空调机的热泵名义制热量不应低于其名义制冷量。

5.3.17 性能系数

5.3.17.1 制冷季节能效比(SEER)

单冷型风冷式空调机的制冷季节能效比不应小于明示值的95%,且不应小于表3的数值。

5.3.17.2 制冷综合部分负荷性能系数(IPLV(C))

水冷式空调机的制冷综合部分负荷性能系数不应小于明示值的95%,且不应小于表3的数值;其制冷非标准部分负荷性能系数不应小于明示值的95%。

5.3.17.3 全年性能系数(APF)

热泵型风冷式空调机的全年性能系数不应小于明示值的95%,且不应小于表3的数值。

表3 性能系数

单位为瓦每瓦

类 型			SEER	APF	IPLV(C)
风冷式	单冷型	不接风管	2.6	—	—
		接风管	2.3		
	热泵型	不接风管		2.4	
		接风管		2.1	
水冷式		不接风管	—		3.2
		接风管			2.9

6 试验

6.1 试验条件

6.1.1 空调机制冷量和制热量试验及性能系数试验的试验装置见附录A。

6.1.2 试验工况见 4.3.3,按空调机相应工况进行试验。

6.1.3 仪器仪表的一般规定

试验用仪器仪表应经法定计量检验部门检定合格,并在有效期内。

6.1.4 仪器仪表的型式及准确度

试验用仪器仪表的型式及准确度应符合表 4 的规定。

表 4　仪器仪表的型式及准确度

类　　别	型　　式	准　确　度	
温度测量仪表	水银玻璃温度计、电阻温度计、热电偶	空气温度　　±0.1 ℃ 水温　　　　±0.1 ℃ 制冷剂温度　±1.0 ℃	
流量测量仪表	记录式、指示式、积算式	测量流量的±1.0%	
制冷剂压力测量仪表	压力表、变送器	测量压力的±2.0%	
空气压力测量仪表	气压表、气压变送器	静压差　　　±2.45 Pa	
电量测量仪表	指示式	0.5 级精度	
	积算式	1.0 级精度	
质量测量仪表		测定质量的±1.0%	
转速仪表	机械式、电子式	测定转速的±1.0%	
气压测量仪表(大气压力)	气压表、气压变送器	大气压读数的±0.1%	
时间测量仪表	秒表	测定经过时间的±0.2%	
噪声测量仪[a]	声级计		

　　[a]　噪声测量应使用 I 型或 I 型以上的声级计。

6.1.5 空调机进行制冷试验(名义制冷、最大运行、凝露、低温运行)和制热试验(名义制热、最大运行)时,试验工况参数的读数允差应符合表 5 的规定。

表 5　制冷试验和制热试验工况参数的读数允差　　　　单位为摄氏度

项　　目	室内侧入口空气状态		室外侧状态			
			风冷式 (入口空气状态)		水冷式 (进、出水温度状态)	
	干球温度	湿球温度	干球温度	湿球温度	进水温度	出水温度
最大变动幅度	±1.0	±0.5	±1.0	±0.5	±0.5	±0.5
平均变动幅度	±0.3	±0.2	±0.3	±0.2	±0.3	±0.3

6.1.6 空调机进行制热试验(低温和融霜)试验时,试验工况的参数允差应符合表 6 的规定。

表 6　制热低温和融霜试验工况参数的读数允差　　　　单位为摄氏度

项　　目	室内侧空气状态		室外侧空气状态			
	干球温度		干球温度		湿球温度	
	热泵时	融霜时	热泵时	融霜时	热泵时	融霜时
最大变动幅度	±2.0	±2.5	±2.0	±5.0	±1.0	±2.5
平均变动幅度	±0.5	±1.5	±0.5	±1.5	±0.3	±1.0

6.1.7 空调机进行风量试验时,试验工况的参数允差应符合表 7 的规定。

表 7　风量试验工况参数的读数允差　　　　　　　　　　单位为摄氏度

项　　目	室内侧空气状态	
	干球温度	湿球温度
最大变动幅度	±3.0	±2.0
平均变动幅度	±2.0	±1.0

6.2　试验要求

6.2.1　空调机所有试验应按铭牌上的额定电压和额定频率进行。

6.2.2　风冷式空调机应在制造厂规定的室外风量下进行试验。试验时,应连接所有辅助元件(包括进风百叶窗和工厂制造的管路及附件),并且符合制造厂安装要求。

6.2.3　分体式空调机室内机组与室外机组的连接应按制造厂提供全部管长或制冷量小于等于 14 000 W 的空调机连接管长为 5.0 m,大于 14 000 W 的空调机连接管长为 7.5 m 进行试验(按较长者进行)。连接管在室外部分的长度不应少于 3.0 m,室内部分的隔热和安装要求按产品使用说明书进行。

6.3　试验方法

6.3.1　制冷系统密封性能试验

空调机的制冷系统在正常的制冷剂充灌量下,制冷量小于等于 28 000 W 的空调机,用灵敏度为 $1×10^{-6}$ Pa·m^3/s 的制冷剂检漏仪进行检验;制冷量大于 28 000 W 的空调机,用灵敏度为 $1×10^{-5}$ Pa·m^3/s 的制冷剂检漏仪进行检验。

6.3.2　运转试验

空调机应在接近名义制冷工况的条件下连续运行,分别测量空调机的输入功率,运转电流和进、出风温度。检查安全保护装置的灵敏度和可靠性,检验温度、电器等控制元件的动作是否正常。

6.3.3　制冷量试验

按 4.3.3 规定的名义制冷工况和附录 A 规定的方法进行试验。

6.3.4　制冷消耗功率试验

在 6.3.3 试验的同时,测定空调机的输入功率和运转电流。

6.3.5　制热量试验

按 4.3.3 规定的名义制热工况和附录 A 规定的方法进行试验。

6.3.6　热泵制热消耗功率试验

在 6.3.5 试验的同时,测定空调机的输入功率和运转电流。

6.3.7　电加热器制热消耗功率试验

a)　空调机在名义制热工况下运行,在热泵制热量测定达到稳定后,测定辅助电加热器的输入功率。

b)　在电加热器制热工况下,空调机制冷系统不运行,将电加热器开关处于最大耗电状态下,测得其输入功率。

6.3.8　最大运行制冷试验

在额定频率和额定电压下,按表 1 规定的最大运行制冷工况运行稳定后连续运行 1 h;然后停机 3 min(此间电压上升不超过 3%),再启动运行 1 h。

6.3.9　最大运行制热试验

在额定频率和额定电压下,按表 1 规定的最大运行制热工况运行稳定后连续运行 1 h;然后停机 3 min(此间电压上升不超过 3%),再启动运行 1 h。

6.3.10　低温运行试验

在不违反制造厂规定下,将空调机室内机的温度控制器、风机速度、风门和导向隔栅调到最易使蒸发器结冰和结霜的状态,达到表 1 规定的低温试验工况后进行下列试验:

a)　空气流通试验:空调机启动并运行 4 h。

b) 滴水试验:将室内机回风口遮住完全阻止空气流通后运行 6 h,使蒸发器盘管风路被霜完全阻塞,停机后去除遮盖物至冰霜完全融化,再使风机以最高速度运行 5 min。

6.3.11 室内机凝露试验

在不违反制造厂规定下,将空调机室内机的温度控制器、风机速度、风门和导向隔栅调到最易凝水状态进行制冷运行,达到表 1 规定的凝露试验工况后,连续运行 4 h。

6.3.12 凝结水排除能力试验

将空调机的温度控制器、风机速度、风门和导向格栅调到最易凝水状态,在接水盘注满水即达到排水口流水后,按表 1 规定的凝露试验工况运行,当接水盘的水位稳定后,再连续运行 4 h。

注:非甩水型空调机接水盘的水不必注满。

6.3.13 自动融霜试验

将装有自动融霜装置的空调机的温度控制器、风机速度(分体式室内风机高速、室外风机低速)、风门和导向隔栅调到最易使室外侧换热器结霜的状态,按表 1 规定的热泵自动融霜试验工况运行稳定后,连续运行两个完整的融霜周期或连续运行 3 h(试验总时间从首次融霜周期结束时开始),3 h 后首次出现融霜周期结束为止,应取其长者。

6.3.14 噪声试验

在额定频率和额定电压下,按附录 D 测量空调机噪声。

6.3.15 制冷季节能效比试验

按附录 C 规定的制冷工况、试验和计算方法得出空调机制冷季节能效比。

6.3.16 制冷综合部分负荷性能系数

按附录 B 规定的制冷部分负荷工况、试验和计算方法得出空调机制冷综合部分负荷性能系数。

6.3.17 全年性能系数试验

按附录 C 规定的制冷和制热工况、试验和计算方法得出空调机全年性能系数。

7 检验规则

7.1 出厂检验

每台空调机应做出厂检验,检验项目应按表 8 的规定。

7.2 抽样检验

7.2.1 空调机应从出厂检验合格的产品中抽样,检验项目和试验方法应按表 8 的规定。

7.2.2 抽样方法按 GB/T 2828.1 进行。逐批检验的抽检项目、批量、抽样方案、检查水平及合格质量水平等由制造厂质量检验部门自行决定。

7.3 型式检验

7.3.1 新产品或定型产品作重大改进,第一台产品应做型式检验,检验项目按表 8 的规定。

7.3.2 型式试验时间不应少于试验方法中规定的时间,运行时如有故障在故障排除后应重新检验。

表 8 检验项目

序号	项 目	出厂检验	抽样检验	型式检验	技术要求	试验方法
1	一般检查				5.1	视检
2	标志				8.1	
3	包装				8.2	
4	介电强度ᵃ					
5	泄漏电流ᵃ	△	△	△	GB 25130	GB 25130
6	接地电阻					
7	防触电保护					
8	制冷系统密封				5.3.1	6.3.1
9	运转				5.3.2	6.3.2

表 8（续）

序号	项　　目	出厂检验	抽样检验	型式检验	技术要求	试验方法
10	制冷量				5.3.3	6.3.3
11	制冷消耗功率				5.3.4	6.3.4
12	制热量				5.3.5	6.3.5
13	制热消耗功率				5.3.6	6.3.6
14	电热装置制热消耗功率		△		5.3.7	6.3.7
15	噪声				5.3.14	6.3.14
16	制冷季节能效比（SEER）				5.3.17.1	6.3.15
17	综合制冷性能系数（IPLV(C)）				5.3.17.2	6.3.16
18	全年性能系数（APF）				5.3.17.3	6.3.17
19	最大运行制冷	—		△	5.3.8	6.3.8
20	最大运行制热				5.3.9	6.3.9
21	低温工况				5.3.10	6.3.10
22	凝露				5.3.11	6.3.11
23	凝结水排除能力				5.3.12	6.3.12
24	自动融霜				5.3.13	6.3.13
25	防水					
26	堵转				GB 25130	GB 25130
27	机械安全					
28	发热					

a 该项目进行出厂检验时，可在常温状态下进行试验，进行型式检验和抽样检验时，应在环境干球温度 27 ℃ 和湿球温度 26 ℃ 下进行试验。

注："△"为需检项目，"—"为不检项目。

8 标志、包装、运输和贮存

8.1 标志

8.1.1 每台空调机应在明显部位固定永久性铭牌，铭牌应符合 GB/T 13306 的规定。铭牌上应标示下列内容：

　　a）　制造厂的名称；

　　b）　产品型号和名称；

　　c）　主要技术性能参数（制冷量、制热量、制冷剂代号及其充注量、制冷季节能效比、综合制冷性能系数、全年性能系数、电压、电流、频率、相数、总功率和质量）；

　　　　　注：若配备了辅助电加热器的热泵型空调机，则在"制热量"和"总功率"数值的后面加一括号，在括号内标明电加热器的名义功率值。

　　d）　产品出厂编号；

　　e）　制造年月。

8.1.2 空调机上应有标明运行状态的标志，如通风机旋转方向的箭头、指示仪表和控制按钮的标记等。

8.1.3 出厂文件

每台空调机上应随带下列技术文件：

8.1.3.1 产品合格证,内容包括：

a) 产品型号和名称；

b) 产品出厂编号；

c) 检验员签字或印章；

d) 检验日期。

8.1.3.2 产品说明书,内容包括：

a) 产品型号和名称、适用范围、执行标准、接风管型空调机的空气动力特性曲线和噪声；

b) 产品的结构示意图、制冷系统图、电路图及接线图；

c) 备件目录和必要的易损零件图；

d) 安装说明和要求；

e) 使用说明、维修和保养注意事项。

8.1.3.3 装箱单

8.2 包装

8.2.1 空调机在包装前应进行清洁处理。制冷量小于 40 000 W 的空调机应充注额定量制冷剂；制冷量大于或等于 40 000 W 的空调机可充入额定量的制冷剂,也可充入干燥氮气,压力可控制在 0.03 MPa～0.1 MPa 范围内。各部件应清洁、干燥,易锈部件应涂防锈剂。

8.2.2 空调机应外套塑料袋或防潮纸并应固定在箱内,以免运输中受潮和发生机械损伤。

8.2.3 空调机包装箱上应有下列标志：

a) 制造单位名称；

b) 产品型号和名称；

c) 净质量、毛质量；

d) 外形尺寸；

e) "小心轻放"、"向上"、"怕湿"和堆放层数等。有关包装、储运标志应符合 GB/T 6388 和 GB/T 191 的有关规定。

8.3 运输和贮存

8.3.1 空调机在运输和贮存过程中不应碰撞、倾斜、雨雪淋袭。

8.3.2 空调机应贮存在干燥通风良好的仓库中。

附　录　A

（规范性附录）

单元式空气调节机制冷（热）量的试验方法

A.1　试验方法

A.1.1　本附录规定了以下五种试验方法：

　　a)　室内侧空气焓差法；

　　b)　室外侧空气焓差法；

　　c)　压缩机标定法；

　　d)　制冷剂流量计法；

　　e)　室外水侧量热计法。

A.1.2　试验方法的适用范围

A.1.2.1　制冷（热）量小于 40 000 W 的空调机应采用室内空气焓差法与另一种方法同时测试。

A.1.2.2　制冷（热）量等于或大于 40 000 W 的空调机至少应采用一种规定的试验方法进行试验。在进行制冷量测试时，如未采用室内侧空气焓差法，应按 A.6 和 A.8 的规定同时测定室内空气流量和潜热制冷量。

A.2　空气焓差法

A.2.1　制冷量是通过测定空调机进、出口的空气干、湿球温度和空气流量确定。

A.2.2　制冷量小于 40 000 W 的空调机的室内侧试验应采用本方法；大于等于 40 000 W 的空调机的室内侧试验也可采用本方法。在满足 A.2.8 的附加要求后，本方法还可用于制冷（热）量小于 40 000 W 的空调机的室外侧试验。压缩机单独通风的空调机用室外空气焓差法试验时应按 A.2.8.2 的规定。分体式室外侧热交换的空调机用室外侧空气焓差法试验时应按 A.2.9.3 和 A.2.10.3 所允许的管路漏热损失进行修正。

A.2.3　试验装置采用下列布置：

　　a) 风洞式空气焓差法布置原理图见图 A.1。

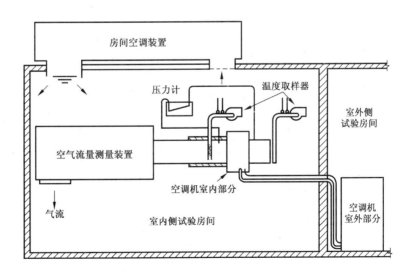

图 A.1　风洞式空气焓差法布置原理图

b) 环路式空气焓差法布置原理图见图 A.2。

测试环路应密闭,各处的空气渗漏量应不超过空气流量测试值的1%,空调机周围的空气干球温度应保持在测试所要求的进口干球温度值的±3 ℃之内。

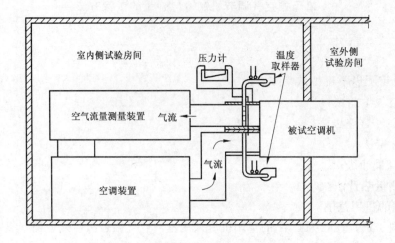

图 A.2 环路式空气焓差法布置原理图

c) 量热计空气焓差法布置原理图见图 A.3。

图中的封闭体应制成密封和隔热的,进入的空气在空调机与封闭壳体之间应能自由循环,壳体和空调机任何部位之间的距离应不小于150 mm,封闭壳体的空气入口位置应远离空调机的空气进口。空气流量测量装置处在封闭壳体中的部位应隔热。

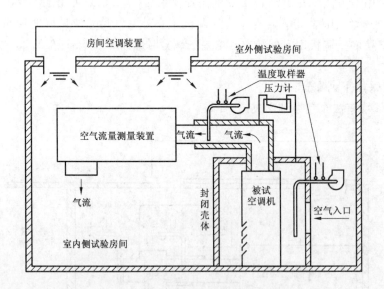

图 A.3 量热计空气焓差布置原理图

d) 房间空气焓差法布置原理图见图 A.4。

e) 图 A.1~图 A.4所示的布置是空气焓差法的各种使用场合,不代表某种布置仅适用于图中所示型式的空调机。当压缩机装在室内部分并系单独通风时应使用图 A.3所示的封闭壳体。

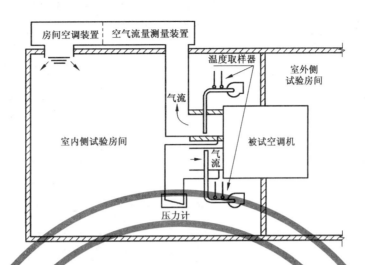

图 A.4　房间空气焓差法布置原理图

A.2.4　试验房间应按实际使用情况满足 A.9.1 的规定。

A.2.5　空气流量测量装置应按 A.6 的规定。

A.2.6　机外静压测量应按 A.7 的规定。

A.2.7　温度测量规定如下：

A.2.7.1　测量风管内的温度应在横截面的各相等分格的中心处进行,所取位置不少于 3 处或使用合适的混合器或取样器。风管内典型的混合器和取样器见图 A.5。测量处的空调机之间的连接管应隔热,通过连接管的漏热量应不超过被测量制冷量的 1.0%。

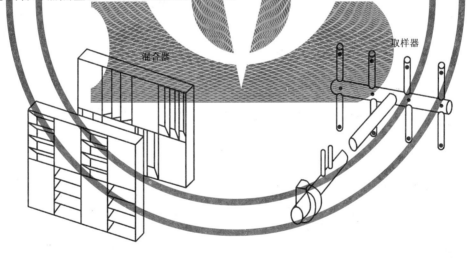

图 A.5　风管内典型的混合器和取样器

A.2.7.2　室内侧空气入口处的温度应在空调机空气入口处至少取 3 个等距离的位置或采用同等效果的取样方法进行测量。温度测量仪表或取样器的位置应离空调机的空气入口 150 mm。

A.2.7.3　室外侧空气入口处的温度测量应满足下列条件：

　　a)　室外侧空气入口处的温度测量应在室外侧热交换器周围至少取 3 点,测量点的空气温度不应受室外部分排出空气的影响。

　　b)　温度测量仪表或取样器的位置应离室外侧热交换器的表面 600 mm。

　　c)　测出的温度应是室外部分周围温度的代表值,试验中室外部分周围所规定的试验温度应尽可能地模拟实际使用中的状况。

A.2.7.4 经过湿球温度测量仪表的空气流速应为 5 m/s 左右。在空气进口和出口处的温度测量用同样的流速,空气流速高于或低于 5 m/s 的湿球温度测量应进行修正。

A.2.8 室外侧空气焓差法试验的附加要求规定如下:

A.2.8.1 当空气焓差法用于室外侧试验时,应确认附装的空气流量测量装置不会改变被试空调机的性能,否则应进行修正。在空调机的室外侧热交换器的中点处应焊接热电偶,对配有膨胀阀并且对充注制冷剂量不敏感的空调机可以把压力表接在检修阀上或接在吸气管和排气管上。首先,把空调机接上室内侧试验装置但不接室外试验装置,在规定的工况下进行预试验运行。在运行的工况稳定后每隔 10 min 记录一次数据,连续记录时间不少于 1 h。然后接上室外侧试验装置进行试验,再次取得稳定后将焊接的热电偶指示的温度或安装的压力表指示的压力记录下来。将这些数据的平均值和预试验记录的数据的平均值进行比较,如果温度超过 0.3 ℃ 或压力不在其相应的范围内时,则应调整室外空气流量直到达到上述要求为止。接室外侧试验装置的试验应在运行工况稳定后继续进行 1 h,这一期间内的室内侧试验结果应与不接室外侧装置时的预试验结果一致,其相差不超过 2.0%。以上要求对空调机的制冷循环和制热循环均适用。

A.2.8.2 空调机中的压缩机若和室外气流进行通风,考虑压缩机的热辐射应采用量热计空气焓差法布置(图 A.3)。

A.2.8.3 在室外侧空气流量按 A.2.8.1 的规定进行调整后,制冷(热)量计算应采用调整后的空气流量。但在预试验期间记录的室外侧风机输入功率应作为计算时的依据。

A.2.9 制冷量的计算

A.2.9.1 用室内侧试验数据按式(A.1)～式(A.4)计算制冷量、显热制冷量和潜热制冷量:

$$q_{tci} = Q_{mi}(h_{a1} - h_{a2})/[V'_n(1 + W_n)] \quad\cdots\cdots\cdots\cdots\cdots\cdots(A.1)$$

$$q_{sci} = Q_{mi}C_{pa}(t_{a1} - t_{a2})/[V'_n(1 + W_n)] \quad\cdots\cdots\cdots\cdots\cdots(A.2)$$

$$q_{lci} = 2.47 \times 10^6 Q_{mi}(W_{i1} - W_{i2})/[V'_n(1 + W_n)] \quad\cdots\cdots\cdots(A.3)$$

$$C_{pa} = 1\,006 + 1\,860 W_{i1} \quad\cdots\cdots\cdots\cdots\cdots\cdots\cdots\cdots\cdots\cdots(A.4)$$

A.2.9.2 用室外侧试验数据按式(A.5)和式(A.6)计算制冷量:

$$q_{tco} = Q_{mo}(h_{a4} - h_{a3})/[V'_n(1 + W_n)] - E_t \quad\cdots\cdots\cdots\cdots(A.5)$$

对于不进行再蒸发的风冷式空调机:

$$q_{tco} = Q_{mo}C_{pa}(t_{a4} - t_{a3})/[V'_n(1 + W_n)] - E_t \quad\cdots\cdots\cdots(A.6)$$

A.2.9.3 管路漏热损失的修正值按式(A.7)和式(A.8)计算:

a) 对于光铜管

$$q_L = [0.605\,7 + 0.000\,531\,6(D_t)^{0.75}(\Delta t)^{1.25} + 0.079\,74 D_t\Delta t]L \quad\cdots\cdots(A.7)$$

b) 对于隔热管

$$q_L = [0.615\,4 + 0.030\,92(T_h)^{-0.33}(D_t)^{0.75}(\Delta t)^{1.25}]L \quad\cdots\cdots\cdots(A.8)$$

为取得 6% 的热平衡,管路漏热损失修正值应按代数相加,计入室外侧制冷量或制热量中。

A.2.10 制热量的计算规定如下:

A.2.10.1 用室内侧试验数据按式(A.9)计算制热量:

$$q_{thi} = Q_{mi}C_{pa}(t_{a2} - t_{a1})/[V'_n(1 + W_n)] \quad\cdots\cdots\cdots\cdots\cdots(A.9)$$

A.2.10.2 用室外侧试验数据按式(A.10)计算制热量:

$$q_{tho} = Q_{mo}(h_{a3} - h_{a4})/[V'_n(1 + W_n) + E_t] \quad\cdots\cdots\cdots\cdots(A.10)$$

A.2.10.3 为取得 6% 的热平衡,管路漏热损失的修正值应计入制热量计算中。

A.3 压缩机标定法见图 A.6

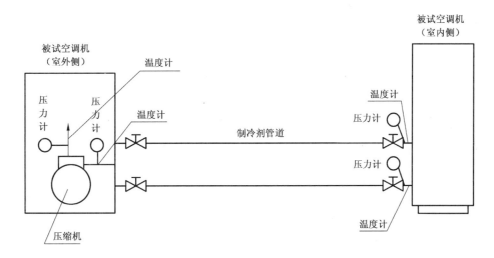

图 A.6 压缩机标定法

A.3.1 制冷(热)量按以下方法确定:

    a) 根据测量进入和离开空调机室内侧的制冷剂参数,以及同一形式的压缩机在相同工况下试验结果求得的制冷剂流量确定,当离开蒸发器的制冷剂过热度小于 6 ℃时,制冷(热)量应采用量热器直接测量法。

    b) 当压缩机运行工况和空调机的试验工况相同时,由量热器直接测量法确定制冷(热)量。

A.3.2 本方法不适用于下列空调机的试验:

    a) 配有一个处于室内气流中且无隔热的室外侧水冷热交换器的空调机。

    b) 压缩机处于室内气流中且无隔热时,不采用量热器直接测量法确定制冷(热)量。

A.3.3 制冷剂参数的测量规定

A.3.3.1 空调机应在规定的试验工况下运行,进入和离开室内侧以及进入和离开压缩机的制冷剂的温度和压力每隔 10 min 测量一次。取七组读数,试验允差应在 A.10.2 规定范围之内。室内侧采用空气焓差法时,读数应在这一试验中读取。

A.3.3.2 配有膨胀阀并对制冷剂充注量不敏感的空调机,其测定制冷剂压力的压力表可以接在制冷剂管路上。

A.3.3.3 对制冷剂充注量敏感的空调机,应在试验后测定制冷剂的压力。试验中,温度通过焊在每个室内侧或室外侧热交换器回路的 U 型弯头中点处的热电偶测量。对水冷室外侧热交换器,温度通过焊在不受蒸气过热及液体过冷影响点上的热电偶测量。试验后把压力表接入管路中,再将空调机抽真空,并按铭牌规定的种类和数量注入制冷剂。并使空调机在试验工况下运行,根据工况参数增减制冷剂,使热电偶测得的温度的复示差值不超过 0.3 ℃,进入和离开压缩机的制冷剂蒸气温度的复示差值不超过 2.0 ℃,进入节流装置的复示差值不超过 0.6 ℃,即可测定运行压力。

A.3.3.4 制冷剂温度应采用焊在管路适当位置上的热电偶测量。

A.3.3.5 整个试验过程中,热电偶不应移动、更换或受干扰。

A.3.3.6 进入和离开压缩机的制冷剂蒸气的温度和压力应尽可能在远离压缩机进口和出口处测量,但最远距离应不超过 250 mm,如果在标定中装有换向阀,则应在离阀 250 mm 处的管路上测量。

A.3.4 压缩机标定法

A.3.4.1 根据 GB/T 5773 规定方法的一种,由预先决定的进入和离开压缩机的制冷剂的压力和温度,通过压缩机的标定确定制冷剂流量。

A.3.4.2 标定试验时,压缩机和换向阀(如使用的情况下)的环境温度与空调机试验工况的环境温度应相同,空气流向也应相同。

A.3.4.3 在采用第二制冷剂量热器法、满液式制冷剂量热器法或干式制冷量热器法等方法时,制冷剂流量按式(A.11)计算:

$$W_r = q/(h_{g1} - h_{f1}) \qquad\qquad\cdots\cdots\cdots\cdots\cdots\cdots\cdots (A.11)$$

A.3.4.4 气体制冷剂流量计法能直接得出制冷剂流量。

A.3.4.5 制冷量和制热量分别按 A.3.6 和 A.3.7 的规定进行计算。

A.3.5 制热量的直接测定

A.3.5.1 对于压缩机标定试验,制热循环中蒸发器过热不到 6 ℃时,用作为量热器的冷凝器的换热量确定制冷剂流量。采用一台经隔热以防止漏热的水冷式冷凝器,冷凝器可与 A.3.4 中所列的任何一种量热器法一起使用。

A.3.5.2 本方法只有在冷凝器向周围漏热的计算值小于压缩机制冷量2%时才可使用。

A.3.5.3 标定试验按 A.3.4 的规定进行,应记录下列数据:

a) 进入冷凝器的制冷剂压力和温度;

b) 离开冷凝器的制冷剂压力和温度;

c) 进入和离开冷凝器的水温;

d) 冷凝器周围的环境温度;

e) 冷凝器的冷却水量;

f) 暴露在环境中的冷凝器夹套表面的平均温度。

A.3.5.4 制冷剂流量按式(A.12)计算:

$$W_r = [W_w C_{pw}(t_2 - t_1) + AU_a(t_c - t_a)]/(h_{g2} - h_{f2}) \cdots\cdots\cdots\cdots\cdots (A.12)$$

A.3.5.5 制热量按 A.3.7 的规定进行计算。

A.3.6 制冷量的计算

A.3.6.1 对于蒸发器过热等于或超过 6 ℃的试验,用压缩机标定法按式(A.13)计算制冷量:

$$q_{te} = W_r(h_{r2} - h_{r1}) - E_i \qquad\qquad\cdots\cdots\cdots\cdots\cdots\cdots\cdots (A.13)$$

A.3.6.2 对于蒸发器过热不到 6.0 ℃的试验,用压缩机标定法按式(A.14)计算制冷量:

$$q_{te} = q_e + AU_a(t_r - t_a) - E_i \cdots\cdots\cdots\cdots\cdots\cdots\cdots (A.14)$$

A.3.7 制热量的计算

用压缩机标定法按式(A.15)计算制热量:

$$q_{th} = W_r(h_{r1} - h_{r2}) + E_1 \qquad\qquad\cdots\cdots\cdots\cdots\cdots\cdots\cdots (A.15)$$

A.4 制冷剂流量计法见图 A.7

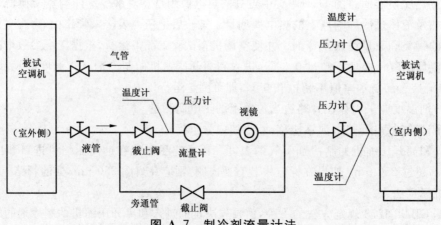

图 A.7 制冷剂流量计法

A.4.1 根据制冷剂焓值的变化和流量确定制冷（热）量。焓值的变化由室内侧进口和出口的制冷剂压力和温度确定,流量由液体管路中的流量计测定。

A.4.2 本方法适用于对制冷剂充注量不敏感,安装程序中包括现场连接制冷剂管路的空调机试验。

A.4.3 本方法不适用于流量计出口的制冷剂液体过冷度小于 2.0 ℃,室内侧热交换器出口的蒸气过热度小于 6.0 ℃的空调机试验。

A.4.4 制冷剂流量的测量

A.4.4.1 制冷剂流量用积算式流量计测量,流量计接在液体管路中,并在制冷剂控制元件的上流侧。该流量计大小的选择,应按其压力降不超过产生 2.0 ℃温度变化的相应蒸气压力变化值。

A.4.4.2 测量温度和压力仪表和视镜应紧连在流量计的下流侧,以确定制冷剂液体的过冷程度;若过冷度为 2.0 ℃并在离开流量计的液体中无任何蒸气气泡,则认为过冷已足够。流量计装在液体管路中垂直的向下环管的底部,以利用液体产生的静压。

A.4.4.3 在试验结束时,从空调机中将循环的制冷剂和油的混合液取出样品,并按 GB/T 5773 测量混合液的含油百分比;测出的总流量根据油的循环量进行修正。

A.4.5 制冷剂温度和压力的测量

进入空调机室内侧热交换器的制冷剂温度和压力测量仪表应安装在流量计的下流侧。离开室内侧热交换器的制冷剂为气态时,温度测量仪表应安装在管道的中心处。

A.4.6 制冷量的计算

用制冷剂流量计法按式(A.16)计算制冷量:

$$q_{tco} = XV_r \rho(h_{r2} - h_{r1}) - E_c \quad\cdots\cdots\cdots\cdots\cdots\cdots\cdots\cdots\cdots\cdots\cdots（A.16）$$

A.4.7 制热量的计算

用制冷剂流量法按式(A.17)计算制冷量:

$$q_{tco} = XV_r \rho(h_{r2} - h_{r1}) + E_c \quad\cdots\cdots\cdots\cdots\cdots\cdots\cdots\cdots\cdots\cdots\cdots（A.17）$$

A.5 室外水侧量热计法见图 A.8

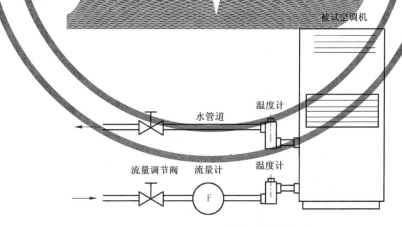

图 A.8 室外水侧量热计法

A.5.1 根据进出室外侧热交换器的水温变化和水流量确定制冷（热）量。

A.5.2 本方法适用于整体式和分体式水冷空调机。分体式水冷空调机的室外侧热交换器应隔热或采用效果相当于 25 mm 厚的玻璃纤维材料隔热。本方法不适用于压缩机和室外气流进行通风的空调机。

A.5.3 水流量的测量

室外侧热交换器的水流量采用 6.1.3 规定的流量计进行测定。

A.5.4 温度的测量

进口和出口处的水温采用 6.1.3 规定的仪表在空调机的连接处测量。

A.5.5 制冷量的计算

用室外水侧量热计法按式(A.18)计算制冷量：

$$q_{tco} = W_w C_{pw}(t_{w2} - t_{w1}) - E_t \qquad \cdots\cdots\cdots\cdots\cdots\cdots\cdots\cdots\cdots\cdots (A.18)$$

A.5.6 制热量的计算

用室外水侧量热计法按式(A.19)计算制冷量：

$$q_{tco} = W_w C_{pw}(t_{w2} - t_{w1}) + E_t \qquad \cdots\cdots\cdots\cdots\cdots\cdots\cdots\cdots\cdots\cdots (A.19)$$

A.5.7 内连接管的管路热损失修正

对于分体式水冷空调机,制冷(热)量应根据内连接管的管路漏热进行修正(见 A.2.9.3)。

A.6 空气流量的测量

A.6.1 空气流量按 A.6.3 规定的喷嘴装置进行测量,不采用空气流量直接测量法时(见 A.1.2.2),室内侧空气流量按 A.6.6 进行计算。

A.6.2 制冷量等于或大于 117 500 W 的空调机,室内侧空气流量按 A.6.7 进行测量。

A.6.3 喷嘴装置

A.6.3.1 装置按图 A.9,由一个隔板分开的进风室和排风室组成,在隔板上装一只或几只喷嘴。空气从被试空调机出来经过风管进入进风室,通过喷嘴排入试验房间或用风管回到空调机进口。

A.6.3.2 喷嘴装置及其与空调机进口的连接应密封,渗漏空气量应不超过被测空气流量的 1.0%。

A.6.3.3 喷嘴中心之间的距离应不小于较大的一个喷嘴喉径的 3 倍,从任一喷嘴的中心到最邻近的风室或进风室板壁的距离应不小于该喷嘴喉径的 1.5 倍。

A.6.3.4 扩散挡板在进风室中的安装位置应在隔板的上风侧,其距离至少为最大喷嘴喉径的 1.5 倍;在排风室中的安装位置应在隔板的下风侧,其距离至少为最大喷嘴喉径的 2.5 倍。

A.6.3.5 应安装一台变风量的排风机和排风室相连接以进行静压调整。

A.6.3.6 通过一只或几只喷嘴的静压降采用一只或几只压力计测量,压力计的一端接到装在进风室内壁上并与壁齐平的静压接口上,另一端接到装在排风室内壁上并与壁齐平的静压接口上。应将每一室中的若干个接口并联地接到若干个压力计上或汇集起来接到一只压力计上,按图 A.9 也可用毕托管测量离开喷嘴后气流的速度头,在采用两只或两只以上的喷嘴时应使用毕托管测出每一喷嘴的气流速度头。

A.6.3.7 应提供确定喉部处空气密度的方法。

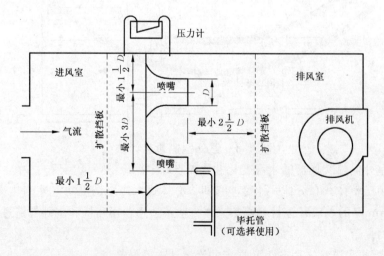

注：扩散挡板应当有均匀的穿孔,穿孔面积约为流道面积的 40%。

图 A.9 喷嘴装置安装示意图

A.6.4 喷嘴

A.6.4.1 喷嘴使用时的喉部风速应大于 15 m/s,但应小于 35 m/s。

A.6.4.2 喷嘴按图 A.10 的结构制造,按 A.6.3 的规定进行安装,使用时不需进行校准。喉径等于或大于 127 mm 的喷嘴流量系数可定为 0.99,需要更精密的数据和喉径小于 127 mm 的喷嘴流量系数按表 A.1 的规定,或对喷嘴进行校准。

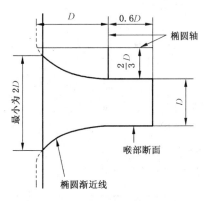

图 A.10 喷嘴装置结构示意图

表 A.1 喷嘴流量系数

雷诺数 N_{Re}	流量系数 C
50 000	0.97
100 000	0.98
150 000	
200 000	0.99
250 000	
300 000	
400 000	
500 000	

雷诺数按式(A.20)计算:

$$N_{Re} = fV_aD_a \quad\quad\quad\quad\quad (\text{A.20})$$

温度系数 f 由表 A.2 确定。

表 A.2 温度系数

温度/ ℃	温度系数 f
−6.7	78.2
4.44	72.0
15.6	67.4
26.7	62.8
37.8	58.1
48.9	55.0
60.0	51.9
71.1	48.8

A.6.4.3 喷嘴的面积通过测量其直径确定,准确度为±0.2%。直径测量在喷嘴喉部的两个平面上进行,一个在出口处,另一个在靠近圆弧的直线段,每个平面沿喷嘴四周取四个直径,直径之间相隔约45°。

A.6.5 计算

A.6.5.1 通过单个喷嘴的空气流量按式(A.21)、式(A.22)计算:

$$Q_{mi} = 1.414 CA_a(p_v V'_n)^{0.5} \quad \cdots\cdots\cdots\cdots\cdots\cdots\cdots\cdots(A.21)$$

$$V'_n = 101\,325 V_n / [(1 + W_n) p_n] \quad \cdots\cdots\cdots\cdots\cdots(A.22)$$

A.6.5.2 使用多个喷嘴时,总空气流量按 A.6.5.1 的单个喷嘴的流量和计算。

A.6.6 空气流量的计算法

不采用空气流量直接测量法时,按式(A.23)、式(A.24)计算空气流量:

制冷时 $\quad Q_i = q_{tci} V_i / (h_{a1} - h_{a2}) \quad \cdots\cdots\cdots\cdots\cdots\cdots(A.23)$

制热时 $\quad Q_i = q_{tci} V_i / (h_{a2} - h_{a1}) \quad \cdots\cdots\cdots\cdots\cdots\cdots(A.24)$

A.6.7 空气流量间接测量法的计算

A.6.7.1 采用空气流量间接测量法见图 A.11,按式(A.25)～式(A.27)计算室内侧空气流量:

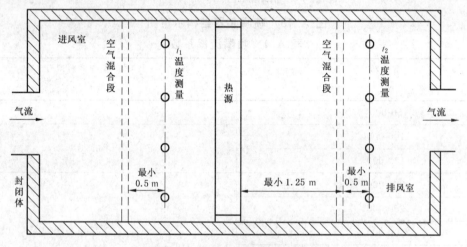

图 A.11 空气流量间接测量法

$$W_{ai} = q_{sri} / [1\,006(t_{a5} - t_{a1}) + 1\,860 W_{i2}(t_{a5} - t_{a1})] \quad \cdots\cdots\cdots\cdots(A.25)$$

$$Q_i = W_{ai} V_{ai} \quad \cdots\cdots\cdots\cdots\cdots\cdots(A.26)$$

$$Q_s = q_{sri} / [1\,206(t_{a5} - t_{a1})] \quad \cdots\cdots\cdots\cdots\cdots\cdots(A.27)$$

A.6.7.1.1 封闭体的热损失应小于热源输入热量的1%。

A.6.7.1.2 热源两端的温升$(t_2 - t_1)$应大于 10 ℃。

A.6.7.2 q_{sri}的确定

    a) 使用电加热器进行再加热:

$$q_{sri} = 输入加热器的电功率 \quad \cdots\cdots\cdots\cdots\cdots\cdots(A.28)$$

    b) 使用蒸气盘管进行再加热:

$$q_{sri} = W_k(h_{k1} - h_{k2}) \quad \cdots\cdots\cdots\cdots\cdots\cdots(A.29)$$

A.7 静压的测定

A.7.1 配有风机和单个空气出口的空调机

A.7.1.1 接风管空调机的机外静压测量装置按图 A.12,不管风管空调机的机外静压测量装置按图 A.13。在空调机空气出口处安装一只短的静压箱,空气通过静压箱进入空气流量测量装置(不采用空气流量直接测量法时,进入一合适的风门装置),静压箱的横截面尺寸应等于空调机出口的尺寸。

A.7.1.2 测量机外静压的压力计的一端应接至排气静压箱的四个取压接口的箱外连通管,每个接口均位于静压箱各壁面的中心位置,与空调机空气出口的距离为出口平均横截面尺寸的两倍。采用进口风管的空调机,另一端应接至位于进口风管各壁面中心位置的管外连通管;不用风管的空调机,另一端应和周围大气相通,进口风管的横截面尺寸应等于空调机进口的尺寸。

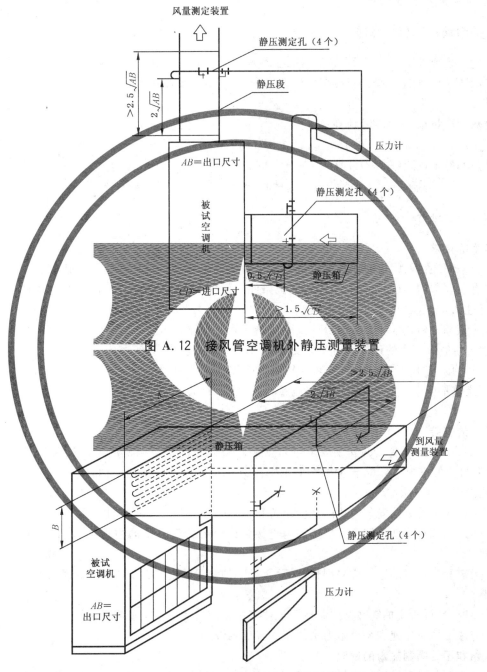

图 A.12 接风管空调机外静压测量装置

图 A.13 不接风管空调机机外静压测量装置

A.7.2 配有风机和多个空气出口的空调机

在每个空气出口上装一个符合图 A.12 或图 A.13 的短静压箱,空气通过静压箱进入一个共用风管段,然后进入空气流量测量装置(不采用空气流量直接测量法时,进入一合适的风门装置)。在每个静压箱进入共用风管段的平面上分别装一个可调节的限流器,平衡每个静压箱中的静压,多个送风机使用单个空气出口的空调机按 A.7.1.1 的要求使用一个静压箱进行试验。

A.7.3　静压测定的一般要求

A.7.3.1　取压接口用直径为 6 mm 的短管制作,短管中心应与静压箱外表面上直径为 1 mm 的孔同心。孔的边口不应有毛刺和其他不规则的表面。

A.7.3.2　静压箱和风管段、空调机以及空气测量装置的连接处应密封,不应漏气。在空调机出口和温度测量仪表之间应隔热,防止漏热。

A.8　凝结水的测量和潜热制冷量的计算

A.8.1　制冷量等于或大于 40 000 W 的空调机在不采用室内侧空气焓差法试验时,应根据测得的凝结水量确定潜热制冷量。凝结水排出口接头应装存水弯头,使凝结水流稳定。

A.8.2　计算

A.8.2.1　潜热制冷量按式(A.30)计算:

$$q_{lci} = 2.47 \times 10^6 W_c \qquad\qquad\qquad\qquad\qquad (A.30)$$

A.8.2.2　显热制冷量按式(A.31)计算:

$$q_{sc} = q_{tci} - q_{lci} \qquad\qquad\qquad\qquad\qquad (A.31)$$

A.9　试验的准备及进行

A.9.1　试验室的要求

A.9.1.1　需要一间还是两间房间应根据被试空调机的型式和制造厂的安装说明而定。

A.9.1.2　应有一间室内侧试验房间,房间的测试条件应保持在允许的范围内,试验时空调机附近的空气流速不应超过 2.5 m/s。

A.9.1.3　风冷型和分体式水冷型空调机的试验需要一间室外侧试验房间,房间应有足够的容积,使空气循环和正常运行时有相同的条件。房间除安装要求的尺寸关系外,应使房间和空调机室外部分有空气排出一侧之间的距离不小于 1.8 m,空调机其他表面和房间之间的距离不小于 0.9 m。房间空调装置处理空气的流量不应小于室外部分空气的流量,并按要求的工况条件处理后低速均匀送回室外侧试验房间。

A.9.2　空调机的安装

A.9.2.1　空调机应按照制造厂的安装要求进行安装。整体水冷式空调机应全部安装在室内侧房间内;分体式空调机应使室内部分位于室内侧房间内,室外部分位于室外侧房间内,整体风冷式空调机应安装在墙的孔洞中。

A.9.2.2　除了按规定的方法安装需要的试验装置和仪表之外,不应改装空调机。

A.9.2.3　分体式空调机应使用制造厂规定的内连接管或使用 7.5 m 长的内连接管,其中至少 3 m 位于室外侧房间。

A.9.2.4　压力表和空调机的连接应采用长度短、直径小的管子,压力表的位置应使读数不受管子中流体压头的影响。

A.9.2.5　需要时,空调机应抽空并充注制造厂说明书中规定的制冷剂类型和数量。

A.9.2.6　不应改变风机转速和系统阻力来修正大气压的波动。

A.9.3　制冷量和不结霜制热量的试验

A.9.3.1　房间空调装置和被试空调机应进行不少于 1 h 的运行,工况稳定后记录数据。每隔 10 min 记录一次,直至连续 7 次的试验数据的允差在 A.10.2 规定范围内。

A.9.3.2　当采用室外侧空气焓差法时,A.9.3.1 的要求适用于 A.2.8 的不接室外侧试验装置的试验。采用压缩机标定法时,A.9.3.1 的要求适用于空调机的试验和压缩机标定试验。

A.9.3.3　在某些制热工况下,空调机的室外侧热交换器上有少量积霜,应区别整个试验期间的不结霜运行和结霜运行。对于不结霜试验,要求室内和室外空气出口温度允差在表 A.3 规定的不结霜允差之内。当结霜超出允许范围时,应采用融霜区的制热量试验程序。

表 A.3 试验运行工况允差

读 数				试验运行工况允差（观察范围）			试验运行工况允差（平均值与规定的试验工况的波值）		
				制冷和不结霜制热	结霜制热		制冷和不结霜制热	结霜制热	
					制热期间	融霜期间		制热期间	融霜期间
室外空气温度	干球	进口	℃	±1.0	±2.0	±5.0	±0.3	±0.5	±1.5
		出口			—	—	—	—	—
	湿球	进口		±0.5	±1.0	±2.5	±0.2	±0.3	±1.0
		出口							
室内空气温度	干球	进口		±1.0	±2.0	a	±0.3	±0.5	±1.5
		出口			—		—		
	湿球	进口		±0.5			±0.2		
		出口							
冷凝器冷却水温				±0.3	—		±0.1		
饱和制冷剂吸入温度				2			0.3		
无其他规定的液温				0.3	—		0.1		
机外静压			Pa	12.5			5		
电压				2			—		
液体流量			%	2					
喷嘴压力降的读数					—				

a 如果室内风机停止,则不适用。

A.9.4 融霜区的制热量试验

A.9.4.1 在融霜循环运行中,不能有效地采用室外侧空气焓差法、压缩机标定法或制冷剂流量法进行确定制热量所需数据的测量。允许根据室内空气回路的测量值确定制热量。试验中被试空调机不应有干扰室外气流的连接装置。在没有改变被试空调机或房间空调装置的空气流量时,室内气流应连续。融霜控制元件停止室内风机时,应同时切断由房间空调装置到室内侧热交换器的气流。为了测定输入被试空调机的电功率应使用积算式电功率表。

A.9.4.2 房间空调装置和被试空调机应进行不少于 1 h 的运行,工况稳定后记录数据,被试空调机由于融霜控制元件的动作导致的工况波动除外。融霜时房间空调装置的正常运行受到影响,按表 A.3 规定较宽的"融霜期间"允差进行试验。

A.9.4.3 被试空调机应进行 3 h 的试验运行。在试验结束时如果被试空调机正在融霜则融霜循环应完成,每隔 10 min 记录一次数据(A.9.3.1)。为了准确地确定融霜循环的起始和结束以及室内气流的时间-温度特性曲线(室内风机运转时)、输入被试空调机的电功率,在融霜循环过程中应连续记录试验数据。

A.10 应记录的试验数据及允差

A.10.1 应记录的试验数据按表 A.4。采用某试验方法时,该试验方法一栏中下标有"△"的项应测量。

A.10.2 试验允差的规定

A.10.2.1 试验过程中,所有观察的参数应在表 A.3 规定的"试验运行工况允差"之内。

A.10.2.2 试验过程中,计算用的参数的最大允许波动值在表 A.3 规定的"试验测试工况允差"之内。

A.10.2.3 当波动值超过规定时,试验数据应作废。

表 A.4　应记录的试验数据

记录项目	单位	室内侧空气焓差法	室外侧空气焓差法	压缩机标定法	制冷剂流量法	室外水侧量热计法	凝结水和间接空气流量测量法
日期	—						
观察者							
大气压	kPa						
空调机铭牌数据	—					△	
时间							
输入空调机的功率[a]	W						
使用的电压	V	△					
频率	Hz						△
室内侧的机外静压	Pa						
风机转速	r/min						
进入空调机的空气干球温度	℃						
进入空调机的空气湿球温度	℃						
离开空调机的空气干球温度	℃			—			
离开空调机的空气湿球温度	℃	[b]	[c]				
喷嘴喉部直径	mm						
喷嘴喉部的动压或喷嘴两端的静压差	Pa						
喷嘴喉部处的温度	℃						
喷嘴前的静压力	Pa						
冷凝压力或温度	kPa	△					
蒸发压力或温度	℃						
进入换向阀的低压侧制冷剂蒸气温度							
进入压缩机的制冷剂蒸气温度				△			
离开压缩机的制冷剂蒸气温度	℃				△	—	
离开换向阀的高压侧制冷剂蒸气温度							
确定渗漏系数的制冷剂温度或表面温度							
制冷剂-油流量	m³/s						
制冷剂与油混合物的重量比	—						
室外侧热交换器水流量	kg/s				—		
进入室外侧热交换器水温	℃					△	
离开室外侧热交换器水温		—			—		
凝结水流量	kg/s	—					△
室内侧制冷剂液体温度	℃				△		
室外侧制冷剂液体温度				[d]	[d]		
室内侧制冷剂蒸气温度	℃					—	
室外侧制冷剂蒸气温度					△		
室内侧制冷剂蒸气压力	kPa						
其他数据				—	[e]	[f]	

[a] 总输入功率和输入空调机部件的功率。

[b] 仅在制冷量测量中需要。

[c] 干式热交换器则不需要。

[d] 仅在调整管路漏热时需要。

[e] 需要的其他数据见 A.3。

[f] 需要的其他数据见 A.4。

A.11 试验结果

A.11.1 试验结果应定量地表示出被试空调机对空气产生的效果,对于给定的试验工况试验结果应表示:

a) 制冷量,W;

b) 显热制冷量,W;

c) 潜热制冷量,W;

d) 制热量,W;

e) 标准工况下的室内侧空气流量,m^3/s;

f) 室内侧气流的机外静压,Pa;

g) 输入被试空调机的总功率或输入各部件的功率,W。

A.11.2 采用两种试验方法时,制冷(热)量应是两种试验方法同时进行时室内侧测得的数据。两种方法所得制冷(热)量之差应在6%之内。采用压缩机标定法时,"同时进行"指取得压缩机标定试验工况。

A.11.3 对制冷工况试验采用两种方法时,显热制冷量和潜热制冷量由室内侧试验决定。

A.11.4 空调机在融霜循环时的制热量是根据室内空气回路的空气焓差法确定的,由空气流量和整个试验期间按时间平均的室内空气升温(融霜时为温降)确定。如果在融霜期间内室内风机停止,在风机停止这段时间内的制热量应认为等于零,这一段时间应计入为获取室内气流平均温升的总试验期内。没发生融霜的空调机的制热量是整个试验期内的累计热量;发生融霜的空调机的制热量是试验期内完整循环总数的累计热量。一个完整循环包括一个制热期和一个从融霜开始到融霜终结的融霜期。输入空调机的电功率根据整个试验期的总的电功率决定。

A.11.5 制冷(热)量由试验结果确定,在试验工况允许波动范围之内不作修正,对标准大气压的偏差按A.11.6的规定进行修正。

A.11.6 试验时大气压低于101 kPa时,大气压读数每低3.5 kPa制冷(热)量可增加0.8%。

A.11.7 空气焓值应根据饱和温度和标准大气压的偏差进行修正;

A.11.8 式(A.1)~式(A.31)中各符号的含义如下:

AU_a——漏热系数,W/℃;

A_a——喷嘴面积,m^2;

C——流量系数;

C_{pa}——空气的比热(对于1 kg干空气组成的湿空气),J/kg·℃;

D_a——喷嘴的喉径,mm;

D_t——制冷剂管子直径,mm;

E_i——向被试空调机室内侧输入的电功率,W;

E_t——输入空调机的总功率,W;

f——温度系数;

h_{a1}——进入室内侧空气的焓(对于1 kg干空气组成的湿空气),J/kg;

h_{a2}——离开室内侧空气的焓(对于1 kg干空气组成的湿空气),J/kg;

h_{a3}——进入室外侧空气的焓(对于1 kg干空气组成的湿空气),J/kg;

h_{a4}——离开室外侧空气的焓(对于1 kg干空气组成的湿空气),J/kg;

h_{g1}——规定工况下,进入压缩机的制冷剂蒸气的焓,J/kg;

h_{g2}——进入冷凝器的制冷剂蒸气的焓,J/kg;

h_{f1}——离开压缩机的制冷剂蒸气压力相对应的饱和温度的液体制冷剂的焓,J/kg;

h_{f2}——离开冷凝器的制冷剂液体的焓,J/kg;

h_{r1}——进入室内侧的制冷剂的焓,J/kg;

h_{r2}——离开室内侧的制冷剂的焓,J/kg;

h_{k1}——进入蒸气盘管水蒸气的焓,J/kg;

h_{k2}——离开蒸气盘管凝结液体的焓,J/kg;

L——制冷剂管路的长度,m;

N_{Re}——雷诺数;

ρ——制冷剂密度,kg/m³;

p_v——喷嘴喉部的动压或通过喷嘴的静压差,Pa;

p_n——喷嘴前的静压力,Pa;

q——按 GB/T 5773 确定的压缩机制冷量,W;

q_e——输入量热器的热量,W;

q_{sci}——显热制冷量(室内侧数据),W;

q_{sc}——显热制冷量;

q_{sri}——显热再加热量(室内侧数据),W;

q_{te}——用压缩机标定法试验求得的制冷量,W;

q_{tci}——制冷量(室内侧数据),W;

q_{lci}——潜热制冷量(室内侧数据),W;

q_{tco}——制冷量(室外侧数据),W;

q_{thi}——制热量(室内侧数据),W;

q_{tho}——制热量(室外侧数据),W;

q_L——内连接管的管路漏热损失,W;

q_{th}——用压缩机标定法试验求得的热量,W;

Q_{mi}——室内空气流量测量值,m³/s;

Q_{mo}——室外空气流量测量值,m³/s;

Q_i——室内空气流量计算值,m³/s;

Q_{ai}——室内侧质量流量(对于 1 kg 干空气组成的湿空气),kg/s;

Q_s——标准状况下的空气流量,m³/s;

t_{a1}——进入室内侧的空气干球温度,℃;

t_{a2}——离开室内侧的空气干球温度,℃;

t_{a3}——进入室外侧的空气干球温度,℃;

t_{a4}——离开室外侧的空气干球温度,℃;

t_{a5}——离开再加热盘管的空气干球温度,℃;

t_1——进入冷凝器的水温,℃;

t_2——离开冷凝器的水温,℃;

t_a——周围温度,℃;

t_c——蒸发器、冷凝器的表面温度,℃;

t_r——量热计表面温度,℃;

t_{w1}——进入室外侧热交换器的水温,℃;

t_{w2}——离开室外侧热交换器的水温,℃;

T_h——内连接管的隔热层厚度,mm;

Δt——制冷剂和周围环境之间的平均温差,℃;

V_r——制冷剂-油混合物的流量,m³/s;

V_a——喷嘴处空气的流速,m/s;

V'_n——喷嘴处空气的比容,m³/kg;

V_n——在喷嘴进口处的干湿球温度下，并在标准大气时空气的比容（对于 1 kg 干空气组成的湿空气），m^3/kg；

V_i——进入室内侧空气的比容（对于 1 kg 干空气组成的湿空气），m^3/kg；

V_{ai}——离开室内侧的比容（对于 1 kg 干空气组成的湿空气），m^3/kg；

W_{ai}——室内空气流量；

W_n——喷嘴处空气的含湿量（对于 1 kg 干空气组成的湿空气），kg/kg；

W_c——凝结水流量，kg/s；

W_{i1}——进入室内侧空气的含湿量（对于 1 kg 干空气组成的湿空气），kg/kg；

W_{i2}——离开室内侧空气的含湿量（对于 1 kg 干空气组成的湿空气），kg/kg；

W_h——蒸汽、凝结液体的质量流量，kg/s；

W_k——凝结液体的质量流量，kg/s；

W_r——由量热器法压缩机侧计算的制冷剂流量，kg/s；

W_w——水流量，kg/s；

X——制冷剂与制冷剂-油混合物的重量比。

附 录 B
（规范性附录）
单元式空气调节机综合部分负荷性能系数的试验和计算

本附录规定了水冷单元式空气调节机的制冷综合部分负荷性能系数的试验和计算。

B.1 术语和定义

B.1.1

部分负荷性能系数 part load value（PLV）

用一个单一数值表示空调机的部分负荷效率指标，它基于空调机部分负荷的 EER，按空调机在各种负荷下运行时间的加权因素计算得出。

B.1.2

综合部分负荷性能系数 integrated part load value（IPLV）

用一个单一数值表示空调机的部分负荷效率指标，基于表 B.2 规定的 IPLV 工况下空调机部分负荷的 EER，按空调机在各种负荷下运行时间的加权因素，通过计算式（B.1）获得。

B.1.3

非标准部分负荷性能系数 Non-Standard Part Load Value（NPLV）

用一个单一数值表示空调机的部分负荷效率指标，基于表 B.2 规定的 NPLV 工况下空调机部分负荷的 EER，按空调机在特定负荷下运行时间的加权因素，通过计算式（B.1）获得。

$$IPLV（或 NPLV）= 2.3\% \times A + 41.5\% \times B + 46.1\% \times C + 10.1\% \times D \quad\cdots\cdots（B.1）$$

式中：

A＝100%负荷时的 EER，W/W；

B＝75%负荷时的 EER，W/W；

C＝50%负荷时的 EER，W/W；

D＝25%负荷时的 EER，W/W。

注：部分负荷百分数计算基准是指名义制冷量（明示值）。

B.2 试验工况

B.2.1 水冷式空调机试验工况除应符合表1的规定，还应符合表 B.1 和表 B.2 的规定。

表 B.1 名义工况

试验条件	室内侧入口空气状态		水冷式冷凝器进水温度和流量状态		
	干球温度/℃	湿球温度/℃	进水温度/℃	单位名义制冷量流量/m³/(h·kW)	污垢系数/(m²·℃)/kW
名义制冷	27	19	30	0.215	0.043

表 B.2 部分负荷工况

试验条件		室内侧入口空气状态		水冷式冷凝器进水温度和流量状态		
		干球温度/℃	湿球温度/℃	进水温度/℃	流量/(m³/h)	污垢系数/(m²·℃)/kW
IPLV	100%负荷工况	27	19	30	b	0.043
	75%负荷工况			26		
	50%负荷工况			23		
	25%负荷工况			19		

表 B.2（续）

试验条件		室内侧入口空气状态		水冷式冷凝器进水温度和流量状态		
		干球温度/ ℃	湿球温度/ ℃	进水温度/ ℃	流量/ （m³/h）	污垢系数/ （m²·℃）/kW
NPLV	100%负荷工况	27	19	选定的进水温度 ᵃ	选定的流量	指定的污垢系数
	75%负荷工况					
	50%负荷工况					
	25%负荷工况					

ᵃ 部分负荷的进水温度必须在 15.5 ℃ 至选定的 100%负荷进水温度之间按负荷百分比线形变化,保留一位小数。

ᵇ 各部分负荷工况的流量必须保持和名义制冷时的流量一致。

B.2.2 空调机水侧污垢系数修正温差的计算方法按 GB/T 18430.1—2007 附录 C 的规定。

B.3 部分负荷性能

B.3.1 综合部分负荷性能

B.3.1.1 空调机应按表 B.2 规定的 IPLV 部分负荷工况测定 100%、75%、50% 和 25% 负荷点的 EER,并按式(B.1)计算其综合部分负荷性能系数 IPLV。

B.3.1.2 若空调机不能按 B.3.1.1 规定的 IPLV 工况正常运行,则可以按以下规定进行。

B.3.1.2.1 若空调机不能在 75%、50% 或 25% 负荷点运行,可以使空调机在按表 B.2 规定的 IPLV 工况条件以其他部分负荷点运行,测量各个负荷点的 EER,并在点与点之间用直线连接,绘出部分负荷曲线图。此时可从曲线图通过内插法来计算空调机 75%、50% 或 25% 负荷点的 EER,但不得使用外插法。

B.3.1.2.2 若空调机不能卸载到 25%、50% 或 75% 负荷点:

a) 若空调机无法卸载到 25% 负荷点但可以卸载到低于 50% 负荷点,则其 75% 和 50% 负荷点的 EER 按 B.3.1.2.1 规定进行,空调机最小能力应按表 B.2 规定的 25% 负荷 IPLV 工况条件运行,测试最小能力负荷点的 EER,然后按式(B.2)计算 25% 负荷点的 EER。

b) 若空调机无法卸载到 50% 负荷点但可以卸载到低于 75% 负荷点,则其 75% 的 EER 按 B.3.1.1 或 B.3.1.2.1 规定进行,空调机最小能力应按表 B.2 规定的 50%、25% 负荷 IPLV 工况条件运行,测试最小能力负荷点的 EER,然后按式(B.2)计算 50% 和 25% 负荷点的 EER。

c) 若空调机无法卸载到 75% 负荷点,空调机最小能力应按表 B.2 规定的 75%、50% 和 25% 负荷 IPLV 工况条件运行,测试最小能力负荷点的 EER,然后按式(B.2)计算 75%、50% 和 25% 负荷点的 EER。

$$EER = \frac{Q_m}{C_D P_m} \qquad\qquad\qquad (B.2)$$

式中:

Q_m——实测制冷量,单位为瓦(W);

P_m——实测输入总功率,单位为瓦(W);

C_D——衰减系数,由式(B.3)计算。是由于空调机无法达到最小负荷,压缩机循环停机引起。

$$C_D = (-0.13LF) + 1.13 \qquad\qquad (B.3)$$

式中:

LF——负荷系数,由式(B.4)计算:

$$LF = \frac{\left(\dfrac{LD}{100}\right) Q_{FL}}{Q_{PL}} \quad\cdots\cdots\cdots\cdots\cdots\cdots\cdots\cdots\cdots\cdots\cdots\cdots(\text{B.4})$$

LD ——需要计算的负荷点；

Q_{FL} ——名义制冷量（明示值），单位为瓦（W）；

Q_{PL} ——部分负荷制冷量（实测值），单位为瓦（W）。

B.3.2 非标准部分负荷性能

必要时空调机应进行非标准部分负荷性能试验。

B.3.2.1 空调机应按表 B.2 规定的 NPLV 部分负荷工况测定 100％、75％、50％ 和 25％ 负荷点的 EER，并按式（B.1）计算其非标准部分负荷性能系数 NPLV。

B.3.2.2 若空调机不能按 B.3.2.1 规定的 NPLV 工况正常运行，则可以按以下规定进行。

B.3.2.2.1 若空调机不能在 75％、50％ 或 25％ 负荷点运行，可以使空调机在按表 B.2 规定的 NPLV 工况条件的其他部分负荷点运行，测量的各个负荷点的 EER、在点与点之间用直线连接，绘出部分负荷曲线图。此时可从曲线图通过内插法来计算空调机 75％、50％ 或 25％ 负荷点的 EER，但不得使用外插法。

B.3.2.2.2 若空调机不能卸载到 25％、50％ 或 75％ 负荷点：

a) 若空调机无法卸载到 25％ 负荷点但可以卸载到低于 50％ 负荷点，则其 75％ 和 50％ 负荷点的 EER 按 B.3.2.2.1 规定进行，空调机最小能力应按表 B.2 规定的 25％ 负荷 NPLV 工况条件运行，测试最小能力负荷点的 EER，然后按式（B.2）计算 25％ 负荷点的 EER。

b) 若空调机无法卸载到 50％ 负荷点但可以卸载到低于 75％ 负荷点，则其 75％ 的 EER 按 B.3.2.2.1 规定进行，空调机最小能力应按表 B.2 规定的 50％、25％ 负荷 NPLV 工况条件运行，测试最小能力负荷点的 EER，然后按式（B.2）计算 50％ 和 25％ 负荷点的 EER。

c) 若空调机无法卸载到 75％ 负荷点，空调机最小能力应按表 B.2 规定的 75％、50％ 和 25％ 负荷 NPLV 工况条件运行，测试最小能力负荷点的 EER，然后按式（B.2）计算 75％、50％ 和 25％ 负荷点的 EER。

B.4 部分负荷性能试验要求

B.4.1 水冷式空调机冷却水流量为名义工况时流量。

B.4.2 空调机各负荷点的实测制冷量与名义制冷量的比值与各负荷值的偏差应小于等于 ±2％，可根据测量值直接计算各负荷点的 EER；否则必须按插值法或按式（B.2）计算各负荷点的 EER。

B.5 计算示例

B.5.1 一台满负荷名义制冷量为 400 kW 的空调机，其测试数据见表 B.3。

表 B.3 部分负荷测试数据

负荷步数	负荷	制冷量/ kW	输入功率/ kW	EER
3（满载）	100％	398	83.8	4.75
2[a]	72.3％	289	57.6	5.02
1[b]	39％	156	30.4	5.13
1[c]	40.5％	162	32.0	5.06
[a] 测试条件为按表 B.2 中 75％ 负荷的工况条件；				
[b] 最小负荷，测试条件为按表 B.2 中 50％ 负荷的工况条件；				
[c] 最小负荷，测试条件为表 B.2 中 25％ 负载工况条件。				

B.5.2 根据 B.3.1.2.1,按表 B.3 中的数据绘制曲线见图.1,按内插法计算 B 点和 C 点的性能系数（见表 B.4）。

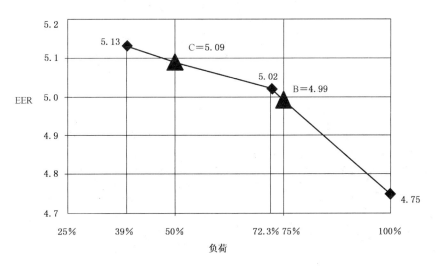

图 B.1 部分负荷性能曲线

表 B.4 各负荷点的 EER

部分负荷点	负荷	制冷量/kW	EER
A	100％	400	4.75
B	75％	300	4.99
C	50％	200	5.09

因为空调机无法卸载到 25％负荷点,按 B.3.1.2.2 计算 D 点(25％负荷点)的 EER:

$$LF = \frac{(0.25) \times (400)}{162} = 0.62$$

$$C_D = (-0.13 \times 0.62) + 1.13 = 1.05$$

$$EER = \frac{162}{1.05 \times 32} = 4.82$$

根据 A,B,C,D 点的 EER,计算制冷综合部分负荷性能系数如下:

IPLV＝2.3％×4.75＋41.5％×4.99＋46.1％×5.09＋10.1％×4.82＝5.01

附 录 C

（规范性附录）

单元式空气调节机季节能源消耗的试验和计算

本附录规定了风冷式单元式空气调节机季节能源消耗效率的试验和计算。

C.1 术语和定义

C.1.1
制冷季节 cooling season

制冷季节是指空调机制冷运行的日期段,当基于标准气象数据的日平均气温达到某一温度 tc 以上第 3 次的那天开始,到日平均气温达到该温度 tc 以上最后一天向前数第 3 次的那天为止为制冷季节。

C.1.2
制热季节 heating season

制热季节是指空调机制热运行的日期段,当基于标准气象数据的日平均气温达到某一温度 th 以下第 3 次的那天开始,到日平均气温达到该温度 th 以下最后一天向前数第 3 次的那天为止为制热季节。

C.1.3
制冷（热）量 cooling(heating) capacity

空调机以额定能力,在规定的制冷（热）能力试验条件下连续稳定制冷（热）运行时,单位时间内从（向）封闭空间、房间或区域内除去（送入）的热量总和,单位:W。

C.1.4
制冷（热）消耗功率 cooling(heating) power input

空调机以额定能力,在规定的制冷（热）能力试验条件下连续稳定制冷（热）运行时消耗的总功率,单位:W。

C.1.5
中间制冷（热）量 middle cooling(heating) capacity

空调机以发挥名义制冷（热）量的 1/2 能力,在规定的制冷（热）能力试验条件下连续稳定制冷（热）运行时,单位时间内从（向）封闭空间、房间或区域内除去（送入）的热量总和,单位:W。

注:中间制冷（热）量在名义制冷（热）量的 50%±5%范围内。当机器的最小能力超过名义制冷（热）量 55%时,以此时的数值为中间能力。

C.1.6
中间制冷（热）消耗功率 middle cooling(heating) power input

空调机以发挥名义制冷（热）量的 1/2 能力,在规定的制冷（热）能力试验条件下连续稳定制冷（热）运行时消耗的总功率,单位:W。

注:中间制冷（热）消耗功率的有效数值为 3 位数,当机器的最小能力超过名义制冷（热）量的 55%时,以此时数值为中间制冷（热）消耗功率。

C.1.7
最小制冷（热）量 minimal cooling(heating) capacity

空调机以最小能力,在规定的制冷（热）能力试验条件下连续稳定制冷（热）运行时,单位时间内从（向）封闭空间、房间或区域内除去（送入）的热量总和,单位:W。

C.1.8
最小制冷（热）消耗功率 minimal cooling(heating) power input

空调机以最小能力,在规定的制冷（热）能力试验条件下连续稳定制冷（热）运行时消耗的总功率,单位:W。

C.1.9

制冷负荷 cooling load

将空调机的制冷能力(名义制冷量)作为室外温度为 35 ℃时建筑物的制冷负荷,连接此点与建筑物的制冷 0 负荷对应的室外温度点形成的直线,即为制冷负荷线。

C.1.10

制热负荷 heating load

制热负荷用与制冷负荷同样大小的建筑物来评价,由室外温度 35 ℃时建筑物的制冷负荷与 HCR 的乘积计算出室外温度为 0 ℃时建筑物的制热负荷,连接此点与建筑物的制热 0 负荷对应的室外温度点形成的直线,即为制热负荷线。

注:HCR 是室外温度为 0 ℃时建筑物的制热负荷与室外温度 35 ℃时建筑物的制冷负荷之比。

C.1.11

制冷负荷系数(CLF) cooling load factor

在同一温、湿度条件下,空调机制冷运行时,通过室内温度调节器的通(ON)、断(OFF)使空调机进行断续运行时,由 ON 时间与 OFF 时间构成的断续运行的 1 个周期内,从室内除去的热量和与之等周期时间内连续制冷运行时,从室内除去的热量之比。

C.1.12

制热负荷系数(HLF) heating load factor

在同一温、湿度条件下,空调机制热运行时,通过室内温度调节器的通(ON)、断(OFF)使空调机进行断续运行时,由 ON 时间与 OFF 时间构成的断续运行的 1 个周期内,送入室内的热量和与之等周期时间内连续制热运行时,送入室内的热量之比。

C.1.13

部分负荷率(PLF) part load factor

在同一温、湿度条件下,空调机进行断续运行时的能效比(性能系数)与进行连续运行时的能效比(性能系数)之比。

C.1.14

效率降低系数(C_D) degradation coefficient

空调机由于进行断续运行而产生效率降低的系数,用 C_D 表示。

C.1.15

制冷季节总负荷(CSTL) cooling seasonal total load

在制冷季节中,空调机从封闭空间、房间或区域内除去的热量总和,单位:Wh。

C.1.16

制热季节总负荷(HSTL) heating seasonal total load

在制热季节中,空调机向封闭空间、房间或区域内送入的热量总和,单位:Wh。

C.1.17

制冷季节耗电量(CSTE) cooling seasonal total energy

在制冷季节中,空调机进行制冷运行时所消耗的电量总和,单位:Wh。

C.1.18

制热季节耗电量(HSTE) heating seasonal total energy

在制热季节中,空调机进行制热运行时所消耗的电量总和,单位:Wh。

C.1.19

全年耗电量(APC) annual power consumption

制冷季节中的制冷季节耗电量与制热季节中的制热季节耗电量的总和,单位:Wh。

C.2 性能要求

5.3 中除下述要求被替代外,其余均适用。

C.2.1 制冷性能

a) 制冷量

按 C.3.3.1a)方法试验时,空调机的实测制冷量不应小于其名义制冷量的 95%。

b) 制冷消耗功率

按 C.3.3.1b)方法试验时,空调机的实测制冷消耗功率不应大于其名义制冷消耗功率的 110%。

C.2.2 中间制冷性能

a) 中间制冷量

按 C.3.3.2a)方法试验时,空调机的实测中间制冷量不应小于其名义中间制冷量的 95%。

b) 中间制冷消耗功率

按 C.3.3.2b)方法试验时,空调机的实测中间制冷消耗功率不应大于其名义中间制冷消耗功率的 110%。

C.2.3 最小制冷性能

a) 最小制冷量

按 C.3.3.3a)方法试验时,空调机的实测最小制冷量不应小于其名义最小制冷量的 80%。

b) 最小制冷消耗功率

按 C.3.3.3b)方法试验时,空调机的实测最小制冷消耗功率不应大于其名义最小制冷消耗功率的 125%。

C.2.4 制热性能

a) 制热量

按 C.3.3.4a)方法试验时,空调机的实测制热量不应小于其名义制热量的 95%。

b) 制热消耗功率

按 C.3.3.4b)方法试验时,空调机的实测制热消耗功率不应大于其名义制热消耗功率的 110%。

C.2.5 中间制热性能

a) 中间制热量

按 C.3.3.5a)方法试验时,空调机的实测中间制热量不应小于其名义中间制热量的 95%。

b) 中间制热消耗功率

按 C.3.3.5b)方法试验时,空调机的实测中间制热消耗功率不应大于其名义中间制热消耗功率的 110%。

C.2.6 最小制热性能

a) 最小制热量

按 C.3.3.6a)方法试验时,空调机的实测最小制热量不应小于其名义最小制热量的 80%。

b) 最小制热消耗功率

按 C.3.3.6b)方法试验时,空调机的实测最小制热消耗功率不应大于其名义最小制热消耗功率的 125%。

C.2.7 低温制热性能

a) 低温制热量

按 C.3.3.7a)方法试验时,空调机的实测低温制热量不应小于其名义低温制热量的 95%。

b) 低温制热消耗功率

按 C.3.3.7b)方法试验时,空调机的实测低温制热消耗功率不应大于其名义低温制热消耗功率的 115%。

C.2.8 超低温制热性能

a) 超低温制热量

按 C.3.3.8a)方法试验时,空调机的实测超低温制热量不应小于其名义超低温制热量的 95%。

b) 超低温制热消耗功率

按 C.3.3.8b)方法试验时,空调机的实测超低温制热消耗功率不应大于其名义超低温制热消耗功率的 115%。

C.3 试验

C.3.1 试验条件

C.3.1.1 空调机试验工况除应符合表 1 的规定,还应符合表 C.1 的规定。

表 C.1 试验工况 单位为摄氏度

试验条件	室内侧入口空气状态		室外侧入口空气状态	
	干球温度	湿球温度	干球温度	湿球温度
名义制冷	27	19	35	24[a]
低温制冷	27	19	29	19[a]
低湿制冷	27	<16[b]	29	—
断续制冷	27	<16[b]	29	—
名义制热	20	—	7	6
断续制热	20	—	7	6
低温制热	20	<15[b]	2	1
超低温制热	20	<15[b]	−8.5	−9.5

[a] 适应于湿球温度影响室外侧换热的装置(利用水的潜热作为室外侧换热器的热源装置);

[b] 适应于湿球温度影响室内侧换热的装置。

C.3.1.2 空调机试验工况参数的读数允差除应符合表 5 和表 6 规定,还应符合表 C.2 的规定。

表 C.2 试验工况参数的读数允差 单位为摄氏度

项 目		室内侧入口空气状态		室外侧入口空气状态	
		干球温度	湿球温度	干球温度	湿球温度
名义制冷、名义制热、低温制热	最大变动幅度	±1.0	±0.5[a]	±1.0	±0.5
	平均变动幅度	±0.3	±0.2[a]	±0.3	±0.2
低温制冷、低湿制冷	最大变动幅度	±0.5	±0.3[a]	±0.5	±0.3[a]
	平均变动幅度	±0.3	±0.2[a]	±0.3	±0.2[a]
断续制冷、断续制热	最大变动幅度	±1.5	—	±1.5	±1.0[b]
	平均变动幅度	±0.5	—	±0.5	±0.5[b]
超低温制热	最大变动幅度	±2.0	±1.5	±2.0	±1.0
	平均变动幅度	±0.5	±0.5	±0.5	±0.3

[a] 低湿制冷试验不适用;

[b] 断续制冷试验不适用。

注:不稳定状态的热泵制热量试验按照 6.1.6 的表 6 融霜工况。

C.3.2 试验要求

6.2 规定的要求及下述要求均适用于本附录。

C.3.2.1 空调机应在规定的频率和电压下运行,除由于空调机启动或停止的负荷变动外,电源电压的偏差不应大于规定电压±2%,电源频率的偏差不应大于规定频率的±1%。

C.3.3 试验方法

C.3.3.1 制冷性能试验

a) 制冷量试验

按 6.3.3 方法进行试验,空调机以额定能力,在名义制冷工况和规定条件下,连续稳定运行 1 h 后进行测试。

b) 制冷消耗功率试验

按 6.3.3 方法测试空调机制冷量的同时,测定空调机的输入功率和运转电流。

C.3.3.2 中间制冷性能试验

a) 中间制冷量试验

按 6.3.3 方法进行试验,空调机以发挥名义制冷量的 1/2 能力,在名义制冷工况和规定条件下,连续稳定运行 1 h 后进行测试。

b) 中间制冷消耗功率试验

按 6.3.3 方法测试空调机中间制冷量的同时,测定空调机的输入功率和运转电流。

注1:当空调机无法准确测试中间制冷能力时,空调机按 6.3.3 的方法进行试验,在表 C.1 的名义制冷工况条件下,测试一个大于中间制冷能力和一个小于中间制冷能力的制冷量和制冷消耗功率,并通过插值的方法计算中间制冷量和中间制冷消耗功率。

注2:当空调机的最小制冷能力超过名义制冷量 55% 的场合,测试最小能力的制冷量和制冷消耗功率。

C.3.3.3 最小制冷性能试验

a) 最小制冷量试验

按 6.3.3 方法进行试验,空调机以最小能力,在名义制冷工况和规定条件下,连续稳定运行 1 h 后进行测试。

b) 最小制冷消耗功率试验

按 6.3.3 方法测试空调机最小制冷量的同时,测定空调机的输入功率和运转电流。

C.3.3.4 制热性能试验

a) 制热量试验

按 6.3.5 方法进行试验,空调机以额定能力,在名义制热工况和规定条件下,连续稳定运行 1h 后进行测试。

b) 制热消耗功率试验

按 6.3.5 方法测试空调机制热量的同时,测定空调机的输入功率和运转电流。

C.3.3.5 中间制热性能试验

a) 中间制热量试验

按 6.3.5 方法进行试验,空调机以发挥名义制热量的 1/2 能力,在名义制热工况和规定条件下,连续稳定运行 1 h 后进行测试。

b) 中间制热消耗功率试验

按 6.3.5 方法测试中间制热量的同时,测定空调机的输入功率和运转电流。

注1:当空调机无法准确测试中间制热能力时,空调机按 6.3.5 的方法进行试验,在表 C.1 的名义制热工况条件下,

测试一个大于中间制热能力和一个小于中间制热能力的制热量和制热消耗功率,并通过插值的方法计算中间制热量和中间制热消耗功率。

注2:当空调机的最小制热能力超过名义制热量55%的场合,测试最小能力的制热量和制热消耗功率。

C.3.3.6 最小制热性能试验

a) 最小制热量试验

按6.3.5方法进行试验,空调机以最小能力,在名义制热工况和规定条件下,连续稳定运行1 h后进行测试。

b) 最小制热消耗功率试验

按6.3.5方法测试空调机最小制热量的同时,测定空调机的输入功率和运转电流。

C.3.3.7 低温制热性能试验

a) 低温制热量试验

按6.3.5和A.9.4方法进行试验,空调机以最大能力,在表C.1的低温制热工况和规定条件下(辅助电加热装置的电路断开),连续稳定运行后进行测试。

b) 低温制热消耗功率试验

按6.3.5和A.9.4方法测试空调低温制热量的同时,测定空调机的输入功率和运转电流。

C.3.3.8 超低温制热性能试验

a) 超低温制热量试验

按6.3.5和A.9.4方法进行试验,空调机以额定能力,在表C.1的超低温制热工况和规定条件下,连续稳定运行后进行测试。

1) 供试机运行达到平衡后再运行30 min之后的20 min期间进行测试,并将其换算为小时制热能力;

2) 测定时间间隔为10 s以内。

b) 超低温制热消耗功率试验

按6.3.5和附录A.9.4方法测试空调机低温制热量的同时,测定空调机的输入功率和运转电流。

C.3.3.9 低温制冷试验

按6.3.3方法进行试验,空调机以额定能力,在低温制冷工况和规定条件下,连续稳定运行1 h后进行测试。

C.3.3.10 低湿制冷试验

按6.3.3方法进行试验,定容型空调机以额定能力,在低湿制冷工况和规定条件下,连续稳定运行1 h后进行测试。非定容型空调机以最小能力,在低湿制冷工况和规定条件下,连续稳定运行1 h后进行测试。

C.3.3.11 断续制冷试验

按6.3.3方法进行试验,空调机在断续制冷工况和下述条件下进行测试:

a) 空调机按断续运行周期的规定,反复进行断续制冷运行1 h以上,达到平衡后再连续进行断续运行3个周期后进行测试;

b) 空调机的压缩机循环地"开机"和"停机"时,其冷凝器侧的所有通风设备也必须循环地"开机"和"停机",室内通风设备也必须随机组一起安装的自动控制器进行循环地"开机"和"停机"。对装有室内风机延迟的空调机,允许风机延迟停止;

c) 空调机测试时必须测量一个或几个断续运行周期内累积时间的制冷量,同时测量同一个或几个断续运行周期内累积时间的耗电量,其中累积时间是压缩机"开机"时间或者装有风机时间延迟时由于风机延时而延长的"开机"时间;

d) 断续运行周期为:空调机开始运行至下一个运行开始,定容型空调机断续运行时间为开机 6 min,停机 24 min;非定容型空调机断续运行时间为运行 12 min,停止 48 min;

e) 非定容型空调机以最小能力运行。

C.3.3.12 断续制热试验

按 6.3.5 方法进行试验,空调机在断续制热工况和下述条件下进行测试:

a) 空调机按断续运行周期的规定,反复进行断续制冷运行 1 h 以上,达到平衡后再连续进行断续运行 3 个周期后进行测试;

b) 空调机的压缩机循环地"开机"和"停机"时,其冷凝器侧的所有通风设备也必须循环地"开机"和"停机",室内通风设备也必须随空调机一起安装的自动控制器进行循环地"开机"和"停机"。对装有室内风机延迟的空调机,允许风机延迟停止;

c) 空调机测试时必须测量一个或几个断续运行周期内累积时间的制热量,同时测量同一个或几个断续运行周期内累积时间的耗电量,其中累积时间是压缩机"开机"时间或者装有风机时间延迟时由于风机延时而延长的"开机"时间;

d) 断续运行周期为:空调机开始运行至下一个运行开始,定容型空调机断续运行时间为开机 12 min,停机 18 min;非定容型空调机断续运行时间为运行 24 min,停止 36 min;

e) 非定容型空调机以最小能力运行。

C.3.3.13 由第三方检测机构进行制冷量,中间制冷量,最小制冷量以及制热量,中间制热量,最小制热量试验时,空调机制造商须提供空调机各能力点的设定方法,以确保第三方进行试验。

C.4 标志

8.1 中除下述内容需增加外,其余均适用。

C.4.1 除标示出制冷量、输入功率外,还应标出制冷量范围(最大制冷量和最小制冷量)、输入功率范围(最大制冷输入功率和最小制冷输入功率),中间制冷量、中间制冷输入功率。

C.4.2 除标示出制热量、输入功率外,还应标出制热量范围(最大制热量和最小制热量)、输入功率范围(最大制热输入功率和最小制热输入功率),中间制热量、中间制热输入功率,低温制热量、低温输入功率。

C.5 全年性能系数 APF 的计算

C.5.1 空调机全年性能系数(APF)的计算以南京作为代表城市,以租赁商铺为代表建筑类型计算,其他城市及建筑类型参照执行。

C.5.2 空调机在制冷季节需要制冷的各温度发生时间见表 C.3,在制热季节需要制热的各温度发生时间见表 C.4。

表 C.3　制冷季节需要制冷的各温度发生时间

地区	制冷季节温度区间 jc																			制冷总小时数/h	加权平均外温/℃
	1	2	3	4	5	6	7	8	9	10	11	12	13	14	15	16	17	18	19		
对应的室外温度 t_{jc}/℃	22	23	24	25	26	27	28	29	30	31	32	33	34	35	36	37	38	39	40		
制冷季节	制冷季节需要制冷的各温度发生时间 n_{jc}（小时数）(h)																				
办公建筑																					
北京　5月6日~9月24日	56	55	83	85	77	78	77	78	58	47	41	39	23	10	3	1	0	0	0	811	27.4
长春　5月23日~8月31日	63	52	74	79	56	38	49	28	12	10	2	7	2	0	0	0	0	0	0	472	25.5
长沙　4月27日~10月17日	87	85	98	119	95	72	67	81	60	70	56	45	32	11	7	8	1	0	0	994	27.3
成都　5月2日~10月13日	105	100	115	88	95	67	55	51	49	35	20	17	2	0	0	0	0	0	0	799	25.9
重庆　4月8日~10月20日	98	102	106	96	109	80	73	71	61	46	50	43	26	29	9	3	0	0	0	1 002	27.1
大连　5月31日~9月21日	108	115	109	108	79	82	26	19	7	0	0	0	0	0	0	0	0	0	0	653	24.6
福州　3月30日~11月20日	96	98	96	95	98	109	108	122	130	110	92	48	39	27	15	2	0	0	0	1 285	27.9
广州　3月3日~11月25日	81	100	135	176	158	155	147	139	128	126	97	65	43	23	2	0	0	0	0	1 575	27.6
贵阳　4月14日~10月23日	113	96	115	108	87	75	59	31	26	8	6	1	0	0	0	0	0	0	0	725	25.2
哈尔滨　6月9日~8月26日	54	40	45	51	60	42	32	29	22	18	9	0	0	0	0	0	0	0	0	402	25.9
海口　1月11日~12月29日	149	127	152	167	150	184	195	184	214	151	129	95	43	4	0	0	0	0	0	1 944	27.6
杭州　4月2日~10月24日	119	97	90	80	85	92	94	85	61	58	53	50	32	31	13	1	0	0	0	1 041	27.3
合肥　4月29日~11月1日	100	97	101	98	96	86	60	67	65	64	52	41	33	21	8	1	0	0	0	990	27.2
呼和浩特　5月28日~8月28日	48	47	59	54	50	47	53	41	15	17	12	1	4	0	0	0	0	0	0	448	26.1
济南　4月13日~10月11日	53	78	105	98	101	94	98	97	93	55	36	35	16	11	9	1	0	0	0	980	27.3
昆明　4月17日~9月13日	108	96	75	61	41	14	7	2	1	0	0	0	0	0	0	0	0	0	0	405	23.8
拉萨　不需供冷	0	0	0	0	0	0	0	0	0	0	0	0	0	0	0	0	0	0	0	0	0.0
兰州　5月3日~9月6日	59	50	58	49	49	51	44	43	17	17	13	4	7	0	0	0	0	0	0	461	26.1
南昌　4月30日~10月23日	81	104	77	97	85	78	79	77	76	60	64	59	53	29	16	8	0	0	0	1 043	27.8
南京　5月8日~10月13日	81	65	73	81	79	81	81	82	68	70	59	54	48	18	6	1	0	0	0	947	27.8

表 C.3 (续)

地区	制冷季节温度区间 jc / 对应的室外温度 t_{jc}/℃	22 (1)	23 (2)	24 (3)	25 (4)	26 (5)	27 (6)	28 (7)	29 (8)	30 (9)	31 (10)	32 (11)	33 (12)	34 (13)	35 (14)	36 (15)	37 (16)	38 (17)	39 (18)	40 (19)	制冷总小时数/h	加权平均室外温/℃
办公建筑	制冷季节需要制冷的各温度发生时间 n_{jc}(小时数)(h)																					
南宁	1月1日~11月27日	94	102	124	156	176	162	141	144	136	111	103	62	26	16	3	0	0	0	0	1 556	27.5
上海	4月29日~10月14日	118	105	119	100	90	89	92	79	56	58	31	14	12	4	6	0	0	0	0	973	26.4
沈阳	5月23日~9月4日	46	44	54	72	72	68	65	58	41	30	13	6	1	0	0	0	0	0	0	570	26.6
石家庄	4月29日~9月26日	47	80	73	87	98	84	95	75	71	47	42	24	12	10	10	6	2	1	0	865	27.4
太原	5月2日~9月2日	64	70	82	72	71	63	81	64	42	13	15	7	0	0	0	0	0	0	0	644	26.1
天津	5月12日~9月26日	46	55	87	105	120	100	70	74	51	42	32	21	11	5	2	0	0	0	0	821	26.9
乌鲁木齐	5月9日~9月11日	53	53	45	42	41	45	42	34	26	26	20	8	3	2	1	0	0	0	0	444	26.5
武汉	3月30日~11月2日	75	96	61	81	100	95	105	93	68	63	56	52	38	23	16	10	3	0	0	1 038	27.9
西安	4月29日~9月20日	65	55	66	75	73	60	58	61	71	60	44	35	20	18	6	4	0	0	0	771	27.6
西宁	7月20日~7月31日	2	5	4	3	1	3	4	1	2	0	0	0	0	0	0	0	0	0	0	25	25.5
厦门	4月9日~11月21日	81	86	106	122	144	165	159	136	117	94	66	31	12	2	0	0	0	0	0	1 321	27.2
银川	5月25日~9月2日	44	61	71	41	56	47	62	37	37	31	13	10	2	0	0	0	0	0	0	510	26.4
郑州	5月4日~9月23日	54	71	74	74	72	80	87	75	73	54	54	37	15	24	9	2	0	0	0	855	27.7
租赁商铺																						
北京	5月6日~9月24日	88	95	146	146	166	164	170	152	116	98	57	48	26	11	4	1	0	0	0	1 488	27.3
长春	5月23日~8月31	114	107	143	148	99	74	70	40	21	15	4	7	2	0	0	0	0	0	0	844	25.3
长沙	4月27-10月17日	162	153	176	178	175	156	154	158	120	126	102	78	57	30	14	13	2	0	0	1 854	27.4
成都	5月2日~10月13日	163	162	194	185	192	159	144	121	103	62	28	21	5	0	0	0	0	0	0	1 539	26.1
重庆	4月8日~10月20日	179	186	180	176	182	146	151	151	137	112	102	84	59	45	14	3	0	0	0	1 907	27.3
大连	5月31日~9月21日	198	200	190	190	133	128	31	19	7	0	0	0	0	0	0	0	0	0	0	1 096	24.5
福州	3月30日~11月20日	154	180	174	176	209	195	229	239	227	175	136	101	59	33	23	5	1	0	0	2 316	27.8
广州	3月3日~11月25日	158	199	285	324	296	280	282	263	259	226	165	109	70	26	2	1	0	0	0	2 944	27.4
贵阳	4月14日~10月23日	190	199	230	213	182	162	120	62	45	13	8	1	0	0	0	0	0	0	0	1 425	25.2

表 C.3（续）

地区	制冷季节温度区间 jc（制冷季节）	1 / 22	2 / 23	3 / 24	4 / 25	5 / 26	6 / 27	7 / 28	8 / 29	9 / 30	10 / 31	11 / 32	12 / 33	13 / 34	14 / 35	15 / 36	16 / 37	17 / 38	18 / 39	19 / 40	制冷总小时数/h	加权平均外温/℃
哈尔滨	6月9日~8月26日	112	81	83	88	102	84	54	42	35	24	12	0	0	0	0	0	0	0	0	717	25.6
海口	1月11日~12月29日	235	247	265	318	345	350	380	349	345	233	190	141	63	5	1	0	0	0	0	3 467	27.4
杭州	4月2日~10月24日	203	192	183	180	178	167	171	138	114	88	97	81	46	49	17	1	0	0	0	1 915	27.1
合肥	4月29日~11月1日	188	166	165	187	198	182	146	152	127	112	93	69	52	31	9	0	0	0	0	1 878	27.1
呼和浩特	5月28日~8月28日	91	96	109	115	107	99	94	63	25	28	17	3	4	0	0	0	0	0	0	851	25.9
济南	4月13日~10月11日	121	141	165	175	189	197	178	168	154	108	74	55	31	18	16	1	0	0	0	1 791	27.2
昆明	4月17日~9月13日	232	190	146	109	52	18	2	0	1	0	6	0	0	0	0	0	0	0	0	759	23.6
拉萨	不需供冷	0	0	0	0	0	0	0	0	0	0	0	0	0	0	0	0	0	0	0	0	—
兰州	5月3日~9月6日	107	112	114	114	106	88	85	77	51	45	31	6	7	0	0	0	0	0	0	942	26.0
南昌	4月30日~10月23日	132	162	169	171	150	143	141	134	157	141	162	107	81	43	21	10	2	1	0	1 897	27.9
南京	5月8日~10月13日	148	150	144	157	141	148	171	148	128	131	116	83	65	24	6	1	0	0	0	1 729	27.5
南宁	1月1日~11月27日	158	191	215	237	281	310	310	316	272	220	174	102	45	20	3	0	0	0	0	2 848	27.6
上海	4月29日~10月14日	211	194	204	187	181	177	177	159	108	79	43	23	17	7	6	0	0	0	0	1 767	26.3
沈阳	5月23日~9月4日	92	84	19	139	138	139	114	86	64	59	16	6	1	0	0	0	0	0	0	1 047	26.2
石家庄	4月29日~9月26日	79	122	147	158	181	180	183	179	140	98	79	42	20	14	11	7	1	2	1	1 624	27.4
太原	5月2日~9月2日	123	131	154	126	145	124	132	106	82	25	19	11	2	5	2	5	0	0	0	1 167	26.0
天津	5月12日~9月26日	90	105	158	189	199	202	199	145	107	82	53	35	13	5	2	0	0	0	0	1 541	26.9
乌鲁木齐	5月9日~9月11日	83	97	102	109	104	109	94	76	67	71	45	19	15	9	9	2	3	0	0	1 014	27.0
武汉	3月30日~11月2日	122	154	122	154	174	174	213	177	141	135	111	94	77	48	26	18	10	0	0	1 950	28.0
西安	4月29日~9月20日	108	109	119	130	132	139	131	124	148	125	101	57	31	26	12	5	0	0	0	1 497	27.7
西宁	7月20日~7月31日	5	11	11	5	9	12	7	2	3	0	0	0	0	0	0	0	0	0	0	64	25.4
厦门	4月9日~11月21日	155	185	219	240	292	309	268	222	193	144	106	52	17	4	1	1	0	0	0	2 408	27.0
银川	5月25日~9月2日	99	120	142	110	127	116	117	74	66	44	15	12	0	0	0	0	0	0	0	1 042	26.1
郑州	5月4日~9月23日	108	111	106	133	150	154	175	156	154	125	103	67	30	29	12	3	0	0	0	1 616	27.8

注：表中上行数字为制冷季节温度区间 jc，下行数字 22~40 为对应的室外温度 t_{jc}/℃；表体数字为制冷季节需要制冷的各温度发生时间间 n_{jc}（小时数）(h)。

表 C.4 制热季节需要制热的各温度发生时间

办公建筑（只考虑大于−15 ℃的制热小时数）

制热季节需要制热的各温度发生时间 n_{jh}（小时数）

地区	制热季节	制热季节温度区间 jh 对应的室外温度 t_{jh} /°C																												制热总小时数 /h	加权平均外温 /°C
		1	2	3	4	5	6	7	8	9	10	11	12	13	14	15	16	17	18	19	20	21	22	23	24	25	26	27	28		
		12	11	10	9	8	7	6	5	4	3	2	1	0	−1	−2	−3	−4	−5	−6	−7	−8	−9	−10	−11	−12	−13	−14	−15		
北京	10月29日~4月2日	37	51	41	37	40	53	66	63	54	57	59	58	54	55	56	41	39	34	26	21	19	17	12	8	6	1	1	0	1 006	2.2
长春	10月3日~5月7日	23	38	39	41	42	37	36	50	46	35	42	30	45	36	51	53	42	37	51	52	50	53	35	74	49	62	50	30	1 229	−2.4
长沙	11月20日~3月17日	52	57	65	84	85	58	71	75	52	47	25	27	37	5	3	1	0	0	0	0	0	0	0	0	0	0	0	0	744	6.7
成都	12月3日~3月9号	31	42	62	71	99	103	92	64	43	19	14	6	6	0	0	0	0	0	0	0	0	0	0	0	0	0	0	0	652	7.3
重庆	11月29日~3月11日	37	79	137	87	119	96	44	16	11	1	2	0	0	0	0	0	0	0	0	0	0	0	0	0	0	0	0	0	629	8.7
大连	10月29日~4月19日	30	35	45	38	40	35	42	64	74	80	82	69	58	56	49	76	56	41	20	19	19	28	20	27	11	7	2	0	1 123	1.1
福州	12月23日~3月21日	72	76	82	73	41	21	7	5	0	0	0	0	0	0	0	0	0	0	0	0	0	0	0	0	0	0	0	0	377	9.9
广州	不需要供暖	0	0	0	0	0	0	0	0	0	0	0	0	0	0	0	0	0	0	0	0	0	0	0	0	0	0	0	0	0	—
贵阳	10月29日~3月28日	52	66	72	70	95	97	95	72	62	58	44	31	26	10	6	0	0	0	0	0	0	0	0	0	0	0	0	0	856	6.5
哈尔滨	10月2日~5月4日	18	21	25	42	31	30	36	40	41	47	39	32	37	30	37	38	45	40	25	33	50	41	40	47	66	69	48	57	1 105	−3.2
海口	不需要供暖	0	0	0	0	0	0	0	0	0	0	0	0	0	0	0	0	0	0	0	0	0	0	0	0	0	0	0	0	0	—
杭州	11月19日~3月18日	50	63	65	72	85	89	90	62	70	37	27	6	15	17	5	0	0	0	0	0	0	0	0	0	0	0	0	0	753	6.9
合肥	11月10日~3月26日	26	54	45	74	86	82	69	69	64	70	52	48	61	25	24	9	2	0	0	0	0	0	0	0	0	0	0	0	860	5.3
呼和浩特	10月3日~4月28日	24	30	51	32	40	41	64	48	51	45	54	47	48	34	42	48	54	54	65	65	71	71	52	38	42	34	33	31	1 280	−2.0
济南	11月5日~3月28日	29	37	40	59	59	90	69	59	64	83	44	54	47	34	41	22	19	13	11	7	7	4	2	2	1	0	0	0	875	3.7
昆明	11月14日~3月4日	48	49	59	58	46	51	39	44	23	20	16	16	13	2	3	1	0	0	0	0	0	0	0	0	0	0	0	0	485	7.4
拉萨	1月3日~12月29日	140	126	142	99	101	96	113	100	75	91	68	75	64	65	61	54	45	45	35	30	20	13	8	5	1	1	0	0	1 673	4.3
兰州	10月12日~4月13日	26	35	36	34	57	63	54	65	60	77	62	59	69	69	61	48	50	55	45	39	29	23	8	16	7	8	3	4	1 178	0.9
南昌	11月26日~3月28日	47	65	92	85	90	97	74	90	57	43	21	11	4	10	3	0	0	0	0	0	0	0	0	0	0	0	0	0	789	7.2
南京	11月16日~3月25日	31	32	37	54	77	85	87	91	73	66	59	45	42	17	13	5	8	4	0	0	0	0	0	0	0	0	0	0	826	5.2

表 C.4（续）

制热季节需要制热的各温度发生时间 n_{jh}（小时数）(h)

地区	制热季节 对应的室外温度 t_{jh}/℃	1 12	2 11	3 10	4 9	5 8	6 7	7 6	8 5	9 4	10 3	11 2	12 1	13 0	14 -1	15 -2	16 -3	17 -4	18 -5	19 -6	20 -7	21 -8	22 -9	23 -10	24 -11	25 -12	26 -13	27 -14	28 -15	制热总小时数/h	加权平均外温/℃
办公建筑（只考虑大于-15℃的制热小时数）																															
南宁	1月13日~1月15日	0	1	3	1	4	1	0	0	0	0	0	0	0	0	0	0	0	0	0	0	0	0	0	0	0	0	0	0	10	8.9
上海	11月27日~3月22日	54	39	66	83	77	64	68	72	60	61	39	21	24	8	7	5	4	0	0	0	0	0	0	0	0	0	0	0	752	6.4
沈阳	10月13日~4月15日	33	36	56	46	39	43	31	44	42	39	42	33	52	60	41	52	34	81	58	41	49	53	35	29	23	26	18	19	1155	-0.8
石家庄	10月30日~3月29日	29	28	36	37	48	56	65	59	66	67	68	59	64	68	56	47	36	27	20	16	13	5	4	3	1	0	0	0	978	2.5
太原	10月20日~4月12日	43	53	51	59	71	70	82	79	75	71	67	66	48	51	41	41	34	33	33	26	19	17	14	12	7	7	5	3	1178	2.5
天津	11月5日~3月29日	20	13	30	38	38	42	49	55	73	55	68	60	69	58	57	46	37	36	32	21	21	10	7	4	2	0	0	0	941	1.6
乌鲁木齐	9月27日~4月23日	22	33	28	38	37	32	40	28	41	38	28	33	42	34	54	44	50	58	72	77	94	78	71	42	41	28	20	0	1280	-3.1
武汉	11月10日~3月18日	48	64	70	74	62	91	92	62	53	52	47	38	19	20	7	2	1	0	0	0	0	0	0	0	0	0	0	0	802	6.4
西安	11月6日~3月26日	26	33	37	29	37	44	48	71	86	89	87	75	68	48	41	39	22	18	16	7	0	0	0	0	0	0	0	0	921	3.1
西宁	9月19日~5月23日	36	62	52	60	61	58	68	71	62	70	78	68	60	64	64	54	60	44	50	45	41	36	38	32	22	24	23	15	1453	0.1
厦门	12月22日~2月28日	46	44	46	33	10	10	3	4	1	3	0	0	0	0	0	0	0	0	0	0	0	0	0	0	0	0	0	0	200	10.0
银川	10月12日~2月28日	19	31	25	40	55	54	51	52	44	47	50	62	63	71	71	57	54	55	40	39	27	21	30	18	16	8	5	0	1146	0.0
郑州	11月6日~3月27日	34	44	66	63	84	91	88	88	57	50	47	57	55	37	23	20	12	5	7	5	2	0	0	0	0	0	0	0	935	4.9
租赁商铺（只考虑大于-15℃的制热小时数）																															
北京	10月29日~4月2日	66	83	73	83	83	105	120	116	100	108	117	108	122	115	119	82	70	51	40	35	29	21	8	5	3	0	0	0	1862	2.5
长春	10月3日~5月7日	63	62	62	78	78	58	63	79	80	60	79	79	87	65	96	74	84	68	83	88	101	81	120	104	126	88	78	0	2278	-2.7
长沙	11月20日~3月17日	95	106	127	176	163	111	113	125	88	79	58	41	48	5	1	0	0	0	0	0	0	0	0	0	0	0	0	0	1336	6.9
成都	12月3日~3月9号	56	67	95	140	201	233	186	114	52	20	11	5	1	0	0	0	0	0	0	0	0	0	0	0	0	0	0	0	1181	7.5
重庆	11月29日~3月11日	96	175	232	182	237	133	68	25	8	2	1	0	0	0	0	0	0	0	0	0	0	0	0	0	0	0	0	0	1159	9.0
大连	10月29日~4月19日	50	60	82	68	73	68	77	97	122	125	154	128	117	116	115	100	102	122	53	38	48	40	20	4	0	0	0	0	2067	0.9
福州	12月23日~3月21日	131	118	140	138	101	38	5	0	0	0	0	0	0	0	0	0	0	0	0	0	0	0	0	0	0	0	0	0	671	9.9
广州	不需要供暖	0	0	0	0	0	0	0	0	0	0	0	0	0	0	0	0	0	0	0	0	0	0	0	0	0	0	0	0	0	—

表 C.4（续）

地区	制热季节温度区间 jh	1	2	3	4	5	6	7	8	9	10	11	12	13	14	15	16	17	18	19	20	21	22	23	24	25	26	27	28	制热总小时数/h	加权平均外温/℃
	对应的室外温度 t_{jh}/℃ 制热季节	12	11	10	9	8	7	6	5	4	3	2	1	0	-1	-2	-3	-4	-5	-6	-7	-8	-9	-10	-11	-12	-13	-14	-15		
		制热季节需要制热的各温度发生时间 n_{jh}（小时数）(h) 制热季节（只考虑大于 -15 ℃的制热小时数）																													
贵阳	10月29日~3月28日	96	117	132	152	160	156	167	132	126	81	53	52	33	18	7	0	0	0	0	0	0	0	0	0	0	0	0	0	1 482	6.8
哈尔滨	10月2日~5月4日	32	27	38	58	44	58	69	71	68	77	79	83	82	66	78	78	72	57	54	62	81	83	82	98	116	109	88	101	2 011	-3.4
海口	不需要供暖																													0	—
杭州	11月19日~3月18日	73	123	130	149	149	163	154	127	142	83	45	21	22	15	3	0	0	0	0	0	0	0	0	0	0	0	0	0	1 373	6.9
合肥	11月10日~3月26日	61	101	87	155	154	138	120	158	134	141	107	74	90	40	19	3	0	0	0	0	0	0	0	0	0	0	0	0	1 582	5.7
呼和浩特	10月3日~4月28日	46	54	74	64	71	68	74	67	83	91	100	88	105	104	96	106	108	101	101	104	115	128	99	101	85	71	55	34	2 393	-2.1
济南	11月5日~3月28日	53	69	72	94	106	105	129	114	134	162	90	111	97	68	67	41	40	40	24	11	8	4	1	2	0	0	0	0	1 642	3.8
昆明	11月14日~3月4日	110	130	125	118	82	76	53	57	32	18	16	21	13	4	0	0	0	0	0	0	0	0	0	0	0	0	0	0	855	8.3
拉萨	1月3日~12月29日	255	223	212	168	182	171	205	177	158	159	124	131	100	95	64	73	51	47	34	27	15	13	4	2	1	0	0	0	2 691	5.1
兰州	10月12日~4月13日	51	68	70	68	104	125	110	134	143	143	118	124	131	119	104	89	82	74	75	53	38	30	32	12	8	6	4	4	2 117	1.7
南昌	11月26日~3月28日	70	115	148	153	163	173	168	149	99	65	37	21	11	12	6	1	0	0	0	0	0	0	0	0	0	0	0	0	1 392	7.1
南京	11月16日~3月25日	66	66	65	96	127	149	156	159	173	135	101	79	66	25	24	7	3	0	0	0	0	0	0	0	0	0	0	0	1 499	5.4
南宁	1月13日~1月15日	2	6	6	12	13	1	0	0	0	0	0	0	0	0	0	0	0	0	0	0	0	0	0	0	0	0	0	0	36	9.0
上海	11月27日~3月22日	88	79	115	155	138	117	123	150	122	110	61	30	33	18	16	4	1	0	0	0	0	0	0	0	0	0	0	0	1 360	6.5
沈阳	10月13日~4月15日	54	61	89	74	65	79	70	88	85	76	102	84	104	98	78	83	69	111	118	116	89	108	69	63	41	38	42	32	2 180	-1.0
石家庄	10月30日~3月29日	64	58	67	82	97	92	101	93	115	136	137	119	142	151	103	76	49	27	33	27	12	4	2	2	0	0	0	0	1 789	2.8
太原	10月20日~4月12日	68	78	87	104	122	125	157	154	136	132	138	129	103	114	88	84	54	54	41	35	28	24	13	13	2	6	3	4	2 099	2.9
天津	11月5日~3月29日	37	38	58	68	72	77	87	96	74	70	57	58	64	73	94	80	66	51	41	34	32	22	7	5	0	0	0	0	1 747	1.8
乌鲁木齐	9月27日~4月23日	50	61	61	62	60	45	65	57	74	96	57	58	64	73	80	95	95	114	149	116	145	160	140	123	76	65	57	47	2 318	-3.1
武汉	11月10日~3月18日	84	123	144	163	134	150	167	131	108	137	62	36	36	24	7	2	0	0	0	0	0	0	0	0	0	0	0	0	1 498	6.6
西安	11月6日~3月26日	52	53	68	67	79	99	102	121	121	127	67	62	138	109	75	52	40	18	10	3	0	0	0	0	0	0	0	0	1 654	3.4
西宁	9月19日~5月23日	68	68	88	82	110	106	97	107	92	85	112	133	136	148	130	118	105	89	92	73	55	44	45	45	34	23	26	15	2 634	1.1
厦门	12月22日~2月28日	72	88	88	68	34	18	5	4	4	3	0	0	0	0	0	0	0	0	0	0	0	0	0	0	0	0	0	0	384	9.9
银川	10月12日~2月28日	39	58	58	68	110	106	106	92	107	147	41	24	92	136	148	130	118	105	78	69	41	38	24	23	16	10	2	2	2 117	0.8
郑州	11月6日~3月27日	56	108	108	113	139	160	170	146	147	117	112	109	92	69	37	30	9	1	3	1	0	0	0	0	0	0	0	0	1 699	5.1

C.5.3 各类建筑物的 HCR 值见表 C.5。

表 C.5 建筑物的 HCR 值

建筑类型	HCR 值
办公建筑	0.70
租赁商铺	0.80

C.5.4 各类建筑物的制冷或制热 0 负荷对应的室外温度见表 C.6。

表 C.6 各类建筑 0 负荷对应的室外温度 单位为摄氏度

建筑类型	建筑物的制冷 0 负荷对应的室外温度	建筑物的制热 0 负荷对应的室外温度
办公建筑	21	13
租赁商铺		

C.5.5 按我国营业、工作时间和使用习惯,租赁商铺和办公建筑一周内各天的空调机使用时间见表 C.7。

表 C.7 一周内各天空调机的运行时段

项 目	租赁商铺(商店)	办公建筑(办公室)
一周的运行天数	7 天(星期一～星期日)	5 天(星期一～星期五)
一天内的运行时段	9:00～22:00	8:00～18:00

C.5.6 季节总负荷的计算

C.5.6.1 制冷季节总负荷(CSTL)按式(C.1)、式(C.2)、式(C.3)计算:

$$CSTL = \sum_{jc=1}^{m} BL_c(t_{jc}) \cdot n_{jc} + \sum_{jc=m+1}^{19} \Phi_{cr2}(t_{jc}) \cdot n_{jc} \quad\cdots\cdots\quad (C.1)$$

$$BL_c(t_{jc}) = \Phi_{cr2a} \cdot \frac{t_{jc} - t_{en}}{35 - t_{en}} \quad\cdots\cdots\quad (C.2)$$

$$\Phi_{cr2}(t_{jc}) = \Phi_{cr2} + \frac{\Phi_{cr2(29)} - \Phi_{cr2}}{35 - 29} \cdot (35 - t_{jc}) \quad\cdots\cdots\quad (C.3)$$

C.5.6.2 制热季节总负荷(HSTL)按式(C.4)、式(C.5)计算:

$$HSTL = \sum_{jh=1}^{28} BL_h(t_{jh}) \cdot n_{jh} \quad\cdots\cdots\quad (C.4)$$

$$BL_h(t_{jh}) = HCR \cdot \frac{t_{ah} - t_{jh}}{t_{ah}} \cdot \Phi_{cr2a} \quad\cdots\cdots\quad (C.5)$$

C.5.7 季节能源消耗的计算

C.5.7.1 季节能效比和全年性能系数

C.5.7.1.1 制冷季节能效比(SEER)按式(C.6)计算:

$$SEER = \frac{CSTL}{CSTE} \quad\cdots\cdots\quad (C.6)$$

C.5.7.1.2 制热季节能效比(HSPF)按式(C.7)计算:

$$HSPF = \frac{HSTL}{HSTE} \quad\cdots\cdots\quad (C.7)$$

C.5.7.1.3 全年耗电量(APC)按式(C.8)计算:

$$APC = CSTE + HSTE \quad\cdots\cdots\quad (C.8)$$

C.5.7.1.4 全年性能系数(APF)按式(C.9)计算:

$$APF = \frac{CSTL + HSTL}{CSTE + HSTE} \quad\cdots\cdots\quad (C.9)$$

C.5.7.2 定容型空调机制冷季节耗电量(CSTE)的计算

定容型空调机的制冷季节耗电量按式(C.10)进行计算,计算所用的性能参数见表 C.8,制冷季节需要制冷的各温度发生时间见表 C.3,建筑物的制冷负荷、空调机的制冷量及制冷消耗功率的关系见图 C.1。

表 C.8 各试验条件下的性能参数

试验条件	制 冷 量	制冷消耗功率
制冷性能	Φ_{cr2a}(名义制冷量的明示值)	—
	Φ_{cr2}(实测制冷量)	P_{c2}(实测制冷消耗功率)
低温制冷[a]	$\Phi_{cr2(29)}$(实测低温制冷量)	$P_{c2(29)}$(实测低温制冷消耗功率)
[a] 按表 C.1 中规定的低温制冷工况。		

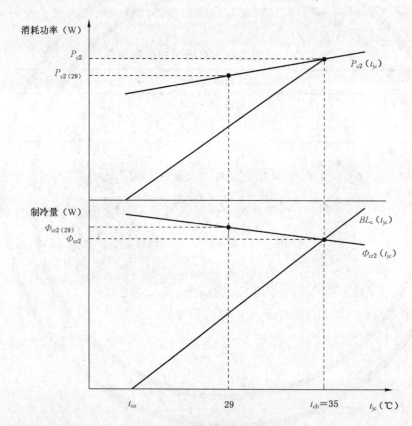

注：t_{ca}——建筑物的制冷 0 负荷对应的室外温度,按 C.5.4 规定;

t_{cb}——建筑物的制冷负荷与空调机的制冷量达到均衡时的室外温度。

图 C.1 建筑物的制冷负荷、空调机的制冷量及制冷消耗功率的关系(定容型)

$$\text{CSTE} = \sum_{jc=1}^{19} P_c(t_{jc}) = \sum_{jc=1}^{19} \frac{X_D(t_{jc}) \cdot P_{c2}(t_{jc})}{PLF_D(t_{jc})} \cdot n_{jc} \quad\quad\quad (C.10)$$

$$X_D(t_{jc}) = \frac{BL_c(t_{jc})}{\Phi_{cr2}(t_{jc})} \quad\quad\quad\quad\quad\quad\quad\quad (C.11)$$

当 $BL_c(t_{jc}) \geqslant \Phi_{cr2}(t_{jc})$ 时,$X_D(t_{jc}) = 1$;

$$P_{c2}(t_{jc}) = P_{c2} + \frac{P_{c2(29)} - P_{c2}}{35 - 29} \cdot (35 - t_{jc}) \quad\quad\quad (C.12)$$

$$PLF_D(t_{jc}) = 1 - C_D \cdot [1 - X_D(t_{jc})] \quad\quad\quad\quad (C.13)$$

式中：$C_D = 0.25$ 或按式(C.14)计算：

$$C_D = \frac{1 - \dfrac{\Phi_{cr(cyc)}/P_{c(cyc)}}{\Phi_{cr(dry)}/P_{c(dry)}}}{1 - \Phi_{cr(cyc)}/\Phi_{cr(dry)}} = \frac{1 - \dfrac{EER_{c(cyc)}}{EER_{c(dry)}}}{1 - CLF} \quad \cdots\cdots\cdots\cdots\cdots (C.14)$$

C.5.7.3　定容型空调机制热季节耗电量(HSTE)的计算

定容型空调机的制热季节耗电量按式(C.15)计算，计算所用的性能参数见表C.9，制热季节需要制冷的各温度发生时间见表C.4，建筑物的制热负荷、空调机的制热量及制热消耗功率的关系见图C.2。

表 C.9　各试验条件下的性能参数

试验条件	制　热　量	制热消耗功率
制热性能	Φ_{cr2a}（名义制冷量的明示值）	—
	Φ_{hr}（实测制热量）	P_{hr}（实测制热消耗功率）
低温制热	Φ_{def}（实测低温制热量）	P_{def}（实测低温制热消耗功率）
超低温制热[a] （-8.5 ℃）	$\Phi_{hr(-8.5)} = 0.601\Phi_{hr}$（计算值）	$P_{hr(-8.5)} = 0.801P_{hr}$（计算值）
[a] 计算 HSPF 时可选择表中计算值，或选择按表 C.1 超低温制热工况试验的实测值。		

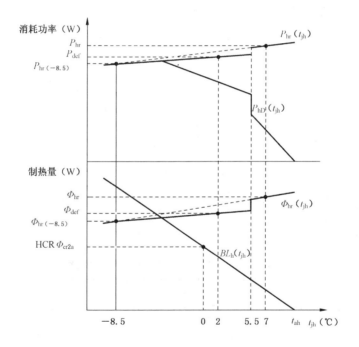

注：t_{ah}——建筑物的制热 0 负荷对应的室外温度，按 C.5.4 规定。

图 C.2　建筑物的制热负荷、空调机的制热量及制热消耗功率的关系（定容型）

$$HSTE = \sum_{jh=1}^{28} P_{hD}(t_{jh}) + \sum_{jh=1}^{28} P_{RHD}(t_{jh}) \quad \cdots\cdots\cdots\cdots\cdots (C.15)$$

C.5.7.3.1　空调机在不结霜温度区域（$t_{jh} \geqslant 5.5$ ℃或 $t_{jh} \leqslant -8.5$ ℃）运行

$$P_{hD}(t_{jh}) = \frac{X_D(t_{jh}) \cdot P_{hr}(t_{jh})}{PLF_D(t_{jh})} \cdot n_{jh} \quad \cdots\cdots\cdots\cdots\cdots (C.16)$$

$$X_D(t_{jh}) = \frac{BL_h(t_{jh})}{\Phi_{hr}(t_{jh})} \quad \cdots\cdots\cdots\cdots\cdots (C.17)$$

当 $BL_h(t_{jh}) \geqslant \Phi_{hr}(t_{jh})$ 时，$X_D(t_{jh}) = 1$；

$$\Phi_{hr}(t_{jh}) = \Phi_{hr(-8.5)} + \frac{\Phi_{hr} - \Phi_{hr(-8.5)}}{7 - (-8.5)} \cdot [t_{jh} - (-8.5)] \quad\cdots\cdots\cdots\cdots\cdots\quad (\text{C.18})$$

$$P_{hr}(t_{jh}) = P_{hr(-8.5)} + \frac{P_{hr} - P_{hr(-8.5)}}{7 - (-8.5)} \cdot [t_{jh} - (-8.5)] \quad\cdots\cdots\cdots\cdots\cdots\quad (\text{C.19})$$

$$\text{PLF}_D(t_{jh}) = 1 - C_D \cdot [1 - X_D(t_{jh})] \quad\cdots\cdots\cdots\cdots\cdots\quad (\text{C.20})$$

式中：$C_D = 0.25$ 或按式（C.21）计算：

$$C_D = \frac{1 - \dfrac{\Phi_{hr(cyc)}/P_{hr(cyc)}}{\Phi_{chr}/P_{chr}}}{1 - \Phi_{hr(cyc)}/\Phi_{chr}} = \frac{1 - \dfrac{\text{COP}_{hr(cyc)}}{\text{COP}_{chr}}}{1 - \text{HLF}} \quad\cdots\cdots\cdots\cdots\cdots\quad (\text{C.21})$$

当 $BL_h(t_{jh}) > \Phi_{hr}(t_{jh})$ 时，空调机的制热量不足需要补充其电加热；

$$P_{RHD}(t_{jh}) = [BL_h(t_{jh}) - \Phi_{hr}(t_{jh})] \cdot n_{jh} \quad\cdots\cdots\cdots\cdots\cdots\quad (\text{C.22})$$

C.5.7.3.2　空调机在结霜温度区域（$-8.5\ ℃ < t_{jh} < 5.5\ ℃$）运行

$$P_{hD}(t_{jh}) = \frac{X_{Df}(t_{jh}) \cdot P_{def}(t_{jh})}{\text{PLF}_{Df}(t_{jh})} \cdot n_{jh} \quad\cdots\cdots\cdots\cdots\cdots\quad (\text{C.23})$$

$$X_{Df}(t_{jh}) = \frac{BL_h(t_{jh})}{\Phi_{def}(t_{jh})} \quad\cdots\cdots\cdots\cdots\cdots\quad (\text{C.24})$$

$$\Phi_{def}(t_{jh}) = \Phi_{hr(-8.5)} + \frac{\Phi_{def} - \Phi_{hr(-8.5)}}{2 - (-8.5)} \cdot [t_{jh} - (-8.5)] \quad\cdots\cdots\cdots\cdots\cdots\quad (\text{C.25})$$

$$P_{def}(t_{jh}) = P_{hr(-8.5)} + \frac{P_{def} - P_{hr(-8.5)}}{2 - (-8.5)} \cdot [t_{jh} - (-8.5)]$$

$$\cdots\cdots\cdots\cdots\cdots\quad (\text{C.26})$$

$$\text{PLF}_{Df}(t_{jh}) = 1 - C_D \cdot [1 - X_{Df}(t_{jh})] \quad\cdots\cdots\cdots\cdots\cdots\quad (\text{C.27})$$

当 $BL_h(t_{jh}) > \Phi_{def}(t_{jh})$ 时，空调机的制热量不足需要补充其电加热；

$$P_{RHD}(t_{jh}) = [BL_h(t_{jh}) - \Phi_{def}(t_{jh})] \cdot n_{jh} \quad\cdots\cdots\cdots\cdots\cdots\quad (\text{C.28})$$

C.5.7.4　非定容型空调机制冷季节耗电量（CSTE）的计算

非定容型空调机的制冷季节耗电量按式（C.29）计算，计算所用的性能参数见表 C.10，制冷季节需要制冷的各温度发生时间见表 C.3，建筑物的制冷负荷、空调机的制冷量及制冷消耗功率的关系见图 C.3。

表 C.10　各试验条件下的性能参数

试验条件	制 冷 量	制冷消耗功率
制冷性能	Φ_{cr2a}（名义制冷量标示值） Φ_{cr2}（实测制冷量）	P_{c2}（实测制冷消耗功率）
	Φ_{crm}（实测中间制冷量）	P_{cm}（实测中间制冷消耗功率）
	Φ_{min}（实测最小制冷量）	P_{min}（实测最小制冷消耗功率）
低温制冷[a]	$\Phi_{cr2(29)}$（实测低温制冷量）	$P_{c2(29)}$（实测低温制冷消耗功率）
	$\Phi_{crm(29)}$（实测低温中间制冷量）	$P_{cm(29)}$（实测低温中间制冷消耗功率）
	$\Phi_{min(29)}$（实测低温最小制冷量）	$P_{min(29)}$（实测低温最小制冷消耗功率）
[a]　按表 C.1 中规定的低温制冷工况。		

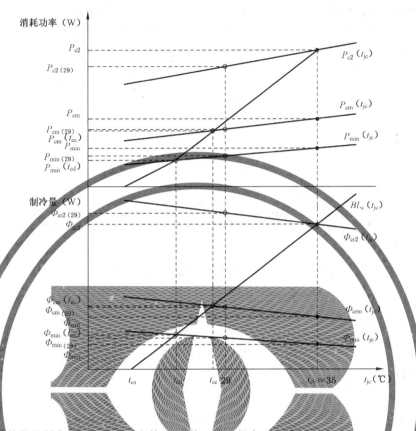

注：t_{ca}——建筑物的制冷①负荷对应的室外温度，按C.5.4规定；

t_{cb}——建筑物的制冷负荷与空调机的制冷量达到均衡时的室外温度；

t_{cc}——建筑物的制冷负荷与空调机的中间制冷量达到均衡时的室外温度；

t_{cd}——建筑物的制冷负荷和空调机的最小制冷量达到均衡时的室外温度。

图 C.3 建筑物的制冷负荷、空调机的制冷量及制冷消耗功率的关系（非定容型）

$$CSTE = \sum_{jc=1}^{n} P_{\min}(t_{jc}) + \sum_{jc=n+1}^{k} P_{clm}(t_{jc}) + \sum_{jc=k+1}^{m} P_{cm2}(t_{jc}) + \sum_{jc=m+1}^{19} P_{c2}(t_{jc}) \quad\cdots\cdots\cdots(C.29)$$

C.5.7.4.1 空调机以最小制冷能力断续运行（$t_{jc} \leqslant t_{cd}$）

$$P_{\min}(t_{jc}) = \frac{X_B(t_{jc}) \cdot P_{\min}(t_{jc})}{PLF_B(t_{jc})} \cdot n_{jc} \quad\cdots\cdots\cdots\cdots\cdots(C.30)$$

$$PLF_B(t_{jc}) = 1 - C_D \cdot [1 - X_B(t_{jc})] \quad\cdots\cdots\cdots\cdots\cdots(C.31)$$

$$X_B(t_{jc}) = \frac{BL_c(t_{jc})}{\Phi_{\min}(t_{jc})} = \frac{\Phi_{cr2a} \cdot \dfrac{t_{jc} - t_{ca}}{35 - t_{ca}}}{\Phi_{\min} + \dfrac{\Phi_{\min(29)} - \Phi_{\min}}{35 - 29} \cdot (35 - t_{jc})} \quad\cdots\cdots\cdots\cdots(C.32)$$

$$P_{\min}(t_{jc}) = P_{\min}(t_{ca}) + \frac{P_{\min}(t_{cd}) - P_{\min}(t_{ca})}{t_{cd} - t_{ca}} \cdot (t_{jc} - t_{ca}) \quad\cdots\cdots\cdots(C.33)$$

$$P_{\min}(t_{ca}) = P_{\min} + \frac{P_{\min(29)} - P_{\min}}{35 - 29} \cdot (35 - t_{ca}) \quad\cdots\cdots\cdots\cdots(C.34)$$

$$t_{cd} = \frac{\Phi_{\min} + t_{ca} \cdot \dfrac{\Phi_{cr2a}}{35 - t_{ca}} + 35 \cdot \dfrac{\Phi_{\min(29)} - \Phi_{\min}}{35 - 29}}{\dfrac{\Phi_{cr2a}}{35 - t_{ca}} + \dfrac{\Phi_{\min(29)} - \Phi_{\min}}{35 - 29}} \quad\cdots\cdots\cdots\cdots(C.35)$$

GB/T 17758—2010

$$P_{\min}(t_{cd}) = P_{\min} + \frac{P_{\min(29)} - P_{\min}}{35 - 29} \cdot (35 - t_{cd}) \quad\quad\quad (\text{C.36})$$

注：若空调机的最小制冷能力等于中间制冷能力时，以中间制冷能力为其最小制冷能力，并根据式(C.30)计算。

C.5.7.4.2 空调机以最小制冷能力与中间制冷能力之间的能力连续可变运行($t_{cd} \leqslant t_{jc} \leqslant t_{cc}$)

$$P_{clm}(t_{jc}) = P_{clm}(t_{jc}) \cdot n_{jc} \quad\quad\quad (\text{C.37})$$

$$P_{clm}(t_{jc}) = P_{\min}(t_{cd}) + \frac{P_{cm}(t_{cc}) - P_{\min}(t_{cd})}{t_{cc} - t_{cd}} \cdot (t_{jc} - t_{cd}) \quad\quad\quad (\text{C.38})$$

$$t_{cc} = \frac{\Phi_{crm} + t_{ca} \cdot \frac{\Phi_{cr2a}}{35 - t_{ca}} + 35 \cdot \frac{\Phi_{crm(29)} - \Phi_{crm}}{35 - 29}}{\frac{\Phi_{cr2a}}{35 - t_{ca}} + \frac{\Phi_{crm(29)} - \Phi_{crm}}{35 - 29}} \quad\quad\quad (\text{C.39})$$

$$P_{cm}(t_{cc}) = P_{cm} + \frac{P_{cm(29)} - P_{cm}}{35 - 29} \cdot (35 - t_{cc}) \quad\quad\quad (\text{C.40})$$

注：若空调机的制冷能力下限值大于等于中间制冷能力时，以制冷能力下限值作为中间制冷能力，并根据式(C.37)计算。

C.5.7.4.3 空调机以中间制冷能力与名义制冷能力之间的能力连续可变运行($t_{cc} \leqslant t_{jc} \leqslant t_{cb} = 35$)

$$P_{cm2}(t_{jc}) = P_{cm2}(t_{jc}) \cdot n_{jc} \quad\quad\quad (\text{C.41})$$

$$P_{cm2}(t_{jc}) = P_{cm}(t_{cc}) + \frac{P_{c2}(t_{cb}) - P_{cm}(t_{cc})}{t_{cb} - t_{cc}} \cdot (t_{jc} - t_{cc}) \quad\quad\quad (\text{C.42})$$

$$P_{c2}(t_{cb}) = P_{c2} \quad\quad\quad (\text{C.43})$$

C.5.7.4.4 空调机以名义制冷能力连续运行($t_{cb} = 35 \leqslant t_{jc}$)

$$P_{c2}(t_{jc}) = P_{c2}(t_{jc}) \cdot n_{jc} \qu\quad\quad\quad (\text{C.44})$$

C.5.7.5 非定容型空调机制热季节耗电量(HSTE)的计算

非定容型空调机的制热季节耗电量按式(C.45)计算，计算所用的性能参数见表C.11，制热季节需要制冷的各温度发生时间见表C.4，建筑物的制热负荷、空调机的制热量及制热消耗功率的关系见图C.4。

表 C.11 各试验条件下的性能参数

试验条件	制 热 量	制热消耗功率
制热性能	Φ_{hr}(实测制热量)	P_{hr}(实测制热消耗功率)
	Φ_{hm}(实测中间制热量)	P_{hm}(实测中间制热消耗功率)
	$\Phi_{h\min}$(实测最小制热量)	$P_{h\min}$(实测最小制热消耗功率)
低温制热[a]	Φ_{def}(实测低温制热量)	P_{def}(实测低温制热消耗功率)
	$\Phi_{h3(2)} = 1.12\Phi_{def}$(计算值)	$P_{h3(2)} = 1.06P_{def}$(计算值)
超低温制热[a] (−8.5 ℃)	$\Phi_{h3(-8.5)} = 0.690\Phi_{h3(2)}$(计算值)	$P_{h3(-8.5)} = 0.856P_{h3(2)}$(计算值)
	$\Phi_{hr(-8.5)} = 0.601\Phi_{hr}$(计算值)	$P_{hr(-8.5)} = 0.801P_{hr}$(计算值)
	$\Phi_{hm(-8.5)} = 0.601\Phi_{hm}$(计算值)	$P_{hm(-8.5)} = 0.801P_{hm}$(计算值)
	$\Phi_{h\min(-8.5)} = 0.601\Phi_{h\min}$(计算值)	$P_{h\min(-8.5)} = 0.801P_{h\min}$(计算值)
[a] 计算 HSPF 时可选择表中计算值，或选择按表 C.1 超低温制热工况试验的实测值。		

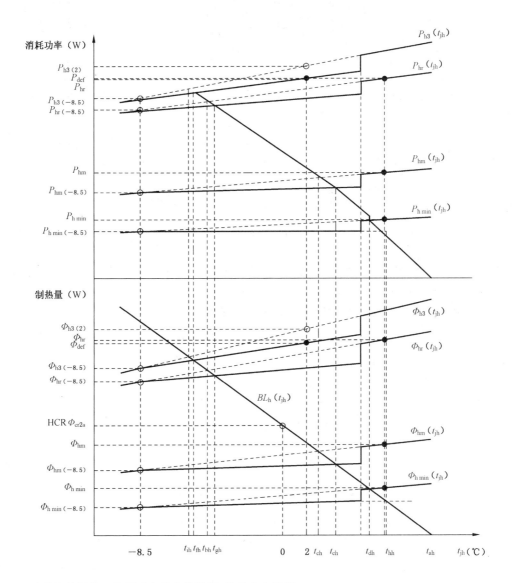

注：t_{ah}—建筑物的制热0负荷对应的室外温度，按C.5.4规定；

t_{bh}—建筑物的制热负荷与空调机的制热量(不结霜温度区域1)达到均衡时的室外温度；

t_{ch}—建筑物的制热负荷与空调机的中间制热量(不结霜温度区域1)达到均衡时的室外温度；

t_{dh}—建筑物的制热负荷和空调机的最小制热量(不结霜温度区域1)达到均衡时的室外温度；

t_{hh}—建筑物的制热负荷和空调机的最小制热量(结霜温度区域)达到均衡时的室外温度；

t_{eh}—建筑物的制热负荷与空调机的中间制热量(结霜温度区域)达到均衡时的室外温度；

t_{gh}—建筑物的制热负荷与空调机的制热量(结霜温度区域)达到均衡时的室外温度；

t_{fh}—建筑物的制热负荷与空调机的最大制热量(结霜温度区域)达到均衡时的室外温度；

t_{ih}—建筑物的制热负荷与空调机的最大制热量(不结霜温度区域2)达到均衡时的室外温度。

图 C.4　建筑物的制热负荷、空调机的制热量及制热消耗功率的关系(非定容型)

$$\text{HSTE} = \sum_{jh=1}^{28} P_{hB}(t_{jh}) + \sum_{jh=1}^{28} P_{RHB}(t_{jh}) \quad\cdots\cdots\cdots\cdots\cdots\cdots\cdots\cdots\cdots\cdots\cdots(\text{C.45})$$

C.5.7.5.1　空调机在不结霜温度区域1($t_{jh} \geqslant 5.5$ ℃)运行

C.5.7.5.1.1　空调机以最小制热能力断续运行($t_{jh} \geqslant t_{dh}$)

$$P_{hB}(t_{jh}) = \frac{X_B(t_{jh}) \cdot P_{h\,min}(t_{jh})}{\text{PLF}_B(t_{jh})} \cdot n_{jh} \quad\cdots\cdots\cdots\cdots\cdots\cdots\cdots\cdots\cdots(\text{C.46})$$

$$PLF_B(t_{jh}) = 1 - C_D \cdot [1 - X_B(t_{jh})] \quad\cdots\cdots\cdots\cdots\cdots (C.47)$$

$$X_B(t_{jh}) = \frac{BL_h(t_{jh})}{\Phi_{h\,min}(t_{jh})} \quad\cdots\cdots\cdots\cdots\cdots (C.48)$$

$$\Phi_{h\,min}(t_{jh}) = \Phi_{h\,min(-8.5)} + \frac{\Phi_{h\,min} - \Phi_{h\,min(-8.5)}}{7 - (-8.5)} \cdot [t_{jh} - (-8.5)] \quad\cdots\cdots (C.49)$$

$$P_{h\,min}(t_{jh}) = P_{h\,min}(t_{dh}) + \frac{P_{h\,min}(t_{ah}) - P_{h\,min}(t_{dh})}{t_{ah} - t_{dh}} \cdot (t_{jh} - t_{dh}) \quad\cdots\cdots (C.50)$$

$$P_{h\,min}(t_{ah}) = P_{h\,min(-8.5)} + \frac{P_{h\,min} - P_{h\,min(-8.5)}}{7 - (-8.5)} \cdot [t_{ah} - (-8.5)] \quad\cdots\cdots (C.51)$$

$$t_{dh} = \frac{HCR \cdot \Phi_{cr2a} - \Phi_{h\,min(-8.5)} - 8.5 \cdot \dfrac{\Phi_{h\,min} - \Phi_{h\,min(-8.5)}}{7 - (-8.5)}}{\dfrac{\Phi_{h\,min} - \Phi_{h\,min(-8.5)}}{7 - (-8.5)} + \dfrac{HCR \cdot \Phi_{cr2a}}{t_{ah}}} \quad\cdots\cdots (C.52)$$

$$P_{h\,min}(t_{dh}) = P_{h\,min(-8.5)} + \frac{P_{h\,min} - P_{h\,min(-8.5)}}{7 - (-8.5)} \cdot [t_{dh} - (-8.5)] \quad\cdots\cdots (C.53)$$

注：若空调机的最小制热能力等于中间制热能力时，以中间制热能力为最小制热能力，并根据式(C.46)计算。

C.5.7.5.1.2 空调机连续可变运行

a) 空调机以最小制热能力与中间制热能力之间的能力连续可变运行($t_{ch} \leqslant t_{jh} \leqslant t_{dh}$)

$$P_{hB}(t_{jh}) = P_{hm}(t_{jh}) \cdot n_{jh} \quad\cdots\cdots\cdots\cdots\cdots (C.54)$$

$$P_{hm}(t_{jh}) = P_{hm}(t_{ch}) + \frac{P_{h\,min}(t_{dh}) - P_{hm}(t_{ch})}{t_{dh} - t_{ch}} \cdot (t_{jh} - t_{ch}) \quad\cdots\cdots (C.55)$$

$$t_{ch} = \frac{HCR \cdot \Phi_{cr2a} - \Phi_{hm(-8.5)} - 8.5 \cdot \dfrac{\Phi_{hm} - \Phi_{hm(-8.5)}}{7 - (-8.5)}}{\dfrac{\Phi_{hm} - \Phi_{hm(-8.5)}}{7 - (-8.5)} + \dfrac{HCR \cdot \Phi_{cr2a}}{t_{ah}}} \quad\cdots\cdots (C.56)$$

$$P_{hm}(t_{ch}) = P_{hm(-8.5)} + \frac{P_{hm} - P_{hm(-8.5)}}{7 - (-8.5)} \cdot [t_{ch} - (-8.5)] \quad\cdots\cdots (C.57)$$

注：若空调机的最小制热能力大于等于中间制热能力时，以最小制热能力作为空调机的中间制热能力。

b) 空调机以中间制热能力与名义制热能力之间的能力连续可变运行($5.5\ ℃ \leqslant t_{jh} \leqslant t_{ch}$)

$$P_{hB}(t_{jh}) = P_h(t_{jh}) \cdot n_{jh} \quad\cdots\cdots\cdots\cdots\cdots (C.58)$$

$$P_h(t_{jh}) = P_{hr}(t_{bh}) + \frac{P_{hm}(t_{ch}) - P_{hr}(t_{bh})}{t_{ch} - t_{bh}} \cdot (t_{jh} - t_{bh}) \quad\cdots\cdots (C.59)$$

$$t_{bh} = \frac{HCR \cdot \Phi_{cr2a} - \Phi_{hr(-8.5)} - 8.5 \cdot \dfrac{\Phi_{hr} - \Phi_{hr(-8.5)}}{7 - (-8.5)}}{\dfrac{\Phi_{hr} - \Phi_{hr(-8.5)}}{7 - (-8.5)} + \dfrac{HCR \cdot \Phi_{cr2a}}{t_{ah}}} \quad\cdots\cdots (C.60)$$

$$P_{hr}(t_{bh}) = P_{hr(-8.5)} + \frac{P_{hr} - P_{hr(-8.5)}}{7 - (-8.5)} \cdot [t_{bh} - (-8.5)] \quad\cdots\cdots (C.61)$$

C.5.7.5.2 空调机在结霜温度区域运行($-8.5\ ℃ < t_{jh} < 5.5\ ℃$)

C.5.7.5.2.1 空调机以最小制热能力进行断续运行($t_{hh} \leqslant t_{jh} < 5.5\ ℃$)

$$P_{hB}(t_{jh}) = \frac{X_{Bf}(t_{jh}) \cdot P_{def\,min}(t_{jh})}{PLF_{Bf}(t_{jh})} \cdot n_{jh} \quad\cdots\cdots\cdots (C.62)$$

$$PLF_{Bf}(t_{jh}) = 1 - C_D \cdot [1 - X_{Bf}(t_{jh})] \quad\cdots\cdots\cdots (C.63)$$

$$X_{Bf}(t_{jh}) = \frac{BL_h(t_{jh})}{\Phi_{def\,min}(t_{jh})} \quad\cdots\cdots\cdots\cdots\cdots (C.64)$$

$$\Phi_{def\,min}(t_{jh}) = \Phi_{h\,min(-8.5)} + \frac{\dfrac{\Phi_{h\,min(2)}}{1.12} - \Phi_{h\,min(-8.5)}}{2 - (-8.5)} \cdot [t_{jh} - (-8.5)] \quad\cdots\cdots (C.65)$$

$$P_{\text{def min}}(t_{jh}) = P_{\text{def min}}(t_{hh}) + \frac{P_{\text{def min}}(t_{ah}) - P_{\text{def min}}(t_{hh})}{t_{ah} - t_{hh}} \cdot (t_{jh} - t_{hh}) \quad\cdots\cdots\cdots (C.66)$$

$$P_{\text{def min}}(t_{ah}) = P_{h\,\min(-8.5)} + \frac{P_{h\,\min(2)}/1.06 - P_{h\,\min(-8.5)}}{2 - (-8.5)} \cdot [t_{ah} - (-8.5)] \cdots\cdots (C.67)$$

$$t_{hh} = \frac{HCR \cdot \Phi_{cr2a} - \Phi_{h\,\min(-8.5)} - 8.5 \cdot \dfrac{\Phi_{h\,\min(2)}/1.12 - \Phi_{h\,\min(-8.5)}}{2 - (-8.5)}}{\dfrac{\Phi_{h\,\min(2)}/1.12 - \Phi_{h\,\min(-8.5)}}{2 - (-8.5)} + \dfrac{HCR \cdot \Phi_{cr2a}}{t_{ah}}} \quad\cdots\cdots\cdots (C.68)$$

$$P_{\text{def min}}(t_{hh}) = P_{h\,\min(-8.5)} + \frac{\dfrac{P_{h\,\min(2)}}{1.06} - P_{h\,\min(-8.5)}}{2 - (-8.5)} \cdot [t_{hh} - (-8.5)] \cdots\cdots (C.69)$$

C.5.7.5.2.2 空调机连续可变运行

a) 空调机以最小制热能力与中间制热能力之间的能力连续可变运行（$t_{eh} \leqslant t_{jh} < t_{hh}$）

$$P_{hB}(t_{jh}) = P_{\text{defm}}(t_{jh}) \cdot n_{jh} \quad\cdots\cdots\cdots\cdots\cdots\cdots (C.70)$$

$$P_{\text{defm}}(t_{jh}) = P_{\text{defm}}(t_{eh}) + \frac{P_{\text{def min}}(t_{hh}) - P_{\text{defm}}(t_{eh})}{t_{hh} - t_{eh}} \cdot (t_{jh} - t_{eh}) \cdots\cdots (C.71)$$

$$t_{eh} = \frac{HCR \cdot \Phi_{cr2a} - \Phi_{hm(-8.5)} - 8.5 \cdot \dfrac{\Phi_{hm(2)}/1.12 - \Phi_{hm(-8.5)}}{2 - (-8.5)}}{\dfrac{\Phi_{hm(2)}/1.12 - \Phi_{hm(-8.5)}}{2 - (-8.5)} + \dfrac{HCR \cdot \Phi_{cr2a}}{t_{ah}}} \quad\cdots\cdots\cdots (C.72)$$

$$P_{\text{defm}}(t_{eh}) = P_{hm(-8.5)} + \frac{\dfrac{P_{hm(2)}}{1.06} - P_{hm(-8.5)}}{2 - (-8.5)} \cdot [t_{eh} - (-8.5)] \cdots\cdots (C.73)$$

注：若空调机的制热量最小制热能力大于中间制热能力时，以最小制热能力作为中间制热能力。

b) 空调机以中间制热能力与名义制热能力之间的能力连续可变运行（$t_{gh} < t_{jh} < t_{eh}$）

$$P_{hB}(t_{jh}) = P_{\text{defr}}(t_{jh}) \cdot n_{jh} \quad\cdots\cdots\cdots\cdots\cdots\cdots (C.74)$$

$$P_{\text{defr}}(t_{jh}) = P_{\text{defr}}(t_{gh}) + \frac{P_{\text{defm}}(t_{eh}) - P_{\text{defr}}(t_{gh})}{t_{eh} - t_{gh}} \cdot (t_{jh} - t_{gh}) \cdots\cdots (C.75)$$

$$t_{gh} = \frac{HCR \cdot \Phi_{cr2a} - \Phi_{hr(-8.5)} - 8.5 \cdot \dfrac{\Phi_{hr(2)}/1.12 - \Phi_{hr(-8.5)}}{2 - (-8.5)}}{\dfrac{\Phi_{hr(2)}/1.12 - \Phi_{hr(-8.5)}}{2 - (-8.5)} + \dfrac{HCR \cdot \Phi_{cr2a}}{t_{ah}}} \quad\cdots\cdots\cdots (C.76)$$

$$P_{\text{defr}}(t_{gh}) = P_{hr(-8.5)} + \frac{P_{\text{defr}(2)} - P_{hr(-8.5)}}{2 - (-8.5)} \cdot [t_{gh} - (-8.5)] \cdots\cdots (C.77)$$

注：若空调机的最大制热能力与名义制热能力相等，以名义制热能力作为最大制热能力；

$$\Phi_{\text{defr}(2)} = \Phi_{\text{def}}, P_{\text{defr}(2)} = P_{\text{def}}$$

c) 空调机以名义制热能力与最大制热能力之间的能力连续可变运行（$t_{fh} < t_{jh} \leqslant t_{gh}$）

$$P_{hB}(t_{jh}) = P_{\text{defh2}}(t_{jh}) \cdot n_{jh} \quad\cdots\cdots\cdots\cdots\cdots\cdots (C.78)$$

$$P_{\text{defh2}}(t_{jh}) = P_{\text{def3}}(t_{fh}) + \frac{P_{\text{defr}}(t_{gh}) - P_{\text{def3}}(t_{fh})}{t_{gh} - t_{fh}} \cdot (t_{jh} - t_{fh}) \cdots\cdots (C.79)$$

$$t_{fh} = \frac{HCR \cdot \Phi_{cr2a} - \Phi_{h3(-8.5)} - 8.5 \cdot \dfrac{\Phi_{\text{def}} - \Phi_{h3(-8.5)}}{2 - (-8.5)}}{\dfrac{\Phi_{\text{def}} - \Phi_{h3(-8.5)}}{2 - (-8.5)} + \dfrac{HCR \cdot \Phi_{cr2a}}{t_{ah}}} \quad\cdots\cdots\cdots (C.80)$$

$$P_{\text{def3}}(t_{fh}) = P_{h3(-8.5)} + \frac{P_{\text{def}} - P_{h3(-8.5)}}{2 - (-8.5)} \cdot [t_{fh} - (-8.5)] \quad\cdots\cdots (C.81)$$

注：若空调机的最大制热能力与名义制热能力相等，以名义制热能力作为最大制热能力；

$$\Phi_{h3(2)} = \Phi_{hr(2)}, \Phi_{h3(-8.5)} = \Phi_{hr(-8.5)}, P_{h3(2)} = P_{hr(2)}, P_{h3(-8.5)} = P_{hr(-8.5)}, t_{fh} = t_{gh}$$

C.5.7.5.2.3 空调机以最大制热能力进行连续运行($-8.5\ ℃ \leqslant t_{jh} \leqslant t_{fh}$)

$$P_{hB}(t_{jh}) = P_{defh3}(t_{jh}) \cdot n_{jh} \qquad\cdots\cdots\cdots\cdots (C.82)$$

$$P_{defh3}(t_{jh}) = P_{h3(-8.5)} + \frac{P_{def} - P_{h3(-8.5)}}{2-(-8.5)} \cdot [t_{jh} - (-8.5)] \qquad\cdots\cdots (C.83)$$

当 $BL_h(t_{jh}) > \Phi_{defh3}(t_{jh})$ 时,空调机的制热量不足需要补充其电加热;

$$P_{RHB}(t_{jh}) = [BL_h(t_{jh}) - \Phi_{defh3}(t_{jh})] \cdot n_{jh} \qquad\cdots\cdots\cdots\cdots (C.84)$$

$$\Phi_{defh3}(t_{jh}) = \Phi_{h3(-8.5)} + \frac{\Phi_{def} - \Phi_{h3(-8.5)}}{2-(-8.5)} \cdot [t_{jh} - (-8.5)] \qquad\cdots\cdots (C.85)$$

注:若空调机的最大制热能力与名义制热能力相等,以名义制热能力作为最大制热能力;

$$\Phi_{h3(2)} = \Phi_{hr(2)}, \Phi_{h3(-8.5)} = \Phi_{hr(-8.5)}, P_{h3(2)} = P_{hr(2)}, P_{h3(-8.5)} = P_{hr(-8.5)}, t_{fh} = t_{gh}$$

C.5.7.5.3 空调机在不结霜温度区域 $2(t_{jh} \leqslant -8.5\ ℃)$ 运行

C.5.7.5.3.1 空调机连续可变运行

a) 空调机以中间制热能力与名义制热能力之间的能力连续可变运行($t_{bh} \leqslant t_{jh} \leqslant t_{ch}$)

$$P_{hB}(t_{jh}) = P_{h1}(t_{jh}) \cdot n_{jh} \qquad\cdots\cdots\cdots\cdots (C.86)$$

$$P_{h1}(t_{jh}) = P_{hr}(t_{bh}) + \frac{P_{hm}(t_{ch}) - P_{hr}(t_{bh})}{t_{ch} - t_{bh}} \cdot (t_{jh} - t_{bh}) \qquad\cdots\cdots (C.87)$$

b) 空调机以名义制热能力与最大制热能力之间的能力连续可变运行($t_{ih} < t_{jh} < t_{bh}$)

$$P_{hB}(t_{jh}) = P_{h2}(t_{jh}) \cdot n_{jh} \qquad\cdots\cdots\cdots\cdots (C.88)$$

$$P_{h2}(t_{jh}) = P_{h3}(t_{ih}) + \frac{P_{hr}(t_{bh}) - P_{h3}(t_{ih})}{t_{bh} - t_{ih}} \cdot (t_{jh} - t_{ih}) \qquad\cdots\cdots (C.89)$$

$$t_{ih} = \frac{HCR \cdot \Phi_{cr2a} - \Phi_{h3(-8.5)} - 8.5 \cdot \dfrac{\Phi_{h3(2)} - \Phi_{h3(-8.5)}}{2-(-8.5)}}{\dfrac{\Phi_{h3(2)} - \Phi_{h3(-8.5)}}{2-(-8.5)} + \dfrac{HCR \cdot \Phi_{cr2a}}{t_{ah}}} \qquad\cdots\cdots (C.90)$$

$$P_{h3}(t_{ih}) = P_{h3(-8.5)} + \frac{P_{h3(2)} - P_{h3(-8.5)}}{2-(-8.5)} \cdot [t_{ih} - (-8.5)] \qquad\cdots\cdots (C.91)$$

注:若空调机的最大制热能力与名义制热能力相等,以名义制热能力作为最大制热能力;

$$\Phi_{h3(2)} = \Phi_{hr(2)}, \Phi_{h3(-8.5)} = \Phi_{hr(-8.5)}, P_{h3(2)} = P_{hr(2)}, P_{h3(-8.5)} = P_{hr(-8.5)}, t_{ih} = t_{bh}$$

C.5.7.5.3.2 空调机以最大制热能力进行连续运行($t_{jh} < t_{ih}$)

$$P_{hB}(t_{jh}) = P_{h3}(t_{jh}) \cdot n_{jh} \qquad\cdots\cdots\cdots\cdots (C.92)$$

$$P_{h3}(t_{jh}) = P_{h3(-8.5)} + \frac{P_{h3(2)} - P_{h3(-8.5)}}{2-(-8.5)} \cdot [t_{jh} - (-8.5)] \qquad\cdots\cdots (C.93)$$

当 $BL_h(t_{jh}) > \Phi_{h3}(t_{jh})$ 时,空调机的制热量不足需要补充其电加热;

$$P_{RHB}(t_{jh}) = [BL_h(t_{jh}) - \Phi_{h3}(t_{jh})] \cdot n_{jh} \qquad\cdots\cdots\cdots\cdots (C.94)$$

$$\Phi_{h3}(t_{jh}) = \Phi_{h3(-8.5)} + \frac{\Phi_{h3(2)} - \Phi_{h3(-8.5)}}{2-(-8.5)} \cdot [t_{jh} - (-8.5)] \qquad\cdots\cdots (C.95)$$

注:若空调机的最大制热能力与名义制热能力相等,以名义制热能力作为最大制热能力;

$$\Phi_{h3(2)} = \Phi_{hr(2)}, \Phi_{h3(-8.5)} = \Phi_{hr(-8.5)}, P_{h3(2)} = P_{hr(2)}, P_{h3(-8.5)} = P_{hr(-8.5)}, t_{ih} = t_{bh}$$

C.6 式 C.1~式 C.95 中各符号的含义如下:

APC——全年耗电量,单位:Wh,按式(C.8)计算;

APF——全年性能系数,按式(C.9)计算;

$BL_c(t_{jc})$——室外温度 t_{jc} 时建筑物的制冷负荷,单位:W,按式(C.2)计算;

$BL_h(t_{jh})$——室外温度 t_{jh} 时建筑物的制热负荷,单位:W,按式(C.5)计算;

C_D——效率降低系数,其中:制冷运行时,可取 $C_D = 0.25$ 或按式(C.14)计算;制热运行时,可

取 $C_D = 0.25$ 或按式(C.21)计算;

CLF——制冷负荷系数,$\Phi_{cr(cyc)}$ 与 $\Phi_{cr(dry)}$ 的比值;

COP$_{chr}$——定容型空调机按 C.3.3.4 方法试验时的性能系数,非定容型空调机按 C.3.3.6 方法试验的性能系数,单位:W/W;

COP$_{hr(cyc)}$——空调机按 C.3.3.12 方法试验时的性能系数,单位:W/W;

CSTE——制冷季节耗电量,单位:Wh,其中:定容型空调机的制冷季节耗电量按式(C.10)计算;非定容型空调机的制冷季节耗电量按式(C.29)计算;

CSTL——制冷季节总负荷,单位:Wh,按式(C.1)计算;

EER$_{c(cyc)}$——空调机按 C.3.3.11 方法试验时的性能系数,单位:W/W;

EER$_{c(dry)}$——空调机按 C.3.3.10 方法试验时的性能系数,单位:W/W;

HCR——建筑物的 HCR,按 C.5.3 规定;

HLF——制热负荷系数,$\Phi_{hr(cyc)}$ 与 Φ_{chr} 的比值;

HSPF——制热季节能效比,按式(C.7)计算;

HSTE——制热季节耗电量,单位:Wh,其中:定容型空调机的制热季节耗电量按式(C.15)计算;非定容型空调机的制热季节耗电量按式(C.45)计算;

HSTL——制热季节总负荷,单位:Wh,按式(C.4)计算;

jc——制冷季节温度区间 1,2,3,……,17,18,19;

jh——制热季节温度区间 1,2,3,……,26,27,28;

k——室外温度 t_{jc} 最接近 t_{cc} 且 $\leqslant t_{cc}$ 的温度区间;

m——室外温度 $t_{jc} = 35$ ℃ 的温度区间;

n——室外温度 t_{jc} 最接近 t_{cd} 且 $\leqslant t_{cd}$ 的温度区间;

n_{jc}——制冷季节需要制冷的各温度发生时间,单位:h,按 C.5.2 规定;

n_{jh}——制热季节需要制热的各温度发生时间,单位:h,按 C.5.2 规定;

$P_c(t_{jc})$——室外温度 t_{jc} 时,空调机制冷的耗电量,单位:Wh;

$P_{c2}(t_{jc})$——空调机以名义制冷能力连续运行,室外温度 t_{jc} 时空调机制冷的耗电量,单位:Wh,按式(C.44)计算;

$P_{clm}(t_{jc})$——空调机以最小制冷能力与中间制冷能力之间的能力连续可变运行,室外温度 t_{jc} 时空调机制冷的耗电量,单位:Wh,按式(C.37)计算;

$P_{cm2}(t_{jc})$——空调机以中间制冷能力与名义制冷能力之间的能力连续可变运行,室外温度 t_{jc} 时空调机制冷的耗电量,单位:Wh,按式(C.41)计算;

$P_{hB}(t_{jh})$——室外温度 t_{jh} 时非定容型空调机制热的耗电量,单位:Wh,根据 C.5.7.5.1、C.5.7.5.2 及 C.5.7.5.3 计算;

$P_{hD}(t_{jh})$——室外温度 t_{jh} 时定容型空调机制热的耗电量,单位:Wh,空调机在不结霜温度区域运行时按式(C.16)计算,空调机在结霜温度区域运行时按式(C.23)计算;

$P_{min}(t_{jc})$——空调机以最小制冷能力断续运行,室外温度 t_{jc} 时空调机制冷的耗电量,单位:Wh,按式(C.30)计算;

$P_{RHB}(t_{jh})$——非定容型空调机制热量不足,室外温度 t_{jh} 时空调机电热装置的耗电量,单位:Wh,空调机在结霜温度区域运行时按式(C.84)计算,空调机在不结霜温度区域 2 运行时按式(C.94)计算;

$P_{RHD}(t_{jh})$——定容型空调机制热量不足,室外温度 t_{jh} 时空调机电热装置的耗电量,单位:Wh,空调机在不结霜温度区域运行时按式(C.22)计算,空调机在结霜温度区域运行时按式(C.28)计算;

$PLF_B(t_{jc})$——制冷季节时,室外温度 t_{jc} 时非定容型空调机的部分负荷率,按式(C.31)计算;

$PLF_B(t_{jh})$——制热季节时，非定容型空调机在不结霜温度区域 1 运行，室外温度 t_{jh} 时空调机的部分负荷率，按式(C.47)计算；

$PLF_{Bf}(t_{jh})$——制热季节时，非定容型空调机在结霜温度区域运行，室外温度 t_{jh} 时空调机的部分负荷率，按式(C.63)计算；

$PLF_D(t_{jc})$——制冷季节时，室外温度 t_{jc} 时定容型空调机的部分负荷率，按式(C.13)计算；

$PLF_D(t_{jh})$——制热季节时，定容型空调机在不结霜温度区域运行，室外温度 t_{jh} 时空调机的部分负荷率，按式(C.20)计算；

$PLF_{Df}(t_{jh})$——制热季节时，定容型空调机在结霜温度区域运行，室外温度 t_{jh} 时空调机的部分负荷率，按式(C.27)计算；

$P_{c(cyc)}$——空调机按 C.3.3.11 方法试验时的实测制冷消耗功率，单位：W；

$P_{c(dry)}$——空调机按 C.3.3.10 方法试验时的实测制冷消耗功率，单位：W；

P_{c2}——空调机按 C.3.3.1 方法试验时的实测制冷消耗功率，单位：W；

$P_{c2(29)}$——空调机按 C.3.3.9 方法试验时的实测低温制冷消耗功率，单位：W；

$P_{c2}(t_{cb})$——空调机以额定制冷能力运行，室外温度 $t_{cb}=35\ ℃$ 时空调机的制冷消耗功率，单位：W，按式(C.43)计算；

$P_{c2}(t_{jc})$——室外温度 t_{jc} 时，空调机以额定制冷能力运行时的制冷消耗功率，单位：W，按式(C.12)计算；

P_{chr}——定容型空调机按 C.3.3.4 方法试验时的实测制热消耗功率，非定容型空调机按 C.3.3.6 方法试验的实测制热消耗功率，单位：W；

$P_{clm}(t_{jc})$——空调机以最小制冷能力与中间制冷能力之间的能力连续可变运行，室外温度 t_{jc} 时空调机的制冷消耗功率，单位：W，按式(C.38)计算；

P_{cm}——空调机按 C.3.3.2 方法试验时的实测中间制冷消耗功率，单位：W；

$P_{cm(29)}$——空调机按 C.3.3.9 方法试验时的实测低温中间制冷消耗功率，单位：W；

$P_{cm}(t_{cc})$——空调机以中间制冷能力运行，室外温度 t_{cc} 时空调机的制冷消耗功率，单位：W，按式(C.40)计算；

$P_{cm2}(t_{jc})$——空调机以中间制冷能力和名义制冷能力之间的能力连续可变运行，室外温度 t_{jc} 时空调机的制冷消耗功率，单位：W，按式(C.42)计算；

P_{def}——空调机按 C.3.3.7 方法试验时的实测低温制热消耗功率，单位：W；

$P_{def}(t_{jh})$——空调机在结霜温度区域运行，室外温度 t_{jh} 时空调机的制热消耗功率，单位：W，按式(C.26)计算；

$P_{defh3}(t_{fh})$——空调机在结霜温度区域以最大制热能力运行，室外温度 t_{fh} 时空调机的制热消耗功率，单位：W；按式(C.81)计算；

$P_{def3}(t_{jh})$——空调机在结霜温度区域以最大制热能力连续运行，室外温度 t_{jh} 时空调机的制热消耗功率，单位：W，按式(C.83)计算；

$P_{defh}(t_{jh})$——空调机在结霜温度区域以中间制热能力与名义制热能力之间的能力连续可变运行，室外温度 t_{jh} 时空调机的制热消耗功率，单位：W，按式(C.75)计算；

$P_{defh2}(t_{jh})$——空调机在结霜温度区域以名义制热能力与最大制热能力之间的能力连续可变运行，室外温度 t_{jh} 时空调机的制热消耗功率，单位：W，按式(C.79)计算；

$P_{defm}(t_{eh})$——空调机在结霜温度区域以中间制热能力运行，室外温度 t_{eh} 时空调机的制热消耗功率，单位：W，按式(C.73)计算；

$P_{defm}(t_{jh})$——空调机在结霜温度区域以最小制热能力与中间制热能力之间的能力连续可变运行，室外温度 t_{jh} 时空调机的制热消耗功率，单位：W，按式(C.71)计算；

$P_{def\,min}(t_{ah})$——空调机在结霜温度区域以最小制热能力运行，室外温度 t_{ah} 时空调机的制热消耗功率，单位：W，按式(C.67)计算；

$P_{\text{def min}}(t_{hh})$——空调机在结霜温度区域以最小制热能力运行，室外温度 t_{hh} 时空调机的制热消耗功率，单位：W，按式(C.69)计算；

$P_{\text{def min}}(t_{jh})$——空调机在结霜温度区域以最小制热能力运行，室外温度 t_{jh} 时空调机的制热消耗功率，单位：W，按式(C.66)计算；

$P_{\text{defr}(2)}$——空调机以名义制热能力运行，室外温度 2 ℃时空调机的制热消耗功率，单位：W；$(P_{\text{defr}(2)}=0.935\,81/1.06 \cdot P_{hr})$；

$P_{\text{defr}}(t_{gh})$——空调机在结霜温度区域以名义制热能力运行，室外温度 t_{gh} 时空调机的制热消耗功率，单位：W，按式(C.77)计算；

$P_h(t_{jh})$——空调机在不结霜温度区域 1 以中间制热能力与名义制热能力之间的能力连续可变运行，室外温度 t_{jh} 时空调机的制热消耗功率，单位：W，按式(C.59)计算；

$P_{h1}(t_{jh})$——空调机在不结霜温度区域 2 以中间制热能力与名义制热能力之间的能力连续可变运行，室外温度 t_{jh} 时空调机的制热消耗功率，单位：W，按式(C.87)计算；

$P_{h2}(t_{jh})$——空调机在不结霜温度区域 2 以名义制热能力与最大制热能力之间的能力连续可变运行，室外温度 t_{jh} 时空调机的制热消耗功率，单位：W，按式(C.89)计算；

$P_{h3(2)}$——空调机以最大制热能力运行，室外温度 2 ℃时空调机的低温制热消耗功率，单位：W；

$P_{h3(-8.5)}$——空调机以最大制热能力运行，空调机的超低温制热消耗功率，单位：W；

$P_{h3}(t_{ih})$——空调机在不结霜温度区域 2 以最大制热能力运行，室外温度 t_{ih} 时空调机的制热量，单位：W，按式(C.91)计算；

$P_{h3}(t_{jh})$——空调机在不结霜温度区域 2 以最大制热能力连续运行，室外温度 t_{jh} 时空调机的制热消耗功率，单位：W，按式(C.93)计算；

P_{hm}——空调机按 C.3.3.5 方法试验时的实测中间制热消耗功率，单位：W；

$P_{hm(2)}$——空调机以中间制热能力运行，室外温度 2 ℃时空调机的制热消耗功率，单位：W；$P_{hm(2)}=0.935\,81 P_{hm}$；

$P_{hm(-8.5)}$——空调机以中间制热能力运行，空调机的超低温制热消耗功率，单位：W；

$P_{hm}(t_{ch})$——空调机在不结霜温度区域 1 以中间制热能力运行，室外温度 t_{ch} 时空调机的制热消耗功率，单位：W，按式(C.57)计算；

$P_{hm}(t_{jh})$——空调机在不结霜温度区域 1 以最小制热能力和中间制热能力之间的能力连续可变运行，室外温度 t_{jh} 时空调机的制热消耗功率，单位：W，按式(C.55)计算；

$P_{h\,min}$——空调机按 C.3.3.6 方法试验时的实测最小制热消耗功率，单位：W；

$P_{h\,min(2)}$——空调机以最小制热能力运行，室外温度 2 ℃时空调机的制热消耗功率，单位：W；$P_{h\,min(2)}=0.935\,81 P_{h\,min}$；

$P_{h\,min(-8.5)}$——空调机以最小制热能力运行，空调机的超低温制热消耗功率，单位：W；

$P_{h\,min}(t_{ah})$——空调机在不结霜温度区域 1 以最小制热能力运行，室外温度 t_{ah} 时空调机的制热消耗功率，单位：W，按式(C.51)计算；

$P_{h\,min}(t_{dh})$——空调机在不结霜温度区域 1 以最小制热能力运行，室外温度 t_{dh} 时空调机的制热消耗功率，单位：W，按式(C.53)计算；

$P_{h\,min}(t_{jh})$——空调机在不结霜温度区域 1 以最小制热能力运行，室外温度 t_{jh} 时空调机的制热消耗功率，单位：W，按式(C.50)计算；

P_{hr}——空调机按 C.3.3.4 方法试验时的实测制热消耗功率，单位：W；

$P_{hr(-8.5)}$——空调机超低温制热消耗功率，单位：W；

$P_{hr(cyc)}$——空调机按 C.3.3.12 方法试验时的实测制热消耗功率，单位：W；

$P_{hr}(t_{bh})$——空调机在不结霜温度区域 1 以名义制热能力运行，室外温度 t_{bh} 时空调机的制热消耗功率，单位：W，按式(C.61)计算；

$P_{hr}(t_{jh})$——空调机在不结霜温度区域运行,室外温度 t_{jh} 时空调机的制热消耗功率,单位:W,按式(C.19)计算;

P_{min}——空调机按 C.3.3.3 方法试验时的实测最小制冷消耗功率,单位:W;

$P_{min(29)}$——空调机按 C.3.3.9 方法试验时的实测低温最小制冷消耗功率,单位:W;

$P_{min}(t_{ca})$——空调机以最小制冷能力运行,室外温度 t_{ca} 时空调机的制冷消耗功率,单位:W,按式(C.34)计算;

$P_{min}(t_{cd})$——空调机以最小制冷能力运行,室外温度 t_{cd} 时空调机的制冷消耗功率,单位:W,按式(C.36)计算;

$P_{min}(t_{jc})$——空调机以最小制冷能力运行,室外温度 t_{jc} 时空调机的制冷消耗功率,单位:W,按式(C.33)计算;

SEER——制冷季节能效比,按式(C.6)计算;

t_{ah}——建筑物的制热 0 负荷对应的室外温度,按 C.5.4 规定;

t_{bh}——建筑物的制热负荷与空调机的制热量(不结霜温度区域 1)达到均衡时的室外温度,按式(C.60)计算;

t_{ca}——建筑物的制冷 0 负荷对应的室外温度,按 C.5.4 规定;

t_{cb}——建筑物的制冷负荷与空调机的制冷量达到均衡时的室外温度,即 $t_{cb}=35$ ℃;

t_{cc}——建筑物的制冷负荷与空调机的中间制冷量达到均衡时的室外温度,按式(C.39)计算;

t_{cd}——建筑物的制冷负荷和空调机的最小制冷量达到均衡时的室外温度,按式(C.35)计算;

t_{ch}——建筑物的制热负荷与空调机的中间制热量(不结霜温度区域 1)达到均衡时的室外温度,按式(C.56)计算;

t_{dh}——建筑物的制热负荷和空调机的最小制热量(不结霜温度区域 1)达到均衡时的室外温度,按式(C.52)计算;

t_{eh}——建筑物的制热负荷与空调机的中间制热量(结霜温度区域)达到均衡时的室外温度,按式(C.72)计算;

t_{fh}——建筑物的制热负荷与空调机的最大制热量(结霜温度区域)达到均衡时的室外温度,按式(C.80)计算;

t_{gh}——建筑物的制热负荷与空调机的制热量(结霜温度区域)达到均衡时的室外温度,按式(C.76)计算;

t_{hh}——建筑物的制热负荷和空调机的最小制热量(结霜温度区域)达到均衡时的室外温度,按式(C.68)计算;

t_{ih}——建筑物的制热负荷与空调机的最大制热量(不结霜温度区域 2)达到均衡时的室外温度,按式(C.90)计算;

t_{jc}——各制冷季节温度区间对应的室外温度,按 C.5.2 规定;

t_{jh}——各制热季节温度区间对应的室外温度,按 C.5.2 规定;

$X_B(t_{jc})$——室外温度 t_{jc} 时,建筑物的制冷负荷与非定容型空调机的制冷量之比,按式(C.32)计算;

$X_B(t_{jh})$——非定容型空调机在不结霜温度区域 1 运行,室外温度 t_{jh} 时建筑物的制热负荷与空调机的制热量之比,按式(C.48)计算;

$X_{Bf}(t_{jh})$——非定容型空调机在结霜温度区域运行,室外温度 t_{jh} 时建筑物的制热负荷与空调机制热量之比,按式(C.64)计算;

$X_D(t_{jc})$——室外温度 t_{jc} 时,建筑物的制冷负荷与定容型空调机的制冷量之比,按式(C.11)计算;

$X_D(t_{jh})$——定容型空调机在不结霜温度区域运行,室外温度 t_{jh} 时建筑物的制热负荷与空调机的制热量之比,按式(C.17)计算;

$X_{Df}(t_{jh})$——定容型空调机在结霜温度区域运行,室外温度 t_{jh} 时建筑物的制热负荷与空调机的制热量之比,按式(C.24)计算;

Φ_{cr2}——空调机按 C.3.3.1 方法试验时的实测制冷量,单位:W;

$\Phi_{cr2(29)}$——空调机按 C.3.3.9 方法试验时的实测低温制冷量,单位:W;

$\Phi_{cr2}(t_{jc})$——室外温度 t_{jc} 时空调机以额定能力运行时的制冷量,单位:W,按式(C.3)计算;

Φ_{cr2a}——空调机名义制冷量的明示值,单位:W;

Φ_{crm}——空调机按 C.3.3.2 方法试验时的实测中间制冷量,单位:W;

$\Phi_{crm(29)}$——空调机按 C.3.3.9 方法试验时的实测低温中间制冷量,单位:W;

Φ_{def}——空调机按 C.3.3.7 方法试验时的实测低温制热量,单位:W;

$\Phi_{def}(t_{jh})$——空调机在结霜温度区域运行,室外温度 t_{jh} 时空调机的制热量,单位:W,按式(C.25)计算;

$\Phi_{def3}(t_{jh})$——空调机在结霜温度区域以最大制热能力连续运行,室外温度 t_{jh} 时空调机的制热量,单位:W,按式(C.85)计算;

$\Phi_{def\,min}(t_{jh})$——空调机在结霜温度区域以最小制热能力运行,室外温度 t_{jh} 时空调机的制热量,单位:W,按式(C.65)计算;

$\Phi_{h3(2)}$——空调机以最大制热能力运行,室外温度 2 ℃时空调机的低温制热量,单位:W;

$\Phi_{h3(-8.5)}$——空调机以最大制热能力运行,空调机的超低温制热量,单位:W;

$\Phi_{h3}(t_{jh})$——空调机以最大制热能力连续运行,室外温度 t_{jh} 时空调机的制热量,单位:W,按式(C.95)计算;

Φ_{hm}——空调机按 C.3.3.5 方法试验时的实测中间制热量,单位:W;

$\Phi_{hm(2)}$——空调机以中间制热能力运行,室外温度 2 ℃时空调机的制热量,单位:W;($\Phi_{hm(2)} = 0.871\,29\Phi_{hm}$);

$\Phi_{h\,min}$——空调机按 C.3.3.6 方法试验时的实测最小制热量,单位:W;

$\Phi_{h\,min(2)}$——空调机以最小制热能力运行,室外温度 2 ℃时空调机的制热量,单位:W;($\Phi_{h\,min(2)} = 0.871\,29\Phi_{h\,min}$);

$\Phi_{h\,min(-8.5)}$——空调机以最小制热能力运行,空调机的超低温制热量,单位:W;

$\Phi_{h\,min}(t_{jh})$——空调机在不结霜温度区域1以最小制热能力运行,室外温度 t_{jh} 时空调机的制热量,单位:W,按式(C.49)计算;

Φ_{hr}——空调机按 C.3.3.4 方法试验时的实测制热最,单位:W;

$\Phi_{hr(2)}$——空调机以名义制热能力运行,室外温度 2 ℃时空调机的制热量,单位:W;($\Phi_{hr(2)} = 0.871\,29\Phi_{hr}$);

$\Phi_{hr(-8.5)}$——空调机超低温制热量,单位:W;

$\Phi_{hr}(t_{jh})$——空调机在不结霜温度区域运行,室外温度 t_{jh} 时空调机的制热量,单位:W,按式(C.18)计算;

Φ_{min}——空调机按 C.3.3.3 方法试验时的实测最小制冷量,单位:W;

$\Phi_{min(29)}$——空调机按 C.3.3.9 方法试验时的实测低温最小制冷量,单位:W;

$\Phi_{min}(t_{jc})$——室外温度 t_{jc} 时,空调机以最小制冷能力运行时的制冷量,单位:W;

Φ_{chr}——定容型空调机按 C.3.3.4 方法试验时的实测制热量,非定容型空调机按 C.3.3.6 方法试验的实测制热量,单位:W;

$\Phi_{cr(cyc)}$——空调机按 C.3.3.11 方法试验时的实测制冷量,单位:W;

$\Phi_{cr(dry)}$——空调机按 C.3.3.10 方法试验时的实测制冷量,单位:W;

$\Phi_{hr(cyc)}$——空调机按 C.3.3.12 方法试验时的实测制热量,单位:W。

附 录 D

（规范性附录）

单元式空气调节机噪声的试验方法

D.1 适应范围

本附录规定了空调机的噪声试验方法。

D.2 测定场所

测定场所应为反射平面上的半自由声场,被测空调机的噪声与背景噪声之差应为 8 dB 以上。

D.3 测量仪器

测试仪器应使用 GB/T 3785—1983 中规定的 1 型或 1 型以上的声级计,以及精度相当的其他测试仪器。

D.4 运行条件

空调机应按有关技术条件的要求安装在台架上。在额定电压、额定电频下稳定运行,运行条件应接近技术条件规定的制冷工况条件及制热工况条件。但分体式空调机在制冷循环的噪声可忽略不计的情况下,也可采用通风状态下测定室内机组噪声。对于带有调速装置的空调机,应分别测量各档的噪声。

D.5 测定位置

D.5.1 室内侧

在图 D.1～图 D.6 所示位置进行测量,空调机应调至最大噪声点的工况。

a) 对制冷量小于等于 28 000 W 的立柜式空调机,取出风口一个点测量,见图 D.1a)。

b) 对制冷量大于等于 28 000 W 的立柜式空调机,取出风口侧和侧面三个点进行测量,高度为 1 m,见图 D.1b),测试结果取式(D.1)进行的三点读数的平均值。

$$\overline{LP} = 10 \lg \frac{1}{3} \Big[\sum_{i=1}^{3} 10^{0.1 L_{pi}} \Big] \qquad \cdots\cdots\cdots\cdots\cdots\cdots (D.1)$$

式中:

$\overline{LP}$——测量表面平均声压级,单位为分贝(dB);

L_{pi}——第三测点的声压级,单位为分贝(dB)。

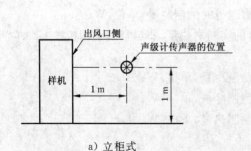

a) 立柜式   b) 立柜式

注:对带风管的机组,在排风侧连接带 2 m 长阻尼器的风道,加额定机外静压进行测定。

图 D.1 立柜式室内机

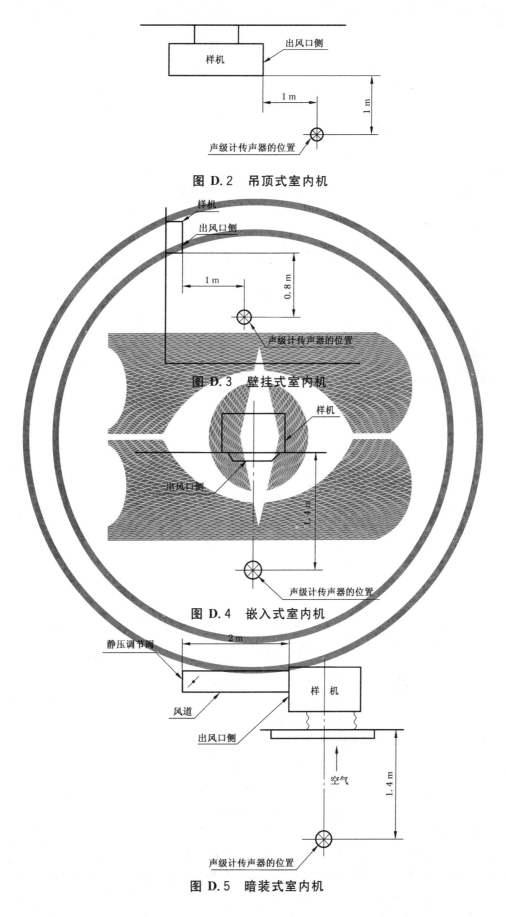

图 D.2 吊顶式室内机

图 D.3 壁挂式室内机

图 D.4 嵌入式室内机

图 D.5 暗装式室内机

样机状态：在安装了吸入面板、吸气风道的状态下，为避免排风的影响，应接入一个2 m长的阻尾风道，给排风道加一个额定的机外静压。

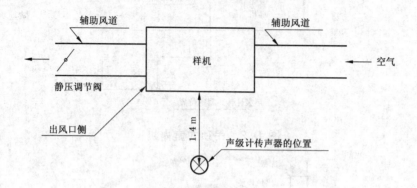

（测定位置在垂直机体下方的中央）

样机状态：分别在排风口中、进气风道加额定的机外静压，以调节静压使测定在不受影响的状态下进行。

图 D.6　风管式室内机

D.5.2　室外侧

a)　侧出风

距空调机正面和两侧面距离1 m，其测点高度为机组高度加1 m的总高度的1/2处的三个测点，测试结果为按式(D.1)进行平均的平均声压级。在图 D.7所示位置进行测量，空调机应调至最大噪声点的工况。

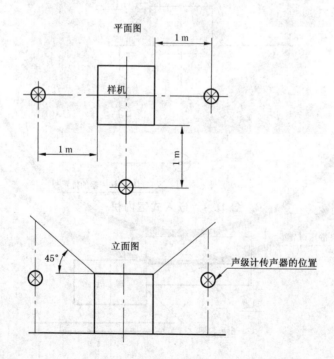

图 D.7　侧出风式室外机

b)　顶出风

在空调机四面距机组1 m，其测点高度加1 m的总高度的1/2处四个测点，测试结果按式(D.1)进行平均的平均声压级。在图 D.8所示位置测量，空调机应调至最大噪声工况。

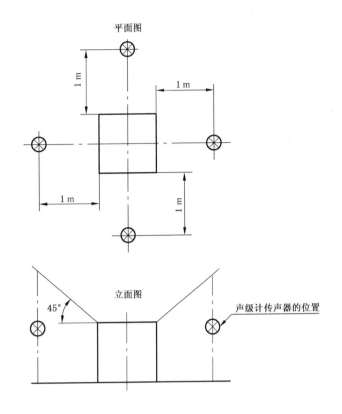

图 D.8 顶出风式室外机

D.6 测量方法

a) 在 D.4、D.5 规定的条件及位置下,测定空调机 A 声级,测定应在 D.4 规定的运行条件下进行测量。

b) 当风速大于 1 m/s 时,应使用风罩。

ICS 97.030
Y 62

中华人民共和国国家标准

GB/T 18801—2008
代替 GB/T 18801—2002

空 气 净 化 器

Air cleaner

2008-12-30 发布　　　　　　　　　　2009-09-01 实施

中华人民共和国国家质量监督检验检疫总局
中国国家标准化管理委员会 发布

前　言

本标准是对 GB/T 18801—2002《空气净化器》的修订。

本标准代替 GB/T 18801—2002《空气净化器》。

本标准和 GB/T 18801—2002 的主要差异如下：

——范围中增加不适用的器具类型；

——增加 3.4　净化能效、3.5　总净化能效、3.10　空气污染物的术语和定义；

——增加 5.6.2.1　空气净化器固态污染物净化效能分级；

——增加 5.6.2.2　空气净化器气态污染物净化效能分级；

——增加 5.6.2.3　多功能式空气净化器空气污染物总净化效能分级；

——增加 6.2.1、6.2.2、6.2.3 仪器设备精度；

——增加 6.8.2、6.8.3 和 6.8.4。

本标准附录 A、附录 B 为规范性附录，附录 C 为资料性附录。

本标准由中国轻工业联合会提出。

本部分由全国家用电器标准化技术委员会(SAC/TC 46)归口。

本标准起草单位：中国家用电器研究院、北京亚都科技股份有限公司、国家家用电器质量监督检验中心、美的集团有限公司。

本标准主要起草人：马德军、鲁建国、陈卉、宋力强、曾文礼、朱焰、孙鹏、刘武全。

本标准首次发布于 2002 年 9 月，本次是对 GB/T 18801—2002 的第一次修订。

空 气 净 化 器

1 范围

·本标准规定了空气净化器的术语和定义、分类、技术要求、试验方法、检验规则、标志、包装、运输和贮存。

本标准适用于单相额定电压 220 V、三相额定电压 380 V 家用和类似用途的空气净化器。

本标准也适用于在公共场所由非专业人员使用的空气净化器。

本标准不适用于：

——专为汽车用途而设计的空气净化器；

——专为工业用途而设计的空气净化器；

——在经常产生腐蚀性和爆炸性气体（如粉尘、蒸气和瓦斯气体）特殊环境场所使用的空气净化器；

——具有医疗用途的空气净化器。

2 规范性引用文件

下列文件中的条款通过本标准的引用而成为本标准的条款。凡是注日期的引用文件，其随后所有的修改单（不包括勘误表的内容）或修订版均不适用于本标准。然而，鼓励根据本标准达成协议的各方研究是否可使用这些文件的最新版本。凡是不注日期的引用文件，其最新版本适用于本标准。

GB/T 191 包装储运图示标志（GB/T 191—2008，ISO 780:1997，MOD）

GB/T 1019 家用和类似用途电器包装通则

GB/T 2828.1 计数抽样检验程序 第 1 部分:按接收质量限（AQL）检索的逐批检验抽样计划（GB/T 2828.1—2003，ISO 2859-1:2003，IDT）

GB/T 2829 周期检验计数抽样程序及表（适用于对过程稳定性的检验）

GB/T 4214.1—2000 声学 家用电器及类似用途器具噪声测试方法 第 1 部分:通用要求（IEC 60704-1:1997，EQV）

GB 4706.45 家用和类似用途电器的安全 空气净化器的特殊要求（GB 4706.45—1999，IEC 60335-2-65:2005，IDT）

GB 5296.2 消费品使用说明 第 2 部分:家用和类似用途电器

GB/T 13306 标牌

GB/T 18883—2002 室内空气质量标准

3 术语和定义

下列术语和定义适用于本标准。

3.1

空气净化器 air cleaner

对室内空气中的固态污染物、气态污染物等具有一定去除能力的电器装置。

3.2

多功能式空气净化器 multifunction air cleaner

可去除两种或两种以上空气污染物的空气净化器。

3.3

洁净空气量　clean air delivery rate

表征空气净化器净化能力的参数,用单位时间提供洁净空气的量值表示(简称 CADR),用字母 Q 表示,以立方米每小时(m³/h)为单位。

3.4

净化效能　efficiency of clean

空气净化器单位功耗所产生的洁净空气量,用字母 η 表示,以立方米每小时瓦(m³/h·W)为单位。

3.5

总净化效能　total efficiency of clean

多功能式空气净化器单位功耗所产生的去除各种空气污染物的洁净空气量的总和,用字母 η_z 表示,以立方米每小时瓦(m³/h·W)为单位。

3.6

自然衰减　natural decay

在实验室内,由于沉降、附聚和表面沉积等自然现象,导致空气中的污染物浓度的降低。

3.7

总衰减　total decay

在试验时,实验室内空气中的污染物的自然衰减和被运行中的空气净化器去除污染物总浓度的降低。

3.8

净化寿命　cleaning life span

当空气净化器(或可更换式净化部件)运行到去除某一种空气污染物的洁净空气量降低至初始值的50%时,累计所使用的时间即为空气净化器(或可更换式净化部件)去除该污染物的净化寿命,用天或月表示。

3.9

实验室　test chamber

用于测定空气净化器去除空气中污染物性能的实验室,其规格见附录 A。

3.10

空气污染物　air pollutants

空气污染物是指由于人类活动或自然过程排入空气的并对人类或环境产生有害影响的那些物质。一般分固态污染物和气态污染物两大类,固态污染物常见的有粉尘、烟雾等(通常称为颗粒物);气态污染物常见的有装修污染产生的甲醛、苯、氨、挥发性有机物等。

4　产品分类

4.1　型式

按净化原理分类:

a)　G-过滤式;

b)　X-吸附式;

c)　L-络合式;

d)　H-化学催化式;

e)　P-光催化式;

f)　J-静电式;

g)　N-负离子式;

h)　D-等离子式;

i) F-复合式；

j) Q-其他类型。

注1：复合式指采用2种或2种以上净化原理，可去除2种或2种以上空气污染物的空气净化器。

注2：若空气净化器采用2种或2种以上净化原理，但去除的空气污染物只有一种，则可按贡献最大的净化原理分类。

4.2 规格

空气净化器的洁净空气量，单位 m^3/h。

4.3 产品型号表示

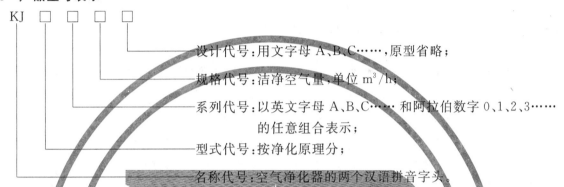

KJ □ □ □ □

设计代号：用文字母 A、B、C……，原型省略；

规格代号：洁净空气量，单位 m^3/h；

系列代号：以英文字母 A、B、C…… 和阿拉伯数字 0、1、2、3……
的任意组合表示；

型式代号：按净化原理分；

名称代号：空气净化器的两个汉语拼音字头。

型号示例：

KJGT20 即洁净空气量为 20 m^3/h 的 T 系列过滤式空气净化器，原型设计。

KJFOA30B 即洁净空气量为 30 m^3/h 的 OA 系列复合式空气净化器，第二次改进设计。

5 技术要求

5.1 外观

空气净化器外观不应有指纹、划痕、气泡和缩孔等缺陷。主要部件应使用安全、无害、无异味、不造成二次污染材料制作，并坚固、耐用。

5.2 试运转

按照空气净化器产品使用说明书要求操作，应能正常工作，并能完成产品使用说明书所述功能（关于这些功能的技术要求，如本标准未规定，可执行相应的国家标准、行业标准或备案的企业标准的要求）。

5.3 洁净空气量

空气净化器洁净空气量实测值应不小于标称值的90%。

空气净化器对于可去除的每一种空气污染物都有一个对应的洁净空气量，洁净空气量与去除的空气污染物应对应标注。

5.4 净化寿命

空气净化器（或可更换式净化部件）的净化寿命实测值应不小于标称值的90%。

5.5 噪声

空气净化器洁净空气量与噪声对应关系应符合表1的要求。

表 1

洁净空气量（CADR）/(m³/h)	声功率级/dB(A)
≤150	≤55
150<Q≤400	≤60
>400	≤65
注：如果空气净化器可去除多种污染物时，则可按最大 CADR 值对应表中的噪声值。	

5.6 净化效能分级及限值

5.6.1 净化效能

空气净化器净化效能按式(1)计算：

$$\eta = \frac{Q}{W} \quad \cdots\cdots\cdots\cdots\cdots\cdots\cdots\cdots\cdots (1)$$

式中：

η——净化效能，单位为立方米每小时瓦[m³/(h·W)]；

Q——洁净空气量实测值，单位为立方米每小时(m³/h)；

W——功率实测值，单位为瓦(W)。

注：空气净化器若具有可分离的其他功能，则净化效能计算时的实测功率，只考虑实现净化功能所消耗的功率值。

5.6.2 净化效能分级

空气净化器净化效能根据单位能耗产生的洁净空气量由高到低分为 A、B、C、D 4 级，具体指标见表 2、表 3 及表 4。

5.6.2.1 空气净化器固态污染物净化效能分级见表 2。

表 2

净化效能等级	净化效能(η)范围/[m³/(h·W)]
A	$\eta \geqslant 2.00$
B	$1.50 \leqslant \eta < 2.00$
C	$1.00 \leqslant \eta < 1.50$
D	$0.50 \leqslant \eta < 1.00$

5.6.2.2 空气净化器气态污染物净化效能分级见表 3。

表 3

净化效能等级	净化效能(η)范围/[m³/(h·W)]
A	$\eta \geqslant 0.80$
B	$0.60 \leqslant \eta < 0.80$
C	$0.40 \leqslant \eta < 0.60$
D	$0.20 \leqslant \eta < 0.40$

5.6.2.3 多功能式空气净化器空气污染物总净化效能分级见表 4。

多功能式空气净化器空气污染物总净化效能按其去除各种污染物洁净空气量的总和标定。其总净化效能分级表见表 4。

表 4

净化效能等级	净化效能(η)范围/[m³/(h·W)]
A	$\eta \geqslant 1.60$
B	$1.20 \leqslant \eta < 1.60$
C	$0.80 \leqslant \eta < 1.20$
D	$0.40 \leqslant \eta < 0.80$

5.6.3 净化效能限值

5.6.3.1 单一功能空气净化器去除固态污染物或气态污染物的净化效能应不低于表 2 或表 3 规定的 D 级。

5.6.3.2 多功能空气净化器的去除固态污染物及气态污染物的单一净化效能应不低于表 2 或表 3 规

定的 D 级,总净化性能应不低于表 4 规定的 D 级。

注:为实现净化功能以外功能所消耗的电能除外。

6 试验方法

6.1 测试的一般条件

    a) 环境温度:(25±2)℃;

    b) 环境湿度:相对湿度(50±10)%。

6.2 试验设备

    试验前检查污染物发生、测量和记录等器具,均应处于正常使用状态。试验用仪器仪表的性能、精度、量程应满足被测量的要求。

6.2.1 用于型式试验的电工测量仪表,除已具体规定的仪表外,其精度应不低于 0.5 级,出厂试验应不低于 1.0 级。

6.2.2 测量温度用的温度计,其精度应在 0.5 ℃。

6.2.3 测量时间用的仪表,其精度应在 0.5%以内。

6.3 试验样品

    通过视检确认空气净化器外观质量是否符合 5.1 的要求。如果室内空气净化器的风量是多档可调的,试验时应按产品说明书调至性能最佳的运行状态。

6.4 固态污染物去除试验

    用标准香烟烟雾作为固态污染物的尘源,固态污染物浓度以 0.3 μm 以上颗粒物总数表示。

    测试仪器为温湿度仪和激光尘埃粒子计数仪,各仪器需定期校正。

    测试空气净化器去除固态污染物的洁净空气量,应按 6.4.1 和 6.4.2 所叙述的试验程序进行。

6.4.1 固态污染物自然衰减试验

    a) 将待检验的空气净化器放置于附录 A 实验室中心的台面上(立式空气净化器除外)。把空气净化器调节到试验的工作状态,检验运转正常,然后关闭空气净化器。

    b) 将采样点位置布置好,避开进出风口,离墙壁距离应大于 0.5 m,相对实验室地面高度0.5 m～1.5 m。同一采样点安置 1 个或多个采样头并与舱外采样器相连接。

    c) 确定试验的记录文件。

    d) 开启高效空气过滤器,净化实验室内空气,使颗粒物粒径在 0.3 μm 以上的粒子背景浓度小于检测初始浓度的千分之一,同时启动温湿度控制装置,使室内温度和相对湿度达到规定状态。

    e) 待颗粒物背景浓度降低到适合水平[6.4.1d)已规定],记录颗粒背景浓度,关闭高效空气过滤器和湿度控制装置,启动循环风扇。将标准香烟放入香烟燃烧器内,燃烧器与低压空气源连接,燃烧器香烟烟雾出口连接一根穿过实验室壁的管子,排出的烟雾可被卷入循环风扇搅拌所形成的空气涡流中去。点燃香烟,盖好燃烧器。用低压空气吹送燃烧器中的香烟烟雾持续至达到试验初始浓度[6.4.1f)已规定]。然后关闭低压空气源和穿过实验室壁的管子,循环风扇再搅拌 10 min,使固态污染物混合均匀后关闭循环风扇。

    f) 稍后待循环风扇停止转动,用激光尘埃粒子计数器测定固态污染物的浓度。一般试验开始时0.3 μm 以上颗粒物的粒子浓度为 $2×10^6$ 个/L 左右,该测试点的数值作为实验室内的初始浓度 $c_0(t=0\ min)$。

    g) 待实验室内的初始浓度 $c_0(t=0\ min)$测定后,开始检测试验。检测试验过程中固态污染物浓度每 2 min 测定一次,连续测定 20 min。要求最少有 9 个数据点的浓度大于仪器测定下限的2 倍。

    h) 记录试验时实验室内的温度和相对湿度。

    i) 固态污染物的自然衰减常数 k_n 按附录 B 计算。

j) 确定试验的可靠程度,用相关系数来评价。按附录 B 计算相关系数 R^2,要求 $R^2 \geqslant 0.98$。

6.4.2 固态污染物的总衰减试验

a) 按 6.4.1a)至 6.4.1e)的规定进行试验。

b) 稍后待循环风扇停止转动,用激光尘埃粒子计数器测定固态污染物的浓度。一般试验开始时 0.3 μm 以上颗粒物的粒子浓度为 2×10^6 个/L 左右。该测试点的数值作为实验室内的初始浓度 c_0($t = 0$ min)。

c) 待实验室内的初始浓度 c_0($t = 0$ min)测定后,开启待检验的空气净化器,开始检测试验。检测试验过程中固态污染物的浓度每 2 min 测定一次,连续测定 20 min。要求最少有 9 个数据点的粒子浓度大于仪器测定下限 2 倍。

d) 关闭空气净化器。记录试验时实验室内的温度和相对湿度。

e) 固态污染物的总衰减常数 k_e 按附录 B 计算。

f) 确定试验的可靠程度,用相关系数来评价。按附录 B 计算相关系数 R^2,要求 $R^2 \geqslant 0.98$。

6.4.3 空气净化器去除固态污染物的洁净空气量计算

依据式(2)计算空气净化器去除固态污染物的洁净空气量:

$$Q = 60 \times (k_e - k_n) \times V \qquad\qquad\cdots\cdots\cdots\cdots\cdots\cdots\cdots\cdots\cdots (2)$$

式中:

Q——洁净空气量,单位为立方米每小时(m^3/h);

k_e——总衰减常数;

k_n——自然衰减常数;

V——实验室容积,单位为立方米(m^3)。

6.5 去除气体污染物的试验

测试仪器为温湿度仪、气态污染物采样仪和分析仪器,各仪器需定期校正。

测试空气净化器去除某一种气体污染物的洁净空气量,应按 6.4.1 和 6.4.2 规定的试验程序进行。

6.5.1 气态污染物自然衰减试验

a) 将待检验的空气净化器放置于附录 A 实验室中心的台面上(立式空气净化器除外)。把空气净化器调节到试验的工作状态,检验运转正常,然后关闭空气净化器。

b) 将采样点位置布置好,避开进出风口,离墙壁距离应大于 0.5 m,相对实验室地面高度 0.5 m~1.5 m。同一采样点安置 1 个或多个采样头并与舱外采样器相连接。

c) 确定试验的记录文件。

d) 启动温湿度控制装置,使室内温度和相对湿度达到规定状态。

e) 将试验用气体污染物发生器连接一根穿过实验室壁的管子,发生的污染物可被卷入循环风扇搅拌所形成的空气涡流中去。待气态污染物浓度达到试验初始浓度[6.4.1f)规定]后,关闭发生器。循环风扇再搅拌 10 min,使气体污染物混合均匀后关闭循环风扇。

f) 稍后待循环风扇停止转动,测定气态污染物的浓度,初始($t = 0$)样品浓度计为 c_0。气态污染物采样依据相应标准中规定的采样方法进行,建议每个样品采样量为 5 L,采样时间为 5 min。用气体分析仪检测污染物的浓度,浓度应在 GB/T 18883—2002 中规定的相应气体污染物限值 8 倍至 12 倍范围内。

g) 待实验室内的初始样采集完成后,开始试验。试验过程中,每 10 min 采集 1 次,全部试验时间持续 60 min。

h) 记录试验时实验室内相对湿度和温度。

i) 样品分析按 GB/T 18883—2002 规定的方法进行。

j) 气体污染物的自然衰减常数 k_n 按附录 B 计算。

k) 确定试验的可靠程度,用相关系数评价。按附录 B 计算相关系数 R^2,要求 $R^2 \geqslant 0.98$。

6.5.2 气体污染物的总衰减试验

a) 按 6.5.1a)至 6.5.1e)的规定进行试验。

b) 稍后待循环风扇停止转动,测定气态污染物的浓度,初始($t=0$)样品浓度计为 c_0。气态污染物采样依据相应标准中规定的方法进行,建议每个样品采样量为 5 L,采样时间为 5 min。用气体分析仪检测污染物的浓度,浓度应在 GB/T 18883—2002 中规定的相应的气体污染物限值 8 倍至 12 倍范围内。

c) 待实验室内的初始样采集完成后,开启待检验的空气净化器,开始检测试验。检测试验过程中,每 10 min 采集 1 次,全部试验时间持续 60 min。

d) 关闭空气净化器。记录实验室内的温度和相对湿度。

e) 样品分析按 GB/T 18883—2002 规定的方法进行。

f) 按附录 B 计算气体污染物的总衰减常数 k_e。

g) 确定试验的可靠程度,用相关系数来评价。按附录 B 计算相关系数 R^2,要求 $R^2 \geqslant 0.98$。

6.5.3 空气净化器去除气态污染物的洁净空气量计算

按式(2)计算空气净化器去除气态污染物的洁净空气量。

6.6 净化寿命的试验

6.6.1 将待检验的空气净化器放置于附录 A 实验室中心的桌子上(立式空气净化器除外)。把空气净化器调节到试验的工作状态,检查运转正常是否正常,然后关闭设在实验室外面的开关。

6.6.2 按 6.4 或 6.5 的规定测定空气净化器去除固态污染物或气体污染物的洁净空气量,记录作为初始值。

6.6.3 启动温湿度控制装置,使室内温度和相对湿度达到规定状态。启动循环风扇,将试验用固态污染物或气体污染物的发生器连接一根穿过实验室壁的管子,发生的污染物可被卷入循环风扇搅拌所形成的空气涡流中去。实验室污染物浓度应维持在 GB/T 18883 规定值的 100 倍以内,在净化寿命的试验过程中,浓度变化应维持在平均值的 10 % 以内。

6.6.4 开启待检验的空气净化器,记录时间作为起始时间($t=0$)。空气净化器继续运行适当的时间间隔,再按 6.4 或 6.5 规定测定空气净化器去除固态污染物或气体污染物的洁净空气量,一直进行到去除污染物的洁净空气量降低至初始值的 50 % 为止。

6.6.5 关闭空气净化器。记录试验时实验室内的温度和相对湿度的平均值。

6.6.6 按附录 B 计算净化寿命。应符合 5.4 的要求。

6.7 试运转试验

空气净化器接通电源后,按照产品使用说明书的要求操作,应符合 5.2 的要求。

6.8 噪声试验

6.8.1 空气净化器噪声测量在正常使用状态、风量最大的条件下运行,其声学环境、试验条件、测量仪器应符合 GB/T 4214.1—2000 的相关要求。

6.8.2 空气净化器的运行和放置应符合 GB/T 4214.1—2000 第 6 章的要求。

6.8.3 空气净化器的声压级的测量应符合 GB/T 4214.1—2000 第 7 章的要求。

6.8.4 空气净化器的声压级和声功率级的计算应符合 GB/T 4214.1—2000 第 8 章的要求。

7 检验规则

7.1 检验分类

净化器的检验分为出厂检验和型式检验。

7.2 出厂检验

7.2.1 产品出厂检验的抽检项目见表 5 安全项目中的电气强度、泄漏电流、接地电阻和序号 2、3、4、5 项目。

7.2.2 产品出厂检验抽样应按 GB/T 2828.1 进行。检验批量、抽样方案、检查水平及合格质量水平,由生产厂和订货方共同商定。

表 5

序 号	检验项目	不合格分类	技术要求	试验方法
1	安全项目[a]	A	GB 4706.45	GB 4706.45
2	标志	A	8.1、8.2	视检
3	包装	B	8.3、8.3	视检
4	外观	C	5.1	视检
5	试运转	A	5.2	6.7
6	洁净空气量	A	5.3	6.4、6.5
7	净化寿命	B	5.4	6.6
8	噪声	B	5.5	6.8
9	净化效能	B	5.6	6.4、6.5
[a] GB 4706.45 中规定的所有安全检验项目。				

7.3 型式试验

7.3.1 净化器在下列情况之一时,应进行型式检验:

    a) 经鉴定定型后制造的第 1 批产品或转厂生产的老产品;

    b) 正式生产后,当结构、工艺和材料有较大改变可能影响产品性能时;

    c) 产品停产一年后再次生产时;

    d) 国家质量监督机构提出进行型式检验要求时。

7.3.2 型式试验应包括本标准和 GB 4706.45 中规定的所有检验项目,检验项目见表 5。

7.3.3 型式检验抽样应按 GB/T 2829 进行,检验用的样本应从出厂检验合格批中抽取 2 台,寿命试验另抽 1 台,共计 3 台。按每百台单位产品不合格品数计算,采用判别水平 I 的 1 次抽样方案。不合格分类、不合格质量水平判定和判定数组见表 6。

表 6

不合格分类		A	B	C
不合格质量水平		30	65	100
判定数组	Ac	0	1	2
	Re	1	2	3

7.4 检验样品处理

    经出厂检验后,合格样品可作为合格产品交付订货方;经型式检验的样品一律不能作为合格产品交付订货方。

8 标志、包装、运输及贮存

8.1 每台空气净化器应在明显位置固定标牌,标牌按 GB/T 13306 和 GB 4706.45 的相关规定,并标有下列内容:

    a) 制造商或责任承销商的名称、商标或标志;

    b) 产品型号及名称;

    c) 主要技术参数:

        额定电压、额定频率、额定输入功率、可去除的每一种污染物及相对应洁净空气量、净化效能

（或总净化效能）等级；

    d)   制造日期和/或产品编号。

8.2 空气净化器应按 GB/T 191 和 GB 1019 的有关规定进行包装。

8.3 包装箱内应附有合格证、装箱单和产品使用说明书。

8.4 产品使用说明书应内容详尽，符合 GB 4706.45 和 GB 5296.2 的规定。

8.5 产品在运输过程中禁止碰撞、挤压、抛扔和强烈的振动以及雨淋、受潮和曝晒。

8.6 空气净化器应贮存于干燥、通风、无腐蚀性及爆炸性气体的库房内，并防止产品磕碰。

附　录　A

（规范性附录）

实验室结构及设备

A.1　实验室的结构

实验室结构和设备的制作按下述要求,也可以使用符合 A.1.8、A.1.9、A.1.10 要求的类似实验室进行试验。

A.1.1　实验室容积

3.5 m×3.4 m×2.5 m＝30 m³

A.1.2　框架

76 mm×44 mm 铝型材,安装在地板上。

A.1.3　壁

用厚度为 5 mm 浮法平板玻璃。

A.1.4　地板

用厚度为 0.8 mm 不锈钢板。

A.1.5　顶板

金属复合板。

A.1.6　密封材料

用硅橡胶条及玻璃密封胶。

A.1.7　吊扇

家用吊扇,直径为 1.4 m。

A.1.8　过滤器

高效空气过滤器 630 mm×630 mm 2 个,效率为 99.9%;中效过滤器 1 个,效率为 60%。

A.1.9　送风机

通风量 1 800 m³/h。

A.1.10　气密性

实验室内的空气泄漏率应小于 0.05。

A.2 实验室详图

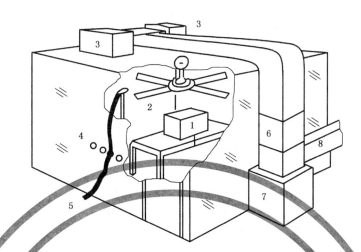

1——空气净化器;

2——搅拌风扇;

3——高效空气过滤器;

4——采样孔;

5——导样管;

6——中效空气过滤器;

7——送风机;

8——排气管道。

图 A.1 实验室

A.3 仪器

在线监测仪器、气体采样器、微生物采样器、样品分析仪器、污染物发生器等。

A.4 污染物

用香烟(红塔山牌)发生颗粒物。

用分析纯物质发生化学气体污染物或专门制备污染物。

附　录　B
（规范性附录）
计　算　方　法

B.1　试验数据点取舍规则

本标准试验方法数据点的取舍有两条规则。首先基于来自操作或仪器引起的误差,其次基于浓度下限。

规则1:记录不正确的数据。操作或仪器引起的误差。有两类操作误差,一类是记时误差,在这种情况下的污染物数据会出现记录错位的数据。第二类磁盘有缺陷或磁盘已满、计算机操作有误出现记录不正确的数据。仪器可能受到干扰后输出的数据,前后数据的数量级不一致。这样的数据应舍去。

规则2:超出测定范围的数据点。

B.2　衰减常数的计算

B.2.1　污染物的衰减常数 k,依据式(B.1)求出:

$$c_t = c_0 e^{-kt} \qquad \cdots\cdots\cdots\cdots\cdots\cdots（B.1）$$

式中:

c_t——在时间 t 时的浓度,固态污染物(个/L),气体(mg/m³);

c_0——在 $t=0$ 时的初始浓度,固态污染物(个/L),气体(mg/m³);

k——衰减常数,(min⁻¹);

t——时间单位为分钟(min)。

B.2.2　衰减常数 k,可对 $\ln c_t$ 和 t 作线性回归处理求得,按式(B.2)计算:

$$-k = \frac{\left(\sum_1^n t_i \ln c_{t_i}\right) - \frac{1}{n}\left(\sum_1^n t_i\right)\left(\sum_1^n \ln c_{t_i}\right)}{\left(\sum_1^n t_i^2\right) - \frac{1}{n}\left(\sum_1^n t_i\right)^2} \qquad \cdots\cdots\cdots\cdots（B.2）$$

式中:

t_i——在 t 时的时间;

$\ln c_{t_i}$——在 t 时的浓度自然对数。

在自然衰减试验中,用本计算方法进行计算得出的结果,表示实验室内空气中的颗粒物或气体污染物的自然衰减的回归直线的斜率,即自然衰减常数 k_n。

在颗粒物或气体污染物去除试验中,用本计算方法进行计算得出的结果,表示实验室内空气中的颗粒物或气体污染物的自然衰减和被空气净化器去除效果的总和的回归直线的斜率,即总衰减常数 k_e。

B.3　相关系数的计算

相关系数表示自变量与因变量之间的离散程度,说明线性回归的相关关系的显著程度,R^2 应当大于0.98。按式(B.2)计算:

$$R^2 = \frac{\left(\sum_1^n x_i y_i\right)^2}{\left(\sum_1^n x_i^2\right)\left(\sum_1^n y_i^2\right)} \qquad \cdots\cdots\cdots\cdots\cdots（B.3）$$

式中：

R^2——相关系数的平方；

t_i——时间（自变量）；

$\ln c_t$——粒子浓度的自然对数（因变量）；

n——数据对的数目。

$$\left(\sum_1^n x_i y_i\right)^2 = \sum_1^n t_i \ln c_{t_i} - \frac{1}{n}\left(\sum_1^n x_i\right)\left(\sum_1^n y_i\right)^2$$

$$\sum_1^n x_i^2 = \sum_1^n t_i^2 - \frac{1}{n}\left(\sum_1^n t_i\right)^2$$

$$\sum_1^n y_i^2 = \sum_1^n \ln c_{t_i}^2 - \frac{1}{n}\left(\sum_1^n \ln c_{t_i}\right)^2$$

可利用 EXCEL 等具有统计功能的软件直接模拟出上述指数方程,得到衰减常数和 R^2 值。

B.4 净化寿命的计算

净化寿命采用空气净化器在净化寿命的试验过程中待试验污染物的平均浓度和运行时间的乘积,再与该污染物的室内空气卫生标准容许浓度的比值来表示,净化寿命的计算方法见式(B.4)。

$$t_m = \frac{c_a t_a}{c_s} \quad\quad\quad\cdots\cdots\cdots\cdots\cdots\cdots\cdots\cdots\cdots\cdots\cdots\cdots (\text{B.4})$$

式中：

t_m——净化寿命,单位为小时(h)；

c_a——试验浓度,固态污染物(cpm),气体(mg/m³)；

c_s——标准容许浓度,固态污染物(cpm),气体(mg/m³)；

t_a——试验时间,单位为小时(h)。

附　录　C

（资料性附录）

空气净化器实验室操作程序

C.1　试验设备的验收

C.1.1　收到检验用的设备,需检查验收有无装运损坏或其他明显缺陷。

如果有问题,应立即通知设备供应商,说明设备缺陷或损坏的程度和部位。

C.1.2　如果无问题,将设备记录在案,搬至试验的地方。

C.1.3　仪器的精度应符合计量和相关检测标准的要求。

C.2　实验室的准备

实验室应按第 C.5 章的规定进行彻底清洁。

C.3　污染物的制备

C.3.1　固态污染物

C.3.1.1　准备足够的标准香烟(红塔山或品质相当的香烟)。每一次试验最少需 3 支。

C.3.1.2　固态污染物发生器。

C.3.2　气体污染物

C.3.2.1　需专门制备污染物或分析纯试剂。

C.3.2.2　设定吹送气体污染物的气压,检查干燥器。

C.4　关机程序

C.4.1　待机操作(在一系列试验之间暂时停机)

C.4.1.1　关闭测量仪器(见测尘仪、气体测定仪和温度-湿度记录仪使用说明书)。

C.4.1.2　关闭高效空气过滤器、气源和湿度计的水源。

C.4.1.3　将去湿器盆中的水倒掉。

C.4.1.4　开启空气净化器,保持室内清洁。

C.4.1.5　关闭循环风扇。

C.4.1.6　定期进行清洁(见第 C.5 章)。

C.4.2　长期关闭

C.4.2.1　完成 C.4.1.1、C.4.1.2 和 C.4.1.3 操作。

C.4.2.2　关闭全部电源。

C.4.2.3　关闭热泵的水源。

C.4.2.4　按规定时间进行清洁(见第 C.5 章)。

C.5　实验室和设备的清洁方法

C.5.1　如果需要,每天或经常清洁光学仪器。

C.5.2　每天清洁所有水平表面。

C. 5. 3 使用 5 d 后,用湿拖把拖地板。

C. 5. 4 使用 20 d 后,需清洗墙面。

C. 5. 5 如果有必要,每使用 5 d 后或经常喷洒抗静电剂,保证传感器接地良好和数据记录。

ICS 27.200
J 73

中华人民共和国国家标准

GB/T 18836—2002

风管送风式空调（热泵）机组

Ducted air-conditioning (heat pump)units

(ISO 13253:1995,Ducted air-conditions and air-to-air
heat pumps—Testing and rating for performance,NEQ)

2002-09-11 发布   2003-04-01 实施

中华人民共和国
国家质量监督检验检疫总局 发布

前　言

本标准首次制订。

本标准非等效采用 ISO 13253:1995《带风管的空气调节器和热泵的试验及测定》。

本标准的附录 A 为资料性附录,附录 B 为规范性附录。

本标准由全国冷冻设备标准化技术委员会提出并归口。

本标准负责起草单位:深圳麦克维尔空调有限公司,合肥通用机械研究所。

本标准参加起草单位:特灵空调器有限公司。

本标准主要起草人:王义斌、吴香葵、胡继孙、张维加。

风管送风式空调(热泵)机组

1 范围

本标准规定了风管送风式空调(热泵)机组的定义、型式和基本参数、技术要求、试验、检验规则、标志、包装、运输和贮存等。

本标准适用于风管送风式空调(热泵)机组。

2 规范性引用文件

下列文件中的条款通过本标准的引用而构成为本标准的条款。凡是注日期的引用文件,其随后所有的修改单(不包括勘误的内容)或修订版均不适用于本标准,然而,鼓励根据本标准达成协议的各方研究是否使用这些文件的最新版本。凡是不注日期的引用文件,其最新版本适用于本标准。

GB/T 191—2000 包装储运图示标志

GB/T 2423.17—1993 电工电子产品基本环境试验规程 试验Ka:盐雾试验方法(eqv IEC 68-2-3:1981)

GB/T 2828—1987 逐批检查计数抽样程序及抽样表(适用于连续批的检查)

GB/T 3785—1983 声级计的电、声性能及测试方法

GB 4208—1993 外壳防护等级(IP 代码)

GB 4706.1—1998 家用和类似用途电器的安全 第一部分:通用要求

GB 4706.32—1996 家用和类似用途电器的安全 热泵、空调机和除湿机的特殊要求

GB/T 4798.2—1996 电工电子产品应用环境条件 运输

GB/T 5226.1—1996 工业机械电气设备 第一部分:通用技术条件

GB/T 6388—1986 运输包装收发标志

GB 9237—2001 制冷和供热用机械制冷系统安全要求

GB/T 13306—1991 标牌

GB/T 17758—1999 单元式空气调节机

JB/T 7249—1994 制冷设备术语

JB/T 9066—1999 柜式风机盘管机组

3 定义

JB/T 7249—1994 中确定的以及下列定义适用于本标准。

3.1

风管送风式空调(热泵)机组 ducted air-conditioning (heat pump) units

一种通过风管向密闭空间、房间或区域直接提供集中处理空气的设备。它主要包括制冷系统以及空气循环和净化装置,还可以包括加热、加湿和通风装置。以下简称空调机。

3.2

制热辅助电加热器 auxiliary electric heater for heating

与热泵一起使用进行制热的电加热器(包括后安装的电加热器)。

3.3

热水盘管 heat water coil

一种由外供热水流经盘管,空气由风机导流横掠盘管而使空气得到加热的装置。

3.4

制热用电热装置 heating equipment with electric heater

只用电热方法进行制热的电加热器。

3.5

制热用热水盘管装置 heating equipment with heat water coil

只用热水盘管进行制热的装置。

3.6

制热用辅助热水盘管装置 heating equipment with auxiliary heat water coil

与热泵一起使用进行制热的热水盘管装置。

3.7

制热用电加热与辅助热水盘管装置 heating equipment with electric heater and auxiliary heat water coil

与热泵一起使用进行制热的电加热器与热水盘管装置。

3.8

空气焓差法 air enthalpy difference method

一种测定机组能力的方法。它对机组的送风参数、回风参数以及循环风量进行测量,用测出的风量与送风、回风焓差的乘积确定机组的制冷(热)量。

3.9

风量 air flow rate

在制造厂规定的机外静压送风运行时,空调机单位时间内向封闭空间、房间或区域送入的空气量。该风量应换算成 20℃、101 kPa,相对湿度 65% 的状态下的数值,单位:m³/h。

4 型式和基本参数

4.1 型式

4.1.1 按功能分为:

    a) 风冷冷风型;

    b) 空气源热泵型;

    c) 风冷冷风电热型
       制冷、电加热器制热;

    d) 风冷冷风热水盘管型
       制冷、热水盘管制热;

    e) 风冷冷风加电加热器与热水盘管装置型

包括制冷、电加热器或(和)热水盘管一起制热,制冷和以转换电加热器或(和)热水盘管一起使用的装置。

    f) 热泵辅助电热型

包括制冷、热泵与辅助电热装置一起制热,制冷、热泵和以转换电热装置与热泵一起使用的辅助电热装置制热;

    g) 热泵辅助热水盘管型;

    h) 热泵辅助电加热器与热水盘管装置型

包括制冷、热泵与电加热器或(和)热水盘管一起制热,制冷、热泵和以转换电加热器或(和)热水盘管与热泵一起使用的装置。

4.1.2 按使用气候环境分为：

类型	气候环境最高温度
T1	43℃
T2	35℃
T3	52℃

4.2 基本参数

4.2.1 机组的电源为额定电压 220 V 单相或 380 V 三相交流电,额定频率 50 Hz。

4.2.2 机组正常工作环境温度见表1。

表 1 正常工作环境温度

单位为℃

空调机型式	气 候 类 型		
	T1	T2	T3
风冷冷风型	18～43	10～35	21～52
空气源热泵型	−7～43	−7～35	−7～52
风冷冷风电热型	～43	～35	～52
风冷冷风热水盘管型			
风冷冷风加电加热器与热水盘管装置型			
热泵辅助电热型			
热泵辅助热水盘管型			
热泵辅助电加热器与热水盘管装置型			

4.3 型号编制

空调机的型号编制方法见附录 A。

5 技术要求

5.1 一般要求

5.1.1 空调机应符合本标准的规定,并按经规定程序批准的图样和技术文件制造。

5.1.2 空调机的黑色金属制件表面应进行防锈蚀处理。

5.1.3 电镀件表面应光滑、色泽均匀,不得有剥落、露底、针孔,不应有明显的花斑和划伤等缺陷。

5.1.4 涂漆件表面应平整、涂布均匀、色泽一致,不应有明显的气泡、流痕、漏涂、底漆外露及不应有的皱纹和其他损伤。

5.1.5 装饰性塑料件表面应平整、色泽均匀,不得有裂痕、气泡和明显缩孔等缺陷,塑料件应耐老化。

5.1.6 空调机各零部件的安装应牢固可靠,管路与零部件不应有相互摩擦和碰撞。

5.1.7 热泵型空调机的电磁换向阀动作应灵敏、可靠,保证空调机正常工作。

5.1.8 空调机的隔热层应有良好的隔热性能,并且无毒、无异味且有自熄性能。在正常工作时表面不应有凝露现象。

5.1.9 空调机制冷系统零部件的材料应能在制冷剂、润滑油及其混合物的作用下,不产生劣化且保证整机正常工作。

5.1.10 空调机的压缩机应有防振动的措施或在固定时应装有防振弹性垫圈。

5.1.11 电镀件耐盐雾性

按 7.3.22 方法试验后,金属镀层上的每个锈点锈迹面积不应超过 1 mm²;每 100 cm² 试件镀层不超过 2 个锈点、锈迹;小于 100 cm²,不应有锈点和锈迹。

5.1.12 涂漆件涂层附着力

按 7.3.23 方法试验后,漆膜脱落格数不超过 15%。

5.1.13 空调机所有零、部件和材料应分别符合各有关标准的规定,满足使用性能要求,并保证安全。

5.1.14 空调机的电气系统一般应具有电机过载保护、缺相保护(三相电源),当空调机名义制冷量大于 4 500 W 时,其制冷系统应具备高压、低压保护等必要的保护功能或器件。必要时,还应包括逆相保护功能或器件。

5.1.15 空调机的电器元件的选择以及电器安装、布线应符合 GB 4706.32—1996 和 GB/T 5226.1—1996 要求。

5.2 性能要求

5.2.1 制冷系统密封性能

按 7.3.1 方法试验时,制冷系统各部分不应有制冷剂泄漏。

5.2.2 运转

按 7.3.2 方法试验,所检测项目应符合设计要求。

5.2.3 制冷量

按 7.3.3 方法试验时,空调机实测制冷量不应小于名义制冷量的 95%。

5.2.4 制冷消耗功率

按 7.3.4 方法试验时,空调机的实测制冷消耗功率不应大于名义制冷消耗功率的 110%。

5.2.5 热泵制热量

按 7.3.5 方法试验时,热泵的实测制热量不应小于热泵名义制热量的 95%。

热泵型空调机的热泵名义制热量不应低于其名义制冷量。

5.2.6 热泵制热消耗功率

按 7.3.6 方法试验时,热泵的实测制热消耗功率不应大于热泵名义制热消耗功率的 110%。

5.2.7 电加热器制热消耗功率

按 7.3.7 方法试验,对空调机的电加热器的实测制热消耗功率要求为:每种电加热器的消耗功率允差为名义值的 -10%~+5%。

5.2.8 热水盘管风量

按 7.3.8 方法试验,热水盘管的实测风量不应小于名义风量的 95%。

5.2.9 热水盘管供热量

按 7.3.9 方法试验,热水盘管的实测供热量不应小于名义供热量的 95%。

5.1.10 热水盘管水阻力

按 7.3.10 方法试验,热水盘管水阻力不应大于名义水阻力的 110%。

5.2.11 最大负荷制冷运行

a) 按 7.3.11 方法试验时,空调机各部件不应损坏,并应能正常运行;

b) 空调机在第 1 h 连续运行期间,应能正常运行;

c) 当空调机停机 3 min 后,再启动连续运行 1 h,但在启动运行的最初 5 min 内允许过载保护器跳开,其后不允许动作;在运行的最初 5 min 内过载保护器不复位时,在停机不超过 30 min 内复位的,应连续运行 1 h;

d) 对于手动复位的过载保护器,在最初 5 min 内跳开的,并应在跳开 10 min 后使其强行复位,应能够再连续运行 1 h。

5.2.12 最小负荷制冷运行

按 7.3.12 方法试验时,空调机在 10 min 的启动期间后 4 h 运行中安全装置不应跳开,蒸发器室内侧的迎风表面凝结的冰霜面积不应大于蒸发器迎风面积的 50%。

5.2.13 热泵最大负荷制热运行

a) 按 7.3.13 方法试验时,空调机各部件不应损坏,并应能正常运行;

b) 空调机在第 1 h 连续运行期间,应能正常运行;

c) 当空调机停机 3 min 后,再启动连续运行 1 h,但在启动运行的最初 5 min 内允许过载保护器跳开,其后不允许动作;在运行的最初 5 min 内过载保护器不复位时,在停机不超过 30 min 内复位的,应连续运行 1 h;

d) 对于手动复位的过载保护器,在最初 5 min 内跳开,并应在跳开 10 min 后使其强行复位,应能够再连续运行 1 h。

5.2.14 热泵最小负荷制热运行

按 7.3.14 方法试验时,空调机在试验运行期间,安全装置不应跳开。

5.2.15 凝露

按 7.3.15 方法试验时,空调机外表面凝露不应滴下,室内送风不应带有水滴。

5.2.16 凝结水排除能力

按 7.3.16 方法试验时,空调机应具有排除凝结水的能力,并且不应有凝结水从排水口以外处溢出或吹出,以至弄湿建筑物或周围环境。

5.2.17 自动除霜

按 7.3.17 方法试验时,要求除霜所需总时间不超过试验总时间的 20%;在除霜周期中,室内侧的送风温度低于 18℃ 的持续时间不超过 1 min。另外,除霜周期结束时,室外侧的空气温度升高不应大于 5℃;如果需要可以使用热泵机组内的辅助制热或按制造厂的规定。

5.2.18 噪声

按 7.3.18 方法测量空调机的噪声,T1 型和 T2 型空调机在半消声室测定值(声压级)应符合表 2 规定,全消声室测定值应与表 2 所示值减去 1 dB(A),T3 型空调机的噪声值可增加 2 dB(A)。

表 2 噪声限值(声压级) 单位为 dB(A)

名义制冷(热)量 Q/W	室内机组	室外机组
Q≤4 500	48	58
4 500<Q≤7 100	53	59
7 100<Q≤14 000	60	63
14 000<Q≤28 000	66	68
28 000<Q≤43 000	68	69
43 000<Q≤80 000	71	74
80 000<Q≤100 000	73	76
100 000<Q≤150 000	76	79
150 000<Q≤200 000	79	82
200 000<Q	按供货合同要求	按供货合同要求

5.2.19 运输

按 7.3.19 方法试验后,空调机组不应损坏,紧固件不得松动,制冷剂泄漏、噪声应符合 5.2.1 和 5.2.18 的规定。

5.2.20 能效比(EER)

按 7.3.3 方法实测制冷量与按 7.3.4 方法实测功率(T1 气候类型)。风冷冷风型、空气源热泵型、风冷冷风电热型、热泵辅助电热型实测制冷量与实测功率的比值不应小于表 3 规定值的 90%,风冷冷风热水盘管型、风冷冷风加电加热器与热水盘管装置型、热泵辅助热水盘管型、热泵辅助电加热器与热水盘管装置型实测制冷量与实测功率的比值不应小于表4规定值的90%。

5.2.21 性能系数(COP)

按7.3.5方法实测热泵制热量与按7.3.6方法实测消耗功率(T1气候类型),空气源热泵型、热泵辅助电热型实测热泵制热量与实测消耗功率的比值不应小于表3规定值的90%,热泵辅助热水盘管型、热泵辅助电加热器与热水盘管装置型实测热泵制热量与实测消耗功率的比值不应小于表4规定值的90%。

表 3 基本参数

名义制冷(热)量 Q/W	EER、COP/(W/W)
Q≤4 500	2.75
4 500<Q≤7 100	2.65
7 100<Q≤14 000	2.60
14 000<Q≤28 000	2.55
28 000<Q≤43 000	2.50
43 000<Q≤80 000	2.45
80 000<Q≤100 000	2.40
100 000<Q≤150 000	2.35
150 000<Q	2.30

表 4 基本参数

名义制冷(热)量 Q/W	EER、COP/(W/W)
Q≤4 500	2.70
4 500<Q≤7 100	2.60
7 100<Q≤14 000	2.50
14 000<Q≤28 000	2.40
28 000<Q≤43 000	2.35
43 000<Q≤80 000	2.35
80 000<Q≤100 000	2.30
100 000<Q	2.25

5.2.22 最小机外静压

空调机(室内机)最小机外静压按表5的规定。

表 5 空调机(室内机)最小机外静压

名义制冷(热)量 Q/W	最小机外静压/Pa
Q≤7 100	20
7 100<Q≤14 000	30
14 000<Q≤28 000	80
28 000<Q≤43 000	120
43 000<Q≤80 000	150
80 000<Q≤100 000	180
100 000<Q≤150 000	220
150 000<Q	250

5.2.23 名义制冷(热)量

空调机的名义制冷(热)量按表6的名义工况参数确定。

6 安全性能

6.1 制冷系统安全

空调机的机械制冷系统安全性能应符合 GB 9237—2001 的有关规定。

6.2 安全控制器件

空调机应具有防止运行参数(如温度、压力等)超过规定范围的安全保护措施或器件,保护器件设置应符合设计要求并灵敏可靠。具有辅助电加热器的机组,应至少带有两个热脱扣器,预定首先动作的热脱扣器可以是一个自复位的热脱扣器,其他热脱扣器应是非自复位的热脱扣器。

6.3 机械安全

6.3.1 空调机的设计应保证在正常运输、安装和使用时具有可靠的稳定性。空调机应有足够的机械强度,其结构应能承受正常使用中可能发生的非正常操作。用 GB 4706.1—1998 中 21.1 所规定冲击试验来确定是否合格。

6.3.2 在正常使用状态下,人员有可能触及的运行部分和高温零部件等,应设置适当的防护罩或防护网,以便对人员安全提供充分的防护。防护罩、防护网或类似部件应有足够的机械强度。通过 GB 4706.1—1998 中 20.2 规定的试验指来进行检验是否安全,试验指不应触及到危险的运行部分和高温零部件。

6.4 电气安全性能

6.4.1 防触电保护

空调机为公众易触及的器具,其防触电保护应符合 GB 4706.1—1998 规定的 I 类器具的要求。

6.4.2 温度限制

空调机在表 6 制冷和制热名义工况运行,按 7.3.21.2 方法试验,压缩机电动机绕组温度不应超过其产品标准要求,人可能接触的零部件、外壳等发热部位的温度应不大于 60℃。其他部位温度也不应有异常上升。

6.4.3 电气强度

按 7.3.21.3 方法试验,空调机带电部件和易触及部件之间施加规定的试验电压时,应无击穿或闪络。

6.4.4 泄漏电流

按 7.3.21.4 方法试验,空调机外露金属部分和电源线的泄漏电流不超过 2 mA/kW 额定输入功率。泄漏电流最大值为 10 mA。

6.4.5 接地电阻

空调机应有可靠的接地装置并标识明显,按 7.3.21.5 方法试验时,其接地电阻不得超过 0.1 Ω。

6.4.6 耐潮湿性

空调机的防水等级应符合 GB 4208—1993 规定的 IPX4,按 7.3.21.6 方法进行试验,空调机外露金属部分和电源线的泄漏电流不超过 2 mA/kW 额定输入功率。泄漏电流最大值为 10 mA。

6.4.7 电磁兼容性

空调机的控制系统应考虑具有抑制无线电和电视干扰的性能。

6.4.8 安全标识

空调机应在正常安装状态下,在易见的部位,用不易消失的方法,标出安全标识(如接地标识、警告标识等)。

6.5 在用户遵守空调机运输、保管、安装、使用和维护的条件下,从制造厂发货之日起 18 个月内或开机调试运行经用户认可之日起 12 个月内(以两者中先到者为准),空调机因制造质量不良而发生损坏或不能正常工作时,制造厂应免费更换或修理。

7 试验方法

7.1 试验条件

7.1.1 空调机制冷量和热泵制热量的试验装置详见 GB/T 17758—1999 的附录 A。

7.1.2 试验工况见表 6 规定,按机组气候类型分类选用相应工况进行试验。

表 6 试验工况

单位为℃

试 验 条 件			室内侧入口空气状态		室外侧空气状态		热水盘管	
			干球温度	湿球温度	干球温度	湿球温度[a]	进口水温	出口水温
制冷运行	名义制冷	T1	27	19	35	24	—	—
		T2	21	15	27	19	—	—
		T3	29	19	46	24	—	—
	最大负荷	T1	32±1.0	23±0.5	43±1.0	26±0.5	—	—
		T2	27±1.0	19±0.5	35±1.0	24±0.5	—	—
		T3	32±1.0	23±0.5	52±1.0	31±0.5	—	—
	最小负荷	T1 和 T3	21[b]±1.0	15±0.5	21±1.0	—	—	—
		T2	21±1.0	15±0.5	10±1.0	—	—	—
	凝露 冷凝水排除		27±1.0	24±0.5	27±1.0	24±0.5	—	—
制热运行	热泵名义制热	高温	20	15(最大)	7	6	—	—
		低温			2	1	—	—
		超低温			−7	−8	—	—
	最大负荷		27±1.0	—	24±1.0	18±0.5	—	—
	最小负荷[c]		20	—	−5	−6	—	—
	自动除霜		20	15(最大)	2	1	—	—
	电加热制热		20	—	—	—	—	—
	热水盘管加热		—	—	—	—	60	—
风量静压[d]			20±2.0	16±1.0	—	—	—	—

> a 在空调机制冷运行试验中,空气冷却冷凝器没有冷凝水蒸发时,湿球温度条件可不做要求。
>
> b 21℃或高于 21℃时,控制器应使机组运行。
>
> c 如果空调器可在超低温条件下运行,其最小负荷试验应在干球温度−7℃和湿球温度−8℃的工况下试验。
>
> d 机外静压的波动应在测定时间内稳定在规定静压的±10%以内。

7.1.3 仪器仪表的型式及精度

仪器仪表的精度应符合表 7 的规定。

表 7 仪器仪表的型式及精度

类 别	型 式	精 度	
温度测量仪表	水银玻璃温度计 电阻温度计 温度传感器	空气温度	±0.1℃
		水温	±0.1℃
流量测量仪表	记录式,指示式,积算式	测量流量的±1.0%	
制冷剂压力测量仪表	压力表,变送器	测量流量的±2.0%	
空气压力测量仪表	气压表,气压变送器	风管静压	±2.45 Pa
电量测量	指示式	0.5 级精度	
	积算式	1.0 级精度	

表 7（续）

类　　别	型　　式	精　　度
质量测量仪表		测定质量的±1.0%
转速仪表	转速表，闪频仪	测定转速的±1.0%
气压测量仪表（大气压力）	气压表，气压变送器	大气压读数的±0.1%
时间测量仪表	秒表	测定经过时间的±0.2%

注：噪声测量应使用Ⅰ型或Ⅰ型以上的精度级声级计。

7.1.4　空调机进行制冷量和热泵制热量试验时，试验工况各参数的读数允差应符合表8规定。

7.1.5　空调机进行性能试验时（除制冷量、热泵制热量外），试验工况各参数的读数允差应符合表9的规定。

表 8　制冷量和热泵制热量试验的读数允差

读　　数			读数的平均值对额定工况的偏差	各读数对额定工况的最大偏差
室内侧空气温度	进风	干球	±0.3℃	±1.0℃
		湿球	±0.2℃	±0.5℃
	出风	干球		±1.0℃
室外侧空气温度	进风	干球	±0.3℃	±1.0℃
		湿球	±0.2℃	±0.5℃
	出风	干球		±1.0℃
电　　压			±1.0%	±2.0%
空气体积流量			±5%	±10%
水　　温	进口		±0.1℃	±0.2℃
	出口		±0.1℃	±0.2℃
液体体积流量			±1.0%	±2.0%
空气流动的外阻力			±5 Pa	±10 Pa

表 9　性能试验的读数允差

试验工况	测量值	读数与规定值的最大允许偏差
最小运行试验	空气温度	+1.0℃
	水　温	±0.6℃
最大运行试验	空气温度	−1.0℃
	水　温	±0.6℃
其他试验	空气温度	±1.0℃
	水　温	±0.6℃

7.2　试验的一般要求

7.2.1　除本标准有特别说明外，空调机的试验应按铭牌上的额定电压和额定频率进行。

7.2.2　可调速的空调机应在制造厂规定的室外风量下进行试验；不可调速的空调机应在规定的室外风量下进行试验。试验时应连接所有辅助元件（包括安装厂的管路及附件）且空气回路应保持不变。

7.2.3　空调机室内机组与室外机组的连接管，应按制造厂提供的全部管长或名义制冷量小于等于14 000 W的空调机连接管长为5.0 m、大于14 000 W的空调机连接管长为7.5 m进行试验（按较长者进行）。连接管在室外部分的长度应不少于3.0 m，室内部分的隔热和安装要求按产品使用说明书进行。

7.3 试验方法

7.3.1 制冷系统密封性能试验

空调机的制冷系统在正常的制冷剂充灌量下,用下列灵敏度的制冷剂检漏仪进行检验:名义制冷量在 28 000 W 以下(含 28 000 W)的空调机,灵敏度为 1×10^{-6} Pa·m³/s;名义制冷量在 28 000 W 以上(不含 28 000 W)的空调机,灵敏度为 1×10^{-5} Pa·m³/s。

7.3.2 运转试验

空调机应在接近名义制冷工况的条件下运行,检查空调机的运转状况、安全保护装置的灵敏度和可靠性,检验温度、电器等控制元件的动作是否正常。

7.3.3 制冷量试验

按表 6 和 GB/T 17758—1999 附录 A 规定的名义制冷工况进行试验。

7.3.4 制冷消耗功率试验

按 GB/T 17758—1999 附录 A 给定的方法在制冷量测定的同时,测定空调机的输入功率、电流。

7.3.5 热泵制热量试验

按 GB/T 17758—1999 附录 A 给定的方法和制造厂说明书,选用表 6 规定的热泵名义制热工况进行热泵制热量试验。

7.3.6 热泵制热消耗功率试验

按 GB/T 17758—1999 附录 A 给定的方法在热泵制热量测定的同时,测定空调机的输入功率、电流。

7.3.7 电加热器制热消耗功率试验

a) 空调机在热泵名义制热工况下运行,待热泵制热量测定达到稳定后,测定辅助电加热器的输入功率。

b) 在电加热器制热工况下,空调机制冷系统不运行,将电加热器开关处于最大耗电状态下,测定其输入功率。

7.3.8 热水盘管风量、静压试验

空调机带有空气过滤器时,应装上;空调机无此附件时,则在测量系统里装上。

使用 JB/T 9066—1999 附录 A 的试验装置,按表 6 规定的工况进行测试。

试验时,按下述方法进行:

a) 调节静压控制装置,使静压测定室与测试室的静压达到最小机外静压或设计静压值时,测定机组的风量及静压;

b) 通过喷嘴喉部的风速应为(15~35) m/s;

c) 按 JB/T 9066—1999 附录 A 所示方法计算风量。

7.3.9 热水盘管供热量试验

按表 6 供热量试验工况规定的条件和使用 JB/T 9066—1999 附录 A 试验装置进行试验。温度计或取样器的位置离机组进风口 150 mm 处。湿球温度测量时,应保证流过湿球温度计的空气流速在(4~10)m/s(最佳保持在 5 m/s)。当机组接有进风口风管时,空气入口处的温度应在机组空气入口区至少取三个等距离的位置或采用同等效果的取样方法测量。风管内的温度应在横截面积的各相等分格的中心处进行,所取位置不少于三处或使用合适的取样器。

测量管道中水温时,应将温度测量仪表安置在与水流平行并逆着水流方向,直接插入水中。水管应予保温,特别是水温测量装置两侧的管路,即水温测量装置与被测机组间的连接水管及该装置另一侧200 mm长度内的水管应加以保温。

进行机组供热量测定时,工况应稳定。在工况稳定后,30 min 内按相等时间间隔至少读数四次,每次至少记录一次大气压。

将四次读数取平均值后,按 JB/T 9066—1999 附录 B 计算出被测机组空气侧和水侧的供热量。机

组的空气侧和水供热量的热平衡应在 5% 以内,取二者算术平均值作为机组供热量。

7.3.10 水阻力试验

将 60℃ 左右的水通入机组,按 JB/T 9066—1999 附录 A 的规定测量水管路的进水和出水的静压差。

7.3.11 最大负荷制冷试验

在额定频率、试验电压分别为额定电压的 90% 和 110% 条件下,按表 6 规定的最大负荷工况运行稳定后连续运行 1 h,然后停机 3 min(此间电压上升不超过 3%),再启动运行 1 h。

7.3.12 最小负荷制冷试验

将空调机的温度控制器、风扇速度调到最易结冰霜状态,按表 6 规定的最小负荷制冷工况,使空调机启动运行至工况稳定后再运行 4 h。

7.3.13 热泵最大负荷制热试验

在额定频率、试验电压分别为额定电压的 90% 和 110% 条件下,按表 6 规定的热泵最大负荷制热工况运行稳定后连续运行 1 h,然后停机 3 min(此间电压上升不超过 3%),再启动运行 1 h。

7.3.14 热泵最小负荷制热试验

将空调机的温度控制器、风扇速度等调到最大制热量状态,按表 6 规定的最小负荷制热工况运行稳定后再运行 4 h。

7.3.15 凝露试验

在与制造厂给用户的使用说明书没有矛盾的情况下,将空调机的温度控制器和风机速度调到最易凝水状态进行制冷运行,达到表 6 规定的凝露工况后,空调机连续运行 4 h。

7.3.16 凝结水排除能力试验

将空调机的温度控制器和风机速度调到最易凝水状态,在接水盘注满水即达到排水口流水后,按表 6 规定的凝露工况运行,当接水盘的水位稳定后,再连续运行 4 h。

7.3.17 自动除霜试验

将装有自动除霜装置的空调机的温度控制器、风机速度(分体式室内风机高速)和风门调到室外侧换热器最易结霜状态,按表 6 规定的除霜工况运行稳定后,继续运行两个完整除霜周期或连续运行 3 h(试验的总时间应从首次除霜周期结束时开始),直到 3 h 后首次出现除霜周期结束为止,应取其长者。

7.3.18 噪声试验

在额定频率和额定电压下,按附录 B 的规定测量空调机噪声。

7.3.19 运输试验

包装好的空调机组应按 GB/T 4798.2—1996 进行试验,制造厂应按产地至销售地区在运输中可能经受的环境条件(参照 GB/T 4798.2—1996 表 A1)确定试验条件和试验方法,或按合同要求进行试验。

7.3.20 机械安全试验

按 GB 4706.1—1998 中 20.2 所规定冲击试验和 21.1 所规定的试验指试验,其结果应分别符合6.3.1 和 6.3.2 要求。

7.3.21 电气安全试验

7.3.21.1 防触电保护试验

按 GB 4706.1—1998 中 8.1 进行防触电保护试验,应符合 6.4.1 规定。

7.3.21.2 温度限制试验

空调机在表 6 制冷或热泵制热试验的同时,利用电阻法测定压缩机电动机绕组温度,其余温度用热电偶丝测定,应符合 6.4.2 要求。

7.3.21.3 电气强度试验

按 GB 4706.1—1998 中 16.3 的方法进行试验,应符合 6.4.3 要求。

7.3.21.4 泄漏电流试验

按 GB 4706.1—1998 中 16.2 的方法进行试验,应符合 6.4.4 要求。

7.3.21.5 接地电阻试验

按 GB 4706.1—1998 中 27.5 的方法进行试验,应符合 6.4.5 要求。

7.3.21.6 耐潮湿性试验

按 GB 4208—1993 中 IPX4 等级进行淋水试验和按 GB 4706.1—1998 中第 15 章进行潮湿处理后,立即进行泄露电流和电气强度试验,其结果应符合 6.4.6 要求。

7.3.22 电镀件耐盐雾试验

空调机的电镀件应按 GB/T 2423.17—1993 进行盐雾试验,试验周期 24 h。试验前,电镀件表面清洗除油;试验后,用清水冲掉残留在表面上的盐分,检查电镀件腐蚀情况,其结果应符合 5.1.11 的规定。

7.3.23 涂漆件的涂层附着力试验

在体外表面任取长 10 mm、宽 10 mm 的面积,用新刮脸刀纵横各划 11 条间隔 1 mm、深达底材的平行切痕。用氧化锌医用胶布贴牢,然后沿垂直方向快速撕下。按划痕范围内漆膜脱落的格数对 100 的比值评定,每小格漆膜保留不足 70% 的视为脱落。试验后,检查漆膜脱落情况,其结果应符合 5.1.12 的规定。

8 检验规则

每台空调机须经制造厂质量检验部门检验合格后方能出厂。

8.1 出厂检验

每台空调机均应做出厂检验,检验项目、技术要求和试验方法按表 10 的规定。

8.2 抽样检验

8.2.1 空调机应从出厂检验合格的产品中抽样,检验项目和试验方法按表 10 的规定。

表 10 检验项目

序号	项目	出厂检验	抽样检验	型式检验	技术要求	试验方法
1	一般检查				5.1	视检
2	标志				9.1	视检
3	包装				9.2	视检
4	电气强度	△			6.4.3	GB 4706.1—1998 的 16.3
5	泄漏电流				6.4.4	GB 4706.1—1998 的 16.2
6	接地电阻				6.4.5	GB 4706.1—1998 的 27.5
7	制冷系统密封				5.2.1	7.3.1
8	运转				5.2.2	7.3.2
9	制冷量				5.2.3	7.3.3
10	制冷消耗功率		△	△	5.2.4	7.3.4
11	热泵制热量				5.2.5	7.3.5
12	热泵制热消耗功率				5.2.6	7.3.6
13	电加热器制热消耗功率				5.2.7	7.3.7
14	热水盘管风量、静压	—			5.2.8	7.3.8
15	热水盘管供热量				5.2.9	7.3.9
16	水阻力				5.2.10	7.3.10
17	能效比				5.2.20	7.3.3;7.3.4
18	性能系数				5.2.21	7.3.5;7.3.6
19	噪声				5.2.18	7.3.18

表 10（续）

序号	项目	出厂检验	抽样检验	型式检验	技术要求	试验方法
20	运输				5.2.19	7.3.19
21	最大负荷制冷运行				5.2.11	7.3.11
22	最小负荷制冷运行				5.2.12	7.3.12
23	热泵最大负荷制热运行				5.2.13	7.3.13
24	热泵最小负荷制热运行				5.2.14	7.3.14
25	凝露				5.2.15	7.3.15
26	凝结水排除能力	—	—	△	5.2.16	7.3.16
27	自动除霜				5.2.17	7.3.17
28	电镀件耐盐雾试验				5.1.11	7.3.22
29	涂漆件涂层附着力				5.1.12	7.3.23
30	防触电保护				6.4.1	GB 4706.1—1998 的 8.1
31	温度限制				6.4.2	7.3.21.2
32	机械安全				6.3.1 6.3.2	GB 4706.1—1998 的 21.1 GB 4706.1—1998 的 20.2

注："△"应做试验，"—"不做试验。

8.2.2 空调机抽样检验工况如表 11 所示。

8.2.3 抽检方法按 GB/T 2828—1987 进行，逐批检验的抽检项目、批量、抽样方案、检查水平及合格质量水平等由制造厂质量检验部门自行决定。

表 11 抽样检验的工况（T1 气候类型）

单位为 ℃

试验项目		室内空气进口状态		室外侧空气状态	
		干球温度	湿球温度	干球温度	湿球温度
制冷试验	额定制冷工况	27±1	19±0.5	35±1	24±0.5
制热试验	热泵	20±1	15±0.5	7±1	6±0.5
	电加热器 名义制热工况	20±1	—	—	—

8.3 型式检验

8.3.1 新产品或定型产品作重大改进，第一台产品应作型式检验，检验项目按表 10 的规定。

8.3.2 型式检验时间不应少于试验方法中规定的时间，运行时如有故障，在排除故障后应重新检验。

9 标志、包装、运输和贮存

9.1 标志

9.1.1 每台空调机应有耐久性铭牌固定在明显部位，铭牌的尺寸和技术要求应符合 GB/T 13306—1991 的规定。铭牌上应标示下列内容：

　　a）制造厂名称、地址；

　　b）产品名称和型号；

　　c）主要技术性能参数（制冷量、制热量、制冷剂代号及其充注量、电压、频率、相数、总功率和
　　　　重量）；

注：若配备了电加热器的空调机，则在"制热量"和"总功率"数值的后面加一括号，在括号内标明电加热器的名义功
　　率值。

d) 气候类型代号(T1 型代号省略)

e) 产品出厂编号;

f) 制造日期。

9.1.2 空调机上应有标明运行状态的标志,如通风机旋转方向的箭头、指示仪表和控制按钮的标记等。

9.1.3 出厂文件

每台空调机上应随带下列技术文件:

9.1.3.1 产品合格证,其内容包括:

a) 产品型号和名称;

b) 产品出厂编号;

c) 检查结论;

d) 检验员签字或印章;

e) 检验日期。

9.1.3.2 产品使用说明书,其内容包括:

a) 产品型号和名称、适用范围、执行标准和噪声;

b) 产品的结构示意图、电路图及接线图;

c) 备件目录和必要的易损零件图;

d) 安装说明和要求;

e) 使用说明、维修和保养注意事项。

9.1.3.3 装箱单。

9.2 包装

9.2.1 空调机包装前应进行清洁处理。各部件应清洁、干燥,易锈部件应涂防锈剂。

9.2.2 空调机应外套塑料袋或防潮纸并应固定在箱内,以免运输中受潮和发生机械损伤。

9.2.3 空调机包装箱上应有下列标志:

a) 制造单位名称;

b) 产品型号和名称;

c) 净量、毛量;

d) 外形尺寸;

e) "向上"、"怕雨"和"堆码层数极限"等。有关包装、储运标志应符合 GB/T 6388—1986 和 GB/T 191—2000的有关规定。

9.3 运输和贮存

9.3.1 空调机在运输和贮存过程中不应碰撞、倾斜、雨雪淋袭。

9.3.2 产品应储存在干燥的通风良好的仓库中。

附 录 A
（资料性附录）
风管送风式空调（热泵）机组型号编制方法

A.1 空调机的型号由大写汉语拼音字母和阿拉伯数字组成，具体表示方法为：

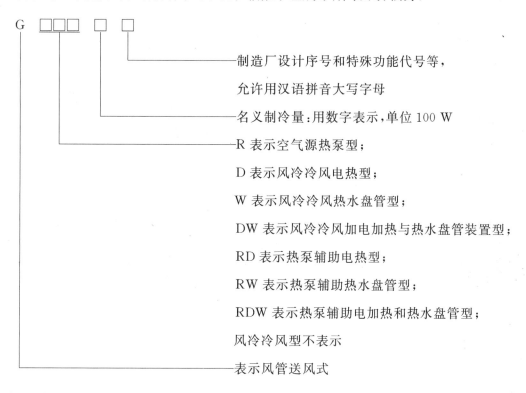

制造厂设计序号和特殊功能代号等，

允许用汉语拼音大写字母

名义制冷量：用数字表示，单位 100 W

R 表示空气源热泵型；

D 表示风冷冷风电热型；

W 表示风冷冷风热水盘管型；

DW 表示风冷冷风加电加热与热水盘管装置型；

RD 表示热泵辅助电热型；

RW 表示热泵辅助热水盘管型；

RDW 表示热泵辅助电加热和热水盘管型；

风冷冷风型不表示

表示风管送风式

A.2 型号示例

名义制冷量为 3 500 W 的风冷冷风电热型风管送风式空调机组表示为：GD35。

名义制冷量为 12 500 W 的热泵辅助热水盘管型风管送风式空调（热泵）机组表示为：GRW125。

附　录　B
（规范性附录）
风管送风式空调(热泵)机组噪声试验方法

B.1　适应范围

本附录规定了风管送风式空调(热泵)机组的噪声试验方法。

B.2　测定场所

测定场所应为反射平面上的半自由声场,被测机组的噪声与背景噪声之差应为 8 dB 以上。

B.3　测量仪器

测试仪器应使用 GB/T 3785—1983《声级计的电、声性能及测试方法》中规定的 Ⅰ 型或 Ⅰ 型以上的声级计,以及精度相当的其他测试仪器。

B.4　运行条件

机器应按有关技术条件的要求安装在台架上。在额定电压、额定频率下稳定运行,运行条件应接近技术条件规定的制冷工况条件及制热工况条件。但分体式机组在制冷剂循环的噪声可忽略不计的情况下,也可采用通风状态下测定室内机组噪声。对于带有调整装置的机组,应分别测量各档的噪声。

B.5　测定位置

B.5.1　室内侧

a)　吊顶安装式

在图 B.1 所示位置进行测量,机组应调至最大噪声点的工况。

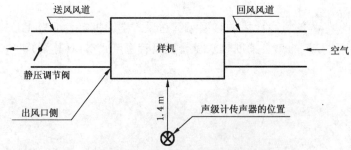

（测定位置在垂直机体下方的中央）

注:样机状态:为避免送风的影响,应接入一个 2 m 长的阻尼风道,分别在送风口、回风口加额定的机外静压,以调节静压,使测定在不受送风影响的状态下进行。样机出风口接到测试室外。

图 B.1　吊顶安装式(辅助风道)

b)　落地安装式

对于向上出风式的空调机,取出风口一个点测量,见图 B.2 a)。

对于侧出风式的空调机,取出风口侧和侧面三个点进行测量,高度为 1 m,见图 B.2 b),测试结果取式(B.1)进行的三点读数的平均值。

$$\overline{LP} = 10\lg\frac{1}{n}\Big[\sum_{i=1}^{n}10^{0.1LP_i}\Big] \qquad\cdots\cdots\cdots\cdots\cdots(B.1)$$

式中:

$\overline{LP}$——测量表面平均声压级，单位为分贝(dB)；

LP_i——第 i 个测点的声压级，单位为分贝(dB)；

N——测点总数。

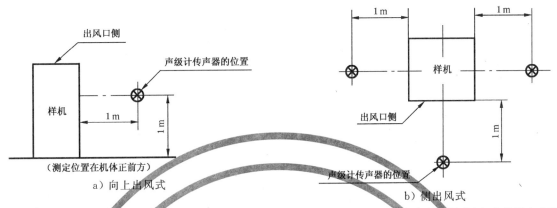

a) 向上出风式

b) 侧出风式

注：样机状态：为避免送风的影响，应接入一个 2 m 长的阻尼风道，在送风口加额定的机外静压，以使测定在不受送风影响的状态下进行。样机出风口接到测试室外。

图 B.2 落地安装式(辅助风道)

B.5.2 室外侧

a) 水平出风

距机组正面和两侧距离 1 m，其测点高度为机组高度加 1 m 的总高度的 1/2 处的三个测点，测试结果为按式(B.1)进行平均的平均声压级。在图 B.3 所示位置进行测量，机组应调至最大噪声点的工况。

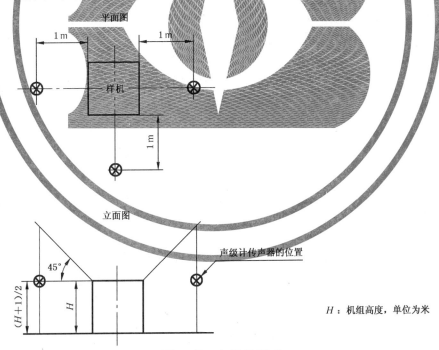

H：机组高度，单位为米

图 B.3 水平出风式

b) 向上出风

在机组四面距机组 1 m，其测点高度为机组高度加 1 m 的总高度的 1/2 处的四个测点，测试结果为按式(B.1)进行平均的平均声压级。在图 B.4 所示位置进行测量，机组应调至最大噪声点的工况。

平面图

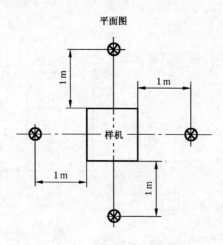

1 m

1 m

样机

1 m

1 m

立面图

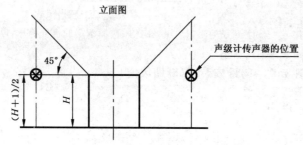

45°

$(H+1)/2$

H

声级计传声器的位置

H：机组高度，单位为米

图 B.4　向上出风式

B.6　测量方法

当风速大于 1 m/s 时，应使用风罩。

ICS 27.200
J 73

中华人民共和国国家标准

GB/T 18837—2002

多联式空调(热泵)机组

Multi-connected air-condition (heat pump) unit

2002-09-11发布　　　　　　　　　　2003-04-01实施

中 华 人 民 共 和 国
国家质量监督检验检疫总局　发 布

前　言

本标准非等效采用 ARI 340/360—2000《商业和工业用单元式空调和热泵设备》,制冷(热)量试验方法非等效采用 ASHREA 37—1988《单元式空调机和热泵性能试验方法》。

本标准的附录 A 是规范性附录。

本标准的附录 B、附录 C 是资料性附录。

本标准由全国冷冻设备标准化技术委员会提出并归口。

本标准负责起草单位:合肥通用机械研究所、青岛海尔空调器有限总公司、广东顺德美的冷气机制造有限公司。

本标准主要起草人:史敏、张秀平、王莉、伍光辉、毛守博、廖建龙。

本标准由全国冷冻设备标准化技术委员会解释。

多联式空调(热泵)机组

1 范围

本标准规定了多联式空调(热泵)机组(以下简称"机组")的定义、型式和基本参数、技术要求、试验、检验规则、标志、包装、运输和贮存等。

本标准适用于多联式空调(热泵)机组。双制冷循环系统和多制冷循环系统可参照本标准。

2 规范性引用文件

下列文件中的条款通过本标准的引用而成为本标准的条款。凡是注日期的引用文件,其随后所有的修改单(不包括勘误的内容)或修订版均不适用于本标准,然而,鼓励根据本标准达成协议的各方研究是否可使用这些文件的最新版本。凡是不注日期的引用文件,其最新版本适用于本标准。

GB/T 191 包装储运图示标志

GB 8624—1997 建筑材料燃烧性能分级方法

GB/T 2423.17 电工电子产品基本环境试验规程 试验 Ka:盐雾试验方法
(eqv IEC 68-2-11:1981)

GB/T 2828—1987 逐批检查计数抽样程序及抽样表(适用于连续批的检查)

GB/T 6388 运输包装收发货标志

GB/T 13306 标牌

GB/T 17758—1999 单元式空气调节机

JB 8655—1997 单元式空气调节机 安全要求

JB/T 7249—1994 制冷设备 术语

3 定义

JB/T 7249 确立的以及下列定义适用于本标准。

3.1

多联式空调(热泵)机组 multi-connected air-condition (heat pump) unit

一台或数台风冷室外机可连接数台不同或相同型式、容量的直接蒸发式室内机构成单一制冷循环系统,它可以向一个或数个区域直接提供处理后的空气。

3.2

热泵 heat pump

通过转换制冷系统制冷剂流向,从室外环境介质吸热并向室内放热,使室内空气升温的制冷系统。

3.3

室内机制冷(热)量 refrigerating (heating) capacity of indoor machine

在规定的制冷(热)能力试验条件下,室内机(单台)从封闭空间、房间或区域排去(放出)的热量,单位:W。

3.4

制冷(热)量 refrigerating (heating) capacity

在规定的制冷(热)能力试验条件下,机组从封闭空间、房间或区域排去(放出)的热量,单位:W。

3.5

最大配置率 maximum ordonnance rate

各室内机的名义制冷量之和与机组名义制冷量之比的最大值,单位:%。

3.6

最小配置率 minimum ordonnance rate

各室内机的名义制冷量之和与机组名义制冷量之比的最小值,单位:%。

3.7

多联式空调(热泵)机组的分流不平衡率 distributary disequilibrium rate of multi-connected air-condition (heat pump) unit

在规定的制冷(热)能力试验条件下,机组的各室内机实测制冷(热)量与其名义制冷(热)量之差的绝对值与其名义制冷(热)量之比,单位:%。

3.8

室内机消耗功率 consumed power of indoor machine

单台室内机处于送风运行时消耗的功率,单位:W。

3.9

制冷消耗功率 refrigerating consumed power

在规定的制冷能力试验条件下,机组运行时所消耗的总功率,单位:W。

3.10

制热消耗功率 heating consumed power

在规定的制热能力试验条件下,机组运行时所消耗的总功率,单位:W。

3.11

制冷能效比(*EER*) energy efficiency ratio

在规定的制冷能力试验条件下,机组制冷量与制冷消耗功率之比,其值用 W/W 表示。

3.12

制热性能系数(*COP*) coefficient of performance

在规定的制热能力试验条件下,机组制热量与制热消耗功率之比,其值用 W/W 表示。

3.13

制冷综合性能系数(*IPLV*(C)) refrigerating integrated part load value

一个按附录 A 中所述方法试验和计算的,描述部分负荷制冷效率的值,其值用 W/W 表示。

3.14

制热综合性能系数(*IPLV*(H)) heating integrated part load value

一个按附录 A 中所述方法试验和计算的,描述部分负荷制热效率的值,其值用 W/W 表示。

3.15

空气焓差法 air enthalpy difference method

一种测定机组能力的方法。它对机组的进风参数、出风参数以及循环风量进行测量,用测出的风量与进风、出风焓差的乘积确定机组的制冷(热)量。

4 型式、型号和基本参数

4.1 型式

4.1.1 按功能分为:

单冷型　　　　代号省略

热泵型　　　　代号R(包括辅助电热装置d,不包括辅助电热装置可省略)

电热型　　　　代号D

4.1.2 按机组的结构形式分为：

室内机：

落地式　　代号 L

壁挂式　　代号 G

吊顶式　　代号 D

嵌入式　　代号 Q

暗装式　　代号 N

风管式　　代号 F

室外机：

　　　　代号 W

4.1.3 按使用气候环境分为：

类型　　　　气候环境最高温度

T1　　　　　43℃

T2　　　　　35℃

T3　　　　　52℃

4.2 型号

机组型号按附录 B 的规定编制。

4.3 基本参数

4.3.1 机组的电源为额定电压 220 V 单相或 380 V 三相交流电,额定频率 50 Hz。

4.3.2 机组正常工作环境温度,见表1。

表 1　正常工作环境温度　　　　　　　　单位为℃

机 组 型 式	气 候 类 型		
	T1	T2	T3
单冷型	18～43	10～35	21～52
热泵型	－7～43	－7～35	－7～52
电热型	～43	～35	～52

4.3.3 机组的名义制冷(热)量,机组室内机的名义制冷(热)量按表2的名义工况参数确定。

表 2　试验工况　　　　　　　　单位为℃

试 验 条 件			室内侧入口空气状态		室外侧入口空气状态	
			干球温度	湿球温度	干球温度	湿球温度[a]
制冷试验	名义制冷	T1	27	19	35	24
		T2	21	15	27	19
		T3	29	19	46	24
	最大运行	T1	32±1.0	23±0.5	制造厂推荐的最高温度	
		T2	27±1.0	19±0.5		
		T3	32±1.0	23±0.5		
	冻结	T1	21±1.0	15±0.5	21±1.0	—
		T2			10±1.0	
		T3			21±1.0	

表 2（续）

单位为℃

试 验 条 件			室内侧入口空气状态		室外侧入口空气状态	
			干球温度	湿球温度	干球温度	湿球温度ᵃ
制冷试验	最小运行	T1	21±1.0	15±0.5	18±1.0	—
		T2			10±1.0	
		T3			21±1.0	
	凝露 凝结水排除		27±1.0	24±0.5	27±1.0	24±0.5
制热试验	热泵名义制热	高温	20	—	7	6
		低温			2	1
		超低温			−7	−8
	最大运行		27±1.0	—	21±1.0	15±0.5
	最小运行ᵇ		20	15	−5	−6
	融霜		20	15 以下ᶜ	2	1
电加热器制热			20±1.0	—	—	—

  ᵃ 适应于湿球温度影响室外侧换热的装置。

  ᵇ 如果机组在超低温条件下运行,其最小运行试验应在室外侧入口空气状态:干球温度−7℃、湿球温度−8℃的工况下试验。

  ᶜ 适应于湿球温度影响室内侧换热的装置。

4.3.4 现场不接风管的机组,机外静压为 0 Pa;接风管的机组应标称机外静压。

5 技术要求

5.1 一般要求

5.1.1 机组应符合本标准的要求,并应按规定程序批准的图样和技术文件制造。

5.1.2 机组应按铭牌标示的气候类型进行性能试验,对于使用两种以上气候类型的机组应在铭牌标出的每种气候类型工况条件下进行试验。

5.1.3 机组的黑色金属制件表面应进行防锈蚀处理。

5.1.4 电镀件表面应光滑、色泽均匀,不得有剥落、针孔,不应有明显的花斑和划伤等缺陷。

5.1.5 涂漆件表面不应有明显的气泡、流痕、漏涂、底漆外露及不应有的皱纹和其他损伤。

5.1.6 装饰性塑料件表面应平整、色泽均匀,不得有裂痕、气泡和明显缩孔等缺陷,塑料件应耐老化。

5.1.7 机组各零部件的安装应牢固可靠,管路与零部件不应有相互摩擦和碰撞。

5.1.8 带有远距离操作装置(遥控器)的机组,除了机组开关或控制器之类操作外,应是不会使电路闭合的结构。

5.1.9 机组的各种阀门动作应灵敏、可靠,保证机组正常工作。

5.1.10 机组的保温层应有良好的保温性能,保证机组表面不应结露,应无毒、无异味且为难燃材料,材料应符合 GB 8624—1997 要求。

5.1.11 机组制冷系统零部件的材料应能在制冷剂、润滑油及其混合物的作用下,不产生劣化且保证整机正常工作。

5.1.12 机组结构和系统零部件的材料,应考虑采用环保材料和可作为再生资源而利用的材料。

5.1.13 机组电镀件要求

    按 6.3.22 方法试验后,金属镀层上的每个锈点锈迹面积不应超过 $1\ mm^2$,大于 $100\ cm^2$ 的试件,每

100 cm² 试件镀层不超过 2 个锈点、锈迹;小于 100 cm² 的试件,不应有锈点和锈迹。

5.1.14 涂漆件的涂膜附着力要求

按 6.3.23 方法试验后,漆膜脱落格数不超过 15%。

5.1.15 多联式空调(热泵)机组的分流不平衡率

按 6.3.24 方法试验时,机组的分流不平衡率应小于 20%。

5.2 机组的安全要求应符合 JB 8655 的规定(JB 8655 内噪声要求不包括)。

5.3 机组正常运转要求

机组应在制造厂标称的各种条件下安全、可靠的工作,包括室内、外机的最大高度差,室内、外机最大管长,室内机之间的高差,最大配置率,最小配置率,最低环境温度制冷,最低环境温度制热。

5.4 性能要求

5.4.1 制冷系统密封性能

按 6.3.1 方法试验时,制冷系统各部分不应有制冷剂泄漏。

5.4.2 运转

按 6.3.2 方法试验,所测电流、电压、输入功率等参数应符合设计要求。

5.4.3 室内机制冷量

按 6.3.3 方法试验时,机组室内机的实测制冷量不应小于其名义制冷量的 92%。

5.4.4 室内机消耗功率

按 6.3.4 方法试验时,机组室内机的送风工况下消耗功率不应大于其名义消耗功率的 110%。

5.4.5 制冷量

按 6.3.5 方法试验时,机组的实测制冷量不应小于其名义制冷量的 92%。

5.4.6 制冷消耗功率

按 6.3.6 方法试验时,机组的实测制冷消耗功率不应大于其名义制冷消耗功率的 110%。

5.4.7 室内机制热量

按 6.3.7 方法试验时,机组室内机实测制热量不应小于其名义制热量的 92%。

5.4.8 制热量

按 6.3.8 方法试验时,机组的实测制热量不应小于其名义制热量的 92%。

5.4.9 制热消耗功率

按 6.3.9 方法试验时,机组的实测制热消耗功率不应大于其名义制热消耗功率的 110%。

5.4.10 电热装置制热消耗功率

按 6.3.10 方法试验时,机组的实测制热消耗功率要求为:每种电热装置的消耗功率允差应为电热装置额定消耗功率的—10%～+5%。

5.4.11 最大运行制冷

按 6.3.11 方法试验时,机组各部件不应损坏,机组应能正常运行;

机组在最大运行制冷运行期间,过载保护器不应跳开;

当机组停机 3 min 后再启动连续运行 1 h,但在启动运行的最初 5 min 内允许过载保护器跳开,其后不允许动作;在运行的最初 5 min 内过载保护器不复位时,在停机不超过 30 min 复位的,应连续运行 1 h;

对于手动复位的过载保护器,在最初 5 min 内跳开的,并应在跳开 10 min 后使其强行复位,应能够再连续运行 1 h。

5.4.12 最大运行制热

按 6.3.12 方法试验时,机组各部件不应损坏,机组应能正常运行;

机组在最大运行制热运行期间,过载保护器不应跳开;

当机组停机 3 min 后再启动连续运行 1 h,但在启动运行的最初 5 min 内允许过载保护器跳开,其后不允许动作,在运行的最初 5 min 内过载保护器不复位时,在停机不超过 30 min 内复位的,应连续运行 1 h;

对于手动复位的过载保护器,在最初 5 min 内跳开的,并应在跳开 10 min 后使其强行复位,应能够再连续运行 1 h。

5.4.13 室内机最小运行制冷

按 6.3.13 方法试验时,机组在停机 10 min 后起动,连续运行 4 h,运行中安全装置不应跳开,室内机蒸发器的迎风面表面凝结的冰霜面积不应大于蒸发器面积的 50%。

5.4.14 最小运行制热

按 6.3.14 方法试验时,机组在试验运行期间,安全装置不应跳开。

5.4.15 室内机冻结

按 6.3.15a)方法试验时,机组蒸发器的迎风面表面凝结的冰霜面积不应大于蒸发器面积的 50%。

按 6.3.15b)方法试验时,机组室内机不应有冰掉落、水滴滴下或吹出。

5.4.16 室内机凝露

按 6.3.16 方法试验时,机组室内机箱体外表面凝露不应有滴下,室内送风不应带有水滴。

5.4.17 室内机凝结水排除能力

按 6.3.17 方法试验时,机组室内机应具有排除凝结水的能力,不应有水从机组中溢出或吹出。

5.4.18 自动除霜

按 6.3.18 方法试验时,要求除霜所需总时间不超过试验总时间的 20%;在除霜周期中,室内机的送风温度低于 18℃的持续时间应不超过 1 min。融霜周期结束时,室外侧的空气温度升高不应大于 5℃;如果需要可以使用热泵机组内的辅助制热或按制造厂的规定。

5.4.19 噪声

按 6.3.19 测量机组的噪声,噪声测量值不应超过表 3、表 4 的规定。

表 3 室内机噪声限值(声压级)   单位为 dB(A)

名义制冷量/W	室内机噪声	
	不接风管	接风管
≤2 500	40	42
2 501~4 500	43	45
4 501~7 000	50	52
7 001~14 000	57	59
≥14 001	60	62

表 4 室外机噪声限值(声压级)   单位为 dB(A)

名义制冷量/W	室外机噪声
≤7 000	60
7 001~14 000	62
14 001~28 000	65
28 001~56 000	67
56 001~84 000	69
≥84 001	72

5.4.20 制冷综合性能系数（*IPLV*（C））

制冷综合性能系数不应小于表 5 规定的 92%，其值为 0.05 的倍数。

5.4.21 制热综合性能系数（*IPLV*（H））

制热综合性能系数不应小于表 5 规定的 92%，其值为 0.05 的倍数。

表 5　制冷综合性能系数（*IPLV*（C））与制热综合性能系数（*IPLV*（H））

名义制冷量/W	*IPLV*（C）、*IPLV*（H）/（W/W）
≤28 000	3.00
28 001～84 000	2.95
≥84 001	2.90

5.4.22 热泵型机组的热泵名义制热量不应低于其名义制冷量。

6　试验

6.1　试验条件

6.1.1 机组室内机制冷量和制热量试验的试验装置按 GB/T 17758—1999 附录 A 的规定。

6.1.2 机组制冷量和制热量试验的试验装置按 GB/T 17758—1999 附录 A 的规定。

6.1.3 机组制冷（热）综合性能系数试验的试验装置按 GB/T 17758—1999 附录 A 的规定。

6.1.4 机组的分流不平衡率试验的试验装置按附录 C 和 GB/T 17758—1999 附录 A 的规定。

6.1.5 试验工况见表 2，按机组气候类型分类选用相应工况进行试验。

6.1.6 测量仪表的一般规定

试验用仪表应经法定计量检验部门检定合格，并在有效期内。

6.1.7 仪器仪表的型式及精度

试验用仪器仪表的型式及精度应符合表 6 的规定。

表 6　仪器仪表的型式及精度

类　别	型　式	精度或准确度	
温度测量仪表	水银玻璃温度计、电阻温度计、热电偶	空气温度　±0.1℃	
		水温　　　±0.1℃	
流量测量仪表	记录式、指示式、积算式	测量流量的±1.0%	
制冷剂压力测量仪表	压力表、变送器	测量压力的±2.0%	
空气压力测量仪表	气压表、气压变送器	风管静压　±2.45 Pa	
电量测量仪表	指示式	0.5 级精度	
	积算式	1.0 级精度	
质量测量仪表		测定质量的±1.0%	
转速仪表	机械式、电子式	测定转速的±1.0%	
气压测量仪表（大气压力）	气压表、气压变送器	大气压读数的±0.1%	
时间测量仪表	秒表	测定经过时间的±0.2%	

注：噪声测量应使用 I 型或 I 型以上的精确级声级计。

6.1.8 机组进行制冷量和热泵制热量试验时，试验工况参数的读数允差应符合表 7 的规定。

表 7　制冷量和制热量试验名义工况参数的读数允差

单位为℃

项目	室内侧空气状态		室外侧空气状态	
	干球温度	湿球温度	干球温度	湿球温度
最大变动幅度	±1.0	±0.5	±1.0	±0.5
平均变动幅度	±0.3	±0.2	±0.3	±0.2

6.1.9　机组进行热泵最小运行和融霜试验时,试验工况的参数允差应符合表8的规定。

表 8　热泵最小运行和融霜试验工况参数的读数允差

单位为℃

项目	室内侧空气状态		室外侧空气状态			
	干球温度		干球温度		湿球温度	
	热泵时	融霜时	热泵时	融霜时	热泵时	融霜时
最大变动幅度	±2.0	±2.5	±2.0	±5.0	±1.0	±2.5
平均变动幅度	±0.5	±1.5	±0.5	±1.5	±0.3	±1.0

6.2　试验的一般要求

6.2.1　机组所有试验应按铭牌上的额定电压和额定频率进行。

6.2.2　试验时,应连接所有辅助元件(包括进风百叶窗和安装厂制造的管路及附件),并且符合工厂安装要求。

6.2.3　机组连接应按各试验的具体要求进行连接,连接管的直径、安装、绝缘保护、抽空、充注制冷剂等应与制造厂要求相符。机组室内、外的连接管管长,分歧长度,室内、外机落差应按照各试验的具体要求。

6.3　试验方法

6.3.1　制冷系统密封性能试验

机组的制冷系统在正常的制冷剂充灌量下,制冷量小于 28 000 W 的机组,用灵敏度为 $1×10^{-6}$ Pa·m³/s 的制冷剂检漏仪进行检验;制冷量大于 28 000 W 的机组,用灵敏度为 $1×10^{-5}$ Pa·m³/s 的制冷剂检漏仪进行检验。

6.3.2　运转试验

机组应在接近名义制冷工况的条件下连续运行,分别测量机组的输入功率,运转电流和进、出风温度。检查安全保护装置的灵敏度和可靠性,检验温度、电器等控制元件的动作是否正常。

6.3.3　室内机制冷量试验

室内机制冷量试验应按图 1 所示连接方式和要求连接室内机和室外机。打开两台室内机使其处于工作状态,同时开室外机使其处于工作状态,按GB/T 17758—1999 附录 A 和本标准表 2 规定的名义制冷工况对被试室内机进行试验,测出该台被试室内机的制冷量。

注1:室内机按图 1 与室外机安装,其中分配器前、后的连接管长度为 5 m 或制造厂规定,分配器的形式不限。

注2:室外机应为被试室外机,室内侧为一台被试室内机和一台室内机(其名义制冷量约是室外机名义制冷量的一半)。

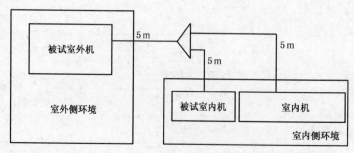

图 1

6.3.4 室内机消耗功率试验

按 6.3.3 中规定的连接方式连接被试机的室内机,并将其置于通风状态(风速设为最大档),对被试机进行试验,测出该台被试室内机的消耗功率。

6.3.5 制冷量试验

机组制冷量按 GB/T 17758—1999 附录 A 和本标准表 2 规定的名义制冷工况对被试机组进行试验,机组制冷量试验应按图 2 或图 3 所示连接方式和要求连接室内机和室外机。打开所有室内机使其处于工作状态,同时开室外机使其处于工作状态;测出每台室内机制冷量,这些室内机制冷量之和,就是该台被试机组的制冷量。

注1:室内机按图 2 或图 3 与室外机安装,其中分配器前、后的连接管长度为 5 m 或制造厂规定,分配器的形式不限。

注2:室外、内机应为被试机,室内机可根据机组名义制冷量的大小,按室外机配置室内机的最少台数配置室内机的数量(但至少 2 台),同时,这些被试室内机的名义制冷量之和应等于被试机组的名义制冷量(配置率 100%)。

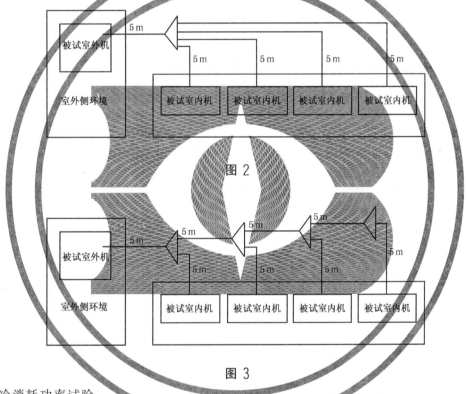

图 2

图 3

6.3.6 制冷消耗功率试验

按 6.3.5 方法测定机组制冷量的同时,测定机组的输入功率、电流。

6.3.7 室内机制热量试验

室内机制热量试验应按图 1 所示连接方式和要求连接室内机和室外机。打开两台室内机使其处于工作状态,同时开室外机使其处于工作状态,按 GB/T 17758—1999 附录 A 和本标准表 2 规定的名义制热工况对被试室内机进行试验,测出该台被试室内机的制热量。

注:同 6.3.3 注1、注2。

6.3.8 制热量试验

机组制热量按 GB/T 17758—1999 附录 A 和本标准表 2 规定的名义制热工况对被试机组进行试验,机组制热量试验应按图 2 或图 3 所示连接方式和要求连接室内机和室外机。打开所有室内机使其处于工作状态,同时开室外机使其处于工作状态,测出每台室内机制热量,这些室内机制热量之和,就是该台被试机组的制热量。

注:同 6.3.5 注1、注2。

6.3.9 制热消耗功率试验

按 6.3.8 方法测定机组制热量的同时,测定机组的输入功率、电流。

6.3.10 电热装置制热消耗功率试验

a) 按 6.3.7 方法,机组室内机在名义制热工况下运行,待热泵制热量测定达到稳定后,测定辅助电加热器的输入功率。

b) 在电加热器制热工况下,机组制冷系统不运行,将电加热器开关处于最大耗电状态下,测得其输入功率。

6.3.11 最大运行制冷试验

按图 2 或图 3 所示连接方式和要求连接室内机和室外机。打开所有室内机和室外机使其处于工作状态,将所有风门关闭,试验电压分别为额定电压的 90% 和 110%,按表 2 规定的最大运行制冷工况运行稳定后,连续运行 1 h(此间电压上升不超过 3%),然后停机 3 min,再启动运行 1 h。

注:同 6.3.5 注 1、注 2。

6.3.12 热泵最大运行制热试验

按图 2 或图 3 所示连接方式和要求连接室内机和室外机。打开所有室内机和室外机使其处于工作状态,将所有风门关闭,试验电压分别为额定电压的 90% 和 110%,按表 2 规定的热泵最大运行制热工况运行稳定后,连续运行 1 h(此间电压上升不超过 3%),然后停机 3 min,再启动运行 1 h。

注:同 6.3.5 注 1、注 2。

6.3.13 室内机最小运行制冷

按图 1 所示连接方式和要求连接室内机和室外机。打开两台室内机使其处于工作状态,同时开室外机使其处于工作状态,将被试室内机的温度控制器、风扇速度、风门和导向隔栅调到最易结霜状态,按表 2 规定的最小运行制冷工况,使机组启动运行至工况稳定后再运行 4 h。

注:同 6.3.3 注 1、注 2。

6.3.14 热泵最小运行制热试验

按图 2 或图 3 所示连接方式和要求连接室内机和室外机。打开所有室内机和室外机使其处于工作状态,将所有风门关闭,将其温度控制器、风扇速度、风门和导向隔栅调到最大制热状态,按表 2 规定的最小运行制热工况,使机组启动运行至工况稳定后再运行 4 h。

注:同 6.3.5 注 1、注 2。

6.3.15 室内机冻结试验

按图 1 所示连接方式和要求连接室内机和室外机。打开两台室内机使其处于工作状态,同时开室外机使其处于工作状态,在不违反制造厂规定下,将被试室内机的温度控制器、风扇速度、风门和导向隔栅调到最易使蒸发器结冰和结霜的状态,达到表 2 规定的冻结试验工况后进行下列试验:

a) 空气流通试验:机组启动并运行 4 h。

b) 滴水试验:将被试室内机回风口遮住完全阻止空气流通后运行 6 h,使蒸发器盘管风路被霜完全阻塞,停机后去除遮盖物至冰霜完全融化,再使风机以最高速度运转 5 min。

注:同 6.3.3 注 1、注 2。

6.3.16 室内机凝露试验

按图 1 所示连接方式和要求连接室内机和室外机。打开两台室内机使其处于工作状态,同时开室外机使其处于工作状态,在不违反制造厂规定下,将被试室内机的温度控制器、风扇速度、风门和导向隔栅调到最易凝水状态进行制冷运行,达到表 2 规定的凝露试验工况后,连续运行 4 h。

注:同 6.3.3 注 1、注 2。

6.3.17 室内机凝结水排除能力试验

按图 1 所示连接方式和要求连接室内机和室外机。打开两台室内机使其处于工作状态,同时开室外机使其处于工作状态,将被试室内机的温度控制器、风扇速度、风门和导向隔栅调到最易凝水状态,在接水盘注满水即达到排水口流水后,按表2规定的凝露试验工况运行,当接水盘的水位稳定后,再连续运行4 h。

注:同6.3.3注1、注2。

6.3.18 自动除霜试验

按图2或图3所示连接方式和要求连接室内机和室外机。打开所有室内机和室外机使其处于工作状态,将装有自动除霜装置的机组的温度控制器、风扇速度、风门和导向隔栅调到最易使室外侧换热器结霜的状态,按表2规定的热泵自动除霜试验工况运行稳定后,连续运行两个完整的融霜周期或连续运行3 h(试验总时间从首次融霜周期结束时开始),3 h后首次出现融霜周期结束为止,应取其长者。

注:同6.3.5注1、注2。

6.3.19 噪声试验

按图1所示连接方式和要求连接室内机和室外机。只打开一台被试室内机使其处于工作状态,同时开室外机使其处于工作状态,按GB/T 17758—1999附录B测量室内机噪声。

注:同6.3.3注1、注2。

按图2或图3要求连接室外机(被试机在额定频率或额定容量下),按GB/T 17758—1999附录B测量室外机噪声。

6.3.20 机组的制冷综合性能系数试验

按附录A规定的制冷部分负荷额定性能工况进行试验,根据附录A进行计算得出制冷综合性能系数。

6.3.21 机组的制热综合性能系数试验

按附录A规定的制热部分负荷额定性能工况进行试验,根据附录A进行计算得出制热综合性能系数。

6.3.22 电镀件盐雾试验

机组的电镀件应按GB/T 2423.17进行盐雾试验,试验周期24 h。试验前,电镀件表面清洗除油,试验后,用清水冲掉残留在表面上的盐分,检查电镀件腐蚀情况,其结果应符合5.1.13规定。

6.3.23 涂漆件的漆膜附着力试验

在机组外表面任取长10 mm,宽10 mm的面积,用新刀片纵横各划11条间隔1 mm深达底材的平行切痕。用氧化锌医用胶布贴牢,然后沿垂直方向快速撕下,按划痕范围内,漆膜脱落的格数对100的比值评定,每小格漆膜保留不足70%的视为脱落。试验后,检查漆膜脱落情况,其结果应符合5.1.14的规定。

6.3.24 机组的分流不平衡率试验

按附录C和表2规定的名义制冷工况进行试验和计算,其分流不平衡率应符合5.1.15的规定。

7 检验规则

7.1 出厂检验

每台机组应做出厂检验,检验项目应按表9的规定。

7.2 抽样检验

7.2.1 机组应从出厂检验合格的产品中抽样,检验项目和试验方法应按表9的规定。

7.2.2 抽样方法按GB/T 2828进行,逐批检验的抽检项目、批量、抽样方案、检查水平及合格质量水平等由制造厂质量检验部门执行决定。

7.3 型式检验

7.3.1 新产品或定型产品作重大改进,第一台产品应做型式检验,检验项目按表9的规定。

7.3.2 型式试验时间不应少于试验方法中规定的时间,运行时如有故障,在故障排除后应重新检验。

表 9　检验项目

序　号	项　　目	出厂检验	抽样检验	型式检验	技术要求	试验方法
1	一般要求				5.1	视检
2	标志	△			8.1	视检
3	包装				8.2	视检
4	绝缘电阻				5.2	JB 8655
5	介电强度				5.2	JB 8655
6	泄漏电流				5.2	JB 8655
7	接地电阻	△			5.2	JB 8655
8	防触电保护				5.2	JB 8655
9	制冷系统密封				5.4.1	6.3.1
10	运转				5.4.2	6.3.2
11	室内机制冷量				5.4.3	6.3.3
12	室内机消耗功率				5.4.4	6.3.4
13	制冷量		△		5.4.5	6.3.5
14	制冷消耗功率				5.4.6	6.3.6
15	室内机制热量				5.4.7	6.3.7
16	制热量				5.4.8	6.3.8
17	制热消耗功率				5.4.9	6.3.9
18	电热装置制热消耗功率				5.4.10	6.3.10
19	噪声				5.4.19	6.3.19
20	综合制冷性能系数(IPLV(C))			△	5.4.20	6.3.20
21	综合制热性能系数(IPLV(H))				5.4.21	6.3.21
22	最大运行制冷	—			5.4.11	6.3.11
23	最大运行制热				5.4.12	6.3.12
24	室内机最小运行制冷				5.4.13	6.3.13
25	最小运行制热				5.4.14	6.3.14
26	室内机冻结				5.4.15	6.3.15
27	室内机凝露				5.4.16	6.3.16
28	室内机凝结水排除能力		—		5.4.17	6.3.17
29	自动除霜				5.4.18	6.3.18
30	防水试验				5.2	JB 8655
31	电镀件盐雾试验				5.1.13	6.3.22
32	涂漆件漆膜附着力				5.1.14	6.3.23
33	分流不平衡率				5.1.15	6.3.24
34	正常运转				5.3	视检

注："△"为需检项目，"—"为不检项目。

8 标志、包装、运输和贮存

8.1 标志

8.1.1 机组的室内、外机应有耐久性铭牌固定在明显部位。铭牌和技术要求应符合 GB/T 13306 的规定。铭牌上应标示下列内容：

    a) 制造厂的名称；

    b) 产品型号和名称；

    c) 气候类型(T1 气候类型可不标注)；

    d) 主要技术性能参数(制冷量、制热量、噪声、制冷剂名称及注入量、额定电压、额定电流、额定频率、额定条件、输入功率、质量、综合制冷性能系数)；以上参数应在室内机、室外机应分别标示，其中：室外机上标注的性能参数为机组的性能参数，机组综合制冷性能系数仅在室外机上标出。

    注 1：通常铭牌标示的制热量为高温制热量，若机组进行低温制热量考核时，铭牌应同时标示出低温制热量。

    注 2：室内机可以不标注制冷剂注入量。

    注 3：额定条件：对于采用变频能调的机组是指其压缩机运行的额定频率，对于采用变容量能调的机组是指其压缩机运行的额定容量。

    注 4：输入功率应分别标示名义制冷、名义制热消耗功率和电热装置制热消耗功率。

    e) 产品出厂编号；

    f) 制造年月。

8.1.2 机组上应有标明运行情况的标志(如控制开关和旋钮等旋向的标志)、明显的接地标志、简单的电路图。

8.1.3 机组应有注册商标标志。

8.1.4 机组包装箱上应有下列标志：

    a) 制造单位名称；

    b) 产品型号、名称和商标；

    c) 质量(净质量、毛质量)；

    d) 外形尺寸；

    e) "小心轻放"、"向上"、"怕湿"和"怕压"等。有关包装、储运标志、包装标志应符合 GB/T 6388 和 GB/T 191 的有关规定。

8.2 包装

8.2.1 机组在包装前应进行清洁处理。各部件应清洁、干燥，易锈部件应涂防锈剂。

8.2.2 机组应外套塑料袋或防潮纸，并应固定在箱内，以免运输中受潮和发生机械损伤。

8.2.3 包装箱内应附出厂随机文件

8.2.3.1 产品合格证，其内容包括：

    a) 产品名称和型号；

    b) 产品出厂编号；

    c) 检验结论；

    d) 检验员签字和印章；

    e) 检验日期。

8.2.3.2 产品使用说明书，其内容包括：

    a) 产品型号和名称、适用范围、执行标准、名义工况下的技术参数和噪声及其他主要技术参数等；

    b) 产品的结构示意图、制冷系统图、电路图及接线图；

    c) 备件目录和必要的易损零件图；

    d) 安装说明和要求；

    e) 使用说明、维修和保养注意事项。

8.2.3.3 装箱单。

8.2.4 出厂随机文件应防潮密封,并放在包装箱内合适的位置。

8.3 运输和贮存

8.3.1 机组在运输和贮存过程中不应碰撞、倾斜、雨雪淋袭。

8.3.2 产品应贮存在干燥的通风良好的仓库中。

附　录　A

（规范性附录）

多联式空调(热泵)机组综合性能系数的试验和计算

本附录规定了多联式空调(热泵)机组制冷(热)综合性能系数的试验和计算。

A.1　机组连接方式

A.1.1　机组应按照图 2 或图 3 所示连接方式和要求连接室内机和室外机,安装时,其中分配器前、后的连接管长度为 5 m 或制造厂规定,分配器的形式不限。

A.1.2　室外机、室内机均为被试机,室内机可根据机组名义制冷量的大小配置室内机数量。室内机配置原则为:室内机的名义制冷量之和应等于被试机组的名义制冷量(配置率 100%);室内机与室外机配置成的机组必须在其 100%负荷、(75±10)%负荷、(50±10)%负荷和(25±10)%负荷下可以正常运行。

A.2　综合性能系数

A.2.1　部分负荷额定性能

多联式空调(热泵)机组属制冷量可调节系统,机组必须在其 100%负荷、(75±10)%负荷、(50±10)%负荷和(25±10)%负荷的卸载级下进行标定,这些标定点应该用于计算综合性能系数。

A.2.2　部分负荷额定性能工况必须按表 A.1(适用于 T1 气候类型)的规定。

表 A.1　部分负荷额定性能工况

单位为℃

试 验 条 件		室内侧入口空气状态		室外侧入口空气状态	
		干球温度	湿球温度	干球温度	湿球温度
额定性能工况(制冷)	T1	27	19	27	—
额定性能工况(制热)	高温	20	—	7	6

可以调节卸载装置以得到规定的卸载级,不得对标准额定性能工况下的室外风量进行手工调整。但是,靠系统功能自动调节是允许的。

A.2.3　综合性能系数($IPLV$)

A.2.3.1　本标准所适用设备的 $IPLV$(C)(以 EER 表示),必须按下述计算:

a)　在 A.2.2 规定工况下,按 GB/T 17758—1999 附录 A 规定试验方法进行试验,确定制冷量和 EER;

b)　由图 A.1"部分负荷系数曲线"在每一标定点确定部分负荷系数(PLF);

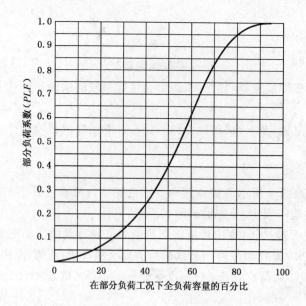

注：曲线基于下列公式

$$PLF = A0 + (A1 \times Q) + (A2 \times Q^2) + (A3 \times Q^3) + (A4 \times Q^4) + (A5 \times Q^5) + (A6 \times Q^6)$$

式中：

PLF——部分负荷系数；

Q——部分负荷额定工况下全负荷容量的百分比，0～100。

$A0 = -0.127\ 739\ 17 \times 10^{-6}$

$A1 = -0.276\ 487\ 13 \times 10^{-3}$

$A2 = 0.506\ 724\ 49 \times 10^{-3}$

$A3 = -0.259\ 666\ 36 \times 10^{-4}$

$A4 = 0.698\ 753\ 54 \times 10^{-6}$

$A5 = -0.768\ 597\ 12 \times 10^{-8}$

$A6 = 0.289\ 182\ 72 \times 10^{-10}$

图 A.1　部分负荷系数曲线

c)　用下列等式计算综合性能系数 $IPLV(C)$：

$$IPLV(C) = (PLF_1 - PLF_2)(EER_1 + EER_2)/2 + (PLF_2 - PLF_3)(EER_2 + EER_3)/2 + \\ (PLF_3 - PLF_4)(EER_3 + EER_4)/2 + (PLF_4)(EER_4)$$

式中：

PLF_1、PLF_2、PLF_3、PLF_4——由图 A.1 确定部分负荷额定工况下 100%负荷、(75±10)%负荷、
(50±10)%负荷、(25±10)%负荷的部分负荷系数；

EER_1、EER_2、EER_3、EER_4——部分负荷额定工况下 100%负荷、(75±10)%负荷、(50±10)%负
荷、(25±10)%负荷时的 EER。

A.2.3.2　本标准所适用设备的 $IPLV(H)$（以 COP 表示），可参照 $IPLV(C)$的计算。

A.3　4 级卸载系统的计算举例

A.3.1　机组性能数据和计算举例

A.3.1.1　假定机组有如下四个卸载级：

· 100%（全负荷）

· 全负荷的 75%

· 全负荷的 50%

· 全负荷的 25%

A.3.1.2 由图 A.1 得到部分负荷系数(见图 A.2 例)。

A.3.1.3 根据 A.2.1,A.2.2 得到每一卸载级的 EER。

A.3.1.4 利用通用公式计算 $IPLV(C)$

$$PLF_1 = 1.0 \qquad EER_1 = 2.9$$
$$PLF_2 = 0.9 \qquad EER_2 = 4.05$$
$$PLF_3 = 0.4 \qquad EER_3 = 5.14$$
$$PLF_4 = 0.1 \qquad EER_4 = 2.57$$

将上面的值带入 $IPLV(C)$ 计算公式

$$IPLV(C) = (PLF_1 - PLF_2)(EER_1 + EER_2)/2 + (PLF_2 - PLF_3)(EER_2 + EER_3)/2 +$$
$$(PLF_3 - PLF_4)(EER_3 + EER_4)/2 + (PLF_4)(EER_4)$$

$$IPLV(C) = (1.0 - 0.9)(2.9 + 4.05)/2 + (0.9 - 0.4)(4.05 + 5.14)/2 +$$
$$(0.4 - 0.1)(5.14 + 2.57)/2 + (0.1 \times 2.57) = 0.347\,5 + 2.297\,5 + 1.156\,5 + 0.257$$

$$IPLV(C) = 4.058\,5 \text{ 圆整为 } 4.06$$

为了进一步说明计算过程,见图 A.2 例。

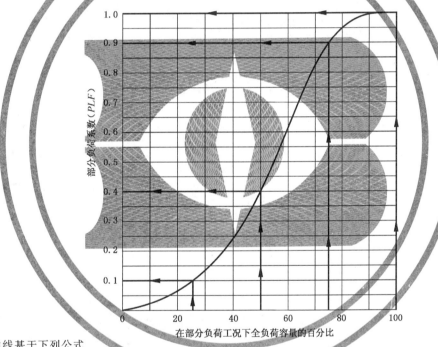

注:曲线基于下列公式

$$PLF = A0 + (A1 \times Q) + (A2 \times Q^2) + (A3 \times Q^3) + (A4 \times Q^4) + (A5 \times Q^5) + (A6 \times Q^6)$$

式中:

PLF——部分负荷系数;

Q——部分负荷额定工况下全负荷容量的百分比,0~100。

$A0 = -0.127\,739\,17 \times 10^{-6}$

$A1 = -0.276\,487\,13 \times 10^{-3}$

$A2 = 0.506\,724\,49 \times 10^{-3}$

$A3 = -0.259\,666\,36 \times 10^{-4}$

$A4 = 0.698\,753\,54 \times 10^{-6}$

$A5 = -0.768\,597\,12 \times 10^{-8}$

$A6 = 0.289\,182\,72 \times 10^{-10}$

图 A.2 $IPLV(C)$ 计算部分负荷系数曲线

根据 A.3.1.1、A.3.1.2 和 A.3.1.3,计算出 $IPLV(C)$ 值,见表 A.2。

表 A.2 IPLV(C)计算举例

制冷量级	制造厂净制冷量(仅对制冷)	全负荷制冷(热)量的百分比[a]	PLF[b]	制造厂部分负荷EER	平均部分负荷EER	PLF差	平均部分EER×PLF差	加权平均值
1	50.0	100%	1.0	2.90[a]	3.475	(1.0−0.9)=0.1	3.475×0.1=	0.347 5
2	37.5	75%	0.9	4.05	4.595	(0.9−0.4)=0.5	4.595×0.5=	2.297 5
3	25.0	50%	0.4	5.14	3.855	(0.4−0.1)=0.3	3.855×0.3=	1.156 5
4	12.5	25%	0.1	2.57	2.57	(0.1−0.0)=0.1	2.57[c]×0.1=	0.257
		0%	0.0				单值 IPLV(C)	4.06[d]

a 100%制冷量和 EER 是在部分负荷额定工况下被确定的。

b 由图 A.1 得到的各部分负荷系数。

c 对0%和最后制冷量级之间的区域,用最后制冷量级的 EER 作为平均 EER。

d 圆整至 4.06。

附　录　B
（资料性附录）
多联式空调（热泵）机组的型号编制

多联式空调（热泵）机组由其室内机和室外机构成，其室内、外机的型号由大写汉语拼音字母和阿拉伯数字组成，具体表示方法：

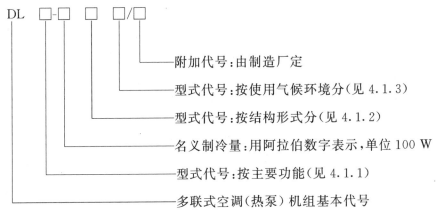

型号示例：

适用于 T1 型气候类型、多联式空调（热泵）机组，机组名义制冷量为 12 000 W、热泵型、室内机为两台名义制冷量 2 500 W 吊顶式、两台名义制冷量 3 500 W 壁挂式、压缩机可变频。

　　室外机:DLR-120 W/BP

　　室内机:两台 DLR-25D/BP

　　　　　　两台 DLP-35G/BP

适用于 T1 型气候类型、多联式空调（热泵）机组，机组名义制冷量为 15 000 W、单冷型、室内机为两台名义制冷量 2 500 W 吊顶式、两台名义制冷量 3 500 W 壁挂式、一台名义制冷量 3 000 W 嵌入式。

　　室外机:DL-150 W

　　室内机:两台 DL-25D

　　　　　　两台 DL-35G

　　　　　　一台 DL-30Q

附 录 C
（资料性附录）
多联式空调（热泵）机组不平衡率的试验

本附录规定了机组分流不平衡率的试验方法。

C.1 机组连接方式

C.1.1 机组应按图 C.1 所示连接方式和要求连接室内机和室外机，对分配器的形式不作限制，室内机之间、室内机与室外机之间的落差和连接管长度按照生产厂规定落差和管长安装，与规定落差、管长的偏差应在±1 m 以内。

C.1.2 室外机、室内机均为被试机，按图 C.1 安装时，可根据室外机制冷量的大小配置两至四台室内机，这些被试室内机的名义制冷量之和应等于被试机组的名义制冷量。

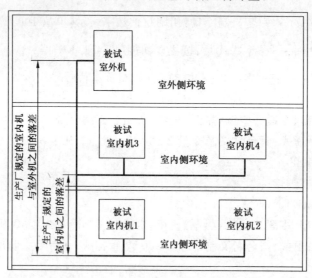

图 C.1

C.2 试验方法

C.2.1 按 GB/T 17758—1999 附录 A 规定试验方法进行试验。

C.2.2 采用空气焓差法测试室内机制冷（热）量，计算出机组分流不平衡率。

C.3 试验的准备及运行

C.3.1 试验室的要求

C.3.1.1 试验室应有一间室外侧试验房间，房间应有足够的容积，空气循环和正常运行时，房间各处有相同的温、湿度条件。房间除安装要求的尺寸外，应使房间和室外机有空气排出一侧之间的距离不小于 1.8 m，室外机其他表面和房间之间的距离不小于 0.9 m。房间空调装置处理空气的流量不应小于室外机的空气流量，并按要求的工况条件处理后低速均匀送回室外侧试验房间。

C.3.1.2 试验室应有室内侧试验房间，房间应有足够的容积，空气循环和正常运行时，房间各处有相同的温、湿度条件；房间除安装要求的尺寸外，应使房间和室内机有空气排出一侧之间的距离不小于 1.8 m，机组其他表面和房间之间的距离不小于 0.9 m；为保证室内机不互相干扰，两台室内机的出风距离应不小于 1.8 m，室内机其他表面和房间之间的距离不小于 0.9 m（需贴墙的面除外）；房间空调装置处理空气的流量不应小于室内机的空气流量,并按要求的工况条件处理后低速均匀送回室内侧试验房间。同时,室内侧试验房间应根据试验时室内机的安装数量配备相同数量的风量测量装置,同时测量数台室内机的制冷(热)量。

C.3.2 机组的安装

C.3.2.1 多联式空调(热泵)机组应按照C.1规定的连接方式进行安装。室外机应安装在室外侧试验房间内,室内机应安装在室内侧试验房间内。

C.3.2.2 机组在试验室内安装距离要求见C.3.1.1及C.3.1.2。

C.3.2.3 机组应抽真空并充注说明书中规定的制冷剂类型和数量。

C.3.2.4 不应改变风机转速和系统阻力来修正大气压波动。

C.3.3 试验的特殊要求

C.3.3.1 在采用空气焓差法测量室内机的制冷(热)量时应将所有室内机、室外机均打开。

C.3.3.2 按本标准表2规定的工况运行,待所有室内、外机和试验房间的工况均达到稳定后,再按GB/T 17758—1999 附录 A 规定的要求判稳和记录。

C.4 计算方法

机组分流不平衡率应按照下述方法计算

$$\zeta_i = |C_i/R_i - 1| \times 100\% \quad\cdots\cdots\cdots\cdots\cdots\cdots\cdots(C.1)$$

$$\zeta_{Ri} = |C_{Ri}/R_{Ri} - 1| \times 100\% \quad\cdots\cdots\cdots\cdots\cdots\cdots(C.2)$$

(其中 $i = 1, 2, 3 \cdots N$)

公式 C.1、C.2 中各符号的含义如下:

ζ_i——机组第 i 台室内机分流不平衡率,制热时用 ζ_{Ri};

C_i——第 i 台室内机的实测制冷量,实测制热量用 C_{Ri};

R_i——第 i 台室内机的名义制冷量,名义制热量用 R_{Ri};

N——试验时有 N 台室内机与室外机相连。

ICS 23.120
J 73

中华人民共和国国家标准

GB/T 19411—2003

除 湿 机

Dehumidifiers

2003-11-25 发布

2004-06-01 实施

中 华 人 民 共 和 国
国家质量监督检验检疫总局 发 布

前　言

本标准是在 JB/T 7769—1995《除湿机》的基础上制定的。本标准参考英国及欧共体标准 BS EN 810:1997《带电动压缩机的除湿机　考核试验,标记,运行要求和技术数据表》以及其他相关产品的标准规定。

本标准与 JB/T 7769—1995 相比较,在产品型式、技术要求、性能系数、噪声指标及试验要求等上有较大的变化。

本标准的附录 A 是规范性附录,附录 B 是资料性附录。

本标准自实施之日起,JB/T 7769—1995 废止。

本标准由中国机械工业联合会提出。

本标准由全国冷冻设备标准化技术委员会归口。

本标准起草单位:合肥通用机械研究所、南京五洲制冷集团公司、广东省吉荣空调设备公司、顺德申菱空调设备有限公司。

本标准主要起草人:朱贞涛、朱志平、赵薰、易新文。

除　湿　机

1　范围

本标准规定了除湿机的术语和定义、型式和基本参数、技术要求、试验方法、检验规则、标志、包装及贮存等。

本标准适用于以机械制冷方式除湿、以冷凝热为再热方式的名义除湿量大于 0.16 kg/h 的整体式或分体式除湿机(以下简称除湿机)。

2　规范性引用文件

下列文件中的条款通过本标准的引用而成为本标准的条款。凡是注日期的引用文件,其随后所有的修改单(不包括勘误的内容)或修订版均不适用于本标准,然而,鼓励根据本标准达成协议的各方研究是否可使用这些文件的最新版本。凡是不注日期的引用文件,其最新版本适用于本标准。

GB/T 191—2000　包装储运图示标志(eqv ISO 780:1997)

GB/T 2423.17—1993　电工电子产品基本环境试验规程　试验 Ka:盐雾试验方法(eqv IEC 68-2-11:1981)

GB/T 3785—1983　声级计的电、声性能及测试方法

GB 4343　家用和类似用途电动、电热器具、电动工具以及类似电器无线电干扰测量方法和允许值(eqv CISPR 14:1993)

GB 4706.32—1996　家用和类似用途电器的安全要求　热泵、空调器和除湿机的特殊要求(idt IEC 335-2-40:1992)

GB/T 6388—1986　运输包装收发货标志

GB 8624　建筑材料燃烧性能分级方法

GB 9237—2001　制冷和供热用机制冷系统　安全要求(eqv ISO 5149:1993)

GB 9969.1—1998　工业产品使用说明书　总则

GB/T 13306—1991　标牌

GB 17625.1　电磁兼容　限值　谐波电流发射限值(设备每相输入电流≤16 A)(IEC 61000-3-2:2001,IDT)

GB/T 17758—1999　单元式空气调节机

JB/T 4330—1999　制冷与空调设备噪声的测定

JB 8655—1997　单元式空气调节机　安全要求

3　术语和定义

下列术语和定义适用于本标准。

3.1

整体式除湿机　self-contained dehumidifier

将制冷系统、送风系统(名义除湿量大于 8 kg/h 的除湿机可不含送风系统)组装在一个柜中的除湿机。

3.2

分体式除湿机　split dehumidifier

具有分体风冷冷凝器或水冷冷凝器的除湿机。

3.3

名义除湿量 nominal dehumidification capacity

标牌上标示的名义工况下,除湿机运行1 h的凝结水量的名义值。

3.4

除湿量 dehumidification capacity

在规定工况下,每小时的凝结水量。

3.5

单位输入功率除湿量 dehumidification capacity per input power

在名义工况下,除湿量与输入总功率之比。

3.6

一般型 commonly used type

制冷剂的冷凝热全部被水冷或风冷冷凝器带走,且出风温度不能调节的除湿机。

3.7

调温型 temperature regulation type

3.7.1

水冷调温型 water-cooled temperature regulation type

制冷剂的冷凝热可全部或部分被水冷冷凝器的冷却水带走,且出风温度能进行调节的除湿机。

3.7.2

风冷调温型 air-cooled temperature regulation type

制冷剂的冷凝热可全部或部分被风冷冷凝器的冷却空气带走,且出风温度能进行调节的除湿机。

4 型式和基本参数

4.1 型式

4.1.1 除湿机的结构类型按表1的规定。

表 1

结 构 类 型			代　号
整体式	不接风管	带风机	F
	接风管	带风机	GF
		不带风机	G
分体式	不接风管	带风机	WF
	接风管	带风机	WGF
		不带风机	WG

4.1.2 除湿机的功能类型按表2的规定。

表 2

功 能 类 型		代　号
一般型	升温型(热回收型)	—
	降温型(空调型)	J
调温型		T

4.1.3 除湿机的进风温度适用类型按表3的规定。

表 3

温度适用范围/℃	代 号
18～32	A
5～32	B

4.1.4 型号表示方法

产品的型号编制方法见附录 B。

4.2 基本参数

除湿机的基本参数按表4的规定。

表 4

名义除湿量/(kg/h)	单位输入功率除湿量/kg(h·kW)	
		(水冷降温型)
≤0.5	1.35	—
>0.5～1.0	1.50	
>1.0～5.0	1.60	
>5.0～10.0	1.70	1.90
>10.0～20.0	1.75	1.95
>20.0～30.0	1.80	2.00
>30.0～40.0	1.85	2.10
>40.0～60.0	1.90	2.20
>60.0～80.0	1.95	2.30
>80.0	2.00	2.40

5 技术要求

5.1 一般要求

5.1.1 除湿机应符合本标准和 JB 8655 的要求,并按经规定程序批准的图样和技术文件制造。

5.1.2 除湿机的黑色金属制件表面应进行防锈处理。

5.1.3 电镀件表面应光滑、色泽均匀,不得有剥落、针孔,不应有明显的花斑和划伤等缺陷。

5.1.4 涂漆件表面不应有明显的气泡、流痕、漏涂、底漆外露及不应有的皱纹和其他损伤。

5.1.5 装饰性塑料件表面应平整、色泽均匀,不得有裂痕、气泡和明显缩孔等缺陷和其他损伤。

5.1.6 除湿机各零部件的安装应牢固可靠,管路与零部件不应有相互摩擦和碰撞。

5.1.7 除湿机的保温层应有良好的保温性能,且无毒、无异味并符合 GB 8624 中难燃材料(B1级)的要求。

5.1.8 除湿机制冷系统零部件的材料应能在制冷剂、润滑油及其混合物的作用下不产生劣化且保证整机正常工作。

5.1.9 电镀件应符合下述规定

按 6.6 方法试验后,金属镀层上的每个锈点、锈迹面积不应超过 1 mm²;每 100 cm² 试件镀层不超过 2 个锈点、锈迹;小于 100 cm,不应有锈点和锈迹。

5.1.10 涂漆件的漆膜附着力要求

按 6.7 方法试验后,漆膜脱落格数不超过 15%。

5.2 电源

除湿机的电源采用单相电压 220 V 或三相电压 380 V、50 Hz 频率的交流电源。

5.3 温度适用范围

5.3.1 除湿机的进风温度应符合表 3 的规定；

5.3.2 调温型除湿机的水冷冷凝器进水温度应不高于 34℃；风冷冷凝器进风温度应不高于 43℃。

5.4 零、部件要求

除湿机所有零、部件均应符合有关规定。

5.5 性能要求

5.5.1 名义除湿量

除湿机的名义工况实测除湿量应不小于名义除湿量的 95%。

5.5.2 输入功率

除湿机在名义工况下的输入功率应不大于名义输入功率的 110%。

5.5.3 单位输入功率除湿量

除湿机的单位输入功率除湿量应不小于表 4 规定值的 95%。

5.5.4 最大负荷运行

除湿机按 6.2.6 规定的最大负荷工况试验时，应能正常启动和工作。过载保护器在 1 h 连续运行期间不应动作，但停机 3 min 后再启动的 5 min 内允许动作一次，然后再连续运行 1 h。

5.5.5 低温运行

除湿机在低温工况下运行时，应符合下列要求：

a) 出风口不应有水滴吹出；

b) 运行结束后，蒸发器的迎风面上不应有冰霜；

c) 配有自动融霜装置的除湿机，其融霜时间不应超过完整试验周期的 30%。

5.5.6 凝露

对降温型除湿机按 6.2.8 方法试验时，除湿机外表面凝露不应滴下，室内送风不应带有水滴。

5.5.7 制冷系统密封性能

除湿机按 6.3 方法试验时，制冷系统各部分不应有任何泄漏。

5.5.8 凝结水排除

除湿机在各种试验工况下运行时，应具有排除凝结水的能力，排水口以外的任何部位不应有水溢出或吹出。

5.6 噪声

除湿机的噪声值(声压级)应不大于表 5 的规定值，不带风机的除湿机不考核噪声。

表 5

名义除湿量/(kg/h)	室内机组/dB(A)	室外机组/dB(A)
≤0.5	48	—
>0.5~1.0	55	—
>1.0~5.0	60	62
>5.0~10.0	64	68
>10.0~20.0	67	69
>20.0~30.0	70	71
>30.0~40.0	72	74
>40.0~60.0	74	76
>60.0~80.0	77	79
>80.0	按供货合同要求	

5.7 安全要求

5.7.1 采用单相电源的除湿机、可移动式除湿机及名义除湿量在 10 kg/h 以下的除湿机应符合 GB 4706.32 的有关规定,其电磁兼容性按 GB 4343、GB 17625.1 的相关规定执行。

5.7.2 名义除湿量大于或等于 10 kg/h 的除湿机应符合 JB 8655 的有关规定。

5.8 运转要求

每台除湿机出厂前,应能在接近名义工况条件下正常运转,安全保护装置应灵敏、可靠,温、湿度控制仪和电气控制元件等动作应正确。

5.9 充注制冷剂规定

名义除湿量小于 20 kg/h 的除湿机,在出厂前应按额定量注入制冷剂,名义除湿量大于或等于 20 kg/h 的除湿机,在出厂前应充注制冷剂或 0.03 MPa~0.1 MPa(表压)的干燥氮气。

5.10 外观

每台除湿机在出厂包装前,应进行外观检查。机架、壳体等不应变形,油漆、电镀表面不应擦伤。

6 试验方法

6.1 试验的一般要求

6.1.1 除湿机所有试验应按铭牌上的额定频率和额定电压进行。

6.1.2 分体式除湿机室内机组与室外机组的连接管应按制造厂提供的全部管长或除湿量小于等于 10 kg/h 的除湿机连接管长为 5.0 m、除湿量大于 10 kg/h 的除湿机连接管长为 7.5 m 进行试验(按较长者进行)。连接管在室外部分的长度应不少于 3 m,室内部分的隔热和安装要求按产品使用说明书进行。

6.1.3 除湿机的风量及机外静压、内部静压差按 GB/T 17758 所规定的方法进行。

6.2 性能试验

除湿机的性能试验包括名义工况下的除湿量试验、输入功率试验、最大负荷运行试验、凝露试验、低温运行试验和凝结水排除试验。

6.2.1 试验工况

工况试验按表 6 的规定,大气压为 101.325 kPa。

表 6

单位为℃

项 目		室内侧		室外侧			
				风冷		水冷	
		干球温度	湿球温度	干球温度	湿球温度	进水温度	出水温度
名义工况		27.0	21.2	35.0	24.0[a]	30.0	35.0
最大负荷工况		32.0	23.0	43.0	26.0[a]	34.0	[b]
凝露		27.0	24.0	27.0	24.0[a]	—	27.0
低温工况	A	18.0	13.5	—	—	—	—
	B	5.0	2.1				

[a] 适用于湿球温度影响室外侧换热的装置。

[b] 采用名义工况试验确定的水量。

6.2.2 名义除湿量试验

名义工况下的除湿量试验方法按附录 A 的规定。

6.2.3 输入功率试验

与名义工况下的除湿量试验同时进行,每 10 min 记录一次除湿机的输入功率、电压、电流和电源频率,然后取算术平均值。带连接风管除湿机的输入功率应按 6.2.5 进行修正。

6.2.4 不带连接风管除湿机的风机输入功率

在除湿机未设计为风管连接,即不存在外部压差且内部配置有一个风机的情况下,风机所消耗的功率应包括在除湿机所消耗的总功率内。

6.2.5 带连接风管除湿机的风机输入功率

6.2.5.1 如果除湿机配置有风机,则仅部分风机电机的输入功率被包括在除湿机所消耗的有效功率内。应从除湿机所消耗的总功率内除去的部分,可用下式进行计算。

$$\frac{q\Delta p_e}{\eta}$$

式中:

η——常数,取 0.3;

Δp_e——可利用的外部静压差,Pa;

q——除湿机的名义风量,m^3/s。

6.2.5.2 如果除湿机不配置风机,则应有部分输入功率要包括在除湿机所消耗的有效功率内,其可用下式进行计算。

$$\frac{q\Delta p^e}{\eta}$$

式中:

η——常数,取 0.3;

Δp^e——实际测量的内部静压差,Pa;

q——除湿机的名义风量,m^3/s。

6.2.6 最大负荷运行试验

在额定频率和额定电压下,按表 6 规定的最大负荷工况运行稳定后连续运行 1 h,然后停机 3 min(此间电压上升不超过 3%),再启动运行 1 h。

6.2.7 低温运行试验

在额定频率和额定电压下,A 类除湿机按表 6 规定的低温工况 A 运行,B 类除湿机按表 6 规定的低温工况 B 运行,工况稳定后,连续运行时间不少于 4 h。有自动融霜装置的除湿机,融霜时间不应超过完整试验周期的 30%。

6.2.8 凝露试验

在不违反制造厂规定的条件下,将除湿机的温度控制器、风机速度、风门和导向格栅调到最易凝水状态进行制冷运行,达到表 6 规定的凝露工况后,除湿机连续运行 4 h。

6.2.9 凝结水排除试验

将除湿机的温度控制器、风机速度、风门和导向格栅调到最易凝水状态,在接水盘注满水即达到排水口流水后,按规定的工况运行,当接水盘的水位稳定后,再连续运行 4 h。

6.3 制冷系统密封性能试验

除湿机的制冷系统在正常的制冷剂充注量下,用下列灵敏度的制冷剂检漏仪进行检验:小于等于 15 kg/h 的除湿机,灵敏度为 1×10^{-6} Pa·m^3/s;大于 15 kg/h 的除湿机,灵敏度为 1×10^{-5} Pa·m^3/s。

6.4 噪声试验

机组噪声应按 JB/T 4330 的规定进行试验。

6.5 运转试验

除湿机应在接近名义工况的条件下连续运行,分别测量除湿机的输入功率、运转电流和进、出风温度,以及凝结水的排除状况。检查安全保护装置的灵敏可靠性和温、湿度控制仪及电气控制元件等动作的正确性。

6.6 电镀件盐雾试验

除湿机的电镀件应按 GB/T 2423.17 进行盐雾试验,试验周期 24 h。试验前,电镀件表面应清洗除油;试验后,用清水冲掉残留在表面上的盐分,检查电镀件腐蚀情况,其结果应符合 5.1.9 的规定。

6.7 涂漆件的漆膜附着力试验

在机组外表面取长 10 mm、宽 10 mm 的面积,用新刮脸刀片纵横各划 11 条间隔 1 mm、深达底材的平行切痕。用氧化锌医用胶布贴牢,然后沿垂直方向快速撕下。按划痕范围内漆膜脱落的格数对 100 的比值评定,每小格漆膜保留不足 70% 的视为脱落。试验后,检查漆膜脱落情况,其结果应符合 5.1.10 的规定。

6.8 外观检验

目测除湿机外观质量,应符合 5.10 的规定。

6.9 测量仪表

试验用各类测量仪表,应附有有效使用期内的计量检定合格证,其准确度应符合表 7 的规定。

表 7

测量仪表种类	仪表名称	仪表准确度
温度测量仪表	玻璃水银温度计 铂电阻温度计 热电偶温度计	±0.1℃
压力测量仪表	压力表 电子压力传感器 气压计	压力仪表:为测量值的±1% 气压计:为测量值的±0.1%
液体流量测量仪表	记录式、指示式、积算式流量计量筒	为测量值的±1%
空气流量测量仪表	测量风管静压的仪表	±2.5 Pa(喷嘴应符合有关标准的规定)
电气测量仪表	指示式、积算式功率表 电流表 电压表 频率表	为测量值的±0.5%
转速测量仪表	转速表 闪频测速仪 示波器	为测量值的±1%
噪声测量仪表	Ⅰ型以上的精密声级计	应符合 GB/T 3785 的规定
时间测量仪表	计量器	为测量值的±0.1%
质量测量仪表	台秤 磅秤	为测量值的±0.2%

7 检验规则

7.1 一般要求

每台除湿机应经制造厂检验部门按本标准和技术文件检验合格后方可出厂。

7.2 检验分类

7.2.1 除湿机的检验分出厂检验、型式检验和抽样检验三种,检验项目按表 8 的规定。

表 8

检验项目	出厂检验	抽样检验	型式检验	技术要求条文	检验方法
一般要求				5.1	视检
标志				8.1	
包装				8.2	
绝缘电阻	√			GB 4706.32 或 JB 8655	GB 4706.32 或 JB 8655
电气强度					
泄漏电流					
接地电阻		√			
防触电保护措施					
制冷系统密封				5.5.7	6.3
运转				5.8	6.5
名义除湿量				5.5.1	6.2.2
输入功率				5.5.2	6.2.3
单位输入功率除湿量			√	5.5.3	6.2.2
噪声				5.6	6.4
最大负荷运行				5.5.4	6.2.6
低温运行				5.5.5	6.2.7
凝露				5.5.6	6.2.8
凝结水排除	—			5.5.8	6.2.9
发热				GB 4706.32 或 JB 8655	GB 4706.32 或 JB 8655
防水		—			
非正常运行					
电镀件盐雾试验				5.1.9	6.6
涂漆件漆膜附着力				5.1.10	6.7
制冷系统安全				GB 9237	GB 9237
电磁兼容				5.7.1	GB 4343、GB 17625.1

7.2.2 出厂检验

除湿机装配后,按表 8 规定的项目做出厂检验。

7.2.3 抽样检验

按表 8 规定的项目进行。

7.2.3.1 成批生产的产品应进行抽样检验,以检查生产过程的稳定性。

7.2.3.2 一年内的同型号产品数量作为一个检查批量,抽样的时间应均匀分布在一年中,如果同型号产品的产量少于 30 台,可累积作为一个检查批量,样本在其中随机抽取。

7.2.3.3 抽检方案按表 9 规定的一次抽样方案。

7.2.4 型式检验

新产品或定型产品作重大改进,第一台产品应作型式检验,检验项目按表 8 的规定。型式试验时间不应少于试验方法中规定的时间,运行中如有故障在故障排除后应重新检验。

表 9

批量　N	样本大小	合格判定数　A_c	不合格判定数　R_c
≤50	2	0	1
51～100	3		1
>100	5	1	2

8 标志、包装和贮存

8.1 标志

8.1.1 每台除湿机应在两侧面或背面处的明显部位固定耐久性标牌,标牌的尺寸和技术要求应符合 GB/T 13306 的规定。标牌上应标志下列内容:

　　a) 产品型号和名称;

　　b) 主要技术参数(名义除湿量、制冷剂代号及注入量、电压、频率、相数、输入总功率和重量);

　　c) 产品出厂编号;

　　d) 制造厂名称;

　　e) 制造日期。

8.1.2 除湿机上应有标明工作状况的标志,如通风机旋转方向的箭头、进、出水口标志以及指示仪表和控制按钮等。

8.1.3 每台除湿机应在正面明显部位固定产品商标。

8.2 包装

8.2.1 除湿机在包装前应进行清洁处理,各部件应干燥、清洁,易锈部件应涂防锈剂,并按 5.9 的规定充注制冷剂或氮气。

8.2.2 除湿机应牢固地固定在包装箱内,并具有可靠的防潮和防振措施。

8.2.3 包装箱中应附有下列随带文件:

8.2.3.1 产品合格证,内容包括:

　　a) 产品型号和名称;

　　b) 产品出厂编号;

　　c) 产品检验结果;

　　d) 检验员签章;

　　e) 检验日期。

8.2.3.2 产品说明书,内容应符合 GB 9969.1—1998 附录 A 的有关规定。

8.2.3.3 装箱单,内容包括:

　　a) 制造厂名称;

　　b) 产品型号和名称;

　　c) 产品出厂编号;

　　d) 装箱日期;

　　e) 随带文件名称及数量;

　　f) 检验员签章。

8.2.4 包装箱上应清晰标出收发货标志和储运标志。

8.2.4.1 收发货标志,内容包括:

　　a) 收货站和收货单位名称;

　　b) 产品型号及名称;

　　c) 包装箱外形尺寸;

    d) 毛重、净重；

    e) 发货站和制造厂名称。

8.2.4.2 储运标志,内容包括：

    a) 小心轻放；

    b) 向上；

    c) 怕湿；

    d) 堆放层数等。

8.2.4.3 包装收发货标志和储运标志应符合 GB/T 6388 和 GB/T 191 的有关规定。

8.3 贮存

包装后的除湿机应贮存在干燥、通风的库房内。

附　录　A
（规范性附录）
除湿量试验方法

A.1　一般要求

A.1.1　被测除湿机的安装应按制造厂产品说明书的规定。

A.1.2　试验室大小应满足除湿机离四周墙壁的最小距离不小于 1 m，出风口到墙壁最小距离不小于 1.8 m。试验装置应能模拟除湿机实际工作状态。

A.1.3　室内空气循环应使距除湿机 1 m 处的风速不超过 0.5 m/s。

A.1.4　室内空气温度的采样位置，应距除湿机空气入口 15 cm，并不受被测除湿机排气或其他热源的影响。

A.1.5　测点的温度应能代表除湿机周围的温度，并与实际使用中所处条件相仿，空气取样器参照 GB/T 17758 的规定。

A.1.6　流经湿球温度计的空气流速应在 5 m/s 左右。在空气进口和出口处的温度测量用同样的流速，空气流速高于或低于 5 m/s 的湿球温度测量应进行修正。

A.1.7　带温、湿度控制仪的除湿机，试验时应使温、湿度控制仪不起控制作用。

A.1.8　调温型除湿机试验时，水冷冷凝器不通冷却水、风冷冷凝器风机停止运行。

A.1.9　每隔 10 min 记录以下数据：

 a)　进风干球温度，单位为摄氏度（℃）；

 b)　进风湿球温度，单位为摄氏度（℃）；

 c)　输入总功率，单位为千瓦（kW）；

 d)　输入电流，单位为安（A）；

 e)　电压，单位为伏（V）；

 f)　电源频率，单位为赫兹（Hz）。

A.1.10　试验结束时，应记录试验持续时间内收集的凝结水量和试验期间的大气压。

A.2　试验结果计算

A.2.1　计算公式

 a)　实测除湿量按式（A.1）计算：

$$G = \frac{G_1}{T}[1 + 0.045(27 - t) + 0.022(60 - \varphi)] \quad\cdots\cdots\cdots\cdots\cdots（\text{A.1}）$$

式中：

G——名义工况下的实测除湿量，单位为千克每小时（kg/h）；

G_1——试验持续时间内收集的凝结水量，单位为千克（kg）；

T——试验记录持续时间，单位为小时（h）；

t——除湿机进风平均干球温度，单位为摄氏度（℃）；

φ——相对湿度（按大气压修正），%。

 b)　相对湿度按式（A.2）计算：

$$\varphi = \varphi_1 + [1 + 1.860\ 3 \times 10^{-3}(101.325 - B_1)] \quad\cdots\cdots\cdots\cdots（\text{A.2}）$$

式中：

φ_1——实测相对湿度（按实测干球温度平均值），%；

B_1——试验期间大气压,单位为千帕(kPa)。

A.2.2 计算规定

A.2.2.1 除湿机应进行不少于 1 h 的运行,工况稳定后记录数据。每隔 10 min 记录一次,直至连续 7 次的记录数据的允差在表 A.1 规定的范围内。取记录数据的算术平均值为计算值,并将收集的凝结水称重,按式(A.1)和式(A.2)算出名义工况下的除湿量。

A.2.3 单位输入功率除湿量的计算

除湿机的单位输入功率除湿量 kg/(h·kW)按式(A.3)计算:

$$单位输入功率除湿量 = \frac{除湿量}{除湿机输入总功率} \quad\cdots\cdots\cdots\cdots\cdots(A.3)$$

A.3 试验允差

除湿机试验工况允差按表 A.1 的规定。

表 A.1

项 目		试验运行允差 (观察范围)	试验工况允差 (平均值与规定工况的波动值)
干球温度	℃	±1.0	±0.3
湿球温度		±0.5	±0.2
水温		±0.5	±0.3
电压		±2.0%	—
电流			
输入功率			
电源频率			
时间		±0.2%	
质量			

附　录　B

（资料性附录）

除湿机型号编制方法

B.1　型号表示方法

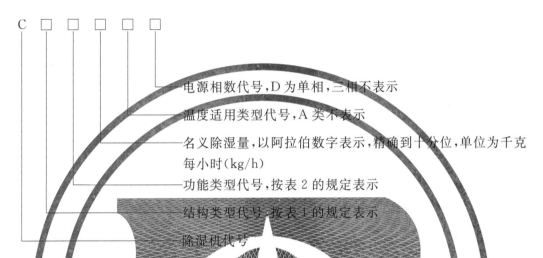

C □ □ □ □ □

电源相数代号,D 为单相,三相不表示

温度适用类型代号,A 类不表示

名义除湿量,以阿拉伯数字表示,精确到十分位,单位为千克每小时(kg/h)

功能类型代号,按表 2 的规定表示

结构类型代号,按表 1 的规定表示

除湿机代号

B.2　型号示例

a)　名义除湿量为 0.40 kg/h,整体不接风管式,带风机,一般升温型,进风温度为 5℃～32℃,单相电源的除湿机型号:CF0.4BD;

b)　名义除湿量为 20 kg/h,整体接风管式,不带风机,水冷调温型,进风温度为 18℃～32℃,三相电源的除湿机型号:CGTS20。

ICS 27.200
J 73

中华人民共和国国家标准

GB/T 19413—2010
代替 GB/T 19413—2003

计算机和数据处理机房用单元式
空气调节机

Unitary air-conditioners for computer and data processing room

2011-01-10 发布

2011-10-01 实施

中华人民共和国国家质量监督检验检疫总局
中国国家标准化管理委员会 发 布

前　言

本标准按 GB/T 1.1—2009 给出的规则起草。

本标准代替 GB/T 19413—2003《计算机和数据处理机房用单元式空气调节机》。本标准与 GB/T 19413—2003 相比主要变化如下：

——增加了机房空调"全年能效比"的定义、计算方法及限值要求（见 3.7、5.4.6）；

——删除 IPLV 考核方法；

——修改了对机房空调室外机侧噪声限值的要求（见 5.4.5）；

——修改了部分试验工况（见表 6）；

——修改了机房空调的加湿量的试验方法（见附录 A）；

——对机房空调的型式分类进行了调整（见第 4 章）。

本标准由中国机械工业联合会提出。

本标准由全国冷冻空调设备标准化技术委员会（SAC/TC 238）归口。

本标准主要起草单位：艾默生网络能源有限公司、合肥通用机械研究院、广东吉荣空调有限公司广东美的制冷设备有限公司、珠海格力电器股份有限公司、施耐德电气信息技术（中国）有限公司、广东申菱空调设备有限公司、南京五洲制冷集团有限公司、浙江盾安人工环境股份有限公司、阿尔西制冷工程技术（北京）有限公司、世图兹空调技术系统（上海）有限公司、四川依米康环境科技股份有限公司、优力（珠海）电器制造有限公司、南京佳力图空调机电有限公司。

本标准参加起草单位：海信（山东）空调有限公司、上海三菱电机·上菱空调机电器有限公司、三菱重工海尔（青岛）空调机有限公司、广东力优环境系统股份有限公司。

本标准主要起草人：苗华、陈川、田旭东、赵薰、殷飞平、张龙、龙荣、邱肇光、谭来仔、刘世权、刘安全、任群、王倩、邓必龙、王铁旺、史文伯、童杏生、相金波、孙莹豪、方沛明。

本标准由全国冷冻空调设备标准化委员会负责解释。

本标准所代替标准的历次版本发布情况为：

——GB/T 19413—2003。

计算机和数据处理机房用单元式
空气调节机

1 范围

本标准规定了计算机和数据处理机房(以下简称"机房")用单元式空气调节机(以下简称"机房空调")的术语和定义、型式和基本参数、要求、试验方法、检验规则、标志、包装、运输和贮存等。

本标准适用于计算机、数据处理机和程控交换机等机房用单元式空气调节机。

2 规范性引用文件

下列文件对于本文件的应用是必不可少的。凡是注日期的引用文件,仅注日期的版本适用于本文件。凡是不注日期的引用文件,其最新版本(包括所有的修改单)适用于本文件。

GB 4208 外壳防护等级(IP代码)

GB 4343.1 家用电器、电动工具和类似器具的电磁兼容要求 第1部分:发射

GB 4343.2 家用电器、电动工具和类似器具的电磁兼容要求 第2部分:抗扰度

GB 4706.1 家用和类似用途电器的安全 第1部分:通用要求

GB 4706.32 家用和类似用途的电器的安全 热泵、空调器和除湿机的特殊要求

GB 5226.1 机械电气安全 机械电气设备 第1部分:通用技术条件

GB/T 7778 制冷剂编号方法和安全性分类

GB 8624 建筑材料燃烧性能分级方法

GB 9237 制冷和供热用机械制冷系统 安全要求

GB 17625.1 电磁兼容 限值 谐波电流发射限值(设备每相输入电流≤16 A)

GB/T 17758—2010 单元式空气调节机

GB 25130 单元式空气调节机 安全要求

3 术语和定义

GB/T 17758 界定的以及下列术语和定义适用于本文件。

3.1

机房用单元式空气调节机 unitary air-conditioners for computer and data processing room

一种向机房提供空气循环、空气过滤、冷却、再热及湿度控制的单元式空气调节机。

3.2

制冷量 cooling capacity

在规定的制冷量试验条件下,机房空调从机房除去的显热和潜热之和,单位为瓦(W)。制冷量等于显热制冷量和潜热制冷量之和。

3.3

制冷消耗功率 refrigerating consumed power

在规定的制冷量试验条件下,机房空调所消耗的总功率,单位为瓦(W)。

3.4

能效比（EER） energy efficiency ratio（EER）

机房空调的制冷量与制冷消耗功率之比。

3.5

显热制冷量 sensible cooling capacity

在规定的制冷量试验条件下，机房空调从机房除去的显热部分的热量，单位为瓦（W）。以下简称"显冷量"。

3.6

显热比 sensible heat ratio

显热制冷量与制冷量之比。用等于 1 或小于 1 的数值表示，显热比的标称值为 0.01 的整数倍。

3.7

全年能效比（AEER） annual energy efficiency ratio（AEER）

机房空调进行全年制冷时从室内除去的热量总和与消耗的电量总和之比。

3.8

乙二醇（或水）干式冷却器 glycol（water）drycooler

由室外空气对管内带有排热量的乙二醇溶液（或水）进行冷却的冷却器。被冷却的乙二醇溶液（或水）可以用于制冷系统冷凝器的冷却介质，或者低温季节采用乙二醇自然循环冷却器用于冷却机房内的循环空气。以下简称"干冷器"。

3.9

乙二醇（或水）自然循环节能冷却器 glycol（water）free cooling fluid economizer cycle cooler

在室外温度较低时，由在管内的乙二醇溶液（或水）冷却机房内循环空气的冷却器，以达到节能效果。以下简称"经济冷却器"。

3.10

冷水式 chilled water cool

采用外部提供的冷水制冷并具有机房空调功能的机组。

3.11

双冷源式 dual cool

在风冷式、水冷式或冷水式机房空调吸热侧的空气处理通道中，再附加一套冷水盘管，其冷水由其他冷源提供，可实现以不同冷源制冷运行的机房空调。

4 型式和基本参数

4.1 型式

4.1.1 机房空调按表 1 所示的室外侧冷却方式和室内侧（使用侧）冷却方式分为：

a) 风冷式；

b) 水冷式；

c) 冷水式；

d) 乙二醇经济冷却式；

e) 双冷源式：

——风冷双冷源式；

——水冷双冷源式；

——双冷水式。

表 1 机房空调的型式

机房空调的型式	冷　却　方　式						
	室外侧冷却方式			室内侧(使用侧)冷却介质			
				第一冷却介质		第二冷却介质	
	风冷	水冷	乙二醇冷却	制冷剂	冷水	乙二醇	冷水
a) 风冷式	√	—	—	√	—	—	—
b) 水冷式	—	√	—	√	—	—	—
c) 冷水式	—	—	—	—	√	—	—
d) 乙二醇经济冷却式	—	—	√	√	—	√	—
e) 双冷源式							
——风冷双冷源式	√	—	—	√	—	—	√
——水冷双冷源式	—	√	—	√	—	—	√
——双冷水式	—	—	—	—	√	—	√
注:"√"为选用的冷却方式。							

4.1.2 机房空调按结构型式分为:
 a) 整体型;
 b) 分体型。

4.1.3 机房空调按送风型式分为:
 a) 下送风;
 b) 上送风:
  ——直接吹出型;
  ——接风管型;
 c) 水平送风。

4.2 型号

机房空调型号的编制可由制造商自行确定,型号中应体现名义工况下机房空调的制冷量。

5 要求

5.1 一般要求

机房空调应符合本标准的要求,并应按规定程序批准的图样和技术文件制造。

5.2 工作条件

5.2.1 机房空调的电气设备在下列条件下应能正常工作:
 a) 输入交流电源电压的波动范围,在单相 220 V 和三相 380 V、50 Hz 时为额定电压的 90%～110%;
 b) 室外环境温度为:−35 ℃～+50 ℃;
 c) 电气设备应能在海拔高度 1 000 m 以下正常工作;当海拔高度超过 1 000 m 时,制造厂与用户根据协议增加有关措施。

5.2.2 机房空调在下列条件下应能正常工作：

a) 水冷式机房空调冷凝器进水温度为 7 ℃～34 ℃；

b) 风冷式机房空调室外冷凝器环境温度为－15 ℃～＋45 ℃，宜配置适于低温运行的选配件或方案，可适应最低室外环境温度至－35 ℃；

c) 乙二醇经济冷却式机房空调配置的干式冷却器的环境温度为－25 ℃～＋43 ℃。

5.2.3 机房空调的控制精度应达到如下要求。

a) 当机房空调的回风温度设在 17 ℃～28 ℃时，温度控制精度为±1 ℃；

b) 当机房空调相对湿度设定在 40％～60％时，相对湿度控制精度为±10％。

5.3 安全要求

机房空调的安全要求除应符合 GB 25130 中有关规定外，还应符合以下要求：

a) 制冷系统

——设计应符合 GB 9237 的有关规定。

——应有高压、低压及其他保护器件。压缩机电机应有过热或过载保护器。

——应采用 GB/T 7778 中安全分类为 A1 或 A1/A1 类的制冷剂。

b) 电气控制和安全保护

——设计和检验应符合 GB 4706.1、GB 4706.32(公众不易触及的器具)及 GB 5226.1 的有关规定，室外机电气控制设备防水等级应符合 GB 4208 规定的 IPX4 器具要求。

——应设有自动和手动控制功能、并配备显示屏和完善的安全报警功能。

——除通常的安全保护功能外，还应有以下安全保护器件：

• 电再加热器应和室内送风机联锁，并设温度过高保护器；

• 送风系统应设置滤网堵塞和风压过低等报警功能；

• 水冷式和乙二醇经济冷却式机房空调的水系统应设置断水和防冻等安全保护器；

• 按制造厂和用户协议，机房空调还可留有火灾、烟感、漏水等报警以及与其他安全器件联锁接口。

——电气控制设备采用微处理器时，其电磁兼容性应符合以下规定：

• 电气控制应具有抑制电磁干扰和谐波电流的性能。其连续干扰电压、连续干扰功率、断续干扰电压等值应不超过 GB 4343.1 规定的干扰特性允许值；谐波电流值应不超过 GB 17625.1 规定的 A 类设备的谐波电流限值；

• 电气控制应具有抗电磁干扰的性能，并不应超过 GB 4343.2 规定的Ⅱ类器具抗扰度要求。

——在故障停电恢复供电后应能自动启动或按要求延缓和顺序启动。

——电气控制设备的远距离监控：

1) 应具备通讯接口，且规格符合有关规定。

2) 按制造厂和用户协议可设置以下项目中的一项或数项：

• 远距离监测项目；

• 远距离显示和报警项目；

• 远距离控制项目；

• 远距离监控项目的准确度。

——应具备避免各机组之间竞争运行的功能，如避免除湿与加湿、制冷与加热等相反的功能同时运行。

c) 材料防火

——空气过滤器材料应符合 GB 8624 中难燃材料(B1 级)的要求。

——隔热和消声敷层材料应符合 GB 8624 中不燃材料(A 级)的要求。

d) 振动

按制造厂和用户协议，机房空调应配置防震支座，室内外机之间管道连接应有防震措施，使机房空调承受振动试验后仍能正常工作。

5.4 性能要求

5.4.1 名义制冷一般要求

在制冷试验名义工况下测试，机房空调的显热比不应低于表2规定的限值。

表 2　机房空调的显热比限值

型式	显热比
风冷式	0.90
水冷式	
冷水式	0.87

5.4.2 性能要求

5.4.2.1　机房空调在正常工作时，制冷系统各部分不应有制冷剂泄漏。

5.4.2.2　机房空调在正常运转时，所测电流、电压、输入功率等参数应符合设计要求。

5.4.2.3　机房空调在名义工况下实测制冷量不应小于明示值的95%。

5.4.2.4　机房空调在名义工况下实测的制冷消耗功率不应大于名义制冷消耗功率的110%。

5.4.2.5　在最大负荷制冷工况运行时：

a) 机房空调各部件不应损坏，并能正常运行；

b) 机房空调过载保护器不应跳开；

c) 当机房空调停机3 min后，再启动连续运行1 h，但在启动运行的最初5 min内允许过载保护器跳开，其后不允许动作；在运行的最初5 min内过载保护器不复位时，在停机不超过30 min内复位的，应连续运行1 h；

d) 对于手动复位的过载保护器，在最初5 min内跳开的，并应在跳开10 min后使其强行复位，应能够再连续运行1 h。

5.4.2.6　机房空调在低温工况运行时，启动10 min后，再进行4 h运行中，安全装置不应跳开，蒸发器面不应有结冰。

5.4.2.7　在凝露工况运行时，机房空调外表面不应有水滴下，室内送风不应带有水滴，机房空调下方不应有滴水。

5.4.2.8　在凝露工况运行时，机房空调不应有凝结水从排水口以外溢出或吹出。

5.4.2.9　按表6规定的制冷工况进行试验时，通过机房空调的水压压降不应大于表3规定的限值。如果使用乙二醇溶液，其水压降不应大于表3规定限值的1.5倍。

表 3　机房空调的水压降限值　　　　　　　　　　　单位为千帕

型　　式	压　降　限　值
水冷式	100
冷水式	150
乙二醇经济冷却式	150

表 3（续）

单位为千帕

型　式		压　降　限　值
风冷双冷源式		150
水冷双冷源式	冷却水	100
	冷水	150
双冷水式		150

5.4.3　再加热量要求

机房空调实测的再加热量不应小于明示值的 95%，且不应大于明示值的 110%。

5.4.4　加湿量要求

5.4.4.1　机房空调的实测加湿量应大于加湿工况下因制冷运行造成的除湿量。

5.4.4.2　机房空调的实测加湿量不应小于明示值的 95%，加湿量的明示值为 0.25 kg/h 的整数倍。

5.4.5　噪声

机房空调噪声的限值如表 4 所示。如果明示值小于表 4 的限值，测试结果不应大于明示值 3 dB(A)并不大于表 4 的限值。

表 4　机房空调噪声限值（声压级）

名义制冷量 W	室内侧 dB(A)		室外侧 dB(A)
	接风管	不接风管	
≤14 000	—	66	64
>14 000~28 000	68		
>28 000~50 000	71	69	
>50 000~70 000	74	72	66
>70 000			68

5.4.6　全年能效比（AEER）

在制冷试验名义工况下测试，机房空调的全年能效比（AEER）不小于明示值的 95%，且应不小于表 5 的限值。

表 5　机房空调的全年能效（AEER）比限值

型　式	全年能效比（AEER）
风冷式	3.0
水冷式	3.5
乙二醇经济冷却式	3.2

表 5（续）

型　式	全年能效比（AEER）
风冷双冷源式	2.9
水冷双冷源式	3.4
注：双冷源机组能效比指直接蒸发制冷模式下的能效比。	

6　试验

6.1　试验条件

6.1.1　机房空调制冷量、再加热量的试验装置见 GB/T 17758—2010 附录 A。加湿量的试验装置见附录 A。

6.1.2　机房空调的试验工况见表 6。

表 6　机房空调的试验工况　　　　　单位为摄氏度

项　目		室内侧		放热侧		
		空气入口状态		空气入口状态	水冷	
		干球温度	湿球温度	干球温度	进水温度	出水温度
名义制冷	风冷式、水冷式、乙二醇经济冷却式	24	17	35	30	35
	冷水式			—	7	12
最大负荷制冷		30	19	43	34	—
凝露		25	21	23		23
低温制冷		20	14	21	—	21
加湿		24	16	—		—
送风量、静压[a]		20		—		—

> [a]　风量测量时机外静压的波动应在测定时间内稳定在规定静压的 ±10% 以内，但是规定静压少于 98 Pa 时应取 ±9.8 Pa。

6.1.3　机房空调的全年能效比试验工况见表 7。

表 7　机房空调全年能效比（AEER）试验工况　　　　单位为摄氏度

项　目		全年制冷工况（用于计算 AEER）				
		A	B	C	D	E
室内机回风侧	干球温度	24	24	24	24	24
	湿球温度	17	17	17	17	17

表 7（续）

单位为摄氏度

项 目			全年制冷工况（用于计算 AEER）				
			A	B	C	D	E
室外机 环境条件	风冷式	入口干球温度	35	25	15	5	—5
	水冷式	冷却水进口温度	30	25	18	10	10
		冷却水出口温度	35	出口温度由机组内置阀门控制			
	乙二醇经济冷却式	溶液进口温度	40	30	20	10	5
		溶液出口温度	46	溶液出口温度由机组内置阀门控制			

6.1.4 仪器仪表的型式及准确度

a) 试验用的仪器仪表应符合 GB/T 17758—2010 中表 4 的规定。

b) 乙二醇溶液密度测量采用密度计，仪表准确度应在 ±1% 以内。

6.2 一般要求

6.2.1 试验的一般要求应符合 GB/T 17758—2010 中 6.2 的规定。

6.2.2 试验应在额定电压和额定频率下进行，工况参数的读数允差应符合 GB/T 17758—2010 中表 5 的规定。

6.3 试验方法

6.3.1 制冷系统密封性

机房空调的制冷系统在正常的制冷剂充灌量下，用下列灵敏度的制冷剂检漏仪进行检验：制冷量小于等于 28 000 W 的机房空调，灵敏度为 $1×10^{-6}$ Pa·m³/s；制冷量大于 28 000 W 的机房空调，灵敏度为 $1×10^{-5}$ Pa·m³/s。

6.3.2 运转试验

机房空调应在接近名义制冷工况的条件下连续运行，分别测量机房空调的输入功率，运转电流和进、出风温度。检查安全保护装置的灵敏度和可靠性，检验温度、电器等控制元件的动作是否正常。

6.3.3 制冷量试验

按表 6 规定的试验工况和 GB/T 17758—2010 附录 A 规定的方法进行试验。试验还应符合以下规定：

a) 应包括制冷量和显热制冷量；

b) 风冷式机房空调的制冷量消耗功率应包括压缩机、风机、电气控制设备、风冷冷凝器以及其他做为机房空调组成部件的功率；

c) 水冷式机房空调以实测制冷量的 3% 作为冷水循环泵和冷却塔风机的消耗功率；

d) 乙二醇经济冷却式机房空调以实测压缩机制冷系统制冷量的 5% 做为干冷器风机和循环泵的消耗功率；

e) 室外机组风量应符合机房空调的规定条件，并应在机房空调室外机的组成结构不改变的情况下进行试验。

6.3.4 制冷消耗功率试验

在制冷量试验的同时，测定机房空调的输入功率和运转电流。

6.3.5 最大负荷制冷试验

机房空调按表6规定的最大负荷工况运行,稳定后连续运行1 h;然后停机3 min(此间电压上升不超过3%),再启动运行1 h。

6.3.6 低温工况试验

按表6规定的低温制冷工况进行试验,机房空调启动并制冷运行4 h。

6.3.7 凝露试验

在不违反制造厂规定下,将机房空调的温度控制器、风机速度等调到最易凝结水的状态进行制冷运行,达到表6规定的凝露工况后,机房空调连续运行4 h。

6.3.8 凝结水排除能力试验

在不违反制造厂规定下,将机房空调的温度控制器、风机速度等调到最易凝结水的状态,在接水盘注满水即达到排水口流水后,按表6规定的凝露工况运行,当接水盘的水位稳定后,再连续运行4 h。

6.3.9 再加热量试验

6.3.9.1 试验是在不开启机房空调的制冷和加湿设备的情况下进行。再加热量包括再加热器、风机电机、电气控制设备和其他一些部件的消耗功率。

6.3.9.2 再加热器的风量应与制冷量试验时相同。

6.3.10 加湿量试验

6.3.10.1 按表6规定试验工况试验。

6.3.10.2 试验时,机房空调的风量应与制冷量试验时的风量相同。

6.3.10.3 试验时,关闭机房空调的制冷运行,以消除制冷运行对加湿量试验的影响。

6.3.10.4 加湿功耗为加湿器自身的功耗,不包含风机、控制器件等的功耗。

6.3.11 噪声试验

机房空调的噪声试验按GB/T 17758—2010附录D规定的方法进行。

6.3.12 全年能效比性能试验

6.3.12.1 全年能效比的测试

a) 机房空调在表7规定的工况下,测试A、B、C、D、E五个工况点的制冷性能,包括制冷量、制冷消耗功率和能效比(EER);

b) 确定每个工况点所代表的温度区间在全年温度分布比例,即温度分布系数 T_a、T_b、T_c、T_d、T_e。全国部分城市的温度分布系数,见附录B,本标准采用北京的温度分布系数,如表8所示。

表8 温度分布系数

温度分布系数	T_a	T_b	T_c	T_d	T_e
数值	7.2%	28.1%	23.1%	21.0%	20.6%

6.3.12.2 全年能效比(AEER)的计算

机房空调的全年能效比(AEER)按式(1)计算：

$$AEER = T_a \times EERa + T_b \times EERb + T_c \times EERc + T_d \times EERd + T_e \times EERe \quad\cdots\cdots\cdots(1)$$

式中：

AEER ——机房空调的全年能效比；

EERa～EERe ——在表7中A～E工况条件下的能效比；

T_a～T_e ——A～E工况温度分布系数,其数值按表8的规定。

示例1：

一台机房空调测试的各工况点EER值如下：

工况点	A	B	C	D	E
EER	2.51	3.12	3.71	3.76	3.78

则本机房空调的全年能效比：

AEER ＝2.51×7.2%＋3.12×28.1%＋3.71×23.1%＋3.76×21.0%＋3.78×20.6%

＝3.48

6.3.13 振动试验

6.3.13.1 机房空调在试验台上安装方法与状态应与实际安装情况相同。

6.3.13.2 试验方法：

a) 在机房空调安装状态下的前后、左右和上下(垂直)方向分别做15 s振动试验；

b) 振动频率4 Hz,全振幅5 mm,加速度全振幅为1 g(9.8 m/s²)。

6.3.13.3 试验完成后,机房空调应能正常工作,并符合5.3.5的要求。

7 检验规则

7.1 分类

机房空调检验分为出厂检验、抽样检验和型式检验。

7.2 出厂检验

每台机房空调均应做出厂检验,检验项目和试验方法按表9规定。

表9 检验项目

序号	项 目	出厂检验	抽样检验	型式试验	技术要求	试验方法
1	一般要求				5.1	视检
2	标志				8.1	
3	包装				8.2	
4	电气强度	✓	✓	✓	GB 25130	GB 4706.1—2005中16.3
5	接地电阻					GB 4706.1—2005中27.5
6	制冷系统密封性				5.4.2.1	6.3.1
7	运转				5.4.2.2	6.3.2

表 9（续）

序号	项　目	出厂检验	抽样检验	型式试验	技术要求	试验方法
8	制冷量	—	√	√	5.4.2.3	6.3.3
9	显热比				5.4.1	6.3.3
10	制冷消耗功率				5.4.2.4	6.3.4
11	再加热量				5.4.3	6.3.9
12	加湿量				5.4.4	6.3.10
13	噪声				5.4.5	6.3.11
14	全年能效比				5.4.6	6.3.12
15	最大负荷制冷	—	—	√	5.4.2.5	6.3.5
16	低温制冷				5.4.2.6	6.3.6
17	凝露				5.4.2.7	6.3.7
18	凝结水排除能力				5.4.2.8	6.3.8
19	电磁兼容性				5.3b)	GB 4343.1、GB 4343.2 GB 17625.1
20	振动				5.3d)	6.3.13
注："√"表示需要检验项目，"—"表示不需要检验项目。						

7.3 抽样检验

7.3.1 机房空调应从出厂检验合格的产品中抽样，检验项目和试验方法按表 9 规定。

7.3.2 机房空调抽样检验工况如表 10 规定。

7.3.3 抽样检验适用于国家质检部门的检验和制造厂批量生产的首台检验。

表 10　抽样检验工况

单位为摄氏度

项　目		室内侧		放热侧		
		空气入口状态		空气入口状态	水冷	
		干球温度	湿球温度	干球温度	进水温度	出水温度
名义制冷	风冷、水冷、乙二醇经济冷却	24	17	35	30	35
	冷水				7	12

7.4 型式检验

7.4.1 新产品或定型产品作重大改进的第一台产品作型式检验，检验项目按表 9 的规定。

7.4.2 型式检验时间不应少于试验方法中规定的时间，运行时如有故障则排除故障后重新检验。

8 标志、包装、运输和贮存

8.1 标志

8.1.1 每台机房空调应在明显部位固定永久性铭牌,铭牌上应标示下列内容:

    a) 制造厂的名称;

    b) 产品型号和名称;

    c) 主要技术性能参数,包括:额定制冷量、制冷剂代号、全年能效比、额定电压、最大电流、频率、相数、质量;

    d) 产品出厂编号;

    e) 制造年月。

8.1.2 机房空调上应有标明运行状态的标志,如风机旋转方向、指示仪表和控制按钮的标记等。

8.1.3 出厂文件

    每台机房空调上应随带下列技术文件:

    a) 产品合格证,内容包括:

        ——产品型号和名称;

        ——产品出厂编号;

        ——检验员签字或印章;

        ——检验日期。

    b) 产品技术文件可以纸质件或电子件的形式提供,内容包括:

        ——产品型号和名称、适用范围、执行标准;

        ——产品的结构示意图、制冷系统图、电路图及接线图;

        ——备件目录和必要的易损零件图;

        ——安装说明和要求;

        ——使用说明、维修和保养注意事项。

8.1.4 装箱单

8.2 包装

8.2.1 机房空调在包装前应进行清洁处理。制造厂根据机房空调的型式和工程安装需要,充注额定量制冷剂或干燥氮气。氮气压力宜控制在 0.03 MPa～0.1 MPa 范围内。

8.2.2 机房空调应外套塑料袋或防潮纸并应固定在箱内,以免运输中受潮和发生机械损伤。

8.2.3 机房空调包装箱上应有下列标志:

    a) 制造单位名称;

    b) 产品型号和名称;

    c) 净质量、毛质量;

    d) 外形尺寸;

    e) "小心轻放"、"向上"、"怕湿"和堆放层数等。

8.3 运输和贮存

8.3.1 机房空调在运输过程中不应碰撞、倾斜、雨雪淋袭。

8.3.2 机房空调应贮存在干燥通风良好的仓库中。

附　录　A
（规范性附录）
机房空调加湿量试验方法

A.1　试验方法

A.1.1　本附录规定了机房空调的加湿量试验方法——称重法。

A.1.2　机房空调加湿量试验的名义工况按表6的规定,加湿器进水温度为 20 ℃±5 ℃。

A.1.3　对配置电极式加湿器的机房空调测试时,供水的导电系数可调整到 300 $\mu\Omega/cm^3$ ～315 $\mu\Omega/cm^3$。

A.2　称重法

A.2.1　称重法是通过测定加湿器注水量和排水量,确定机房空调的加湿量的一种试验方法。

A.2.2　试验装置采用图 A.1 布置。

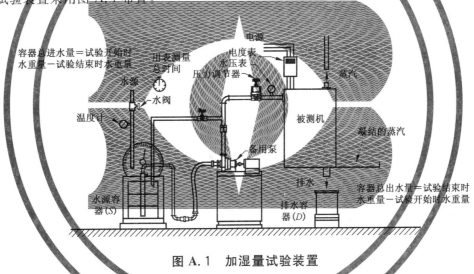

图 A.1　加湿量试验装置

A.2.3　测试用仪器仪表的准确度符合 GB 17758—2010 中 6.1.4 的规定。

A.2.4　性能测试

A.2.4.1　试验前按图 A.1 连接好测试装置,调节测试工况达到加湿测试要求。按照机房空调厂家的技术文件,调整被测机加湿器进水压力至要求值,设置机房空调进入加湿模式,进入预测试。预测试时间至少持续 30 min,观察被测机进入稳定加湿状态后,关闭水源容器进水阀,并读取加湿试验起始数据,开始计时,进入加湿量试验状态。

A.2.4.2　加湿试验过程中,由机房空调自动控制加湿器的动作,加湿试验至少持续 60 min。

A.2.4.3　读取加湿试验结束数据。

　　a)　水量

项　目	水源容器（S）重量 kg	排水容器（D）重量 kg
试验开始读数	M_{S1}	M_{D1}
试验结束读数	M_{S2}	M_{D2}

b) 耗电量

以电度表读数计算试验期耗电量,千瓦时(kWh)。

A.2.4.4 试验时间

机房空调加湿试验时间(T)不小于 60 min。

A.3 加湿量计算

A.3.1 机房空调的实测注水量和排水量分别按式(A.1)和式(A.2)计算。

$$H_S = M_{S1} - M_{S2} \qquad \cdots\cdots\cdots\cdots\cdots\cdots (A.1)$$

$$H_D = M_{D2} - M_{D1} \qquad \cdots\cdots\cdots\cdots\cdots\cdots (A.2)$$

式中:

H_S ——注水量,单位为千克(kg);

M_{S1} ——试验开始时,水源容器的重量,单位为千克(kg);

M_{S2} ——试验结束时,水源容器的重量,单位为千克(kg);

H_D ——排水量,单位为千克(kg);

M_{D2} ——试验开始时,排水容器的重量,单位为千克(kg);

M_{D1} ——试验结束时,排水容器的重量,单位为千克(kg)。

A.3.2 机房空调的加湿量按式(A.3)计算。

$$H_m = (H_S - H_D) \times \frac{60}{T} \qquad \cdots\cdots\cdots\cdots\cdots\cdots (A.3)$$

式中:

H_m ——加湿量,单位为千克每小时(kg/h);

T ——加湿试验时间,单位为分钟(min)。

附　录　B

（资料性附录）

部分城市温度分布系数

温度分布系数是当地干球温度在所设区间的小时数占全年小时数的百分比。部分城市的温度分布系数如表 B.1。

表 B.1　温度分布系数

温度分布系数	T_a	T_b	T_c	T_d	T_e
城市	温度区间/℃				
	≥30	≥20,<30	≥10,<20	≥0,<10	<0
兰州	3.3%	20.5%	30.1%	25.7%	20.4%
贵阳	0.8%	33.1%	37.3%	28.2%	0.6%
石家庄	9.3%	27.2%	24.5%	24.9%	14.2%
哈尔滨	2.2%	19.1%	22.7%	18.7%	37.4%
长春	0.6%	19.1%	24.8%	18.5%	37.1%
沈阳	4.1%	22.2%	23.5%	21.6%	28.7%
呼和浩特	3.6%	19.8%	26.0%	18.5%	32.1%
西宁	0.7%	8.6%	29.5%	28.7%	32.5%
银川	1.6%	20.9%	28.1%	22.7%	26.7%
太原	1.4%	23.9%	28.2%	25.9%	20.5%
成都	3.7%	33.0%	39.4%	23.5%	0.4%
拉萨	0.0%	8.6%	41.2%	34.5%	15.6%
乌鲁木齐	4.0%	22.8%	22.4%	17.1%	33.7%
昆明	0.0%	21.9%	52.5%	23.9%	1.7%
合肥	8.2%	34.3%	27.3%	28.0%	2.3%
北京	7.2%	28.1%	23.1%	21.0%	20.6%
福州	8.7%	44.7%	36.2%	10.4%	0.0%
广州	12.7%	54.0%	28.3%	5.1%	0.0%
桂林	7.0%	42.7%	32.4%	17.9%	0.0%
南宁	12.3%	54.4%	29.0%	4.3%	0.0%
海口	12.8%	63.2%	22.4%	1.6%	0.0%
郑州	6.9%	29.6%	25.5%	23.0%	15.0%
武汉	12.8%	33.1%	27.8%	25.0%	1.3%
长沙	11.5%	33.3%	27.1%	26.2%	1.9%
南京	7.7%	29.8%	26.9%	27.6%	7.9%
南昌	12.9%	34.9%	27.3%	24.1%	0.8%

表 B.1（续）

温度分布系数	T_a	T_b	T_c	T_d	T_e
城市	温度区间/℃				
	≥30	≥20,<30	≥10,<20	≥0,<10	<0
济南	10.8%	28.4%	24.8%	27.0%	9.0%
西安	6.0%	27.8%	28.8%	26.7%	10.8%
天津	6.6%	26.9%	24.6%	23.8%	18.0%
上海	8.4%	34.1%	28.8%	26.6%	2.1%
杭州	6.0%	37.3%	28.8%	26.6%	1.3%
重庆	9.4%	32.4%	40.5%	17.7%	0.0%
注：数据来源于中国气象局气象信息中心气象资料室和清华大学建筑技术科学系编著的《中国建筑热环境分析专用气象数据集》。该数据集以全国 270 个地面气象站从 1971 年到 2003 年共 30 年的实测气象数据为基础。					

ICS 27.200
J 73

中华人民共和国国家标准

GB/T 19569—2004

洁净手术室用空气调节机组

Air conditioning unit for clean operating room

2004-06-09 发布　　　　　　　　　　　　2004-12-01 实施

中华人民共和国国家质量监督检验检疫总局
中国国家标准化管理委员会　发布

前　言

本标准是首次制订。

本标准的附录 A 是资料性附录。

本标准由中国机械工业联合会提出。

本标准由全国冷冻设备标准化技术委员会归口。

本标准负责起草单位：顺德市申菱空调设备有限公司、合肥通用机械研究所。

本标准主要起草人：顾剑彬、易新文、史敏、万辅君。

本标准由全国冷冻设备标准化技术委员会负责解释。

洁净手术室用空气调节机组

1 范围

本标准规定了洁净手术室或其他类似的有微生物控制要求场所用空气调节机组(以下简称"空调机组")的定义、型式和基本参数、技术要求、试验方法、检验规则、标志、包装、运输和贮存等。

本标准适用于直接蒸发式或冷水式或两者组合在一起的洁净手术室用空气调节机组。

2 规范性引用文件

下列文件中的条款通过本标准的引用而成为本标准的条款。凡是注日期的引用文件,其随后所有的修改单(不包括勘误的内容)或修订版均不适用于本标准,然而,鼓励根据本标准达成协议的各方研究是否可使用这些文件的最新版本。凡是不注日期的引用文件,其最新版本适用于本标准。

GB/T 191—2000 包装储运图示标志(eqv ISO 780:1997)

GB/T 2624—1993 流量测量节流装置 用孔板、喷嘴和文丘里管测量充满圆管的流体流量(eqv ISO 5167-1:1991)

GB/T 9068—1988 采暖通风与空气调节设备噪声声功率级的测定工程法

GB/T 6388—1986 运输包装收发货标志

GB/T 10891—1989 空气处理机组 安全要求

GB/T 13306—1991 标牌

GB/T 14294—1993 组合式空调机组

GB/T 14295—1993 空气过滤器

GB/T 17758—1999 单元式空气调节机

JB/T 7249—1994 制冷设备 术语

JB 8655—1997 单元式空气调节机 安全要求

JG/T 20—1999 空气分布器性能试验方法

JG/T 21—1999 空气冷却器与空气加热器性能试验

JG/T 22—1999 一般通风用空气过滤器性能试验方法

3 定义

JB/T 7249 中确立的以及下列定义适用于本标准。

3.1

洁净手术室用空气调节机组 air conditioning unit for clean operating room

一种向洁净手术室和为其服务的区域或其他类似的有生物控制要求场所直接提供处理空气的专用设备。它主要包括空气循环和过滤净化装置,不但包括制冷系统、加热、加湿、净化和通风装置,同时还应包括控制微生物滋生的特别措施。

3.2

直接蒸发式空调机组的性能系数 coefficient of performance of direct expansion air conditioners

制冷量(或热泵制热量)与消耗功率之比,单位用 W/W 表示。

3.3

制热辅助电加热器 assistant electric heater of heat pump

与热泵一起使用进行制热的电加热器(包括后安装的电加热器)。

3.4

漏风率　air leak rate

机组的漏风量与额定风量之比,用%表示。

3.5

断面风速均匀度　air velocity uniformity at cross section

指断面上任一点的风速与平均风速之差的绝对值不超过平均风速20%的点数占总测点数的百分比。

3.6

机组过滤效率　filtration efficiency of units

机组配置的最高效率过滤器的过滤效率。

3.7

抗菌过滤器　anti-microbe filter

除了具有相应空气过滤器的过滤效率外,至少能有效杀死附着在滤料上的常规细菌,但又不能挥发出化学污染物。

3.8

一次污染　primary pollution

空调机组处理的空气中含有的并非由机组产生的污染。

3.9

二次污染　secondary pollution

由于空调机组局部积尘与存水(或高湿度)诱发了大量的滋菌。

3.10

滤菌效率　microbe filtration efficiency

空调机组配置的最高效率过滤器对微生物的过滤效率。

4　型式和基本参数

4.1　型式

4.1.1　空调机组按被处理空气的冷却方式分为:

　　a)　直接蒸发式,其代号不表示;

　　b)　冷水式,其代号为 S;

　　c)　组合式,直接蒸发与冷水式组合在一起,其代号为 Z。

4.1.2　空调机组按被处理空气的来源分为:

　　a)　全新风式,其代号为 X;

　　b)　循环风式,其代号为 H;

　　c)　混合风式,其代号不表示。

4.1.3　空调机组按用途分为

　　a)　医用洁净式,其代号为 YJ;

　　b)　其他生物洁净式,其代号为 SJ。

4.1.4　空调机组按结构型式分为:

　　a)　卧式,其代号不表示;

　　b)　立式,其代号为 L;

　　c)　吊顶式,其代号为 D。

4.1.5　其他型式。

4.1.6　空调机组的型号编制方法见附录 A。

4.2 基本参数

4.2.1 直接蒸发型空调机组的基本参数按表1的规定。

表 1 直接蒸发式空调机组的基本参数

代 号	名义制冷(热)量/W	COP/(W/W)	
		低静压	高静压
YJ SJ	≤14 000	2.25	2.10
	>14 000~25 000	2.25	2.05
	>25 000~70 000	2.20	2.00
	>70 000	2.15	2.00

4.2.2 风冷热泵直接蒸发型空调机组的基本参数按表2的规定。

表 2 风冷热泵直接蒸发型空调机组的基本参数

代 号	名义制冷(热)量/W	COP/(W/W)	
		低静压	高静压
YJ-R SJ-R	≤14 000	2.20	2.05
	>14 000~25 000	2.20	2.05
	>25 000~70 000	2.15	1.95
	>70 000	2.10	1.95

4.2.3 空调机组最小机外静压按表3的规定。

表 3 空调机组的最小机外静压

名义制冷量/W	最小机外静压/Pa	
	低静压	高静压
≤25 000	100	500
>25 000	200	600

4.2.4 直接蒸发式空调机组的名义制冷(热)量按表5的名义工况参数确定。

4.2.5 冷水式空调机组的名义制冷(热)量按表6的名义工况参数确定。

5 技术要求

5.1 一般要求

5.1.1 空调机组应符合本标准的要求,并按经规定程序批准的图样和技术文件制造。

5.1.2 空调机组的整体内壁应光洁,不易滋菌。宜采用不易滋菌材料制作。

5.1.3 空调机组各功能段的设置不但要保证空气的热湿处理要求,还必须防止机组内部积尘滋菌,保证所输送的空气满足卫生要求。

5.1.4 空调机组在试验工况下运行,应在 3 min 内排出水来。排水装置必须排水方便、排尽水后水盘不积水;停机后,不得漏气倒灌。

5.1.5 空调机组的空气过滤材料应有良好的过滤性能(对特殊要求可提出对特定细菌的杀菌性能),并且无毒、无异味、不吸水、抗菌,且应有足够的强度。

5.1.6 空调机组进风口处的粗效空气过滤器对粒径≥5 μm 的微粒其过滤效率应不低于 75%;出风口处中效空气过滤器对粒径≥1 μm 的微粒其过滤效率应不低于 80%;亚高效空气过滤器对粒径≥0.5 μm 的微粒其过滤效率应不低于 95%。对特殊要求,可用不低于相应过滤效率的抗菌过滤器替代。

5.1.7 空调机组的粗效空气过滤器设置在新风口,中效空气过滤器设置在正压段。新风空调机组还须在出风段增设亚高效空气过滤器。各级空气过滤器均应采用一次抛弃型,不允许用木制品。空气过滤器安装应合理,便于用户维修时安装与拆卸。

5.1.8 空调机组离心风机出口应有柔性接管,柔性接管要求双面光滑。风机应设隔震装置。

5.1.9 空调机组出口空气的相对湿度不高于75%。中效空气过滤器进口空气的相对湿度也不高于75%。

5.1.10 直接蒸发式空调机组在下列条件下应能正常工作。

5.1.10.1 风冷式空调机组

    a) 热泵型空调机组环境温度-7℃~43℃;

    b) 冷风型空调机组环境温度18℃~43℃。

5.1.10.2 水冷型空调机组

水冷型空调机组制冷运行时冷凝器的进水温度应不超过34℃。

5.1.11 空调机组适用范围如下:

当空调机组温度设定在21℃~27℃时,控制精度±1℃;相对湿度设定在40%~65%时,控制精度±10%。

5.1.12 空调机组应采取湿度优先控制方案,直接用于手术室的空调机组应保证手术室内相对湿度在35%~60%,温度在22℃~25℃范围内。

5.1.13 空调机组应具备断电再启动功能。

5.2 空调机组零、部件

所有零、部件应符合有关规定外,还须满足下列要求。

5.2.1 空调机组各零部件应防锈、耐消毒物品腐蚀,不易积尘滋菌。

5.2.2 空调机组内换热器应采用平翅片或采用其他不易积尘的翅片形式制作。

5.2.3 通过盘管的气流的平均速度不应大于2 m/s,均匀度不小于80%。

5.2.4 空调机组需配置加湿器时,所用加湿介质应符合卫生要求,而且加湿器本身不易滋菌。加湿过程中不应出现水滴。

5.2.5 电加热器应采用不易积尘、不生锈、不脱尘的加热器或其他类似性能的形式。

5.3 性能要求

5.3.1 直接蒸发式机组和冷水式机组通用要求

5.3.1.1 额定风量和全压

按6.4.1.1方法试验时,风量实测值不低于额定值的95%,机外静压实测值不低于额定值的90%。

5.3.1.2 漏风率

按6.4.1.2方法试验时,漏风率不大于1%。

5.3.1.3 过滤器效率和阻力

按6.4.1.3方法试验时,过滤器的效率和阻力应符合GB/T 14295的有关规定。

5.3.1.4 断面风速均匀度

按6.4.1.4方法试验,应不小于80%。

5.3.1.5 机组的振动

按6.4.1.5方法试验,风机转速≤800 r/min时,机组的振动速度不大于3 mm/s;风机转速>800 r/min时,机组的振动速度不大于4 mm/s。

5.3.1.6 滤菌效率

中效过滤器的滤菌效率根据滤尘效率推算(对能带菌的最小粒子)不应小于90%。

5.3.2 直接蒸发式机组专用要求

5.3.2.1 制冷系统密封性能

按6.4.2.1方法试验时,制冷系统各部分不应有制冷剂泄漏。

5.3.2.2 启动与运转

按6.4.2.2方法试验,所测电流、电压、输入功率等参数应符合设计要求。

5.3.2.3 制冷量

按6.4.2.3方法试验时,空调机组实测名义工况制冷量不应小于名义制冷量的95%。

5.3.2.4 制冷消耗功率

按6.4.2.4方法试验时,空调机组的实测名义工况下制冷消耗功率不应大于名义制冷消耗功率的110%。水冷式空调机组名义制冷量的3%作为冷却水系统水泵和冷却塔风机的功率消耗。

5.3.2.5 热泵制热量

按6.4.2.5方法试验时,热泵的实测名义工况制热量不应小于热泵名义制热量的95%。热泵型空调机组的热泵名义制热量不应低于其名义制冷量。

5.3.2.6 热泵制热消耗功率

按6.4.2.6方法试验时,热泵的实测名义工况制热消耗功率不应大于其名义制热消耗功率的110%。

5.3.2.7 电加热器制热消耗功率

按6.4.2.7方法试验,对空调机组电加热器的实测制热消耗功率要求为:每种电加热器的消耗功率允许差为额定的−10%～+5%。

5.3.2.8 最大负荷制冷运行

a) 按6.4.2.8方法试验时,空调机组各部件不应损坏,空调机组应能正常运行;

b) 空调机组在最大负荷运行期间,过载保护器不应跳开;

c) 空调机组停机3 min后,再启动应能够连续运行1 h。

5.3.2.9 热泵最大负荷制热运行

a) 按6.4.2.9方法实验时,空调机组各部件不应损坏,空调机组应能正常运行;

b) 空调机组在最大负荷制热期间,过载保护器不应跳开;

c) 空调机组停机3 min后,再启动应能够连续运行1 h。

5.3.2.10 低温工况运行

按6.4.2.10方法试验时,空调机组启动10 min后,再进行4 h运行中,安全装置不应跳开,蒸发器室内侧的迎风表面凝结的冰霜面积不应大于蒸发器迎风面积的50%。

5.3.2.11 凝露

按6.4.2.11方法试验时,空调机组外表面应无凝露滴下。

5.3.2.12 凝结水排除能力

按6.4.2.12方法,试验时,凝结水排放流畅,无溢出。

5.3.2.13 自动融霜

按6.4.2.13方法试验时,要求融霜所需总时间不应超过试验总时间的20%。在融霜周期中,室内侧的送风温度低于18℃的持续时间不超过1 min。另外,融霜周期结束时,室外侧的空气温度升高不应大于5℃;如果需要可以使用热泵机组内的辅助制热或按制造厂的规定。

5.3.2.14 噪声

按6.4.2.14方法测量噪声。噪声测量值应不超过表4的规定。

表 4 噪声限值(声压级)　　　　　　　　　　　　　　　　　　　　　dB(A)

风量/(m³/h)		>800～2 000	>2 000～6 000	>6 000～10 000	>10 000～15 000	>15 000～20 000	>20 000～30 000
空气处理机组噪声	高静压	68	70	72	74	78	80
	低静压	61	63	67	69	72	74
制冷量/kW		>5～12	>12～29	>29～45	>45～75	>75～150	>150～200
压缩冷凝机组噪声		63	68	73	75	77	80

5.3.2.15 部分负荷调节性能

带能量调节的空调机组,其调节装置应灵敏、可靠。

5.3.2.16 采用水冷冷凝器的空调机组在最大负荷工况下运行时,通过机组的水压压降应不大于105 kPa。

5.3.2.17 性能系数

按6.4.2.5方法实测热泵制热量与按6.4.2.6方法实测消耗功率的比值不应小于4.2规定值的90%。

5.3.3 冷水式机组专用要求

5.3.3.1 盘管耐压性能

按6.4.3.1方法试验时,盘管应无渗漏。

5.3.3.2 启动与运转

a) 按6.4.3.2方法试验,所测电流、电压、输入功率等参数应符合设计要求。

b) 运转过程中应无杂声,零部件无松动、异常发热现象。

c) 变风量机组应在最大风量和最小风量下能正常启动。

5.3.3.3 输入功率

按6.4.3.3方法试验时,空调机组的输入功率不应大于名义功率的110%。

5.3.3.4 盘管制冷量、制热量

按6.4.3.4方法试验时,空调机组实测名义工况制冷量不应小于名义制冷量的95%。实测名义工况制热量不应小于名义制热量的95%。

5.3.3.5 电加热器制热消耗功率

按6.4.3.5方法试验,对空调机组的电加热器的实测制热消耗功率要求为:每种电加热器的消耗功率允许差为额定的—10%～+5%。

5.3.3.6 凝露

按6.4.3.6方法试验时,空调机组外表面应无凝露滴下。

5.3.3.7 凝结水排除能力

按6.4.3.7方法,试验时,凝结水排放流畅,无溢出。

5.3.3.8 噪声

按6.4.3.8方法测量噪声。噪声测量值应不超过表4的规定。

5.4 安全要求

直接蒸发式空调机组的安全要求应符合JB 8655的规定。冷水式空调机组的安全要求应符合GB/T 10891的规定。

5.5 消毒要求

机组厂内装配完成后应进行消毒处理。具体方法如下:

用紫外灯均匀照射机组内部,确保内壁及所有内部构件都能被照射到,照射时间不少于2 h。

6 试验方法

6.1 一般要求

6.1.1 试验机组应按功能段组成整机进行试验。

6.1.2 试验机组应按产品说明书要求组装和安装,除非在试验方法中有规定,不应采取任何特殊处理措施。

6.2 试验条件

6.2.1 直接蒸发式机组制冷量和制热量的试验装置见GB/T 17758—1999中的附录A。

6.2.2 直接蒸发式机组试验工况见表5,冷水式机组试验工况见表6。

表 5 直接蒸发式机组试验工况　　　　　　　　　　　℃

试验条件		室内侧 入口空气状态		室外侧状态			
				风冷式		水冷式	
		干球温度	湿球温度	干球温度	湿球温度	进水温度	出水温度
制冷试验	名义制冷	24	17	35	24[b]	30±0.3	35±0.3
	最大负荷	32±1.0	23±0.5	43±1.0	26±0.5[b]	34±0.5	[c]
	新风机组[f]	34	28	34	28	30±0.3	35±0.3
	凝露	27±1.0	24±0.5	27±1.0	24±0.5[b]	—	27±0.5
	低温	21±1.0	15±0.5	21±1.0	15±0.5[b]	—	21±0.5
制热试验	名义制热 标准	24	15.5	7	6	—	—
	低温	20	15 以下	2	1	—	—
	最大负荷	21±1.0	—	21±1.0	15±0.5[b]	—	—
	新风机组	7		7	6	—	—
	融霜	20	15 以下[a]	2	1	—	—
电加热器制热		20[d]	—	—	—	—	—
风量静压[e]		20±2.0	16±1.0				

a 适应于湿球温度影响室内侧换热的装置。
b 适应于湿球温度影响室外侧换热的装置(利用水的潜热作为室外侧换热器的热源装置)。
c 采用名义制冷试验条件确定的水量。
d 表示标准环境温度。
e 机外静压的波动应在测定时间内稳定在额定静压的±10%以内。
f 新风机组送风点焓值不高于 48 kJ/kg。

表 6 冷水式机组试验工况

试验条件		进口空气状态		供水状态			供蒸汽状态	风机转速	风量	机组出口余压	电压
		干球温度 ℃	湿球温度 ℃	进口水温 ℃	进出口水温差	供水量	表压力 kPa				
风量、全压、功率		5～40	—	—	—	不供	不供		—	—	对应额定风量下由试验得到的
供冷量		24	17	7	5	不供		额定值	额定值		额定值
新风机组供冷量[c]		34	28	7	5	不供					
供热量	热水	24	—	60/90[a]	—	b	不供				
	蒸汽	24	—	—	—	不供	70				
新风机组供热量	热水	7	—	60/90[a]	—	b	不供				
	蒸汽	7	—	—	—	不供	70				
凝结水排除		27	24	7	5	—	不供	最大	最大		
漏风量		5～40	—	—	—	不供	不供				

a 进口水温 60℃为冷热两用盘管供热量试验工况,90℃为加热盘管供热量试验工况。
b 供水量由盘管内水流速 ω=1 m/s 和通水面积计算得出。
c 新风机组送风点焓值不高于 48 kJ/kg。

481

6.2.3 仪器仪表的型式及精度

直接蒸发式机组试验用仪器仪表应符合表7的规定,冷水式机组试验用仪器仪表应符合表8的规定。

表7 直接蒸发式机组试验仪表

类　　别	型　　式	精　　度
温度测量仪表	水银玻璃温度计 电阻温度计 热电偶	空气温度　±0.1℃ 水温　±0.1℃ 制冷剂温度　±1.0℃
流量测量仪表	记录式,指示式,积算式	±1.0%
制冷剂压力测量仪表	压力表,变送器	±2.0%
空气压力测量仪表	气压表,气压变送器	风管静压　±2.45 Pa
电量测量	指示式	±0.5%
	积算式	±1.0%
质量测量仪表		±1.0%
转速仪表	转速表,闪频仪	±1.0%

注1:大气压力测量用气压测量仪表,其准确度为±0.1%。

注2:时间测量仪表的准确度为±0.2%。

注3:以精度定义的测量仪表,其测量值应在仪表量程的1/2以上。

表8 冷水式机组试验仪表

测量参数	测量仪表	测量项目	单位	仪表准确度
温度	玻璃水银温度计、电阻温度计、热电偶温度计	冷热性能试验时空气进出口干湿球温度和换热设备进出口温度	℃	0.1
		其他温度		0.3
压力	微压计(倾斜式、补偿式或自动传感式)	空气静压和动压	Pa	1[a]
	U形水银压力计或同等精度的压力计	水阻力,蒸汽压降	kPa	0.133
	蒸汽压力表	供蒸汽压力	%	2
	水压表	喷水段喷水压力	%	2
	大气压力计	大气压力	%[b]	0.1
水量	流量计、重量式或容积式液体定量计	换热器水流量、蒸汽凝结水量,喷淋室水流量等	%[b]	1
风量	标准喷嘴			按图A1
	孔板			GB/T 2624
	皮托管			JG/T 20 附录 B
风速	风速仪	断面风速均匀度等	m/s	0.25
电压	电压表	风机输入的电参数	%[b]	0.5
电流	电流表			
功率	功率表或电压电流表			
转速	转速表	风机转速	%[b]	1
噪声	声级计	机组噪声		GB/T 9068
振动	接触式测振仪	风机段振动速度	%[b]	1
时间	秒表	凝结水量等	%[b]	0.2

[a] 动压测量时最小压差应为25 Pa。

[b] 指被测量值的百分数。

6.2.4 直接蒸发式机组进行制冷量和热泵制热试验时,试验工况参数的读数允差符合表 9 的规定。

表 9 制冷量和制热量能力试验名义工况参数的读数允差 ℃

项目	室内侧空气状态		室外侧空气状态	
	干球温度	湿球温度	干球温度	湿球温度
最大变动幅	±1.0	±0.5	±1.0	±0.5
平均变动幅	±0.3	±0.2	±0.3	±0.2

6.2.5 直接蒸发式机组进行热泵低温和融霜试验时,试验工况的参数允差应符合表 10 的规定。

表 10 热泵低温和融霜试验工况参数的读数允差 ℃

项目	室内侧空气状态		室外侧空气状态			
	干球温度		干球温度		湿球温度	
	热泵时	融霜时	热泵时	融霜时	热泵时	融霜时
最大变动幅	±2.0	±2.5	±2.0	±5.0	±1.0	±2.5
平均变动幅	±0.5	±1.5	±0.5	±1.5	±0.3	±1.0

6.2.6 冷水式机组试验工况和测试操作的允许偏差应符合表 11 的规定。

表 11 冷水式机组试验允许偏差

项 目		试验工况允差	试验操作允差
进口、出口的空气状态	干球温度/℃	±0.3	±0.5
	湿球温度/℃	±0.2	±0.3
供水状态	冷水进口温度/℃	±0.1	±0.2
	热水进口温度/℃	±0.5	±0.5
	水流量[a]/%	±1	±2
	供水压力(表压)/kPa	±5	±5
供蒸汽状态	供蒸汽压力/kPa	±1.7	±1.7
风量/[a]%		±2	±2
空气全压/Pa		±5	±12.5
电压/[a]%		±1	±2
[a] 表中%指额定值的百分数。			

6.3 试验的一般要求

6.3.1 空调机组所有试验应按铭牌上的额定电压和额定频率进行。

6.3.2 风冷式空调机组应在制造厂规定的室外风量下进行试验;试验时应连接所有辅助元件(包括进风百叶窗和安装厂安装的管路及附件)且空气回路应保持不变。

6.3.3 分体式空调机组室内机组与室外机组的连接管应按制造厂提供的全部管长或制冷量小于等于 15 kW 的空调机组连接管长为 5.0 m,大于 15 kW 的空调机组连接管长为 7.5 m 进行试验(按较长者进行)。连接管在室外部分的长度应不少于 3 m,室内部分的隔热和安装要求按产品使用说明书进行。

6.4 性能试验方法

6.4.1 直接蒸发式机组和冷水式机组通用性能试验方法。

6.4.1.1 额定风量与全压试验

按 GB/T 14294—1993 的附录 A 规定的方法进行试验。

6.4.1.2 漏风量试验

按 GB/T 14294—1993 的附录 C 规定的方法测量漏风量。

6.4.1.3 空气过滤器效率和阻力试验

按 JG/T 22—1999 规定的试验方法进行过滤器效率和阻力试验。

6.4.1.4 断面风速均匀度试验

a) 在距盘管或过滤器迎风断面 200 mm 处,按 GB/T 14294—1993 附录 B 中图 B1,均布风速测点;

b) 用风速仪测量各点风速,统计所测风速与平均风速之差不超过平均风速 20% 的点数占总点数的百分比。

6.4.1.5 振动试验

a) 用表 8 规定的仪表,在试验机组底板四角处相互垂直的三维方向上测量振动速度;

b) 取最大值为机组的振动速度。

6.4.1.6 抗菌效率试验

将空调机组中积尘后的中效过滤器表面定植霉菌,按规定的试验工况运行 24 h,用肉眼检查过滤器表面无霉菌滋生。

6.4.2 直接蒸发式机组专用性能试验方法

6.4.2.1 制冷系统密封性能试验

空调机组的制冷系统在正常的制冷剂充灌量下,用下列灵敏度的制冷剂检漏仪进行检验:5 000 W～30 000 W 的空调机组,灵敏度为 $1×10^{-6}$ Pa·m³/s;30 000 W 以上(不含 30 000 W)的空调机组,灵敏度为 $1×10^{-5}$ Pa·m³/s。

6.4.2.2 运转试验

空调机组应在接近名义制冷工况的条件下连续运行,分别测量空调机组的输入功率,运转电流和进、出风温度。检查安全保护装置的灵敏度和可靠性,检验温度、电器等控制元件的动作是否正常。

6.4.2.3 制冷量试验

按表 5 和 GB/T 17758—1999 的附录 A 规定的名义制冷工况进行试验。

6.4.2.4 制冷消耗功率试验

按 GB/T 17758—1999 的附录 A 给定的方法在制冷量测定的同时,测定空调机组的输入功率、电流。

6.4.2.5 热泵制热量试验

按 GB/T 17758—1999 的附录 A 给定方法和制造厂说明书、按表 5 规定的热泵名义制热工况进行热泵制热量试验。

6.4.2.6 热泵制热消耗功率试验

按 GB/T 17758—1999 的附录 A 给定的方法在热泵制热量测定的同时,测定空调机组的输入功率、电流。

6.4.2.7 电加热器制热消耗功率试验

a) 空调机组在热泵名义制热工况下运行,待热泵制热量测定达到稳定后,测定辅助电加热器的输入功率。

b) 在电加热器制热工况下,空调机组制(供)冷系统不运行,将电加热器开关处于最大耗电状态下,测得其输入功率。

6.4.2.8 最大负荷制冷试验

在额定频率和额定电压下,按表 5 规定的最大负荷工况运行稳定后连续运行 1 h;然后停机 3 min(此间电压上升不超过 3%),再启动运行 1 h。

6.4.2.9 热泵最大负荷制热试验

在额定频率和额定电压下,按表 5 规定的热泵最大负荷制热工况运行稳定后连续运行 1 h;然后停机 3 min(此间电压上升不超过 3%),再启动运行 1 h。

6.4.2.10 低温工况试验

在不违反制造厂规定下,将空调机组的温度控制器、风机速度、风门等调到最易使蒸发器结冰和结霜的状态,达到表5规定的低温试验工况后空调机组启动并运行4 h。

6.4.2.11 凝露试验

在不违反制造厂规定下,将空调机组的温度控制器、风机速度、风门等调到最易凝水状态进行制冷运行,达到表5规定的凝露工况后,空调机组连续运行4 h。

6.4.2.12 凝结水排除能力试验

将空调机组的温度控制器、风机速度、风门等调到最易凝水状态,在接水盘注满水即达到排水口流水后,按表5规定的凝露工况运行,当接水盘的水位稳定后,再连续运行4 h。

6.4.2.13 自动融霜试验

将装有自动融霜装置的空调机组的温度控制器、风机速度(分体式室内风机高速)、风门等调到室外侧换热器最易结霜状态,按表5规定的融霜工况运行稳定后,继续运行两个完整融霜周期或连续运行3 h(试验的总时间从首次融霜周期结束时开始),3 h后首次出现融霜周期结束为止,应取其长者。

6.4.2.14 噪声试验

在额定频率和额定电压下,按GB/T 17758—1999的附录B规定的方法测量空调机组的噪声。

6.4.3 冷水式机组专用性能试验方法

6.4.3.1 盘管耐压性能试验

a) 水压试验压力应为设计压力的1.5倍,允许偏差±0.02 MPa,保持压力至少3 min。
b) 气压试验压力应为设计压力的1.2倍,允许偏差±0.02 MPa,保持压力至少1 min。

6.4.3.2 启动试验

a) 试验机组在额定电压条件下启动,稳定运转5 min,切断电源,停止运转,至少反复进行三次;
b) 检查零部件有无松动、异音、发热等异常现象;
c) 变风量机组应在最大风量和最小风量下进行启动试验。

6.4.3.3 输入功率试验

按GB/T 14294—1993附录A规定的方法测量。

6.4.3.4 盘管供冷量和供热量试验

a) 供冷量和供热量应在表6规定的试验工况下,按GB/T 14294—1993附录D的方法进行试验。
b) 也可直接引用JG/T 21规定的方法得出的盘管传热系数公式计算出供冷量和供热量,并按GB/T 14294—1993附录E规定的方法进行现场验证。

6.4.3.5 电加热器制热消耗功率试验

在电加热器制热工况下,空调机组制(供)冷系统不运行,将电加热器开关处于最大耗电状态下,测得其输入功率。

6.4.3.6 凝露试验

在使用环境的露点温度为22.8℃～26.2℃和机组供水温度7℃的条件下,机组供冷连续运行6 h,检查机组表面凝露情况,机组表面应无凝露滴下。

6.4.3.7 凝结水排除能力试验

按表6规定的试验工况,预先将凝水盘中水注满至排水口,机组供冷连续运行4 h,检查排水状况。

6.4.3.8 噪声试验

机组噪声试验应按GB/T 9068规定的工程测定法测量。

7 检验规则

7.1 出厂检验

每台空调机组必须经制造厂检验部门检验合格,并附有质量检验合格证,方可出厂。直接蒸发式机组检验项目按表 12 的规定,冷水式机组检验项目按表 13 的规定。

7.2 抽样检验

7.2.1 空调机组应从出厂检验合格产品中抽样,直接蒸发式机组检验项目按表 12 规定,冷水式机组检验项目按表 13 规定。

7.2.2 抽样数量按同型号机组每年每 20 台抽 1 台(不足 20 台抽 1 台),产量较大时抽样时间应为每生产 20 台抽 1 台。

7.3 型式检验

7.3.1 新产品或定型产品作重大改进,第一台产品应作型式检验,直接蒸发式机组检验项目按表 12 和表 13 规定,冷水式机组检验项目按表 12 和表 14 规定。表中项目的任何一项或多项不能满足要求时判定为不合格。

7.3.2 型式试验时间不应少于试验方法中规定的时间,运行时如有故障在故障排除后应重新检验。

表 12 直接蒸发式机组和冷水式机组通用检验项目

序 号	项 目	出厂检验	抽样检验	型式检验	技术要求	试验方法
1	一般要求				5.1	视检
2	标志	△			8.1	视检
3	包装				8.2	视检
4	风量与全压				5.3.1.1	6.4.1.1
5	漏风率		△	△	5.3.1.2	6.4.1.2
6	过滤器效率和阻力	—			5.3.1.3	6.4.1.3
7	断面风速均匀度				5.3.1.4	6.4.1.4
8	振动				5.3.1.5	6.4.1.5
9	抗菌效率				5.3.1.6	6.4.1.6

表 13 直接蒸发式机组检验项目

序 号	项 目	出厂检验	抽样检验	型式检验	技术要求	试验方法
1	绝缘电阻				JB 8655	JB 8655
2	介电强度				JB 8655	JB 8655
3	泄漏电流				JB 8655	JB 8655
4	接地电阻	△			JB 8655	JB 8655
5	防触电保护				JB 8655	JB 8655
6	制冷系统密封				5.3.2.1	6.4.2.1
7	运转				5.3.2.2	6.4.2.2
8	制冷量		△		5.3.2.3	6.4.2.3
9	制冷消耗功率				5.3.2.4	6.4.2.4
10	制热量				5.3.2.5	6.4.2.5
11	制热消耗功率			△	5.3.2.6	6.4.2.6
12	电热装置制热消耗功率				5.3.2.7	6.4.2.7
13	性能系数				5.3.2.17	6.4.2.3;6.4.2.4 6.4.2.5;6.4.2.6
14	噪声	—			5.3.2.14	6.4.2.14
15	最大负荷制冷				5.3.2.8	6.4.2.8
16	热泵最大负荷制热				5.3.2.9	6.4.2.9
17	低温工况				5.3.2.10	6.4.2.10
18	凝露				5.3.2.11	6.4.2.11
19	凝结水排除能力				5.3.2.12	6.4.2.12
20	自动融霜				5.3.2.13	6.4.2.13

表 14 冷水式机组检验项目

序号	检验项目名称	出厂检验	抽样检验	型式检验	技术要求	试验方法
1	安全要求				GB/T 10891	GB/T 10891
2	盘管耐压性能	△			5.3.3.1	6.4.3.1
3	启动与运转		△		5.3.3.2	6.4.3.2
4	输入功率				5.3.3.3	6.4.3.3
5	供冷量、供热量			△	5.3.3.4	6.4.3.4
6	电热装置制热消耗功率	—			5.3.3.5	6.4.3.5
7	凝露试验				5.3.3.6	6.4.3.6
8	凝结水排除能力		—		5.3.3.7	6.4.3.7
9	噪声				5.3.3.8	6.4.3.8

8 标志、包装、运输和贮存

8.1 标志

8.1.1 每台空调机组应有耐久性铭牌固定在明显部位,铭牌的尺寸和技术要求应符合 GB/T 13306 的规定。铭牌上应标示下列内容:

a) 制造厂的名称;

b) 产品型号和名称;

c) 主要技术性能参数(制冷量,制热量,风量,加湿量,机外静压,过滤效率,制冷剂代号及其充注量,电压,频率,相数,总功率,电流和质量);

d) 产品出厂编号;

e) 制造年月。

8.1.2 空调机组上应有标明运行状态的标志,如通风机旋转方向的箭头,指示仪表和控制按钮的标记等。

8.1.3 出厂文件

每台空调机组上应随带下列技术文件:

8.1.3.1 产品合格证,其内容包括:

a) 产品型号和名称;

b) 产品出厂编号;

c) 检验员签字和印章;

d) 检验日期。

8.1.3.2 产品说明书,其内容包括:

a) 产品型号和名称,适用范围,执行标准,空调机组的动力特性曲线;

b) 产品的结构示意图,制冷系统图,电路图及接线图;

c) 备件目录和必要的易损零件图;

d) 安装说明和要求;

e) 使用说明,维修和保养注意事项。

8.1.3.3 装箱单。

8.2 包装

8.2.1 空调机组在包装前应进行清洁处理灭菌、干燥。制冷量小于等于 60 kW 的直接蒸发式空调机组应充注额定量制冷剂;制冷量大于 60 kW 的直接蒸发式空调机组可充入额定量的制冷剂,也可充入干燥氮气,压力可控制在 0.03 MPa～0.1 MPa 表压范围内。各部件应清洁、干燥,易锈部件应涂防锈剂。

8.2.2 空调机组应外套塑料袋或防潮纸并应固定在箱内,以免运输中受潮和发生机械损伤。

8.2.3 空调机组包装箱上应有下列标志:

    a) 制造单位名称;

    b) 产品型号和名称;

    c) 净重、毛重;

    d) 外形尺寸;

    e) "小心轻放"、"向上"、"怕湿"和堆放层数等。有关包装、储运标志应符合 GB/T 6388 和 GB/T 191的有关规定。

8.3 运输和贮存

8.3.1 空调机组在运输和储存过程中不应碰撞、倾斜、雨雪淋袭。

8.3.2 产品应储存在干燥的通风良好的仓库中。

附　录　A
（资料性附录）
洁净手术室用空气调节机组型号编制方法

A.1　空调机组的型号由大写汉语拼音字母和阿拉伯数字组成,具体表示方法为:

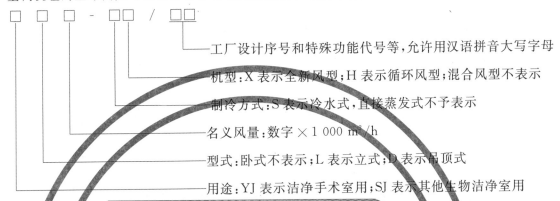

□□□-□□/□□

工厂设计序号和特殊功能代号等,允许用汉语拼音大写字母

机型:X 表示全新风型;H 表示循环风型;混合风型不表示

制冷方式:S 表示冷水式,直接蒸发式不予表示

名义风量:数字×1 000 m³/h

型式:卧式不表示;L 表示立式;D 表示吊顶式

用途:YJ 表示洁净手术室用;SJ 表示其他生物洁净室用

A.2　YJD5-SH 型号示例:

表示:名义送风量 5 000 m³/h,吊顶式,循环风式,冷水型的洁净手术室用空调机组。

ICS 27.200
J 73

中华人民共和国国家标准

GB/T 19842—2005

轨道车辆空调机组

Air-conditioning units for railbound vehicles

2005-07-11 发布

2006-01-01 实施

中华人民共和国国家质量监督检验检疫总局
中国国家标准化管理委员会 发布

前　言

本标准是在 JB/T 6420—1992《单元式列车空调机组》基础上制定的。

本标准附录 A 是资料性附录,附录 B、附录 C、附录 D 是规范性附录。

本标准由中国机械工业联合会提出。

本标准由全国冷冻空调设备标准化技术委员会(SAC/TC238)归口。

本标准负责起草单位:广州中车轨道交通装备股份有限公司、合肥通用机械研究所。

本标准参加起草单位:中国北车集团四方车辆研究所、长春轨道客车股份有限公司、上海法维莱交通车辆设备有限公司。

本标准主要起草人:王兴江、江勇智、戴世龙、欧阳仲志、陈占甲、王唯。

轨道车辆空调机组

1 范围

本标准规定了轨道车辆空调机组(以下简称"空调机组")的术语和定义、型式和基本参数、技术要求、试验、检验规则、标志、包装、运输和贮存等。

本标准适用于轨道车辆运行速度小于或等于 200 km/h 的空调机组。运行速度大于 200 km/h 的轨道车辆空调机组可参照执行。

2 规范性引用文件

下列文件中的条款通过本标准的引用而成为本标准的条款。凡是注日期的引用文件,其随后所有的修改单(不包括勘误的内容)或修订版均不适用于本标准,然而,鼓励根据本标准达成协议的各方研究是否可使用这些文件的最新版本。凡是不注日期的引用文件,其最新版本适用于本标准。

GB/T 191—2000 包装储运图示标志(eqv ISO 780:1997)

GB/T 3785—1983 声级计的电、声性能及测试方法

GB 4706.1—1998 家用和类似用途电器的安全 第一部分:通用要求(eqv IEC 335-1:1991)

GB 4706.32 家用和类似用途电器的安全 热泵、空调器和除湿机的特殊要求(IEC 335-2-40:1995,IDT)

GB/T 5226.1—2002 机械安全 工业机械电气设备 第1部分:通用技术要求(IEC 60204-1:2000,IDT)

GB/T 6388—1986 运输包装收发货标志

GB 8624—1997 建筑材料燃烧性能分级方法

GB 9237—2001 制冷和供热用机械制冷系统安全要求(eqv ISO 5149:1993)

GB/T 13306—1991 标牌

JB/T 7249—1994 制冷设备术语

TB/T 1484.1—2001 铁路机车车辆电缆订货技术条件 第1部分:标称电压3 kV 及以下电缆

TB/T 1759—2003 铁道客车配线布线规则

TB/T 1802—1996 铁道车辆漏雨试验方法

TB/T 2702 铁道客车电器设备非金属材料的阻燃要求

3 术语和定义

JB/T 7249 中确立的以及下列术语和定义适用于本标准。

3.1

轨道车辆空调机组 air-conditioning units for railbound vehicles

一种向机车、铁道车辆、轻轨车辆、地铁车辆的客室、工作间提供经过处理的空气的设备。它主要包括制冷系统以及加热(或无加热)、通风装置。

3.2

紧急通风 emergency ventilation

当车辆动力电断电时,由车辆的蓄电池经逆变器给空调机组的通风机供电,由通风机进行全新风通风的运行过程为紧急通风。

4 型式和基本参数

4.1 型式

4.1.1 按功能分为:

　　a)　冷风型;

　　b)　电热冷热风型;

　　c)　热泵冷热风型;

　　d)　热泵辅助电热型。

4.1.2 按结构分为:

　　a)　整体式;

　　b)　分体式。

4.1.3 按使用气候环境温度分为:

类型	气候环境最高温度
T1	45℃
T2	50℃
T3	55℃

4.2 基本参数

4.2.1 能效比(性能系数)

名义工况下的能效比(性能系数)按表1规定。

表 1　名义工况下的能效比(性能系数)

类　　型		制冷剂	名义制冷(热)量/W	$EER(COP)/(W/W)$
机组高度 >330 mm	T1、T2	R22 R407C 等	>4 500～9 000	2.0
			>9 000～27 000	2.1
			>27 000～45 000	2.2
	T3		>4 500～42 000	1.9
机组高度 ≤330 mm	T1、T2		≥9 000～27 000	1.7
			>27 000～35 000	1.8

4.2.2 制冷剂为 R134a 的空调机组,$EER(COP)$值为表1值的 90%。

4.2.3 空调机组的电源为:主电路额定电压三相交流 380 V 50 Hz、三相交流 220 V 35 Hz 或其他电源,控制电路额定电压单相交流 220 V 50 Hz 或直流 110 V、直流 24 V。

4.3 型号编制

空调机组的型号编制方法见附录 A。

5 技术要求

5.1 一般要求

空调机组应符合本标准的规定,并按经规定程序批准的图纸及技术文件制造。

5.2 环境及使用条件

5.2.1 海拔高度小于或等于 2 000 m。

5.2.2 空调机组应能在表2规定的环境温度下正常运行。

5.2.3 空调机组在风沙、雨淋、日晒、大气腐蚀等自然条件及车辆运行时,应能正常工作。

5.2.4 空调机组应能在车辆运行时的频繁启动、振动、冲击等条件下正常工作。

5.2.5 空调机组应能适应地面电源供电或发电机供电或逆变器供电等电源,在主电路电源为三相交流 $380 \times (1 \pm 10\%)$ V, $50 \times (1 \pm 2\%)$ Hz 或三相交流 $220 \times (1 \pm 10\%)$ V, $35 \times (1 \pm 2\%)$ Hz;控制电路电源为单相交流 $220 \times (1 \pm 10)$ V, $50 \times (1 \pm 2\%)$ 或直流 110 V,具有 $+25\% \sim -30\%$ 的相对误差;直流 24 V,具有 $+25\% \sim -30\%$ 的相对误差条件下正常工作。

表 2 空调机组正常运行的环境温度

单位为℃

空调机组型式	气候类型		
	T1	T2	T3
冷风型	$18 \sim 45$	$18 \sim 50$	$18 \sim 55$
热泵型	$-7 \sim 45$	$-7 \sim 50$	$-7 \sim 55$
电热冷热风型	$-40 \sim 45$	$-40 \sim 50$	$-40 \sim 55$

5.3 零、部件及材料要求

5.3.1 空调机组所有零、部件和材料应分别符合各有关标准的规定,满足使用性能要求并保证安全。

5.3.2 空调机组的隔热层应有良好的保温性和不吸水性,并无毒、无异味,且燃烧性能为 GB 8624—1997 中 B1 级。隔热层应粘贴牢固、平整。在正常工作时空调机组外表面不应有凝露现象。

5.3.3 空调机组的电气系统一般应具有电机短路、过载、缺相保护,必要时,还应包括高压、低压、逆相保护等必要的保护功能或器件。

5.3.4 空调机组的电器元件选择及安装应符合 GB 4706.32 和 GB 5226.1 的要求。

5.3.5 空调机组用电线电缆的外敷绝缘层应采用阻燃、低烟、无卤型材料,并应符合 TB/T 1484.1—2001 的规定。电线电缆的载流量应满足使用要求。

5.3.6 布线及线号标记应符合 TB/T 1759—2003 的规定。

5.3.7 空调机组所用的非金属材料应符合 TB/T 2702—1996 的规定。

5.3.8 涂装件表面不应有明显的气泡、流痕、漏涂、底漆外露、皱纹和损伤。

5.4 结构要求

5.4.1 空调机组的排水结构应可靠,在运行中凝结水和雨水不应渗漏到车厢内,空调机组出风口不应喷雾带水。

5.4.2 空调机组的新风口开度大小应满足新风量的要求。新风口应具备气-水分离的功能,以防止车辆运行时雨雪进入车箱内,其过滤网应拆装方便。

5.4.3 回风口和新风口设有风量调节阀的空调机组,风量调节阀动作要灵敏、可靠。

5.4.4 设置紧急通风功能的空调机组应配备回风和新风风量调节阀,在紧急通风运行时,回风口完全关闭,新风口完全打开。

5.4.5 在寒冷地区使用的空调机组应配备防雪板。

5.5 装配要求

5.5.1 空调机组的制冷系统各部件在装配前应保持清洁、干燥。

5.5.2 空调机组内各管路、部件应采取必要的定位措施,确保在运行中不发生摩擦、撞击。

5.5.3 各部件的连接应牢固。

5.5.4 电气线路、电器设备以及自控器件的安装布置应安全、牢固、整齐。电气线路要采取防护措施,防止磨擦和鼠咬。

5.6 性能要求

5.6.1 制冷系统密封性能

按 7.3.1 方法试验时,制冷系统中制冷剂的泄漏量不大于 14 g/a。

5.6.2 运转

按 7.3.2 方法试验,所有测检项目应符合设计要求。

5.6.3 防雨性能

按 7.3.3 方法试验时,与车体接口部位各处焊缝及接缝不应漏水。

5.6.4 气密性

运行速度为 200 km/h 并安装有新风、废排关闭阀的车辆用的空调机组按 7.3.4 方法试验时,空调机组空气处理腔内部的气体压力从 4 000 Pa 降至 1 000 Pa 时所需要的时间应不小于 50 s。

5.6.5 制冷量

按 7.3.5 方法试验时,空调机组实测制冷量不应小于名义制冷量的 95%。

5.6.6 制冷消耗功率

按 7.3.7 方法试验时,空调机组实测制冷消耗功率不应大于名义制冷消耗功率的 110%。

5.6.7 热泵制热量

按 7.3.8 方法试验时,热泵的实测制热量不应小于热泵名义制热量的 95%。热泵型空调机组的名义制热量不应低于其名义制冷量。

5.6.8 热泵制热消耗功率

按 7.3.9 方法试验时,热泵的实测消耗功率不应大于热泵名义功率的 110%。

5.6.9 电加热制热消耗功率

按 7.3.13 方法试验时,采用管状电加热器的实测制热消耗功率要求为名义值的 90%~105%,采用 PTC 电加热器的实测制热消耗功率为名义值的 100%~110%。

5.6.10 最大负荷的制冷运行

a) 按 7.3.10 方法试验时,空调机组各部件不应损坏,并能正常运行。

b) 空调机组在第 1 h 连续运行期间,应能正常运行。

c) 当空调机组停机 3 min 后,再启动连续运转 1 h,但在启动运行的最初 5 min 内允许过载保护器跳开,其后不允许动作;在运行的最初 5 min 内过载保护器不复位时,在停机不超过 30 min 内复位的,应连续运行 1 h。

5.6.11 凝露工况运行

按 7.3.11 方法试验时,凝结水不应从空调机组中随风吹出,而应顺利地从排水孔(管)排除。

5.6.12 低温工况运行

按 7.3.12 方法试验时,空调机组应能正常运行,且蒸发器风道不应被冰霜堵塞,空调机组出风口不应有冰屑或水滴吹出。

5.6.13 热泵最大负荷制热运行

a) 按 7.3.14 方法试验时,空调机组各部件不应损坏,并能正常运行。

b) 空调机组在第 1 h 连续运行期间,应能正常运行。

c) 当空调机停机 3 min 后,再启动连续运转 1 h,但在启动运行的最初 5 min 内允许过载保护器跳开,其后不允许动作。在运行的最初 5 min 内过载保护器不复位时,在停机不超过 30 min 内复位的,应连续运行 1 h。

5.6.14 自动除霜

按 7.3.15 方法试验时,除霜所需总时间不应超过试验总时间 20%。在除霜周期内,室内侧的送风温度低于 18℃ 的持续时间不超过 1 min。

5.6.15 噪声

按 7.3.16 方法测量空调机组的噪声(声压级),噪声测量值为:室外侧应不超过 69 dB(A),室内侧应不超过 65 dB(A)。

5.6.16 机外静压

按 7.3.6 方法测量空调机组的机外静压,机外静压测量值应符合买卖双方签订的技术协议的规定值。

5.6.17 能效比(*EER*)

按7.3.5方法实测制冷量与按7.3.7方法实测功率之比不应小于表1规定值的90%。

5.6.18 性能系数(*COP*)

按7.3.8方法实测热泵制热量与按7.3.9方法实测消耗功率之比不应小于表1规定值的90%。

6 安全性能

6.1 制冷系统安全

空调机组的机械制冷系统安全性能应符合GB 9237的有关规定。

6.2 安全控制器件

空调机组应有防止运行参数(如温度、压力等)超过规定范围的安全保护措施或器件,保护器件设置应符合设计要求并灵敏可靠。具有电加热器的机组,电加热器应设置温度继电器和熔断器保护。温度继电器的动作值为70℃±5℃断开,50℃复位。熔断器应安装在主电路中,熔断值为139℃+5℃。

6.3 机械安全

空调机组的设计应保证在安装和使用时具有可靠的稳定性。空调机组应有足够的机械强度,其结构应能在按7.3.17的方法进行振动试验和车辆实际运行时,其零部件应不受损坏,紧固件无松动,性能符合要求。

6.4 电器安全性能

6.4.1 绝缘电阻

按7.3.18.1方法试验时,空调机组带电部位对地、对非带电金属部位的绝缘电阻应不小于2 MΩ。

6.4.2 电气强度

按7.3.18.2方法试验,空调机组带电部位和非带电的金属部位之间的绝缘应能承受电气强度试验,历时1 min,应无击穿和闪络。

6.4.3 空调机组应有可靠的接地装置并标识明显,按7.3.18.3方法试验时,其接地电阻不得超过0.1 Ω。

6.4.4 安全标识

空调机组应在正常安装状态下,在易见部位,用不易消失的方法,标出安全标识(如接地标识、警告标识等)。

7 试验方法

7.1 试验条件

7.1.1 空调机组制冷量和制热量的试验装置见附录B。

7.1.2 按气候类型选择相应的工况进行试验,试验工况按表3的规定。

表3 试验工况
单位为℃

试验条件			室内侧入口空气状态		室外侧入口空气状态	
			干球温度	湿球温度	干球温度	湿球温度
制冷运行	名义制冷		29	23	35	
	最大负荷	T1	32.5	26	45	—
		T2			50	
		T3			55	
	低温		21	15.5	21	
	凝露		27	24	27	

表 3（续）   单位为℃

试 验 条 件			室内侧入口空气状态		室外侧入口空气状态	
			干球温度	湿球温度	干球温度	湿球温度
制热运行	热泵名义制热	高　温	20	15(最大)	7	6
		低　温			2	1
	热泵最大负荷		27	—	24	18
	热泵自动除霜		20	15(最大)	2	1
	电加热		20	—	—	—

7.1.3　仪器仪表的型式及精度

仪器仪表的型式及精度应符合表 4 的规定。

表 4　仪器仪表的型式及精度

类　别	型　式	精　度
温度测量仪表	水银玻璃温度计 电阻温度计 热电偶	空气温度　±0.1℃
	温度传感器	制冷剂温度　±1℃
空气压力测量仪表	气压表,气压变送器	风管静压　±2.45 Pa
制冷剂压力测量仪表	压力表,压力变送器	±0.4%
电测量仪表	指示式	±0.5%
	积算式	±1.0%
气压测量仪表(大气压力)	气压表,气压变送器	大气压力读数的±1.0%
转速仪表	转速表,闪频仪	测定转速的±1.0%
质量测量仪表		测量质量的±1.0%

注 1：噪声测量应使用 I 型或 I 型以上的精密级声压计。
注 2：时间测量仪表的准确度为±0.2%。

7.1.4　空调机组进行制冷名义工况试验时,各参数的读数允差应符合表 5 的规定。

表 5　名义工况试验时的读数允差

项　目			读数的平均值对额定工况的偏差	各读数对额定工况的最大偏差
室内侧空气温度/℃	进风	干球	±0.3	±1.0
		湿球	±0.2	±0.5
	出风	干球	—	±1.0
室外侧空气温度/℃	进风	干球	±0.3	±1.0
		湿球	±0.2	±0.5
	出风	干球	—	±1.0
电压			±1.0%	±2.0%
频率			±0.4%	±1.0%
空气体积流量			±5%	±10%
空气流动的外阻力			±5 Pa	±10 Pa

7.1.5 空调机组进行试验时(除名义工况外),试验工况各参数允差应符合表 6 规定。

表 6 性能试验时的读数允差

单位为℃

试验工况	测量项目	读数与规定值的最大允许偏差
最大负荷		+1.0
低 温	空气温度	−1.0
凝 露		±1.0

7.2 一般要求

7.2.1 空调机组所有试验应按铭牌上的额定电压和额定频率进行。

7.2.2 分体式空调机室内机组与室外机组的连接管应按制造厂提供的全部管长进行试验。连接管在室外部分的长度不应少于 3 m,室内部分的隔热和安装要求按产品说明书进行。

7.3 试验方法

7.3.1 制冷系统密封性能试验

空调机组的制冷系统在规定的制冷剂充灌量下,用灵敏度为 14 g/a 的制冷剂检漏仪进行检验。

7.3.2 运转试验

空调机组应在接近名义制冷工况的条件下运行,检查空调机组的运转状况、安全保护装置的灵敏度和可靠性,检验温度、电器等控制元件的动作是否正常。

7.3.3 淋雨试验

在空调机组运转下,向空调机组顶部均匀喷水 15 min,喷水压力、喷水量、喷头位置及喷水角度等应符合 TB/T 1802—1996 的要求。

7.3.4 气密性试验

将空调机组的出风口、回风口及新风口封闭,向空调机组的空气处理腔内部充入气体至压力 4 000 Pa 以上,停止充气后,测量空气处理腔内部气体压力从 4 000 Pa 降至 1 000 Pa 时所需要的时间。

7.3.5 制冷量试验

按表 3 规定的名义制冷工况及附录 B 的试验方法进行试验。

7.3.6 机外静压试验

按附录 B 的试验方法,在制冷量测定的同时,测定空调机组的机外静压。

7.3.7 制冷消耗功率试验

按附录 B 的试验方法,在制冷量测定的同时,测定空调机组的输入功率、电流。

7.3.8 热泵制热量试验

按表 3 规定的热泵名义制热工况及附录 B 的试验方法进行试验。

7.3.9 热泵制热消耗功率试验

按附录 B 的试验方法在热泵制热量测定的同时,测定空调机组的输入功率、电流。

7.3.10 最大负荷制冷试验

在额定频率,试验电压分别为额定电压的 90% 和 110% 条件下,按表 3 规定的最大负荷工况稳定运行 1 h,然后停机 3 min(停机期间电压上升不得超过 3%),再启动运行 1 h。

7.3.11 凝露工况试验

按表 3 规定的凝露工况连续运转 4 h。

7.3.12 低温工况试验

按表 3 规定的低温工况连续运转 4 h。

7.3.13 电加热制热功率试验

　　a) 在电加热器制热工况下,空调机组制冷系统不运行,将电加热器开关放在全热的位置,测定其输入功率。

  b) 空调机组在热泵名义制热工况下运行,待热泵制热量测定达到稳定后,测定辅助电加热器的输入功率。

7.3.14　热泵最大负荷试验

在额定频率、试验电压分别为额定电压的90%和110%条件下,按表3规定的最大负荷工况稳定运行1 h,然后停机3 min(停机期间电压上升不得超过3%),再启动运行1 h。

7.3.15　自动除霜试验

将装有自动除霜装置的空调机组的温度控制器、风机速度调到室外侧最易结霜的状态,按表3规定的除霜工况运行稳定后,连续运行两个完整除霜周期或连续运行3 h(试验的总时间应从首次除霜周期结束前开始),直到3 h后首次出现除霜周期结束为止,应取其长者。

7.3.16　噪声试验

在额定电压和额定频率下,按附录C的规定测量噪声。

7.3.17　振动试验

按附录D规定的振动试验种类1或2在振动试验台上进行,并应符合6.3的要求。

7.3.18　电器安全性能试验

7.3.18.1　绝缘电阻试验

用兆欧表测量空调机组带电部位对非带电部位的绝缘电阻,应符合6.4.1要求。兆欧表等级按表7规定。

表 7　兆欧表等级

供电电源	发电机供电	逆变器、变频器供电	DC110V	DC110V 以下
兆欧表等级	500 V	1 000 V	500 V	500 V

7.3.18.2　电气强度试验

按表8规定的试验电压进行电气强度试验,并应符合6.4.2要求。

表 8　电气强度试验电压

供电电源	发电机供电	变频器、逆变器供电	DC110V	DC110V 以下
试验电压	AC1 500 V　50 Hz	AC2 500 V　50 Hz	AC1 000 V　50 Hz	AC500 V　50 Hz

7.3.18.3　接地电阻试验

按GB 4706.1—1998中27.5的方法进行试验,应符合6.4.3要求。

8　检验规则

每台空调机组须经制造厂质量检验部门检验合格后方能出厂。

8.1　出厂检验

每台空调机组均要做出厂检验。检验项目、技术要求和试验方法按表9的规定。

8.2　抽样检验

空调机组应从出厂检验合格的产品中抽样1台,按表9规定的检验项目和试验方法进行检验。抽检不合格时再抽检1台,如果再不合格,则进行逐台检验。

检验项目和试验方法按表9的规定。

8.3　型式检验

8.3.1　新产品或定型产品作重大改进,第1台产品应作型式检验,检验项目按表9的规定。

8.3.2　型式检验时间不少于试验方法中规定的时间,运行时如有故障在故障排除后应重新检验。

表 9 检验项目

序号	项 目	出厂检验	抽样检验	型式检验	技术要求	试验方法
1	一般检查				5.1,5.3,5.4,5.5	视检
2	标志				9.1	
3	包装				9.2	
4	绝缘电阻				6.4.1	7.3.18.1
5	电气强度	△			6.4.2	7.3.18.2
6	接地电阻				6.4.3	7.3.18.3
7	制冷系统密封				5.6.1	7.3.1
8	运转				5.6.2	7.3.2
9	淋雨				5.6.3	7.3.3
10	气密性		△		5.6.4	7.3.4
11	制冷量				5.6.5	7.3.5
12	机外静压				5.6.16	7.3.6
13	制冷消耗功率			△	5.6.6	7.3.7
14	最大负荷制冷				5.6.10	7.3.10
15	热泵制热				5.6.7	7.3.8
16	热泵制热消耗功率				5.6.8	7.3.9
17	电加热功率				5.6.9	7.3.13
18	能效比				5.6.17	7.3.5,7.3.7
19	性能系数				5.6.18	7.3.8,7.3.9
20	凝露				5.6.11	7.3.11
21	噪声				5.6.15	7.3.16
22	低温工况			一	5.6.12	7.3.12
23	热泵最大制热				5.6.13	7.3.14
24	自动除霜				5.6.14	7.3.15
25	振动试验				6.3	7.3.17

注："△"应做试验，"—"不做试验。

9 标志、包装、运输和贮存

9.1 标志

9.1.1 每台空调机组应有耐久性铭牌固定在明显部位,铭牌的尺寸和技术要求应符合 GB/T 13306 的规定。铭牌上应标示下列内容:

    a) 制造厂的名称;

    b) 产品型号和名称;

    c) 主要技术性能参数(制冷量、制热量、制冷剂代号及其充注量、电压、频率、相数、总功率和重量);

    d) 产品出厂编号;

    e) 制造年月。

注：若配备了辅助电加热的热泵机组，则在"制热量"和"数值"的后面加括号，在括号内标明辅助电加热器的名义功率值。

9.1.2 空调机组上应标有运行状态的标志，如风机旋转方向的箭头、指示仪表和接地标志等。

9.1.3 出厂文件

每台空调机组应随带下列技术文件。

9.1.3.1 产品合格证，其内容包括：

a) 产品型号和名称；

b) 产品出厂编号；

c) 检验日期。

9.1.3.2 产品使用说明书，其内容包括：

a) 产品型号和名称、适用范围、执行标准；

b) 产品的结构示意图、制冷系统图、电气原理及接线图；

c) 备件目录和必要的易损件零件图；

d) 安装说明和要求；

e) 使用说明、维修和保养注意事项；使用过程中的安全要求。

9.1.3.3 装箱单。

9.2 包装

9.2.1 空调机组在包装前应进行清洁处理。整体式空调机组应充注额定量制冷剂；分体式空调机组可充入额定量制冷剂，也可充入干燥氮气，压力可控制在 0.03 MPa～0.1 MPa 表压范围内。各部件应清洁、干燥，易锈部件应涂防锈剂。

9.2.2 空调机组应外套防潮材料并固定在箱内，以免运输中受潮。

9.2.3 空调机组包装箱上应有下列标志：

a) 制造单位名称；

b) 产品型号和名称；

c) 净重、毛重；

d) 外形尺寸；

e) "小心轻放"、"向上"、"怕湿"和堆放层数等。有关包装、储运标志应符合 GB/T 6388 和 GB/T 191 的有关规定。

9.3 运输和贮存

9.3.1 空调机组在运输和贮存过程中不应碰撞、倾斜、雨淋。

9.3.2 空调机组应贮存在干燥的通风良好的仓库中。

附 录 A

（资料性附录）

轨道车辆空调机组型号编制方法

A.1 空调机组的型号编制

由大写汉语拼音字母和阿拉伯数字组成，具体表示方法为：

制造厂设计序目和特殊功能代号，
允许用汉语拼音大写字母

气候类型，环境温度45℃不标注，
50℃、55℃分别用T2、T3表示

名义制冷量，用数字表示，单位kW

分体式空调机组的室外机组或室内
机组，室外机组用W表示，室内机
用N表示

空调机组的结构，整体式不标注，分
体式用F表示

空调机组的功能
L表示冷风型
LD表示电热冷热风型
R表示热泵冷热风型
RD表示热泵辅助电热型

空调机组所适用的车辆
K表示铁道客车车辆
D表示地铁、轻轨车辆
J表示机车

A.2 型号示例

名义制冷量为40 kW，环境温度55℃的电热冷热风型铁道客车空调机组：KLD40T3

名义制冷量为35 kW，环境温度45℃的热泵冷热风型铁道客车空调机组：为KR35

名义制冷量为42 kW，环境温度50℃的冷风型铁道客车空调机组：KL42T2

名义制冷量为35 kW，环境温度55℃的电热冷热风型分体式铁道客车空调机组的室外机组：
KLDFW35T3

附 录 B
（规范性附录）
轨道车辆空调机组制冷（热）量的试验方法

B.1 试验方法

本标准规定的试验方法：

a) 制冷量测量—室内侧空气焓差法；

b) 制热量测量—室内侧空气温差法；

B.2 试验装置

B.2.1 风洞式空气焓差法布置原理图见图 B.1。

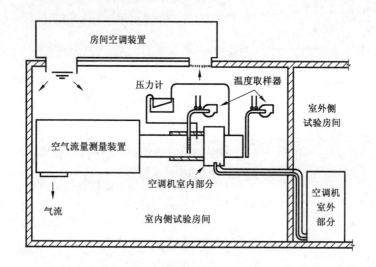

图 B.1

B.2.2 环路式空气焓差法布置原理图见图 B.2。

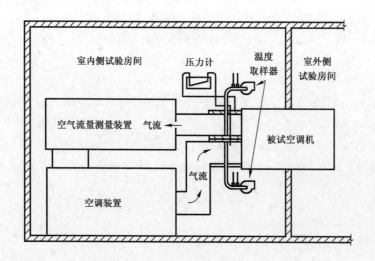

图 B.2

B.2.3 房间空气焓差法布置原理图见图 B.3。

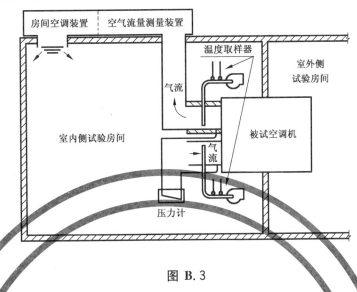

图 B.3

B.2.4 图 B.1、图 B.2、图 B.3 所示的布置图是为空气焓差法的试验原理图,具体试验装置可根据实际情况确定。

B.2.5 试验房间应按实际使用情况满足 B.7.1 的规定。

B.2.6 空气流量测量装置应按 B.5 的规定。

B.2.7 机外静压测量应按 B.6 的规定。

B.3 温度测量

B.3.1 测量风管内的温度应在横截面的各相等分格的中心处进行,所取位置不少于 3 处或使用取样器。风管内典型取样器见图 B.4。测量处和空调机组之间的连接管应隔热,通过连接管的漏热量不超过被测量制冷量的 1.0%。

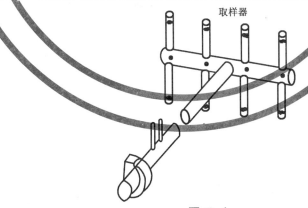

图 B.4

B.3.2 室内侧空气入口处的温度应在空调机组空气入口处至少取 3 个等距离的位置或采用同等效果的取样方法进行测量。温度测量仪表或取样器的位置应离空调机组空气入口处 150 mm。

B.3.3 室外侧空气入口处的温度测量应满足下列条件:

　　a) 应在室外侧热交换器周围至少取 3 点,测量点的空气温度不应受室外侧排出空气的影响。

　　b) 温度测量仪表或取样器的位置应离室外侧热交换器表面 600 mm。

B.3.4 经过湿球温度测量仪表的空气流速应为 5 m/s 左右。在空气进口和出口处的温度测量用同样的流速,空气流速高于或低于 5 m/s 的湿球温度测量应进行修正。

B.4 制冷量、制热量计算

B.4.1 制冷量计算

用室内侧试验数据分别按式(B.1)、式(B.2)、式(B.3)计算制冷量、显热制冷量和潜热制热量:

$$q_{tci} = Q_{mi}(h_{a1} - h_{a2})/[V'_n(1 + W_n)] \qquad\cdots\cdots\cdots\cdots\cdots\cdots\cdots\cdots (\text{B.1})$$

$$q_{sci} = Q_{mi}C_{pa}(t_{a1} - t_{a2})/[V'_n(1 + W_n)] \qquad\cdots\cdots\cdots\cdots\cdots\cdots\cdots (\text{B.2})$$

$$q_{lci} = 2.47 \times 10^6 \, Q_{mi}(W_{i1} - W_{i2})/[V'_n(1 + W_n)] \qquad\cdots\cdots\cdots\cdots\cdots (\text{B.3})$$

$$C_{pa} = 1006 + 1\,860\,W_{i1} \qquad\cdots\cdots\cdots\cdots\cdots\cdots\cdots\cdots\cdots (\text{B.4})$$

B.4.2 制热量计算

用室内侧试验数据按式(B.5)计算制热量:

$$q_{thi} = Q_{mi}C_{pa}(t_{a2} - t_{a1})/[V'_n(1 + W_n)] \qquad\cdots\cdots\cdots\cdots\cdots\cdots (\text{B.5})$$

B.5 空气流量测量

B.5.1 空气流量按 B.5.2 规定的喷嘴装置进行测量。

B.5.2 喷嘴装置

B.5.2.1 装置按图 B.5 所示,由一个隔板分开的进风室和排风室组成,在隔板上装一只或几只喷嘴。空气从被试空调机组出来经过风管进入进风室,通过喷嘴排入试验房间或用风管回到空调机组进口。

B.5.2.2 喷嘴装置及其与空调机组进口的连接应密封,渗漏空气量应不超过被测空气流量的 1.0%。

B.5.2.3 喷嘴中心之间的距离应不小于较大的一个喷嘴喉径的 3 倍,从任一喷嘴的中心到最邻近的风室或进风室板壁的距离应不小于该喷嘴喉径的 1.5 倍。

B.5.2.4 扩散板在进风室中的安装位置应在隔板的上风侧,其距离至少为最大喷嘴喉径的 1.5 倍;在排风室中的安装位置应在隔板的下风侧,其距离至少为最大喷嘴喉径的 2.5 倍。

B.5.2.5 应安装一台变风量的排风机和排风室相连接以进行静压调整。

B.5.2.6 通过一只或几只喷嘴的静压降采用一只或几只压力计测量,压力计的一端接到装在进风室内壁上并与壁齐平的静压接口上,另一端接到装在排风室内壁上并与壁齐平的静压接口上。应将每一室中的若干个接口并联地接到若干个压力计上或汇集起来接到一只压力计上,按图 B.5 也可用毕托管测量离开喷嘴后气流的速度头,在采用两只或两只以上的喷嘴时应使用毕托管测出每一喷嘴的气流速度头。

B.5.2.7 应提供确定喉部处的气流密度的方法。

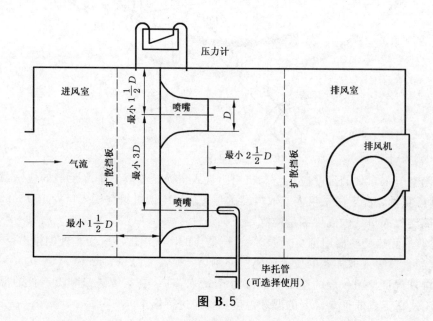

图 B.5

B.5.3 喷嘴

B.5.3.1 喷嘴使用时的喉部风速应大于 15 m/s,但应小于 35 m/s。

B.5.3.2 喷嘴按图 B.6 的结构制造,按 B.5.2 的规定进行安装,使用时不需进行校准。喉径等于或大于 127 mm 的喷嘴流量系数可定为 0.99,需要更精密的数据和喉径小于 127 mm 的喷嘴的流量系数按表 B.1 的规定,或对喷嘴进行校准。

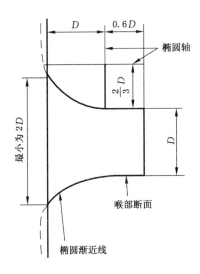

图 B.6

表 B.1

雷诺数 N_{Re}	流量系数 C
50 000	0.97
100 000	0.98
150 000	
200 000	0.99
250 000	
300 000	
400 000	
500 000	

雷诺数按式(B.6)计算:

$$N_{Re} = f V_a D_a \qquad\qquad\cdots\cdots\cdots\cdots\cdots\cdots\cdots\cdots (B.6)$$

温度系数由表 B.2 确定。

表 B.2

温度/℃	温度系数 f
-6.7	78.2
4.44	72.0
15.6	67.4
26.7	62.8

表 B.2（续）

温度/℃	温度系数 f
37.8	58.1
48.9	55.0
60.0	51.9
71.1	48.8

B.5.3.3 喷嘴的面积通过测量其直径确定，准确度为±0.2%。直径测量在喷嘴喉部的两个平面上进行，一个在出口处，另一个在靠近圆弧的直线段，每个平面沿喷嘴四周取 4 个直径，直径之间相隔约 45°。

B.5.4 计算

B.5.4.1 通过单个喷嘴的空气流量按式(B.7)、式(B.8)计算：

$$Q_{mi} = 1.414CA_a(P_vV_n')^{0.5} \qquad\cdots\cdots\cdots\cdots\cdots\cdots（B.7）$$

$$V_n' = 101\ 325V_n/[(1+W_n)P_n] \qquad\cdots\cdots\cdots\cdots\cdots（B.8）$$

B.5.4.2 使用多个喷嘴时，总空气流量按 B.5.4.1 的单个喷嘴的流量和计算。

B.6 静压的测定

B.6.1 配有风机和单个空气出口的空调机组

B.6.1.1 接风管空调机组的机外静压装置按图 B.7，在空调机组空气出口处安装一只短的静压箱，空气通过静压箱进入空气流量测量装置，静压箱的横截面尺寸应等于空调机组出口尺寸。

B.6.1.2 测量机外静压的压力计的一端应接至出风口静压箱的四个取压接口的箱外连通管，每个接口均位于静压箱各壁面中心位置，与空调机组空气出口的距离为出口平均横截面尺寸的 2 倍。采用进口风管的空调机组，另一端应接至位于进口风管各壁面中心位置的管外连接管；不用进口风管的空调另一端应和周围大气相通，进口风管的横截面尺寸应等于空调机组进口尺寸。

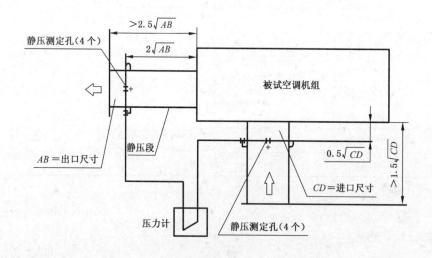

图 B.7

B.6.2 配有风机和多个空气出口的空调机组

在每个空气出口上装一个符合图 B.7 的短静压箱，空气通过静压箱进入一个共用风管段，然后进入空气流量测量装置。在每个静压箱进入共用风管段的平面上分别装一个可调节的限流器，平衡每个静压箱中的静压，多个送风机使用单个空气出口的空调机组按 B.6.1.1 的要求使用一个静压箱进行试验。

B.6.3 静压测定的一般要求

B.6.3.1 静压接口用直径为 6 mm 的短管制作,短管中心应与静压箱外表面上直径为 1 mm 的孔同心。孔的边口不应有毛刺和其他不规则的表面。

B.6.3.2 静压箱和风管段、空调机组以及空气测量装置的连接处应密封,不应漏气。在空调机组出口和温度测量仪表之间应隔热,防止漏热。

B.7 试验的准备及运行

B.7.1 试验室的要求

B.7.1.1 应有一间室内侧试验房间,房间的测试条件应保持在允许的范围内。

B.7.1.2 应有一间室外侧试验房间,房间应有足够的容积,使空气循环和正常运行时有相同的条件。房间除安装要求的尺寸关系外,应使房间和空调机组室外部分有空气排出一侧之间的距离不小于 2 m,空调机组其他面和房间之间的距离不小于 1 m。房间空调装置处理空气的流量不应小于室外部分空气的流量,并按要求的工况条件处理后低速均匀送回室外侧试验房间。试验时空调机组附近的空气之流速不应超过 2.5 m/s。

B.7.2 空调机组的安装

B.7.2.1 被试空调机组应按制造厂的安装要求进行安装,空调机组安装于室外侧房间内,空调机组的室内侧应由风道与室内侧相连。

B.7.2.2 除按规定的方法安装需要的试验装置和仪表外,不应改装空调机组。

B.7.2.3 需要时,空调机组应抽空并充注制造厂说明书中规定的制冷剂类型和数量。

B.7.3 制冷量和不结霜制热量的试验程序

B.7.3.1 试验房间内的空调装置和被试空调机组应进行不少于 1 h 的运行,工况稳定后记录数据。每隔 15 min 记录一次,直至连续 5 次的试验数据的允差在规定范围内。

B.7.3.2 在某些制热工况下,空调机组的室外侧热交换器上有少量积霜,应区别整个试验期间的不结霜运行和结霜运行。对于不结霜试验,要求室内和室外空气出口温度允差在规定的范围内。当结霜超出允许范围时,应采用融霜区的制热量试验程序。

B.7.4 融霜区的制热量试验程序

B.7.4.1 在融霜循环运行中,在没有改变被试空调机组的空气流量时,室内空气流应连续。融霜控制元件停止室内风机时,应同时切断由空调机组到室内侧热交换器的气流。为了测定输入被试空调机组的电机功率应使用积算式电功率表。

B.7.4.2 被试空调机组应进行不少于 1 h 的运行,工况稳定后记录数据,被试空调机组由于融霜控制元件的动作导致工况波动除外。融霜时房间空调装置的正常运行受到影响,按表 B.3 规定较宽的"融霜期间"允差进行试验。

B.7.4.3 被试空调机组应进行 3 h 的试验运行。在试验结束时如果被试空调机组正在融霜则融霜循环应完成,每隔 15 min 记录一次数据(B.7.3.1)。为了准确地确定融霜循环的起始和结束以及室内气流的时间-温度特性曲线(室内风机运行时)、输入被试空调机组的电机功率,在融霜循环过程中应连续记录试验数据。

表 B.3

读　　数					试验运行工况允差 （观察范围）			试验测试工况允差 （平均值与规定的试验工况的波值）		
					制冷和不 结霜制热	结霜制热		制冷和不 结霜制热	结霜制热	
						制热期间	融霜期间		制热期间	融霜期间
室外空气温度	干球	进口	℃		±1.0	±2.0	±5.0	±0.3	±0.5	±1.5
		出口				—	—	—		
	湿球	进口			±0.5	±1.0	±2.5	±0.17	±0.3	
		出口				—	—	—		
室内空气温度	干球	进口			±1.0	±2.0	a	±0.3	±0.5	±1.5
		出口					2.0	—		
	湿球	进口			±0.5	—	—	±0.2	—	
		出口								

a 如果室内风机停止，则不适用。

B.8 试验记录及试验结果

B.8.1 空调机组制冷（热）量试验应记录的试验数据如表 B.4。

表 B.4

序　号	记　录　项　目	单　位
1	试验日期	
2	试验人员	
3	试验空调机组的型号和出厂编号	
4	试验空调机组的额定参数	
5	大气压力	kPa
6	电压和频率	V/Hz
7	试验时间	h
8	空调机组的输入功率	kW
9	室内侧机外静压	Pa
10	空气进入机组的干、湿球温度	℃
11	空气离开机组的干、湿球温度	℃
12	喷嘴处空气的干球温度	℃
13	喷嘴前的静压	Pa
14	喷嘴的数量和喷嘴的直径	只/mm
15	喷嘴前后空气的静压差	Pa

B.8.2 试验结果应定量表示出被试空调机组对空气产生的效果，对于给定的试验工况试验结果应表示：

　　a) 制冷量，W；

　　b) 制热量，W；

c) 名义工况下的室内侧空气流量,m³/h;

d) 室内侧气流的机外静压,Pa;

e) 输入被试空调机组的总功率:W;

f) 电加热器功率,W;

g) 能效比(EER)/性能系数(COP),W/W。

B.8.3 试验时若大气压力低于标准大气(101 kPa),大气压读数每降低 3.5 kPa 制冷(热)量可增加 0.8%。

B.8.4 空气焓值应根据饱和温度和标准大气压的偏差进行修正。

B.9 公式(B.1)～(B.8)中各符号的含义如下:

A_a——喷嘴面积,单位为平方米,m²;

C——流量系数;

C_{Pa}——空气(干空气)的比热,单位为焦耳每千克摄氏度[J/(kg·℃)];

D_a——喷嘴的喉径,单位为毫米(mm);

f——温度系数;

h_{a1}——进入室内侧空气(干空气)的焓,单位为焦耳每千克(J/kg);

h_{a2}——离开室内侧空气(干空气)的焓,单位为焦耳每千克(J/kg);

N_{Re}——雷诺数;

P_V——喷嘴喉部的动压或通过喷嘴的静压差,单位为帕(Pa);

P_n——喷嘴前的静压力,单位为帕(Pa);

q_{sci}——显热制冷量(室内侧数据),单位为瓦(W);

q_{tci}——制冷量(室内侧数据),单位为瓦(W);

q_{lci}——潜热制冷量(室内侧数据),单位为瓦(W);

q_{thi}——制热量(室内侧数据),单位为瓦(W);

Q_{mi}——室内空气流量测量值,单位为平方米每秒(m²/s);

t_{a1}——进入室内侧空气干球温度,单位为摄氏度(℃);

t_{a2}——离开室内侧空气干球温度,单位为摄氏度(℃);

V_a——喷嘴处空气的流速,单位为米每秒(m/s);

$V_n{}'$——喷嘴处空气的比容,单位为立方米每千克(m³/kg);

V_n——在喷嘴进口处的干湿球温度下,并在标准大气压时空气(干空气)的比容,单位为立方米每千克(m³/kg);

W_n——喷嘴处空气(干空气)的含湿量,单位为每千克(kg/kg);

W_{i1}——进入室内侧空气(干空气)的含湿量,单位为每千克(kg/kg);

W_{i2}——离开室内侧空气(干空气)的含湿量,单位为每千克(kg/kg)。

附　录　C

（规范性附录）

轨道车辆空调机组噪声测试方法

C.1　范围

本附录规定了轨道车辆空调机组的噪声测试方法。

C.2　测定场所

测定场所应为反射平面上的半自由声场,试验机组的噪声与背景噪声之差应大于或等于 10 dB。若在测试中,背景噪声不能满足上述要求,而噪声差仅低 3 dB(A)～10dB(A)时,则测量值应按表 C.1修正;若背景噪声差在 3 dB(A)以下,则测量结果仅作估算值。

表 C.1
单位为 dB(A)

试验机组噪声级与背景噪声级差值	试验读数的修正值
≥10	0
6～9	−1
4～5	−2
3	−3

C.3　测量仪器

测量仪器应使用 GB/T 3785—1983 中规定的 Ⅰ型或Ⅰ型以上的声级计,以及精度相当的其他测试仪器。

C.4　运行条件

测量空调机组室外侧噪声时,空调机组应按有关的技术要求安装在台架上,台架的高度约 3 m,在额定电压、额定频率下稳定运行。有机外静压要求的空调机组,为了避免送风的影响,应接入一个 7 m长的阻尼风道,在送风口加额定的机外静压,以使测定在不受送风影响的状态下进行。空调机组出风口接到测试室外,如图 C.1 所示。测量空调机组室内侧噪声时,应有一个模拟车厢的封闭空间和风管,空调机组的送风口与模拟车厢的房间的风道连接,在额定的电压、额定频率和额定风量下运行。

C.5　测点位置

C.5.1　测量空调机组室外侧噪声的测点位置如图 C.1 所示,第 1 个测点的高度为距地面 1.2 m 至1.5 m之间,第 2 个测点的高度为距地面 3.5 m。

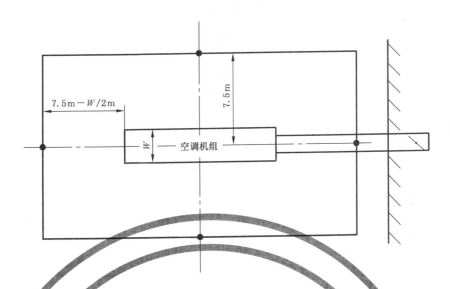

图 C.1 （平面图）

C.5.2 测量空调机组室内侧的噪声测点位置是在模拟车厢房间的中央距离地板面 1.2 m 和 1.6 m 处各测点,测量时拾声器朝上,其轴线与地面垂直。

C.6 测量方法

a) 在 C.4、C.5 规定的运行条件及位置下,测定空调机组的 A 声压级噪声,测定应在 C.4 规定的运行条件下进行测量。

b) 当风速大于 1 m/s 时,应使用风罩。

附 录 D

（规范性附录）

轨道车辆空调机组振动试验方法

D.1 适应范围

本附录规定了轨道车辆空调机组在振动试验台上进行的常规振动试验（以下简称振动试验）方法。

D.2 试验种类

振动试验的种类分为两种：安装在车辆上部的空调机组为 1 种，安装在车辆下部和机车车体上的空调机组为 2 种。

D.3 试验条件

D.3.1 试验顺序：先做共振试验，再做振动耐久试验。

D.3.2 空调机组安装：在试验台上的安装方法与状态应尽量与实际装车情况相同。

D.3.3 空调机组状态：试验机组应是经检查各部件完好的空调机组，并能正常工作。试验中，空调机组不工作，但做振动耐久试验时，应对空调机组试验开始前及试验结束后的工作状况进行比较。

D.3.4 施加振动的方向：根据空调机组实际安装的位置，在其纵向、横向和垂向的 3 个方向按任意顺序施加振动，所谓纵向、横向和垂向是指空调机组安装在车体上时，分别与机车车辆的纵向、横向和垂向方向相同的方向。

D.4 试验方法

D.4.1 共振试验

D.4.1.1 共振试验应符合以下条件：

a) 在表 D.1 所示的频率范围内，使频率连续上升或下降。

表 D.1 共振试验

种　类	频率范围/Hz	振　动　大　小
1	1～<5	全振幅 5 mm
	5～30	加速度全振幅 4.9 m/s²
2	1～<5	全振幅 10 mm
	5～30	加速度全振幅 9.8 m/s²

注：加速度全振幅为加速度值的 2 倍。

b) 频率变化速度应掌握在不使共振频率遗漏的程度。

c) 在最低、最高频率之间往返 1 次所需的时间应足够长，目的是不应遗漏共振频率。

d) 振动大小：在低频范围内，全振幅应为定值；在高频范围内，加速度全振幅应为定值。

D.4.1.2 加速度全振幅与振动的全振幅及振动频率之间的关系见式（D.1）。

$$2\alpha = \frac{4\pi^2}{1\,000} \times 2af^2 \approx 2a \times \left[\frac{f}{5}\right]^2 \qquad\cdots\cdots\cdots\cdots\cdots\cdots（D.1）$$

式中：

2α——加速度全振幅，单位为米每平方秒（m/s²）；

$2a$——全振幅，单位为毫米（mm）；

f——振动频率，单位为赫兹（Hz）。

D.4.1.3 在振动试验台能力不足又有必要做简单振动试验时，也可按表 D.2 所规定的频率范围及全振幅进行,在该频率范围内使振动频率连续上升和下降。这时,振动频变化速度、往返次数应符合 D.4.1.1中 b)、c)的规定。

表 D.2　共振试验(代用场合)

种　类	频率范围/Hz	振动大小	
		全振幅/mm	参　考
			最大加速度全振幅/(m/s²)
1	1~30	0.25	8.8
2	1~30	0.5	18

注:加速度全振幅为加速度值的2倍。

D.4.2　振动耐久试验

振动耐久试验分有共振和无共振两种。

振动耐久试验原则上按表D.3的B类进行,也可根据试验时间、振动试验台的能力等条件进行A类或C类试验。

D.4.2.1　无共振情况

无共振情况如表 D.3。

表 D.3　振动耐久试验(无共振)

种类	频率/Hz	A类					B类					C类				
		全振幅/mm	参考 加速度全振幅/(m/s²)	试验时间/min			全振幅/mm	参考 加速度全振幅/(m/s²)	试验时间/h			全振幅/mm	参考 加速度全振幅/(m/s²)	试验时间/h		
				纵向	横向	垂向			纵向	横向	垂向			纵向	横向	垂向
1	10	2.5	9.8	12	12	24	1.75	6.9	2	2	4	1.25	4.9	20	20	40
2		5.0	20				3.5	14				2.5	9.8			

D.4.2.2　有共振的情况

D.4.2.2.1　空调机组有1个共振频率时,试验按表D.4进行,当共振频率为1 Hz~5 Hz之间任一值时,全振幅2a 为 5 mm;当共振频率为5 Hz~30 Hz之间任一值时,全振幅2a 通过对应的共振频率、加速度全振幅应由公式(D.1)求出。

再根据表D.3所示的全振幅及表D.5所示的试验时间继续进行试验。

表 D.4　振动耐久试验(有共振)

频率/Hz	A类				B类				C类			
	全振幅/mm	试验时间/min			全振幅/mm	试验时间/h			全振幅/mm	试验时间/h		
		纵向	横向	垂向		纵向	横向	垂向		纵向	横向	垂向
共振频率	4a	3		6	2.8a	0.5		1	2a	5		10

表 D.5　振动耐久试验时间(无共振)

A类试验时间/min			B类试验时间/h			C类试验时间/h		
纵向	横向	垂向	纵向	横向	垂向	纵向	横向	垂向
9	18		1.5	3		15	30	

D.4.2.2.2　空调机组有两个以上共振频率时,取一个危险频率为试验频率,按 D.4.2.2.1项的规定进行试验。

ICS 27.200
J 73

中华人民共和国国家标准

GB/T 20108—2006

低温单元式空调机

Low temperature unitary air conditioners

2006-02-16 发布
2006-09-01 实施

中华人民共和国国家质量监督检验检疫总局
中国国家标准化管理委员会　发布

前　言

　　本标准是在 GB/T 17758—1999《单元式空气调节机》的基础上，针对食品、医药等行业，温度范围要求在5℃～18℃的工艺性场所中工作的空调机而制定。

　　本标准是首次制定。

　　本标准的附录 A 是资料性附录。

　　本标准由中国机械工业联合会提出。

　　本标准由全国冷冻空调设备标准化技术委员会(SAC/TC 238)归口。

　　本标准负责起草单位：广东申菱空调设备有限公司、合肥通用机械研究院。

　　本标准主要起草人：欧阳惕、张建学、史敏。

低温单元式空调机

1 范围

本标准规定了低温单元式空调机(以下简称"低温空调机")的术语和定义、型号、基本参数、技术要求、试验方法、检验规则及标志、包装、运输、贮存的要求。

本标准适用于制冷量大于或等于 7 kW,用于工艺性环境,进风温度范围在 5℃～18℃的单元式空调机。

2 规范性引用文件

下列文件中的条款通过本标准的引用而成为本标准的条款。凡是注日期的引用文件,其随后所有的修改单(不包括勘误的内容)或修订版均不适用于本标准,然而,鼓励根据本标准达成协议的各方研究是否可使用这些文件的最新版本。凡是不注日期的引用文件,其最新版本适用于本标准。

GB 4706.1 家用和类似用途电器的安全 第 1 部分:通用要求

GB 4706.32 家用和类似用途电器的安全 热泵、空调器和除湿机的特殊要求

GB/T 17758—1999 单元式空气调节机

JB/T 7249—1994 制冷设备术语

JB 8655—1997 单元式空气调节机 安全要求

3 术语和定义

JB/T 7249 确立的以及下列术语和定义适用于本标准。

3.1

低温单元式空调机 low temperature unitary air conditioners

用于低温工况(5℃～18℃)下向封闭空间内提供处理空气的设备。它主要包括制冷系统以及空气循环和空气过滤装置,还可以包括加热、加湿装置。

3.2

低温工况 low temperature conditions

指低温空调机的进风温度在 5℃～18℃之间。

3.3

能效比(EER) energy efficiency ratio

在名义工况下,制冷量与输入总功率之比,单位 W/W。

4 型式和基本参数

4.1 型式

低温空调机的型式按结构类型、冷凝器的冷却方式、功能类型划分,其代号及含义按附录 A 的规定。

4.2 基本参数

4.2.1 低温空调机的基本参数按表 1 的规定。

表 1

名义制冷量/W	EER/（W/W）	
	水　冷	风　冷
≥7 000～15 000	2.2	2.0
＞15 000～30 000	2.25	2.0
＞30 000～50 000	2.4	2.2
＞50 000	2.5	2.3

4.2.2　低温空调机名义制冷量按表 2 规定的名义工况确定，大气压为 101.325 kPa。

表 2

单位为摄氏度

工　况	室内工况		风冷式室外进风干球温度	水冷式进/出水温度
	进风干球温度	进风湿球温度		
名义水冷工况	12	10	—	30/35
名义风冷工况			35	—
最大负荷工况	20	15	43	34/—ª
融霜工况	8	7	35	30/35
低温工况	5	4	20	18/—ª
最低负荷工况				

ª　采用名义工况下确定的水量。

4.3　现场不接风管的低温空调机，机外静压为 0 Pa；接风管的低温空调机，机外静压按表 3 的规定。

表 3

名义制冷量/W	最小机外静压/Pa
≥7 000～15 000	50
＞15 000～30 000	75
＞30 000～50 000	100
＞50 000	120

5　技术要求

5.1　一般要求

5.1.1　低温空调机应符合本标准的要求，并按规定程序批准的图样和技术文件制造。

5.1.2　低温空调机的黑色金属表面应进行防锈蚀处理。

5.1.3　电镀件表面应符合 GB/T 17758—1999 中 5.1.3 的规定。

5.1.4　涂漆件应符合 GB/T 17758—1999 中 5.1.4 及 5.1.14 的规定。

5.1.5　装饰件应符合 GB/T 17758—1999 中 5.1.5 的规定。

5.1.6　低温空调机各零部件的安装应符合 GB/T 17758—1999 中 5.1.6 的规定。

5.1.7　低温空调机如果采用热泵除霜方式时，其电磁换向阀应符合 GB/T 17758—1999 中 5.1.7 的规定。

5.1.8　低温空调机的保温层应符合 GB/T 17758—1999 中 5.1.8 的规定。

5.1.9　低温空调机制冷系统零部件的材料应符合 GB/T 17758—1999 中 5.1.9 的规定。

5.1.10　低温空调机的安全要求应符合 JB 8655 及 GB 4706.1、GB 4706.32 规定。

5.1.11 低温空调机在下列条件下应能正常工作：

    a) 水冷冷凝器的进水温度应不超过 34℃；

    b) 风冷机组的环境温度 18℃～43℃。

5.1.12 低温空调机控制精度如下：

低温空调机参数控制精度为：普通型干球温度精度为±2℃；恒温恒湿型干球温度精度为±1℃，相对湿度精度为±10%。

5.2 低温空调机零、部件

低温空调机所有零、部件应符合 GB/T 17758—1999 中 5.2 规定。

5.3 性能要求

5.3.1 密封性

制冷系统密封性能应符合 GB/T 17758—1999 中 5.3.1 的规定。

5.3.2 运转

按 6.3.2 方法试验时，所测电流、电压、输入功率等参数应符合设计要求。

5.3.3 名义制冷量

按 6.3.3 方法试验时，低温空调机实测名义工况制冷量应不小于名义制冷量的 95%。

5.3.4 制冷消耗功率

按 6.3.4 方法试验时，低温空调机在名义工况下的制冷消耗功率应不大于名义制冷消耗功率的 110%。水冷式低温空调机制冷量每 300 W 增加 10 W 作为冷却水水泵和冷却水塔风机的功率消耗。

5.3.5 能效比

按 6.3.3 方法实测制冷量与按 6.3.4 方法实测的功率之比不应小于表 1 的规定值。

5.3.6 最大负荷制冷运行

按 6.3.4 方法试验时，应符合 GB/T 17758—1999 中 5.3.8 的规定。

5.3.7 低温工况运行

按 6.3.5 方法试验时，应符合 GB/T 17758—1999 中 5.3.10 的规定。

5.3.8 融霜

按 6.3.6 方法试验时，应符合 GB/T 17758—1999 中 5.3.13 的规定。

5.3.9 最低负荷运行

按 6.3.7 方法试验时，可卸载压缩机卸载到压缩机允许的最小负荷时，低温空调机应能正常运行。

5.3.10 噪声

按 6.3.8 方法试验时，低温空调机的噪声值(声压级)应符合表 4 规定。

表 4
                      单位为分贝(A 声级)

名义制冷量/W	室内机组		室外机组
	接风管	不接风管	
≥7 000～15 000	67	65	68
>15 000～30 000	70	68	69
>30 000～50 000	73	—	71
>50 000	按供货合同要求		按供货合同要求

6 试验方法

6.1 试验条件

6.1.1 低温空调机制冷量试验装置，按 GB/T 17758—1999 中附录 A 的规定。

6.1.2 试验工况，见表 2。

6.1.3 仪器仪表的型式及精度,按 GB/T 17758—1999 中 6.1.3 的规定。

6.1.4 低温空调机进行制冷量试验时,试验工况参数的读数允差按 GB/T 17758—1999 中 6.1.4 的规定。

6.1.5 低温空调机进行融霜、最低负荷运行工况考核和低温试验时,试验工况参数的读数允差按 GB/T 17758—1999 中 6.1.5 的规定。

6.2 试验的一般要求

试验的一般要求按 GB/T 17758—1999 中 6.2 的规定。

6.3 试验方法

6.3.1 制冷系统密封性能试验,按 GB/T 17758—1999 中 6.3.1 的规定。

6.3.2 运转试验,按 GB/T 17758—1999 中 6.3.2 的规定。

6.3.3 制冷量试验,按 6.1.1 规定的方法和表 2 规定的名义制冷工况进行试验。

6.3.4 制冷消耗功率试验,按 6.3.3 方法测定制冷量同时,测试低温空调机的输入功率、电流。

6.3.5 低温工况试验,按表 2 规定的低温工况,及按 GB/T 17758—1999 中 6.3.10 的规定进行。

6.3.6 融霜试验,按表 2 规定的融霜工况,及按 GB/T 17758—1999 中 6.3.13 的规定进行。

6.3.7 最低负荷运行工况,按表 2 规定的最低负荷运行工况稳定后连续运行 1 h;然后停机 3 min (此时电压上升不超过 3%),再启动运行 1 h。

6.3.8 噪声试验,按 GB/T 17758—1999 中 6.3.14 的规定进行。

6.3.9 电镀件盐雾试验,按 GB/T 17758—1999 中 6.3.15 的规定进行。

6.3.10 涂漆件的漆膜附着力试验,按 GB/T 17758—1999 中 6.3.16 的规定进行。

7 检验规则

7.1 出厂检验

每台机均应做出厂检验,检验项目按表 5 的规定。

表 5

检验项目	出厂检验	抽样检验	型式检验	技术要求	试验方法
一般检查				5.1	视检
标志				GB/T 17758—1999 中 8.1	
包装				GB/T 17758—1999 中 8.2	
绝缘电阻					
介电强度	✓				
泄漏电流				JB 8655	JB 8655
接地电阻		✓			
防触电保护			✓		
制冷系统密封性				GB/T 17758—1999 中 5.3.15	GB/T 17758—1999 中 6.3.1
运转				5.3.2	6.3.2
制冷量				5.3.3	6.3.3
制冷消耗功率	—			5.3.4	6.3.3
能效比				5.3.5	6.3.3、6.3.4
噪声				5.3.10	6.3.8
最大负荷制冷		—		5.3.6	6.3.4

表 5(续)

检验项目	出厂检验	抽样检验	型式检验	技术要求	试验方法
低温工况				5.3.7	6.3.5
融霜				5.3.8	6.3.6
最低负荷运行	—	—	√	5.3.9	6.3.7
电镀件盐雾试验				5.1.3	6.3.10
涂漆件的漆膜附着力				5.1.4	6.3.11
注:"√"为应做项目,"—"为不做项目。					

7.2 抽样检验

7.2.1 低温空调机应从出厂检验合格的产品中抽样,检验项目和试验方法按表 5 的规定。

7.2.2 低温空调机抽样检验的工况按表 2 规定。

7.2.3 抽样方法按 GB/T 17758—1999 中 7.2.3 的规定。

7.3 型式试验

7.3.1 新产品或者定型产品作重大改进,第一台产品应该作型式试验,检验项目按表 5 的规定。

7.3.2 型式试验时间不应少于试验方法中规定的时间,运行时如有故障在故障排除后应重新检验。

8 标志、包装、运输及贮存

按 GB/T 17758—1999 中第 8 章的规定。

附　录　A

（资料性附录）

低温单元式空调机型号表示方式

A.1　空调机的型号规定

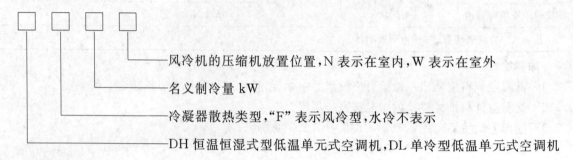

——风冷机的压缩机放置位置，N 表示在室内，W 表示在室外

——名义制冷量 kW

——冷凝器散热类型，"F"表示风冷型，水冷不表示

——DH 恒温恒湿式型低温单元式空调机，DL 单冷型低温单元式空调机

A.2　型号示例

a)　名义制冷量为 20 kW 的，水冷单冷型低温单元式空调机型号：DL20。

b)　名义制冷量为 12 kW 的，压缩机置于室内机，风冷恒温恒湿型低温单元式空调机型号：DHF12N。

ICS 27.200
J 73

中华人民共和国国家标准

GB/T 20109—2006

全 新 风 除 湿 机

Fresh air dehumidifiers

2006-02-16 发布　　　　　　　　　　　　　　2006-09-01 实施

中华人民共和国国家质量监督检验检疫总局
中国国家标准化管理委员会　发 布

前　言

本标准是在 GB/T 19411—2003《除湿机》的基础上，针对烟草、化工、档案室等行业，要求全新风的工艺性场所中工作的除湿机而制定。

本标准是首次制定。

本标准的附录 A 是资料性附录。

本标准由中国机械工业联合会提出。

本标准由全国冷冻空调设备标准化技术委员会(SAC/TC 238)归口。

本标准负责起草单位：广东申菱空调设备有限公司、第二炮兵司令部工程部、合肥通用机械研究院。

本标准主要起草人：欧阳惕、林来豫、史敏。

全 新 风 除 湿 机

1 范围

本标准规定了全新风除湿机(以下简称"除湿机")的定义、型号、基本参数、技术要求、试验方法、检验规则及标志、包装、运输、贮存等。

本标准适用于以机械制冷方式除湿、水冷调温、以冷凝热为再热方式的全新风除湿机。

2 规范性引用文件

下列文件中的条款通过本标准的引用而成为本标准的条款。凡是注日期的引用文件,其随后所有的修改单(不包括勘误的内容)或修订版均不适用于本标准,然而,鼓励根据本标准达成协议的各方研究是否可使用这些文件的最新版本。凡是不注日期的引用文件,其最新版本适用于本标准。

GB/T 191—2000 包装储运图示标志

GB/T 2423.17 电工电子产品基本环境试验规程 试验 Ka:盐雾试验方法

GB/T 3785 声级计的电、声性能及测试方法

GB/T 4343.1 电磁兼容 家用电器、电动工具和类似器具的要求 第 1 部分:发射(CISPR 14-1:2000,IDT)

GB 4706.1 家用和类似用途电器的安全 第一部分:通用要求

GB 4706.32 家用及类似用途电器的安全 热泵、空调器和除湿机的特殊要求

GB/T 6388 运输包装收发货标志

GB 8624 建筑材料燃烧性能分级方法

GB 9237—2001 制冷和供热用机械制冷系统 安全要求(eqv ISO 5149:1993)

GB 9969.1—1998 工业产品使用说明书 总则

GB/T 13306—1991 标牌

GB 17625.1 电磁兼容 限值 谐波电流发射限值(设备每相输入电流≤16 A)(IEC 61000-3-2:2001,IDT)

GB/T 17758—1999 单元式空气调节机

GB/T 19411—2003 除湿机

JB/T 4330—1999 制冷和空调设备噪声的测定

JB 8655—1997 单元式空气调节机 安全要求

3 术语和定义

下列术语和定义适用于本标准

3.1

全新风除湿机 fresh air dehumidifiers
用于处理新风,以控制送风状态为目的的除湿机。

3.2

名义风量 nominal air flow
单位时间内通向封闭的空间、房间或区域送入的空气量。带风机的机组,应按制造厂规定的机外静

压送风运行,该风量应换算成20℃、101 kPa、相对湿度65%的状态下的数值,单位 m³/h。

3.3

名义除湿量 nominal dehumidification capacity

在名义工况下,除湿机运行1 h的凝结水量的名义值,单位 kg/h。

3.4

单位输入功率除湿量 dehumidification capacity per power

在名义工况下,除湿量与输入总功率之比,单位 kg/(h·kW)。

4 型式和基本参数

4.1 型式

4.1.1 全新风除湿机的结构类型按表1的规定

表1

结构类型	代号
带风机	F
不带风机	—

4.1.2 全新风除湿机的功能类型按表2的规定

表2

功能类型	代号
调温	T
不调温	—

4.2 基本参数

4.2.1 全新风除湿机的名义除湿量按表3规定的名义工况下确定,大气压101.325 kPa。

表3 单位为摄氏度

项目	进风干球温度	进风湿球温度	出风露点温度	进水温度	出水温度
名义工况	35	28	≤12	30	35
最大负荷工况	40	30	≤10	34	a
凝露工况	31	28	≤12	30	35
低温工况	10	8	—	—	12
最小负荷工况	16	14	≤10	25	a

a 采用名义工况下确定的水量。

4.2.2 接风管的全新风除湿机的名义风量与带风机型的最小机外静压应符合表4的规定。

表4

名义风量/(m³/h)	带风机机型的最小机外静压/Pa
≤6 000	100
>6 000~10 000	150
>10 000	200

4.3 型号表示方式

全新风除湿机的型号表示方式可参照附录A。

5 技术要求

5.1 一般要求

5.1.1 全新风除湿机应符合本标准和 JB 8655 的要求,并按经规定程序批准的图样和技术文件制造。

5.1.2 全新风除湿机的黑色金属制件表面应进行防锈处理。

5.1.3 电镀件表面应光滑、色泽均匀,不得有剥落、针孔,不应有明显的花斑和划伤等缺陷。

5.1.4 涂漆件表面不应有明显气泡、流痕、漏涂、底漆外露及不应有的皱纹和其他损伤。

5.1.5 装饰性塑料件表面应平整、色泽均匀,不得有裂痕、气泡和明显缩孔等缺陷和其他损伤。

5.1.6 全新风除湿机各零部件的安装应牢固可靠,管路与零件不应有相互摩擦和碰撞。

5.1.7 全新风除湿机的保温层应有良好的保温性能,且无毒、无异味并符合 GB 8624 中难燃材料(B1 级)的要求。

5.1.8 全新风除湿机制冷系统零部件的材料应能在制冷剂、润滑油及其混合物的作用下不产生劣化且保证整机正常工作。

5.1.9 电镀件应符合下述规定

按 6.6 方法实验后,金属镀层上的每个锈点、锈迹面积不应超过 1 mm²;每 100 cm² 试件镀层不超过 2 个锈点和锈迹。

5.1.10 涂漆件的漆膜附着力要求

按 6.7 方法实验后,漆膜脱落格数不超过 15%。

5.2 电源

全新风除湿机的电源采用三相电压 380 V、50 Hz 频率的交流电源。

5.3 温度适用范围

a) 进风温度 15～43℃,露点 12℃以上;

b) 全新风除湿机的水冷冷凝器的进水温度应不高于 34℃。

5.4 零部件要求

全新风除湿机所有零、部件应符合 GB/T 17758—1999 中 5.2 规定。

5.5 控制精度

在名义工况下,调温型全新风除湿机出风参数的控制精度如下:

出风干球温度精度±1℃,露点温度精度±1℃。

5.6 性能要求

5.6.1 除湿量

全新风除湿机的名义工况实测除湿量应不小于名义除湿量的 95%。

5.6.2 输入功率

全新风除湿机在名义工况下的输入功率应不大于额定输入功率的 110%。

5.6.3 单位输入功率除湿量

全新风除湿机的单位输入功率除湿量应不小于表 5 的规定值。

表 5

名义风量/(m³/h)	单位输入功率除湿量/[kg/(h·kW)]	
	带风机	不带风机
≤6 000	2.3	2.6
>6 000～8 000	2.5	2.7
>8 000～10 000		2.8
>10 000		

5.6.4 最大负荷运行

全新风除湿机按 6.2.5 规定的最大负荷工况试验时,应能正常启动和工作。过载保护器在 1 h 连续运行期间不应动作,但停机 3 min 后再启动的 5 min 内允许动作一次,然后再连续运行 1 h。

5.6.5 最小负荷运行

按 6.2.6 方法试验时,可卸载压缩机卸载到压缩机允许的最小负荷时,全新风除湿机应能正常运行。

5.6.6 低温运行

全新风除湿机在低温工况下运行时,应符合下列要求:

a) 出风口不应有水滴出;

b) 运行结束后,蒸发器的迎风面上不应有冰霜。

5.6.7 凝露

对调温型全新风除湿机按 6.2.8 方法试验时,全新风除湿机外表面凝露不应滴下,室内送风不应带有水滴。

5.6.8 制冷系统密封性能

全新风除湿机按 6.3 方法试验时,制冷系统各部分不应有任何泄漏。

5.6.9 凝结水排除

全新风除湿机在各种试验工况下运行时,应具有排除凝结水的能力,排水口以外的任何部位不应有水溢出或吹出。

5.7 噪声

全新风除湿机的噪声值(声压级)应不大于铭牌标示值。

5.8 安全要求

全新风除湿机安全要求应符合 JB 8655 及 GB 4706.32 的规定。

5.9 运转要求

每台全新风除湿机出厂前,应在接近名义工况条件下正常运行,安全保护装置应灵敏、可靠,温、湿度控制仪和电气控制元件等动作应正确。

5.10 充注制冷剂规定

全新风除湿机在出厂前应充注制冷剂或者 0.03 MPa~0.10 MPa(表压)的干燥氮气。

5.11 外观

每台全新风除湿机在出厂包装前,应进行外观检查。机架、壳体等不应变形,油漆、电镀表面不应擦伤。

6 试验方法

6.1 试验的一般要求

6.1.1 全新风除湿机所有试验应按铭牌上的额定频率和额定电压进行。

6.1.2 全新风除湿机的风量及机外静压按 GB/T 17758 所规定的方法进行。

6.2 性能试验

全新风除湿机的性能试验包括名义工况下的除湿量试验、输入功率试验、最大负荷运行试验、低温运行试验、最小负荷试验、凝露试验和凝结水排除试验。

6.2.1 试验工况

全新风除湿机在额定电压和额定功率下按表 3 规定的工况进行试验。

6.2.2 名义除湿量试验

按表 3 规定的名义工况及按 GB/T 19411—2003 中附录 A 规定的方法试验。

6.2.3 输入功率试验

与名义工况下的除湿量试验同时进行,每 10 min 记录一次全新风除湿机的输入功率、电压、电流和电源频率,然后取算术平均值。带连接风管全新风除湿机的输入功率应按 6.2.4 进行修正。

6.2.4 带风机带连接风管全新风除湿机的风机输入功率修正。

6.2.4.1 如果全新风除湿机配置有风机,则有部分风机电机的输入功率被包括在全新风除湿机所消耗的有效功率内。应从全新风除湿机所消耗的总功率内除去的部分,可用下式进行计算。

$$q\Delta P_e/\eta \quad\quad\quad\quad\quad\quad\quad\quad\quad (1)$$

式中:

η——常数,取 0.3;

ΔP_e——可利用的外部静压差,Pa;

q——全新风除湿机的名义风量,m^3/s。

6.2.4.2 如果全新风除湿机不配置风机,则应有部分输入功率要包括在全新风除湿机所消耗的有效功率内,可用下式进行计算。

$$q\Delta P_e/\eta \quad\quad\quad\quad\quad\quad\quad\quad\quad (2)$$

式中:

η——常数,取 0.3;

ΔP_e——实际测量的内部静压差,Pa;

q——全新风除湿机的名义风量,m^3/s。

6.2.5 最大负荷运行试验

在额定电压和额定频率下,按表 3 规定工况,稳定后连续运行 1 h,然后停机 3 min(此间电压上升不超过 3%),再启动运行 1 h。

6.2.6 最小负荷运行试验

在额定电压和额定频率下,按表 3 规定的工况,稳定后连续运行 1 h;然后停机 3 min(此间电压上升不超过 3%),再启动运行 1 h。

6.2.7 低温运行试验

按表 3 规定的工况,在额定频率和额定电压下,工况稳定后,连续运行时间不少于 4 h。

6.2.8 凝露试验

在不违反制造厂规定的条件下,将全新风除湿机的温度控制器、风机速度、风门和导向隔栅调到最易凝水的状态进行制冷运行,达到表 3 规定的凝露工况后,全新风除湿机连续运行 4 h。

6.2.9 凝结水排除试验

将全新风除湿机的温度控制器、风机速度、风门和导向格栅调到最易凝水状态,在接水盘注满水即达到排水口流水后,按规定的工况运行,当接水盘的水位稳定后,再连续运行 4 h。

6.3 制冷系统密封性能试验

全新风除湿机的制冷系统在正常的制冷剂充注量下,用下列灵敏度的制冷剂检漏仪进行检验:小于等于 3 000 m^3/h 名义风量的全新风除湿机,灵敏度为 1×10^{-6} Pa·m^3/s;大于 3 000 m^3/h 名义风量的全新风除湿机,灵敏度为 1×10^{-5} Pa·m^3/s。

6.4 噪声试验

按 JB/T 4330 的规定进行。

6.5 运转试验

全新风除湿机应在接近名义工况的条件下连续运行,分别测量全新风除湿机的输入功率、运转电流和进、出风温度,以及凝结水排除状况。检查安全保护装置的灵敏可靠性和温、湿度控制仪及电器控制元件等动作的正确性。

6.6 电镀件盐雾试验

全新风除湿机的电镀件应按 GB/T 2423.17 进行盐雾试验,试验周期 24 h。试验前,电镀件表面应清洗除油;试验后,用清水冲掉残留在表面上的盐分,检查电镀件腐蚀情况,其结果应符合5.1.9的规定。

6.7 涂漆件的漆膜附着力试验

在机组外表面取长 10 mm、宽 10 mm 的面积,用新刮脸刀片纵横各划 11 条间隔 1 mm、深达底材的平行切痕。用氧化锌医用胶布贴牢,然后沿垂直方向快速撕下。按划痕范围内漆膜脱落的格数对 100 的比值评定,每小格漆膜保留不足 70%的视为脱落。试验后,检查漆膜脱落的情况,其结果应符合5.1.10的规定。

6.8 外观检验

目测全新风除湿机外观质量,应符合5.11 的规定。

6.9 测量仪表

测量仪表的精度要求见表6。

表 6

测量仪表种类	仪 表 名 称	仪表准确度
温度测量仪表	玻璃水银温度计 铂电阻温度计 热电偶温度计	±0.1℃
压力测量仪表	压力表 电子压力传热感器 气压计	压力仪表:为测量值的±1% 气压计:为测量值的±0.1%
液体流量测量仪表	记录式、指标式、积算式流量计量筒	为测量值的±0.1%
空气流量测量仪表	测量风管静压的仪表	±2.5 Pa(喷嘴应符合有关标准的规定)
电气测量仪表	指示式、积算式功率表 电流表 电压表 频率表	为测量值的±0.5%
转速测量仪表	转速表 闪频测速仪 示波器	为测量值的±1%
噪声测量仪表	Ⅰ型以上的精密声级计	应符合 GB/T 3785 的规定
时间测量仪表	计量器	为测量值的±0.1%
质量测量仪表	台秤 磅秤	为测量值的±0.2%

7 检验规则

7.1 一般要求

每台全新风除湿机应经制造厂检验部门按本标准和技术文件检验合格后方可出厂。

7.2 出厂检验

按表7规定的项目做出厂检验。

7.3 抽样检验

按表7规定的项目进行。

7.4 型式检验

新产品或定型产品作重大改进,第一台产品应做型式检验,检验项目按表7的规定。型式检验时间不应少于试验方法中规定的时间,运行中如有故障,在故障排除后应重新检验。

表 7

检验项目	出厂检验	抽样检验	型式检验	技术要求条文	检验方法
一般要求外观				5.1、5.11	视检、6.8
标志				8.1	
包装				8.2	
绝缘电阻	√			GB 4706.32 或 JB 8655	GB 4706.32 或 JB 8655
泄漏电流					
接地电阻					
防触电保护措施		√			
制冷系统密封				5.6.8	6.3
运转				5.9	6.5
名义除湿量				5.6.1	6.2.2
输入功率				5.6.2	6.2.3
单位输入功率除湿量			√	5.6.3	6.2.2、6.2.3
噪声				5.7	6.4
最大负荷运行				5.6.4	6.2.5
最小负荷运行				5.6.5	6.2.6
低温运行				5.6.6	6.2.7
凝露运行				5.6.7	6.2.8
凝结水排除				5.6.9	6.2.9
电镀件盐雾试验				5.1.9	6.6
涂漆件的漆膜附着力试验				5.1.10	6.7
制冷系统安全				GB 9237	GB 9237
电磁兼容				GB/T 19411 中的 5.7.1	GB/T 4343.1、GB 17625.1

注："√"为应做项目，"—"为不做项目。

8 标志、包装、运输及贮存

8.1 标志

8.1.1 每台全新风除湿机应在两侧面或背面处的明显部位固定耐久性标牌,标牌的尺寸和技术要求应符合 GB/T 13306 的规定。标牌上应标志下列内容:

    a) 产品型号和名称;

    b) 主要技术参数(名义风量、名义除湿量,制冷剂代号及注入量、电压、频率、相数、输入总功率和重量);

    c) 产品出厂编号;

    d) 制造厂名称;

    e) 制造日期。

8.1.2 全新风除湿机上应有标明工作状况的标志,如通风机旋转方向的箭头,进、出水口标志以及指示仪表和控制按钮等。

8.1.3 每台全新风除湿机应在正面明显部位固定产品商标。

8.2 包装

8.2.1 全新风除湿机在包装前应进行清洁处理,各部件应干燥、清洁,易锈部件应涂防锈剂,并按 5.10 的规定充注制冷剂或氮气。

8.2.2 全新风除湿机应牢固地固定在包装箱内,并具有可靠的防潮和防振措施。

8.2.3 每台全新风除湿机应随带下列技术文件。

8.2.3.1 产品合格证,内容包括:

    a) 产品型号和名称;

    b) 产品出厂编号;

    c) 产品检验结果;

    d) 检验员签章;

    e) 检验日期。

8.2.3.2 产品说明书,内容应符合 GB 9969.1—1998 附录 A 的有关规定。

8.2.3.3 装箱单,内容包括:

    a) 制造厂名称;

    b) 产品型号和名称;

    c) 产品出厂编号;

    d) 装箱日期;

    e) 随带文件名称及数量;

    f) 检验员签章。

8.2.4 包装箱上应清晰标出收发货标志和储运标志。

8.2.4.1 收发货标志,内容包括:

    a) 收货站和收货单位名称;

    b) 产品型号及名称;

    c) 包装箱外形尺寸;

    d) 毛重、净重;

    e) 发货站和制造厂名称。

8.2.4.2 储运标志,内容包括:

    a) 小心轻放;

    b) 向上;

    c) 怕潮;

    d) 堆放层数等。

8.2.4.3 包装收发货标志和储运标志应符合 GB/T 6388 和 GB/T 191 的有关规定。

8.3 贮存

包装后的全新风除湿机应贮存在干燥、通风的库房内。

附 录 A
（资料性附录）
全新风除湿机型号表示方法

A.1 全新风除湿机的型号规定

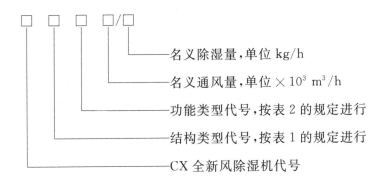

名义除湿量,单位 kg/h

名义通风量,单位 $\times 10^3$ m³/h

功能类型代号,按表 2 的规定进行

结构类型代号,按表 1 的规定进行

CX 全新风除湿机代号

A.2 型号示例

a) 名义通风量为 6 000 m³/h,带风机,除湿量为 90 kg/h,调温型的全新风除湿机型号:
CXFT6/90;

b) 名义通风量为 8 000 m³/h,不带风机,除湿量为 110 kg/h,非调温型的全新风除湿机型号:
CX8/110。

ICS 27.200
J 73

中华人民共和国国家标准

GB/T 20738—2006

屋顶式空气调节机组

Rooftop air conditioning unit

2006-12-25 发布　　　　　　　　2007-05-01 实施

中华人民共和国国家质量监督检验检疫总局
中国国家标准化管理委员会　发布

前　言

本标准由中国机械工业联合会提出。

本标准由全国冷冻空调设备标准化技术委员会(SAC/TC 238)归口。

本标准负责起草单位：常州爱斯特空调设备有限公司、合肥通用机械研究院。

本标准参加起草单位：特灵空调器有限公司、浙江盾安人工环境设备股份有限公司、约克(无锡)空调冷冻设备股份有限公司、珠海格力电器股份有限公司、广东申菱空调设备有限公司、深圳麦克维尔空调有限公司、上海富田空调冷冻设备有限公司、广东省吉荣空调设备公司。

本标准主要起草人：巢龙兆、邱有鹏、李娟芳、张秀平、张维加、李建军、胡祥华、谭建明、易新文、周鸿钧、姚宏雷、赵薰。

本标准由全国冷冻空调设备标准化技术委员会负责解释。

本标准是首次制定。

屋 顶 式 空 气 调 节 机 组

1 范围

本标准规定了由电动机驱动的屋顶式空气调节机组(以下简称"空调机")的术语和定义、型式和基本参数、要求、试验方法、检验规则、标志、包装、运输和贮存。

本标准适用于集中送风的屋顶式空气调节机组。

2 规范性引用文件

下列文件中的条款通过本标准的引用而成为本标准的条款。凡是注日期的引用文件,其随后所有的修改单(不包括勘误的内容)或修订版均不适用于本标准,然而,鼓励根据本标准达成协议的各方研究是否可使用这些文件的最新版本。凡是不注日期的引用文件,其最新版本适用于本标准。

GB/T 2423.17—1993 电工电子产品基本环境试验规程 试验 Ka:盐雾试验方法

GB 4706.32—2004 家用和类似用途电器的安全 热泵、空调器和除湿机的特殊要求

GB 5226.1—2002 机械安全 机械电气设备 第 1 部分:通用技术条件

GB 9237—2001 制冷和供热用机械制冷系统 安全要求

GB 10891—1989 空气处理机组 安全要求

GB/T 13306—1991 标牌

GB/T 13384—1992 机电产品包装通用技术条件

GB/T 14294—1993 组合式空调机组

GB/T 17758—1999 单元式空气调节机

JB/T 4330—1999 制冷和空调设备噪声的测定

JB/T 7249 制冷设备 术语

JB 8655—1997 单元式空气调节机 安全要求

3 术语和定义

JB/T 7249 中确立的以及下列术语和定义适用于本标准。

3.1

屋顶式空气调节机组 rooftop air conditioning unit

一种安装于屋顶上并通过风管向密闭空间、房间或区域直接提供集中处理空气的设备。它主要包括制冷系统以及空气循环和净化装置,还可以包括加热、加湿和通风装置。

4 型式和基本参数

4.1 型式

4.1.1 按功能分类:

a) 冷(热)风型机组;

b) 恒温恒湿型机组;

c) 全新风型机组。

4.1.2 按冷却方式分类:

a) 风冷型机组;

b) 蒸发冷却型机组;

c) 水冷型机组。

4.1.3 按用途分类：

    a) 通用型机组；

    b) 净化型机组。

4.2 型号编制

空调机的型号编制方法见附录A。

4.3 基本参数

4.3.1 空调机的电源为额定电压220 V单相或380 V三相交流电,额定频率均为50 Hz。

4.3.2 空调机的正常工作环境温度见表1。

表 1 空调机正常工作环境温度

单位为℃

工作温度	风冷型			蒸发冷却型			水冷型		
	冷(热)风型	恒温恒湿型	全新风型	冷风型	恒温恒湿型	全新风型	冷风型	恒温恒湿型	全新风型
环境温度	−7～43			12.8～43			—		
进水温度	—			—			12.8～35		

4.3.3 空调机的名义制冷(热)量按表7的名义工况时的温度条件确定。

4.3.4 空调机的名义制冷(热)量在克服表2规定的最小机外静压下确定。空调机的最小机外静压应符合表2的规定,该值为空调机克服初效过滤段、表冷段、送风机段三个功能段阻力后在出风口处的静压值。空调机的回风进口处的静压不得是正压。

表 2 空调机最小机外静压

名义工况制冷量 Q/ kW	最小机外静压/ Pa
$Q \leqslant 14$	20
$14 < Q \leqslant 50$	75
$50 < Q \leqslant 100$	150
$100 < Q \leqslant 200$	250
$200 < Q \leqslant 300$	350
$300 < Q$	400

4.3.5 能效比(EER)和性能系数(COP)

4.3.5.1 风冷型机组能效比(EER)和性能系数(COP)应符合表3的规定。

表 3 风冷型机组能效比和性能系数

名义制冷(热)量 Q/ kW	EER/ (W/W)			COP[a]/ (W/W)		
	冷(热)风型	恒温恒湿型	全新风型	冷(热)风型	恒温恒湿型	全新风型
$Q \leqslant 14$	2.5	2.3	2.7	2.5		2.3
$14 < Q \leqslant 50$	2.45	2.25	2.65	2.45		2.25
$50 < Q \leqslant 100$	2.4	2.2	2.6	2.4	—	2.2
$100 < Q \leqslant 200$	2.35	2.15	2.55	2.35		2.15
$200 < Q \leqslant 300$	2.3	2.1	2.5	2.3		2.1
$300 < Q$						
[a] 名义制热消耗功率不包括辅助电加热功率。						

4.3.5.2 蒸发冷却型机组的能效比(EER)应符合表4的规定。

表 4 蒸发冷却型机组能效比

名义制冷量 Q/ kW	EER/ (W/W)		
	冷风型	恒温恒湿型	全新风型
$Q \leqslant 14$	2.8	2.6	3.0
$14 < Q \leqslant 50$	2.75	2.55	2.95
$50 < Q \leqslant 100$	2.7	2.5	2.9
$100 < Q \leqslant 200$	2.65	2.45	2.85
$200 < Q \leqslant 300$	2.6	2.4	2.8
$300 < Q$			

4.3.5.3 水冷型机组的能效比(EER)应符合表5的规定。

表 5 水冷型机组能效比

名义制冷量 Q/ kW	EER/ (W/W)		
	冷风型	恒温恒湿型	全新风型
$Q \leqslant 14$	3.0	2.8	3.2
$14 < Q \leqslant 50$	2.95	2.75	3.15
$50 < Q \leqslant 100$	2.9	2.7	3.1
$100 < Q \leqslant 200$	2.85	2.65	3.05
$200 < Q \leqslant 300$	2.8	2.6	3.0
$300 < Q$			

5 要求

5.1 一般要求

5.1.1 空调机应符合本标准的规定,并按经规定程序批准的图样和技术文件(或按用户和制造厂的协议)制造。

5.1.2 空调机的黑色金属制件表面应进行防锈蚀处理。

5.1.3 电镀件表面应光滑、色泽均匀,不得有剥落、露底、针孔,不应有明显的花斑和划伤等缺陷。

5.1.4 涂漆件表面应平整、涂布均匀、色泽一致,不应有明显的气泡、流痕、漏涂、底漆外露及不应有的皱纹和其他损伤。

5.1.5 装饰性塑料件表面应平整、色泽均匀,不得有裂痕、气泡和明显缩孔等缺陷。

5.1.6 空调机各零部件的安装应牢固可靠,管路与零部件不应有相互摩擦和碰撞。

5.1.7 热泵型空调机的电磁换向阀动作应灵敏、可靠,保证空调机正常工作。

5.1.8 空调机的箱体隔热层应有良好的隔热性能,并且无毒、无异味且有自熄性能,在正常工作时表面不应有凝露现象。

5.1.9 空调机制冷系统零部件的材料应能在制冷剂、润滑油及其混合物的作用下,不产生劣化且保证整机正常工作。

5.1.10 空调机应具有适合于室外使用的防雨水性能,防止雨水的侵入而影响机组内部功能及送、回风系统。

5.1.11 空调机的箱体检修门应严密、灵活,内外均可开启,并能锁紧。

5.1.12 振动

空调机按 6.3.19 方法进行振动测量。

5.1.13 电镀件耐盐雾性

按 6.3.21 方法试验后,金属镀层上的每个锈点锈迹面积不应超过 1 mm^2;每 100 cm^2 试件镀层不超过 2 个锈点、锈迹;小于 100 cm^2,不应有锈点、锈迹。

5.1.14 涂漆件涂层附着力

按 6.3.22 方法试验后,涂膜脱落格数不超过 15%。

5.1.15 空调机所有零、部件和材料应分别符合各有关标准的规定,满足使用性能要求,并保证安全。

5.1.16 空调机的电气系统一般应具有电机过载保护、缺相保护(三相电源),制冷系统应具备高压、低压保护等必要的保护功能或器件。

5.1.17 空调机的电气元件的选择以及电器安装、布线应符合 GB 4706.32 和 GB 5226.1 要求。

5.2 性能要求

5.2.1 制冷系统密封性能

按 6.3.1 方法试验时,制冷系统各部分不应有制冷剂泄漏。

5.2.2 运转

按 6.3.2 方法试验时,空调机应无异常。

5.2.3 制冷量

按 6.3.3 方法试验时,空调机的实测制冷量不应小于名义制冷量的 95%。

5.2.4 制冷消耗功率

按 6.3.4 方法试验时,空调机的实测制冷消耗功率不应大于名义制冷消耗功率的 110%。

5.2.5 热泵制热量

按 6.3.5 方法试验时,热泵的实测制热量不应小于名义制热量的 95%。

5.2.6 热泵制热消耗功率

按 6.3.6 方法试验时,热泵的实测制热消耗功率不应大于热泵名义制热消耗功率的 110%。

5.2.7 电加热制热消耗功率

按 6.3.7 方法试验时,对空调机的电加热的实测制热消耗功率要求为:每种电加热的消耗功率允差为名义值的 $-10\%\sim+5\%$。

5.2.8 热水盘管和蒸汽盘管供热量

按 6.3.8 方法试验时,热水盘管和蒸汽盘管的供热量不应小于名义供热量的 95%。

5.2.9 最大负荷制冷运行

按 6.3.9 方法试验运行时,空调机各部件不应损坏,并应能正常运行。

5.2.10 低温工况制冷运行

按 6.3.10 方法试验运行时,空调机各部件不应损坏,并应能正常运行。空调机箱体不应结露或淌水。

5.2.11 热泵最大负荷制热运行

按 6.3.11 方法试验运行时,空调机各部件不应损坏,并应能正常运行。

5.2.12 热泵低温工况制热运行

按 6.3.12 方法试验运行时,空调机各部件不应损坏、安全装置不应跳开,并应能正常运行。

5.2.13 凝露工况

按 6.3.13 方法试验时,空调机箱体外表面凝露不应滴下,室内送风不应带有水滴。

5.2.14 凝结水排除能力

按 6.3.14 方法试验时,凝结水排放流畅,无溢出。

5.2.15 融霜工况

按 6.3.15 方法试验时,空调机(装有自动融霜机构的热泵机组)应符合以下要求:

a) 安全保护元器件不应动作而停止运行;

b) 融霜应自动运行;

c) 融霜时的融化水及制热运行时室外侧换热器的凝结水应能正常排放或处理;

d) 在最初融霜结束后的连续运行中,融霜所需时间不超过运行总时间的 20%;两台以上独立制冷循环的机组,各独立循环融霜时间的总和不应超过各独立循环总运转时间的 20%。

5.2.16 部分负荷

5.2.16.1 名义制冷量大于 50 kW 的空调机应配置卸载机构,其动作应灵活、可靠。

5.2.16.2 按 6.3.16 的方法进行试验,机组在部分负荷下运行稳定后,测定部分负荷性能特性(包括制冷量、消耗总功率和性能系数)。

5.2.17 送风量

5.2.17.1 空调机所有名义性能必须在至少克服表 2 规定的最小机外静压的送风量下测定。

5.2.17.2 空调机的名义性能可以在制造厂规定的送风量下测定,但必须满足每千瓦名义制冷量的送风量不超过 200 m³/h,或者在运行时能够克服表 2 规定的最小机外静压的送风量下测定,两者取最小值。

5.2.18 能效比(EER)

空调机按 6.3.3 方法实测制冷量与按 6.3.4 方法实测消耗功率的比值不应小于机组名义值的 90%,并不小于 4.3.5 的规定。

5.2.19 性能系数(COP)

空调机按 6.3.5 方法实测热泵制热量与按 6.3.6 方法实测消耗功率的比值不应小于机组名义值的 90%,并不小于 4.3.5 的规定。

5.2.20 漏风率

按 6.3.17 方法试验时,空调机箱体内静压保持 700 Pa 时,漏风率不大于 3%。用于净化空调系统的空调机,箱体内静压应保持 1 000 Pa,洁净度要求低于 1 000 级时,漏风率不大于 2%;洁净度要求高于等于 1 000 级时,漏风率不大于 1%。

5.2.21 噪声

空调机按 6.3.18 方法测量噪声,噪声测定值应不超过表 6 的规定。

表 6　噪声限值（声压级）　　　　　　　　　　　　　　　　单位为 dB(A)

名义工况制冷量 Q/kW	空调机噪声
Q≤14	63
14＜Q≤50	69
50＜Q≤100	79
100＜Q≤200	82
200＜Q≤300	按供货合同要求
300＜Q	

5.3　安全要求

5.3.1　空调机的机械制冷系统安全要求应符合 GB 9237 的规定。

5.3.2　空调机的空气处理系统安全要求应符合 GB 10891 的规定。

5.3.3　安全控制器件

空调机应具有防止运行参数（如温度、压力等）超过规定范围的安全保护措施和器件，保护器件设置应符合设计要求并灵敏可靠。

5.3.4　电气安全要求

5.3.4.1　绝缘电阻

按 6.3.20.1 方法试验时，空调机带电部位和易触及金属部位之间的绝缘电阻值应不小于 1 MΩ。

5.3.4.2　耐电压

按 6.3.20.2 方法试验时，空调机带电部位和非带电部位之间施加规定的试验电压时，应无击穿和闪络。

5.3.4.3　启动

按 6.3.20.3 方法试验时，启动电流值应小于规定启动电流值的 115%，且电动机的启动试验应和电动机转子停止位置无关。

5.3.4.4　耐湿

按 6.3.20.4 方法试验时，空调机的绝缘电阻值应不小于 1 MΩ，且应符合 5.3.4.2 耐电压试验规定。

5.3.4.5　淋水绝缘

按 6.3.20.5 方法试验时，空调机的绝缘电阻值应不小于 1 MΩ，且应符合 5.3.4.2 耐电压试验规定。

5.3.4.6　接地

空调机应有可靠接地。

5.3.4.7　安全标识

空调机应在正常安装状态下，在易见的部位，用不易消失的方法，标出安全标识（如接地标识、警告标识等）。

5.4　安装

空调机的安装方法见附录 B。

6　试验方法

6.1　试验条件

6.1.1　空调机制冷量和热泵制热量的试验装置见 GB/T 17758—1999 的附录 A。

6.1.2　试验工况见表 7。

单位为℃

表7 空调机试验工况

项目		室内侧入口空气状态 冷(热)风型 干球温度	冷(热)风型 湿球温度	恒温恒湿型c 干球温度	恒温恒湿型c 湿球温度	全新风型 干球温度	全新风型 湿球温度	室外侧状态 水冷型 进水温度	水冷型 出水温度a	风冷型 干球温度	风冷型 湿球温度	蒸发冷却型 干球温度	蒸发冷却型 湿球温度	供水状态 进水温度	供蒸汽状态 表压力/kPa
制冷运行	名义工况	27	19	23	17	35	28	30	35	35	—	35	24	—	
	最大负荷工况	32±1	23±0.5	30±1	18±0.5	43±1	30±0.5	33±0.5		43±1	—	43±1	27±0.5		
	低温工况	21±1	15±0.5	21±1	15±0.5	21±1	15±0.5	21±0.5		21±1	—	21±1	15±0.5		
	凝露工况	27±1	24±0.5	27±1	24±0.5	27±1	24±0.5	27±0.5		27±1	—	27±1	24±0.5		
制热运行 (热泵制热)	名义工况	20	≤15±0.5	—		7	6			7	6				
	最大负荷工况	27±1	—	21±1		21±1	—			21±1	15±0.5				
	低温工况					-7±1	-8±0.5			-7±1	-8±0.5				
	融霜工况					2±1	1±0.5			2±1	1±0.5				
制热运行 (加热装置制热)	电加热	20±1	16±1	20±1		20±1									
	热水盘管													90±0.5d	
	蒸汽盘管														70±5
风量静压b		20±2	16±1	20±2		20±2	16±1								

a 采用制冷名义工况试验条件确定的冷却水量。

b 机外静压的波动应在测定期内稳定，稳定静压在规定静压的±10%以内。

c 恒温恒湿试验时相对湿度设定在50%~70%。

d 供水量由盘管内水流速ω=1 m/s和通水面积计算得出。

6.1.3 试验用仪器仪表的型式及精度应符合表8的要求。

表 8 仪器仪表的型式及精度

类 别	型 式	精 度	
温度测量仪表	水银玻璃温度计 电阻温度计	空气温度	±0.1℃
		水 温	±0.1℃
流量测量仪表	记录式、指示式、积算式	±1.0%	
制冷剂压力测量仪表	压力表、变送器	±2.0%	
空气压力测量仪表	气压表、气压变送器	风管静压	±2.45 Pa
电量测量	指示式	±0.5%	
	积算式	±1.0%	
质量测量仪表		±1.0%	
转速仪表	转速表、闪频仪	±1.0%	
时间测量仪表	秒表	±0.2%	

注1：大气压力测量用气压测量仪表，其准确度为±0.1%。

注2：以精度定义的测量仪表，其测量值应在仪表量程的1/2以上。

6.1.4 空调机进行制冷量和热泵制热量试验时，试验名义工况参数的读数允差应符合表9的规定。

表 9 制冷量和热泵制热量试验名义工况的读数允差　　　　　　　　单位为℃

项 目	室内侧入口空气状态		室外侧状态		
			空气状态		水状态
	干球温度	湿球温度	干球温度	湿球温度	
最大偏差幅度	±1.0	±0.5	±1.0	±0.5	±0.3
平均偏差幅度	±0.3	±0.2	±0.3	±0.2	±0.2

6.2 空调机安装和试验规定

6.2.1 空调机所有试验的温度要求应满足表7的规定，同时按空调机铭牌上的额定电压和额定频率进行。

6.2.2 空调机应按制造厂规定的方法进行安装，并且不应进行影响制冷量和热泵制热量的构造改装。周围环境应无影响试验机组性能的因素。

6.3 试验方法

6.3.1 制冷系统密封性能试验

空调机的制冷系统在正常的制冷剂充灌量下，用下列灵敏度的制冷剂检漏仪进行检验：不大于 28 kW 的空调机，灵敏度为 $1×10^{-6}$ Pa·m³/s；28 kW 以上的空调机，灵敏度为 $1×10^{-5}$ Pa·m³/s。

6.3.2 运转试验

空调机应在接近名义制冷工况的条件下运行，检查空调机的运转状况、安全保护装置的灵敏度和可靠性，检验温度、电器等控制元件的动作是否正常。

6.3.3 制冷量试验

将空调机的卸载机构等能量调节置于最大制冷量位置,按表7和GB/T 17758—1999附录A规定的制冷名义工况进行试验。

6.3.4 制冷消耗功率试验

将空调机的卸载机构等能量调节置于最大制冷量位置,按GB/T 17758—1999附录A规定的方法在制冷量测定的同时,测定空调机的输入功率、电流。水冷式不包括水泵的功率,蒸发冷却式应包括淋水装置水泵电功率。

6.3.5 热泵制热量试验

将空调机的卸载机构等能量调节置于最大制热量位置,按表7和GB/T 17758—1999附录A规定的制热名义工况进行试验。

6.3.6 热泵制热消耗功率试验

将空调机的卸载机构等能量调节置于最大制热量位置,按GB/T 17758—1999附录A规定的方法在热泵制热量测定的同时,测定空调机的输入功率、电流。

6.3.7 电加热制热消耗功率试验

6.3.7.1 带有辅助电加热的空调机按6.3.5进行热泵制热量试验时,当热泵制热量稳定后给辅助电加热通电,并测定消耗电功率。

6.3.7.2 在电加热制热工况下,空调机制冷系统不运行,将电加热装置置于最大耗电状态,测定输入功率。

6.3.8 热水盘管和蒸汽盘管供热量试验

按表7和GB/T 14294—1993附录D规定的工况和方法进行试验。

6.3.9 最大负荷制冷运行试验

将空调机的卸载机构等能量调节置于最大制冷量位置,在额定电压和额定频率下,按表7规定的最大负荷制冷工况下运行稳定后连续运行1 h;然后停机3 min(此间电压上升不超过3%),再启动运行1 h。

6.3.10 低温工况制冷运行试验

空调机在额定电压和额定频率以及在表7规定的低温工况下连续运行4 h,空调机如有自动限停装置应自动开停。试验中和试验完成后的融霜期内,所有的冰和融化水都应由接水盘收集并排除。

6.3.11 热泵最大负荷制热运行试验

将空调机的卸载机构等能量调节置于最大制热量位置,在额定电压和额定频率下,按表7规定的最大负荷制热工况下运行稳定后连续运行1 h;然后停机3 min(此间电压上升不超过3%),再启动运行1 h。

6.3.12 热泵低温工况制热运行试验

空调机在额定电压和额定频率以及在表7规定的低温工况下连续运行4 h,空调机如有自动限停装置应自动开停。

6.3.13 凝露工况试验

空调机在表7凝露工况下连续运行4 h。

6.3.14 凝结水排除能力试验

空调机接水盘注满水即达到排水口流水后,按表7规定的凝露工况运行,当接水盘的水位稳定后,再连续运行4 h,检查排水状况。

6.3.15 融霜工况试验

空调机在表7融霜工况条件下连续进行热泵制热运行,初次融霜周期结束后继续运行3 h。

6.3.16 部分负荷试验

空调机按配置的卸载机构级数,按 5.2.16 的规定和表 7 规定的温度下进行制冷量部分负荷性能试验。

6.3.17 漏风率试验

按 GB/T 14294—1993 附录 C 规定的方法测量漏风量。

6.3.18 噪声试验

6.3.18.1 空调机安装时,在空气吸入通道和排出通道周围,不应有阻碍空气流通的物体。

6.3.18.2 噪声测量按 JB/T 4330 矩形六面体测量表面的方法,测定位置按 JB/T 4330—1999 附录 B 图 B.2 和表 B.1 中 1、2、3、4 点进行测量。

6.3.18.3 按照 JB/T 4330 表面平均声压级的方法计算声压级。

6.3.19 振动试验

空调机按如下方法测量振动。

a) 测量仪器

仪器要求:频率响应范围应为 10 Hz~500 Hz,在此频率范围内的相应灵敏度以 80 Hz 的相应灵敏度为基准,其他频率的相对灵敏度应在基准灵敏度的 10%~20% 的范围内,测量误差应小于 ±10%。

仪器的校准:测量仪器应按有关标准定期校准。

b) 空调机的安装要求:空调机安装应符合制造厂要求,安装后空调机运行时应不产生附加振动或与其他任何器物发生共振。空调机运行时安装基础的振动值应小于被测机组最大振动值的 10%。

c) 空调机测定时的运行状态:空调机应在名义工况运行状态下进行测定,此时有关电动机的转速、电压应在额定值。

d) 位置:测点数一般为一点,在机架下部分别按轴向、垂直轴向、水平轴向同 1 点配置。

e) 测量要求:测量时测量仪器的传感器与被测点的接触应良好,并应保证具有可靠的连接。空调机的振动值是以测点测得的最大数据为准。

f) 试验报告:试验报告内容应包括机组型号、测定工况、制造厂名、产品编号以及最大振动值的测点位置。

6.3.20 电气安全试验

6.3.20.1 绝缘电阻试验

用 500 V 绝缘电阻计测定空调机带电部位和易触及金属部位之间的绝缘电阻值。

6.3.20.2 耐电压试验

空调机在 6.3.20.1 试验后,在机组带电部位与非带电金属部位间施加频率为 50 Hz 的基本正弦波电压持续 1 min,应符合 5.3.4.2 的规定。该试验电压在单相额定电压 220 V 时为 1 500 V;在三相额定电压 380 V 时为 1 800 V;在对地电压小于 30 V 时为 500 V。

6.3.20.3 启动试验

空调机启动试验包括启动电流试验和启动电压试验。

a) 启动电流试验:在电动机转子停止状态时,施加额定频率的某一电压值,该值是电流达到与在 6.3.4 试验时测得的电动机电流值相近时测得的电压值,用式(1)计算出启动电流值,并应符合 5.3.4.3 的规定。

$$I_Q = I_D = I_D{}' \frac{V}{V_D{}'} \qquad\qquad\cdots\cdots\cdots\cdots\cdots\cdots (1)$$

式中：

I_Q——启动电流，单位为安培（A）；

I_D——额定电压下的堵转电流，单位为安培（A）；

I_D'——在额定电压与在6.3.4试验时测得的电动机电流值相近的堵转电流，单位为安培（A）；

V——额定电压，单位为伏特（V）；

V_D'——与电流I_D'相对应阻抗电压，单位为伏特（V）。

注：对两台以上电动机同时启动时机组启动电流是同时通电时启动电流或各启动电流之和。对分别启动电动机的机组启动电流，是指在表7名义工况试验下直到最后一台电动机启动后的最大电流。

b) 启动电压试验：空调机在表7名义工况下运转后，使电动机停止运行，达到制造厂规定的停止间歇时间后，再以额定频率下的90%额定电压启动，应符合5.3.4.3的规定。

c) 热泵制热机组按表7规定制热名义工况运转，进行6.3.20.3 a)和6.3.20.3 b)的测定。

6.3.20.4 耐湿试验

空调机在6.3.10和6.3.12低温试验后及6.3.15融霜试验后立即进行绝缘电阻试验和耐电压试验。

6.3.20.5 淋水绝缘试验

空调机淋水绝缘试验方法应符合JB 8655的规定。

6.3.21 电镀件耐盐雾性试验

空调机的电镀件应按GB/T 2423.17进行盐雾试验，试验周期24 h，试验前，电镀件表面清洗除油；试验后，用清水冲掉残留在表面上的盐分，检查电镀件腐蚀情况。

6.3.22 涂漆件涂层附着力试验

在空调机体外表面任取长10 mm、宽10 mm的面积，用新刮脸刀纵横各划11条间隔1 mm、深达底材的平行切痕，用氧化锌医用胶布贴牢，然后沿垂直方向快速撕下，按划痕范围内漆膜脱落的格数对100的比值评定，每小格漆膜保留不足70%的视为脱落。

7 检验规则

7.1 每台空调机须经制造厂质量检验部门检验合格后方能出厂。

7.2 空调机出厂检验、抽样检验和型式检验项目、要求和试验方法按表10的规定。

7.3 出厂检验

每台空调机均应做出厂检验，检验项目和试验方法按表10的规定。

7.4 抽样检验

7.4.1 空调机应从出厂检验合格产品中抽样，检验项目和试验方法按表10的规定。

7.4.2 抽样检验的名义工况按表7的规定。

7.4.3 抽样方法：名义制冷量小于或等于50 kW的空调机，每100台抽1台（不足100台抽1台）；名义制冷量大于50 kW的空调机，每50台抽1台（不足50台抽1台）。

7.5 型式检验

7.5.1 新产品或定型产品做重大改进对性能有影响时，第一台产品应做型式检验，检验项目和试验方法按表10的规定。

7.5.2 型式检验时间不应少于试验方法中规定的时间，其中名义工况运行时间不少于12 h，允许中途停车，以检查机组运行情况，运行时如有故障，在故障排除后应重新进行试验，前面进行的试验无效。

表 10 检验项目

序号	项 目	出厂检验	抽样检验	型式检验	要求	试验方法
1	一般要求				5.1	视检
2	安全标识				5.3.4.7	
3	标志				8.1	
4	包装	√			8.4	
5	制冷系统密封性能				5.2.1	6.3.1
6	运转				5.2.2	6.3.2
7	绝缘电阻				5.3.4.1	6.3.20.1
8	耐电压				5.3.4.2	6.3.20.2
9	制冷量		√		5.2.3	6.3.3
10	制冷消耗功率				5.2.4	6.3.4
11	热泵制热量				5.2.5	6.3.5
12	热泵制热消耗功率				5.2.6	6.3.6
13	电加热制热消耗功率				5.2.7	6.3.7
14	热水盘管和蒸汽盘管供热量				5.2.8	6.3.8
15	能效比(EER)				5.2.18	6.3.3;6.3.4
16	性能系数(COP)			√	5.2.19	6.3.5;6.3.6
17	噪声				5.2.21	6.3.18
18	最大负荷制冷运行				5.2.9	6.3.9
19	低温工况制冷运行				5.2.10	6.3.10
20	热泵最大负荷制热运行	—			5.2.11	6.3.11
21	热泵低温工况制热运行				5.2.12	6.3.12
22	凝露工况				5.2.13	6.3.13
23	凝结水排除能力				5.2.14	6.3.14
24	融霜工况				5.2.15	6.3.15
25	部分负荷		—		5.2.16	6.3.16
26	漏风率				5.2.20	6.3.17
27	启动				5.3.4.3	6.3.20.3
28	耐湿				5.3.4.4	6.3.20.4
29	淋水绝缘				5.3.4.5	6.3.20.5
30	振动				5.1.12	6.3.19
31	电镀件耐盐雾性				5.1.13	6.3.21
32	涂漆件涂层附着力				5.1.14	6.3.22

注:√表示应做试验;—表示不做试验。

8 标志、包装、运输和贮存

8.1 标志

8.1.1 每台空调机应在明显而平整的部位固定有耐久性铭牌,铭牌应符合 GB/T 13306 的规定,铭牌上应标明下列内容:

 a) 制造厂名称、商标;

 b) 产品名称和型号;

 c) 主要技术性能参数(名义制冷量、名义制热量、送风量、机外静压、制冷剂型号及其充注量、电压、频率、相数、额定功率、外形尺寸和重量);

 d) 产品出厂编号;

 e) 制造日期。

8.1.2 工作标志

空调机相关部位上应有工作情况标志,如冷凝风机旋向、送风机旋向、电气控制标志等。

8.2 随机文件

每台空调机出厂时应随带下列技术文件。

8.2.1 产品合格证,其内容包括:

 a) 产品型号及名称;

 b) 产品出厂编号;

 c) 制造厂名称;

 d) 检验结论;

 e) 检验员、检验负责人签章和日期。

8.2.2 产品说明书,其内容包括:

 a) 产品型号、名称、适用范围;

 b) 产品结构示意图、电路图及接线图等;

 c) 主要技术性能参数;

 d) 安装说明和要求;

 e) 使用说明、维护保养及注意事项;

 f) 机组主要部件或备件数量、目录。

8.2.3 装箱单。

8.3 防锈

空调机外露的不涂漆加工表面应采取防锈措施。

8.4 包装

空调机包装应符合 GB/T 13384 的规定。

8.5 运输和贮存

8.5.1 运输出厂前应充入规定的制冷剂,或充入 0.02 MPa~0.03 MPa(表压)的干燥氮气。

8.5.2 机组在运输和贮存过程中,不应碰撞、倾斜。

8.5.3 机组包装后应贮存在库房或有遮盖的场所,场地应通风良好、干燥,周围应无腐蚀性及有害气体。

附 录 A

（资料性附录）

屋顶式空气调节机组型号编制方法

A.1 型号编制方法

空调机的型号由大写汉语拼音字母和阿拉伯数字组成，具体表示方法为：

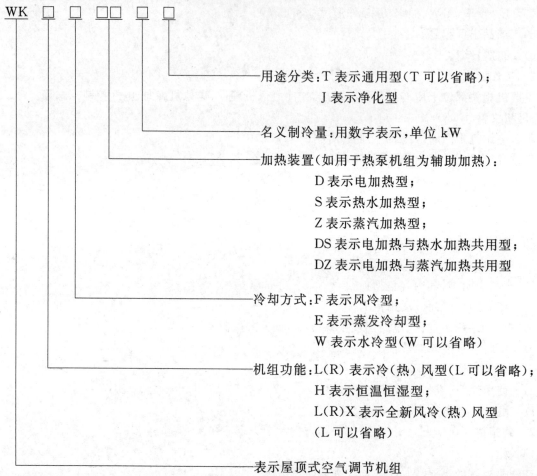

用途分类：T 表示通用型（T 可以省略）；

J 表示净化型

名义制冷量：用数字表示，单位 kW

加热装置（如用于热泵机组为辅助加热）：

D 表示电加热型；

S 表示热水加热型；

Z 表示蒸汽加热型；

DS 表示电加热与热水加热共用型；

DZ 表示电加热与蒸汽加热共用型

冷却方式：F 表示风冷型；

E 表示蒸发冷却型；

W 表示水冷型（W 可以省略）

机组功能：L(R) 表示冷（热）风型（L 可以省略）；

H 表示恒温恒湿型；

L(R)X 表示全新风冷（热）风型

（L 可以省略）

表示屋顶式空气调节机组

A.2 型号示例

名义制冷量为 56 kW 的风冷冷风电加热净化型屋顶式空气调节机组表示为：WKFD56J。

名义制冷量为 385 kW 的风冷热泵热水加热通用型屋顶式空气调节机组表示为：WKRFS385。

附　录　B
（资料性附录）
屋顶式空气调节机组的安装

本附录修改采用美国空调和制冷学会（ARI）和空调承包商全国协会（SMACNA）制订和认可的
GuidelineB—1997《屋顶式空气调节器的安装》。

B.1　目的和范围

本附录规定了屋顶式空气调节机组的屋顶基座、围栏、屋顶穿孔和屋顶密封等规范性的结构做
法，并规定了屋顶式空气调节机组的安装、接管及布线和金属薄板风管穿越屋顶结合面的指导性做
法等。

B.2　定义

B.2.1

基座　Foundation

屋顶上由钢结构件制成或厚砖墙及相当的结构砌成的能够支撑屋顶式设备的平台。

B.2.2

围栏　Frame

屋顶上由钢结构件制成或厚砖墙及相当的结构砌成一圈封闭型中空(用于风管穿越屋顶)的能够支
撑屋顶式设备的基座。

B.3　规范和指导

B.3.1　屋顶安装式设备的基座与围栏规范

B.3.1.1　屋顶的结构设计应能承受设备与基座或围栏等预计的负荷。

B.3.1.2　屋顶式设备的基座规范

B.3.1.2.1　基座安装:某些设备的安装要求在设备下面进行屋面材料的安装和维护,为此安装基座下
面需留有必须的维修间距,应符合表 B.1 的数值。由侧面进入的机组可以减小该数值。

表 B.1　工作维修间距　　　　　　　　　　　　　　　单位为毫米

设备宽度	高于屋顶表面的高度
≤600	350
600～900	450
900～1 200	600
1 200～1 500	750
≥1 500	1 200

B.3.1.2.2　设备基座、设备支承及穿越屋顶的结构件屋顶防水的典型方法见图 B.1～图 B.5。

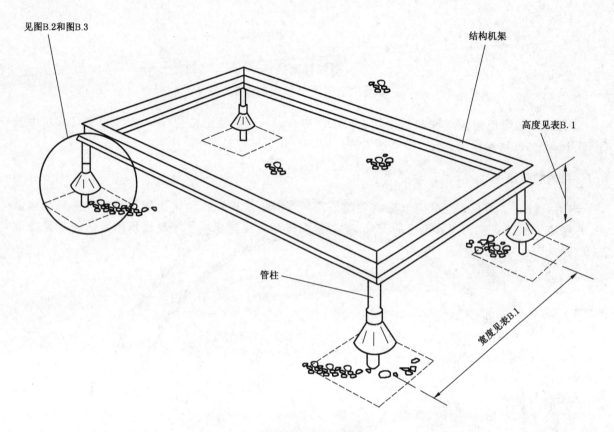

见图B.2和图B.3

结构机架

高度见表B.1

管柱

宽度见表B.1

图 B.1　设备基座

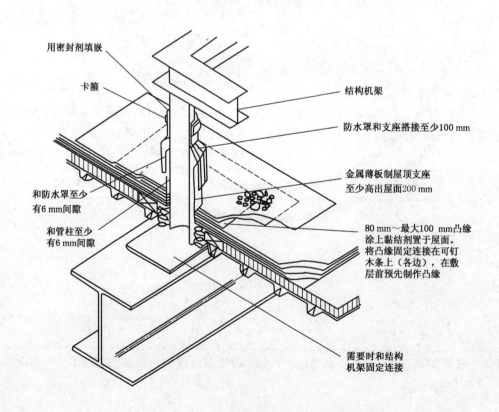

用密封剂填嵌

卡箍

结构机架

防水罩和支座搭接至少100 mm

金属薄板制屋顶支座
至少高出屋面200 mm

和防水罩至少
有6 mm间隙

和管柱至少
有6 mm间隙

80 mm～最大100 mm凸缘
涂上黏结剂置于屋面。
将凸缘固定连接在可钉
木条上（各边），在敷
层前预先制作凸缘

需要时和结构
机架固定连接

图 B.2　隔热的钢制平台机架

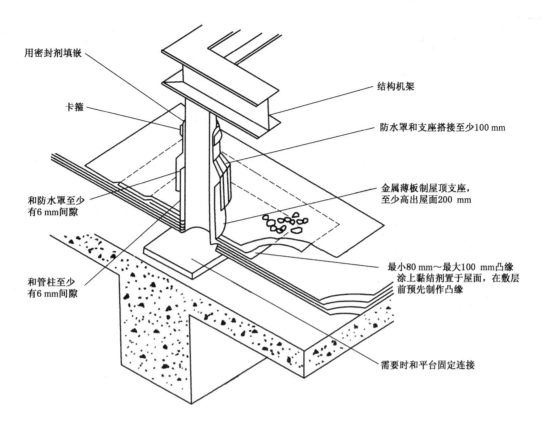

用密封剂填嵌

卡箍

和防水罩至少
有6 mm间隙

和管柱至少
有6 mm间隙

结构机架

防水罩和支座搭接至少100 mm

金属薄板制屋顶支座，
至少高出屋面200 mm

最小80 mm～最大100 mm凸缘
涂上黏结剂置于屋面，在敷层
前预先制作凸缘

需要时和平台固定连接

图 B.3　混凝土平台和支架

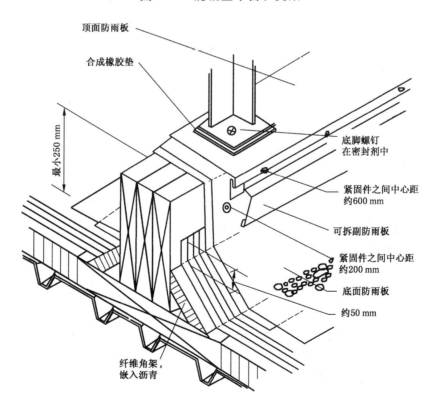

顶面防雨板

合成橡胶垫

最小250 mm

纤维角架，
嵌入沥青

底脚螺钉
在密封剂中

紧固件之间中心距
约600 mm

可拆副防雨板

紧固件之间中心距
约200 mm

底面防雨板

约50 mm

图 B.4　设备支承

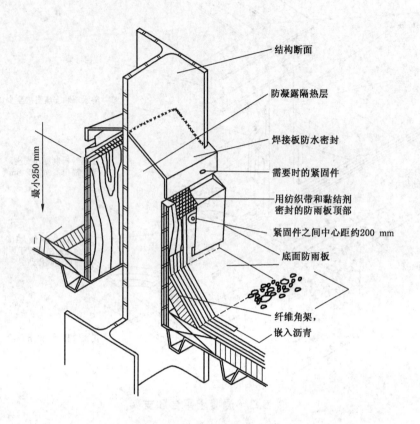

结构断面

防凝露隔热层

焊接板防水密封

需要时的紧固件

用纺织带和黏结剂
密封的防雨板顶部

紧固件之间中心距约200 mm

底面防雨板

纤维角架，
嵌入沥青

最小250 mm

图 B.5　穿越屋顶的防雨结构件

B.3.1.3　屋顶式空气调节机组的围栏规范

B.3.1.3.1　围栏的规范要求

a) 围栏的顶部在完工后应当是水平的。

b) 围栏应当装有可钉木条,该木条能提供至少 80 mm 的受钉面,木条安装在围栏顶部,以便和防雨物料进行机械连接。

c) 当使用油基防腐剂处理过的可钉木条时应注意:在许多木材处理中使用的油会使之成为屋顶材料的溶剂而造成沥青滴落,则应在屋顶表面和可钉木条之间放一层由涂上树脂的护纸或类似材料制成的隔离层。

d) 围栏在完工后的屋顶表面和可钉木条顶部之间至少应有 250 mm 间距,且围绕围栏周边连续,任何情况下围栏高度不得小于 350 mm。

e) 如果围栏不包含副防雨板接水槽,则在设备安装前应装上一另外的副防雨板接水槽口,所有接水槽应是防水结构的。

f) 金属制副防雨板可以向下延伸超过底面防雨板,这样没有合成材料暴露,以减少基础损坏的危险。

B.3.1.3.2　围栏的型式与防雨密封见图 B.6。

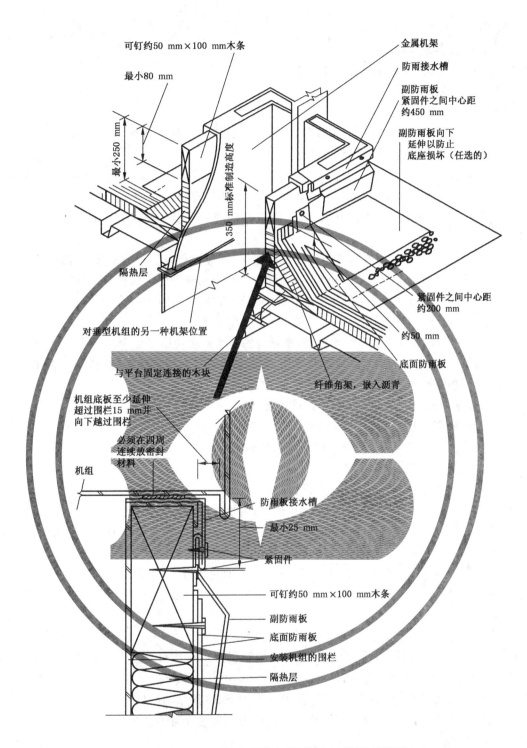

可钉约50 mm×100 mm木条

最小80 mm

最小250 mm

350 mm标准制造高度

金属机架

防雨接水槽

副防雨板
紧固件之间中心距
约450 mm

副防雨板向下
延伸以防止
底座损坏（任选的）

隔热层

对垂型机组的另一种机架位置

紧固件之间中心距
约200 mm

约50 mm

底面防雨板

与平台固定连接的木块

机组底板至少延伸
超过围栏15 mm并
向下越过围栏

纤维角架，嵌入沥青

必须在四周
连续放密封
材料

机组

防雨板接水槽

最小25 mm

紧固件

可钉约50 mm×100 mm木条

副防雨板

底面防雨板

安装机组的围栏

隔热层

图 B.6　屋顶式空气调节机组的围栏详图

B.3.2　屋顶式空气调节机组的安装与外部连接的指导

B.3.2.1　机组安装要求

　　a)　机组的装卸应遵守制造厂的使用说明书要求,机组不应在屋顶表层上直接移动,应直接从地面
　　　　吊至基座、围栏或支承用的框架或平台上。

　　b)　机组与围栏的密封:当机组安装时必须保证机组与围栏之间放有密封物料以保证连续的防水
　　　　接口(见图 B.6)。

　　c)　安装机组的围栏的基础应延伸至围栏外面(见图 B.6)。

d) 安装应符合当地规范的要求。

e) 安装应保证最小的雪堆。

f) 机组应进行减振处理,将振动效应减至最小。

B.3.2.2 机组的外部连接

B.3.2.2.1 外部风管与机组的连接

a) 除了采用焊接结构或者防护罩的风管外,所有直接暴露在大气或日光辐射之下的风管都应进行风管连接密封层处理,具有可靠的防水。

b) 外部风管连接密封层处理:采用专门的密封材料对密封层形成可靠的气密和防水,且能和所涉及的金属牢固的结合,在金属移动时能保持防水,并具有相适应的工作温度范围,如果直接暴露于日光时,它亦能耐紫外线和臭氧,否则应在处理后涂上一层具有这种性质的能兼容的涂层。

c) 除非制造厂另有规定,风管应和机组进行机械连接,并应进行外部风管的密封层处理,典型的接口如图 B.7 所示,连接的方法应能允许在需要进行定期维护保养时拆卸连接。

d) 需要在风管和机组连接处设置隔振材料的地方,这些材料应是防水的。

e) 风管穿越屋顶处应采用反向防水围栏,典型布置见图 B.8。

f) 所有穿入风管的零件都应进行防水密封,支承物的连接处应使用尽量少的穿越风管的零件。

g) 在密封层固化前,不应对风管系统进行加压,在施加密封层时应遵照密封层制造厂的建议。

h) 在风管和屋顶穿孔之间应有足够的间距。

i) 风管的支承应避免将风管重量传递至挠性连接处。

j) 水平风管应按系统设计者规定有一定斜度并具有排水出口。

k) 风管应安装在一足够高度以便进行屋顶层和防雨层的安装。

B.3.2.2.2 机组电器

a) 和机组连接的电线管应尽可能布置在屋顶围栏内部。

b) 和机组外露接线盒连接的电线管的接口应做在接线盒的下部,安装必须制成防水的。

c) 在不采用外部电线接线盒的地方,在电控板上应用防水元件,如果电线管通过电控板的孔,则该连接点应制成防水的。

d) 在电线管通过建筑物屋顶的地方,应采用图 B.9 所示的结构。

e) 电气安装应遵守当地规范的要求。

B.3.2.2.3 机组的接管

a) 接管应尽可能向下通过机组并在屋顶围栏内部布置。

b) 制成从机组侧面通过而在设计上不允许进水的管子接口应尽可能用金属薄板制成的箱子进行保护,接管应从箱子下面进入。

c) 在接管通过建筑物屋顶的地方,应采用图 B.9 和图 B.10 所示的结构。

d) 在需隔热的那些接管,在防水处理工作没有完成前不应进行隔热层的安装。

B.3.2.2.4 机组的排水

冷凝水排水管应按制造厂的技术说明装有一"P"形存水弯,如果冷凝水管通过建筑物屋顶,应采用图 B.9 所示的结构,排水管的安装应便于"P"形存水弯的清洗,如果"P"形存水弯是胶合上去的,则在"P"形存水弯前应安装一个三通接头。

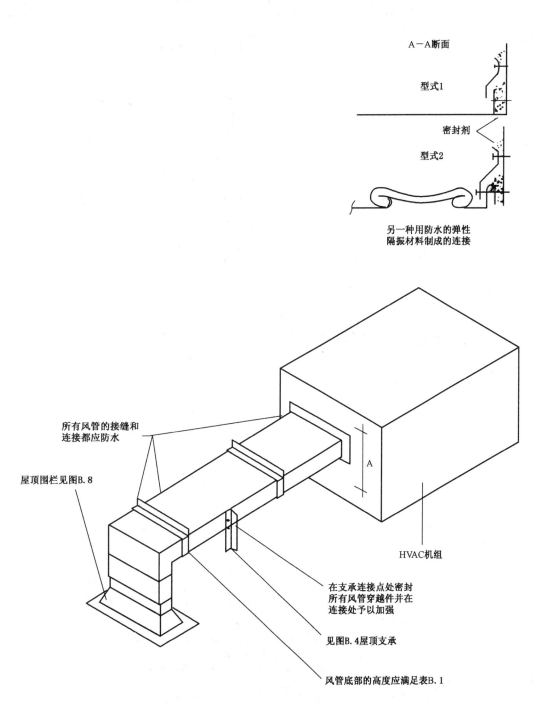

图示为矩形风管,任何形状和方位也适用。

防水法兰且浮风管机械地和 HVAC 机组连接。

图 B.7　屋顶风管的防雨

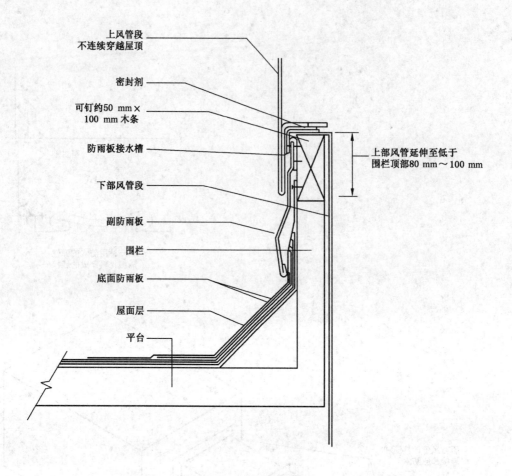

图 B.8 风管穿越屋顶

上风管段
不连续穿越屋顶

密封剂

可钉约50 mm×
100 mm 木条

防雨板接水槽

下部风管段

副防雨板

围栏

底面防雨板

屋面层

平台

上部风管延伸至低于
围栏顶部80 mm～100 mm

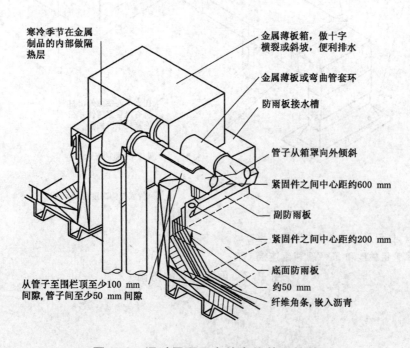

寒冷季节在金属
制品的内部做隔
热层

金属薄板箱，做十字
横裂或斜坡，便利排水

金属薄板或弯曲管套环

防雨板接水槽

管子从箱罩向外倾斜

紧固件之间中心距约600 mm

副防雨板

紧固件之间中心距约200 mm

底面防雨板

约50 mm

纤维角条，嵌入沥青

从管子至围栏顶至少100 mm
间隙，管子间至少50 mm 间隙

图 B.9　通过屋顶平台的电线管和接管

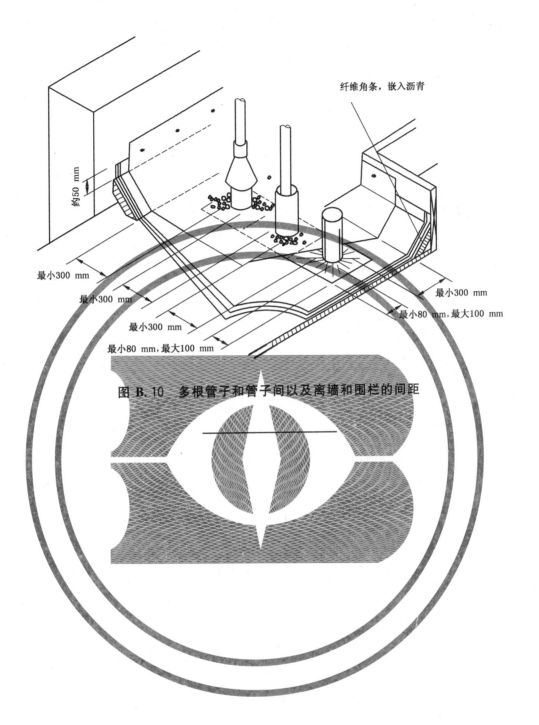

图 B.10　多根管子和管子间以及离墙和围栏的间距

ICS 27.200
J 73

中华人民共和国国家标准

GB/T 21361—2008

汽 车 用 空 调 器

Motor vehicle air-conditioning unit

2008-01-14 发布   2008-05-01 实施

中华人民共和国国家质量监督检验检疫总局
中国国家标准化管理委员会   发 布

前　言

本标准的附录 A、附录 B、附录 C 是规范性附录。

本标准由中国机械工业联合会提出。

本标准由全国冷冻空调设备标准化技术委员会和全国汽车标准化技术委员会归口。

本标准负责起草单位：合肥通用机械研究院、上海开利运输冷气设备有限公司、中国汽车认证中心。

本标准参加起草单位：大冷王运输制冷有限公司、上海加冷松芝汽车空调有限公司、广州精益汽车空调有限公司、中国制冷空调工业协会汽车空调工作委员会。

本标准主要起草人：樊高定、张秀平、王蕾、周明方、钟国辉、阎先元、欧阳勇。

本标准由全国冷冻空调设备标准化技术委员会解释。

本标准是首次制定。

汽 车 用 空 调 器

1 范围

本标准规定了汽车用空调器(以下简称"空调器")的术语和定义、型式和基本参数、要求、试验、检验规则、标志、包装、运输和贮存等。

本标准适用于制冷用途的汽车用空调器。

注：汽车定义按 GB/T 3730.1 的规定。

2 规范性引用文件

下列文件中的条款通过本标准的引用而成为本标准的条款。凡是注日期的引用文件,其随后所有的修改单(不包括勘误的内容)或修订版均不适用于本标准,然而,鼓励根据本标准达成协议的各方面研究是否可使用这些文件的最新版本。凡是不注日期的引用文件,其最新版本适用于本标准。

GB/T 191 包装储运图示标志(GB/T 191—2000,eqv ISO 780:1997)

GB/T 3730.1 汽车和挂车类型的术语和定义(GB/T 3730.1—2001,eqv ISO/WD 3833:1999)

GB/T 3785 声级计的电、声性能及测试方法

GB 4706.1—2004 家用和类似用途电器的安全 第一部分:通用要求(IEC 60035-1:2001,IDT)

GB 4706.32 家用和类似用途电器的安全 热泵、空调机和除湿机的特殊要求(GB 4706.32—2004,IEC 60335-2-40:1996,IDT)

GB 5226.1 工业机械电气设备 第一部分:通用技术要求(GB 5226.1—2002,IEC 60204-1:2000,IDT)

GB/T 6388 运输包装收发货标志

GB 8410 汽车内饰材料的燃烧特性

GB 9237—2001 制冷和供热用机械制冷系统 安全要求(idt ISO 5149-1:1993)

GB/T 13306 标牌

JB/T 7249 制冷设备 术语

SAE J 1627 电子式制冷剂泄漏检测仪的性能评价标准

SAE J 1628 汽车空调系统维修中使用的电子式制冷剂泄漏检测仪的操作规程

3 术语和定义

JB/T 7249 确立的以及下列术语和定义适用于本标准。

3.1

汽车用空调器 motor vehicle air-conditioning unit

由压缩机、冷凝器、节流元件、蒸发器、风机及必要的控制部件构成,用于调节车室内的温度、湿度,给乘员提供舒适环境的空调系统。

3.2

独立式空调器 indirect drive air - conditioning unit

压缩机由独立的辅助动力驱动的空调器。

3.3

非独立式空调器 direct drive air-conditioning unit

压缩机由汽车主动力驱动的空调器。

3.4

空气焓差法 air enthalpy difference

一种测定空调器能力的方法。它对空调器的送风参数、回风参数以及循环风量进行测量,用测出的风量与送风、回风焓差的乘积确定空调器的制冷量。

3.5

制冷量 refrigerating capacity

在规定的制冷能力试验条件下,空调器从封闭空间、车内或区域排去的热量,单位:W。

3.6

送风量 air flow rate

在规定的制冷能力试验条件下,单位时间进入空调器的空气体积流量,单位:m^3/h。

3.7

压缩机驱动功率 compressor drive power

在规定的制冷能力试验条件下,驱动压缩机所消耗的功率,单位:W。

3.8

辅件耗电功率 accessory electric power

在规定的制冷能力试验条件下,空调器蒸发器风机、冷凝器风机、电磁离合器及其电控系统总功率,单位:W。

3.9

能效比(EER) energy efficiency ratio

在规定的制冷能力试验条件下,空调器制冷量与压缩机驱动功率之比(其值用 W/W 表示)。

4 型式和基本参数

4.1 型式

4.1.1 按制冷压缩机的驱动方式分为:

  a) 独立式;

  b) 非独立式。

4.1.2 按汽车空调器结构型式分为:

  a) 整体式;

  b) 分体式。

4.1.3 按汽车空调蒸发器布置方式分为:

  a) 顶置式;

  b) 后置式;

  c) 底置式;

  d) 内置式。

4.1.4 按汽车空调送风方式分为:

  a) 直吹式;

  b) 风道式。

4.2 基本参数

4.2.1 空调器的基本参数包括:制冷量、送风量、压缩机驱动功率、辅件耗电功率、噪声。

4.2.2 现场不接风管的空调器,机外静压为 0 Pa;接风管的空调器应标称机外静压。

5 要求

5.1 一般要求

5.1.1 空调器应符合本标准的规定,并按经规定程序批准的图纸及技术文件制造。

5.1.2 涂装件表面不应有明显的气泡、流痕、漏涂、底漆外露及不应有的皱纹和损伤。

5.2 零、部件及材料要求

5.2.1 空调器所有零、部件和材料应分别符合各有关标准的规定,满足使用性能要求并保证安全。

5.2.2 空调器的隔热层应有良好的保温性和不吸水性,并无毒、无异味,且燃烧特性满足 GB 8410 中技术要求的规定。隔热层应粘贴牢固、平整。

5.2.3 空调器的电器元件选择及安装应符合 GB 4706.32 和 GB 5226.1 的要求。

5.2.4 空调器用电线电缆的外敷绝缘层应采用阻燃、低烟、无卤型材料。电线电缆的载流量应满足使用要求。

5.3 结构要求

5.3.1 空调器的排水结构应可靠,在运行中凝结水和雨水不应渗漏到车厢内,空调器出风口不应喷雾带水。

5.3.2 空调器的新风口开度大小应满足新风量的要求。新风口应具备气-水分离的功能,以防止车辆运行时雨雪进入车箱内,其过滤网应装卸方便。

5.4 装配要求

5.4.1 空调器的制冷系统各部件在装配前应保持清洁、干燥。

5.4.2 空调器内各管路、部件应采取必要的定位措施,确保在运行中不能因振动、冲击和受热、遇冷而发生故障。

5.4.3 空调器各部件的连接应牢固,不应漏水和漏油。

5.4.4 电气线路、电器设备以及自控器件的安装布置应安全、牢固、可靠。

5.5 性能要求

5.5.1 密封性能

按 6.3.1 方法试验时,制冷系统和部件不应有制冷剂泄漏。

5.5.2 运转

按 6.3.2 方法试验,空调器应能正常运转,安全保护装置应灵敏可靠,温度、电器等控制元件的动作应正常,所有测检项目应符合设计要求。

5.5.3 防水性能

按 6.3.3 方法试验时,空调器与车体接口部位接缝处不应漏水。

5.5.4 制冷量

按 6.3.4 方法试验时,空调器实测制冷量不应小于名义制冷量的 95%。

5.5.5 压缩机驱动功率

按 6.3.6 方法试验时,空调器压缩机实测驱动功率不应大于名义压缩机驱动功率的 110%。

5.5.6 辅件耗电功率

按 6.3.4 方法试验时,空调器辅件实测耗电功率不应大于名义辅件耗电功率的 110%。

5.5.7 最大负荷的制冷运行

a) 按 6.3.7 方法试验后,空调器各部件不应损坏,并能正常运行。

b) 空调器在第 1 h 连续运行期间,应能正常运行。

c) 当空调器停机 3 min 后,再启动应连续运转 1 h。但在启动运行的最初 5 min 内允许过载保护器跳开,其后不允许动作;在运行的最初 5 min 内过载保护器不复位时,而在停机不超过 30 min 内复位的,应再连续运行 1 h。

5.5.8 凝露工况运行

空调器在凝露工况下应能正常运行,凝结水不应从空调器中随风吹出,而应顺利地从排水孔(管排除。

5.5.9 低温工况运行

空调器在低温工况下应能正常运行,且蒸发器风道不应被冰霜堵塞,空调器出风口不应有冰屑或水滴吹出。

5.5.10 噪声

按 6.3.10 方法测量空调器的蒸发器侧噪声(声压级),测量值应不超过 69 dB(A)。测量空调器的冷凝器侧噪声(声压级),测量值应不超过 79 dB(A)。

5.5.11 送风量

按 6.3.5 方法测量空调器的送风量,送风量值不应小于名义送风量的 95%。

5.5.12 能效比

空调器的能效比实测值不应小于明示值的 95%,且不应小于 1.9 W/W。

5.5.13 耐振性能

空调器的压缩机、蒸发器、冷凝器振动试验后不应有破损、裂缝、渗漏。零部件应不受损坏,紧固件无松动,性能符合要求。

5.6 安全要求

5.6.1 制冷系统安全

空调器的制冷系统或制冷部件性能应符合 GB 9237—2001 的 5.1.1.1 强度试验和 5.1.1.2 全系统试验的规定。

5.6.2 控制器件安全性能

空调器应有防止运行参数(如温度、压力等)超过规定范围的安全保护措施或器件,保护器件设置应符合设计要求并灵敏可靠。

5.6.3 机械安全

空调器的设计应保证在正常运输、安装和使用时具有可靠的稳定性。空调器应有足够的机械强度,其结构应能在按 6.3.11 的方法进行振动试验和车辆正常运行时,其零部件应不受损坏,紧固件无松动,性能符合要求。振动试验后,进行气密性试验,保证不漏。防护罩、防护网或类似部件应有足够的机械强度。

5.6.4 电器安全性能

5.6.4.1 绝缘电阻

按 6.3.12.1 方法试验时,空调器带电部位对地、对非带电金属部位的绝缘电阻应不小于 2 MΩ。

5.6.4.2 电气强度

按 6.3.12.2 方法试验,空调器带电部位和非带电的金属部位之间施加规定的试验电压,历时 1 min,应无击穿和闪络。

5.6.4.3 接地电阻

空调器应有可靠的接地装置并标识明显,按 6.3.12.3 方法试验时,其接地电阻不得超过 0.1 Ω。

5.6.4.4 安全标识

空调器应在明显的位置设置永久性安全标识(如接地标识、警告标识等)。

6 试验

6.1 试验条件

6.1.1 空调器制冷量的试验装置见附录 A。

6.1.2 试验工况按表 1 的规定。

表 1 试验工况

单位为℃

试验条件		蒸发器侧入口空气状态		冷凝器侧入口空气状态	
		干球温度	湿球温度	干球温度	湿球温度
制冷运行	名义制冷	27	19.5	35	—
	最大负荷	32.5	26	50	
	低温	21	15.5	21	
	凝露	27	24	27	

6.1.3 压缩机转速

压缩机转速应符合表2的规定。

表 2 压缩机转速

单位为 r/min

型 式		压缩机转速		
		低转速	名义冷量转速	高转速
非独立式	曲柄连杆活塞式	1 000	1 800	2 500
	斜盘活塞式	1 100	1 800	4 500
	旋 转 式	1 200	1 800	6 000
	涡 旋 式	1 500	1 800	7 000
独立式				高转速挡

注1：主机驱动式的制冷量，原则上是指压缩机转速为名义冷量转速时的制冷量。当常用车速为40 km/h时的压缩机转速与名义冷量转速差异显著时，则常用车速下的压缩机转速表示制冷量，但应注明压缩机的转速。

注2：进行试验时，压缩机的转速变动量应小于等于±2%。

6.1.4 风机用电动机端电压

风机用电动机端电压应符合表3的规定。

表 3 额定电压与端电压之间的关系

单位为 V

额定电压	端电压
12	13.5±0.3
24	27±0.3

6.1.5 冷凝器进风口风速

6.1.5.1 当冷凝器安装在车的迎风面时，应符合表4的规定，但是带风机的冷凝器要关掉风机。

表 4 进风口风速

单位为 m/s

压缩机转速	冷凝器进风口风速
低 转 速	2.5
名义冷量转速	4.5
高 转 速	9.0

6.1.5.2 当冷凝器安装在车的非迎风面时，以电机驱动的冷凝器风机按表3加端电压进行试验。

6.1.5.3 整体式独立式空调装置，以辅助发动机达到额定转速时的进风口风速为冷凝器进风口风速。

6.1.6 仪器仪表的型式及准确度

仪器仪表的型式及准确度应符合表5的规定。

表 5 仪器仪表的型式及准确度

类　别	型　式	准　确　度
温度测量仪表	水银玻璃温度计 电阻温度计 热电偶 温度传感器	空气温度±0.1℃ 制冷剂温度±1℃
空气压力测量仪表	气压表,气压变送器	风管静压±2.45 Pa
制冷剂压力测量仪表	压力表,压力变送器	±2.0%
电测量仪表	指示式	±0.5%
	积算式	±1.0%
气压测量仪表(大气压力)	气压表,气压变送器	大气压力读数的±1.0%
转速仪表	转速表,闪频仪	测定转速的±1.0%
质量测量仪表		测量质量的±1.0%
注:噪声测量应使用Ⅰ型或Ⅰ型以上的精度级声压计。		

6.1.7　空调器进行制冷名义工况试验时,各参数的读数允差应符合表 6 的规定。

表 6 名义工况试验时的读数允差

项　目		读数的平均值对额定工况的偏差	各读数对额定工况的最大偏差
空气温度/℃	干球	±0.3	±1.0
	湿球	±0.2	±0.5
电压/V		±1.0%	±2.0%
空气体积流量/(m³/h)		±5%	±10%
空气流动的外阻力/出风静压/Pa		±5	±10

6.1.8　空调器进行试验时(除名义工况外),试验工况各参数允差应符合表 7 规定。

表 7 性能试验时的读数允差

单位为℃

试验工况	测量项目	读数的平均值对额定工况的偏差 读数与规定值的最大允许偏差
最大负荷	空气干球温度/湿球温度	±1.0/±0.5
低温		
凝露		

6.2 一般要求

6.2.1　空调器所有试验应按铭牌上的额定电压和额定频率进行。

6.2.2　分体式空调机室内机组与室外机组的连接管应按制造厂提供的全部管长或 10 m 管长进行试验。连接管在室外部分的长度不应少于 3 m,室内部分的隔热和安装要求按产品说明书进行。

6.3 试验方法

6.3.1 密封性能试验

空调器的制冷系统和部件在正常的制冷剂充灌量下,使用满足 SAE J 1627 关于 R134a 的技术要求,可测试部件泄漏率为 14 g/a 的电子式制冷剂泄漏检测仪按 SAE J 1628 规定的操作规程进行检验。

6.3.2 运转试验

空调器应在接近名义制冷工况的条件下运行,检查空调器的运转状况、安全保护装置的灵敏度和可靠性,检验温度、电器等控制元件的动作是否正常。

6.3.3 喷淋试验

空调器安装在整车上运行时,将压力高于 0.1 MPa 和不小于 200 mm/h 的降水量均匀地喷淋在整车相应部位,试验应不少于 10 min。

6.3.4 制冷量试验

按空调器标称的出风静压和 6.1 规定的名义制冷试验条件及附录 A 的方法进行试验。

6.3.5 送风量试验

按附录 A 给定的试验方法,在制冷量测定的同时,测定空调器的送风量。

6.3.6 压缩机驱动功率及辅件耗电功率

按附录 A 给定的试验方法,在制冷量测定的同时,测定空调器的压缩机驱动功率及辅件耗电功率。

6.3.7 最大负荷制冷试验

空调器按 6.1 规定的最大负荷工况试验条件稳定运行 1 h,然后停机 3 min,再启动运行 1 h。

6.3.8 凝露工况试验

空调器按 6.1 规定的凝露工况试验条件连续运转 4 h。

6.3.9 低温工况试验

空调器按 6.1 规定的低温工况试验条件连续运转 4 h。

6.3.10 噪声试验

在额定电压和额定频率下,按附录 B 的规定测量空调器的噪声。

6.3.11 振动试验

按附录 C 的规定,进行空调器的振动试验。

6.3.12 电器安全性能试验

6.3.12.1 绝缘电阻试验

用兆欧表测量空调器带电部位对非带电部位的绝缘电阻。兆欧表等级按表 8 规定。

表 8 兆欧表等级

供电电源	发电机供电、DC24 V 以下
兆欧表等级	500 V

6.3.12.2 电气强度试验

空调器应按表 9 规定的试验电压进行电气强度试验。

表 9 电气强度试验电压

供电电源	发电机供电	DC24V 以下
试验电压	AC1500 V 50 Hz	AC500 V 50 Hz

6.3.12.3 接地电阻试验

空调器应按 GB 4706.1—1998 中 27.5 的方法进行接地电阻试验。

7 检验规则

7.1 出厂检验

每台空调器均要做出厂检验。检验项目、技术要求和试验方法按表 10 的规定。

7.2 抽样检验

7.2.1 空调器应从出厂检验合格的产品中抽样,检验项目和试验方法按表 10 的规定。

7.2.2 抽样方法由抽样方自行确定,逐批检验的抽检项目、批量、抽样方案、检查水平及合格质量水平等由制造厂质量检验部门自行决定。

7.3 型式检验

7.3.1 新产品、定型产品作重大改进或第一台产品应作型式检验,检验项目按表 10 的规定。

7.3.2 型式检验运行时如有故障,应在故障排除后重新检验。

表 10 检验项目

序号	项 目	出厂检验	抽样检验	型式检验	技术要求	试验方法
1	一般检查				5.1,5.2,5.3,5.4	
2	标志				8.1	视检
3	包装				8.2	
4	绝缘电阻	√			5.6.4.1	6.3.12.1
5	电气强度				5.6.4.2	6.3.12.2
6	接地电阻				5.6.4.3	6.3.12.3
7	密封性能		√		5.5.1	6.3.1
8	运转				5.5.2	6.3.2
9	制冷量				5.5.4	6.3.4
10	送风量			√	5.5.11	6.3.5
11	压缩机驱动功率				5.5.5	6.3.6
12	辅件耗电功率				5.5.6	6.3.6
15	能效比	—			5.5.12	6.3.4,6.3.6
16	喷淋				5.5.3	6.3.3
17	最大负荷制冷				5.5.7	6.3.7
18	凝露		—		5.5.8	6.3.8
19	低温工况				5.5.9	6.3.9
20	噪声				5.5.10	6.3.10
21	机械安全				5.6.3	6.3.11

注:“√”为必做项目,“—”为可选做项目。

8 标志、包装、运输和贮存

8.1 标志

8.1.1 每台空调器应在明显的位置上设置永久性铭牌,铭牌应符合 GB/T 13306 的规定,内容包括:

    a) 制造厂的名称;

    b) 产品型号和名称

    c) 主要技术性能参数(制冷剂代号及其他如:制冷量、送风量、机外静压、压缩机驱动功率、辅件耗电功率、制冷剂充注量、系统耗电电压和重量、噪声等);

    d) 产品出厂编号;

    e) 产品出厂日期。

8.1.2 空调器应标有运行状态的标志,如风机旋转方向的箭头、指示仪表和接地标志等。

8.1.3 出厂文件

    每台空调器上应随带下列技术文件:

8.1.3.1 产品合格证,内容包括:

a) 产品型号和名称；

b) 产品出厂编号；

c) 检验员签字和印章；

d) 检验日期。

8.1.3.2 产品使用说明书。

8.1.3.3 装箱单。

8.1.4 应在相应地方(如铭牌、产品说明书等)标注产品执行标准编号。

8.2 包装

8.2.1 空调器在包装前应进行清洁处理。整体式空调器应充注额定量制冷剂；分体式空调器可充入额定量制冷剂，也可充入干燥的氮气或惰性气体，压力可控制在 0.1 MPa～0.3 MPa 表压范围内。各部件应清洁、干燥，易锈部件应涂防锈剂。

8.2.2 空调器应外套塑料袋或防潮纸并固定在箱内。

8.2.3 空调器包装箱上应有下列标志：

a) 制造单位名称；

b) 产品型号和名称；

c) 净重、毛重；

d) 外形尺寸；

e) "小心轻放"、"向上"、"怕湿"和堆放层数等。有关包装、储运标志应符合 GB/T 6388 和 GB/T 191 的有关规定。

8.3 运输和贮存

8.3.1 空调器在运输和贮存过程中不应碰撞、倾斜、雨雪淋袭。

8.3.2 产品应贮存在干燥的通风良好的仓库中。

附 录 A

（规范性附录）

空调器制冷量的试验方法

A.1 试验方法

A.1.1 本标准规定的试验方法：

制冷量测量——蒸发器侧空气焓差法，冷凝器侧仅提供空气环境。

A.2 试验装置

A.2.1 风洞式空气焓差法布置原理图见图 A.1。

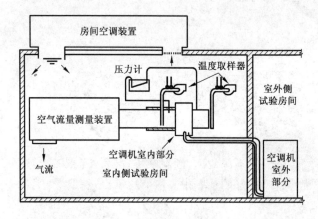

图 A.1

A.2.2 环路式空气焓差法布置原理图见图 A.2。

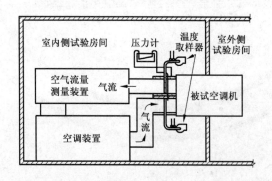

图 A.2

A.2.3 房间空气焓差法布置原理图见图 A.3。

A.2.4 图 A.1、图 A.2、图 A.3 所示的布置图是为空气焓差法的试验原理图，具体试验装置可根据实际情况确定。

A.2.5 试验房间应按实际使用情况满足 A.8.1 的规定。

A.2.6 空气流量测量装置应按 A.5 的规定。

A.2.7 机外静压测量应按 A.6 的规定。

A.2.8 室外机风速测量应按 A.7 的规定。

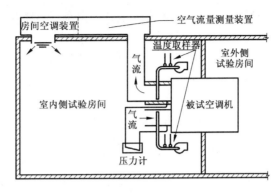

图 A.3

A.3 温度测量

A.3.1 测量风管内的温度应在横截面的各相等分格的中心处进行,所取位置不少于三处或使用取样器。风管内典型取样器见图 A.4。测量处和空调器之间的连接管应隔热,通过连接管的漏热量不超过被测量制冷量的 1.0%。

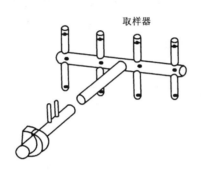

图 A.4

A.3.2 蒸发器侧空气入口处的温度应在空调器空气入口处至少取三个等距离的位置或采用同等效果的取样方法进行测量。温度测量仪表或取样器的位置应离空调器空气入口处 150 mm。

A.3.3 冷凝器侧空气入口处的温度测量应满足下列条件:

    a) 应在冷凝器侧热交换器周围至少取三点,测量点的空气温度不应受冷凝器侧排出空气的影响。

    b) 温度测量仪表或取样器的位置应离冷凝器侧热交换器表面 600 mm。

A.3.4 经过湿球温度测量仪表的空气流速应为 5 m/s 左右。在空气进口和出口处的温度测量用同样的流速,空气流速高于或低于 5 m/s 的湿球温度测量应进行修正。

A.4 制冷量计算

A.4.1 制冷量计算

用蒸发器侧试验数据分别按式(A.1)、式(A.2)、式(A.3)计算制冷量、显热制冷量和潜热制冷量:

$$q_{tci} = Q_{mi}(h_{a1} - h_{a2})/[v'_n(1 + W_n)] \quad\cdots\cdots\cdots\cdots\cdots (A.1)$$
$$q_{sci} = Q_{mi}C_{pa}(t_{a1} - t_{a2})/[v'_n(1 + W_n)] \quad\cdots\cdots\cdots\cdots\cdots (A.2)$$
$$q_{lci} = 2.47 \times 10^6 Q_{mi}(W_{i1} - W_{i2})/[v'_n(1 + W_n)] \quad\cdots\cdots\cdots (A.3)$$
$$C_{pa} = 1\,006 + 1\,860W_{i1} \quad\cdots\cdots\cdots\cdots\cdots (A.4)$$

式中:

q_{tci}——制冷量(蒸发器侧数据),单位为瓦(W);

Q_{mi}——名义工况下的送风量,单位为立方米每秒(m^3/s);

h_{a1}——进入蒸发器侧空气的焓(对于 1 kg 干空气组成的湿空气),单位为焦每千克(J/kg);

h_{a2}——离开蒸发器侧空气的焓(对于 1 kg 干空气组成的湿空气),单位为焦每千克(J/kg);

v'_n——喷嘴处空气的比体积,单位为立方米每千克(m³/kg);

W_n——喷嘴处空气的含湿量(对于 1 kg 干空气组成的湿空气),单位为千克每千克(kg/kg);

q_{sci}——显热制冷量(蒸发器侧数据),单位为瓦(W);

C_{pa}——空气的比热(对于 1 kg 干空气组成的湿空气),单位为焦耳每千克(J/kg)、℃;

t_{a1}——进入蒸发器侧空气干球温度,单位为度(℃);

t_{a2}——离开蒸发器侧空气干球温度,单位为度(℃);

q_{lci}——潜热制冷量(蒸发器侧数据),单位为瓦(W);

W_{i1}——进入蒸发器侧空气的含湿量(对于 1 kg 干空气组成的湿空气),单位为千克每千克(kg/kg);

W_{i2}——离开蒸发器侧空气的含湿量(对于 1 kg 干空气组成的湿空气),单位为千克每千克(kg/kg)。

A.5 空气流量测量

A.5.1 空气流量按 A.5.2 规定的喷嘴装置进行测量。

A.5.2 喷嘴装置

A.5.2.1 装置按图 A.5 所示,由一个隔板分开的进风室和排风室组成,在隔板上装一只或几只喷嘴。空气从被试空调器出来经过风管进入进风室,通过喷嘴排入试验房间或用风管回到空调器进口。

A.5.2.2 喷嘴装置及其与空调器进口的连接应密封,渗漏空气量应不超过被测空气流量的 1.0%。

A.5.2.3 喷嘴中心之间的距离应不小于较大的一个喷嘴喉径的 3 倍,从任一喷嘴的中心到最邻近的风室或进风室板壁的距离应不小于该喷嘴喉径的 1.5 倍。

A.5.2.4 扩散板在进风室中的安装位置应在隔板的上风侧,其距离至少为最大喷嘴喉径的 1.5 倍;在排风室中的安装位置应在隔板的下风侧,其距离至少为最大喷嘴喉径的 2.5 倍。

A.5.2.5 应安装一台变风量的排风机和排风室相连接以进行静压调整。

A.5.2.6 通过一只或几只喷嘴的静压降采用一只或几只压力计测量,压力计的一端接到装在进风室内壁上并与壁齐平的静压接口上,另一端接到装在排风室内壁上并与壁齐平的静压接口上。应将每一室中的若干个接口并联地接到若干个压力计上或汇集起来接到一只压力计上,按图 A.5 也可用毕托管测量离开喷嘴后气流的速度头,在采用两只或两只以上的喷嘴时应使用毕托管测出每一喷嘴的气流速度头。

A.5.2.7 应提供确定喉部处的气流密度的方法。

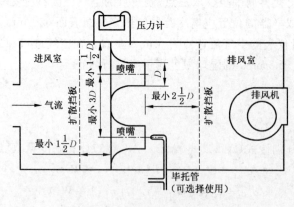

图 A.5

A.5.3 喷嘴

A.5.3.1 喷嘴使用时的喉部风速应大于 15 m/s,但应小于 35 m/s。

A.5.3.2 喷嘴按图 A.6 的结构制造,按 A.5.2 的规定进行安装,使用时不需进行校准。喉径等于或大于 127 mm 的喷嘴流量系数可定为 0.99,需要更精密的数据和喉径小于 127 mm 的喷嘴的流量系数按表 A.1 的规定,或对喷嘴进行校准。

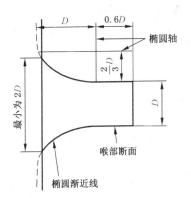

0.6D

椭圆轴

$\frac{2D}{3}$

最小为2D

D

喉部断面

椭圆渐近线

图 A.6

表 A.1

雷诺数 Re	流量系数 C
50 000	0.97
100 000	0.98
150 000	
200 000	
250 000	
300 000	0.99
400 000	
500 000	

雷诺数按式(A.5)计算:

$$Re = f v_a D_a \qquad \cdots\cdots\cdots\cdots\cdots\cdots\cdots\cdots\cdots\cdots (A.5)$$

式中:

Re——雷诺数;

f——温度系数;

v_a——喷嘴处空气的流速,单位为米每秒(m/s);

D_a——喷嘴的喉径,单位为毫米(mm)。

温度系数由表 A.2 确定

表 A.2

温度/ ℃	温度系数 f
−6.7	78.2
4.44	72.0
15.6	67.4
26.7	62.8
37.8	58.1
48.9	55.0
60.0	51.9
71.1	48.8

A.5.3.3 喷嘴的面积通过测量其直径确定,准确度为±0.2%。直径测量在喷嘴喉部的两个平面上进行,一个在出口处,另一个在靠近圆弧的直线段,每个平面沿喷嘴四周取四个直径,直径之间相隔约45°。

A.5.4 计算

A.5.4.1 通过单个喷嘴的空气流量按式(A.6)、式(A.7)计算:

$$Q_{mi} = 1.414CA_a(p_v v'_n)^{0.5} \qquad\qquad\cdots\cdots\cdots\cdots\cdots (A.6)$$

$$v'_n = 101\,325 v_n/[(1+W_n)p_n] \qquad\qquad\cdots\cdots\cdots\cdots\cdots (A.7)$$

式中:

Q_{mi}——名义工况下的送风量,单位为立方米每秒(m³/s);

C——流量系数;

A_a——喷嘴面积,单位为平方米(m²)。

p_v——喷嘴喉部的动压或通过喷嘴的静压差,单位为帕(Pa);

v'_n——喷嘴处空气的比体积,单位为立方米每千克(m³/kg);

v_n——在喷嘴进口处的干湿球温度下,并在标准大气时空气的比体积,单位为立方米每千克(m³/kg);

W_n——喷嘴处空气的含湿量,单位为千克每千克(kg/kg);

p_n——喷嘴前的静压力,单位为帕(Pa)。

A.5.4.2 使用多个喷嘴时,总空气流量按 A.5.4.1 的单个喷嘴的流量和计算。

A.6 静压的测定

A.6.1 配有风机和单个空气出口的空调器

A.6.1.1 空调器的机外静压装置按图 A.7,在空调器空气出口处安装一只短的静压箱,空气通过静压箱进入空气流量测量装置,静压箱的横截面尺寸应等于空调器出口尺寸。

A.6.1.2 测量机外静压的压力计的一端应接至出风口静压箱的四个取压接口的箱外连通管,每个接口均位于静压箱各壁面中心位置,与空调器空气出口的距离为出口平均横截面尺寸的两倍。采用进口风管的空调器,另一端应接至位于进口风管各壁面中心位置的管外连接管;不用进口风管的空调器,另一端应和周围大气相通,进口风管的横截面尺寸应等于空调器进口尺寸。

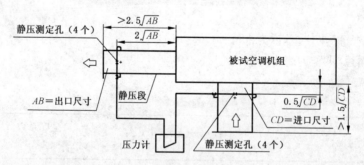

图 A.7

A.6.2 配有风机和多个空气出口的空调器

在每个空气出口上装一个符合图 A.7 的短静压箱,空气通过静压箱进入一个共用风管段,然后进入空气流量测量装置。在每个静压箱进入共用风管段的平面上分别装一个可调节的限流器,平衡每个静压箱中的静压,多个送风机使用单个空气出口的空调器按 A.6.1.1 的要求使用一个静压箱进行试验。

A.6.3 静压测定的一般要求

A.6.3.1 静压接口用直径为 6 mm 的短管制作,短管中心应与静压箱外表面上直径为 1 mm 的孔同心。孔的边口不应有毛刺和其他不规则的表面。

A.6.3.2 静压箱和风管段、空调器以及空气测量装置的连接处应密封,不应漏气。在空调器出口和温度测量仪表之间应隔热,防止漏热。

A.7 冷凝器风速测定

A.7.1 风速测定点的确定

在不带风机冷凝器的空气回风口上装一个符合图 A.8 的静压箱,出风口连接可变频的引风机,并按图 A.8 所示,测量冷凝器风速,共 25 个测点(①～㉕)取测量值的平均值。

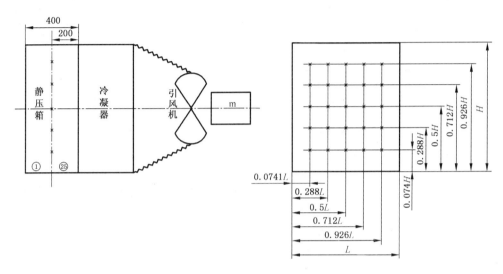

图 A.8

实际风速为所测 25 个风速的平均值。

A.8 试验的准备及运行

A.8.1 试验室的要求

A.8.1.1 应有一间蒸发器侧试验房间,房间的测试条件应保持在允许的范围内。

A.8.1.2 应有一间冷凝器侧试验房间,房间应有足够的容积,使空气循环和正常运行时有相同的条件。房间除安装要求的尺寸关系外,应使房间和空调器冷凝器有空气排出一侧之间的距离不小于 2 m,空调器其他面和房间之间的距离不小于 1 m。房间空调装置处理空气的流量不应小于室外部分空气的流量,并按要求的工况条件处理后低速均匀送回冷凝器侧试验房间。试验时空调器附近的空气之流速不应超过 2.5 m/s。

A.8.2 空调器的安装

A.8.2.1 被试空调器应按制造厂的安装要求进行安装,空调器安装于冷凝器侧房间内,空调器的蒸发器侧应由风道与蒸发器侧相连。

A.8.2.2 除按规定的方法安装需要的试验装置和仪表外,不应改装空调器。

A.8.2.3 需要时,空调器应抽空并充注制造厂说明书中规定的制冷剂类型和数量。

A.8.3 制冷量的试验程序

房间空调装置和被试空调器应进行不少于 1 h 的运行,工况稳定后记录数据。每隔 15 min 记录一次,直至连续 5 次的试验数据的允差在表 5、表 6 规定范围内。

A.9 试验记录及试验结果

A.9.1 空调器制冷量试验应记录的试验数据如表 A.3。

表 A.3

序号	记录项目	单 位
1	试验日期	
2	试验人员	
3	试验空调器的型号和出厂编号	
4	试验空调器的额定参数	
5	大气压力	kPa
6	电压	V
7	试验时间	h
8	系统功率	W
9	蒸发器侧机外静压	Pa
10	空气进入空调器蒸发器的干、湿球温度	℃
11	空气离开空调器蒸发器的干、湿球温度	℃
12	喷嘴处空气的干球温度	℃
13	喷嘴前的静压	Pa
14	喷嘴的数量/喷嘴的直径	只/mm
15	喷嘴前后空气的静压差	Pa
16	压缩机转速	r/min
17	压缩机扭矩	N·m
18	冷凝器进风口风速	m/s

A.9.2 试验结果应定量表示出被试空调器对空气产生的效果,对于给定的试验工况试验结果应表示:

a) 制冷量,W;

b) 名义工况下的送风量,m^3/h;

c) 系统总功率,W;

d) 能效比(EER),W/W。

A.9.3 试验时若大气压力低于标准大气压(101 kPa),大气压读数每降低 3.5 kPa 制冷(热)量可增加 0.8%。

A.9.4 空气焓值应根据饱和温度和标准大气压的偏差进行修正。

附　录　B

（规范性附录）

空调器噪声测试方法

B.1　范围

本附录规定了空调器的噪声测试方法。

B.2　测定场所

测定场所应为反射平面上的半自由声场,被测空调器的噪声与背景噪声之差应大于 10 dB(A)。若在测试中,背景噪声不能满足上述要求,而噪声差在 6 dB(A)～10 dB(A)之间时,则测量值应按表 B.1修正;若背景噪声差在 6 dB(A)以下,则测量结果仅作估算值。

表 B.1　　　　　　　　　　　　　　　　　　单位为 dB(A)

试验空调器噪声级与背景噪声级差值	试验读数的修正值
9～10	−0.5
≥6～8	−1

B.3　测量仪器

测量仪器应使用 GB/T 3785 中规定的Ⅰ型或Ⅰ型以上的声级计,以及准确度相当的其他测试仪器。

B.4　运行条件

测量空调器噪声时,应分别测量蒸发器噪声和冷凝器噪声,按表 3 所规定的端电压分别开动风机。原则上在所规定最大风量下进行噪声测量。有机外静压要求的空调器,为避免出风的影响,应接入按B.6 规定的静压风道,在 B.6 规定的静压测定点加额定的机外静压,以使测定在不受出风影响的状态下进行。

B.5　测点位置

B.5.1　安装在车室内的由蒸发器和风机构成的空调器,按图 B.1 所示放置,测量蒸发器侧噪声,共 2个测点(①②)。

B.5.2　安装在汽车顶部、侧面或后部由蒸发器和风机构成一体的空调器,按图 B.2 所示放置,测量蒸发器侧噪声,共 3 个测点(①②③);测量冷凝器侧噪声,共 3 个测点(④⑤⑥);

B.5.3　风机和蒸发器分开安装时,按图 B.3 或图 B.4 所示放置,测量蒸发器侧噪声,共 3 个测点(①②③)。

B.5.4　带风机的冷凝器,按图 B.5 所示放置,测量冷凝器侧噪声,共 1 个测点(①)。

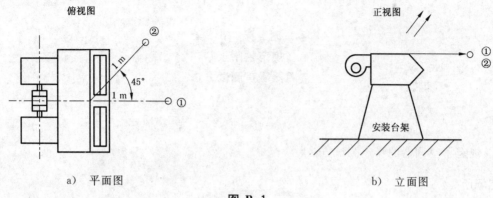

俯视图

1 m

45°

1 m

①

②

a) 平面图

正视图

安装台架

①
②

b) 立面图

图 B.1

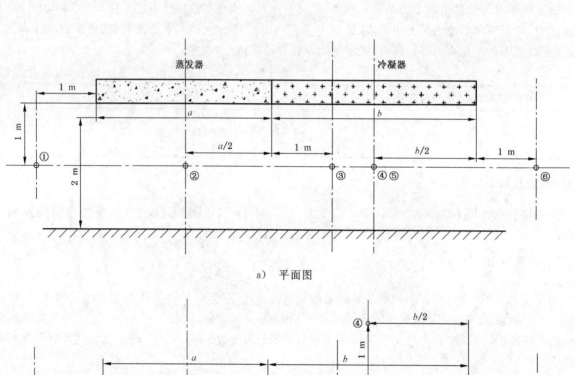

蒸发器

冷凝器

1 m

1 m

2 m

a

b

a/2

1 m

b/2

1 m

①

②

③

④⑤

⑥

a) 平面图

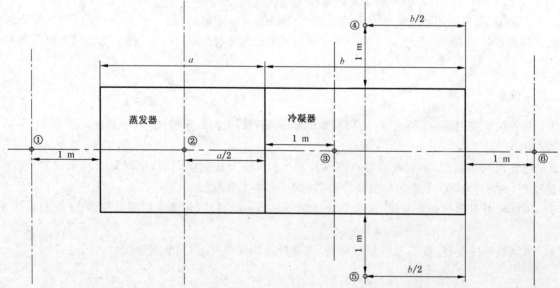

④

b/2

1 m

a

b

蒸发器

冷凝器

1 m

①

②

③

⑥

1 m

a/2

1 m

1 m

⑤

b/2

b) 立面图

图 B.2

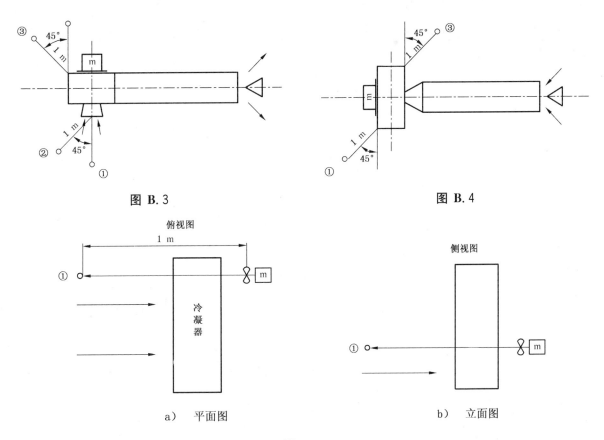

图 B.3

图 B.4

俯视图

1 m

冷凝器

a) 平面图

侧视图

b) 立面图

图 B.5

B.6 测量方法

在 B.5 规定的测点位置,测定空调器噪声 A 声级,测定应在 B.4 规定的运行条件下进行测量,取各测点测量最大值为测量值。

附 录 C
(规范性附录)
空调器振动测试方法

C.1 范围

本附录规定了空调器的振动测试方法。

C.2 试验条件

C.2.1 谐振频率

各部件的谐振频率按表 C.1 的规定。

表 C.1 谐振频率

部件谐振情况	谐振频率/Hz
谐振	部件固有的谐振频率[a]
无谐振	33 或 67

^a 按 C.3.1 谐振频率探测试验方法进行测试的结果。

C.2.2 振动加速度

各部件的振动加速度按表 C.2 的规定。

表 C.2 振动加速度

振动加速度阶段	振动加速度/(m/s²)
5	5
20	20
30	30

C.3 试验方法

C.3.1 谐振频率探测试验方法

部件的谐振频率应该在一定频率范围内选择与被测试部件一致的频率,按固定的速率连续递增和递减频率 5 Hz 到 200 Hz 的频率来探测。

C.3.2 振动耐久性试验方法

部件的振动耐久试验应该考虑与汽车类型、在实际设备中的位置以及表 C.2 中 3 个测试阶段的一致来进行。试验应分为有、无谐振两种情况来进行。

原则上说来,表 C.2 通常应用于振动条件的分类。不过必要时,振动方向和测试时间可根据参与传输各方之间的一致性来决定。

1) 没有谐振时振动耐久试验应参照表 C.3 来进行。

表 C.3 振动耐久试验要求

阶段	频率/Hz	振动加速度/(m/s²)	测试时间/h		
			垂直	横向	纵向
5		5			
20	33 或 67	20	4	2	2
30		30			

2) 有谐波时振动持久性试验应先参照表 C.4 来进行,后再参照表 C.5 来进行。

表 C.4　有谐波时振动持久性试验(1)

阶段	频率/Hz	振动加速度/(m/s²)	测试时间/h		
			垂直	横向	纵向
5		5			
20	谐振频率	20	1	0.5	0.5
30		30			

表 C.5　有谐波时振动持久性试验(2)

阶段	频率/Hz	振动加速度/(m/s²)	测试时间/h		
			垂直	横向	纵向
5		5			
20	33 或 67	20	3	1.5	1.5
30		30			

C.4　路面试验

C.4.1　路面试验的试验要求

表 C.6　路面试验的试验要求

路面试验	路面要求	试验时间
试验要求	国家规定第二等级公路	连续运行 6 h

C.4.2　当空调器总质量大于 300 kg 或外形尺寸大于 5 m×5 m 时,可以采用路面试验进行考核。

ICS 27.200
J 73

中华人民共和国国家标准

GB/T 22069—2008

燃气发动机驱动空调(热泵)机组

Gas engine driven air-condition(heat pump)unit

2008-07-01 发布

2009-02-01 实施

中华人民共和国国家质量监督检验检疫总局
中国国家标准化管理委员会 发 布

前　言

本标准的附录 A、附录 B、附录 C、附录 D、附录 E、附录 F 为规范性附录。

本标准由中国机械工业联合会提出。

本标准由全国冷冻空调设备标准化技术委员会(SAC/TC 238)归口。

本标准由全国冷冻空调设备标准化技术委员会解释。

本标准起草单位:大连三洋制冷有限公司、大金空调(上海)有限公司、合肥通用机械研究院。

本标准主要起草人:董素霞、糜华、李建华、史剑春、岳海兵。

燃气发动机驱动空调(热泵)机组

1 范围

本标准规定了一种以创造室内舒适性环境为目的、通过燃气发动机驱动制冷压缩机的空调(热泵)机组(以下简称"机组")的术语和定义、型式与基本参数、技术要求、试验、检验规则、标志、包装、运输和贮存等。

本标准适用于名义制冷量不大于 85 kW 的燃气发动机驱动空调(热泵)机组,但不含以下机组:

    a) 采用水冷冷凝器的机组;

    b) 制热时采用电加热或辅助电加热的机组;

    c) 可同时制冷制热的机组;

    d) 燃气使用除天然气与液化石油气之外的机组;

    e) 其他特殊用途的机组。

2 规范性引用文件

下列文件中的条款通过本标准的引用而成为本标准的条款。凡是注日期的引用文件,其随后所有的修改单(不包括勘误的内容)或修订版均不适用于本标准,然而,鼓励根据本标准达成协议的各方研究是否可使用这些文件的最新版本。凡是不注日期的引用文件,其最新版本适用于本标准。

GB/T 191 包装储运图示标志(GB/T 191—2008,ISO 780:1997,MOD)

GB/T 6388 运输包装收发货标志

GB 11174—1997 液化石油气(neq ASTM D 1835:1991)

GB/T 13306 标牌

GB/T 17758—1999 单元式空气调节机

GB 17820—1999 天然气

JB/T 7249 制冷设备术语

JB 8655—1997 单元式空气调节机 安全要求

3 术语和定义

JB/T 7249 确立的以及下列术语和定义适用于本标准。

3.1

燃气发动机驱动空调(热泵)机组 **gas engine driven air-condition (heat pump) unit**

一种以创造室内舒适性环境为目的、通过燃气发动机驱动制冷压缩机的空调(热泵)机组。

3.2 制冷性能及制热性能相关用语

3.2.1

消耗燃气热量 **gas consumption**

机组运行时所消耗的燃气总热量,为燃气流量(Nm³/h)×低位热值(MJ/Nm³)×1/3.6 的乘积得到的值,单位:kW。

3.2.2

名义制冷量 **rating cooling capacity**

机组以额定能力,在名义制冷工况和规定条件下长期稳定制冷运行时,单位时间内从密闭空间、房间或区域内除去的热量总和,单位:kW。

3.2.3

名义制冷消耗燃气热量 rating cooling gas consumption

机组以额定能力,在名义制冷工况和规定条件下长期稳定制冷运行时的燃气消耗量,单位:kW。

3.2.4

名义制冷消耗功率 rating cooling power consumption

机组以额定能力,在名义制冷工况和规定条件下长期稳定制冷运行时消耗的电功率,单位:kW。

3.2.5

中间制冷量 middle cooling capacity

机组以发挥名义制冷量的1/2能力,在名义制冷工况和规定条件下长期稳定制冷运行时,单位时间内从密闭空间、房间或区域内除去的热量总和,单位:kW。

注:中间制冷量在名义制冷量50%±5%的范围内。但是,机组最小能力超过名义制冷量的55%时,以机组最小能力为中间制冷量。

3.2.6

中间制冷消耗燃气热量 middle cooling gas consumption

机组以发挥名义制冷量的1/2能力,在名义制冷工况和规定条件下长期稳定制冷运行时的消耗燃气热量,单位:kW。

注:机组的最小能力超过名义制冷量的55%时,以机组最小能力运行时的消耗燃气热量为中间制冷消耗燃气热量。

3.2.7

名义制热量 rating heating capacity

机组以额定能力,在名义制热工况和规定条件下长期稳定制热运行时,单位时间内送入密闭空间、房间或区域内的热量总和,单位:kW。

3.2.8

名义制热消耗燃气热量 rating heating gas consumption

机组以额定能力,在名义制热工况和规定条件下长期稳定制热运行时的消耗燃气热量,单位:kW。

3.2.9

名义制热消耗功率 rating heating power consumption

机组以额定能力,在名义制热工况和规定条件下长期稳定制热运行时消耗的电功率,单位:kW。

3.2.10

中间制热量 middle heating capacity

机组以发挥名义制热量的1/2能力,在名义制热工况和规定条件下长期稳定制热运行时,单位时间内送入密闭空间、房间或区域内的热量总和,单位:kW。

注:中间制热量在名义制热量50%±5%的范围内。但是,机组最小能力超过名义制热量的55%时,以机组最小能力为中间制热量。

3.2.11

中间制热消耗燃气热量 middle heating gas consumption

机组以发挥名义制热量的1/2能力,在名义制热工况和规定条件下长期稳定制热运行时的消耗燃气热量,单位:kW。

注:机组的最小能力超过名义制热量的55%时,以机组最小能力运行时的消耗燃气热量为中间制热消耗燃气热量。

3.2.12

低温制热量 rating low temperature heating capacity

机组以额定低温制热能力,在低温制热工况和规定条件下长期稳定制热运行时,单位时间内送入密闭空间、房间或区域内的热量总和,单位:kW。

3.2.13

低温制热消耗燃气热量 rating low temperature heating gas consumption

机组以额定低温制热能力,在低温制热工况和规定条件下长期稳定制热运行时的消耗燃气热量,单位:kW。

3.2.14

低温制热消耗功率 rating low temperature power consumption

机组以额定低温制热能力,在低温制热工况和规定条件下长期稳定制热运行时消耗的电功率,单位:kW。

3.2.15

超低温制热量 rating extra-low temperature heating capacity

机组以额定超低温制热能力,在超低温制热工况和规定条件下长期稳定制热运行时,单位时间内送入密闭空间、房间或区域内的热量总和,单位:kW。

3.2.16

全年性能系数(APF) annual performance factor

机组在制冷及制热季节从室内空气中除去的总热量及加入室内空气中的总热量之和与全年耗能的比值,单位:kW/kW。

注:全年性能系数(APF)以南京地区为代表城市、以办公建筑为代表建筑类型,其他城市及建筑类型参照执行。

3.3

氮氧化物 12 点状态值(NO_x12) NO_x density twelve point state value

按附录 E 规定的 NO_x 浓度试验,测量从机组排出烟气中的 NO_x 浓度值(制冷、制热各6点),并进行年模拟运转后计算的年平均浓度值。

4 型式与基本参数

4.1 型式

4.1.1 按室内机送风型式分为:

    a) 直接吹出型;

    b) 风管连接型。

4.1.2 按使用的燃料种类分为:

    a) 天然气型;

    b) 液化石油气型。

4.1.3 按使用气候环境分为:

    a) 一般地区型:夏热冬冷区、夏热冬暖区、温暖地区;

    b) 寒冷地区型:寒冷地区、严寒地区。

4.1.4 型号

机组型号的编制方法,可由制造商自行编制,但型号中应体现名义工况下机组的制冷量。

4.2 基本参数

4.2.1 机组的电源为额定电压单相 220 V 或三相 380 V 交流电,额定频率 50 Hz。

4.2.2 机组在 −20 ℃~43 ℃温度范围内应能正常工作。

4.2.3 机组的制冷和制热试验工况参数按表1的规定。

表 1 试验工况
单位为摄氏度

试验条件		室内侧入口空气状态		室外侧入口空气状态	
		干球温度	湿球温度	干球温度	湿球温度
制冷试验	名义制冷	27	19	35	—
	最大运行	32	23	43	
	低温制冷	21	15	21	
	室内机凝露及凝结水排除	27	24	27	
制热试验	名义制热	20	15	7	6
	低温制热			2	1
	超低温制热			−8.5	−9.5
	最大运行	27	—	24	18
	自动融霜	20	15(最高)以下[a]	2	1
[a] 适用于湿球温度影响室内侧换热的装置。					

4.2.4 机组使用的燃气条件按表2的规定。

表 2 燃气的种类和压力

燃气种类		燃气标准	燃气压力/kPa		
			最高压力	标准压力	最低压力
液化石油气	19Y	GB 11174	3.3	2.8	2.0
	20Y				
	22Y				
天然气	13T	GB 17820	2.5	2.0	1.0
	12T				
	10T				
	6T		2.2	1.5	0.7
	4T		2.0	1.0	0.5
注：燃气种类、成分、热值、压力及其他参数以用户和制造商的协议为准。					

4.2.5 现场不接风管的机组,机外静压为0 Pa;接风管的机组应标注机外静压。

5 要求

5.1 一般要求

机组应符合本标准的要求,并应按规定程序批准的图样和技术文件制造。

5.2 材料

5.2.1 一般要求

5.2.1.1 机组制冷系统零部件的材料在制冷剂、润滑油及其混合物的作用下,不产生劣化且保证机组正常工作。

5.2.1.2 发动机应具有充分的减振措施,减振材料要经久耐用。

5.2.2 燃气管路

a) 金属材料应为耐腐蚀性材料,或在材料表面进行防腐蚀处理;

    b) 橡胶软管材质应能满足燃气压力及成分的要求;

    c) 金属挠性软管必须满足强度和密封性要求;

    d) 减压阀下游承受负压的燃气管路,应使用充分耐负压的材料。

5.2.3　排气管路

    a) 金属材料应为耐腐蚀性材料,或者在材料表面进行防腐蚀处理;

    b) 非金属材料应为耐排气腐蚀及耐凝结水腐蚀的材料;

    c) 应为充分耐高温的材料。

5.2.4　保温材料等

机组的保温材料、吸音材料等应无毒、无异味且为难燃材料。

5.3　结构

5.3.1　燃气连接口及燃气截止阀

    a) 燃气连接口应从机组外部露出或处于外部容易看到的位置,采用螺纹连接。

    b) 燃气管路上应串联安装2个或2个以上的燃气截止阀,各燃气截止阀功能独立。发动机停止时各燃气截止阀应全部关闭。

5.3.2　燃气管路

    a) 承受负压部分的燃气管路应具有足够的强度。发动机在运转时关闭燃气阀,从关闭燃气阀到发动机停止运转期间,燃气管路各部分应无异常变形。

    b) 使用内径2 mm以下的铜管时,内表面应进行镀锡等表面处理。

5.3.3　排气管路

    a) 应充分抗振,并便于凝结水排出;

    b) 排气口应有防止直径16 mm的钢球和鸟等进入的结构。

5.3.4　吸气箱

    a) 开口部分应有防止直径16 mm的钢球和鸟等进入的结构;

    b) 吸气箱的外罩板应可拆装。

5.3.5　发动机

    a) 发动机启动电机应有防止过热的功能。

    b) 发动机点火装置应有在点火过程产生的电磁波不干扰其他设备的结构。

    c) 发动机应有保护装置。当发动机转速超过制造商规定的转速或发动机油减少到制造商规定的状态或发动机冷却水(防冻液)超过制造商规定的温度时,应具有发动机停止、燃气管路自动关闭的功能。

5.4　安全要求

机组的安全要求应符合JB 8655—1997的规定。

5.5　性能要求

5.5.1　制冷系统密封性

按6.3.1试验时,制冷系统各部分不应有制冷剂泄漏。

5.5.2　运转

按6.3.2试验时,所测消耗燃气热量、运转电流、进出风温度等参数应符合设计要求。

5.5.3　制冷性能

5.5.3.1　名义制冷性能

    a) 名义制冷

按6.3.3.1试验时,各实测值应满足表3的规定。

表 3 名义制冷

制冷量	燃气消耗热量	消耗功率
不应小于名义制冷量的 95%	不应大于名义制冷燃气消耗热量的 110%	不应大于名义制冷消耗功率的 110%

b) 中间制冷

按 6.3.3.1 试验时,各实测值应满足表 4 的规定。

表 4 中间制冷

制冷量	燃气消耗热量
不应小于名义中间制冷量的 95%	不应大于名义中间制冷燃气消耗热量的 110%

5.5.3.2 最大运行

按 6.3.3.2 试验时,应满足以下条件:

a) 机组各部件不应损坏,机组应能正常运行。

b) 机组在最大运行制冷期间,发动机不应停止或过载保护器不应跳开。

c) 当机组停机 3 min 后,再启动连续运行 1 h,但在启动运行的最初 5 min 内允许发动机停止或过载保护器跳开,其后不允许;在运行的最初 5 min 内过载保护器不复位时,在停机不超过 30 min 复位的,应连续运行 1 h。

5.5.3.3 低温制冷

按 6.3.3.3a)试验时,机组启动 10 min 后,在进行 4 h 运行中,安全保护装置不应跳开,蒸发器的迎风面表面凝结的冰霜面积不应大于蒸发器迎风面积的 50%。

按 6.3.3.3b)试验时,室内机不应有冰掉落、水滴滴下或吹出。

5.5.3.4 室内机凝露

按 6.3.3.4 试验时,室内机箱体外表面不应有凝露滴下,室内送风不应带有水滴。

5.5.3.5 室内机凝结水排除

按 6.3.3.5 试验时,室内机应具有凝结水排除的能力,不应有水从室内机中溢出或吹出。

5.5.4 制热性能

5.5.4.1 名义制热性能

a) 名义制热

按 6.3.4.1 试验时,各实测值应满足表 5 的规定。

表 5 名义制热

制热量	燃气消耗热量	消耗功率
不应小于名义制热量的 95%	不应大于名义制热燃气消耗热量的 110%	不应大于名义制热消耗功率的 110%

b) 中间制热

按 6.3.4.1 试验时,各实测值应满足表 6 的规定。

表 6 中间制热

制热量	燃气消耗热量
不应小于名义中间制热量的 95%	不应大于名义中间制热燃气消耗热量的 110%

5.5.4.2 低温制热

按 6.3.4.2 试验时,各实测值应满足表 7 的规定。

594

表 7 低温制热

制热量	消耗燃气热量	消耗功率
不应小于名义低温制热量的95%	不应大于名义低温制热消耗燃气热量的110%	不应大于名义低温制热消耗功率的110%

5.5.4.3 超低温制热

按6.3.4.3试验时,超低温制热量的实测值不应小于名义超低温制热的95%。

5.5.4.4 最大运行

按6.3.4.4方法试验时,应满足以下条件:

a) 机组各部件不应损坏,机组应能正常运行。

b) 机组在最大运行制热期间,发动机不应停止或过载保护器不应跳开。

c) 当机组停机3 min后,再启动连续运行1 h,但在启动运行的最初5 min内允许发动机停止或过载保护器跳开,其后不允许;在运行的最初5 min内过载保护器不复位时,在停机不超过30 min复位的,应连续运行1 h。

5.5.4.5 自动融霜

按6.3.4.5试验时,在融霜周期中室内机的送风温度低于18 ℃的持续时间不应超过1 min。

5.5.5 发热

按6.3.5试验时,制冷及制热运转时各部位的温度应符合JB 8655—1997中第8章的规定,且满足以下要求:

a) 燃气通过的燃气截止阀及减压阀的外表面温度应低于85 ℃;

b) 排烟温度应低于260 ℃。

5.5.6 防水

按6.3.6试验时,除应符合JB 8655—1997中第11章的规定,还应满足以下要求:

a) 无发动机停止等异常;

b) 试验结束后进行3次运转操作,每次启动应无异常,且在发动机启动、运转及停止时不应出现回火。

5.5.7 噪声

按6.3.7试验时,室内机与室外机的噪声值不应超过表8与表9的规定,且不大于明示值+3 dB(A)。

表 8 室内机噪声上限值(声压级) 单位为分贝

名义制冷量/kW	室内机	
	不接风管	接风管
≤2.5	40	42
>2.5~4.5	43	45
>4.5~7.0	50	52
>7.0~14.0	57	59
>14.0~28.0	63	65
>28.0~50.0	67	69
>50.0~80.0	69	71
>80.0~85.0	72	74

表 9　室外机噪声上限值（声压级）　　　　　　　　　单位为分贝

名义制冷量/kW	室外机
≤4.0	55
>4.0～10.0	60
>10.0～16.0	65
>16.0～85.0	68
注：机组在全消声室测试的噪声值应注明"在全消声室测试"的字样，其符合性判定以半消声室测试为准。	

5.5.8　发动机性能

5.5.8.1　发动机启动

按 6.3.8 试验时，3 次运转操作中应全部 1 次点火启动，且在发动机启动、运转及停止时不应出现回火。

5.5.8.2　理论干燥烟气中的 CO 体积浓度

按 6.3.9 试验时，理论干燥烟气中的 CO 体积浓度不应大于 0.28%。

5.5.8.3　氮氧化物浓度 12 点状态值（NO$_x$12）

按 6.3.10 试验时，氮氧化物浓度 12 点状态值（NO$_x$12）不应大于 150×10^{-6}（150 ppm）。

5.5.9　燃气管路的气密性

按 6.3.11 试验时，应满足以下要求：

a)　机组在停止状态下，通过燃气截止阀的内部泄漏量不应大于 0.07 L/h；

b)　从燃气连接口到发动机入口的管路应无泄漏。

5.5.10　全年性能系数（APF）

按 6.3.12 试验时，应满足如下要求：

a)　名义制冷量小于等于 28 kW 的机组，全年性能系数 APF 不应低于 1.10 kW/kW，且不小于明示值的 95%。

b)　名义制冷量大于 28 kW 的机组，全年性能系数 APF 不应低于 1.15 kW/kW，且不小于明示值的 95%。

6　试验方法

6.1　试验条件

6.1.1　机组制冷量和制热量的试验装置见 GB/T 17758—1999 的附录 A。

6.1.2　试验工况见表 1，按相应工况进行试验。

6.1.3　测量仪表的一般规定

试验用仪表应经法定计量检验部门检定合格，并在有效期内。

6.1.4　仪器仪表的型式及准确度

试验用仪器仪表的型式及准确度应满足表 10 的规定。

表 10　仪器仪表的型式及准确度

类　别	型　式	准　确　度	
温度测量仪表	水银玻璃温度计、电阻温度计、热电偶	空气温度：	±0.1 ℃
		水温：	±0.1 ℃
		制冷剂温度：	±1.0 ℃
流量测量仪表	记录式、指示式、积算式	测量流量的	±1.0%

表 10（续）

类　别	型　式	准　确　度
制冷剂压力测量仪表	压力表、变送器	测量压力的　±2.0%
空气压力测量仪表	气压表、气压变送器	风管静压：　±2.45 Pa
电量测量仪表	指示式	0.5 级精度
	积算式	1.0 级精度
质量测量仪表	天平、台秤、磅秤	测量质量的±1.0%
转速仪表	机械式、电子式	测量转速的±1.0%
气压测量仪表（大气压力）	气压表、气压变送器	大气压力读数的±0.1%
时间测量仪表	秒表	测量经过时间的±0.2%
噪声测量仪表	声级计	Ⅰ型或Ⅰ型以上
燃料测量仪表	燃气量热器、燃弹式量热器、气相测谱仪	±0.5%
烟气分析仪表	红外线式、氧化锆式、磁气式、电池式气体分析仪、烟浓度计、化学、电化学方法	>1%时，相对误差±2% 0.04%～1%时，相对误差±5% <0.04%时，绝对误差±0.002%
燃气压力测量仪表	水柱压力计、电子压力计、弹簧管压力表、膜片压力计	±1.0%

6.1.5　机组进行制冷试验和制热试验（名义制热、最大运行）时，试验工况参数的读数允差应符合表 11 的规定。

表 11　制冷试验和制热试验工况参数的读数允差　　　　　　　　　　单位为摄氏度

项　目	室内侧入口空气状态		室外侧入口空气状态	
	干球温度	湿球温度	干球温度	湿球温度
最大变动幅度	±1.0	±0.5	±1.0	±0.5
平均变动幅度	±0.3	±0.2	±0.3	±0.2

6.1.6　机组进行低温制热、超低温制热和自动融霜试验时，试验工况参数的读数允差应符合表 12 的规定。

表 12　低温制热、超低温制热和融霜试验工况参数的读数允差　　　　单位为摄氏度

项　目	室内侧空气状态		室外侧空气状态			
	干球温度		干球温度		湿球温度	
	低温及超低温制热	自动融霜	低温及超低温制热	自动融霜	低温及超低温制热	自动融霜
最大变动幅度	±2.0	±2.5	±2.0	±2.0	±1.0	±2.5
平均变动幅度	±0.5	±1.5	±0.5	±0.5	±0.3	±1.0

6.2　试验要求

6.2.1　机组所有试验应按铭牌上的额定电压、额定频率、燃气种类及压力进行。

6.2.2　机组应在规定的风量条件下试验，试验时应连接所有辅助元件（包括进风百叶、管路及附件），且符合制造商安装要求。

6.2.3　试验应按图 1 或图 2 的方式和要求连接室内机和室外机。室内机可根据机组名义制冷量的大

小,按室外机配置室内机的最少台数配置室内机的数量(但至少2台),同时,这些被试室内机的名义制冷量之和应等于被试机组的名义制冷量(配置率100%)。

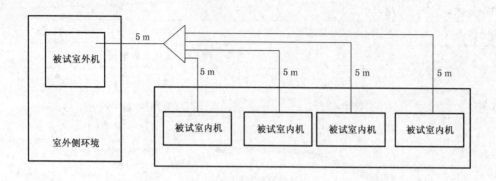

图 1

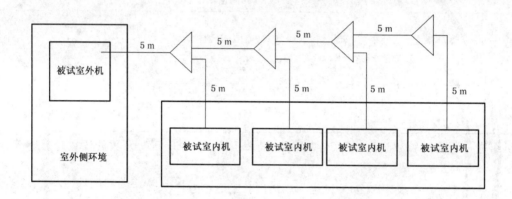

图 2

6.2.4　室内机与室外机之间的连接配管

室内机按图1或图2与室外机连接,其中分配器前、后的连接配管长度为5 m或按制造商规定,分配器的形式不限。配管的口径、隔热、安装、抽真空及制冷剂填充等应按制造商的说明书要求进行。

6.2.5　试验用燃气

试验用燃气的种类应按制造商指定的种类。若制造商没有指定,则从表2中任选一种。试验气体的压力见表2,如果制造商没有指定,则为标准压力。

6.3　试验方法

6.3.1　制冷系统密封性能

机组的制冷系统在制造商指定种类和数量的制冷剂充填状态下,制冷量小于等于28 kW的机组,用灵敏度为 1×10^{-6} Pa·m³/s 的制冷剂检漏仪进行检验;制冷量大于28 kW的机组,用灵敏度为 1×10^{-5} Pa·m³/s 的制冷剂检漏仪进行检验。

6.3.2　运转

机组在接近名义制冷工况条件下运行,分别测量机组的消耗燃气热量、运转电流和进出风温度。检查安全保护装置的灵敏度和可靠性,检验温度、电器等控制元件的动作是否正常。

6.3.3　制冷

6.3.3.1　名义制冷性能

名义制冷量试验在4.2.3规定的名义制冷工况和规定条件下,按GB/T 17758—1999附录A方法进行。机组以发挥名义制冷能力,连续稳定运行1 h后进行测量。在测量机组名义制冷量的同时测量机组的名义制冷消耗功率和按附录B测量机组的名义制冷消耗燃气热量。

中间制冷量试验在 4.2.3 规定的名义制冷工况和规定的条件下,按 GB/T 17758—1999 附录 A 方法进行。机组以发挥中间制冷能力,连续稳定运行 1 h 后进行测量。在测量机组中间制冷量的同时按附录 B 测量中间制冷消耗燃气热量。

6.3.3.2 最大运行

在额定频率和额定电压下,按表 1 规定的制冷最大运行工况稳定后连续运行 1 h;然后停机 3 min(此间电压上升不超过 3%),再启动运行 1 h。

6.3.3.3 低温制冷

在不违反制造商规定的情况下,将机组的温度控制器、风机转速、风门和导向隔栅调到最易使蒸发器结冰和结霜的状态,达到表 1 规定的制冷低温试验工况后进行下列试验。

a) 空气流通试验:空调机启动并运行 4 h;
b) 滴水试验:将被试室内机回风口遮住完全阻止空气流通后运行 6 h,使蒸发器盘管风路被霜完全阻塞,停机后除去遮盖物至冰霜完全融化,再使风机以最高转速运转 5 min。

6.3.3.4 室内机凝露

在不违反制造商规定情况下,将被试室内机的温度控制器、风机转速、风门和导向隔栅调到最易凝水状态进行制冷运行,达到表 1 规定的室内机凝露工况后,连续运行 4 h。

6.3.3.5 室内机凝结水排除

在不违反制造商规定情况下,将被试室内机的温度控制器、风机转速、风门和导向隔栅调到最易凝水状态,在接水盘注满水即达到排水口流水后,按表 1 规定的室内机凝结水排除工况运行,当接水盘的水位稳定后,再连续运行 4 h。

6.3.4 制热

6.3.4.1 名义制热性能

名义制热量试验在 4.2.3 规定的名义制热工况和规定条件下,按 GB/T 17758—1999 附录 A 方法进行。机组以发挥名义制热能力,连续稳定运行 1 h 后进行测量。在测量机组名义制热量的同时测量机组的名义制热消耗功率和按附录 B 测量机组的名义制热消耗燃气热量。

中间制热量试验在 4.2.3 规定的名义制热工况和规定的条件下,按 GB/T 17758—1999 附录 A 方法进行。机组以发挥中间制热能力,连续稳定运行 1 h 后进行测量。在测量机组中间制热量的同时按附录 B 测量中间制热消耗燃气热量。

6.3.4.2 低温制热

低温制热量试验在 4.2.3 规定的低温制热工况和规定条件下,按 GB/T 17758—1999 附录 A 方法进行。机组以发挥低温制热能力,连续稳定运行 1 h 后进行测量。在测量机组低温制热量的同时测量机组的低温制热消耗功率和按附录 B 测量机组的低温制热消耗燃气热量。

6.3.4.3 超低温制热

超低温制热量试验在 4.2.3 规定的超低温制热工况和规定条件下,按 GB/T 17758—1999 附录 A 方法进行。机组以发挥超低温制热能力,连续稳定运行 1 h 后进行测量。

6.3.4.4 最大运行

在额定频率和额定电压下,按表 1 规定的制热最大运行工况稳定后连续运行 1 h;然后停机 3 min(此间电压上升不超过 3%),再启动运行 1 h。

6.3.4.5 自动融霜

将装有自动融霜装置的机组的温度控制器、风扇转速(室内机高速、室外机低速)、风门和导向格栅调到最易使室外侧换热器结霜的状态。按表 1 规定的自动融霜试验工况运行稳定后,连续运行两个完整的融霜周期或连续运行 3 h(试验总时间从首次融霜周期结束时开始),3 h 后首次出现融霜周期结束为止,应取其长者。

> 注:机组运行稳定后,若连续运行 3 h,室内侧及室外侧吹出空气温度的最大变动幅度在 ±1.0 ℃ 范围内,则判定为室外换热器无霜。

6.3.5 发热

机组按 JB 8655—1997 中第 8 章进行发热试验。

6.3.6 防水性能

机组按 JB 8655—1997 中第 11 章进行防水试验。

6.3.7 噪声

在额定频率和额定电压下,按 GB/T 17758—1999 附录 B 测定室内机及室外机噪声。

6.3.8 发动机启动

发动机启动试验按附录 C 进行。

6.3.9 理论干燥烟气中的 CO 体积浓度

理论干燥烟气中的 CO 体积浓度按附录 D 进行测定。

6.3.10 氮氧化物浓度 12 点状态值(NO$_x$12)

氮氧化物浓度 12 点状态值(NO$_x$12)按附录 E 进行测定。

注:CO 浓度试验与 NO$_x$12 浓度试验可同时进行。

6.3.11 燃气管路气密性

燃气管路气密性按附录 F 进行试验。

6.3.12 全年性能系数(APF)

按 4.2.3 规定的工况条件,根据附录 A 的试验和计算方法得出机组全年性能系数。

7 检验规则

7.1 出厂检验

每台机组均应做出厂检验,检验项目按表 13 的规定。

7.2 抽样检验

7.2.1 机组应从出厂检验合格的产品中抽样,检验项目和试验方法按表 10 的规定。

7.2.2 抽样方法按同一型号的产品每 100 台抽取 1 台(不足 100 台按 100 台计)进行,逐批检验的抽检项目、批量、抽样方案、检查水平及质量合格水平等由制造商质检部门自行决定。

7.3 型式检验

7.3.1 新产品或定型产品作重大改进,第一台产品应做型式检验,检验项目按表 13 的规定。

7.3.2 型式试验时间不应少于试验方法中规定的时间,运行时如有故障,在故障排除后应重新试验。

表 13 检验项目

序号	项目	出厂检验	抽样检验	型式检验	技术要求	试验方法
1	一般要求				5.1	视检
2	标志				8.1	
3	包装				8.2	
4	绝缘电阻					
5	介电强度					
6	泄漏电流	△	△	△	JB 8655	JB 8655
7	接地电阻					
8	防触电保护					
9	制冷系统密封性				5.5.1	6.3.1
10	运转				5.5.2	6.3.2
11	燃气管路气密性				5.5.9	6.3.11

表 13（续）

序号	项　目	出厂检验	抽样检验	型式检验	技术要求	试验方法
12	制冷量				5.5.3.1	6.3.3.1
13	制冷消耗燃气热量					
14	制冷消耗功率					
15	中间制冷量					
16	中间制冷消耗燃气热量					
17	制热量			△	5.5.4.1	6.3.4.1
18	制热消耗燃气热量					
19	制热消耗功率					
20	中间制热量					
22	中间制热消耗燃气热量					
23	噪声				5.5.7	6.3.7
24	全年性能系数（APF）				5.5.10	6.3.12
25	发热				5.5.5	6.3.5
26	防水				5.5.6	6.3.6
27	低温制热量				5.5.4.2	6.3.4.2
28	低温制热消耗燃气热量					
29	低温制热消耗功率					
30	超低温制热量				5.5.4.3	6.3.4.3
31	制冷最大运行性能				5.5.3.2	6.3.3.2
32	制热最大运行性能				5.5.4.4	6.3.4.4
33	低温制冷				5.5.3.3	6.3.3.3
34	自动融霜			—	5.5.4.5	6.3.4.5
35	室内机凝露及凝结水排出性能				5.5.3.4	6.3.3.4
					5.5.3.5	6.3.3.5
36	发动机启动性能				5.5.8.1	6.3.8
37	理论干燥烟气中的 CO 体积浓度				5.5.8.2	6.3.9
38	氮氧化物浓度 12 点状态值 NO$_x$12				5.5.8.3	6.3.10

注："△"为需检项目；"—"为不检项目。

8 标志、包装、运输和贮存

8.1 标志

8.1.1 机组应在明显位置上设置永久性铭牌，铭牌应符合 GB/T 13306 的规定。铭牌上应标示下列内容：

　　a) 制造商的名称、商标；

　　b) 产品型号和名称；

c) 主要技术性能参数：名义制冷量、名义制热量、燃气种类、制冷消耗燃气热量、制热消耗燃气热量、电压、相数、频率、电流、制冷消耗功率、制热消耗功率、全年性能系数、制冷剂名称及充注量、外形尺寸、质量等；

d) 产品出厂编号；

e) 制造年月。

8.1.2 机组上应有标明运行状态的标志、明显的接地标志、简单的电路图。

8.1.3 机组包装上应有下列内容：

a) 制造单位名称；

b) 产品型号和名称；

c) 净质量、毛质量；

d) 外形尺寸；

e) "小心轻放"、"向上"等，有关包装、储运标志、包装标志应符合 GB/T 6388 和 GB/T 191 的有关规定。

8.1.4 应在相应的地方（如铭牌、产品说明书等）标注产品执行标准编号。

8.2 包装

8.2.1 机组在包装前应进行清洁处理。制冷量小于 4 kW 的机组应充注额定量制冷剂；制冷量大于或等于 4 kW 的机组可充入额定量的制冷剂，也可充入干燥氮气，氮气压力可控制在 0.03 MPa～0.1 MPa（表压）的范围内。各部件应清洁、干燥，易锈件应涂防锈剂。

8.2.2 机组应外套塑料袋或防潮纸，并有效固定，以免运输中受潮和发生机械损伤。

8.2.3 应随机附出厂文件。

8.2.3.1 产品合格证，其内容包括：

a) 产品名称和型号；

b) 产品出厂编号；

c) 检验结论；

d) 检验员签字和印章；

e) 检验日期。

8.2.3.2 使用说明书，其内容包括：

a) 产品型号和名称、适用范围、执行标准、名义工况下的技术参数和噪声及其他主要技术参数等；

b) 产品的结构示意图、制冷系统图、电路图及接线图；

c) 安装说明和要求；

d) 使用说明及使用注意事项；

e) 日常检查、清扫及定期检查注意事项；

f) 故障、异常时的辨别方法及其处理方法等。

8.2.3.3 装箱单

8.2.4 随机出厂文件应防潮密封，并放在合适的位置。

8.3 运输和贮存

8.3.1 机组在运输和贮存过程中不应碰撞、倾斜、雨雪淋袭。

8.3.2 产品应贮存在干燥和通风良好的仓库中。

附 录 A

（规范性附录）

季节能源消耗的试验和计算

A.1 适用范围

本附录规定了机组季节能源消耗的试验和计算方法。

A.2 术语和定义

A.2.1

制冷燃气性能系数 cooling gas performance factor

制冷量除以制冷消耗燃气热量，单位：kW/kW。

A.2.2

制热燃气性能系数 heating gas performance factor

制热量除以制热消耗燃气热量，单位：kW/kW。

A.2.3

排热并用运转 heat running coordinately utilizing exhaust heat and outdoor energy

制热时同时利用发动机排热和环境热量的运转。

A.2.4

单独排热运转 heat running only utilizing exhaust heat

制热时单独利用发动机排热的运转。

A.2.5

部分负荷率（PLF） part load factor

同一温度、湿度条件下，断续运转时的性能系数与连续运转时的性能系数之比。

A.2.6

效率降低系数（C_D） degradation coefficient

由于断续运转导致性能降低的系数。

A.2.7

制冷季节 cooling season

机组制冷运转的日期段。当基于标准气象数据的日平均气温达到某温度（租赁商铺与办公建筑均为 20 ℃）以上第 3 次的那天开始，到日平均气温达到该温度以上的最后一天向前数第 3 次的那天为止。

A.2.8

制热季节 heating season

机组制热运转的日期段。当基于标准气象数据的日平均气温达到某温度（租赁商铺与办公建筑均为 10 ℃）以下第 3 次的那天开始，到日平均气温达到该温度以下的最后一天向前数第 3 次的那天为止。

A.2.9

制冷季节燃气消耗热量（CSGC） cooling seasonal gas consumption

制冷季节机组运转消耗燃气热量的总和，单位：kW。

A.2.10

制热季节燃气消耗热量（HSGC） heating seasonal gas consumption

制热季节机组运转消耗燃气热量的总和，单位：kW。

A.2.11

制冷季节消耗功率(CSPC) cooling seasonal power consumption

制热季节机组运转消耗功率的总和,单位:kW。

A.2.12

制热季节消耗功率(HSPC) heating seasonal power consumption

制热季节机组运转消耗功率的总和,单位:kW。

A.2.13

全年燃气消耗热量 annual gas consumption

制冷季节消耗燃气热量与制热季节消耗燃气热量之和,单位:kW。

A.2.14

全年消耗功率 annual power consumption

制冷季节消耗功率与制热季节消耗功率之和,单位:kW。

A.2.15

制冷季节耗能 cooling seasonal energy consumption

制冷季节消耗燃气热量与消耗功率之和,单位:kW。

A.2.16

制热季节耗能 heating seasonal energy consumption

制热季节消耗燃气热量与消耗功率之和,单位:kW。

A.2.17

全年耗能(AEC) annual energy consumption

全年消耗燃气热量与全年消耗功率之和,单位:kW。

A.2.18

制冷季节性能系数(CSPF) cooling seasonal performance factor

制冷季节机组从室内空气中除去的总热量与制冷季节消耗燃气热量、制冷季节消耗功率之和的比值,单位:kW/kW。

A.2.19

制热季节性能系数(CSPF) heating seasonal performance factor

制热季节机组加入室内空气中的总热量与制热季节消耗燃气热量、制热季节消耗功率之和的比值,单位:kW/kW。

A.3 建筑物负荷及发生时间

假定建筑物分为租赁商铺及办公建筑 2 种类型。

A.3.1 建筑物负荷

A.3.1.1 租赁商铺

a) 制冷时:名义制冷能力作为室外温度 35 ℃时的负荷点,室外温度 21 ℃时作为制冷负荷为零的点,两点间的直线表示制冷时的租赁商铺负荷,此时室内温度为 27 ℃。

b) 制热时:名义制冷能力的 0.80 倍作为室外温度 0 ℃时的制热负荷点,室外温度 13 ℃时作为制热负荷为零的点,两点间的直线表示制热时的租赁商铺负荷,此时室内温度为 20 ℃。

A.3.1.2 办公建筑

a) 制冷时:名义制冷能力作为室外温度 35 ℃时的负荷点,室外温度 21 ℃时作为制冷负荷为零的点,两点间的直线表示制冷时的建筑物负荷,此时室内温度为 27 ℃。

b) 制热时:名义制冷能力的 0.70 倍作为室外温度 0 ℃时的制热负荷点,室外温度 13 ℃时作为制热为零的负荷点,两点间的直线表示制热时的建筑物负荷,此时室内温度为 20 ℃。

A.3.2 室外温度的各个发生时间见表 A.12～表 A.15。

A.4 试验方法

按 6.3.3 试验方法,测量机组的名义制冷量、名义制冷消耗燃气热量、名义制冷消耗功率、中间制冷量、中间制冷消耗燃气热量。

按 6.3.4 试验方法,测量机组的名义制热量、名义制热消耗燃气热量、名义制热消耗功率、中间制热量、中间制热消耗燃气热量、低温制热量、低温制热消耗燃气热量。

注:全年性能系数的试验可与制冷(制热)能力试验同时进行。

A.5 全年性能系数(APF)的计算

A.5.1 全年耗能(AEC)的计算

A.5.1.1 制冷季节耗能的计算

A.5.1.1.1 制冷季节消耗燃气热量(CSGC)的计算

制冷季节消耗燃气热量计算所用数据如表 A.1、表 A.2、表 A.3 所示。

表 A.1 制冷试验性能

Φ_{cr}(名义制冷量)	G_{cr}(名义制冷消耗燃气热量)
Φ_{cm}(中间制冷量)	G_{cm}(中间制冷消耗燃气热量)

表 A.2 能力及消耗燃气热量所对应的室外温度补正系数

能力补正系数/℃$^{-1}$	消耗燃气热量补正系数/℃$^{-1}$
$\alpha_c = 0.009$	$\beta_c = 0.011$

表 A.3 建筑物制冷负荷为零时的室外温度 T_{c0}

用 途	租赁商铺	办公建筑
T_{c0}/℃	21	21

计算时所用符号如下:

Φ:能力(kW);

G:消耗燃气热量(kW);

C:燃气性能系数;

t:室外温度(℃);

T:室外温度(℃),常数;

BL:建筑物负荷(kW);

α:能力补正系数(℃$^{-1}$);

β:消耗燃气热量补正系数(℃$^{-1}$);

θ:机组能力与建筑物负荷平衡时的温度(℃);

c:制冷;

r:名义性能;

m:中间性能;

0:负荷为零。

室外温度为 t 时建筑物负荷的计算如下:

$$\mathrm{BL}_c(t) = \Phi_{cr} \times \frac{t - T_{c0}}{35 - T_{c0}} \qquad\cdots\cdots\cdots\cdots(A.1)$$

a) 机组在中间制冷能力下连续运转时：

$$\Phi_{cm}(t) = [1 + \alpha_c \times (t - 35)] \times \Phi_{cm} \quad \cdots\cdots\cdots\cdots\cdots (\text{A.2})$$

$$G_{cm}(t) = [1 + \beta_c \times (t - 35)] \times G_{cm} \quad \cdots\cdots\cdots\cdots\cdots (\text{A.3})$$

$$C_{cm}(t) = \Phi_{cm}(t)/G_{cm}(t) \quad \cdots\cdots\cdots\cdots\cdots (\text{A.4})$$

式中：

$\Phi_{cm}(t)$——室外温度为 t、中间制冷能力下，制冷运转时的能力，单位为千瓦(kW)；

$G_{cm}(t)$——室外温度为 t、中间制冷能力下，制冷运转时的消耗燃气热量，单位为千瓦(kW)；

$C_{cm}(t)$——室外温度为 t、中间制冷能力下，制冷运转时的燃气性能系数。

b) 机组在名义制冷能力下连续运转时：

$$\Phi_{cr}(t) = [1 + \alpha_c \times (t - 35)] \times \Phi_{cr} \quad \cdots\cdots\cdots\cdots\cdots (\text{A.5})$$

$$G_{cr}(t) = [1 + \beta_c \times (t - 35)] \times G_{cr} \quad \cdots\cdots\cdots\cdots\cdots (\text{A.6})$$

$$C_{cr}(t) = \Phi_{cr}(t)/G_{cr}(t) \quad \cdots\cdots\cdots\cdots\cdots (\text{A.7})$$

式中：

$\Phi_{cr}(t)$——室外温度为 t、名义制冷能力下，制冷运转时的能力，单位为千瓦(kW)；

$G_{cr}(t)$——室外温度为 t、名义制冷能力下，制冷运转时的消耗燃气热量，单位为千瓦(kW)；

$C_{cr}(t)$——室外温度为 t、名义制冷能力下，制冷运转时的燃气性能系数。

c) 机组达不到中间制冷能力，根据建筑物负荷进行连续可变运转($T_{c0} \leqslant t < \theta_{cm}$)时：

$$C_c(t) = C_{cm}(T_{c0}) + \frac{C_{cm}(\theta_{cm}) - C_{cm}(T_{c0})}{\theta_{cm} - T_{c0}} \times (t - T_{c0}) \quad \cdots\cdots\cdots\cdots (\text{A.8})$$

$$\theta_{cm} = \frac{\dfrac{T_{c0} \times \Phi_{cr}}{35 - T_{c0}} + (1 - 35 \times \alpha_c) \times \Phi_{cm}}{\dfrac{\Phi_{cr}}{35 - T_{c0}} - \alpha_c \times \Phi_{cm}} \quad \cdots\cdots\cdots\cdots (\text{A.9})$$

式中：

$C_c(t)$——室外温度为 t、机组与建筑物负荷相适应的制冷能力下，制冷运转时的燃气性能系数；

θ_{cm}——建筑物负荷与中间制冷能力相平衡时的室外温度，单位为摄氏度(℃)。

另外，机组制冷能力可变幅度的下限值达不到中间制冷能力以下时，视其下限值为中间制冷能力，计算如下：

$$C_c(t) = \left[C_{cm}(T_{c0}) + \frac{C_{cm}(\theta_{cm}) - C_{cm}(T_{c0})}{\theta_{cm} - T_{c0}} \times (t - T_{c0}) \right] \times \mathrm{PLF}_c(t) \quad \cdots\cdots (\text{A.8})'$$

式中：

$\mathrm{PLF}_c(t)$——室外温度为 t 进行断续运转的耗能率与中间制冷能力下连续运转耗能率的比，可用下面的公式求出。C_D 的值为定值，通常 $C_D = 0.25$。

$$\mathrm{PLF}_c(t) = 1 - C_D[1 - X_c(t)] \quad \cdots\cdots\cdots\cdots\cdots (\text{A.10})$$

$$X_c(t) = \mathrm{BL}_c(t)/\Phi_{cm}(t) \quad \cdots\cdots\cdots\cdots\cdots (\text{A.11})$$

$X_c(t)$——室外温度为 t 时，建筑物负荷与中间制冷能力下运转时的制冷能力的比。

d) 机组在中间制冷能力以上又未达到名义制冷能力，根据建筑物负荷进行连续可变运转($\theta_{cm} \leqslant t < 35$)时：

$$C_c(t) = C_{cm}(\theta_{cm}) + \frac{C_{cr}(35) - C_{cm}(\theta_{cm})}{35 - \theta_{cm}} \times (t - \theta_{cm}) \quad \cdots\cdots\cdots (\text{A.12})$$

室外温度为 t、机组与建筑物负荷相适应的制冷能力下运转时的消耗燃气热量的计算如下：

$$G_c(t) = \mathrm{BL}_c(t)/C_c(t) \quad \cdots\cdots\cdots\cdots (\text{A.13})$$

式中：

$G_c(t)$——室外温度为 t、机组与建筑物负荷相适应的制冷能力下运转时的消耗燃气热量。

机组与建筑物负荷相适应的制冷能力下运转时,在各种负荷及温度条件下,燃气性能系数的计算如表 A.4 所示。

表 A.4 燃气性能系数计算式

负荷条件	温度条件	燃气性能系数
未达到中间制冷能力 $BL_c(t)<\Phi_{cm}(t)$	$T_{c0}\leqslant t<\theta_{cm}$	式(A.8) 式(A.8)′
中间制冷能力以上但未达到名义制冷能力 $\Phi_{cm}(t)\leqslant BL_c(t)<\Phi_{cr}(t)$	$\theta_{cm}\leqslant t<35$	式(A.12)

制冷季节综合负荷(CSTL:cooling seasonal total load)计算如下:

$$CSTL = \sum_{j=1}^{14}BL_c(t_j)\times n_j + \sum_{j=15}^{19}\Phi_{cr}(t_j)\times n_j \qquad\cdots\cdots\cdots\cdots(\text{A.14})$$

式中:

t_j——制冷季节室外温度,见表 A.12～表 A.15;

n_j——制冷季节各室外温度发生的时间,见表 A.12～表 A.15;

j——不同室外温度对应的序号,$j=1,2,3\cdots\cdots19$;

$\Phi_{cr}(t_j)$——制冷季节温度为 t_j 时,机组在名义制冷能力下运转的制冷能力(kW)。室外温度 35 ℃以上时,视其为建筑物负荷。

机组制冷季节消耗燃气热量计算如下:

$$CSGC = \sum_{j=1}^{14}G_c(t_j)\times n_j + \sum_{j=15}^{19}G_{cr}(t_j)\times n_j \qquad\cdots\cdots\cdots\cdots(\text{A.15})$$

制冷时室外温度所相适应的建筑物负荷、制冷能力及制冷燃气性能系数如图 A.1 所示:

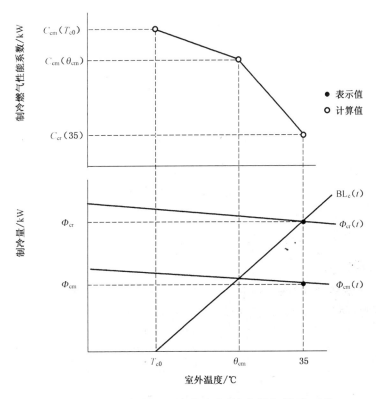

图 A.1 建筑负荷、制冷能力与制冷燃气性能系数

A.5.1.1.2 制冷季节消耗功率（CSPC）的计算

制冷季节消耗功率计算所用数据如表 A.5 所示。

表 A.5 制冷季节消耗功率

项 目	室外机消耗功率	室内机消耗功率
名义运转	P_{c0}（名义制冷消耗功率）	P_{ci}（室内机消耗功率×台数）

a) 机组未达到名义制冷能力，在建筑物负荷相适应的能力下进行连续可变运转（$T_{c0} \leqslant t < 35$）时：

$$P_c(t) = (P_{c0} + P_{ci}) \times \frac{t - T_{c0}}{35 - T_{c0}} \quad\cdots\cdots\cdots\cdots\cdots\cdots （ A.16 ）$$

式中：

$P_c(t)$——机组未达到名义制冷能力，在与建筑物负荷相适应的能力下进行连续可变运转时的制冷消耗功率，单位为千瓦（kW）。

另外，机组制冷能力可变幅度的下限值达不到中间制冷能力以下时，视其下限值为中间制冷能力，中间制冷能力以下（$T_{c0} \leqslant t < \theta_{cm}$）的制冷消耗功率计算式如下：

$$P_c(t) = (P_{c0} + P_{ci}) \times \frac{t - T_{c0}}{35 - T_{c0}} / \mathrm{PLF}_c(t) \quad\cdots\cdots\cdots\cdots （ A.16 ）'$$

b) 机组在名义制冷能力下连续运转时：

$$P_{cr}(t) = (P_{c0} + P_{ci}) \quad\cdots\cdots\cdots\cdots\cdots\cdots\cdots\cdots （ A.17 ）$$

式中：

$P_{cr}(t)$——温度为 t 时，机组在名义制冷能力下运转时的消耗功率，单位为千瓦（kW）。

制冷消耗功率与对应的室外温度如图 A.2 所示。

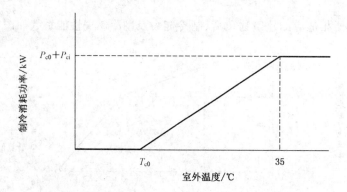

图 A.2 室外温度与制冷消耗功率

制冷季节消耗功率的计算如下：

$$\mathrm{CSPC} = \sum_{j=1}^{14} P_c(t_j) \times n_j + \sum_{j=15}^{19} P_{cr}(t_j) \times n_j \cdots\cdots\cdots\cdots\cdots\cdots （ A.18 ）$$

A.5.1.2 制热季节耗能的计算

A.5.1.2.1 制热季节消耗燃气热量（HSGC）的计算

制热季节消耗燃气热量计算所用数据如表 A.6、表 A.7、表 A.8、表 A.9 所示。

表 A.6 制热试验性能

Φ_{hr}（名义制热量）	G_{hr}（名义制热消耗燃气热量）
Φ_{hm}（中间制热量）	G_{hm}（中间制热消耗燃气热量）
Φ_{hr2}（低温制热量）	G_{hr2}（低温制热消耗燃气热量）

表 A.7 制热能力及消耗燃气热量所对应的室外温度补正系数

运转领域		能力补正系数/℃$^{-1}$	消耗燃气热量补正系数/℃$^{-1}$
名义制热运转	排热并用运转	$\alpha_{HP}=0.035$	$\beta_{HP}=0.010$
	单独排热运转	$\alpha_{W}=0.005$	$\beta_{W}=0.001$
最大制热运转	排热并用运转	—	$B_{r2HP}=-0.050$
	单独排热运转	—	$\beta_{r2W}=-0.004$

表 A.8 建筑物的制热负荷为零时的室外温度 T_{h0}

用途	租赁商铺	办公建筑
T_{h0}/℃	13	13

表 A.9 建筑物的制热负荷与制冷负荷比 blr

用途	租赁商铺	办公建筑
blr	0.80	0.70

计算时所使用的主要符号如下：

Φ:能力(kW)；

G:消耗燃气热量(kW)；

C:燃气性能系数；

t:室外温度(℃)；

T:室外温度(℃) 常数；

BL:建筑物负荷(kW)；

α:能力补正系数(℃$^{-1}$)；

β:消耗燃气热量补正系数(℃$^{-1}$)；

θ:机组能力与建筑物负荷平衡时的温度(℃)；

h:制热；

r:名义性能；

m:中间性能；

r2:低温性能；

HP:排热并用运转领域；

W:单独并用 HP 运转领域；

CP:制热燃气性能系数=1时的点；

0:负荷为零时的点；

RH:辅助制热装置。

室外温度为 t 时建筑物负荷的计算式如下：

$$BL_h(t) = blr \times \Phi_{cr} \times \frac{T_{h0}-t}{T_{h0}} \quad\cdots\cdots(A.19)$$

a) 机组在中间制热能力下连续运转时：

1) 排热并用运转领域($T_{mCP}\leqslant t$)时：

$$\Phi_{hm}(t) = [1+\alpha_{HP}\times(t-7)]\times\Phi_{hm} \quad\cdots\cdots(A.20)$$

$$G_{hm}(t) = [1+\beta_{HP}\times(t-7)]\times G_{hm} \quad\cdots\cdots(A.21)$$

$$C_{hm}(t) = \Phi_{hm}(t)/G_{hm}(t) \quad\cdots\cdots(A.22)$$

$$T_{mCP} = \frac{(7\times\alpha_{HP}-1)\times\Phi_{hm}-(7\times\beta_{HP}-1)\times G_{hm}}{\alpha_{HP}\times\Phi_{hm}-\beta_{HP}\times G_{hm}} \quad\cdots\cdots(A.23)$$

$$\theta_{mHP} = \frac{[\Phi_{cr}\times blr+(7\times\alpha_{HP}-1)\times\Phi_{hm}]\times T_{h0}}{\alpha_{HP}\times\Phi_{hm}\times T_{h0}+\Phi_{cr}\times blr} \quad\cdots\cdots(A.24)$$

式中：

$\Phi_{hm}(t)$——室外温度为 t、中间制热能力下运转时的制热量,单位为千瓦(kW);

$G_{hm}(t)$——室外温度为 t、中间制热能力下运转时的消耗燃气热量,单位为千瓦(kW);

$C_{hm}(t)$——室外温度为 t、中间制热能力下运转时的燃气性能系数;

T_{mCP}——排热并用运转与单独排热运转切换(制热燃气性能系数为 1 时)时的室外温度,单位为摄氏度(℃);

θ_{mHP}——排热并用运转时,建筑物负荷与中间能力相平衡时的室外温度,单位为摄氏度(℃)。

2) 单独排热运转领域($t < T_{mCP}$)时:

$$\Phi_{hm}(t) = [1 + \alpha_W \times (t - T_{mCP})] \times \Phi_{hm}(T_{mCP}) \quad\cdots\cdots\cdots\cdots(A.25)$$

$$G_{hm}(t) = [1 + \beta_W \times (t - T_{mCP})] \times G_{hm}(T_{mCP}) \quad\cdots\cdots\cdots\cdots(A.26)$$

$$C_{hm}(t) = \Phi_{hm}(t)/G_{hm}(t) \quad\cdots\cdots\cdots\cdots(A.27)$$

$$\theta_{mW} = \frac{[\Phi_{cr} \times blr + (T_{mCP} \times \alpha_W - 1) \times \Phi_{hm}(T_{mCP})] \times T_{h0}}{\alpha_W \times \Phi_{hm}(T_{mCP}) \times T_{h0} + \Phi_{cr} \times blr} \quad\cdots\cdots(A.28)$$

式中：

θ_{mW}——单独排热运转时,建筑物负荷与中间能力相平衡时的室外温度,单位为摄氏度(℃)。

b) 机组在名义制热能力下连续运转时:

1) 排热并用运转领域($T_{rCP} \leqslant t$)时:

$$\Phi_{hr}(t) = [1 + \alpha_{HP} \times (t - 7)] \times \Phi_{hr} \quad\cdots\cdots\cdots\cdots\cdots(A.29)$$

$$G_{hr}(t) = [1 + \beta_{HP} \times (t - 7)] \times G_{hr} \quad\cdots\cdots\cdots\cdots\cdots(A.30)$$

$$C_{hr}(t) = \Phi_{hr}(t)/G_{hr}(t) \quad\cdots\cdots\cdots\cdots\cdots(A.31)$$

$$T_{rCP} = \frac{(7 \times \alpha_{HP} - 1) \times \Phi_{hr} - (7 \times \beta_{HP} - 1) \times G_{hr}}{\alpha_{HP} \times \Phi_{hr} - \beta_{HP} \times G_{hr}} \quad\cdots\cdots\cdots(A.32)$$

$$\theta_{rHP} = \frac{[\Phi_{cr} \times blr + (7 \times \alpha_{HP} - 1) \times \Phi_{hr}] \times T_{h0}}{\alpha_{HP} \times \Phi_{hr} \times T_{h0} + \Phi_{cr} \times blr} \quad\cdots\cdots\cdots(A.33)$$

式中：

$\Phi_{hr}(t)$——室外温度为 t、名义制热能力下运转时的制热量,单位为千瓦(kW);

$G_{hr}(t)$——室外温度为 t、名义制热能力下转时的消耗燃气热量,单位为千瓦(kW);

$C_{hr}(t)$——室外温度为 t、名义制热能力下运转时的制热燃气性能系数;

T_{rCP}——排热并用运转与单独排热运转切换(制热燃气性能系数为 1 时)时的室外温度,单位为摄氏度(℃);

θ_{rHP}——排热并用运转时,建筑物负荷与名义制热能力相平衡时的室外温度,单位为摄氏度(℃)。

2) 单独排热运转领域($t < T_{rCP}$)时:

$$\Phi_{hr}(t) = [1 + \alpha_W \times (t - T_{rCP})] \times \Phi_{hr}(T_{rCP}) \quad\cdots\cdots\cdots\cdots(A.34)$$

$$G_{hr}(t) = [1 + \beta_W \times (t - T_{rCP})] \times G_{hr}(T_{rCP}) \quad\cdots\cdots\cdots\cdots(A.35)$$

$$C_{hr}(t) = \Phi_{hr}(t)/G_{hr}(t) \quad\cdots\cdots\cdots\cdots(A.36)$$

$$\theta_{rW} = \frac{[\Phi_{cr} \times blr + (T_{rCP} \times \alpha_W - 1) \times \Phi_{hr}(T_{rCP})] \times T_{h0}}{\alpha_W \times \Phi_{hr}(T_{rCP}) \times T_{h0} + \Phi_{cr} \times blr} \quad\cdots\cdots(A.37)$$

式中：

θ_{rW}——单独排热运转时,建筑物负荷与名义制热能力相平衡时的室外温度,单位为摄氏度(℃)。

c) 机组在最大制热能力下连续运转时:

1) 排热并用运转领域($T_{r2CP} \leqslant t$)时:

$$\Phi_{hr2}(t) = \Phi_{hr2} \quad\cdots\cdots\cdots\cdots\cdots(A.38)$$

$$G_{hr2}(t) = [1 + \beta_{r2HP} \times (t - 2)] \times G_{hr2} \quad\cdots\cdots\cdots\cdots(A.39)$$

$$C_{hr2}(t) = \Phi_{hr2}(t) / G_{hr2}(t) \qquad \cdots\cdots\cdots\cdots\cdots (\text{ A. 40 })$$

$$T_{r2CP} = \frac{\Phi_{hr2} + (2 \times \beta_{r2HP} - 1) \times G_{hr2}}{\beta_{r2HP} \times G_{hr2}} \qquad \cdots\cdots\cdots\cdots\cdots (\text{ A. 41 })$$

$$\theta_{r2HP} = T_{h0} - \frac{\Phi_{hr2} \times T_{h0}}{\Phi_{cr} \times blr} \qquad \cdots\cdots\cdots\cdots\cdots (\text{ A. 42 })$$

式中：

$\Phi_{hr2}(t)$——室外温度为 t、最大制热能力运转时的制热量，单位为千瓦(kW)；

$G_{hr2}(t)$——室外温度为 t、最大制热能力下运转时的消耗燃气热量，单位为千瓦(kW)；

$C_{hr2}(t)$——室外温度为 t、最大制热能力下运转时的燃气性能系数；

T_{r2CP}——排热并用运转与单独排热运转切换(制热燃气性能系数为 1 时)时的室外温度，单位为摄氏度(℃)；

θ_{r2HP}——排热并用运转时，建筑物负荷与最大制热能力相平衡时的室外温度，单位为摄氏度(℃)。

此外，建筑物负荷比制热能力大时，机组在最大制热能力下运转，制热能力不足的部分由辅助制热装置来补充。辅助制热装置的能力计算式如下：

$$G_{RH}(t) = BL_h(t) - \Phi_{hr2}(t) \qquad \cdots\cdots\cdots\cdots (\text{ A. 43 })$$

式中：

$G_{RH}(t)$——室外温度为 t 时，辅助制热装置制热消耗燃气热量，单位为千瓦(kW)。

2) 单独排热运转领域($t < T_{r2CP}$)时：

$$\Phi_{hr2}(t) = \Phi_{hr2} \qquad \cdots\cdots\cdots\cdots\cdots (\text{ A. 44 })$$

$$G_{hr2}(t) = [1 + \beta_{r2W} \times (t - T_{r2CP})] \times G_{hr2}(T_{r2CP}) \qquad \cdots\cdots\cdots\cdots (\text{ A. 45 })$$

$$C_{hr2}(t) = \Phi_{hr2}(t) / G_{hr2}(t) \qquad \cdots\cdots\cdots\cdots\cdots (\text{ A. 46 })$$

$$\theta_{r2W} = T_{h0} - \frac{\Phi_{hr2} \times T_{h0}}{\Phi_{cr} \times blr} \qquad \cdots\cdots\cdots\cdots (\text{ A. 47 })$$

式中：

θ_{r2W}——单独排热运转时，建筑物负荷与最大制热能力相平衡时的室外温度，单位为摄氏度(℃)。

此外，建筑物负荷比制热能力大时，机组在最大制热能力下运转，能力不足的部分由辅助制热装置来补充。辅助制热装置的能力计算式如下：

$$G_{RH}(t) = BL_h(t) - \Phi_{hr2}(t) \qquad \cdots\cdots\cdots\cdots (\text{ A. 48 })$$

制热时的建筑物负荷与机组的特性如图 A.3 所示：

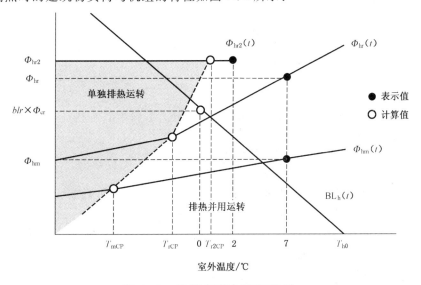

图 A.3 建筑负荷与机组特性

d) 机组达不到中间制热能力、根据建筑物负荷进行连续可变运转时：

   1) $T_{mCP} \leqslant \theta_{mHP}$ 时：

室外温度范围为 $\theta_{mHP} \leqslant t \leqslant T_{h0}$，且运转模式为排热并用运转。

$$C_h(t) = C_{hm}(\theta_{mHP}) + \frac{C_{hm}(T_{h0}) - C_{hm}(\theta_{mHP})}{T_{h0} - \theta_{mHP}} \times (t - \theta_{mHP}) \quad \cdots\cdots (\text{A.49})$$

式中：

$C_h(t)$——室外温度为 t、机组在建筑物负荷相适应的能力下，制热运转时的燃气性能系数。

但是，机组制热能力可变幅度的下限值达不到中间制热能力以下时，视其下限值为中间制热能力，计算式如下：

$$C_h(t) = \left[C_{hm}(\theta_{mHP}) + \frac{C_{hm}(T_{h0}) - C_{hm}(\theta_{mHP})}{T_{h0} - \theta_{mHP}} \times (t - \theta_{mHP}) \right] \times \text{PLF}_h(t)$$

$$\cdots\cdots (\text{A.49})'$$

式中：

$\text{PLF}_h(t)$——室外温度为 t 进行断续运转的耗能率与中间制热能力下连续运转耗能率的比，可用下面的公式求出。C_D 的值为定值，通常 $C_D = 0.25$。

$$\text{PLF}_h(t) = 1 - C_D[1 - X_h(t)] \quad \cdots\cdots\cdots\cdots\cdots (\text{A.50})$$

$$X_h(t) = \text{BL}_h(t) / \Phi_{hm}(t) \quad \cdots\cdots\cdots\cdots\cdots (\text{A.51})$$

式中：

$X_h(t)$——室外温度为 t 时，建筑物负荷与中间制热能力下运转时的制热能力的比。

   2) $\theta_{mhP} < T_{mCP}$ 时：

$$T_{CP} = \theta_{mHP} + \frac{1 - C_{hm}(\theta_{mHP})}{C_{hm}(T_{h0}) - C_{hm}(\theta_{mHP})} \times (T_{h0} - \theta_{mHP}) \quad \cdots\cdots\cdots (\text{A.52})$$

式中：

T_{CP}——机组在建筑物负荷相适应的能力下，制热燃气性能系数为 1 时的室外温度，单位为摄氏度（℃）。

——排热并用运转领域（$T_{CP} \leqslant t \leqslant T_{h0}$）时：

$$C_h(t) = 1 + \frac{C_{hm}(T_{h0}) - 1}{T_{h0} - T_{CP}} \times (t - T_{CP}) \quad \cdots\cdots\cdots (\text{A.53})$$

但是，机组制热能力可变幅度的下限值达不到中间制热能力以下时，视其下限值为中间制热能力，计算式如下：

$$C_h(t) = \left[1 + \frac{C_{hm}(T_{h0}) - 1}{T_{h0} - T_{CP}} \times (t - T_{CP}) \right] \times \text{PLF}_h(t) \quad \cdots\cdots (\text{A.53})'$$

——单独排热运转领域（$\theta_{mW} < t < T_{CP}$）时：

$$C_h(t) = C_{hm}(\theta_{mW}) + \frac{1 - C_{hm}(\theta_{mW})}{T_{CP} - \theta_{mW}} \times (t - \theta_{mW}) \quad \cdots\cdots\cdots (\text{A.54})$$

但是，机组制热能力可变幅度的下限值达不到中间制热能力以下时，视其下限值为中间制热能力，计算式如下：

$$C_h(t) = \left[C_{hm}(\theta_{mW}) + \frac{1 - C_{hm}(\theta_{mW})}{T_{CP} - \theta_{mW}} \times (t - \theta_{mW}) \right] \times \text{PLF}_h(t) \quad \cdots (\text{A.54})'$$

e) 机组在中间制热能力和名义制热能力之间，根据建筑物负荷进行连续可变运转时：

   1) $T_{rCP} \leqslant \theta_{rHP}$ 时：

室外温度范围为 $\theta_{rHP} \leqslant t \leqslant \theta_{mHP}$，且运转模式为排热并用运转。

$$C_h(t) = C_{hr}(\theta_{rHP}) + \frac{C_{hm}(\theta_{mHP}) - C_{hr}(\theta_{rHP})}{\theta_{mHP} - \theta_{rHP}} \times (t - \theta_{rHP}) \quad \cdots\cdots (\text{A.55})$$

2) $\theta_{rHP}<T_{rCP}$ 且 $T_{mCP}\leqslant\theta_{mHP}$ 时：

$$T_{CP}=\theta_{rHP}+\frac{1-C_{hr}(\theta_{rHP})}{C_{hm}(\theta_{hHP})-C_{hr}(\theta_{rHP})}\times(\theta_{mHP}-\theta_{rHP})\qquad\cdots\cdots(A.56)$$

——排热并用运转领域（$T_{CP}\leqslant t\leqslant\theta_{mHP}$）时：

$$C_h(t)=1+\frac{C_{hm}(\theta_{mHP})-1}{\theta_{mHP}-T_{CP}}\times(t-T_{CP})\qquad\cdots\cdots(A.57)$$

——单独排热运转领域（$\theta_{rW}<t<T_{CP}$）时：

$$C_h(t)=C_{hr}(\theta_{rW})+\frac{1-C_{hr}(\theta_{rW})}{T_{CP}-\theta_{rW}}\times(t-\theta_{rW})\qquad\cdots\cdots(A.58)$$

3) $\theta_{rHP}<T_{rCP}$ 且 $\theta_{mHP}<T_{mCP}$ 时

室外温度范围为 $\theta_{rW}<t\leqslant\theta_{mW}$，且运转模式为单独排热运转。

$$C_h(t)=C_{hr}(\theta_{rW})+\frac{C_{hm}(\theta_{mW})-C_{hr}(\theta_{rW})}{\theta_{mW}-\theta_{rW}}\times(t-\theta_{rW})\qquad\cdots\cdots(A.59)$$

f) 机组在名义制热能力和最大制热能力之间，根据建筑物负荷进行连续可变运转时：

1) $T_{r2CP}\leqslant\theta_{r2HP}$ 时：

室外温度范围为 $\theta_{r2HP}\leqslant t\leqslant\theta_{rHP}$，且运转模式为排热并用运转。

$$T_{CP}=T_{r2CP}\qquad\cdots\cdots(A.60)$$

$$C_h(t)=C_{hr2}(\theta_{r2HP})+\frac{C_{hr}(\theta_{rHP})-C_{hr2}(\theta_{r2HP})}{\theta_{rHP}-\theta_{r2HP}}\times(t-\theta_{r2HP})\qquad\cdots\cdots(A.61)$$

2) $\theta_{r2HP}<T_{r2CP}$ 且 $T_{rCP}\leqslant\theta_{rHP}$ 时：

$$T_{CP}=\theta_{r2HP}+\frac{1-C_{hr2}(\theta_{r2HP})}{C_{hr}(\theta_{rHP})-C_{hr2}(\theta_{r2HP})}\times(\theta_{mHP}-\theta_{r2HP})\qquad\cdots\cdots(A.62)$$

——排热并用运转领域（$T_{CP}\leqslant t\leqslant\theta_{rHP}$）时：

$$C_h(t)=1+\frac{C_{hr}(\theta_{rHP})-1}{\theta_{rHP}-T_{CP}}\times(t-T_{CP})\qquad\cdots\cdots(A.63)$$

——单独排热运转领域（$\theta_{r2W}<t<T_{CP}$）时：

$$C_h(t)=C_{hr2}(\theta_{r2W})+\frac{1-C_{hr2}(\theta_{r2W})}{T_{CP}-\theta_{r2W}}\times(t-\theta_{r2W})\qquad\cdots\cdots(A.64)$$

3) $\theta_{r2HP}<T_{r2CP}$ 且 $\theta_{rHP}<T_{CP}$ 时：

室外温度范围为 $\theta_{r2W}<t\leqslant\theta_{rW}$，且运转模式为单独排热运转。

$$C_h(t)=C_{hr2}(\theta_{r2W})+\frac{C_{hr}(\theta_{rW})-C_{hr2}(\theta_{r2W})}{\theta_{rW}-\theta_{r2W}}\times(t-\theta_{r2W})\qquad\cdots\cdots(A.65)$$

机组与建筑物负荷相适应的制热能力下运转时，在各种负荷及温度条件下，燃气性能系数的计算如表 A.10 所示。

表 A.10 与建筑物负荷相适应的制热能力下运转时的燃气性能系数的计算式

负荷条件	温度条件		运转模式	燃气性能系数	T_{CP}
未达到中间制热量 $BL_h(t)<\Phi_{hm}(t)$	$T_{mCP}\leqslant\theta_{mHP}$	$\theta_{mHP}<t\leqslant T_{h0}$	排热并用运转	式(A.49) 式(A.49)′	—
	$\theta_{mHP}<T_{mCP}$	$T_{CP}\leqslant t\leqslant T_{h0}$	排热并用运转	式(A.53) 式(A.53)′	式(A.52)
		$\theta_{mW}<t<T_{CP}$	单独排热运转	式(A.54) 式(A.54)′	

表 A.10（续）

负荷条件	温度条件		运转模式	燃气性能系数	T_{CP}
大于中间制热能力小于名义制热能力 $\Phi_{hm}(t)<BL_h(t)<\Phi_{hr}(t)$	$T_{rCP}\leqslant\theta_{rHP}$	$\theta_{rHP}<t\leqslant\theta_{mHP}$	排热并用运转	式（A.55）	—
	$\theta_{rHP}<T_{CP}$且 $T_{mCP}\leqslant\theta_{mHP}$	$T_{CP}\leqslant t\leqslant\theta_{mHP}$	排热并用运转	式（A.57）	式（A.56）
		$\theta_{rW}<t<T_{CP}$	单独排热运转	式（A.58）	
	$\theta_{rHP}<T_{rCP}$且 $\theta_{mHP}<T_{mCP}$	$\theta_{rW}<t\leqslant\theta_{mW}$	单独排热运转	式（A.59）	
大于名义制热能力小于最大制热能力 $\Phi_{hr}(t)<BL_h(t)\leqslant\Phi_{hr2}(t)$	$T_{r2CP}\leqslant\theta_{r2HP}$	$\theta_{r2HP}<t\leqslant\theta_{rHP}$	排热并用运转	式（A.61）	—
	$\theta_{r2HP}<T_{r2CP}$且 $T_{rCP}\leqslant\theta_{rHP}$	$T_{CP}\leqslant t\leqslant\theta_{rHP}$	排热并用运转	式（A.63）	式（A.62）
		$\theta_{r2W}<t<T_{CP}$	单独排热运转	式（A.64）	
	$\theta_{r2HP}<T_{r2CP}$且 $\theta_{rHP}<T_{rCP}$	$\theta_{r2W}<t\leqslant\theta_{rW}$	单独排热运转	式（A.65）	—

室外温度为 t、机组与建筑物负荷相适应的制热能力下运转时的消耗燃气热量的计算式如下：

$$G_h(t)=BL_h(t)/C_h(t) \quad\cdots\cdots\cdots\cdots\cdots\cdots\cdots\cdots（A.66）$$

式中：

$G_h(t)$——室外温度为 t、机组与建筑物负荷相适应的制热能力下运转时的消耗燃气热量，单位为千瓦（kW）。

制热时室外温度与对应的建筑物负荷、制热能力及制热燃气性能系数如图 A.4 所示：

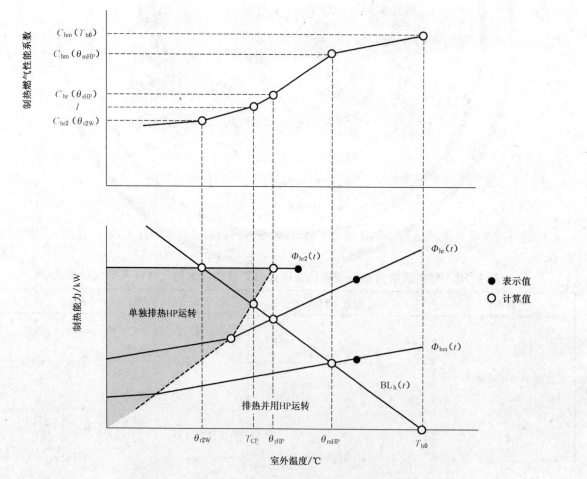

图 A.4　建筑负荷、制热能力与制热燃气性能系数

制热季节综合负荷(HSTL：heating seasonal total load)计算式如下：

$$\mathrm{HSTL} = \sum_{j=1}^{28} \mathrm{BL_h}(t_j) \times n_j \quad\quad\quad\quad \cdots\cdots\cdots\cdots\cdots （A.67）$$

式中：

t_j——制热季节的室外温度，见表 A.12～表 A.15；

n_j——制热季节各室外温度发生的时间，见表 A.12～表 A.15；

j——不同室外温度对应的序号，$j=1,2,3\cdots\cdots28$。

机组制热季节累计消耗燃气热量计算如下：

$$\mathrm{HSGC} = \sum_{j=k}^{28} G_h(t_j) \times n_j + \sum_{j=1}^{k-1} G_{hr2}(t_j) \times n_j + \sum_{j=1}^{k-1} G_{RH}(t_j) \times n_j \cdots\cdots\cdots\cdots （A.68）$$

式中：

k——机组最大能力与建筑物相平衡的温度最接近室外温度时对应的序号，此时 $j=k$。

A.5.1.2.2 制热季节消耗功率(HSPC)的计算

制热季节消耗功率计算所用数值如表 A.11 所示。

表 A.11 制热消耗功率

	室外机消耗功率	室内机消耗功率
名义运转	P_{h0}（名义制热消耗功率）	P_{hi}（室内机消耗功率×台数）
单独排热运转	$\mu \times (P_{h0} + P_{hi})$	
μ——为了计算机组在单独排热状态下运转时的消耗功率而设定的系数。μ 为定值，常用 $\mu=0.6$。		

a) 机组在与建筑物负荷相适应的排热并用区域内运转($T_{CP} \leqslant t < T_{h0}$)时：

$$P_h(t) = (P_{h0} + P_{hi}) \times \frac{t - T_{h0}}{T_{CP} - T_{h0}} \quad\quad\quad \cdots\cdots\cdots\cdots\cdots （A.69）$$

式中：

$P_h(t)$——室外温度为 t 时，机组在与建筑物负荷相适应的制热能力下运转时的消耗功率，单位为千瓦(kW)。

另外，机组制热能力可变幅度的下限值达不到中间制热能力以下时，视其下限值为中间制热能力，中间制热能力以下($\theta_{mHP} < t \leqslant T_{h0}$)的区域，制热消耗功率计算如下：

$$P_h(t) = (P_{h0} + P_{hi}) \times \frac{T - T_{h0}}{T_{CP} - T_{h0}} / \mathrm{PLF_h}(t) \quad\quad \cdots\cdots\cdots\cdots\cdots （A.69）'$$

b) 机组在与建筑物负荷相适应的单独排热运转区域内运转($t < T_{CP}$)时：

$$P_h(t) = \mu \times (P_{h0} + P_{hi}) \quad\quad\quad\quad \cdots\cdots\cdots\cdots\cdots （A.70）$$

制热时的室外温度所对应的消耗功率如图 A.5 所示。

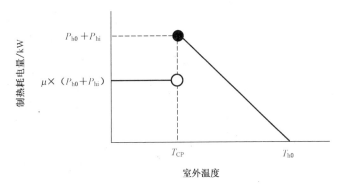

图 A.5 室外温度与制热耗电量

表 A.12　办公建筑在不同地区的制冷季节

地区	温度带 j	1	2	3	4	5	6	7	8	9
	外温 t_j/℃	22	23	24	25	26	27	28	29	30
	制冷季节							外温 t_j 出现的小时		
北京	5 月 6 日~9 月 24 日	56	55	83	85	77	78	77	78	58
长春	5 月 23 日~8 月 31	63	52	74	79	56	38	49	28	12
长沙	4 月 27~10 月 17 日	87	85	98	119	95	72	67	81	60
成都	5 月 2 日~10 月 13 日	105	100	115	88	95	67	55	51	49
重庆	4 月 8 日~10 月 20 日	98	102	106	96	109	80	73	71	61
大连	5 月 31 日~9 月 21 日	108	115	109	108	79	82	26	19	7
福州	3 月 30 日~11 月 20 日	96	98	96	95	98	109	108	122	130
广州	3 月 3 日~11 月 25 日	81	100	135	176	158	155	147	139	128
贵阳	4 月 14 日~10 月 23 日	113	96	115	108	87	75	59	31	26
哈尔滨	6 月 9 日~8 月 26 日	54	40	45	51	60	42	32	29	22
海口	1 月 11 日~12 月 29 日	149	127	152	167	150	184	195	184	214
杭州	4 月 2 日~10 月 24 日	119	97	90	80	85	92	94	85	61
合肥	4 月 29 日~11 月 1 日	100	97	101	98	96	86	60	67	65
呼和浩特	5 月 28 日~8 月 28 日	48	47	59	54	50	47	53	41	15
济南	4 月 13 日~10 月 11 日	53	78	105	98	101	94	98	97	93
昆明	4 月 17 日~9 月 13 日	108	96	75	61	41	14	7	2	1
拉萨	不需供冷	0	0	0	0	0	0	0	0	0
兰州	5 月 3 日~9 月 6 日	59	50	58	49	49	51	44	43	17
南昌	4 月 30 日~10 月 23 日	81	104	77	97	85	78	79	77	76
南京	5 月 8 日~10 月 13 日	81	65	73	81	79	81	81	82	68
南宁	1 月 1 日~11 月 27 日	94	102	124	156	176	162	141	144	136
上海	4 月 29 日~10 月 14 日	118	105	119	100	90	89	92	79	56
沈阳	5 月 23 日~9 月 4 日	46	44	54	72	72	68	65	58	41
石家庄	4 月 29 日~9 月 26 日	47	80	73	87	98	84	95	75	71
太原	5 月 2 日~9 月 2 日	64	70	82	72	71	63	81	64	42
天津	5 月 12 日~9 月 26 日	46	55	87	105	120	100	70	74	51
乌鲁木齐	5 月 9 日~9 月 11 日	53	53	45	42	41	45	42	34	26
武汉	3 月 30 日~11 月 2 日	75	96	61	81	100	95	105	93	68
西安	4 月 29 日~9 月 20 日	65	55	66	75	73	60	58	61	71
西宁	7 月 20 日~7 月 31 日	2	5	4	3	1	3	4	1	2
厦门	4 月 9 日~11 月 21 日	81	86	106	122	144	165	159	136	117
银川	5 月 25 日~9 月 2 日	44	61	71	41	56	47	62	37	37
郑州	5 月 4 日~9 月 23 日	54	71	74	74	72	80	87	75	73

及其小时数分布($t_j \geqslant 22$ ℃)

10	11	12	13	14	15	16	17	18	19	总制冷小时数/ h	加权平均外温/℃
31	32	33	34	35	36	37	38	39	40		
数/h											
47	41	39	23	10	3	1	0	0	0	811	27.4
10	2	7	2	0	0	0	0	0	0	472	25.5
70	56	45	32	11	7	8	1	0	0	994	27.3
35	20	17	2	0	0	0	0	0	0	799	25.9
46	50	43	26	29	9	3	0	0	0	1 002	27.1
0	0	0		0	0	0	0	0	0	653	24.6
110	92	48	39	27	15	2	0	0	0	1 285	27.9
126	97	65	43	23	2	0	0	0	0	1 575	27.6
8	6	1	0	0	0	0	0	0	0	725	25.2
18	9	0	0	0	0	0	0	0	0	402	25.9
151	129	95	13	4			0	0	0	1 944	27.6
58	53	50	32	31	13	1	0	0	0	1 041	27.3
64	52	41	35	21			0	0	0	990	27.2
17	12	1		0	0	0	0	0	0	448	26.1
55	36	35	16	11			0	0	0	980	27.3
0	0	0	0	0	0	0	0	0	0	405	23.8
0	0	0	0	0	0	0	0	0	0	0	0.0
17	13	4	7	0	0	0	0	0	0	461	26.1
60	64	59	53	29	16	8	0	0	0	1 043	27.8
70	59	54	48	18	6	1	0	0	0	947	27.8
111	103	62	26	16	3	0	0	0	0	1 556	27.5
58	31	14	12	4	6	0	0	0	0	973	26.4
30	13	6	1	0	0	0	0	0	0	570	26.6
47	42	24	12	10	10	6	1	2	1	865	27.4
13	15	7	0	0	0	0	0	0	0	644	26.1
42	32	21	11	5	2	0	0	0	0	821	26.9
26	20	8	3	2	1	0	3	0	0	444	26.5
63	56	52	38	23	16	10	6	0	0	1 038	27.9
60	44	35	20	18	6	4	0	0	0	771	27.6
0	0	0	0	0	0	0	0	0	0	25	25.5
94	66	31	12	2	0	0	0	0	0	1 321	27.2
31	13	10	0	0	0	0	0	0	0	510	26.4
54	54	37	15	24	9	2	0	0	0	855	27.7

表 A.13　租赁商铺在不同地区的制冷季节

地区	温度带 j	1	2	3	4	5	6	7	8	9
	外温 t_j/℃	22	23	24	25	26	27	28	29	30
	制冷季节							外温 t_j 出现的小时		
北京	5月6日~9月24日	88	95	146	146	166	164	170	152	116
长春	5月23日~8月31	114	107	143	148	99	74	70	40	21
长沙	4月27~10月17日	162	153	176	178	175	156	154	158	120
成都	5月2日~10月13日	163	162	194	185	192	159	144	121	103
重庆	4月8日~10月20日	179	186	180	176	182	146	151	151	137
大连	5月31日~9月21日	198	200	190	190	133	128	31	19	7
福州	3月30日~11月20日	154	180	174	176	209	195	229	239	227
广州	3月3日~11月25日	158	199	285	324	296	280	282	263	259
贵阳	4月14日~10月23日	190	199	230	213	182	162	120	62	45
哈尔滨	6月9日~8月26日	112	81	83	88	102	84	54	42	35
海口	1月11日~12月29日	235	247	265	318	345	350	380	349	345
杭州	4月2日~10月24日	203	192	183	180	178	167	171	138	114
合肥	4月29日~11月1日	188	166	165	187	198	182	146	152	127
呼和浩特	5月28日~8月28日	91	96	109	115	107	99	91	65	25
济南	4月13日~10月11日	121	141	165	175	189	197	178	168	154
昆明	4月17日~9月13日	232	190	146	109	52	18	9	2	1
拉萨	不需供冷	0	0	0	0	0	0	0	0	0
兰州	5月3日~9月6日	107	112	114	114	106	98	85	77	51
南昌	4月30日~10月23日	132	162	169	171	150	143	141	134	157
南京	5月8日~10月13日	148	150	144	157	141	148	139	148	128
南宁	1月1日~11月27日	158	191	215	237	281	310	310	310	272
上海	4月29日~10月14日	211	194	204	187	181	177	171	159	108
沈阳	5月23日~9月4日	92	84	119	139	138	139	114	96	64
石家庄	4月29日~9月26日	79	122	147	158	181	180	183	159	140
太原	5月2日~9月2日	123	131	154	126	145	121	142	106	62
天津	5月12日~9月26日	90	105	158	182	199	202	166	142	107
乌鲁木齐	5月9日~9月11日	83	97	102	109	104	109	94	76	67
武汉	3月30日~11月2日	122	154	122	154	174	174	213	177	141
西安	4月29日~9月20日	108	109	119	130	132	139	131	124	148
西宁	7月20日~7月31日	5	11	11	5	9	12	7	2	2
厦门	4月9日~11月21日	155	185	219	240	292	309	268	222	193
银川	5月25日~9月2日	99	120	142	110	127	116	117	74	66
郑州	5月4日~9月23日	108	111	106	133	150	154	175	156	154

及其小时数分布（$t_j \geqslant 22$ ℃）

10	11	12	13	14	15	16	17	18	19	总制冷小时数/h	加权平均外温/℃
31	32	33	34	35	36	37	38	39	40		
数/h											
98	57	48	26	11	4	1	0	0	0	1 488	27.3
15	4	7	2	0	0	0	0	0	0	844	25.3
126	102	78	57	30	14	13	2	0	0	1 854	27.4
62	28	21	5	0	0	0	0	0	0	1 539	26.1
112	102	84	59	45	14	3	0	0	0	1 907	27.3
0	0	0	0	0	0	0	0	0	0	1 096	24.5
175	136	101	59	33	23	5	1	0	0	2 316	27.8
226	165	109	70	26	2	0	0	0	0	2 944	27.4
13	8	1	0	0	0	0	0	0	0	1 425	25.2
24	12	0	0	0	0	0	0	0	0	717	25.6
233	190	141	63	5	1	0	0	0	0	3 467	27.4
98	97	81	46	49	17	1	0	0	0	1 915	27.1
112	93	69	52	31	9	1	0	0	0	1 878	27.1
29	17	3	4	0	0	0	0	0	0	851	25.9
108	74	55	31	18	16	1	0	0	0	1 791	27.2
0	0	0	0	0	0	0	0	0	0	759	23.6
0	0	0	0	0	0	0	0	0	0	0	0.0
45	20	6	7	0	0	0	0	0	0	942	26.0
141	132	107	81	43	21	10	2	1	0	1 897	27.9
131	116	83	65	24	6	1	0	0	0	1 729	27.5
220	174	102	45	20	3	0	0	0	0	2 848	27.6
79	43	23	17	7	6	0	0	0	0	1 767	26.3
39	16	6	1	0	0	0	0	0	0	1 047	26.2
98	79	42	20	14	11	7	1	2	1	1 624	27.4
25	19	11	2	0	0	0	0	0	0	1 167	26.0
82	53	35	13	5	2	0	0	0	0	1 541	26.9
71	45	19	15	9	9	2	3	0	0	1 014	27.0
135	111	94	77	48	26	18	10	0	0	1 950	28.0
125	101	57	31	26	12	5	0	0	0	1 497	27.7
0	0	0	0	0	0	0	0	0	0	64	25.4
144	106	52	17	4	1	1	0	0	0	2 408	27.0
44	15	12	0	0	0	0	0	0	0	1 042	26.1
125	103	67	30	29	12	3	0	0	0	1 616	27.8

表 A.14 办公建筑在不同地区的制热季节及其小时数

地区	温度带 j	1	2	3	4	5	6	7	8	9	10	11	12	13	14
	外温 t_j/℃	−15	−14	−13	−12	−11	−10	−9	−8	−7	−6	−5	−4	−3	−2
	制热季节												外温 t_j 出现的		
北京	10 月 29 日～4 月 2 日	0	1	1	6	8	12	17	19	21	26	34	39	41	56
长春	10 月 3 日～5 月 7 日	30	50	62	49	74	35	53	50	52	51	37	42	53	51
长沙	11 月 20 日～3 月 17 日	0	0	0	0	0	0	0	0	0	0	0	0	1	3
成都	12 月 3 日～3 月 9 日	0	0	0	0	0	0	0	0	0	0	0	0	0	0
重庆	11 月 29 日～3 月 11 日	0	0	0	0	0	0	0	0	0	0	0	0	0	0
大连	10 月 29 日～4 月 19 日	0	2	7	11	27	20	28	19	19	20	41	56	76	49
福州	12 月 23 日～3 月 21 日	0	0	0	0	0	0	0	0	0	0	0	0	0	0
广州	不需要供暖	0	0	0	0	0	0	0	0	0	0	0	0	0	0
贵阳	10 月 29 日～3 月 28 日	0	0	0	0	0	0	0	0	0	0	0	0	0	6
哈尔滨	10 月 2 日～5 月 4 日	57	48	69	66	47	40	41	50	33	25	40	45	38	37
海口	不需要供暖	0	0	0	0	0	0	0	0	0	0	0	0	0	0
杭州	11 月 19 日～3 月 18 日	0	0	0	0	0	0	0	0	0	0	0	0	0	5
合肥	11 月 10 日～3 月 26 日	0	0	0	0	0	0	0	0	0	0	0	2	9	24
呼和浩特	10 月 3 日～4 月 28 日	31	33	34	42	38	52	71	71	65	54	48	54	48	42
济南	11 月 5 日～3 月 28 日	0	0	0	1	2	2	4	7	11	13	22	19	22	41
昆明	11 月 14 日～3 月 4 日	0	0	0	0	0	0	0	0	0	0	0	0	1	3
拉萨	1 月 3 日～12 月 29 日	0	0	1	1	5	8	13	20	30	35	45	45	54	61
兰州	10 月 12 日～4 月 13 日	4	3	8	7	16	29	23	29	39	55	45	50	48	61
南昌	11 月 26 日～3 月 28 日	0	0	0	0	0	0	0	0	0	0	0	0	0	3
南京	11 月 16 日～3 月 25 日	0	0	0	0	0	0	0	0	0	0	4	8	5	13
南宁	1 月 13 日～1 月 15 日	0	0	0	0	0	0	0	0	0	0	0	0	0	0
上海	11 月 27 日～3 月 22 日	0	0	0	0	0	0	0	0	0	0	0	4	5	7
沈阳	10 月 13 日～4 月 15 日	19	18	26	23	29	35	53	49	41	58	81	34	52	41
石家庄	10 月 30 日～3 月 29 日	0	0	0	1	3	4	5	13	16	20	27	36	47	56
太原	10 月 20 日～4 月 12 日	3	5	7	7	12	14	17	19	26	33	33	34	41	41
天津	11 月 5 日～3 月 29 日	0	0	0	2	4	7	10	21	21	32	36	37	46	57
乌鲁木齐	9 月 27 日～4 月 23 日	20	28	41	42	71	78	94	77	72	77	58	50	44	54
武汉	11 月 10 日～3 月 18 日	0	0	0	0	0	0	0	0	0	0	0	1	2	7
西安	11 月 6 日～3 月 26 日	0	0	0	0	0	0	0	0	7	16	18	22	39	41
西宁	9 月 19 日～5 月 23 日	23	24	22	32	38	36	41	45	50	50	44	60	54	64
厦门	12 月 22 日～2 月 28 日	0	0	0	0	0	0	0	0	0	0	0	0	0	0
银川	10 月 12 日～2 月 28 日	5	8	16	18	30	21	27	27	39	40	55	54	71	71
郑州	11 月 6 日～3 月 27 日	0	0	0	0	0	0	0	2	5	7	5	12	20	23

分布($t_j \leqslant 12$ ℃)(只考虑大于 −15 ℃ 的制热小时数)

15	16	17	18	19	20	21	22	23	24	25	26	27	28	总制热小时数/h	加权平均外温/℃
−1	0	1	2	3	4	5	6	7	8	9	10	11	12		
小时数/h															
55	54	58	59	57	54	63	66	53	40	37	41	51	37	1 006	2.2
36	45	30	42	35	46	50	36	37	42	41	39	38	23	1 229	−2.4
5	37	27	25	47	52	75	71	58	85	84	65	57	52	744	6.7
0	6	6	14	19	43	64	92	103	99	71	62	42	31	652	7.3
0	0	0	2	1	11	16	44	96	119	87	137	79	37	629	8.7
56	58	69	82	80	74	64	42	35	40	38	45	35	30	1 123	1.1
0	0	0	0	0	0	5	7	21	41	73	82	76	72	377	9.9
0	0	0	0	0	0	0	0	0	0	0	0	0	0	0	—
10	26	31	44	62	58	72	95	97	95	70	72	66	52	856	6.5
30	37	32	39	47	41	40	36	30	31	42	25	21	18	1 105	−3.2
0	0	0	0	0	0	0	0	0	0	0	0	0	0	0	—
17	15	6	27	37	70	62	90	89	85	72	65	63	50	753	6.9
25	61	48	52	70	64	69	69	82	86	74	45	54	26	860	5.3
48	48	47	54	45	54	41	38	40	32	51	30	24		1 280	−2
34	47	54	44	83	64	59	69	52	59	60	40	37	29	875	3.7
2	13	16	13	20	23	14	39	51	46	58	59	49	48	485	7.4
65	64	75	68	91	75	100	113	96	101	99	112	126	140	1 673	4.3
69	59	62	64	77	60	65	54	63	57	34	36	35	26	1 178	0.9
10	4	11	21	43	57	90	74	97	90	85	92	65	47	789	7.2
17	42	45	59	66	73	91	87	85	77	54	37	32	31	826	5.2
0	0	0	0	0	0	0	0	0	4	1	3	1	0	10	8.9
8	24	21	39	61	60	72	68	64	77	83	66	39	54	752	6.4
60	52	33	42	39	42	44	31	43	39	46	56	36	33	1 155	−0.8
68	64	59	68	67	66	59	65	56	48	37	36	28	29	978	2.5
51	48	66	67	71	75	79	82	70	71	59	51	53	43	1 178	2.5
58	69	60	68	55	73	55	49	42	38	38	30	13	20	941	1.6
34	42	33	28	38	41	28	40	32	37	38	28	33	22	1 280	−3.1
20	19	38	47	52	53	62	92	91	62	74	70	64	48	802	6.4
48	68	75	87	89	86	71	48	44	37	29	37	33	26	921	3.1
64	60	68	78	70	62	71	68	58	61	60	52	62	36	1 453	0.1
0	0	0	0	3	1	4	3	10	10	33	46	44	46	200	10
71	63	62	50	47	44	52	51	54	55	40	25	31	19	1 146	0
37	55	57	47	50	57	88	88	91	84	63	66	44	34	935	4.9

表 A.15　租赁商铺在不同地区的制热季节及其小时数

地区	温度带 *j*	1	2	3	4	5	6	7	8	9	10	11	12	13	14
	外温 t_j/℃	−15	−14	−13	−12	−11	−10	−9	−8	−7	−6	−5	−4	−3	−2
	制热季节												外温 t_j 出现的		
北京	10 月 29 日～4 月 2 日	0	0	0	3	5	8	21	29	35	40	51	70	82	119
长春	10 月 3 日～5 月 7 日	78	88	126	104	120	81	101	94	88	83	68	84	74	96
长沙	11 月 20 日～3 月 17 日	0	0	0	0	0	0	0	0	0	0	0	0	0	1
成都	12 月 3 日～3 月 9 号	0	0	0	0	0	0	0	0	0	0	0	0	0	0
重庆	11 月 29 日～3 月 11 日	0	0	0	0	0	0	0	0	0	0	0	0	0	0
大连	10 月 29 日～4 月 19 日	0	0	4	20	40	40	48	48	38	53	102	122	115	100
福州	12 月 23 日～3 月 21 日	0	0	0	0	0	0	0	0	0	0	0	0	0	0
广州	不需要供暖	0	0	0	0	0	0	0	0	0	0	0	0	0	0
贵阳	10 月 29 日～3 月 28 日	0	0	0	0	0	0	0	0	0	0	0	0	0	7
哈尔滨	10 月 2 日～5 月 4 日	101	88	109	116	98	82	83	81	62	54	57	72	78	78
海口	不需要供暖	0	0	0	0	0	0	0	0	0	0	0	0	0	0
杭州	11 月 19 日～3 月 18 日	0	0	0	0	0	0	0	0	0	0	0	0	0	3
合肥	11 月 10 日～3 月 26 日	0	0	0	0	0	0	0	0	0	0	0	0	3	19
呼和浩特	10 月 3 日～4 月 28 日	34	55	71	85	101	99	128	115	104	101	101	108	106	96
济南	11 月 5 日～3 月 28 日	0	0	0	0	2	1	4	8	11	24	40	40	41	67
昆明	11 月 14 日～3 月 4 日	0	0	0	0	0	0	0	0	0	0	0	0	0	0
拉萨	1 月 3 日～12 月 29 日	0	0	0	1	2	4	13	15	27	34	47	51	64	73
兰州	10 月 12 日～4 月 13 日	4	4	6	8	12	32	30	38	53	75	74	82	89	104
南昌	11 月 26 日～3 月 28 日	0	0	0	0	0	0	0	0	0	0	0	1	1	6
南京	11 月 16 日～3 月 25 日	0	0	0	0	0	0	0	0	0	0	2	3	7	24
南宁	1 月 13 日～1 月 15 日	0	0	0	0	0	0	0	0	0	0	0	0	0	0
上海	11 月 27 日～3 月 22 日	0	0	0	0	0	0	0	0	0	0	0	1	4	16
沈阳	10 月 13 日～4 月 15 日	32	42	38	41	63	69	108	89	110	118	111	69	83	78
石家庄	10 月 30 日～3 月 29 日	0	0	0	0	2	2	4	12	27	33	27	49	76	103
太原	10 月 20 日～4 月 12 日	0	3	6	2	13	13	24	28	35	41	54	61	84	88
天津	11 月 5 日～3 月 29 日	0	0	0	0	5	7	22	32	34	41	51	66	102	111
乌鲁木齐	9 月 27 日～4 月 23 日	47	57	65	76	123	140	160	145	116	149	114	95	80	94
武汉	11 月 10 日～3 月 18 日	0	0	0	0	0	0	0	0	0	0	0	0	2	7
西安	11 月 6 日～3 月 26 日	0	0	0	0	0	0	0	0	3	10	18	40	52	75
西宁	9 月 19 日～5 月 23 日	15	26	23	34	45	44	55	73	92	89	107	115	111	136
厦门	12 月 22 日～2 月 28 日	0	0	0	0	0	0	0	0	0	0	0	0	0	0
银川	10 月 12 日～2 月 28 日	2	10	10	16	23	24	38	41	69	78	105	118	130	148
郑州	11 月 6 日～3 月 27 日	0	0	0	0	0	0	0	1	1	3	1	9	30	37

分布（$t_j \leqslant 12\ ℃$）（只考虑大于 $-15\ ℃$ 的制热小时数）

15	16	17	18	19	20	21	22	23	24	25	26	27	28	总制热小时数/h	加权平均外温/℃
−1	0	1	2	3	4	5	6	7	8	9	10	11	12		
小时数/h														h	
115	122	108	117	108	100	116	120	105	83	83	73	83	66	1 862	2.5
65	87	79	79	60	80	79	63	58	78	78	62	62	63	2 278	−2.7
5	48	41	58	79	88	125	113	111	163	176	127	106	95	1 336	6.9
0	1	5	11	20	52	114	186	233	201	140	95	67	56	1 181	7.5
0	0	0	1	2	8	25	68	133	237	182	232	175	96	1 159	9.0
116	117	128	154	125	122	97	77	68	73	68	82	60	50	2 067	0.9
0	0	0	0	0	0	0	5	38	101	138	140	118	131	671	9.9
0	0	0	0	0	0	0	0	0	0	0	0	0	0	0	—
18	33	52	53	81	126	132	167	156	160	152	132	117	96	1 482	6.8
66	82	83	79	77	68	71	69	58	44	58	38	27	32	2 011	−3.4
0	0	0	0	0	0	0	0	0	0	0	0	0	0	0	—
15	22	21	45	83	142	127	154	163	149	130	123	123	73	1 373	6.9
40	90	74	107	141	134	158	120	138	154	155	87	101	61	1 582	5.7
104	105	88	100	91	83	67	74	68	71	64	74	54	46	2 393	−2.1
68	97	111	90	162	134	114	129	105	106	94	72	69	53	1 642	3.8
4	13	21	16	18	32	57	53	76	82	118	125	130	110	855	8.3
95	100	131	124	159	158	177	205	171	182	168	212	223	255	2 691	5.1
119	135	134	118	143	127	134	110	125	104	68	70	68	51	2 117	1.7
12	11	21	37	65	99	149	168	173	163	153	148	115	70	1 392	7.1
25	66	79	101	135	173	159	156	149	127	96	65	66	66	1 499	5.4
0	0	0	0	0	0	0	0	1	13	12	6	2	2	36	9.0
18	33	30	61	110	122	150	123	117	138	155	115	79	88	1 360	6.5
98	104	84	102	76	85	88	70	79	65	74	89	61	54	2 180	−1.0
151	142	119	137	136	115	93	101	92	97	82	67	58	64	1 789	2.8
114	103	129	138	132	136	154	157	125	122	104	87	78	68	2 099	2.9
112	138	144	132	101	116	96	87	77	72	68	58	38	37	1 747	1.8
73	64	58	57	70	74	57	65	45	60	62	61	61	50	2 318	−3.1
24	36	62	67	96	108	131	167	150	134	163	144	123	84	1 498	6.6
109	138	138	159	135	137	120	102	99	79	67	68	53	52	1 654	3.4
123	123	125	133	127	121	121	121	106	112	124	117	108	108	2 634	1.1
0	0	0	0	3	4	4	5	18	34	68	88	88	72	384	9.9
136	109	114	103	85	92	107	97	106	110	82	67	58	39	2 117	0.8
69	92	109	112	117	147	146	170	160	139	113	108	79	56	1 699	5.1

机组制热季节消耗功率计算式如下:

$$HSPC = \sum_{j=1}^{28} P_h(t_j) \times n_j \qquad \cdots\cdots\cdots\cdots\cdots\cdots (A.71)$$

A.5.1.3 全年耗能(AEC)的计算

$$AEC = CSGC + CSPC + HSGC + HSPC \qquad \cdots\cdots\cdots\cdots\cdots (A.72)$$

A.5.2 全年性能系数(APF)的计算

A.5.2.1 制冷季节性能系数(CSPF)

$$CSPF = \frac{CSTL}{CSGC + CSPC} \qquad \cdots\cdots\cdots\cdots\cdots\cdots (A.73)$$

A.5.2.2 制热季节性能系数(HSPF)

$$HSPF = \frac{HSTL}{HSGC + HSPC} \qquad \cdots\cdots\cdots\cdots\cdots\cdots (A.74)$$

A.5.2.3 全年性能系数(APF)

$$APF = \frac{CSTL + HSTL}{AEC} \qquad \cdots\cdots\cdots\cdots\cdots\cdots (A.75)$$

附　录　B

（规范性附录）

燃气消耗热量试验

B.1　测量装置

B.1.1　按图 B.1 连接燃气源、被试机及测量仪器。

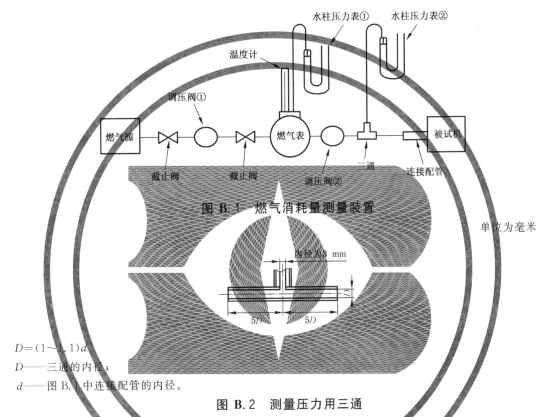

图 B.1　燃气消耗量测量装置

单位为毫米

$D=(1\sim1.1)d$

D——三通的内径；

d——图 B.1 中连接配管的内径。

图 B.2　测量压力用三通

B.1.2　燃气源接管口径与被试机燃气入口等径，燃气入口到连接水柱压力表②的三通的距离要尽可能的短并要小于 100 mm，之间不应有弯头和变径。

B.1.3　测量压力用的三通应符合图 B.2 要求。

B.1.4　调压阀②应能将试验燃气压力的波动范围调整到±20 Pa。但是，若燃气表入口的压力能满足以上要求时，也可以省略此件。

B.2　测量方法

B.2.1　依据图 B.1 水柱压力表②，将燃气压力调整到与 4.2.4 规定的压力。

B.2.2　启动被试机后，燃气流量达到稳定状态后开始测量。

B.2.3　测量一次时间应在 1 min 以上。

B.2.4　测量时，连续测量值的差在±2%以内的值作为实测燃气流量值（V_a）。

B.3　燃气消耗热量（I_s）的计算

$$I_s=\frac{1}{3.6}\times Q\times V_a\times\frac{273}{273+t_g}\times\frac{B+P_m-S}{101.3}$$

式中：

I_s——燃气消耗热量，单位为千瓦(kW)；

Q——燃气的低位发热量，单位为兆焦每标准立方米(MJ/Nm³)；

V_a——实测燃气流量(燃气流量计的读数)，单位为立方米每小时(m³/h)；

P_m——水柱压力表①显示的压力，单位为千帕(kPa)；

t_g——测量时燃气表的燃气温度，单位为摄氏度(℃)；

B——测量时的大气压，单位为千帕(kPa)；

S——温度 t_g 时饱和水蒸气压力，单位为千帕(kPa)。t_g 为 0 ℃~100 ℃之间时，按下式计算(保留有效数字 3 位)：

$$S = 10^{\alpha}$$

$$\alpha = 7.203 - \frac{1\,735.74}{t_g + 234}$$

附 录 C

（规范性附录）

发动机启动试验

C.1 适用范围

本附录规定了机组发动机启动时的性能试验方法。

C.2 试验条件

电源及试验用燃气条件如下。

C.2.1 电源

电源电压按被试机额定电压的 90％ 及 110％ 分别试验,频率为被试机额定频率。

C.2.2 试验用燃气

应为被试机铭牌上所示的燃气种类,其燃气压力按 4.2.4 规定的最高压力及最低压力分别试验。

C.3 试验方法

C.3.1 启动试验

启动被试机,在正常使用状态下运转 1 min 后停止,冷却至常温后,再次启动。连续进行 3 次上述操作。

C.3.2 异常确认试验

通过 C.3.1 的试验,确认有无回火等异常现象。

附 录 D

（规范性附录）

CO 浓度试验

D.1 适用范围

本附录规定了机组烟气中一氧化碳（CO）浓度的试验方法。

D.2 试验条件

D.2.1 CO 浓度测量点，按附录 E 中表 E.3 规定的制冷运转 6 点及表 E.4 规定的制热运转 6 点，合计 12 点。

D.2.2 测量装置见图 D.1。

D.2.3 烟气取样管应使用澳氏体不锈钢材质，插入排气管中 600 mm 以上。若无法插入 600 mm 以上可使用排气延长管，并防止空气漏入。烟气取样管的插入应尽可能不影响烟气的顺利排出。

D.2.4 从烟气取样管到测量仪器的连接管应使用氟化橡胶管。

D.2.5 从烟气取样管到测量仪器的距离应在 5 m 以内。但是，根据试验室状况可以超过 5 m，此距离应尽可能的短。

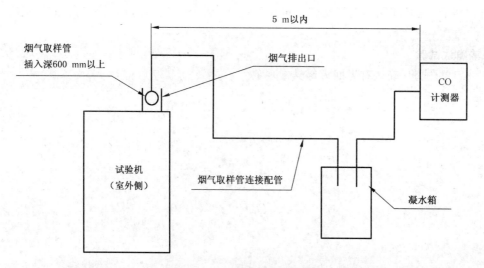

图 D.1 CO 浓度测量装置

D.3 试验方法

D.3.1 被试机运转稳定状态 15 min 后开始测量，连续测量 5 min CO 浓度及 O_2 浓度，其间的平均值作为测量值。

D.3.2 进入融霜运转时，融霜运转结束 15 min 后开始测量，连续测量 5 min CO 浓度及 O_2 浓度，其间的平均值作为测量值。

D.3.3 根据上述 D.3.1 和 D.3.2 的制冷、制热运转各 6 个点的测量值，算出烟气中的理论干燥 CO 体积浓度（换算成 $O_2＝0\%$ 的值），其中的最大值为 CO 浓度值。

附　录　E
（规范性附录）
NO$_x$ 浓度试验

E.1　适用范围

本附录规定了机组烟气中的氮氧化物（NO$_x$）浓度的试验方法。

E.2　术语与定义

E.2.1
发动机最高转速　engine maximum speed

被试机在制冷与制热能力试验条件下运转时的发动机转速。

E.2.2
发动机最低转速　engine minimum speed

被试机发动机转速的下限值。

E.2.3
年模拟运转　annual simulation runnning

根据一定的假定条件和一定试验条件下的试验结果，计算出不同室外温度条件下被试机的运转状态参数（发动机转速、制冷量、制热量、消耗燃气热量、NO$_x$ 浓度等）。

E.3　试验顺序

E.3.1　制冷与制热能力试验；

E.3.2　NO$_x$ 浓度测量点的确定；

E.3.3　NO$_x$ 浓度测量试验；

E.3.4　NO$_x$ 状态值的计算。

E.4　制冷与制热能力试验

E.4.1　试验种类

按表 E.1 规定。其中，低湿制冷试验、断续制冷试验及断续制热试验可以省略。

表 E.1　制冷和制热试验种类及温度条件

试验种类	室内侧吸入空气温度		室外侧吸入空气温度	
	干球温度	湿球温度	干球温度	湿球温度
名义制冷能力试验	27 ℃[a]	19 ℃[a]	35 ℃[a]	
低室外温度制冷试验	27±1.0 ℃	19±0.5 ℃	29±1.0 ℃	—
低湿制冷试验		16 ℃以下[b]		
断续制冷试验	27±1.5 ℃		29±1.5 ℃	
名义制热能力试验	20 ℃[a]	—	7 ℃[a]	6 ℃[a]
断续制热试验	20±1.5 ℃		7±1.5 ℃	6±1.0 ℃
低温制热试验	20 ℃[a]	15 ℃以下[c]	2 ℃[a]	1 ℃[a]
超低室外温度制热试验	20±2.0 ℃		−8.5±2.0 ℃	−9.5±1.0 ℃[d]

表 E.1（续）

试验种类	室内侧吸入空气温度		室外侧吸入空气温度	
	干球温度	湿球温度	干球温度	湿球温度

a 容许偏差见正文表 11 和表 12。

b 所谓 16 ℃以下是指室内侧热交换器不结露温度。

c 适用于湿球温度影响室内侧热交换器的情况。

d 也可以是与湿球温度对应的露点温度。

E.4.2 试验条件

E.4.2.1 被试机的制冷量和制热量的试验装置按 GB/T 17758—1999 附录 A 进行。

E.4.2.2 试验工况见表 E.1。

E.4.2.3 被试机在额定频率、额定电压（允许波动范围±2%）下运转。

E.4.2.4 试验用燃气为表 2 规定的液化石油气中的 20Y 气体（标准压力）。

E.4.3 试验方法

按表 E.1 的各温度条件，进行表 E.2 中各项目的测量。

表 E.2 制冷（制热）试验测量项目

试验种类	测 定 项 目	测量值
名义制冷能力试验	发动机在最高转速下运转时的制冷量(kW)、 消耗燃气热量(kW)	Φ_{c1} G_{c1}
	发动机在最低转速下运转时的制冷量(kW)、 消耗燃气热量(kW)	Φ_{c2} G_{c2}
低室外温度制冷试验	发动机在最高转速下运转时的制冷量(kW)、 消耗燃气热量(kW)	Φ_{c3} G_{c3}
	发动机在最低转速下运转时的制冷量(kW)、 消耗燃气热量(kW)	Φ_{c4} G_{c4}
低湿制冷试验	发动机在最低转速下运转时的制冷量(kW)、 消耗燃气热量(kW)	Φ_{c5} G_{c5}
断续制冷试验	发动机在最低转速下运转时的制冷量(kW)、 消耗燃气热量(kW)	Φ_{c6} G_{c6}
名义制热能力试验	发动机在最高转速下运转时的制热量(kW)、 消耗燃气热量(kW)	Φ_{h1} G_{h1}
	发动机在最低转速下运转时的制热量(kW)、 消耗燃气热量(kW)	Φ_{h2} G_{h2}
断续制热试验	发动机在最低转速下运转时的制热量(kW)、 消耗燃气热量(kW)	Φ_{h3} G_{h3}
低温制热试验	发动机在最高转速下运转时的制热量(kW)、 消耗燃气热量(kW) 判断室外机热交换器有无结霜	Φ_{h4} G_{h4}
超低室外温度制热试验	发动机在最高转速下运转时的制热量(kW)、 消耗燃气热量(kW)	Φ_{h5} G_{h5}
	发动机在最低转速下运转时的制热量(kW)、 消耗燃气热量(kW)	Φ_{h6} G_{h6}

E.4.3.1 名义制冷能力试验

在表 E.1 的名义制冷能力试验条件下,发动机分别在最高转速及最低转速下稳定运行 1 h 后,30 min 内每隔 5 min 测量 1 次制冷量及消耗燃气热量,求出 7 次测量值的平均值。

E.4.3.2 低室外温度制冷试验

在表 E.1 的低室外温度制冷试验条件下,发动机分别在最高转速及最低转速下稳定运行 1 h 后,30 min 内每隔 5 min 测量 1 次制冷量及消耗燃气热量,求出 7 次测量值的平均值。

E.4.3.3 低湿制冷试验

在表 E.1 的低湿制冷试验条件下,发动机在最低转速下稳定运行 1 h 后,30 min 内每隔 5 min 测量 1 次制冷量及消耗燃气热量,求出 7 次测量值的平均值。

E.4.3.4 断续制冷试验

在表 E.1 的断续制冷试验条件下,发动机在最低转速断续运转时的制冷量及消耗燃气热量,按下列条件求出:

a) 手动开停室内机,反复断续运转 1 h 以上,稳定运行后,连续测出断续运转 3 个周期的制冷量及消耗燃气热量,其测量值换算成 1 h 的值。

b) 断续运转时间为运转 7 min、停止 5 min,断续运转 1 个周期是指从运转开始到下一运转开始。

c) 制冷量测量间隔为 10 s 以内,消耗燃气热量测量为运转中累计值。

E.4.3.5 名义制热能力试验

在表 E.1 名义制热能力试验条件下,发动机分别在最高转速及最低转速下稳定运行 1 h 后,30 min 内每隔 5 min 测量 1 次制热量及消耗燃气热量,求出 7 次测量值的平均值。

E.4.3.6 断续制热试验

在表 E.1 断续制热试验条件下,发动机在最低转速断续运转时的制热量及消耗燃气热量按下列条件求出。

a) 手动开停室内机,反复断续运转 1 h 以上,稳定运行后,连续测出断续运转 3 个周期的制热及消耗燃气热量,其测量值换算成 1 h 的值。

b) 断续运转时间为运转 5 min、停止 3 min,断续运转 1 个周期为从运转开始到下一运转开始。

c) 制热量测量间隔应在 10 s 以内,消耗燃气热量为运转中的累计值。

E.4.3.7 低温制热试验

在表 E.1 低温制热试验条件下,发动机最高转速运转时的制热量及消耗燃气热量按下列条件求出:

a) 运转 3 h,室内机及室外机的吹出空气干球温度的最大变动幅度如果在 ±1.0 ℃ 以内,且室外机热交换器无霜,自动融霜试验可以省略。

b) 试验中,在 3 h 以内进入融霜运转时,或当室内机及室外机吹出空气干球温度的最大变动幅度超出 ±1.0 ℃ 时,则进行自动融霜试验。

c) 带有融霜的测量时间应为连续 3 个融霜周期(所谓融霜周期是指从进入制热运转开始到融霜运转停止,又进入下一制热运转)。但 1 个融霜周期超过 3 h 算为 1 个融霜周期。制热量测量间隔为 10 s 以内,消耗燃气热量测量为运转中累计值,各测量值换算成 1 h 的值。

d) 机组无融霜功能时的测量时间为 6 h。测量间隔为 10 min 以内,制热量及消耗燃气热量的各测量值换算成 1 h 的值。

E.4.3.8 超低室外温度制热试验

在表 E.1 超低室外温度制热试验条件下,发动机分别在最高转速及最低转速下稳定运转 30 min 后,在 20 min 内测量制热量及消耗燃气热量。制热量测量间隔为 10 s 以内,消耗燃气热量测量为运转中累计值,各测量值换算成 1 h 的值。

E.5 NO$_x$ 浓度测量点的确定

E.5.1 NO$_x$ 浓度测量点：

如表 E.3 所示的制冷运转 6 点及表 E.4 所示的制热运转 6 点,合计 12 点。

表 E.3 制冷运转 NO$_x$ 浓度测量点

测量点	室内侧吸入空气温度		室外侧吸入空气温度		发动机转速/ s^{-1}	测量值/ $\times 10^{-6}$ (ppm)
	干球温度	湿球温度	干球温度	湿球温度		
①	(27±1.0)℃	(19±0.5)℃	(35±1.0)℃	(24±0.5)℃	最高转速 R_{cmax}	NO$_{xc1}$
②			(33±1.0)℃		最高转速 R_{cmax}	NO$_{xc2}$
③			(t_{c3}±1.0)℃		中间转速 R_{c3}	NO$_{xc3}$
④			(t_{c4}±1.0)℃	a	中间转速 R_{c4}	NO$_{xc4}$
⑤			(t_{c5}±1.0)℃		最低转速 R_{cmin}	NO$_{xc5}$
⑥			(23±1.0)℃		最低转速 R_{cmin}	NO$_{xc6}$
a 相对湿度为(40±5)％时的湿球温度。						

表 E.4 制热运转 NO$_x$ 浓度测量点

测量点	室内侧吸入空气温度		室外侧吸入空气温度		发动机转速/ s^{-1}	测量值/ $\times 10^{-6}$ (ppm)
	干球温度	湿球温度	干球温度	湿球温度		
①	(20±1.0)℃	—	(−5±1.0)℃		最高转速 R_{hmax}	NO$_{xh1}$
②			(t_{h2}±1.0)℃		最高转速 R_{hmax}	NO$_{xh2}$
③			(t_{h3}±1.0)℃		中间转速 R_{h3}	NO$_{xh3}$
④			(t_{h4}±1.0)℃	a	中间转速 R_{h4}	NO$_{xh4}$
⑤			(t_{h5}±1.0)℃		最低转速 R_{hmin}	NO$_{xh5}$
⑥			(14±1.0)℃		最低转速 R_{hmin}	NO$_{xh6}$
a 相对湿度为85％时的湿球温度。						

E.5.2 表 E.3 中的 t_{c3}、t_{c4}、t_{c5}、R_{c3}、R_{c4} 按下式求出。

$t_{cmax}=33$ ℃ , t_{cmin} 值根据名义制冷能力试验及低室外温度制冷试验测量值(表 E.2),按表 E.5 计算求出。

$t_{c3}=(2t_{cmax}+t_{cmin})/3$,取最接近整数的温度;

$t_{c4}=(t_{cmax}+2t_{cmin})/3$,取最接近整数的温度;

$t_{c5}=t_{cmin}$ 以下, t_{cmin} 中最接近整数的温度;

$R_{c3}=R_{cmin}+(R_{cmax}-R_{cmin})\dfrac{t_{c3}-t_{cmin}}{t_{cmax}-t_{cmin}}$;

$R_{c4}=R_{cmin}+(R_{cmax}-R_{cmin})\dfrac{t_{c4}-t_{cmin}}{t_{cmax}-t_{cmin}}$。

表 E.5 制冷量及消耗燃气热量计算式

运转条件	计 算 式
制冷	$\Phi_{cmax}(t) = \Phi_{c1} + (\Phi_{c3} - \Phi_{c1})(35 - t)/6$ $\Phi_{cmin}(t) = \Phi_{c2} + (\Phi_{c4} - \Phi_{c2})(35 - t)/6$ $\Phi_{cmid} = BL_c(t)$ $g_{cmax}(t) = G_{c1} + (G_{c3} - G_{c1})(35 - t)/6$ $g_{cmin}(t) = G_{c2} + (G_{c4} - G_{c2})(35 - t)/6$ $g_{cmid}(t) = g_{cmin}(t_{cmin}) + [g_{cmax}(33) - g_{cmin}(t_{cmin})]\dfrac{t - t_{cmin}}{33 - t_{cmin}}$ $BL_c(t) = \Phi_{cmax}(33) \times (t - 22)/11 = (2\Phi_{c1} + \Phi_{c3})(t - 22)/33$ $t_{cmax} = 33$ $t_{cmin} = 22 + \dfrac{11(13\Phi_{c4} - 7\Phi_{c2})}{11(\Phi_{c4} - \Phi_{c2}) + 2\Phi_{c3} + 4\Phi_{c1}}$ 式中: $\Phi_{cmax}(t)$——发动机最高转速下运转时的制冷量,单位为千瓦(kW); $\Phi_{cmin}(t)$——发动机最低转速下运转时的制冷量,单位为千瓦(kW); $\Phi_{cmid}(t)$——发动机中间转速下运转时的制冷量,单位为千瓦(kW); $g_{cmax}(t)$——发动机最高转速制冷运转时消耗燃气热量,单位为千瓦(kW); $g_{cmin}(t)$——发动机最低转速制冷运转时消耗燃气热量,单位为千瓦(kW); $g_{cmid}(t)$——发动机中间转速制冷运转时消耗燃气热量,单位为千瓦(kW); $BL_c(t)$——建筑物制冷负荷,单位为千瓦(kW); t——室外温度或室外侧吸入空气干球温度,单位为摄氏度(℃); t_{cmax}——$BL_c(t)$与或$\Phi_{cmax}(t)$平衡时的室外温度,单位为摄氏度(℃); t_{cmin}——$BL_c(t)$与$\Phi_{cmin}(t)$平衡时的室外温度,单位为摄氏度(℃)。

E.5.3 表 E.4 中 t_{h2}、t_{h3}、t_{h4}、t_{h5}、R_{h3}、R_{h4} 按下式求出

以低温制热试验结果来判断制热有无结霜。

t_{hb} 值根据名义制热能力试验、超低室外温度制热试验的测量值(表 E.2),按表 E.6 中计算式求出。

t_{fa}、t_{fb} 值根据名义制热能力试验、低温制热试验及超低室外温度制热试验的测量值(表 E.2),按表 E.7 中计算式求出。

$t_{h2} = t_{hmax}$ 以下,t_{hmax} 取最接近整数的温度;

$t_{h3} = (2t_{hmax} + t_{hmin})/3$,取最接近整数的温度;

$t_{h4} = (t_{hmax} + 2t_{hmin})/3$,取最接近整数的温度;

$t_{h5} = t_{hmin}$ 以上,t_{hmin} 取最接近整数的温度;

$R_{h3} = R_{hmin} + (R_{hmax} - R_{hmin})\dfrac{t_{h3} - t_{hmin}}{t_{hmax} - t_{hmin}}$;

$R_{h4} = R_{hmin} + (R_{hmax} - R_{hmin})\dfrac{t_{h4} - t_{hmin}}{t_{hmax} - t_{hmin}}$。

a) 制热无霜时:$t_{hmax} = t_{ha}$,$t_{hmin} = t_{hb}$;

b) 制热结霜时:$t_{hmax} = t_{fa}$,$t_{hmin} = t_{fb}$

当 $t_{fb} \geqslant 5.5\ ℃$ 时,$t_{hmin} = 5.5\ ℃$。

表 E.6 制热量及消耗燃气热量计算式（制热无霜时）

运转条件	计　算　式
制热无霜时	$\Phi_{hmax}(t)=\Phi_{h5}+(\Phi_{h1}-\Phi_{h5})(t+8.5)/15.5$ $\Phi_{hmin}(t)=\Phi_{h6}+(\Phi_{h2}-\Phi_{h6})(t+8.5)/15.5$ $\Phi_{hmid}=BL_h(t)$ $g_{hmax}(t)=G_{h5}+(G_{h1}-G_{h5})(t+8.5)/15.5$ $g_{hmin}(t)=G_{h6}+(G_{h2}-G_{h6})(t+8.5)/15.5$ $g_{hmid}(t)=g_{hmax}(-2)+\left[g_{hmin}(t_{hb})-g_{hmax}(-2)\right]\dfrac{t+2}{t_{hb}+2}$ $BL_h(t)=\Phi_{hmax}(-2)\times(15-t)/17=(225\Phi_{h1}+302\Phi_{h5})(15-t)/527$ $t_{ha}=-2$ $t_{hb}=15-\dfrac{17(47\Phi_{h2}-16\Phi_{h6})}{34(\Phi_{h4}-\Phi_{h6})+13\Phi_{h1}+18\Phi_{h5}}$ 式中： $\Phi_{hmax}(t)$——发动机最高转速下运转时的制热量，单位为千瓦(kW)； $\Phi_{hmin}(t)$——发动机最低转速下运转时的制热量，单位为千瓦(kW)； $\Phi_{hmid}(t)$——发动机中间转速下运转时的制热量，单位为千瓦(kW)； $g_{hmax}(t)$——发动机最高转速制热运转时消耗燃气热量，单位为千瓦(kW)； $g_{hmin}(t)$——发动机最低转速制热运转时消耗燃气热量，单位为千瓦(kW)； $g_{hmid}(t)$——发动机中间转速制热运转时消耗燃气热量，单位为千瓦(kW)； $BL_h(t)$——建筑物制冷负荷，单位为千瓦(kW)； t——室外温度或室外侧吸入空气干球温度，单位为摄氏度(℃)； t_{ha}——$BL_h(t)$和$\Phi_{hmax}(t)$均衡时的室外温度，单位为摄氏度(℃)； t_{hb}——$BL_h(t)$和$\Phi_{hmin}(t)$均衡时的室外温度，单位为摄氏度(℃)。

表 E.7 制热量及消耗燃气热量计算式（制热结霜时）

运转条件	计　算　式
制热结霜时	$\Phi_{fmax}(t)=\Phi_{h5}+(\Phi_{h4}-\Phi_{h5})(t+8.5)/10.5$ $\Phi_{fmin}(t)=\Phi_{h6}+(C_\Phi\cdot\Phi_{h4}-\Phi_{h6})(t+8.5)/10.5$ $\Phi_{fmid}=BL_h(t)$ $g_{fmax}(t)=G_{h5}+(G_{h4}-G_{h5})(t+8.5)/10.5$ $g_{fmin}(t)=G_{h6}+(C_g\cdot G_{h4}-G_{h6})(t+8.5)/10.5$ $g_{fmid}(t)=g_{fmax}(t_{fa})+\left[g_{fmin}(t_{fb})-g_{fmax}(t_{fa})\right]\dfrac{t-t_{fa}}{t_{fb}-t_{fa}}$ $BL_h(t)=\Phi_{hmax}(-2)\times(15-t)/17=(225\Phi_{h1}+302\Phi_{h5})(15-t)/527$ $C_\Phi=(21\Phi_{h2}+10\Phi_{h6})/(21\Phi_{h1}+10\Phi_{h5})$ $C_g=(21\Phi_{h2}+10\Phi_{h6})/(21\Phi_{h1}+10\Phi_{h5})$ $t_{fa}=15-\dfrac{17(47\Phi_{h4}-26\Phi_{h5})}{34(\Phi_{h4}-\Phi_{h5})+(21/31)(13\Phi_{h1}+18\Phi_{h5})}$ $t_{fb}=15-\dfrac{17(47C_\Phi\Phi_{h4}-26\Phi_{h6})}{34(C_\Phi\Phi_{h4}-\Phi_{h6})+(21/31)(13\Phi_{h1}+18\Phi_{h5})}$ 式中： $\Phi_{fmax}(t)$——发动机最高转速下运转时的制热量，单位为千瓦(kW)； $\Phi_{fmin}(t)$——发动机最低转速下运转时的制热量，单位为千瓦(kW)； $\Phi_{fmid}(t)$——发动机中间转速下运转时的制热量，单位为千瓦(kW)； $g_{fmax}(t)$——发动机最高转速制热运转时消耗燃气热量，单位为千瓦(kW)； $g_{fmin}(t)$——发动机最低转速制热运转时消耗燃气热量，单位为千瓦(kW)； $g_{fmid}(t)$——发动机中间转速制热运转时消耗燃气热量，单位为千瓦(kW)； $BL_h(t)$——建物制热负荷，单位为千瓦(kW)； t——室外温度或室外侧吸入空气干球温度，单位为摄氏度(℃)； t_{fa}——$BL_h(t)$与$\Phi_{fmax}(t)$平衡时的室外温度，单位为摄氏度(℃)； t_{fb}——$BL_h(t)$与$\Phi_{fmin}(t)$平衡时的室外温度，单位为摄氏度(℃)。

E.5.4 当发动机转速为步进式控制时，R_{c3}、R_{c4}、R_{h3}、R_{h4}分别按 E.5.2 及 E.5.3 计算，取最接近发动机实际转速的值。

E.6 NO$_x$ 浓度测量试验

E.6.1 试验条件

    a) NO$_x$ 浓度测量点，见表 E.3 及表 E.4。

    b) 测量装置见图 E.1。

    c) 烟气取样管应使用澳氏体不锈钢材质，插入排气管中 600 mm 以上。若无法插入 600 mm 以上可使用排气延长管，并防止空气漏入。烟气取样管的插入应尽可能不影响烟气的顺利排出。

    d) 从烟气取样管到测量仪器的连接管应使用氟化橡胶管。

    e) 从烟气取样管到测量仪器的距离应在 5 m 以内。根据试验室状况可以超过 5 m，但此距离应尽可能的短。

E.6.2 试验方法

E.6.2.1 被试机运转状态稳定 15 min 后开始测量，连续测量 5 min NO$_x$ 浓度及 O$_2$ 浓度，其间的平均值为测量值（换算成 O$_2$＝0％的值）。

E.6.2.2 进入融霜运转时，融霜运转结束 15 min 后开始测量，连续测量 5 min NO$_x$ 浓度及 O$_2$ 浓度，其间的平均值作为测量值（换算成 O$_2$＝0％的值）。

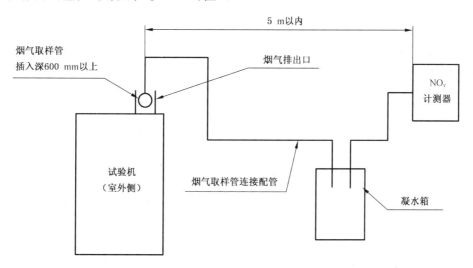

图 E.1 NO$_x$ 浓度测量装置

E.7 NO$_x$12 状态值的计算

E.7.1 NO$_x$12 状态值计算方法：

E.7.1.1 根据制冷能力试验及 NO$_x$ 浓度测量试验结果，从 23 ℃～38 ℃之间每一度的各室外温度下制冷运转时的消耗燃气热量及 NO$_x$ 浓度（换算成 O$_2$＝0％的值），按表 E.5、E.7.2 及 E.7.4 计算求出。

E.7.1.2 根据制热能力试验及 NO$_x$ 浓度测量试验结果，从 －14 ℃～12 ℃之间每一度的各室外温度下制热运转时的消耗燃气热量及 NO$_x$ 浓度（换算成 O$_2$＝0％的值），按表 E.6、表 E.7、E.7.3 及 E.7.5 计算求出。

E.7.1.3 根据 E.7.1.1 及 E.7.1.2 的计算值，对各室外温度发生的时间进行加权，根据下式算出 NO$_x$12 状态值。其中，$n_c(t)$、$n_h(t)$按表 E.8 及表 E.9 中取值。

$$NO_{x12} = \frac{\sum_{t=23}^{38} NO_{xc}(t) \cdot g_c(t) \cdot n_c(t) + \sum_{t=-14}^{12} NO_{xh}(t) \cdot g_h(t) \cdot n_h(t)}{\sum_{t=23}^{38} g_c(t) \cdot n_c(t) + \sum_{t=-14}^{12} g_h(t) \cdot n_h(t)}$$

式中：

NO_{x12}——氮氧化物 12 点状态值；

$NO_{xc}(t)$——室外温度为 t、制冷运转时的 NO_x 浓度×10^{-6}（ppm）；（换算成 $O_2=0\%$ 的值）；

$NO_{xh}(t)$——室外温度为 t、制热运转时的 NO_x 浓度×10^{-6}（ppm）；（换算成 $O_2=0\%$ 的值）；

$g_c(t)$——室外温度为 t、制冷运转时的消耗燃气热量，单位为千瓦（kW）；

$g_h(t)$——室外温度为 t、制热运转时的消耗燃气热量，单位为千瓦（kW）；

$n_c(t)$——制冷季节中各室外温度 t 的发生时间数，单位为小时（h）；

$n_h(t)$——制热季节中各室外温度 t 的发生时间数，单位为小时（h）。

表 E.8　制冷季节各室外温度的发生时间

室外温度 t_c/℃	发生时间 n_c/h	室外温度 t_c/℃	发生时间 n_c/h	室外温度 t_c/℃	发生时间 n_c/h
23	79.3	29	78.3	35	12.2
24	98.5	30	67.8	36	3.8
25	104.2	31	61.5	37	1.0
26	94.0	32	46.3	38	0.0
27	89.7	33	34.7		
28	85.7	34	24.3	合计	881.3

表 E.9　制热季节中各室外温度的发生时间

室外温度 t_h/℃	发生时间 n_h/h	室外温度 t_h/℃	发生时间 n_h/h	室外温度 t_h/℃	发生时间 n_h/h
−14	0.0	−4	9.3	6	61.5
−13	0.2	−3	12.2	7	60.7
−12	0.2	−2	15.0	8	57.2
−11	1.0	−1	20.5	9	54.3
−10	1.3	0	23.0	10	45.5
−9	2.0	1	35.7	11	42.2
−8	2.8	2	38.3	12	36.8
−7	3.2	3	48.0	合计	693.6
−6	4.7	4	55.8		
−5	7.0	5	55.2		

E.7.2　制冷运转时消耗燃气热量的计算

a)　$t \geqslant 33$ ℃时

$$g_c(t) = g_{cmax}(t)$$

b)　33 ℃$> t \geqslant t_{cmin}$时

$$g_c(t) = g_{cmid}(t)$$

c)　$t < t_{cmin}$时

$$g_c(t) = \frac{X_c(t)}{1 - C_{Dc}[1 - X_c(t)]} g_{cmin}(t)$$

$$X_c(t) = BL_c(t) / \Phi_{cmin}(t)$$

$$C_{Dc}=\frac{1-\dfrac{\Phi_{c6}/G_{c6}}{\Phi_{c5}/G_{c5}}}{1-\Phi_{c6}/\Phi_{c5}}$$

当低湿制冷试验与断续制冷试验省略时，$C_{Dc}=0.25$。

式中：

$X_c(t)$——断续制冷运转时的实际运转率；

C_{Dc}——断续制冷运转时效率降低系数。

E.7.3 制热运转时消耗燃气热量计算

a) 制热无霜时：

1) $t\leqslant-2$ ℃时

$$g_h(t)=g_{hmax}(t)$$

2) -2 ℃$<t\leqslant t_{hb}$时

$$g_c(t)=g_{hmid}(t)$$

3) $t>t_{hb}$时

$$g_h(t)=\frac{X_h(t)}{1-C_{Dh}[1-X_h(t)]}g_{hmin}(t)$$

$$X_h(t)=BL_h(t)/\Phi_{hmin}(t)$$

$$C_{Dh}=\frac{1-\dfrac{\Phi_{ha}/G_{ha}}{\Phi_{h2}/G_{h2}}}{1-\Phi_{h3}/\Phi_{h2}}$$

当断续制热试验省略时，$C_{Dh}=0.25$。

式中：

$X_h(t)$——制热无霜断续运转时的实际运转率；

C_{Dh}——断续制热运转时效率降低系数。

b) 制热结霜时：

1) $t\leqslant-8.5$ ℃时

$$g_h(t)=g_{hmax}(t)$$

2) -8.5 ℃$<t\leqslant t_{fa}$时

$$g_h(t)=g_{fmax}(t)$$

3) $t_{fa}<t\leqslant t_{fb}$，且 $t<5.5$ ℃时

$$g_h(t)=g_{fmid}(t)$$

4) $t_{fb}<t<5.5$ ℃时

$$g_h(t)=\frac{X_f(t)}{1-C_{Dh}[1-X_f(t)]}g_{fmin}(t)$$

$$X_f(t)=BL_h(t)/\Phi_{fmin}(t)$$

$$C_{Dh}=\frac{1-\dfrac{\Phi_{h3}/G_{h3}}{\Phi_{h2}/G_{h2}}}{1-\Phi_{h3}/\Phi_{h2}}$$

当断续制热试验省略时，$C_{Dh}=0.25$。

5) 5.5 ℃$\leqslant t\leqslant t_{hb}$时

$$g_h(t)=g_{hmid}(t)$$

6) $t>t_{hb}$且 $t\geqslant5.5$ ℃时

$$g_h(t)=\frac{X_h(t)}{1-C_{Dh}[1-X_h(t)]}g_{hmin}(t)$$

式中：

$X_f(t)$——制热结霜断续运转时的实际运转率；

C_{Dh}——断续制热运转时效率降低系数。

E.7.4 制冷运转时 NO_x 浓度计算

制冷运转时各室外温度下的 NO_x 浓度参考图 E.2,按下式计算：

a) $t \geq 33$ ℃时

$$NO_{xc}(t) = NO_{xc2} + (NO_{xc1} - NO_{xc2})(t-33)/2$$

b) 33 ℃$> t \geq t_{c3}$时

$$NO_{xc}(t) = NO_{xc3} + (NO_{xc2} - NO_{xc3})(t-t_{c3})/(33-t_{c3})$$

c) $t_{c3} > t \geq t_{c4}$时

$$NO_{xc}(t) = NO_{xc4} + (NO_{xc3} - NO_{xc4})(t-t_{c4})/(t_{c3}-t_{c4})$$

d) $t_{c4} > t \geq t_{c5}$时

$$NO_{xc}(t) = NO_{xc5} + (NO_{xc4} - NO_{xc5})(t-t_{c5})/(t_{c4}-t_{c5})$$

e) $t < t_{c5}$时

$$NO_{xc}(t) = NO_{xc6} + (NO_{xc5} - NO_{xc6})(t-23)/(t_{c5}-23)$$

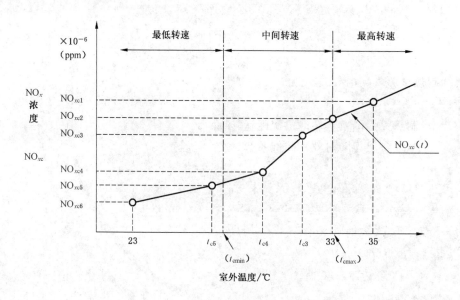

图 E.2 制冷运转时 NO_x 近似方法

E.7.5 制热运转时 NO_x 浓度计算式

制热运转时各室外温度下的 NO_x 浓度参考图 E.3,按下列算式算出。

a) $t < t_{h2}$时

$$NO_{xh}(t) = NO_{xh1} + (NO_{xh2} - NO_{xh1})(t+5)/(t_{h2}+5)$$

b) $t_{h2} \leq t < t_{h3}$时

$$NO_{xh}(t) = NO_{xh2} + (NO_{xh3} - NO_{xh2})(t-t_{h2})/(t_{h3}-t_{h2})$$

c) $t_{h3} \leq t < t_{h4}$时

$$NO_{xh}(t) = NO_{xh3} + (NO_{xh4} - NO_{xh3})(t-t_{h3})/(t_{h4}-t_{h3})$$

d) $t_{h4} \leq t < t_{h5}$时

$$NO_{xh}(t) = NO_{xh4} + (NO_{xh5} - NO_{xh4})(t-t_{h4})/(t_{h5}-t_{h4})$$

e)　$t_{h5} \leqslant t$ 时

$$NO_{xh}(t) = NO_{xh5} + (NO_{xh6} - NO_{xh5})(t - t_{h5})/(12 - t_{h5})$$

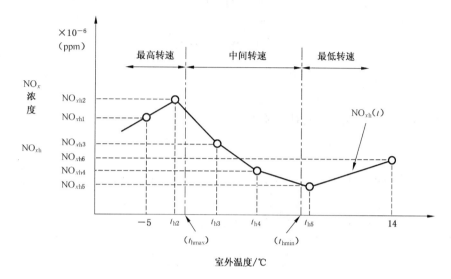

图 E.3　制热运转时 NO_x 近似方法

附 录 F

（规范性附录）

燃气管路气密性试验

F.1 适用范围

本附录规定了机组燃气管路的气密性试验方法。

F.2 试验方法

F.2.1 将机组燃气截止阀关闭，在机组燃气入口处安装精密气体流量计，从流量计入口侧加 4.2 kPa 压力的空气，测出泄漏量，通过该测量值计算出 1 h 的泄漏量。

F.2.2 按 4.2.4 规定的最高燃气压力运转，利用试验火确认从机组燃气入口到发动机入口有无泄漏。

ICS 27.200
J 73

中华人民共和国国家标准

GB/T 25128—2010

直接蒸发式全新风空气处理机组

Direct evaporation all fresh air handling units

2010-09-26 发布　　　　　　　　　　2011-02-01 实施

中华人民共和国国家质量监督检验检疫总局
中国国家标准化管理委员会　发布

前　言

本标准的附录 A 为规范性附录。

本标准由中国机械工业联合会提出。

本标准由全国冷冻空调设备标准化技术委员会(SAC/TC 238)归口。

本标准负责起草单位：江苏知民通风设备有限公司、合肥通用机械研究院、南京师范大学、青岛海信日立空调系统有限公司、深圳麦克维尔空调有限公司。

本标准参加起草单位：大金空调(上海)有限公司、上海三菱电机·上菱空调机电器有限公司、南京天加空调设备有限公司、特灵空调系统(中国)有限公司。

本标准主要起草人：黄虎、陈泽民、张明圣、张忠斌、王志刚、周鸿钧、史剑春、童杏生、梁路军、张维加。

本标准由全国冷冻空调设备标准化技术委员会负责解释。

本标准首次制定。

直接蒸发式全新风空气处理机组

1 范围

本标准规定了直接蒸发式全新风空气处理机组(以下简称"机组")的术语和定义、型式和基本参数、要求、试验方法、检验规则、标志、包装、运输和贮存等。

本标准适用于由电动机驱动的直接蒸发式全新风空气处理机组。

2 规范性引用文件

下列文件中的条款通过本标准的引用而成为本标准的条款。凡是注日期的引用文件,其随后所有的修改单(不包括勘误的内容)或修订版均不适用于本标准,然而,鼓励根据本标准达成协议的各方研究是否可使用这些文件的最新版本。凡是不注日期的引用文件,其最新版本适用于本标准。

GB/T 191 包装储运图示标志(GB/T 191—2008,ISO 780:1997,MOD)

GB/T 2423.17 电工电子产品基本环境试验 第2部分 试验方法 试验Ka:盐雾

GB 4208—2008 外壳防护等级(IP代码)(IEC 60529:2001,IDT)

GB 4706.1—2005 家用和类似用途电器的安全 第1部分:通用要求(IEC 60335-1:2001,IDT)

GB 4706.32—2004 家用和类似用途电器的安全 热泵、空调器和除湿机的特殊要求(IEC 60335-2-40:1995)

GB 5226.1 机械安全 机械电气设备 第1部分:通用技术条件(GB 5226.1—2008,IEC 60204-1:2005,IDT)

GB/T 6388 运输包装收发货标志

GB 25130—2010 单元式空气调节机 安全要求

GB/T 13306 标牌

GB/T 17758—2010 单元式空气调节机

GB/T 18836—2002 风管送风式空调(热泵)机组(ISO 13253:1995,NEQ)

3 术语和定义

下列术语和定义适用于本标准。

3.1

直接蒸发式全新风空气处理机组 direct evaporation all fresh air handling units

一种采用直接蒸发制冷或者热泵制热的方法处理全新风,并且通过风管向密闭空间、房间或区域直接提供集中处理全新风空气的设备。

3.2

大焓差型直接蒸发式全新风空气处理机组 large enthalpy potential direct evaporation all fresh air handling units

在本标准规定的名义制冷空气入口工况条件下,以被处理新风出风干球温度不大于23 ℃为处理目标,承担了部分新风湿负荷的全新风空气处理机。以下简称"大焓差型机组"。

3.3

小焓差型直接蒸发式全新风空气处理机组 small enthalpy potential direct evaporation all fresh air handling units

在本标准规定的名义制冷空气入口工况条件下,以GB/T 18836规定的名义室内干球温度为新风处理目标(27 ℃),不承担新风湿负荷的全新风空气处理机。以下简称"小焓差机组"。

3.4

能量回收型直接蒸发式全新风空气处理机组   energy recovery direct evaporation all fresh air handling units

带前置能量回收装置的全新风空气处理机。以下简称"能量回收型机组"。

3.5

制热辅助电加热器   auxiliary electric heater for heating

与热泵一起使用进行制热的电加热器(包括后安装的电加热器)。

3.6

标准状态空气   standard air

指大气压力为 101.3 kPa,温度为 20 ℃、密度为 1.2 kg/m³ 条件下的空气。

3.7

空气焓差法   air enthalpy difference method

一种测定机组制冷、制热能力的方法。它对全新风空气处理机的空气进口状态参数、空气出口状态参数以及循环风量进行测量,用测出的风量与机组进出口空气焓差的乘积确定机组的制冷(热)能力。

4 型式与基本参数

4.1 型式

4.1.1 按功能分为:

　　——单冷型,代号 L

　　——热泵型,代号 R(包括辅助电热装置 D,不包括辅助电热装置可省略)

4.1.2 按冷凝器的冷却方式分为:

　　——水冷式,代号 S

　　——风冷式,代号省略

4.1.3 按加热方式分为:

　　——热泵辅助电加热,代号 D

　　——热泵制热,代号省略

4.1.4 按结构型式分为:

　　——整体型,代号 Z

　　——分体型,代号省略

4.1.5 按对新风处理的深度分为:

　　——大焓差型,代号省略

　　——小焓差型,代号 X

4.1.6 按能量回收型式分为:

　　——非能量回收,代号省略

　　——能量回收型,代号 H

4.2 型号

机组型号的编制方法,可由制造商自行编制,但型号中应体现机组的新风处理量以及机组的型式。

4.3 基本参数

4.3.1 机组的电源为额定电压 220 V 单相或 380 V 三相交流电,额定频率 50 Hz。

4.3.2 机组在表1规定的条件下应能正常工作：

表 1 机组正常工作环境温度 单位为摄氏度

工作温度	风冷型	水冷型	
环境温度	−7～43	−7～43	
进水温度	—	水环式	15～45
		地下水式	10～35
		地下环路式	−5～45

4.3.3 名义工况

机组的名义工况见表2和表3。

表 2 风冷式机组（含能量回收型）名义工况 单位为摄氏度

项目		入口空气状态		出口空气状态	
		干球温度	湿球温度	干球温度	湿球温度
制冷		35	28	大焓差 ≤23	—
				小焓差 27±1.0	
热泵制热	常温工况	7	6ᵃ	—	
	低温工况	0	−3		

ᵃ 对于两环境间全新风空调机性能试验室，室内侧环境湿球温度可以不做要求。

表 3 水冷式机组（含能量回收型）名义工况 单位为摄氏度

试验条件			空气侧入口状态		空气侧出口状态		热源侧进水/出水温度		
			干球温度	湿球温度	干球温度	湿球温度	水环式	地下水式	地下环路式
制冷运行	名义制冷	大焓差型	35	28	≤23	—	30/35	18/29	25/30
		小焓差型			27±1.0				
制热运行	名义制热	常温工况	7	6	—		20/—ᵃ	15/—ᵃ	0/—ᵃ
		低温工况	0	−3					

ᵃ 采用名义制冷工况确定的水流量。

5 技术要求

5.1 一般要求

5.1.1 机组应符合本标准的规定，并按经规定程序批准的图样和技术文件制造。

5.1.2 机组的黑色金属制件表面应进行防锈蚀处理。

5.1.3 机组的涂漆件表面应平整，涂布均匀，色泽一致，不应有明显的气泡、划痕、漏涂、底漆外露及不应有的皱纹和其他损伤。

5.1.4 机组装饰性塑料件表面应平整，色泽均匀，不应有裂痕、气泡和明显缩孔等缺陷，塑料件应耐老化。

5.1.5 机组各零部件的安装应牢固可靠，管路与零部件不应有相互摩擦和碰撞。

5.1.6 热泵型机组的电磁换向阀动作应灵敏、可靠，保证全新风空气处理机正常工作。

5.1.7 机组的隔热层应有良好的隔热性能，并且无毒、无异味且有自熄性能。在正常工作时表面不应有凝露现象。

5.1.8 机组制冷系统零部件的材料应能在制冷剂、润滑油及其混合物的作用下，不产生劣化且保证整机正常工作。

5.1.9 机组的压缩机应有防振动的措施。

5.1.10 电镀件耐盐雾性

按 6.3.19 方法试验后,金属镀层上的每个锈点锈迹面积不应超过 1 mm²;每 100 cm² 试件镀层不应超过 2 个锈点、锈迹;小于 100 cm² 不应有锈点和锈迹。

5.1.11 涂漆件涂层附着力

按 6.3.20 方法试验后,漆膜脱落格数不应超过 15%。

5.1.12 机组的电气系统一般应具有电机过载保护、缺相保护(三相电源),当机组的名义制冷量大于 4 500 W 时,其制冷系统应具备高压、低压保护等必要的保护功能或器件。必要时,还应包括相序保护功能或器件。

5.1.13 机组的电器元件的选择以及电器安装、布线应符合 GB 4706.32 和 GB 5226.1 的规定。

5.2 性能要求

5.2.1 制冷系统密封性

机组制冷系统各部分不应有制冷剂泄漏。

5.2.2 运转

机组运转试验时,所检测项目应符合设计要求。

5.2.3 风量静压

没有明示机外静压的机组,在表 7 规定的最小机外静压条件下;有明示机外静压的机组,在明示的机外静压条件下,机组实测风量应不小于明示值的 95%。

5.2.4 制冷量

机组的实测制冷量应不小于名义制冷量的 95%。

5.2.5 制冷消耗功率

机组的实测制冷消耗功率应不大于名义制冷消耗功率的 110%。

5.2.6 热泵制热量

机组热泵的实测制热量应不小于热泵名义制热量的 95%。

5.2.7 热泵制热消耗功率

机组热泵的实测制热消耗功率应不大于热泵名义制热消耗功率的 110%。

5.2.8 电加热器制热消耗功率

机组的电加热器的实测制热消耗功率要求为每种电加热器的消耗功率允差为明示值的 $-10\% \sim +5\%$。

5.2.9 最大负荷制冷运行

a) 机组各部件不应损坏,并能正常运行;

b) 机组在第 1 h 连续运行期间,应能正常运行;

c) 当机组从运行状态转入停机状态 3 min 后,再启动连续运行 1 h,但在启动运行的最初 5 min 内允许过载保护器跳开,其后不允许动作;在运行的最初 5 min 内过载保护器不复位时,在停机不超过 30 min 内复位的,应连续运行 1 h;

d) 对于手动复位的过载保护器,在最初 5 min 内跳开的,并应在跳开 10 min 后使其强行复位,应能够再连续运行 1 h。

5.2.10 最小负荷制冷运行

机组在 10 min 的启动期间后 4 h 运行中安全装置不应跳开。

5.2.11 热泵最大负荷制热运行

a) 机组各部件不应损坏,并能正常运行;

b) 机组在第 1 h 连续运行期间,应能正常运行;

c) 当机组从运行状态转入停机状态 3 min 后,再启动连续运行 1 h,但在启动运行的最初 5 min

内允许过载保护器跳开,其后不允许动作;在运行的最初 5 min 内过载保护器不复位时,在停机不超过 30 min 内复位的,应连续运行 1 h;

d) 对于手动复位的过载保护器,在最初 5 min 内跳开的,并应在跳开 10 min 后使其强行复位,应能够再连续运行 1 h。

5.2.12 热泵低温负荷制热运行

机组在试验运行期间,安全装置应不跳开。

5.2.13 凝露

机组外表面凝露不应滴下,室内送风不应带有水滴。

5.2.14 凝结水排除能力

机组应具有排除凝结水的能力,并且应没有凝结水从排水口以外处溢出或吹出。

5.2.15 自动除霜

机组除霜所需总时间不超过试验总时间的 20%。

5.2.16 噪声

机组噪声测定值不应大于明示值+3 dB(A),且分体式机组室内机噪声不应大于表4的规定,分体式机组室外机噪声不应超过表5的规定,整体式机组的噪声不应大于表6的规定。

注:机组在全消声室测试的噪声值须注明"在全消声室测试"等字样,其符合性判定以半消声室测试为准。

表 4 分体式全新风空气处理机室内机噪声限值(声压级)

风量[a]V/(m³/h)	室内机组/dB(A)
V≤900	48
900<V≤1 500	53
1 500<V≤3 000	60
3 000<V≤6 000	66
6 000<V≤9 000	68
9 000<V≤16 000	71
16 000<V≤20 000	73
20 000<V≤30 000	76
30 000<V≤40 000	79
40 000<V	按供货合同要求
[a] 为标准状态空气下的风量。	

表 5 分体式全新风空气处理机室外机噪声限值(声压级)

名义制冷量 Q/W	室外机组/dB(A)
Q≤4 500	58
4 500<Q≤7 100	59
7 100<Q≤14 000	63
14 000<Q≤28 000	68
28 000<Q≤43 000	69
43 000<Q≤80 000	74
80 000<Q≤100 000	76
100 000<Q≤150 000	79
150 000<Q≤200 000	82
200 000<Q	按供货合同要求

表 6　整体式全新风空气处理机噪声限值(声压级)

名义制冷量 Q/W	机组噪声/dB(A)
Q≤14 000	63
14 000<Q≤50 000	69
50 000<Q≤100 000	79
100 000<Q≤200 000	82
200 000<Q	按供货合同要求

5.2.17　能效比(EER)和性能系数(COP)

机组的能效比(EER)和性能系数(COP),不应低于机组明示值的95%。带辅助电加热的机组,在进行名义性能系数计算的时候,总功率应包括辅助电加热的功率。

5.2.18　最小机外静压

机组(向房间送风分机)最小机外静压按表7的规定。

表 7　机组(向房间送风风机)最小机外静压

风量ᵃV/(m³/h)	最小机外静压/Pa
V≤1 500	20
1 500<V≤3 000	30
3 000<V≤6 000	80
6 000<V≤9 000	120
9 000<V≤16 000	150
16 000<V≤20 000	180
20 000<V≤30 000	220
30 000<V	250
ᵃ 为标准状态空气下的风量。	

5.2.19　名义制冷(热)量

机组的名义制冷(热)量按表8或表9的名义工况确定。

表 8　风冷式全新风空气处理机(含能量回收型)试验工况　　单位为摄氏度

试验条件			入口空气状态	
			干球温度	湿球温度
制冷运行	名义制冷		35	28ᵃ
	最大负荷		43±1.0	30±0.5ᵃ
	大焓差型机组	最小负荷	23±1.0	19±0.5ᵃ
		凝露	27±1.0	24±0.5ᵃ
		凝结水排除		
	小焓差型机组	最小负荷	27±1.0	23±0.5ᵃ
		凝露	28±1.0	25±0.5ᵃ
		凝结水排除		

表 8（续） 单位为摄氏度

试验条件		入口空气状态	
		干球温度	湿球温度
制热运行	热泵名义制热 常温工况	7	6[b]
	热泵名义制热 低温工况	0	-3[b]
	最大负荷	15±1.0	
	大焓差型机组低温负荷	-7±1.0	—
	小焓差型机组低温负荷	0±1.0	
	除霜工况	2	1
风量静压		20±2.0	16±1.0

a 对于两环境间全新风空气处理机性能试验室,室外侧环境湿球温度可以不做要求;
b 对于两环境间全新风空气处理机性能试验室,室内侧环境湿球温度可以不做要求。

表 9 水冷式全新风空气处理机（含能量回收型）试验工况 单位为摄氏度

试验条件			空气侧入口状态		热源侧进水/出水温度		
			干球温度	湿球温度	水环式	地下水式	地下环路式
制冷运行	名义制冷	大焓差型	35	28	30/35	18/29	25/30
		小焓差型					
	最大负荷	大焓差型	43±1.0	30±0.5	40/—[a]	25/—[a]	40/—[a]
		小焓差型					
	最小负荷	大焓差型	23±1.0	19±0.5			
		小焓差型	27±1.0	23±0.5	20/—[a]	10/—[a]	10/—[a]
	凝露	大焓差型	27±1.0	21±0.5			
	凝结水排除	小焓差型	28±1.0	25±0.5			
制热运行	名义制热	常温工况	7	6	20/—[a]	15/—[a]	0/—[a]
		低温工况	0	-3			
	最大负荷		15±1.0		30/—[a]	25/—[a]	25/—[a]
	低温负荷	大焓差型	-7±1.0		15/—[a]	10/—[a]	-5/—[a]
		小焓差型	0±1.0				
风量静压			20±2.0	16±1.0	—	—	—

a 采用名义制冷工况确定的水流量。

5.3 安全性能

机组的安全性能在符合 GB 25130—2010《单元式空气调节机 安全要求》相关规定的同时,还应符合以下规定:

5.3.1 安全控制器件

机组应具有防止运行参数(如温度、压力等)超过规定范围的安全保护措施或器件,保护器件设置应符合设计要求并灵敏可靠。具有辅助电加热器的机组,应至少带有两个热脱扣器,预定首先动作的热脱扣器可以是一个自复位的热脱扣器,其他热脱扣器应是非自复位的热脱扣器。

5.3.2 机械安全

5.3.2.1 机组的设计应保证在正常运输、安装和使用时具有可靠的稳定性。应能承受 GB 4706.1—

2005 中 21.1 所规定冲击试验。

5.3.2.2 在正常使用状态下,人员有可能触及的运行部分和常温零部件等,应设置适当的防护罩或防护网。防护罩、防护网或类似部件应符合 GB 4706.1—2005 中 20.2 的规定。

5.3.3 电气安全性能

5.3.3.1 防触电保护

机组防触电保护应符合 GB 4706.1—2005 规定的 Ⅰ 类器具的要求。

5.3.3.2 温度限制

在正常使用时,机组及其周围环境不应达到过高的温度。机组在表 8 或表 9 名义制冷(制热)工况运行,压缩机电动机绕组温度不应超过其产品标准要求。按 GB 4706.32—2004 中 11.2～11.9 规定的测试条件,通过测定各部件和周围环境的温度来确定其是否合格。

5.3.3.3 电气强度

机组在进行电气强度试验时,其绝缘承受 1 min 频率为 50 Hz 或 60 Hz 基本为正弦波的电压,试验在切断电源后立即进行。试验电压施加在带电部件和易触及部件用金属箔覆盖的非金属部件之间,试验电压值 1 000 V。试验期间,不应出现击穿。

5.3.3.4 泄漏电流

机组外露金属部分和电源线的泄漏电流不应大于 2 mA/kW 额定输入功率。泄漏电流最大值为 10 mA。

5.3.3.5 接地电阻

机组应有可靠的接地装置并标识明显,其接地电阻应不大于 0.1 Ω。

5.3.3.6 绝缘电阻

机组的冷、热态对地绝缘电阻值应不小于 2 MΩ。

5.3.3.7 耐潮湿性

机组的防水等级应符合 GB 4208—2008 规定的 IPX4,室内机的防水等级应符合 GB 4208—2008 规定的 IPX1。机组外露金属部分和电源线的泄漏电流不应大于 2 mA/kW 额定输入功率。泄漏电流最大值为 10 mA。

5.3.3.8 标识

机组应在正常安装状态下,在易见的部位,清晰标出安全标识。

6 试验方法

6.1 试验条件

6.1.1 机组的制冷量和热泵制热量的试验装置见附录 A 或参照 GB/T 17758—2010《单元式空气调节机》中附录 A。

6.1.2 试验工况见表 8 和表 9 规定。

6.1.3 仪器仪表的精度应符合表 10 的规定。

6.1.4 机组进行制冷量和热泵制热量试验时,试验工况各参数的读数应符合表 11 规定。

6.1.5 机组进行性能试验时(除制冷量、热泵制热量外),试验工况各参数允差应符合表 12 规定。

表 10 仪器仪表的型式及精度

类　别	型　式	精　度	
温度测量仪表	水银玻璃温度计 电阻温度计 温度传感器	空气温度	±0.1 ℃
		水温	±0.1 ℃
流量测量仪表	记录式,指示式,积算式	测量流量的±1.0%	

表 10（续）

类　别	型　式	精　度
制冷剂压力测量仪表	压力表,变送器	测量流量的±2.0%
空气压力测量仪表	气压表,气压变送器	风管静压±2.45 Pa
电量测量	指示式	0.5级精度
	积算式	1.0级精度
质量测量仪表		测定质量的±1.0%
转速仪表	转速表,闪频仪	测定转速的±1.0%
气压测量仪表(大气压)	气压表,气压变送器	大气压读数的±0.1%
时间测量仪表	秒表	测定经过时间的±0.2%
噪声测量仪表a	声级计	

a 噪声测量应使用Ⅰ型或Ⅰ型以上精度级的声级计。

表 11　制冷量和热泵制热量试验的读数允差

读　数			读数的平均值对额定工况的偏差	各读数对额定工况的最大偏差
环境间 (或者两环境间的室内侧) 空气温度	进风	干球	±0.3 ℃	±1.0 ℃
		湿球	±0.2 ℃	±0.5 ℃
	出风	干球	—	±1.0 ℃
两环境间的室外侧 空气温度	进风	干球	±0.3 ℃	±1.0 ℃
		湿球	±0.2 ℃	±0.5 ℃
	出风	干球	—	±1.0 ℃
电压			±1.0%	±2.0%
空气体积流量			±5%	±10%
空气流动的外阻力			±5 Pa	±10 Pa

表 12　性能试验的读数允差

单位为摄氏度

试验工况	测量值	读数与规定值的最大允许偏差
最小运行试验	空气温度	+1.0
最大运行试验		−1.0
其他试验		±1.0

6.2　一般要求

6.2.1　除有特别规定外,机组的试验应按铭牌上的额定电压和额定频率进行。

6.2.2　试验时应连接所有辅助元件(包括安装厂的管路及附件)且空气回路应保持不变。

6.2.3　可调速的分体式机组应在制造厂规定的室外机风量下进行试验;不可调速的分体式机组应在规定的室外风量下进行试验。

6.2.4　整体式机组在制冷工况运行时,冷凝器风扇风机可调速的机组应在制造厂规定的风量下进行试验;冷凝器风扇风机不可调速的机组应在规定的风量下进行试验;

6.2.5　整体式机组在制热工况运行时,蒸发器风扇风机可调速的机组应在制造厂规定的风量下进行试验;蒸发器风扇风机不可调速的机组应在规定的风量下进行试验。

6.3 试验

6.3.1 制冷系统密封性能

机组的制冷系统在正常的制冷剂充灌量下,用下列灵敏度的制冷剂检漏仪进行检验。

a) 名义制冷量小于等于 28 000 W 的机组,检漏仪灵敏度为 $1×10^{-6}$ Pa·m³/s;

b) 名义制冷量大于 28 000 W 的机组,检漏仪灵敏度为 $1×10^{-5}$ Pa·m³/s。

6.3.2 运转

机组在接近名义制冷工况的条件下运行,检验机组的运转状况、安全保护装置的灵敏度和可靠性,检验温度、电器等控制元件的动作。

6.3.3 风量静压

按附录 A(或 GB/T 17758—2010《单元式空气调节机》中附录 A)的方法,选用表 8 或者表 9 规定的风量静压工况进行风量静压试验。

6.3.4 制冷量

按附录 A(或 GB/T 17758—2010《单元式空气调节机》中附录 A)的方法,选用表 8 或者表 9 规定的名义制冷工况进行制冷量试验。

6.3.5 制冷消耗功率

按附录 A(或 GB/T 17758—2010《单元式空气调节机》中附录 A)的方法在制冷量测定的同时,测定机组的输入功率、电流。

6.3.6 热泵制热量

按附录 A(或 GB/T 17758—2010《单元式空气调节机》中附录 A)的方法,选用表 8 或表 9 规定的热泵名义制热工况进行热泵制热量试验。

6.3.7 热泵制热消耗功率

按附录 A(或 GB/T 17758—2010《单元式空气调节机》中附录 A)的方法在热泵制热量测定的同时,测定机组的输入功率、电流。

6.3.8 电加热器制热消耗功率测试

机组在热泵名义制热工况下运行,待热泵制热量测定达到稳定后,通电测定辅助电加热器的输入功率。

6.3.9 最大负荷制冷

在额定频率和额定电压下,按表 8 或者表 9 规定的最大负荷工况运行稳定后连续运行 1 h,然后停机 3 min(此间电压上升不超过 3%),再启动运行 1 h。

6.3.10 最小负荷制冷

按表 8 或者表 9 规定的最小负荷制冷工况,使空调机启动运行至工况稳定后再运行 4 h。

6.3.11 热泵最大负荷制热

在额定频率和额定电压下,按表 8 或者表 9 规定的热泵最大负荷制热工况运行稳定后连续运行 1 h,然后停机 3 min(此间电压上升不超过 3%),再启动运行 1 h。

6.3.12 热泵低温负荷制热

按表 8 或者表 9 规定的低温工况制热工况,使机组启动运行至工况稳定后再运行 4 h。

6.3.13 凝露

将机组的温度控制器和风机速度调到最易凝露状态进行制冷运行,达到表 8 或者表 9 规定的凝露工况后,连续运行 4 h。

6.3.14 凝结水排除能力

将机组的温度器和风机速度调到最易凝水状态,在接水盘注满水即达到排水口流水后,按表 9 规定的凝露工况运行,当接水盘的水位稳定后,再连续运行 4 h。

6.3.15 自动除霜

将装有自动除霜装置的机组的温度控制器、风机速度(分体式室内风机高速)和风门调到室外侧换热器最易结霜状态,按表8规定的除霜工况运行稳定后,继续运行两个完整除霜周期或连续运行3 h(试验的总时间应从首次除霜周期结束时开始),直到3 h后首次出现除霜周期结束为止,应取其长者。

6.3.16 噪声

在额定频率和额定电压下,按GB/T 17758—2010《单元式空气调节机》中附录D的规定进行。

6.3.17 机械安全

机组按GB 4706.1—2005中20.2所规定的试验和21.1所规定冲击试验进行试验。

6.3.18 电气安全

6.3.18.1 防触电保护

机组按GB 4706.1—2005中8.1进行。

6.3.18.2 温度限制

机组在表8或者表9制冷或热泵制热试验的同时,利用电阻法测定压缩机电动机绕组温度,其余温度用热电偶丝测定,应符合5.3.3.2要求。

6.3.18.3 电气强度

在机组按GB 4706.1—2005中16.3的方法进行试验。

6.3.18.4 泄漏电流试验

机组按GB 4706.1—2005中16.2的方法进行试验。

6.3.18.5 接地电阻

机组按GB 4706.1—2005中27.5的方法进行试验。

6.3.18.6 绝缘电阻

a) 在常温、常湿条件下,用500 V绝缘电阻计测量机组带电部分和非带电金属部分之间的绝缘电阻(冷态);

b) 按表8或者表9规定的凝结水排除试验工况连续运行1 h后,用500 V绝缘电阻计测量机组带电部分和非带电金属部分之间的绝缘电阻(热态)。

6.3.18.7 耐潮湿性

机组按GB 4208—2008中IPX4等级进行室外机淋水试验,按GB 4208—2008中IPX1等级进行室内机淋水试验。按GB 4706.1—2005中第15章进行潮湿处理后,立即进行泄漏电流和电气强度试验。

6.3.19 电镀件耐盐雾性

机组的电镀件应按GB/T 2423.17进行盐雾试验,试验周期24 h。试验前,电镀件表面清洗除油;试验后,用清水冲掉残留在表面上的盐分,检查电镀件腐蚀情况。

6.3.20 涂漆件的涂层附着力

在机组体外表面任取长10 mm,宽10 mm的面积,用新刮脸刀纵横各划11条间隔1 mm、深达底材的平行切痕。用氧化锌医用胶布贴牢,然后沿垂直方向快速撕下。按划痕范围内漆膜脱落的格数对100的比值评定,每小格漆膜保留不足70%的视为脱落。试验后,检查漆膜脱落情况。

6.4 外观

用目测的方式检查外观质量,外观不应有损坏。

7 检验规则

7.1 一般要求

每台机组应经制造厂质量检验部门检验合格后方能出厂。

7.2 检验类别

机组检验分为出厂检验、抽样检验和型式检验。检验项目按表13的规定。

表 13　检验项目

序号	项　　目	出厂检验	抽样检验	型式检验	技术要求	试验方法
1	外观				5.1.2	6.4
					5.1.3	
					5.1.4	
2	标志				8.1	视检
3	包装				8.2	视检
4	电气强度	△			5.3.3.3	6.3.18.3
5	泄漏电流				5.3.3.4	6.3.18.4
6	接地电阻				5.3.3.5	6.3.18.5
7	绝缘电阻				5.3.3.6	6.3.18.6
8	制冷系统密封		△		5.2.1	6.3.1
9	运转				5.2.2	6.3.2
10	风量静压				5.2.3	6.3.3
11	制冷量				5.2.4	6.3.4
12	制冷消耗功率				5.2.5	6.3.5
13	热泵制热量				5.2.6	6.3.6
14	热泵制热消耗功率				5.2.7	6.3.7
15	电加热器制热消耗功率			△	5.2.8	6.3.8
16	能效比				5.2.17	6.3.4;6.3.5
17	性能系数				5.2.17	6.3.6;6.3.7
18	噪声				5.2.16	6.3.16
19	最大负荷制冷运行				5.2.9	6.3.9
20	最小负荷制冷运行		—		5.2.10	6.3.10
21	热泵最大负荷制热运行				5.2.11	6.3.11
22	热泵低温负荷制热运行				5.2.12	6.3.12
23	凝露				5.2.13	6.3.13
24	凝结水排除能力				5.2.14	6.3.14
25	自动除霜		—		5.2.15	6.3.15
26	电镀件耐盐雾试验				5.1.10	6.3.19
27	涂漆件涂层附着力				5.1.11	6.3.20
28	防触电保护				5.3.3.1	6.3.18.1
29	温度限制				5.3.3.2	6.3.18.2
30	机械安全				5.3.2.1	6.3.17
					5.3.2.2	

注："△"表示需要检验项目，"—"表示不需要检验项目。

7.3 出厂检验

每台机组均应做出厂检验。

7.4 抽样检验

7.4.1 批量生产的机组应进行抽样检验。批量、抽样方案、检查水平及合格质量水平等由制造厂质量检验部门自行确定。

7.5 型式检验

7.5.1 新产品在下列情况之一的,应进行型式检验。

  ——新产品或老产品的转厂生产定型时;

  ——新产品的试制、定型鉴定;

  ——当产品的设计、材料、结构和工艺有重大改变,可能影响产品性能时;

  ——出厂检验结果与上次型式检验有较大差异时;

  ——停产半年后恢复生产时,

  ——正常生产每二年进行一次;

7.5.2 机组在试验运行时如有故障,应在排除故障后重新进行检验。

8 标志、包装、运输、贮存

8.1 标志

8.1.1 每台分体式机组应在带压缩机分机明显部位设置永久性铭牌,每台整体式机组应在明显部位设置永久性铭牌,铭牌应符合 GB/T 13306 的规定。机组铭牌上应标出的内容见表14。

表 14 标记内容

标记内容	机组功能
	制冷及热泵制热兼用机组
型号	√
名称	√
名义制冷量/kW	√
名义制热量/kW	√
风量/(m³/h)	√
出风静压/Pa	√
额定电压/V;相数;频率/Hz	√
最大运行电流/A	△
名义制冷消耗总功率/kW	√
名义制热消耗总功率/kW	√
制冷 EER	√
制热 COP	√
水侧阻力/kPa	√
噪声(声压级)	△
制冷剂名称及充注量/kg	√
机组外形尺寸/mm	√

表 14（续）

标记内容	机组功能
	制冷及热泵制热兼用机组
机组总重量/kg	√
制造厂名称和商标	√
制造年月及产品编号	√

注1："√"表示需要标注；"△"表示选项标注。

注2：配有电加热的机组，则在"制热量"和"总功率"数值的后面加一括号，在括号内标明电加热器的名义功率值，并且"总功率"要包括电加热功率在内。

8.1.2 机组上应有标明运行状态的标志，如通风机旋转方向的箭头、指示仪表和控制按钮的标志等。

8.1.3 标牌上的字迹应清晰、耐久，标牌的固定应牢固、可靠。

8.1.4 机组包装、运输、贮存标志应符合 GB/T 6388 和 GB/T 191 的有关规定。

8.1.5 机组应在相应的地方（如铭牌、产品说明书等）标注执行标准的编号。

8.2 包装

8.2.1 每台机组包装内应随带产品合格证、产品说明书和装箱单等。

8.2.1.1 产品合格证的内容包括：

——型号和名称；

——产品编号；

——制造厂商标和名称；

——检验结论；

——检验员、检验负责人签章及日期。

8.2.1.2 产品说明书的内容包括：

——工作原理、特点及用途；

——主要技术参数，明示机组类型为大焓差型或者为小焓差型；

——结构示意图、压力损失、电气线路等；

——安装说明、使用要求、维护保养及注意事项；

——机组主要部件名称，数量。

8.3 运输和贮存

8.3.1 机组在运输和贮存过程中不应碰撞、倾倒、雨雪淋袭。

8.3.2 产品应储存在干燥的通风良好的仓库中。

8.3.3 产品包装经拆装后仍需继续贮存时应重新包装。

附　录　A

（规范性附录）

直接蒸发式全新风空气处理机组制冷（热）量的试验方法

A.1　试验方法

A.1.1　本附录规定了机组的以下两种专门试验方法

　　a)　普通型机组空气焓差法；

　　b)　能量回收型机组空气焓差法。

　　注：GB/T 17758—2010《单元式空气调节机》附录 A 规定的试验方法同样适用于机组。

A.1.2　适用范围

A.1.2.1　制冷（热）量小于 40 000 W 的机组应采用普通型机组空气焓差法（或能量回收型机组空气焓差法）与另一种方法同时测试。

A.1.2.2　制冷（热）量大于等于 40 000 W 的机组至少采用一种规定的试验方法进行试验。在进行制冷量测试时，如未采用室内侧空气焓差法、普通型机组空气焓差法或能量回收型机组空气焓差法，应按 GB/T 17758—2010《单元式空气调节机》附录 A 中 A.6 和 A.8 的规定同时测定空气流量和潜热制冷量。

A.2　空气焓差法

A.2.1　制冷量通过测定机组进、出口的空气状态参数和空气流量确定。

A.2.2　在满足 GB/T 17758—2010《单元式空气调节机》附录 A 中 A.2.8 的附加要求后，本方法可用制冷（热）量小于 40 000 W 的机组的室外侧试验。压缩机单独通风的机组用室外空气焓差法试验时应按 GB/T 17758—2010《单元式空气调节机》附录 A 中 A.2.8.2 的规定，分体式室外侧热交换的机组用室外侧空气焓差法试验时应按 GB/T 17758—2010《单元式空气调节机》附录 A 中 A.2.9.3 和 A.2.10.3 所允许的管路漏热损失进行修正。

A.2.3　试验装置采用下列布置：

　　a)　风洞式机组空气焓差法布置原理图见图 A.1。

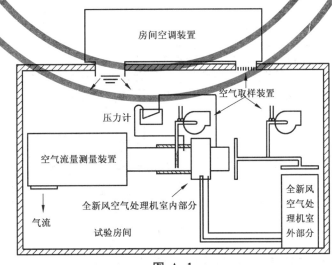

图 A.1

　　b)　环路式机组空气焓差法布置原理图见图 A.2。

测试环路应密闭，各处的空气渗漏量应不超过空气流量测试值的 1%，机组周围的空气干球温度应保持在测试所要求的进口干球温度值的±3 ℃之内。

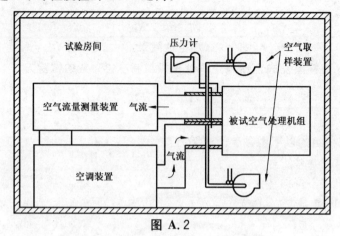

图 A.2

c) 量热计机组空气焓差法布置原理图见图 A.3。

图中的封闭体应制成密封和隔热的,进入的空气在机组与封闭壳体之间应能自由循环,壳体和机组任何部分之间的距离应不小于 150 mm,封闭壳体的空气入口位置应远离全新风空气处理机的空气进口。空气流量测量装置处在封闭壳体中的部位应隔热。

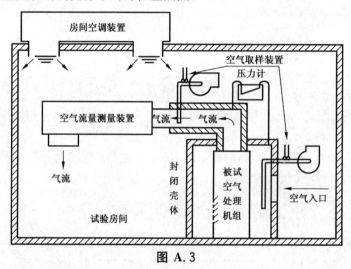

图 A.3

d) 环境间机组空气焓差法布置原理图见图 A.4。

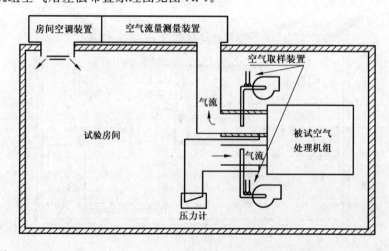

图 A.4

e) 能量回收型机组空气焓差法布置图见图 A.5。

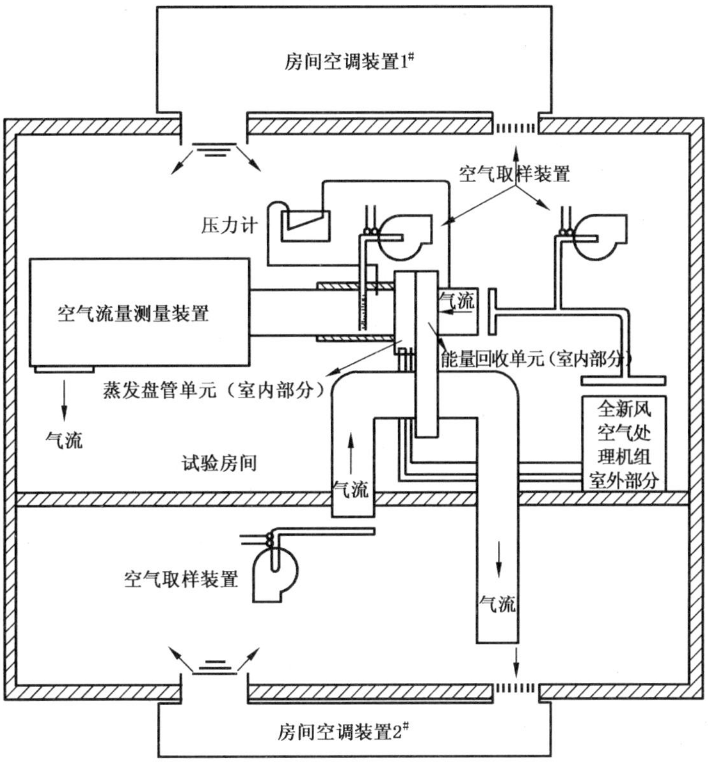

图 A.5

f) 图 A.1~图 A.5 所示的布置是机组空气焓差法的各种使用场合,不代表某种布置仅适用于图中所示型式的机组。当压缩机装在室内机部分并系单独通风时应使用图 A.3 所示的封闭壳体。能量回收型机组空气侧的能量测量应使用图 A.5 所示的两房间模型。

A.2.4 试验房间应按实际使用情况满足 A.6.1 的规定。

A.2.5 空气流量测量装置应按 GB/T 17758—2010《单元式空气调节机》中附录 A.6 的规定。

A.2.6 机外静压测量应按 GB/T 17758—2010《单元式空气调节机》中附录 A.7 的规定。

A.2.7 温度测量规定如下:

A.2.7.1 测量风管内的温度应在横截面的各相等分格的中心处进行,所取位置不少于三处或使用合适的混合器或取样器。风管内典型的混合器和取样器见 GB/T 17758—2010《单元式空气调节机》中附录 A 图 A.5。测量处和全新风空气处理机之间的连接管应隔热,通过连接管的漏热量应不超过被测量制冷量的 1.0%。

A.2.7.2 机组空气入口处的温度测量应满足下列条件:

a) 机组(室内机部分、室外机部分)空气入口处的温度应在机组空气入口处至少三个等距离的位置或采用同等效果的取样方法进行测量,测量点的空气温度不应受室外部分排出空气和室内机、室外机回风的影响。

b) 温度测量仪表或取样器的位置应离整体式机组空气入口 150 mm;分体式全新风空气处理机室内机的空气入口 150 mm,分体式机组室外机的热交换器的表面 600 mm。

c) 测出的温度应是机组(室内机部分、室外机部分)周围温度的代表值,试验中的机组(室内机部分、室外机部分)周围所规定的试验温度应尽可能地模拟实际使用中的状况。

A.2.7.3 经过湿球温度测量仪表的空气流速应为 5 m/s 左右。在空气进口和出口处的温度测量用同样的流速,空气流速高于或低于 5 m/s 的湿球温度测量应进行修正。

A.2.8 制冷量的计算

制冷量的计算按 GB/T 17758—2010《单元式空气调节机》中附录 A.2.9 的规定。

A.2.9 制热量的计算

制热量的计算按 GB/T 17758—2010《单元式空气调节机》中附录 A.2.10 的规定。

A.3 空气流量的测量

空气流量的测量按 GB/T 17758—2010《单元式空气调节机》中附录 A.6 的规定。

A.4 静压的测定

静压的测定按 GB/T 17758—2010《单元式空气调节机》中附录 A.7 的规定。

A.5 凝结水的测量和潜热制冷量的计算

凝结水的测量和潜热制冷量的计算依据 GB/T 17758—2010《单元式空气调节机》中附录 A.8 的规定。

A.6 试验的准备及进行

A.6.1 试验室的要求

A.6.1.1 机组的试验需要一间试验房间,房间的测试条件应保持在允许的范围内,试验时机组附近的空气流速不应超过 2.5 m/s。

A.6.1.2 机组的试验需要一间房间作为测试环境间,室内外机都放在这个房间内。房间应有足够的空间,使空气循环和正常运行时有相同的条件。房间除安装要求的尺寸关系外,应使最大被试机的室内外机回风口距离不小于 1 800 mm,机组其他表面和房间之间的距离不小于 900 mm。房间空气处理装置处理的空气流量不应小于最大被试机室内外机的空气流量之和,并按要求的工况条件处理后低速均匀送回试验环境间。

A.6.2 机组的安装

A.6.2.1 被试机组应按制造厂的安装要求进行安装。机组室内外机全部安装在测试环境间内。室内外机在异侧回风,室内外机回风口距离不小于 1 800 mm。同时,室外机与墙面之间的距离不小于900 mm,回风口背离墙面面向大空间。

A.6.2.2 除了按规定的方法安装需要的试验装置和仪表之外,不应该装机组。

A.6.2.3 分体式机组应使用制造厂规定的内连接管或名义制冷量不大于 14 000 W 的机组连接管长为 5.0 m、大于 14 000 W 的机组连接管长为 7.5 m 进行试验(按较长者进行)。

A.6.2.4 压力表和机组的连接应采用长度短、直径小的管子,压力表的位置应使读数不受管子中流体压头的影响。

A.6.2.5 需要时,机组应抽空并充注制造厂说明书中规定的制冷剂类型和数量。

A.6.2.6 不应改变风机转速和系统阻力来修正大气压的波动。

A.6.3 制冷量和不结霜制热量的试验程序

A.6.3.1 房间空调装置和被试机组应进行不小于 1 h 的运行,工况稳定后记录数据。每隔 10 min 记录一次,直至连续七次的试验数据的允差在 GB/T 17758—2010《单元式空气调节机》中附录 A 10.2 规定的范围之内。

A.6.3.2 在某些制热工况下,机组的室外侧热交换器上有少量积霜,应区别整个试验期间的不结霜运行和结霜运行。对于不结霜试验,要求机组室内外机空气出口温度允差在表 A.1 规定的不结霜允差之内。当结霜超出允许范围时,应采用除霜区的制热量试验程序。

表 A.1

读　　数				试验运行工况允差 (观察范围)			试验测试工况允差 (平均值与规定的试验工况的波值)		
				制冷和不结霜制热	结霜制热		制冷和不结霜制热	结霜制热	
					制热期间	除霜期间		制热期间	除霜期间
环境间空气温度	干球	进口	℃	±1.0	±2.0	±5.0[a]	±0.3	±0.5	±1.5
		出口			—	2.0	—	—	
	湿球	进口		±0.5	±1.0	±2.5	0.17	±0.3	
		出口					±0.2		
饱和制冷剂吸入温度				2.0	—		0.3	—	
无其他规定的液温				0.3			0.1		
机外静压			Pa	12.5			5		
电压				2			—		
液体流量			%	2					
喷嘴压力降的读数									
[a] 如果室内风机停止,则不适用。									

A.6.4　除霜区的制热量试验程序

除霜区的制热量试验程序按 GB/T 17758—2010《单元式空气调节机》中附录 A.9.4 的规定。

A.7　应记录的试验数据和允差

应记录的试验数据和允差按 GB/T 17758—2010《单元式空气调节机》中附录 A.10 的规定。

A.8　试验结果

试验结果按 GB/T 17758—2010《单元式空气调节机》中附录 A.11 的规定。

ICS 27.200
J 73

中华人民共和国国家标准

GB/T 25857—2010

低环境温度空气源多联式热泵(空调)机组

Low ambient temperature air source multi-connected
heat pump(air conditioning) unit

2011-01-10 发布
2011-10-01 实施

中华人民共和国国家质量监督检验检疫总局
中国国家标准化管理委员会 发布

前　言

本标准按 GB/T 1.1—2009 给出的规则起草。

本标准由中国机械工业联合会提出。

本标准由全国冷冻空调设备标准化技术委员会(SAC/TC 238)归口。

本标准负责起草单位:珠海格力电器股份有限公司、合肥通用机械研究院、深圳麦克维尔空调有限公司。

本标准参加起草单位:大金空调(上海)有限公司、上海三菱电机·上菱空调机电器有限公司、广东力优环境系统股份有限公司、广东欧科空调制冷有限公司、博浪热能科技有限公司。

本标准主要起草人:谭成斌、宋培刚、潘莉、周鸿钧、史剑春、童杏生、梁燕芳、陈军、李漫。

本标准由全国冷冻空调设备标准化技术委员会负责解释。

低环境温度空气源多联式热泵(空调)机组

1 范围

本标准规定了低环境温度空气源多联式热泵(空调)机组(以下简称"机组")的术语和定义、型式与基本参数、要求、试验、检验规则、标志、包装、运输、贮存等。

本标准适用于采用风冷冷凝器,应用在室外环境温度不低于−20 ℃的气候条件下制热(冷)的多联式热泵(空调)机组。当室外环境温度低于−20 ℃时可参考使用。

2 规范性引用文件

下列文件对于本文件的应用是必不可少的。凡是注日期的引用文件,仅注日期的版本适用于本文件。凡是不注日期的引用文件,其最新版本(包括所有的修改单)适用于本文件。

GB/T 191 包装储运图示标志

GB/T 2423.17 电子电工产品基本环境试验规程 试验 Ka:盐雾试验方法

GB/T 2828.1 计数抽样检验程序 第1部分:按接收质量限(AQI)检索的逐批检验抽样计划

GB 4343.1 家用电器、电动工具和类似器具的电磁兼容要求 第1部分:发射

GB 4343.2 家用电器、电动工具和类似器具的电磁兼容要求 第2部分:抗扰度

GB 6388 运输包装收发货标志

GB/T 9969 工业产品使用说明书 总则

GB/T 13306 标牌

GB/T 17758—2010 单元式空气调节机

GB/T 18837—2002 多联式空调(热泵)机组

GB 25130 单元式空气调节机 安全要求

3 术语和定义

GB/T 18837 界定的以及下列术语和定义适用于本文件。

3.1

低环境温度空气源多联式热泵(空调)机组 low ambient temperature Air source multi-connected heat pump (air conditioning) units

由电动机驱动的蒸汽压缩制冷循环,以不低于−20 ℃的空气为冷(热)源制取冷(热)风的多联式热泵(空调)机组。

3.2

制热综合性能系数[IPLV(H)] heating integrated part load value

一个用于描述机组部分负荷制热效率的值,其试验和计算方法是以中国寒冷地区的气象条件为依据而制定的,其值用 W/W 表示。

4 型式与基本参数

4.1 型式

按机组使用气候环境分为：

类型　　　气候环境最高温度

T1　　　　43 ℃

T2　　　　35 ℃

T3　　　　52 ℃

4.2 型号

机组型号的编制可由制造商自行确定,可参考附录 B 进行编制。

4.3 基本参数

4.3.1 机组的电源为额定电压 220 V 单相或 380 V 三相交流电,额定频率为 50 Hz。

注：特殊要求的机组不受此限。

4.3.2 机组通常工作的环境温度如表 1 所示。

表 1　机组工作的环境温度　　　　　　　　　　单位为摄氏度

气　候　类　型		
T1	T2	T3
−20～43	−20～35	−20～52

4.3.3 机组的试验工况按表 2 规定。

表 2　试验工况　　　　　　　　　　单位为摄氏度

工况条件			室内侧回风状态		室外侧进风状态	
			干球温度	湿球温度	干球温度	湿球温度[a]
制冷运行	名义制冷	T1	27	19	35	24
		T2	21	15	27	19
		T3	29	19	46	24
	最大运行	T1	32±1.0	23±0.5	制造厂推荐的最高温度	
		T2	27±1.0	19±0.5		
		T3	32±1.0	23±0.5		
	冻结	T1	21[b]	15±0.5	21±1.0	—
		T2			10±1.0	
		T3			21±1.0	
	最小运行		21[b]	15±0.5	制造厂推荐的最低温度[c]	
	凝露 凝结水排除		27±1.0	24±0.5	27±1.0	24±0.5

表 2（续）

单位为摄氏度

工况条件		室内侧回风状态		室外侧进风状态	
		干球温度	湿球温度	干球温度	湿球温度ª
制热运行	热泵名义制热	20	—	−12	—
	最大运行制热	27±1.0		21±1.0	15±0.5
	最小运行制热	≥16		−20	
	自动除霜	20	15 以下ᵈ	2	1
电热装置制热		20±1.0ᵉ	—	—	—
风量ᶠ		20	16		

> ª 适用于湿球温度影响室外侧换热的装置。
> ᵇ 21 ℃或因控制原因在 21 ℃以上的最低温度,试验的读数允差为±1.0 ℃。
> ᶜ 制造厂未指明时,以 21 ℃为最低温度。
> ᵈ 适用于湿球温度影响室内侧换热的装置。
> ᵉ 表示周围温度。
> ᶠ 机外静压的波动应在测定时间内稳定在规定静压的±10％以内,但是规定静压少于 98 Pa 时应取±9.8 Pa。

4.3.4 机组的部分负荷性能测试工况见表 3。

表 3 部分负荷性能测试工况

单位为摄氏度

项目	负荷 ％	室内侧入口空气状态		室外侧入口空气状态	
		干球温度	湿球温度	干球温度	湿球温度/相对湿度
制热综合部分负荷性能试验	100	20	—	−12	—
	75			−6	相对湿度 50％～65％
	50			0	
	25			7	湿球温度 6

5 要求

5.1 一般要求

5.1.1 机组应符合本标准的要求,并应按规定程序批准的图样和技术文件制造。

5.1.2 黑色金属制件表面应进行防锈蚀处理。

5.1.3 机组的涂漆件表面不应有明显的气泡、流痕、漏涂、底漆外露及不应有的皱纹和其他损伤。

5.1.4 机组装饰性塑料件表面应平整、色泽均匀,不应有裂痕、气泡和明显缩孔等缺陷,塑料件应耐老化。

5.1.5 机组各零部件的安装应牢固可靠,管路与零部件不应有相互摩擦和碰撞。

5.1.6 机组的电磁换向阀动作应灵敏、可靠,保证机组正常工作。

5.1.7 机组的构件和材料应符合下述规定:
  a) 镀层和涂层外观应良好,室外部分应有良好的耐候性能。
  b) 保温层应有良好的保温性能和具有阻燃性、无毒无异味。
  c) 制冷系统零部件的材料应能在制冷剂、润滑油及其混合物的作用下不产生劣化且保证整机正常工作。

5.1.8 机组的结构、部件和材料宜采用可作为再生资源而利用的部件、产品结构和材料。

5.1.9 机组所具有的特殊功能(如:具有抑制、杀灭细菌功能的机组、具有负离子清新空气功能的机组等)应符合国家有关规定和相关标准的要求。

5.1.10 名义制冷量不大于 24 360 W 的机组,其电磁兼容性应符合 GB 4343.1 和 GB 4343.2 的要求。

5.1.11 电镀件应符合下述规定:
  a) 机组电镀件表面应光滑、色泽均匀,不应有剥落、针孔,不应有明显的花斑和划伤等缺陷。
  b) 经过电镀件盐雾试验后,机组金属镀层上的每个锈点锈迹面积不应大于 1 mm²;每 100 cm² 试件镀层不超过 2 个锈点、锈迹。

5.1.12 机组涂漆件经漆膜附着力试验后,漆膜脱落格数不大于 15%。

5.1.13 机组所有零、部件应符合有关标准规定。

5.1.14 带能量调节的机组,其调节装置应灵敏、可靠。

5.1.15 现场不接风管的机组,机外静压为 0 Pa;接风管的应标称机外静压。

5.1.16 多联式机组的分流不平衡率应小于 20%。

5.1.17 机组应在制造厂标称的各种条件下安全可靠的工作,包括室内、室外机的最大高差,室内、室外机最大管长,室内机之间的高差,最大配置率,最低环境温度制冷,最低环境温度制热。

5.1.18 带有远距离操作装置(遥控器)的机组,除了机组开关或控制器之类操作外,应是不会使电路闭合的结构。

5.2 性能要求

5.2.1 制冷系统密封性能

机组制冷系统各部分不应有制冷剂泄漏。

5.2.2 运转

机组在正常运转时,所测电流、电压、输入功率等参数应符合设计要求。

5.2.3 制冷量

机组的实测制冷量不应小于名义制冷量的 92%。

5.2.4 制冷消耗功率

机组的实测制冷消耗功率不应大于名义制冷消耗功率 110%。

5.2.5 制热量

机组的实测制热量不应小于名义热泵制热量的 92%,名义热泵制热量不应小于其名义制冷量的 70%。

5.2.6 制热消耗功率

机组的实测制热消耗功率不应大于名义制热消耗功率的 110%。

5.2.7 辅助电热装置制热消耗功率

机组的实测制热消耗功率要求为:每种电热装置的消耗功率允差应为电热装置名义消耗功率的 -10%~+5%。

5.2.8 室内机制冷量

机组实测名义制冷量不应小于其名义制冷量的92%。

5.2.9 室内机消耗功率

机组室内机在通风状态下消耗功率不应大于其名义制冷消耗功率的110%。

5.2.10 室内机制热量

机组室内机实测制热量不应小于其名义制热量的92%。

5.2.11 最大运行制冷

a) 在最大运行制冷工况下,机组应能正常运行,各部件不应损坏;

b) 在第1 h连续运行期间,其电机过载保护器不应跳开;

c) 当机组停机3 min后,再启动连续运行1 h,但在启动运行的最初5 min内允许电机过载保护器跳开,其后不允许动作;在运行的最初5 min内电机过载保护器不复位时,其停机不超过30 min内复位的,应连续运行1 h;

d) 对于手动复位的过载保护器,在最初5 min内跳开的,应在跳开的10 min后使其强行复位,并应能够再连续运行1 h。

5.2.12 最大运行制热

a) 在最大运行制热工况下,机组应能正常运行,各部件不应损坏;

b) 在第1 h连续运行期间,其电机过载保护器不应跳开;

c) 当机组停机3 min后,再启动连续运行1 h,但在启动运行的最初5 min内允许电机过载保护器跳开,其后不允许动作;在运行的最初5 min内电机过载保护器不复位时,其停机不超过30 min内复位的,应连续运行1 h;

d) 对于手动复位的过载保护器,在最初5 min内跳开的,应在跳开的10 min后使其强行复位,并应能够再连续运行1 h。

注:上述试验中,为防止室内热交换器过热而使电机开、停的自动复位的过载保护装置周期性动作,可视为机组连续运行。

5.2.13 室内机最小运行制冷

在最小运行制冷工况下,机组在10 min的起动运行后4 h运行中安全装置不应跳开,室内机蒸发器迎风面表面凝结的冰霜面积不应大于蒸发器面积的50%。

5.2.14 最小运行制热

在最小运行制热工况下,机组在4 h试验运行期间,安全装置不应跳开。

注:试验中的除霜运行,其自动控制的保护器动作不视为安全装置。

5.2.15 冻结

a) 在冻结工况下,空气流通试验时,机组启动10 min后,再运行4 h,过程中安全装置不应跳开;蒸发器迎风表面凝结的冰霜面积不应大于蒸发器迎风面积的50%;

b) 在冻结工况下,滴水试验时,机组室内侧不应有冰掉落,水滴滴下或吹出。

注1:机组运行期间,允许防冻结的可自动复位装置动作。

注2：蒸发器迎风表面结霜面积目视不易看出时，可通过风量（风量下降不超过初始风量的25%）进行判定。

5.2.16 凝露

在凝露工况下运行时，机组箱体外表面凝露不应滴下，室内送风不应带有水滴。

5.2.17 凝结水排除能力

在凝露工况下运行时，应具有排除凝结水的能力，并且不应有水从机组中溢出或吹出。

5.2.18 自动除霜

a) 在自动除霜工况下运行时，机组除霜所需总时间不应大于自动除霜试验总时间的20%；在除霜周期中，室内侧的送风温度低于18 ℃的持续时间不超过1 min；如果需要，可以使用制造厂规定的机组内辅助电加热装置制热。

b) 除霜结束后，室外换热器的霜应融化掉（以确保制热能力不降低）。

5.2.19 噪声

a) 机组使用时不应有异常噪声和振动；

b) T1型和T2型机组的室内噪声测试值（声压级）不应大于表4的规定，室外噪声测试值（声压级）不应大于表5的规定；

c) 机组噪声的明示值的上偏差为+3 dB(A)，其噪声的实测值不应大于明示值的上限值（明示值＋上偏差）和表4和表5的限定值。

注：机组在全消声室测试的噪声值须注明"在全消声室测试"等字样，其符合性判定以半消声室测试为准。

表4 室内机噪声限值（声压级）

名义制冷量 W	室内噪声 dB(A)	
	不接风管	接风管
≤2 500	40	42
2 501～4 500	43	45
>4 501～7 000	50	52
>7 001～14 000	57	59
≥14 000	60	62
注：T3气候类型机组的噪声值可增加2 dB(A)。		

表5 室外机噪声限值（声压级）

名义制冷量 W	室外噪声 dB(A)
≤7000	60
7 001～14 000	62

表 5（续）

名义制冷量 W	室外噪声 dB(A)
14 001~28 000	65
28 001~56 000	67
56 001~84 000	69
≥84 001	72
注：T3 气候类型机组的噪声值可增加 2 dB(A)。	

5.2.20 性能系数

5.2.20.1 制冷综合性能系数（IPLV（C））

机组的制冷综合性能系数不应小于表 6 规定的 92%。

5.2.20.2 制热综合性能系数（IPLV（H））

机组的制热综合性能系数不应小于表 6 规定的 92%。

表 6　机组的综合性能系数

名义制冷量 W	IPLV(C) W/W	IPLV(H) W/W
≤28 000	3.00	
28 001~84 000	2.95	2.20
≥84 001	2.90	

5.3 安全要求

机组的安全要求应符合 GB 25130 的规定。

6 试验

6.1 试验条件

6.1.1 机组制冷量和热泵制热量测试的试验装置按 GB/T 17758—2010 附录 A 的要求。

6.1.2 仪器仪表的型式及准确度

试验用仪器仪表的准确度应符合表 7 的要求。

表 7 仪器仪表的型式及准确度

类别	型式	准确度	
温度测量仪表	水银玻璃温度计	空气温度	±0.1 ℃
	电阻温度计	水温	±0.1 ℃
	热电偶	制冷剂温度	±1.0 ℃
流量测量仪表	记录式、指示式、积算式	±1.0%	
制冷剂压力测量仪表	压力表、变送器	±2.0%	
空气压力测量仪表	气压表、气压变送器	风管静压	±2.45 Pa
电量测量仪表	指示式	±0.5%	
	积算式	±1.0%	
质量测量仪表		±1.0%	
转速仪表	转速表、闪频仪	±1.0%	

注 1：大气压力测量用气压测量仪表，其准确度为±0.1%；

注 2：时间测量仪表的准确度为±0.2%；

注 3：以精度定义的测量仪表，其测量值应在仪表量程的1/2以上。

6.1.3 机组进行制冷量和热泵制热量试验时，试验工况参数的读数允差应符合表8的规定。

表 8 制冷量和制热量能力试验名义工况参数的读数允差　　　单位为摄氏度

项目	室内侧空气状态		室外侧空气状态	
	干球温度	湿球温度	干球温度	湿球温度
最大变动幅	±1.0	±0.5	±1.0	±0.5
平均变动幅	±0.3	±0.2	±0.3	±0.2

6.1.4 机组进行热泵低温和除霜试验时，试验工况的参数允差应符合表9的规定。

表 9 热泵低温和除霜试验工况参数的读数允差　　　单位为摄氏度

项目	室内侧空气状态		室外侧空气状态			
	干球温度		干球温度		湿球温度	
	热泵时	除霜时	热泵时	除霜时	热泵时	除霜时
最大变动幅	±2.0	±2.5	±2.0	±5.0	±1.0	±2.5
平均变动幅	±0.5	±1.5	±0.5	±1.5	±0.3	±1.0

6.1.5 机组进行风量试验时，试验工况的参数允差应符合表10的规定。

表 10 风量试验工况参数的读数允差

单位为摄氏度

项目	室内侧空气状态	
	干球温度	湿球温度
最大变动幅	±3.0	±2.0
平均变动幅	±2.0	±1.0

6.2 试验要求

6.2.1 机组应按铭牌标示的气候类型进行性能试验,对于适用两种以上气候类型的机组,应在铭牌标出的每种气候类型工况条件下进行试验。

6.2.2 应按制造厂的安装说明和所提供的附件,将被测机组安装在试验房间内,机组所有试验均按铭牌上的名义电压和名义频率进行,另有规定的不受此限。

6.2.3 除按规定方式,试验需要的装置和仪器的连接外,对机组不得更改。

6.2.4 试验进行时不能改变机组风机转速和系统阻力(变频、变容型机组除外),其试验结果应按标准大气压修正大气压力。

6.2.5 机组的连接管长度要求按图1、图2的规定。

6.2.6 试验时应连接所有辅助元件(包括进风百叶窗和安装厂安装的管路及附件)且空气回路应保持不变。

6.2.7 对于湿球温度为0 ℃以下的工况条件,可通过控制相对湿度来获得对湿球温度的控制。

6.3 试验方法

6.3.1 制冷系统密封性能试验

机组的制冷系统在正常的制冷剂充灌量下,用下列灵敏度的制冷剂检漏仪进行检验:名义制冷量小于等于28 000 W 的机组,用灵敏度为$1×10^{-6}$ Pa·m³/s 的检漏仪进行检验;28 000 W 以上的机组,用灵敏度为$1×10^{-5}$ Pa·m³/s 的检漏仪进行检验。

6.3.2 运转试验

机组应在接近名义制冷工况的条件下连续运行,分别测量机组的输入功率,运转电流和进、出风温度。检查安全保护装置的灵敏度和可靠性,检验温度的电器等控制元件的动作是否正常。

6.3.3 制冷量试验

在表2规定的名义制冷工况下,按 GB/T 17758—2010 附录 A 规定的方法进行制冷量试验。试验按图1或按图2所示的连接方式和要求连接机组的室内机和室外机。打开所有室内机使其处于工作状态,同时开室外机使其处于工作状态;测出室内机制冷量,这些室内机制冷量之和,就是该台被试多联机组的制冷量。

> 注1:室内机按图1或图2与室外机安装,其中分配器前、后的连接管长度为 5 m 或制造厂规定,分配器的形式不限。

> 注2:室外、室内机应为被试机,室内机可根据机组名义制冷量的大小,按室外机配置室内机的最少台数配置室内机的数量(但至少2台),同时,这些被试室内机的名义制冷量之和应等于被试机组的名义制冷量(配置率100%±8%)。

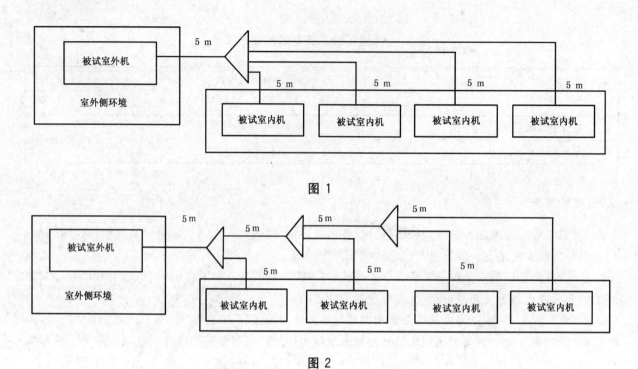

图 1

图 2

6.3.4 制冷消耗功率试验

在按 6.3.3 方法测定制冷量的同时,测定机组的输入功率、电流。

6.3.5 制热量试验

在表 2 规定的热泵名义制热工况下,按 GB/T 17758—2010 附录 A 规定的方法进行制热量试验。试验按图 1 或按图 2 所示的连接方式和要求连接机组的室内机和室外机。打开所有室内机使其处于工作状态,同时开室外机使其处于工作状态,测出室内机制热量,这些室内机制热量之和,就是该台被试多联机组的制热量。

> 注:同 6.3.3 注 1、注 2。

6.3.6 制热消耗功率试验

在按 6.3.5 方法测定制热量的同时,测定机组的输入功率、电流。

6.3.7 辅助电热装置制热消耗功率试验

a) 机组在名义制热工况下运行,装有辅助电热装置的热泵以 6.3.5 方法进行试验,待热泵制热量试验稳定后,测定辅助电热装置的输入功率;

b) 在电热装置制热工况下,机组制冷系统不运行,将电热装置开关处于最大耗电状态下,测得其输入功率。

6.3.8 室内机制冷量试验

按图 3 所示的连接方式和要求连接室内机和室外机。打开两台室内机使其处于工作状态,同时开室外机使其处于工作状态,在表 2 规定的名义制冷工况下,按 GB/T 17758—2010 附录 A 规定的方法对被试室内机进行试验,测出该台被试室内机制冷量。

> 注 1:室内机按图 1 与室外要安装,其中分配器前、后的连接管长度为 5 m 或制造厂规定,分配器的形式不限。
> 注 2:室外机应为被试室外机,室内侧为一台被试室内机和一台室内机(其名义制冷量约是室外机名义制冷量的一半)。

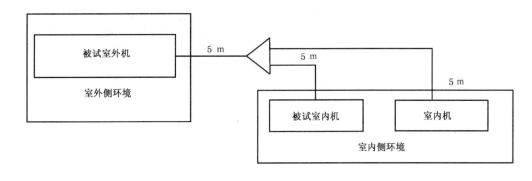

图 3

6.3.9 室内机消耗功率试验

按图 3 所示的连接方式和要求连接室内机和室外机。将被试室内机置于通风状态(风速设为最大挡),对被试机进行试验,测出该台被试室内机的消耗功率。

6.3.10 室内机制热量试验

按图 3 所示的连接方式和要求连接室内机和室外机。打开两台室内机使其处于工作状态,同时开室外机使其处于工作状态,在表 2 规定的名义制热工况下,按 GB/T 17758—2010 附录 A 规定的方法对被试室内机进行试验,测出该台被试室内机制热量。

注:同 6.3.8 的注 1 和注 2。

6.3.11 最大运行制冷试验

按图 1 或图 2 所示连接方式和要求连接室内机和室外机,打开所有室内机和室外机使其处于工作状态,将所有风门关闭,试验电压分别为名义电压的 90% 和 110%,按表 2 规定的最大运行制冷工况运行稳定后,连续运行 1 h(此间电压上升不超过 3%),然后停机 3 min,再启动运行 1 h。

6.3.12 最大运行制热试验

多联式机组的试验方法:按图 1 或图 2 所示连接方式和要求连接室内机和室外机,打开所有室内机和室外机处于工作状态,将所有风门关闭,试验电压分别为名义电压的 90% 和 110%,按表 2 规定的最大运行制热工况运行稳定后,连续运行 1 h(此间电压上升不超过 3%),然后停机 3 min,再启动运行1 h。

6.3.13 室内机最小运行制冷试验

按图 1 或图 2 所示连接方式和要求连接室内机和室外机,打开室内机使其处于工作状态,同时开室外机使其处于工作状态,将被试室内机的温度控制器、风扇速度、风门和导向隔栅调到最易结霜状态,按表 2 规定的最小运行制冷工况,使机组启动运行至工况稳定后再运行 4 h。

6.3.14 最小运行制热试验

按使用说明书要求,分别开启最大配置和最小配置时的室内机,开启室外机使其处于工作状态,将所有风门关闭,将其温度控制器、风扇速度、风门和导向隔栅调到最大制热状态,按表 2 规定的最小运行制热工况,使机组启动运行至工况稳定后再运行 4 h。

6.3.15 冻结试验

按图 1 或图 2 所示连接方式和要求连接室内机和室外机。只开被试室内机使其处于工作状态,同时开启室外机使其处于工作状态,在不违反制造厂规定下,将被试室内机的温度控制器、风扇速度、风门和导向隔栅调到最易使蒸发器结冰和结霜的状态,达到表2规定的冻结试验工况后进行下列试验:

    a) 空气流通试验:机组启动并运行4 h。

    b) 滴水试验:将机组室内回风口遮住,完全阻止空气流通后运行6 h,使蒸发器盘管风路被霜完全堵塞,停机后去除遮盖物至冰霜完全融化,再使风机以最高速度运转5 min。

    注:自动控制装置为防冻结而动作,应视为机组正常运行。

6.3.16　凝露试验

按图1或图2所示连接方式和要求连接室内机和室外机。打开所有室内机使其处于工作状态,同时开启室外机使其处于工作状态,在不违反制造厂规定下,将被试室内机的温度控制器、风扇速度、风门和导向隔栅调到最易凝水状态进行制冷运行,达到表2规定的凝露试验工况后,连续运行4 h。

6.3.17　凝结水排除能力试验

按图1或图2所示连接方式和要求连接室内机和室外机。打开所有室内机使其处于工作状态,同时开启室外机使其处于工作状态,将被试室内机的温度控制器、风扇速度、风门和导向隔栅调到最易凝水状态,在接水盘注满水即达到排水口流水后,按表2规定的凝露试验工况运行,当接水盘的水位稳定后,再连续运行4 h。

    注:非甩水型机组接水盘的水不必注满。

6.3.18　自动除霜试验

按图1或按图2所示连接方式和要求连接室内机和室外机。打开所有室内机和室外机使其处于工作状态,将装有自动除霜装置的机组的温度控制器、风扇速度、风门和导向隔栅调到最易使室外侧换热器最易结霜的状态,按表2规定的热泵自动除霜试验工况运行稳定后,连续运行两个完整的除霜周期或连续运行3 h(试验总时间应从首次除霜周期结束时开始),直到3 h后首次出现除霜周期结束为止,应取其长者。除霜周期结束时,室外侧的空气温度升高不应大于5 ℃。

6.3.19　噪声试验

按图1或图2所示连接方式和要求连接室内机和室外机。只开启一台被试室内机使其处于工作状态,同时开启室外机使其处于工作状态,按GB/T 17758—2010附录D规定的方法测量室内机噪声;在额定频率或额定容量下测量室外机噪声。

6.3.20　制冷综合性能系数试验

按GB/T 18837附录A的规定进行试验和计算,得出机组的制冷综合性能系数。

6.3.21　制热综合性能系数试验

按表3规定的制热部分负荷性能工况及相应的开机负荷百分比以及附录A中规定的方法进行试验,并根据附录A规定的方法进行计算得出机组的制热综合性能系数。

6.3.22　机组的分流不平衡率试验

在表2规定的名义制冷工况下,按GB/T 18837—2002附录C规定的方法进行试验和计算,其分流不平衡率应符合5.1.16的规定。

6.3.23　电镀件盐雾试验

按GB/T 2423.17进行盐雾试验。试验周期为24 h。试验前,试件表面清洗除油,试验后,用清水冲掉残留在表面上的盐份,检查试件腐蚀情况,其结果应符合5.1.11b)的规定。

6.3.24 涂漆件的漆膜附着力试验

在机组外表面任取长10 mm,宽10 mm的面积,用新刀片纵横各划11条间隔1 mm、深达底材的平行切痕。用氧化锌医用胶布贴牢,然后沿垂直方向快速撕下,按划痕范围内漆膜脱落的格数对100的比值评定,每小格漆膜保留不足70%的视为脱落。试验后,检查漆膜脱落情况,其结果应符合5.1.12的规定。

7 检验规则

7.1 出厂检验

每台机组均应做出厂检验,检验合格后方能出厂,检验项目按表11的规定。

7.2 抽样检验

7.2.1 机组应从出厂检验合格的产品中抽样,检验项目和试验方法按表11的规定。

7.2.2 抽样方法按GB/T 2828.1进行,逐批检验的抽检项目、批量、抽样方案、检查水平及合格质量水平等由制造厂质量检验部门自行决定。

7.3 型式检验

7.3.1 新产品或定型产品作重大改进,第一台产品应作型式检验,检验项目按表11的规定。

7.3.2 型式试验时间不应少于试验方法中规定的时间,运行时如有故障在故障排除后应重新检验。

表11 机组检验项目、技术要求和试验方法

序号	项目	出厂检验	抽样检验	型式检验	要求	试验方法
1	一般要求				5.1	
2	标志				8.1	视检
3	包装				8.2	
4	绝缘电阻					
5	介电强度					
6	泄漏电流	√			5.3	GB 25130
7	接地电阻					
8	防触电保护		√	√		
9	制冷系统密封性能				5.2.1	6.3.1
10	运转				5.2.2	6.3.2
11	室内机制冷量				5.2.8	6.3.8
12	室内机消耗功率	—			5.2.9	6.3.9
13	制冷量				5.2.3	6.3.3
14	制冷消耗功率				5.2.4	6.3.4
15	室内机制热量				5.2.10	6.3.10

表 11（续）

序号	项目	出厂检验	抽样检验	型式检验	要求	试验方法
16	制热量				5.2.5	6.3.5
17	制热消耗功率				5.2.6	6.3.6
18	辅助电热装置制热消耗功率				5.2.7	6.3.7
19	噪声				5.2.19	6.3.19
20	制冷综合性能系数（IPLV(C)）	—	√	√	5.2.20.1	6.3.20
21	制热综合性能系数（IPLV(H)）				5.2.20.2	6.3.21
22	最大运行制冷				5.2.11	6.3.11
23	最大运行制热				5.2.12	6.3.12
24	室内机最小运行制冷				5.2.13	6.3.13
25	最小运行制热				5.2.14	6.3.14
26	冻结				5.2.15	6.3.15
27	凝露				5.2.16	6.3.16
28	凝结水排除能力				5.2.17	6.3.17
29	自动除霜	—	—	√	5.2.18	6.3.18
30	防水试验				5.3	GB 25130
31	电镀件盐雾试验				5.1.11 b)	6.3.23
32	涂漆件的漆膜附着力				5.1.12	6.3.24
33	分流不平衡率				5.1.16	6.3.22
34	正常运转				5.1.17	视检

注："√"为需检项目，"—"为不检项目。

8 标志、包装、运输和贮存

8.1 标志

8.1.1 机组的室内、室外机应在明显的部位设置永久性铭牌。铭牌应符合 GB/T 13306 的规定。铭牌上应标示下列内容：

　　a) 制造厂的名称；

　　b) 产品型号和名称；

　　c) 气候类型（T1 气候类型可不标注）；

　　d) 主要技术性能参数

　　　　——室内机应标示：制冷量、制热量、噪声、循环风量、额定电压、额定电流[1]、额定频率、输入功率[2]、质量；

---

[1] 应分别标示室内风机电机的额定电流和制热最大电流（制热最大电流为"室内风机电机的额定电流＋电热装置的运行电流"）；

[2] 应分别标示室内机消耗功率和制热最大消耗功率（制热最大消耗功率为"室内机消耗功率＋电热装置制热消耗功率"）。

——室外机应标示：制冷量、制热量、噪声、制冷剂名称及注入量、额定电压、额定电流、额定频率、输入功率[3]、制冷综合性能系数（IPLV(C)）、制热综合性能系数（IPLV(H)）、质量）。

注：室外机上标注的性能参数为机组的性能参数。

e) 产品出厂编号；

f) 制造年月。

8.1.2 机组上应有标明运行情况的标志（如控制开关和旋钮等向的标志）、明显的接地标志、简单的电路图。

8.1.3 机组应有注册商标标志。

8.1.4 机组包装箱上应有下列标志：

a) 制造单位名称；

b) 产品型号、名称和商标；

c) 质量（净质量、毛质量）；

d) 外形尺寸；

e) "小心轻放"、"向上"、"怕湿"和"怕压"等。有关包装、储运标志、包装标志应符合 GB/T 6388 和 GB/T 191 的有关规定。

8.2 包装

8.2.1 机组在包装前应进行清洁处理。各部件应清洁、干燥，易锈部件应涂防锈剂。

8.2.2 机组应外套塑料袋或防潮纸，并应固定在箱内，以免运输中受潮和发生机械损伤。

8.2.3 包装箱内应附有出厂随机文件。

8.2.3.1 产品合格证，其内容包括：

a) 产品名称和型号；

b) 产品出厂编号；

c) 检验结论；

d) 检验员签字和印章；

e) 检验日期。

8.2.3.2 产品使用说明书，其应符合 GB/T 9969 的要求，内容包括：

a) 产品型号和名称、适用范围、执行标准、名义工况下的技术参数和噪声及其他主要技术参数等；

b) 产品的结构示意图、制冷系统图、电路图及接线图；

c) 备件目录和必要的易损零件图；

d) 安装说明和要求；

e) 使用说明、维修和保养注意事项。

8.2.3.3 装箱单。

8.2.4 出厂随机文件应防潮密封，并放在包装箱内合适的位置。

8.3 运输和贮存

8.3.1 机组在运输过程中不应碰撞、倾斜、雨雪淋袭等。

8.3.2 产品应贮存在干燥和通风良好的仓库中。

---

3) 应分别标示制冷消耗功率、制热消耗功率。

附　录　A

（规范性附录）

低环境温度空气源多联式热泵（空调）机组制热综合性能系数的试验和计算

本附录规定了低环境温度空气源多联式热泵（空调）机组制热综合性能系数的试验和计算方法。

A.1　机组连接方式

A.1.1　机组应按图1或图2所示连接方式和要求连接室内机和室外机。安装时，其中分配器前、后的连接管长度为5 m或按制造厂规定，分配器的形式不限。

A.1.2　室外机、室内机均为被试机，室内机可根据机组名义制冷量的大小配置室内机数量。室内机配置原则为：室内机的名义制冷量之和应等于被试机组的名义制冷量（配置率100%±8%）；室内机与室外机配置成的机组必须在其100%负荷、(75±10)%负荷、(50±10)%负荷和(25±10)%负荷下可以正常运行。

A.2　综合性能系数

A.2.1　部分负荷性能

低环境温度空气源多联式热泵（空调）机组属制热量、制冷量可调节系统，机组必须在其100%负荷、(75±10)%负荷、(50±10)%负荷和(25±10)%负荷的卸载级下进行标定，这些标定点应该用于计算综合性能系数。

> 注：当进行制热综合性能系数IPLV(H)的测试和计算时，"100%负荷"是指机组在表3中规定的100%负荷对应的测试工况下，所配置的室内机全开运行的实测制热量。而(75±10)%负荷则是指前述实测制热量的(75±10)%，测试时室内机的开机容量比例应为室内机总装机容量的(75±10)%。(50±10)%负荷和(25±10)%负荷照此类推。

A.2.2　部分负荷性能工况

机组的部分负荷性能工况应按表3的规定。

可以调节卸载装置以得到规定的卸载级，不得对部分负荷性能工况下的室外风量进行手工调整。但是，靠系统功能自动调节是允许的。

A.2.3　制热综合性能系数IPLV(H)测试时，室内机的型式为适合IPLV(H)检测、最少数量的最小静压室内机组合。

A.2.4　对于制热量非连续可调的机组，制热综合性能系数IPLV(H)需要作-7.5%的修正，以反映开停机的能耗损失。

A.2.5　机组能卸载到(25±10)%负荷、(50±10)%负荷和(75±10)%负荷时，则按A.2.1的规定测试机组的部分负荷性能。若机组不能卸载到(25±10)%负荷、(50±10)%负荷或(75±10)%负荷时，能卸载到的负荷点按A.2.1的规定测试，不能卸载到的负荷点按以下规定测试和计算：

a)　若机组无法卸载到(25±10)%负荷，则按表3规定的25%负荷测试工况和A.2.1规定的开机容量比例运行，测试最小能力负荷点的COP，然后按式(A.1)计算25%负荷点的COP。

b)　若机组无法卸载到(50±10)%负荷，则按表3规定的50%负荷测试工况和A.2.1规定的开机容量比例运行，测试最小能力负荷点的COP，然后按式(A.1)计算50%负荷点的COP。

c)　若机组无法卸载到(75±10)%负荷，则按表3规定的75%负荷测试工况和A.2.1规定的开机容量比例运行，测试最小能力负荷点的COP，然后按式(A.1)计算75%负荷点的COP。

$$COP = Q_m / (C_D \cdot P_m) \quad \cdots\cdots\cdots\cdots\cdots\cdots\cdots\cdots\cdots\cdots \quad (A.1)$$

式中：

Q_m ——实测制热量，单位为瓦（W）；

P_m ——实测输入总功率，单位为瓦（W）；

C_D ——衰减系数，由式（A.2）计算。是由于机组无法卸载到最小负荷，压缩机循环停机引起。

$$C_D = (-0.13 \cdot LF) + 1.13 \quad \cdots\cdots\cdots\cdots\cdots\cdots\cdots\cdots \quad (A.2)$$

$$LF = (LD/100) \cdot Q_{FL}/Q_{PL} \quad \cdots\cdots\cdots\cdots\cdots\cdots\cdots\cdots \quad (A.3)$$

式中：

LF ——负荷系数；

LD ——需要计算的负荷点；

Q_{FL} ——100%负荷制热量（见 A.2.1 的规定），单位为瓦（W）；

Q_{PL} ——部分负荷制热量（实测值），单位为瓦（W）。

A.2.6 制热综合性能系数（IPLV(H)）

A.2.6.1 机组的制热综合性能系数 IPLV(H)（以 COP 表示），应按下述规定计算：

a) 在 A.2.2 规定的工况下，按 GB/T 17758—2010 附录 A 规定的方法进行试验，确定机组制热量和 COP；

b) 由图 A.1"部分负荷系数曲线"确定机组在每一标定点的部分负荷系数（PLF）；

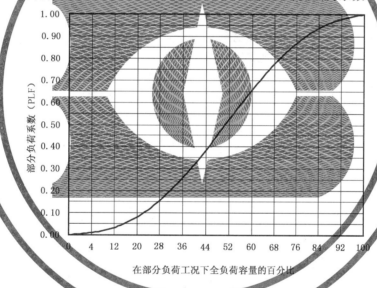

注：曲线基于下列公式

$$PLF = A_0 + (A_1 \times Q) + (A_2 \times Q^2) + (A_3 \times Q^3) + (A_4 \times Q^4) + (A_5 \times Q^5) + (A_6 \times Q^6)$$

式中：

PLF ——部分负荷系数；

Q ——部分负荷性能工况下全负荷容量的百分比，0~100。

$A_0 = 1.59\,427 \times 10^{-4}$；

$A_1 = 0.002\,26$；

$A_2 = -6.135\,37 \times 10^{-5}$；

$A_3 = 1.006\,35 \times 10^{-5}$；

$A_4 = -1.496\,69 \times 10^{-7}$；

$A_5 = 6.835\,63 \times 10^{-10}$；

$A_6 = -5.437\,65 \times 10^{-13}$。

图 A.1 部分负荷系数曲线

c) 用式（A.4）计算机组的综合性能系数 IPLV(H)：

$$IPLV(H) = (PLF_1 - PLF_2)(COP_1 + COP_2)/2 + (PLF_2 - PLF_3)(COP_2 + COP_3)/2 +$$
$$(PLF_3 - PLF_4)(COP_3 + COP_4)/2 + (PLF_4)(COP_4) \cdots\cdots\cdots\cdots\cdots (A.4)$$

式中：

PLF_1、PLF_2、PLF_3、PLF_4 ——由图 A.1 确定部分负荷性能工况下机组在 100％负荷、$(75\pm$ 10)％负荷、(50 ± 10)％负荷和(25 ± 10)％负荷的部分负荷系数；

COP_1、COP_2、COP_3、COP_4 ——部分负荷性能工况下,机组 100％负荷、(75 ± 10)％负荷、$(50\pm$ 10)％负荷和(25 ± 10)％负荷时的 COP。

A.3 4级卸载系统的计算示例

A.3.1 假定机组有如下四个卸载级：

a) 100％(全负荷)；

b) 全负荷的 75％；

c) 全负荷的 50％；

d) 全负荷的 25％。

A.3.2 由图 A.1 得到部分负荷系数。

A.3.3 根据 A.2.1 和 A.2.2 得到每一卸载级的 COP。

A.3.4 利用通用式(A.4)计算机组的 IPLV(H)

$PLF_1 = 1.00$ $COP_1 = 2.18$

$PLF_2 = 0.86$ $COP_2 = 2.25$

$PLF_3 = 0.49$ $COP_3 = 2.40$

$PLF_4 = 0.12$ $COP_4 = 2.00$

将上面的值代入 IPLV(H)的计算公式：

$$IPLV(H) = (PLF_1 - PLF_2)(COP_1 + COP_2)/2 + (PLF_2 - PLF_3)(COP_2 + COP_3)/2 +$$
$$(PLF_3 - PLF_4)(COP_3 + COP_4)/2 + (PLF_4)(COP_4)$$

$$IPLV(H) = (1.00 - 0.86)(2.18 + 2.25)/2 + (0.86 - 0.49)(2.25 + 2.40)/2 +$$
$$(0.49 - 0.12)(2.40 + 2.00)/2 + (0.12 \times 2.00)$$

$IPLV(H) = 2.224\ 35$,圆整为 2.22。

根据 A.3.1、A.3.2、和 A.3.3,计算出 IPLV(H)值,见表 A.1。

表 A.1 机组 IPLV(H)的计算示例

制热量级	机组净制热量 kW	全负荷制热量的百分比[a]	PLF[b]	部分负荷 COP	平均部分负荷 COP	PLF 差	平均部分 COP×PLF 差	加权平均值
1	28.0	100%	1.00	2.18	2.22	1.00−0.86=0.14	2.22×0.14=	0.3108
2	21.0	75%	0.86	2.25	2.325	0.86−0.49=0.37	2.325×0.37=	0.8603
3	14.0	50%	0.49	2.40	2.20	0.49−0.12=0.37	2.20×0.37=	0.814
4	7.0	25%	0.12	2.00	2.00	0.12−0.00=0.12	2.00[c]×0.12=	0.24
		0%	0.00	0			单值 IPLV(C)	2.22[d]

[a] 100％制热量和 COP 是指在表 3 中规定的 100％负荷对应的测试工况下,所配置的室内机全开运行的实测制热量。

[b] 由图 A.1 得到的各部分负荷系数。

[c] 对 0％和最后制热量级之间的区域,用最后制热量级的 COP 作为平均 COP；

[d] 圆整至 2.22。

附 录 B
（资料性附录）
低环境温度空气源多联式热泵(空调)机组的型号编制

低环境温度空气源多联式热泵(空调)机组由其室内机和室外机构成,其室内、室外机的型号由大写汉语拼音字母和阿拉伯数字组成,具体表示方法:

B.1 室外机组型号

B.1.1 型号基本结构

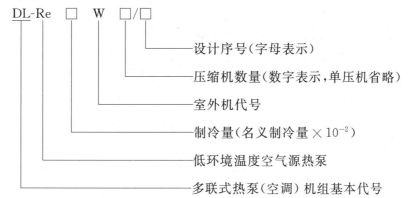

DL-Re □ W □/□

设计序号(字母表示)

压缩机数量(数字表示,单压机省略)

室外机代号

制冷量(名义制冷量×10^{-2})

低环境温度空气源热泵

多联式热泵(空调)机组基本代号

B.1.2 室外机型号含义

含义	产品代号	型式代号	制冷量	室外机代号	压缩机数量	设计序号
表示方法	DL	Re—低环境温度空气源热泵	名义制冷量×10^{-2}	W	用数字表示	用字母顺序表示

B.1.3 型号示例:DL-Re150 W2/A 表示:低环境温度空气源多联式热泵(空调)机组室外机,名义制冷量 15 000 W,双压缩机系统。

B.2 室内机型号

B.2.1 型号基本结构

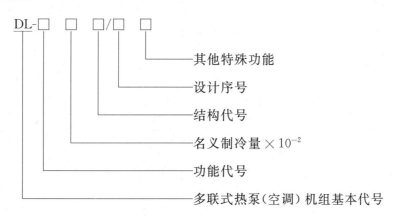

DL-□ □ □/□ □

其他特殊功能

设计序号

结构代号

名义制冷量×10^{-2}

功能代号

多联式热泵(空调)机组基本代号

B.2.2　室内机型号含义

含义	产品代号	功能特征	制冷量	结构代号	设计序号	其他特殊功能
表示方法	DL	P—变频 R—变容 J—智能型	名义制冷量×10⁻²	G—挂壁式 L—落地式 D—吊顶式 T—天井式 P—风管式 窗式省略	用字母顺序表示	7 000 W～10 000 W 范围内,电源:三相代号为 S,单相省略

B.2.3　型号示例

DL-R25P 表示多联式变容风管型室内机,名义制冷量 2 500 W。

ICS 27.200
J 73

中华人民共和国国家标准

GB/T 25860—2010

蒸 发 式 冷 气 机

Evaporative air cooler

2011-01-10 发布

2011-10-01 实施

中华人民共和国国家质量监督检验检疫总局
中国国家标准化管理委员会 发 布

前　言

本标准按 GB/T 1.1—2009 给出的规则起草。

本标准由中国机械工业联合会提出。

本标准由全国冷冻空调设备标准化技术委员会(SAC/TC 238)归口。

本标准负责起草单位:澳蓝(福建)实业有限公司、合肥通用机械研究院。

本标准参加起草单位:西安工程大学、东莞市科达机电设备有限公司、合肥通用环境控制技术有限责任公司。

本标准主要起草人:黄华铃、张明圣、林利明、黄翔、陈明松、辛军哲、汪超、单磊、贾磊。

本标准由全国冷冻空调设备标准化技术委员会负责解释。

蒸发式冷气机

1 范围

本标准规定了蒸发式冷气机(以下简称"冷气机")的术语和定义、型式、要求、试验、检验规则、标志、包装、运输和贮存。

本标准适用于工业、商业或其他公共建筑的蒸发式冷气机。

2 规范性引用文件

下列文件对于本文件的应用是必不可少的。凡是注日期的引用文件,仅注日期的版本适用于本文件。凡是不注日期的引用文件,其最新版本(包括所有的修改单)适用于本文件。

GB/T 191 包装储运图示标志

GB/T 1236—2000 工业通风机 用标准化风道进行性能试验

GB 4208—2008 外壳防护等级(IP 代码)

GB 5226.1—2008 机械电气安全 机械电气设备 第 1 部分:通用技术条件

GB 9068 采暖通风与空气调节设备噪声声功率级的测定 工程法

GB/T 9969 工业产品使用说明书 总则

GB/T 13306 标牌

GB/T 13384 机电产品包装通用技术条件

GB/T 17758 单元式空气调节机

JB/T 10359 空调器室外机用塑料环境技术要求

3 术语和定义

下列术语和定义适用于本文件。

3.1

蒸发式冷气机 evaporative air cooler

一种通过风机使空气与淋水填料层直接接触,把空气的显热传递给水而实现增湿降温,由风机、水循环分布系统、电气控制系统、填料及外壳等部件组成的机组。

3.2

风量 airflow

单位时间通过冷气机的空气体积流量,单位:m^3/h。

3.3

输入功率 power input

风机、水泵和辅助用电设备输入功率之和,单位:kW 或 W。

3.4

显热制冷量 sensible cooling capacity

单位时间内通过水分蒸发吸热而使通过的空气显热降低的量值,单位:kW 或 W。

3.5

蒸发量 evaporative quantity

单位时间水蒸发所消耗的水量,单位:L/h。

3.6

蒸发效率 evaporative efficiency

进、出口空气干球温度差与进口空气干、湿球温度差之比,单位:%。

3.7

能效比(EER) energy efficiency ratio(EER)

显热制冷量与输入功率之比,单位:kW/kW。

3.8

填料 pads

提供蒸发介面并增加水与空气接触表面的物质,用以下材料中的一种,如牛皮纸、玻璃纤维、金属材料或陶瓷等经特殊处理制成。

4 型式

4.1 冷气机按使用风机类型分为:

    a) 离心式;

    b) 轴流式。

4.2 冷气机按结构和安装形式分为:

    a) 风管型

        ——上出风型;

        ——下出风型;

        ——侧出风型。

    b) 直吹型

        ——吊装型;

        ——壁挂型;

        ——移动型。

4.3 冷气机按电源类型分为:

    a) 三相;

    b) 单相。

4.4 冷气机按电控功能分为:

    a) 无级调速;

    b) 单速;

    c) 多档调速。

4.5 **型号**

冷气机型号编制可由制造商参考附录 A 自行确定,但型号中应体现名义试验工况下机组的风量。

5 要求

5.1 **一般要求**

5.1.1 冷气机应按本标准的规定,并按经规定程序批准的图样和技术文件制造。

5.1.2 冷气机的结构应满足：

a) 壳体应有足够的强度,在运输和启动、运行、停止后不应出现凸凹变形。

b) 冷气机应设排水口,排水应顺畅、无渗漏。

c) 冷气机各零部件应安装牢固可靠。

5.1.3 材料

a) 冷气机选用的板材、型材、管材、配件等应符合国家相关标准的规定。

b) 材料应无毒、无异味、无腐蚀性。

c) 塑料材料防老化性能应符合 JB/T 10359 的要求。

5.1.4 零部件

a) 冷气机金属构件表面应进行除锈和防腐处理。

b) 填料应符合相关标准规定。

c) 配备的风机、水泵以及其他零部件均应符合相关标准的规定。

5.1.5 外观

a) 冷气机表面应无明显划伤、压痕,表面光洁、喷涂层均匀、色调一致,无流痕、气泡和剥落,壳体内应清理干净、无杂物。

b) 冷气机的装饰性、功能性塑料件表面应平整、色泽均匀,不得有裂痕、气泡等缺陷。

5.1.6 使用环境条件

适用于干燥地区和潮湿地区的特殊场所。

5.2 性能要求

5.2.1 启动与运转

冷气机在额定电压、额定频率下能正常启动和运转,零部件无松动、杂音和发热等异常现象。

5.2.2 防漏水性能

冷气机的载水部件应防渗漏。

5.2.3 防带水性能

冷气机在最高转速下正常运行,室内应无水滴下,出风口无水珠吹出。

5.2.4 风量

冷气机风量的实测值应不低于明示值的 95%。

5.2.5 出口静压

a) 直接型:0 Pa;

b) 风管型:风量小于 15 000 m³/h,不小于 80 Pa;风量大于等于 15 000 m³/h,不小于 120 Pa。

5.2.6 输入功率

在表 1 的名义试验工况下,冷气机输入功率的实测值应不大于明示值的 110%。

5.2.7 蒸发效率

在表 1 的名义试验工况下,冷气机蒸发效率的实测值应不低于明示值且不低于 65%。

5.2.8 显热制冷量

在表1的名义试验工况下,冷气机显热制冷量的实测值应不低于明示值的95%。

5.2.9 蒸发量

在表1的名义试验工况下,冷气机蒸发量的实测值应不低于明示值的95%。

5.2.10 能效比

在表1的名义试验工况下,冷气机能效比实测值不低于明示值的90%。

5.2.11 噪声

冷气机的噪声以 A 计权声功率级计,实测值应不大于明示值的 3 dB(A)。

5.3 安全要求

5.3.1 电气安全

a) 冷气机电线穿孔和接插头应采用绝缘套管或其他保护措施,绝缘电阻值应不小于 1 MΩ。

b) 耐电压要求:应无击穿和闪络。

c) 冷气机线路的连接应整齐、牢固,并有可靠的接地装置,接地保护导线按 GB 5226.1—2008 中 5.2 的要求。

5.3.2 电气防护

a) 冷气机外壳防水应达到 GB 4208—2008 中 IPX4 的要求。

b) 冷气机配备电动机防水应达到 GB 4208—2008 中 IPX4 的要求。

c) 冷气机配备水泵防水:潜水泵应达到 GB 4208—2008 中 IPX6 的要求,高脚泵应达到 GB 4208—2008 中IPX4 的要求。

d) 排水阀防水:应达到 GB 4208—2008 中的 IPX4 的要求。

5.3.3 机械安全

a) 冷气机应有足够的机械强度,其结构应能承受正常使用中的各种操作。

b) 冷气机机械应设置适当的防护罩或防护网。

5.4 可靠性要求

在常温、常湿下冷气机应能连续无故障运行 1 440 h。

6 试验

6.1 试验条件

6.1.1 冷气机按铭牌上的额定电压和额定频率试验。

6.1.2 冷气机应按表1的名义试验工况进行试验。

表 1 名义试验工况

工况类型	干球温度	湿球温度	额定电压	额定频率
干燥工况	38 ℃	23 ℃	AC220V 或 AC380V	50 Hz
高湿工况		28 ℃		
注：我国干燥地区和高湿地区典型城市夏季空气调节室外计算湿球温度参考附录 E。				

6.2 试验仪器仪表及读数

6.2.1 试验时的各类测量仪器应在计量检定有效期内,其准确度应符合附录 B 的要求。

6.2.2 试验时读数允许偏差应符合表 2 的规定。

表 2 试验允许误差

项　目	试验工况允差	试验操作允差
干球温度/℃	±0.3	±0.5
湿球温度/℃	±0.2	±0.3
出口静压/Pa	±5	±12.5
风量/%	±2	±2
水流量/%	±1	
电参数/%		

6.3 试验方法

6.3.1 启动试验

冷气机在额定电压和额定频率下启动,稳定运转 5 min,切断电源,停止运转,反复进行 3 次,检查零部件有无松动、杂音和发热等异常现象。

6.3.2 防漏水性能试验

将水箱内的水位加到最高水位,冷气机正常运行 5 min 后,检查载水部件容易发生泄漏的表面是否有水渗出。

6.3.3 防带水性能试验

冷气机在最高风速下运行 5 min 后,在距出风口 500 mm 处垂直气流方向放一张绢纸,其每侧尺寸比出风口的尺寸超出 200 mm,观察绢纸是否有可见水渍。

6.3.4 风量

按附录 C 规定的试验方法,测量冷气机的风量。

6.3.5 出口静压

按附录 C 规定的试验方法,测量冷气机的出口静压。

6.3.6 蒸发效率

按附录 D 规定的试验方法,测量冷气机的蒸发效率。

6.3.7 显热制冷量

按附录 D 规定的试验方法,测量冷气机的显热制冷量。

6.3.8 蒸发量

按附录 D 规定的试验方法,测量冷气机的蒸发量。

6.3.9 输入功率

按附录 D 规定的试验方法,测量冷气机的输入功率。

6.3.10 能效比

按附录 D 规定的试验方法,测量冷气机的能效比。

6.3.11 噪声试验

按 GB 9068 的规定测定冷气机的噪声。试验时应满足下列条件:
a) 在制冷工作模式下,风机以高转速运转。
b) 如冷气机配有出风口调节阀门,出风口调节阀门应处于对气流的阻碍为最不利的状态。
c) 在额定频率和额定电压下测试。

6.3.12 安全性能

6.3.12.1 绝缘电阻试验

冷气机按 GB 5226.1—2008 中 18.3 的要求进行试验。

6.3.12.2 耐电压试验

冷气机按 GB 5226.1—2008 中 18.4 的要求进行试验。

6.3.13 电气防护

按 GB 4208 中的规定,测量冷气机各零部件防水性能。
a) 外壳:按 GB 4208—2008 中 14.2.4 的要求进行淋水试验。
b) 电动机:按 GB 4208—2008 中 14.2.4 的要求进行淋水试验。
c) 水泵:按 GB 4208—2008 中 14.2.4 和 14.2.6 的要求进行淋水试验。
d) 排水阀:按 GB 4208—2008 中 14.2.4 的要求进行淋水试验。
e) 淋水试验后按 GB 4208—2008 中 6.3.12.1 进行绝缘电阻试验。

6.3.14 可靠性试验

冷气机在常温、常湿下通电 21 h 再断电 3 h,进行不少于 60 个循环试验。

6.3.15 外观

冷气机的外观用目测法进行检查。

6.4 试验结果整理

6.4.1 试验结果应换算成标准空气状态下的数值。

6.4.2 试验结果应给出在最高转速下,冷气机出口静压与对应风量的关系曲线或列表。

7 检验规则

7.1 检验分类和检验项目

冷气机检验分出厂检验、抽样检验和型式检验。检验项目按表 3 的规定。

表 3 检验项目

序号	项目	出厂检验	抽样检验	型式检验	要求	试验方法
1	启动与运转				5.2.1	6.3.1
2	防漏水性能				5.2.2	6.3.2
3	绝缘电阻				5.3.1	6.3.12
4	耐电压试验					6.3.12
5	接地保护					
6	外观				5.1.5	6.3.15
7	防带水性能	√			5.2.3	6.3.3
8	风量				5.2.4	6.3.4
9	出口静压		√		5.2.5	6.3.5
10	输入功率				5.2.6	6.3.9
11	蒸发效率				5.2.7	6.3.6
12	显热制冷量	—			5.2.8	6.3.7
13	噪声				5.2.11	6.3.11
14	电气防护				5.3.2	6.3.13
15	蒸发量				5.2.9	6.3.8
16	能效比	—			5.2.10	6.3.10
17	可靠性				5.4	6.3.14
注:"√"为必检项目,"—"为不检项目。						

7.2 出厂检验

7.2.1 每台冷气机需要经制造厂检验合格后,方可出厂。

7.2.2 出厂检验项目中有不合格项,允许采取一次补救措施,再次检验,若符合要求,判为合格,否则判该样品不合格。

7.3 抽样检验

7.3.1 对于成批生产的冷气机,在出厂检验合格产品中应进行例行抽样检验,抽样时间均衡分布在1年中,逐批检验的抽检批量、抽样方案、检查水平及合格质量水平等可由制造厂技术检验部门自行决定。

7.3.2 在抽样检验中,有一台不合格,则应在同一检查批中加倍抽检,符合规定的仍为合格,若检验仍不合格,则该批产品为不合格;返修后应逐台检验合格后方能出厂。

7.4 型式检验

冷气机在下列情况之一时,应进行型式检验:

a) 新产品或定型产品的结构、制造工艺、材料等更改对产品性能有影响时,第一台产品应做型式试验;

b) 转厂生产时;

c) 停产1年以上,恢复生产时;

8 标志、包装、运输和贮存

8.1 标志

8.1.1 每台冷气机应在明显的部位设置永久性铭牌,铭牌应符合 GB/T 13306 的规定。铭牌上应标示下列内容:

a) 型号和名称;

b) 主要性能参数:风量、出口静压、输入功率、蒸发效率、显热制冷量、蒸发量、能效比、噪声等,并注明性能参数对应的测试工况;

c) 制造厂名称;

d) 执行标准号;

e) 出厂编号;

f) 制造日期。

8.1.2 包装标志应符合 GB/T 191 的规定。冷气机包装上应有下列标志:

a) 制造厂名称;

b) 型号、名称和商标;

c) 毛质量(kg);

d) 净质量(kg);

e) 包装箱外形尺寸:长×宽×高;

f) 注意事项标记:"小心轻放"、"切勿受潮"、"向上"、"堆码层数极限"、"怕火"等文字或符号;

g) 制造日期或批号;

h) 执行标准号。

8.1.3 每台冷气机应有接地标志,安全运行标志,并附有电气线路图。

8.2 包装

8.2.1 冷气机的包装应符合 GB/T 13384 的规定。

8.2.2 冷气机包装应按装箱单的编号、项目及件数进行包装。

8.2.3 冷气机包装前应进行清洁干燥处理。

8.2.4 冷气机包装应有防潮、防尘及防震措施。

8.2.5 冷气机包装中应有产品合格证、装箱单、保修卡、产品说明书等文件。

8.2.6 合格证应包括检验结论、检验员签章和检验日期。

8.2.7 使用说明书的编写应符合 GB/T 9969 的要求,应包括主要性能参数、安装、操作、维修及注意事项。

8.3 运输

8.3.1 冷气机在装卸和运输过程中应小心轻放、注意防潮、不得损坏包装装置。

8.3.2 冷气机应严禁与酸碱等腐蚀性物品混放,严禁与火星接触。

8.4 贮存

8.4.1 冷气机应贮存放在清洁、干燥、防火和通风良好的场所,周围应无腐蚀性气体存在。

8.4.2 冷气机禁止任何火星接触。

8.4.3 冷气机经拆装后仍须继续贮存时应重新包装。

附　录　A

（资料性附录）

冷气机型号编制方法

A.1　产品型号及含义如下

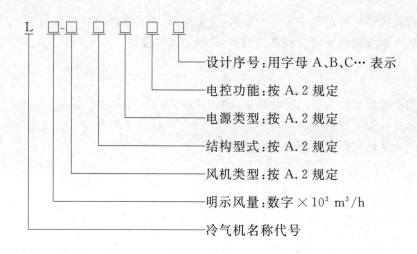

A.2　分类代号

序号	分类项目		代　号
1	使用风机类型	离心式	L
		轴流式	Z
2	结构和安装型式	风管型：　a)　上出风型	S
		b)　下出风型	X
		c)　侧出风型	C
		直接吹出型：	
		a)　吊装型	D
		b)　壁挂型	G
		c)　移动型	Y
3	电源类型	三相	3
		单相	1
4	电控功能	a)　无级调速	0
		b)　单速	1
		c)　多档调速	2,3……

A.3　型号示例

　　示例1:L06-ZY13A　表示明示风量为 6 000 m³/h,风机类型为轴流通风机,结构型式为直接吹出移动型,电源类型为单相,电控功能为三速,第 1 次设计的冷气机。

示例 2:L18-ZX31B 表示明示风量为 18 000 m³/h,风机类型为轴流通风机,结构型式为风管下出风型,电源类型为三相,电控功能为单速,第 2 次改进设计的冷气机。

示例 3:L50-LS32A 表示明示风量为 50 000 m³/h,风机类型为离心通风机,结构型式为风管上出风型,电源类型为三相,电控功能为双速,第 1 次设计的冷气机。

附　录　B
（规范性附录）
测量仪器仪表

B.1　温度测量仪表

B.1.1　温度测量仪表的最小分度值不应超过仪表准确度的 2 倍。例如:规定仪表准确度为±0.1 ℃,其最小分度值不超过±0.2 ℃。

B.1.2　仪表准确度为±0.1 ℃,该仪表应与国家计量单位校验过的温度仪表进行比对校正。

B.1.3　湿球温度的测量应保证足够的湿润条件,流过湿球温度计处的气流速度不小于 5 m/s;玻璃水银温度计感温包直径不大于 6.5 mm。

B.1.4　温度测量仪表应对附近热源的辐射有足够的防护。

B.1.5　仪表温度阶约不小于 7 ℃时,测量仪表的响应时间需达到最后稳态温差 63% 的时间。

B.1.6　液体管道温度应采用直接插入液体内或套管插入液体内的温度测量仪,使用玻璃水银温度计应校核该压力对温度的影响。

B.2　电气测量仪表

B.2.1　电气测量仪表使用指示型或积算型仪表。

B.2.2　测量输入的所有电气仪表准确度应达到被测量值的±0.5%。

B.3　压力测量仪表

B.3.1　压力仪表的最大分度值不能大于表 B.1 所示值。

表 B.1　压力仪表的分度值和准确度

单位为帕

压力范围	压力仪表最大分度值	微压计的准确度
≥1.25 且≤25	1.25	±0.25
>25 且≤250	2.5	±1.0
>250 且≤500	5	±2.5

B.3.2　大气压测量用气压表,其准确度为±0.1%。

B.4　空气流量测量的最小压差

B.4.1　采用斜管压力仪表或微压计时为 25 Pa。

B.4.2　采用直管压力仪表时为 500 Pa。

B.5　水流量测量仪表

B.5.1　水流量测量用液体计量器,其仪表准确度为测量值的±1.0%。

B.5.2 液体计量器应能积聚至少 2 min 的流量。

B.6 其他仪表

B.6.1 时间测量仪表准确度为测量值的±0.2%。

B.6.2 质量测量应用准确度为测量值的±1.0%。

B.6.3 转速测量仪速仪准确度为测量值的±1.0%。

B.6.4 噪声测量声级计准确度为测量值的±1.0%。

附 录 C
（规范性附录）
冷气机风量和出口静压的试验方法

C.1 试验设备

本标准采用 GB/T 17758 中"风室中多喷嘴测定流量"和 GB/T 1236 中"自由进口和管道出口测定流量"两装置中任一种进行试验。

C.2 试验方法

C.2.1 在常温常压、无淋水状况下按附录 B 测量仪器仪表要求进行试验。

C.2.2 调整测量设备，控制冷气机达到要求的出口静压到明示值，测量所对应的风量。

C.2.3 根据实际安装要求，被测机的装配应与制造厂家的说明书一致，包括其所有零部件及附件的正确位置装配。

C.2.4 对于风管型，应在出风口接一个与出风口大小相同的直管段，该直管段长度为 1.5 倍出风口当量直径。在离出风口一倍当量直径的位置按 GB/T 1236 的要求开设静压孔，进行冷气机出口静压的测量。

C.2.5 对于下出风和上出风的机组，应在上述直管段之后增加一大小刚好与冷气机出风口相配的 90°弯头，要求弯头内表面较光滑，不可变径，弯头中心曲率半径应为机组出风口当量直径。对离心式冷气机，弯头必须沿叶轮旋转方向弯曲。

C.2.6 除了正常安装所要求的距地或墙之间的尺寸外，被测机的外表面与最近处的障碍物的距离不小于 1 m。

C.3 参数计算

C.3.1 风室中多喷嘴测定流量试验装置

C.3.1.1 单个喷嘴的风量按式（C.1）计算：

$$L_g = 3\ 600 \times C \times A_n \times \sqrt{\frac{2\Delta p}{\rho_n}} \qquad\qquad\cdots\cdots\cdots\cdots\cdots\cdots\cdots\cdots (\text{C.1})$$

其中：

$$\rho_n = \frac{p_a - 0.378\ p_v}{287\ T}$$

式中：

L_g ——风量，单位为立方米每小时（m³/h）；

C ——喷嘴流量系数，见 GB/T 1236—2000 中的第 23 章表 5；

A_n ——喷嘴面积，单位为平方米（m²）；

Δp ——喷嘴前后的静压差或喷嘴喉部的动压，单位为帕（Pa）；

ρ_n ——喷嘴处空气密度，单位为千克每立方米（kg/m³）；

p_v ——空气中的水蒸气分压，单位为帕（Pa）；

p_a ——大气压力，单位为帕（Pa）；

T ——测量断面处空气热力学温度，单位为开尔文（K）。

C.3.1.2 若采用多个喷嘴测量时,风量等于各单个喷嘴测量的风量之和。

C.3.2 自由进口和管道出口测定流量试验装置

C.3.2.1 动压的测量

用皮托管测量同一截面上的各点动压,皮托管必须垂直管壁,侧头正对着气流方向且与风管轴平行,与风道主轴平行的偏差在±2°,测点布置和风道内壁一侧的距离见 GB/T 1236—2000 中图 30 所示。

按式(C.2)计算平均动压:

$$p_d = \left(\frac{(\sqrt{p_{d1}} + \sqrt{p_{d2}} + \cdots\cdots \sqrt{p_{di}})}{n}\right)^2 \quad\cdots\cdots(C.2)$$

式中:

p_d ——平均动压,单位为帕(Pa);

p_{di} ——第 i 个测点的动压,单位为帕(Pa);

n ——测点个数。

C.3.2.2 风量测量

冷风机的风量按式(C.3)计算:

$$L_g = 3\,600 \times A \times \sqrt{\frac{2p_d}{\rho}} \quad\cdots\cdots(C.3)$$

其中:

$$\rho = \frac{p_a - 0.378\,p_v}{287\,T}$$

式中:

L_g ——风量,单位为立方米每小时(m³/h);

A ——测量断面面积,单位为平方米(m²);

ρ ——测量断面处空气密度,单位为千克每立方米(kg/m³)。

C.3.3 出口静压 p_{SF}

出口全压减去用马赫数修正的出口动压的差值为出口静压 p_{SF}。

C.4 数据处理

C.4.1 在最高转速下,冷气机出口静压与对应风量的关系曲线或列表。

C.4.2 试验结果换算成为标准空气状态:

a) 标准空气状态风量:$L_0 = L_g$,单位:m³/h;

b) 标准空气状态出口静压按式(C.4)计算:

$$p_o = \frac{p \times 1.2}{\rho} \quad\cdots\cdots(C.4)$$

式中:

p_o ——标准空气状态出口静压,单位为帕(Pa);

p ——出口静压,单位为帕(Pa)。

附　录　D

（规范性附录）

蒸发效率、显热制冷量、蒸发量、输入功率和能效比的试验方法

D.1　试验装置

试验装置主要由测试环境间、空气处理系统、水系统、数据采集测量系统、控制系统等组成,试验装置示意图如图 D.1 和图 D.2 所示。当图 D.1 和图 D.2 所示的两种试验结果存在争异时,应以图 D.1 所示方法的测试数据为准。

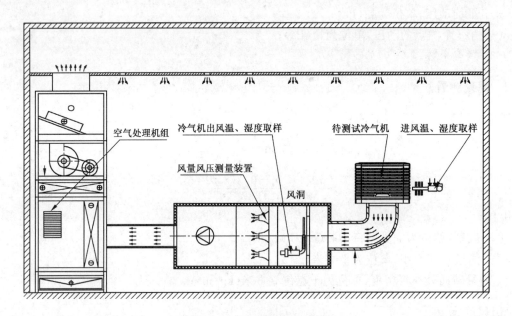

图 D.1　风洞式试验装置

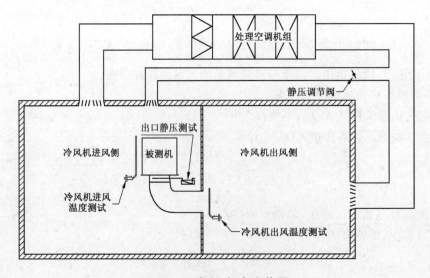

图 D.2　房间式试验装置

D.2 试验方法

D.2.1 试验的一般规定

D.2.1.1 按表1规定的名义试验工况和附录B测量仪器仪表要求进行试验。

D.2.1.2 测试蒸发效率、蒸发量和输入功率时冷气机应包含实际使用时所需的所有零部件和附件,并加满水,试验装置应能模拟冷气机实际工作状态。

D.2.1.3 试验冷气机要在连接出口静压测量管道和(或)90°弯头下进行测试,出口静压测量管道和90°弯头与测量风量时的相同。

D.2.1.4 供水采用自来水或硬度不超过 450 mg/L 的干净水。

D.2.1.5 进水温度为 12 ℃～32 ℃。

D.2.1.6 调节装置使冷气机出风口静压调至明示值。

D.2.1.7 测试时应确保排水阀未启动。

D.2.1.8 蒸发效率、蒸发量和输入功率应同时测量。

D.2.1.9 试验室内循环空气应使距冷气机 1 m 处的风速不超过 1.5 m/s。

D.2.1.10 试验室大小应满足冷气机离四周墙壁的最小距离不小于 1 m,出风口到墙壁最小距离不小于 1.8 m。

D.2.1.11 冷气机采用浮球阀自动补水,浮球阀的进水开关应设置为最高补水位置,测试时应在进水口处安装流量计。

D.2.1.12 干湿球温度的测量方法应与 GB/T 17758 所列的方法一致。

D.2.1.13 测试时应提供新的填料,按最高转速测量,测量时填料应被水彻底浸透。

D.2.1.14 测试时应在冷气机达到平衡状态 5 min 后进行,读取数据要间隔 5 min,共测 7 次。

D.2.2 应记录的数据

a) 空气干球温度,单位:℃;

b) 空气湿球温度,单位:℃;

c) 冷气机出口干球温度,单位:℃;

d) 冷气机出口湿球温度,单位:℃;

e) 储水器水的温度,单位:℃;

f) 输入的电参数,电压、电流和输入功率,单位分别为:V、A 和 kW;

g) 测试开始时流量计的起始数值,单位:L;

h) 测试结束时流量计的最终数值,单位:L。

D.3 参数计算

D.3.1 冷气机的蒸发效率按式(D.1)计算:

$$\eta = \frac{t_{wi} - t_{wo}}{t_{wi} - t_{si}} \times 100\% \qquad\qquad\qquad (D.1)$$

式中:

t_{wi}——7 次冷气机进风口的干球温度读数的算术平均值,单位为摄氏度(℃);

t_{wo}——7 次冷气机出风口的干球温度读数的算术平均值,单位为摄氏度(℃);

t_{si}——7 次冷气机进风口的湿球温度读数的算术平均值,单位为摄氏度(℃)。

D.3.2 冷气机的显热制冷量按式(D.2)计算：

$$S = \frac{L_s \times \rho \times C_p \times (t_{wj} - t_{wc})}{3\ 600} \quad\cdots\cdots\cdots\cdots\cdots\cdots(D.2)$$

式中：

S ——显热制冷量，单位为千瓦(kW)；

L_s ——风量，单位为立方米每小时(m³/h)；

ρ ——标准大气压下的密度，单位为千克每立方米(kg/m³)；

C_p ——空气热容，单位为千焦每千克摄氏度[kJ/(kg·℃)]；

t_{wj} ——冷气机进风口的干球温度值，单位为摄氏度(℃)；

t_{wc} ——冷气机出风口的干球温度值，单位为摄氏度(℃)。

注：a) 式(D.2)中风量 L_s 的测试宜和显热制冷量 S 测试同时进行。

　　b) 若风量 L_s 和显热制冷量 S 不同时进行测试，则需保证以下条件；

　　　　1) 测试风量 L_s 时，机组正常工作，淋水加湿，计算时参数换算成名义工况下的值；

　　　　2) 需将该测试条件下的出口静压换算为名义工况下的出口静压到明示值，并控制换算后的出口静压到明示值，同时测量所对应的风量。

　　　　　出口静压按式(D.3)计算

$$p_{st} = \frac{\rho_{st} \times p_{test}}{\rho_{test}} \quad\cdots\cdots\cdots\cdots\cdots\cdots(D.3)$$

　　　　式中：

　　　　p_{st} ——名义工况下的出风静压，单位为帕(Pa)；

　　　　p_{test} ——试验时实际的出风静压，单位为帕(Pa)；

　　　　ρ_{st} ——名义工况下空气密度，单位为千克每立方米(kg/m³)；

　　　　ρ_{test} ——试验时实际的空气密度，单位为千克每立方米(kg/m³)。

　　c) 式(D.2)中风量 L_s 结果可采用 a) 和 b) 两种方法测试，当两种测试方法的结果存在争议时，应以 a) 方法的测试数据为准。

D.3.3 冷气机的蒸发量按式(D.4)计算：

$$Q = \frac{W_f - W_i}{t} \quad\cdots\cdots\cdots\cdots\cdots\cdots(D.4)$$

式中：

Q ——蒸发量，单位为升每小时(L/h)；

W_i ——测试开始时流量计的起始数值，单位为升(L)；

W_f ——测试结束时流量计的最终数值，单位为升(L)；

t ——测量所用时间，单位为小时(h)。

D.3.4 冷气机的能效比的值按式(D.5)计算：

$$EER = \frac{S}{W} \quad\cdots\cdots\cdots\cdots\cdots\cdots(D.5)$$

式中：

EER ——能效比，单位为千瓦每千瓦(kW/kW)；

S ——显热制冷量，单位为千瓦(kW)；

W ——输入功率，单位为千瓦(kW)。

附 录 E

（资料性附录）

我国干燥地区和高湿地区典型城市夏季空气调节室外计算湿球温度

冷气机目前广泛应用于我国西北五省区等干燥地区以及江苏、浙江、福建和广东等沿海高湿地区。根据中国气象局气象信息中心气象资料室与清华大学建筑技术科学系统计的全国地面气象台站1971～2003年的实测气象数据，通过分析、整理获得了各地台站的建筑热环境分析专用气象数据集。采用历年平均不保证50 h 的湿球温度，确定为夏季空气调节室外计算湿球温度。表 E.1、表 E.2 分别为我国干燥地区典型城市夏季空气调节室外计算湿球温度和高湿地区典型城市夏季空气调节室外计算湿球温度。

表 E.1 我国干燥地区典型城市夏季空气调节室外计算湿球温度 　　　单位摄氏度

城　　市	乌鲁木齐	克拉玛依	吐鲁番	格尔木	西宁
夏季空气调节室外计算湿球温度	18.3	19.8	24.2	13.5	16.6
城　　市	兰州	敦煌	银川	酒泉	天水
夏季空气调节室外计算湿球温度	20.1	21.1	22.2	19.5	21.8
城　　市	固原	盐池	大同	呼和浩特	满洲里
夏季空气调节室外计算湿球温度	19	20.2	21.1	21	19.9
城　　市	延安	榆林	太原	西安	安康
夏季空气调节室外计算湿球温度	22.8	21.6	23.8	25.8	26.8

表 E.2 我国高湿地区典型城市夏季空气调节室外计算湿球温度 　　　单位摄氏度

城　　市	福州	厦门	广州	汕头	海口
夏季空气调节室外计算湿球温度	28.1	27.6	27.8	27.7	28.1
城　　市	杭州	上海	温州	南京	韶关
夏季空气调节室外计算湿球温度	27.9	28.2	28.4	28.1	27.4
城　　市	徐州	济南	潍坊	天津	
夏季空气调节室外计算湿球温度	27.6	27	27.1	26.9	

ICS 27.200
J 73

中华人民共和国国家标准

GB/T 27943—2011

热泵式热回收型溶液调湿新风机组

Heat pump driven liquid desiccant outdoor air processor with heat recovery

2011-12-30 发布

2012-10-01 实施

中华人民共和国国家质量监督检验检疫总局
中国国家标准化管理委员会 发布

前　言

本标准按 GB/T 1.1—2009 给出的规则起草。

本标准由中国机械工业联合会提出。

本标准由全国冷冻空调设备标准化技术委员会(SAC/TC 238)归口。

本标准主要起草单位:清华大学、合肥通用机械研究院。

本标准参加起草单位:北京华创瑞风空调科技有限公司、江森自控楼宇设备科技(无锡)有限公司、广东吉荣空调有限公司、绍兴市制冷设备厂有限公司。

本标准主要起草人:江亿、刘晓华、田旭东、张秀平、贾磊、陈晓阳、刘拴强、张海强、张涛、胡祥华、陈镇凯、杨坚斌。

热泵式热回收型溶液调湿新风机组

1 范围

本标准规定了热泵式热回收型溶液调湿新风机组(以下简称"机组")的术语和定义、型式与基本参数、要求、试验方法、检验规则、标志、包装、运输和贮存。

本标准适用于以吸湿性溶液为工质的、带有排风全热回收的、以热泵驱动的溶液调湿新风机组。

本标准不适用于送风含湿量低于 6 g/kg 的深度除湿场合的设备。

2 规范性引用文件

下列文件对于本文件的应用是必不可少的。凡是注日期的引用文件,仅注日期的版本适用于本文件。凡是不注日期的引用文件,其最新版本适用于本文件。

GB/T 191 包装储运图示标志

GB/T 2828.1 计数抽样检验程序 第 1 部分:按接收质量限(AQL)检索的逐批检验抽样计划

GB 4343.1 家用电器、电动工具和类似器具的电磁兼容要求 第 1 部分:发射

GB 4706.1—2005 家用和类似用途电器的安全 第 1 部分:通用要求

GB/T 9068 采暖通风与空气调节设备噪声声功率级的测定 工程法

GB 9237 制冷和供热用机械制冷系统 安全要求

GB/T 13306 标牌

GB/T 17061 作业场所空气采样仪器的技术规范

GB/T 17758—2010 单元式空气调节机

GB/T 21087—2007 空气-空气能量回收装置

JB/T 7249 制冷设备术语

JY/T 020 离子色谱分析方法通则

3 术语和定义

JB/T 7249 中界定的及下列术语和定义适用于本文件。

3.1

热泵式热回收型溶液调湿新风机组 heat pump driven liquid desiccant outdoor air processor with heat recovery

以电能作为驱动能源,将热泵循环和溶液式空气处理装置结合起来,是集溶液式全热回收段、溶液式调温调湿段为一体的新风处理设备,具备对新风全热回收、降温除湿、加热加湿等处理功能。

3.2

调湿溶液 liquid desiccant

具有对空气除湿或加湿功能的无机盐的水溶液,包括溴化锂水溶液、氯化锂水溶液、氯化钙水溶液等。

3.3

制冷(热)消耗功率 power input for cooling(heating)

在规定条件下,机组制冷(热)消耗的功率,即除风机外机组所有用电设备消耗的总功率,单位:kW。

3.4

除（加）湿性能系数 coefficient of dehumidification（humidification）performance

在规定条件下，机组除（加）湿量对应的潜热量与机组制冷（热）消耗功率之比，单位：kW/kW。

3.5

制冷（热）性能系数 coefficient of cooling（heating）performance

在规定条件下，机组制冷（热）量与机组制冷（热）消耗功率之比，单位：kW/kW。

4 型式与基本参数

4.1 型式

机组型式分类见表1。

表 1 机组型式分类

编号	型式分类		代号
1	使用功能	全工况运行（制冷除湿、制热加湿）	T
		仅制冷除湿工况	C
2	风机变频	变频	F
		不变频	S
3	放置方式	室内	I
		室外	O
4	安装方式	左式	L
		右式	R

4.2 型号表示方法

机组的型号表示方法参见附录A。

4.3 基本参数

4.3.1 机组的试验工况见表2，大气压101 kPa，室内侧排风量为室外侧新风量的95%～100%。

4.3.2 名义工况下，送风参数为：制冷除湿运行时送风露点温度应不大于10 ℃；制热加湿运行时送风露点温度应不小于4.5 ℃。

表 2 机组的试验工况　　　　　　　　　　　　　　　　单位为摄氏度

工况条件		室内侧回风状态		室外侧新风状态	
		干球温度	湿球温度	干球温度	湿球温度
制冷除湿运行	名义工况	27	19	35	28
	最大负荷工况			43	30
	部分负荷工况			32	25
制热加湿运行	名义工况	20	13.5	0	−3
	最大负荷工况			−7	−8
	部分负荷工况			2	1

5 要求

5.1 一般要求

5.1.1 机组应按规定的程序批准的图样和技术文件制造。

5.1.2 机组工作室外环境温度为−10 ℃～45 ℃。

5.1.3 机房温度为0 ℃～45 ℃,相对湿度小于85%(无冷凝)。

5.1.4 机组中与溶液接触的管路应采用耐腐蚀型材料,如塑料管或不锈钢管等。

5.1.5 机组中与溶液接触的换热设备、溶液循环泵应采用耐腐蚀型的材质。

5.1.6 涂漆件表面应平整、涂布均匀、色泽一致,不应有明显的气泡、流痕、漏涂、底漆外露及不应有的皱纹和其他损失。

5.1.7 塑料件表面应平整、色泽均匀,不应有裂痕、气泡和明显缩孔等缺陷。

5.1.8 机组各零部件的安装应牢固可靠,管路与零部件不应有相互摩擦和碰撞。

5.1.9 机组的绝热材料应无毒、无异味、难燃。

5.1.10 机组制冷系统零部件的材料应能在制冷剂、润滑油及其混合物的作用下,不产生劣化并保证机组正常工作。

5.1.11 机组配置的溶液循环泵,其流量和扬程应保证机组的正常工作。

5.1.12 机组的电气控制应包括对压缩机、溶液循环泵、风机的控制。一般机组还应有电机过载保护、缺相保护(三相电源)、溶液系统断流保护、制冷系统高低压保护等必要的保护功能或器件。各种控制功能正常,各种保护器件应符合设计要求并灵敏可靠。

5.1.13 机组应在正常安装状态下,在易见的部位固定永久性安全标识(如接地标识,警告标识等)。

5.2 性能要求

5.2.1 密封性

制冷系统各部分不应有制冷剂泄漏。

5.2.2 运转

在接近名义工况的条件下,机组应能正常运行,安全保护装置应灵敏可靠,温度、电器等控制元件的动作应正常,各项参数应符合设计要求。

5.2.3 制冷(热)量

机组实测制冷(热)量不应小于名义制冷(热)量的95%。

5.2.4 除(加)湿量

机组实测除(加)湿量不应小于名义除(加)湿量的95%。

5.2.5 制冷(热)消耗功率

机组实测制冷(热)消耗功率不应大于名义制冷(热)消耗功率的105%。

5.2.6 制冷(热)性能系数和除(加)湿性能系数

机组的制冷(热)性能系数和除(加)湿性能系数不应小于表3的规定值。

表 3 机组的制冷(热)性能系数和除(加)湿性能系数

名义新风量 m³/h	制冷性能系数	制热性能系数	除湿性能系数	加湿性能系数
	kW/kW			
<6 000	4.0	4.0	2.7	1.2
6 000～15 000	4.1	4.1	2.8	1.3
>15 000	4.2	4.2	2.9	1.3

5.2.7 风量和送风静压

机组的实测风量不应小于名义风量的95%,送风静压不低于机组标称值的90%。

5.2.8 漏风率和有效换气率

对于名义新风量大于 5 000 m³/h 的机组,外部漏风率不应大于3%,内部漏风率不应大于5%;对于名义新风量不大于 5 000 m³/h 的机组;有效换气率不应小于95%。

5.2.9 最大负荷制冷(热)运行

机组在最大负荷制冷(热)工况运行时,应满足:

a) 机组应能正常运行,没有任何故障;

b) 机组应连续运行,过载保护装置或其他保护装置不应动作;

c) 当机组停机 5 min 后,再启动连续运行 1 h,但在启动运行的最初 5 min 内允许过载保护器跳开,其后不允许动作;在运行的最初 5 min 内过载保护器不复位时,在停机不超过 30 min 内复位的,应连续运行 1 h。

5.2.10 噪声限值

机组实测的噪声值应不大于明示值(按声功率计)。

5.2.11 送风携带溶液离子量

机组送风携带溶液离子量应不大于 0.070 mg/m³。

5.3 安全要求

5.3.1 制冷系统安全

机组的机械制冷系统安全性能应符合 GB 9237 的有关规定。

5.3.2 机械安全

5.3.2.1 机组的设计应保证在正常运输、安装和使用时具有可靠的稳定性。机组应有足够的机械强度,其结构应能承受正常使用中可能发生的非正常操作。

5.3.2.2 在正常使用状态下,人员有可能触及的运行部分和高温零部件等,应设置适当的防护罩或者防护网。防护罩、防护网或类似部件应符合 GB 4706.1—2005 中 20.2 的规定。

5.3.3 电气安全

5.3.3.1 机组防触电保护应符合 GB 4706.1—2005 中 I 类电器的要求。

5.3.3.2 额定电压下,机组在表2规定的名义工况运行时,压缩机的电动机绕组温度不应超过其产品标准要求,人可能接触的零部件、外壳等发热部位的温度应不大于60 ℃。其他部位温度也不应有异常上升。

5.3.3.3 机组带电部件和易触及部件之间施加规定的试验电压时,应无击穿或闪络。

5.3.3.4 机组外露金属部分和电源线的泄漏电流应不大于2 mA/kW额定输入功率,泄漏电流最大值为10 mA。

5.3.3.5 机组应有可靠的接地装置并标识明显,其接地电阻不应大于0.1 Ω。

5.3.3.6 经按GB 4706.1—2005中第15章潮湿处理后,机组应满足5.3.3.3及5.3.3.4的要求。

5.3.3.7 机组电气控制系统的电磁干扰特性,应不大于GB 4343.1规定的限值。

6 试验方法

6.1 试验条件

6.1.1 机组制冷量、除湿量、制热量、加湿量的试验装置见附录B。

6.1.2 试验工况见表2。

6.1.3 消耗功率试验与名义工况下的制冷除湿(或制热加湿)试验同时进行。消耗功率包括压缩机和溶液循环泵消耗的功率,风机消耗的功率不计入。

6.2 试验用仪器仪表

6.2.1 试验用仪器仪表应经法定计量检验部门检定合格,并在有效期内。

6.2.2 试验用仪器仪表的型式及准确度应符合表4的要求。

表 4 试验用仪器仪表的型式及准确度

类 别	型 式	准 确 度	说 明
温度测量仪表	水银玻璃温度计,热电偶	±0.1 ℃	测试空气干球、湿球温度
空气压力	气压表,气压变送器	±2.0%	
风量测量仪表	记录式,指示式,积算式	±1.0%	
电量测量	指示式	±0.5%	
	积算式	±1.0%	
噪声仪表	声级计		机组噪声GB/T 9068
携带溶液离子量	离子色谱仪		JY/T 020

6.2.3 机组进行制冷量、除湿量、制热量、加湿量试验时,试验工况的读数偏差应符合表5的规定。

表 5 试验工况的读数偏差

读 数			读数的平均值对名义工况的偏差	各读数对名义工况的最大偏差
空气温度	干球	℃	±0.3	±0.5
	湿球	℃	±0.2	±0.5
风量 %			±5.0	±10.0
空气全压 Pa			±5.0	±12.5
电功率 %			±1.0	±2.0

6.3 试验的一般要求

6.3.1 机组应按铭牌上的额定电压和额定电流运行。

6.3.2 制冷量、除湿量、制热量、加湿量应为实测值,在试验工况运行波动的范围之内不作修正。

6.3.3 应按制造厂的要求安装。除试验必需的装置和仪器连接外,不应对机组进行更改和调整。

6.4 试验方法

6.4.1 密封性试验

机组的制冷系统在正常的制冷剂充灌下,用准确度为 $1×10^{-5}$ Pa·m³/s 的制冷剂检漏仪进行检验。

6.4.2 运转试验

机组在接近名义制冷除湿工况、名义制热加湿工况的条件下运行,检查机组的运行状况、安全保护装置的灵敏度和可靠性,检验温度、电器等控制元件的动作是否正常。

6.4.3 制冷(热)量试验

机组在表 2 的规定的制冷除湿(制热加湿)工况下,按附录 B 规定的方法进行试验。

6.4.4 除(加)湿量试验

在表 2 的制冷除湿(制热加湿)工况下,按附录 B 规定的方法进行试验。

6.4.5 制冷(热)消耗功率试验

在制冷(热)量试验的同时,测定机组除风机以外所有用电设备消耗的总功率。

6.4.6 制冷(热)性能系数和除(加)湿性能系数试验

在表 2 规定的制冷除湿(制热加湿)工况下,按附录 B 进行试验并计算制冷(热)性能系数和除(加)湿性能系数。

6.4.7 风量和送风静压试验

机组在表 2 的名义工况下,按附录 B 规定的方法进行试验。

6.4.8 漏风率和有效换气率试验

机组外部漏风率测定按 GB/T 21087—2007 附录 C 中给定的方法进行试验;机组内部漏风率测定按 GB/T 21087—2007 附录 B 中给定的方法进行试验;机组有效换气率测定按 GB/T 21087—2007 附录 D 中给定的方法进行试验。

6.4.9 最大负荷制冷(热)运行试验

在额定电压下,按表 2 的最大制冷除湿(制热加湿)工况进行试验,机组运行稳定后,连续运行 1 h,然后停机 5 min(此间电压上升不大于 3%),再启动运行 1 h。

6.4.10 噪声限值试验

按 GB/T 9068 的规定的方法测定机组的噪声值。

6.4.11 送风携带溶液离子量试验

按附录 C 对机组空气进行取样并检测送风空气样品中吸湿溶液离子含量(例如采用溴化锂溶液为吸湿剂,则检测送风中溴元素含量、锂元素含量)。

6.5 安全试验

6.5.1 机械安全

6.5.1.1 按 GB 4706.1—2005 中 21.1 所规定的试验方法进行冲击试验。

6.5.1.2 防护罩、防护网或类似部件的机械强度按 GB 4706.1—2005 中 20.2 规定的方法进行检验。

6.5.2 电气安全

6.5.2.1 机组防触电保护性按 GB 4706.1—2005 中 8.1 进行试验。

6.5.2.2 额定电压下,机组在表 2 规定的名义工况运行时,用电阻法测定压缩机电动机绕组的温度,其余温度用热电偶丝测定。

6.5.2.3 机组的电气强度按 GB 4706.1—2005 中 16.3 方法进行试验。

6.5.2.4 机组的泄漏电流按 GB 4706.1—2005 中的 16.2 的方法进行试验。

6.5.2.5 机组的接地电阻按 GB 4706.1—2005 中的 27.5 的方法进行试验。

6.5.2.6 按 GB 4706.1—2005 中第 15 章进行潮湿处理后,立即进行电气强度和泄漏电流试验。

6.5.2.7 机组电气控制系统的电磁干扰特性按 GB 4343.1 进行测试。

6.6 外观

机组的外观采用目测方法进行检验。

7 检验规则

7.1 检验类别

检验分出厂检验、抽样检验和型式检验。检验项目、要求和试验方法按表 6 的规定。

7.2 出厂检验

每台机组均应做出厂检验。

7.3 抽样检验

机组应从出厂检验合格的产品中抽样,抽样方法按 GB/T 2828.1 进行。

7.4 型式检验

7.4.1 新产品或定型产品作重大改进,第一台产品应作型式检验。

7.4.2 机组在试验运行时如有故障,应在排除故障后重新检验。

表 6 检验项目

序号	项　　目	出厂检验	抽样检验	型式检验	要求	试验方法
1	外观				5.1.6、5.1.7	6.6
2	标志				8.1	视检
3	包装				8.2	
4	电气强度	✓			5.3.3.3	6.5.2.3
5	泄漏电流				5.3.3.4	6.5.2.4
6	接地电阻				5.3.3.5	6.5.2.5
7	制冷系统密封性				5.2.1	6.4.1
8	运转		✓		5.2.2	6.4.2
9	制冷(热)量				5.2.3	6.4.3
10	除(加)湿量				5.2.4	6.4.4
11	制冷(热)消耗功率				5.2.5	6.4.5
12	制冷(热)性能系数和除(加)湿性能系数			✓	5.2.6	6.4.6
13	风量和送风静压				5.2.7	6.4.7
14	漏风率和有效换气率				5.2.8	6.4.8
15	最大负荷制冷(热)运行	—			5.2.9	6.4.9
16	噪声限值				5.2.10	6.4.10
17	送风携带溶液离子量				5.2.11	6.4.11
18	防触电保护		—		5.3.3.1	6.5.2.1
19	温度限制				5.3.3.2	6.5.2.2
20	机械安全				5.3.2	6.5.1
21	耐潮湿性				5.3.3.6	6.5.2.6
注："✓"为必检项目,"—"为不检项目。						

8 标志、包装、运输和贮存

8.1 标志

8.1.1 每台机组应在明显而平整的部位上固定永久性铭牌。铭牌应符合 GB/T 13306 的规定。铭牌上应标出以下内容:

　　——制造厂名称;

　　——产品型号和名称;

　　——主要性能参数(适用范围、名义制冷量、名义除湿量、名义制热量、名义加湿量、额定电压、频率和相数、装机功率、风量、噪音、运行重量等);

　　——产品出厂编号;

　　——制造年月。

8.1.2 机组上应标明运行状态的标志,如指示仪表和控制按钮的标志等。

8.1.3 机组包装箱上应有下列标志:

——制造单位名称;

——产品型号、名称和商标;

——净重量、毛重量;

——外型尺寸;

——有关包装、储运图示标志,运输包装收发货标志应符合 GB/T 191 的有关规定。

8.1.4 应在相应的位置(如产品说明书、铭牌等)标注产品执行标准的编号。

8.2 包装

8.2.1 机组包装前应进行清洁处理。各部件应清洁,干燥。

8.2.2 包装箱内应附有随机文件,随机文件包括产品合格证、产品说明书和装箱单。

8.2.2.1 产品合格证的内容包括:

——产品型号和名称;

——产品出厂编号;

——产品制造厂名称和商标;

——检验结论;

——检验员签字或印章;

——检验日期。

8.2.2.2 产品说明书的内容包括:

——产品型号和名称;

——主要技术参数(适用范围、名义制冷量、名义除湿量、名义制热量、名义加湿量、额定电压、频率和相数、装机功率、风量、噪音、运行重量等);

——产品结构示意图、电气原理图及接线图等;

——安装说明和要求、使用要求、维修、保养及注意事项;

——机组主要部件名称及数量。

8.3 运输和贮存

8.3.1 机组在运输和贮存过程中不应碰撞、倾斜、雨雪淋袭。

8.3.2 产品应储存在干燥的透风的仓库中。

附 录 A
（资料性附录）
热泵式热回收型溶液调湿新风机组型号编制方法

A.1 型号编制方法

机组的型号由大写字母和阿拉伯数字组成,具体表示方法为:

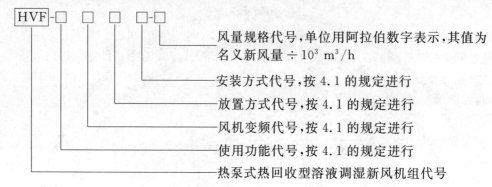

风量规格代号,单位用阿拉伯数字表示,其值为
名义新风量÷10^3 m^3/h

安装方式代号,按 4.1 的规定进行

放置方式代号,按 4.1 的规定进行

风机变频代号,按 4.1 的规定进行

使用功能代号,按 4.1 的规定进行

热泵式热回收型溶液调湿新风机组代号

A.2 机组的型号示例

HVF-TSIL-02:表示可在制冷除湿、加热加湿全工况运行、风机不变频、室内放置、左式安装方式的
机组,名义新风量为 2 000 m^3/h。

HVF-CFOR-10:表示仅在制冷除湿工况运行、风机变频、室外放置、右式安装方式的机组,名义新
风量为 10 000 m^3/h。

附　录　B

（规范性附录）

热泵式热回收型溶液调湿新风机组除（加）湿量、制冷（热）量的试验方法

B.1　试验方法

采用空气焓差法进行测试,制冷（热）量通过测定机组新风进口以及送风的空气干、湿球温度和空气流量确定,机组除（加）湿量通过测试计算新风进口以及送风的空气含湿量和空气流量确定。

B.2　试验装置

B.2.1　试验装置采用图 B.1 布置。

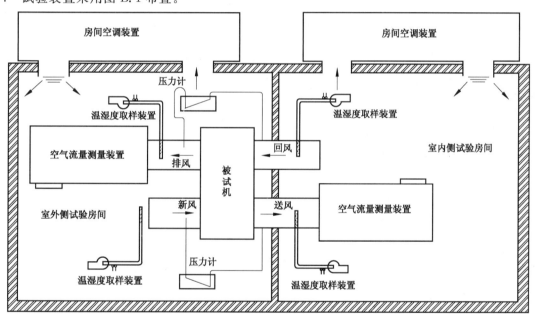

图 B.1

B.2.2　试验房间

试验需要两间房间,一间室内侧测试房间,一间室外侧测试房间。房间的测试条件应保持在允许的范围内,试验时机组附近的空气流速不应超过 2.5 m/s。房间应有足够的容积,使空气循环和正常运行时有相同的条件。房间除安装要求的尺寸关系外,应使房间和机组有空气排出一侧之间的距离不小于 1.8 m,机组其他表面和房间之间的距离不小于 0.9 m。房间空调装置处理空气按要求的工况条件处理后低速均匀送回试验房间。

B.2.3　空气流量测量

采用 GB/T 17758—2010 附录 A 中 A.6 空气流量测量的方法。

B.2.4　机组送风静压测量

采用 GB/T 17758—2010 附录 A 中 A.7 静压测定的方法。

B.2.5 温度测量

按 GB/T 17758—2010 附录 A 中 A.2.7 温度测量的规定。

B.3 机组性能计算

B.3.1 制冷除湿工况

B.3.1.1 用新风和送风侧试验数据按式(B.1)和式(B.2)计算制冷量和除湿量：

$$Q_c = G_{ma}(h_{a1} - h_{a2})/[V_a(1 + W_a)] \quad \cdots\cdots\cdots\cdots\cdots\cdots（B.1）$$

$$M_c = 3\,600 \times G_{ma}(W_{a1} - W_{a2})/[V_a(1 + W_a)] \quad \cdots\cdots\cdots（B.2）$$

B.3.1.2 用制冷量和机组消耗功率按式(B.3)计算制冷性能系数：

$$COP_c = Q_c/N_c \quad \cdots\cdots\cdots\cdots\cdots\cdots\cdots\cdots\cdots（B.3）$$

B.3.1.3 用除湿量对应的潜热量和机组消耗功率按式(B.4)计算除湿性能系数：

$$COP_D = R \cdot M_c/N_c/3\,600 \quad \cdots\cdots\cdots\cdots\cdots\cdots\cdots（B.4）$$

B.3.1.4 试验数据的能量平衡率按式(B.5)和式(B.6)进行验证：

$$\eta_c = (Q_{rc} - Q_c - N_c)/Q_{rc} \times 100\% \quad \cdots\cdots\cdots\cdots\cdots（B.5）$$

$$Q_{rc} = G_{mr}(h_{r2} - h_{r1})/[V_r(1 + W_r)] \quad \cdots\cdots\cdots\cdots（B.6）$$

所校核的 η_c 值不应大于 10%。

B.3.2 制热加湿工况

B.3.2.1 用新风和送风侧试验数据按式(B.7)计算制热量和加湿量：

$$Q_h = G_{ma}(h_{a2} - h_{a1})/[V_a(1 + W_a)] \quad \cdots\cdots\cdots\cdots\cdots（B.7）$$

$$M_h = 3\,600 \times G_{ma}(W_{a2} - W_{a1})/[V_a(1 + W_a)] \quad \cdots\cdots\cdots（B.8）$$

B.3.2.2 用制热量和机组消耗功率按式(B.9)计算制热性能系数：

$$COP_h = Q_h/N_h \quad \cdots\cdots\cdots\cdots\cdots\cdots\cdots\cdots\cdots（B.9）$$

B.3.2.3 用加湿量对应的潜热量和机组消耗功率按式(B.10)计算加湿性能系数：

$$COP_H = R \cdot M_h/N_h/3\,600 \quad \cdots\cdots\cdots\cdots\cdots\cdots（B.10）$$

B.3.2.4 试验数据的能量平衡率按式(B.11)和式(B.12)进行验证：

$$\eta_h = (Q_h - Q_{rh} - N_h)/Q_h \times 100\% \quad \cdots\cdots\cdots\cdots\cdots（B.11）$$

$$Q_{rh} = G_{mr}(h_{r1} - h_{r2})/[V_r(1 + W_r)] \quad \cdots\cdots\cdots\cdots（B.12）$$

所校核的 η_h 值不应大于 10%。

B.3.3 式(B.1)~式(B.12)中各符号的含义如下：

COP_c ——制冷性能系数，单位为千瓦每千瓦(kW/kW)；

COP_D ——除湿性能系数，单位为千瓦每千瓦(kW/kW)；

COP_h ——制热性能系数，单位为千瓦每千瓦(kW/kW)；

COP_H ——加湿性能系数，单位为千瓦每千瓦(kW/kW)；

G_{ma} ——送风侧空气流量测量值，单位为立方米每秒(m³/s)；

G_{mr} ——排风侧空气流量测量值，单位为立方米每秒(m³/s)；

h_{a1} ——新风侧空气的焓，单位为千焦每千克干空气(kJ/kg)；

h_{a2} ——送风侧空气的焓，单位为千焦每千克干空气(kJ/kg)；

h_{r1} ——回风侧空气的焓，单位为千焦每千克干空气(kJ/kg)；

h_{r2} ——排风侧空气的焓，单位为千焦每千克干空气(kJ/kg)；

M_c ——除湿量,单位为千克每小时(kg/h);

M_h ——加湿量,单位为千克每小时(kg/h);

N_c ——制冷除湿工况下机组消耗功率,单位为千瓦(kW);

N_h ——制热加湿工况下机组消耗功率,单位为千瓦(kW);

Q_c ——制冷量,单位为千瓦(kW);

Q_h ——制热量,单位为千瓦(kW);

Q_{rc} ——制冷除湿工况下回风侧的能量变化,单位为千瓦(kW);

Q_{rh} ——制热加湿工况下回风侧的能量变化,单位为千瓦(kW);

R ——水蒸气的汽化潜热值,单位为千焦每千克(kJ/kg);

V_a ——送风侧喷嘴处的空气比容,单位为立方米每千克(m³/kg);

V_r ——排风侧喷嘴处的空气比容,单位为立方米每千克(m³/kg);

W_a ——送风侧喷嘴处的空气含湿量,单位为千克每千克干空气(kg/kg);

W_{a1} ——新风侧空气含湿量,单位为千克每千克干空气(kg/kg);

W_{a2} ——送风侧空气含湿量,单位为千克每千克干空气(kg/kg);

W_r ——排风侧喷嘴处的空气含湿量,单位为千克每千克干空气(kg/kg);

η_c ——制冷除湿工况下能量平衡率,单位为百分比(%);

η_h ——制热加湿工况下能量平衡率,单位为百分比(%)。

附　录　C
（规范性附录）
热泵式热回收型溶液调湿新风机组送风携带溶液离子量的试验方法

C.1　试验方法

根据空气采样方法对送风侧空气进行采样,按 JY/T 020 规定测定送风侧的离子含量。

C.2　空气采样方法

空气采样采取溶液吸收法,试验原理见图 C.1,所用吸收液为去离子水。空气采样仪的空气采样点布置在机组接口的送风直管段上,距离机组出风口 1 倍以上管径或管宽。根据 GB/T 17061 选用一台空气采样仪,气泡吸收管连接采样仪的抽气口。采样时间 3 h,采样空气流速为 0.6 L/min。

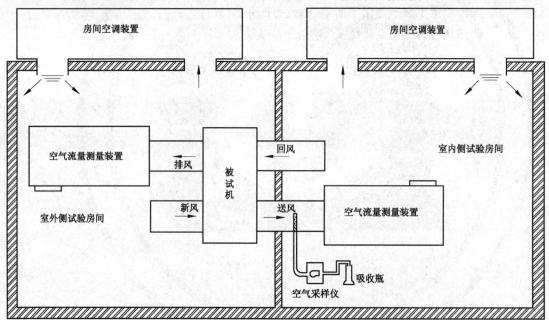

图 C.1　试验原理见图

C.3　仪器定量分析

采样完毕后,对吸收液中溶液离子含量按 JY/T 020 规定的离子色谱法进行分析。

 冷 暖 通 风 设 备

ICS 91.140.30
J 72

中华人民共和国国家标准

GB/T 13933—2008
代替 GB/T 13933—1992

小型贯流式通风机

Miniature cross-flow fan

2008-11-12 发布　　　　　　　　　　　　　2009-05-01 实施

中华人民共和国国家质量监督检验检疫总局
中国国家标准化管理委员会　　发布

前　言

本标准修订 GB/T 13933—1992《小型贯流式通风机》，与 GB/T 13933—1992 相比主要变化如下：

——调整了适用范围；

——增加了小型贯流式通风机的定义；

——调整了风机的基本参数；

——将产品型号编制方法作为资料性附录；

——删除对风机用电源类别及额定电压的要求；

——增加了风机制造的有关要求；

——增加了对风机轴承部位振动速度的要求；

——调整了风机工作环境条件的要求；

——调整了技术要求中对风量、风压的要求；

——将风机噪声的考核标准由 A 声级改为比 A 声级；

——精简了风机用小功率电动机考核的内容；

——增加了风机叶轮进行超速试验的要求；

——调整了检验规则的部分内容。

本标准自实施之日起代替 GB/T 13933—1992。

本标准附录 A 是资料性附录。

本标准由中国机械工业联合会提出。

本标准由全国冷冻空调设备标准化技术委员会(SAC/TC 238)归口。

本标准起草单位：合肥通用机械研究院、合肥通用环境控制技术有限责任公司。

本标准主要起草人：田奇勇、陈启明、朱晓农。

本标准由全国冷冻空调设备标准化技术委员会负责解释。

本标准所代替标准的历次版本发布情况为：

——GB/T 13933—1992。

小型贯流式通风机

1 范围

本标准规定了小型贯流式通风机(以下简称"风机")的术语和定义、型式与基本参数、要求、试验方法、检验规则、标志、包装和贮存。

本标准适用于叶轮外径不大于 300 mm 的小型贯流式通风机。

2 规范性引用文件

下列标准所包含的条文,通过在本标准中引用而成为本标准的条文。凡是注日期的引用文件,其随后所有的修改单(不含勘误内容)或修订版均不适用于本标准,然而,鼓励根据本标准达成协议的各方研究是否可使用这些文件的最新版本。凡是不注日期的引用文件,其最新版本适用于本标准。

GB/T 191　包装储运图示标志

GB/T 1236—2000　工业通风机　用标准化风道进行性能试验

GB/T 2888　通风机和罗茨鼓风机噪声测量方法

GB/T 5171　小功率电动机通用技术条件

GB/T 13306　标牌

JB/T 6445—2005　工业通风机叶轮超速试验

JB/T 8689　通风机振动检测及其限值

JB/T 9062—1999　采暖通风与空气调节设备　涂装技术条件

JB/T 9065　冷暖通风设备包装通用技术条件

JB/T 9101　通风机转子平衡

3 术语和定义

下列术语和定义适用于本标准。

3.1

小型贯流式通风机　miniature cross-flow fan

气流沿着多叶叶轮半径方向从叶轮的一侧进入叶轮,穿过叶轮,从叶轮的另一侧流出,且叶轮外径不大于 300 mm 的通风机。

4 型式与基本参数

4.1 型式

a)　风机的结构型式示意图见图 1。

b)　电动机与叶轮的连接方式示意图见图 2。

c)　叶轮的型式示意图见图 3。为增加叶轮刚度,可以根据叶轮长度对其中部进行加固,叶轮可为一节、二节以至多节。

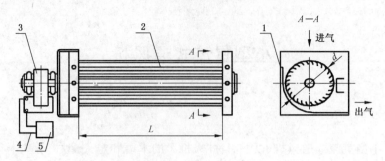

1——蜗壳组合件；

2——叶轮；

3——电动机；

4——引出导线；

5——接插件。

图 1　风机结构示意图

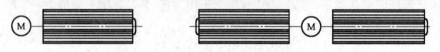

图 2　电动机与叶轮的连接方式示意图

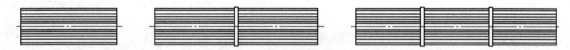

图 3　叶轮型式示意图

4.2　型号编制方法

风机的型号编制方法见附录 A。

4.3　基本参数

4.3.1　叶轮外径 d、叶轮长度 L。

4.3.2　风机的空气动力性能参数以产品的铭牌风量值及铭牌风压值来标识。

5　要求

5.1　一般要求

5.1.1　风机按经规定程序批准的图样和技术文件制造并应符合本标准的要求。有特殊要求时可按供需双方的协议制造。

5.1.2　风机选用的材料应符合所输送的介质及规定运行工况的要求。

5.1.3　风机机壳和叶轮应具有足够的刚度,在正常搬运及运转中不应产生变形。

5.1.4　风机的外购、外协件应有合格证明,并经质量检验部门复检合格后方可使用。

5.1.5　风机用电动机的性能及安全要求应符合 GB/T 5171 的规定。

5.2　外观

5.2.1　风机外观应符合 JB/T 9062—1999 中 5.6 的规定。

5.2.2　电动机引出线应完整无损,颜色和正、负极标志应正确无误。

5.3　接线端子与引出导线及接插件连接强度

5.3.1　风机接线端子与每根引出导线连接强度应能承受 50 N 拉力,且不应出现拉松痕迹、线股断裂或绝缘层永久变形。

5.3.2　接线端子与接插件连接强度应能承受 20 N 拉力而不脱落。

5.4 运转

5.4.1 风机组装完成后,应通电进行运转,运转时整机不应有异响声及异常温升。

5.4.2 风机运转中采用挠性支承时,其轴承部位的振动速度有效值应不大于 4.6 mm/s;采用刚性支承时,其轴承部位的振动速度有效值应不大于 3.0 mm/s。

5.5 空气动力性能

在额定转速下,工作区域内,风机的实测空气动力性能应满足以下规定:在铭牌所示风压下的实测风量不应小于铭牌所示风量的 95%;或在风机铭牌所示风量下的实测风压不应小于铭牌所示风压的 95%。

5.6 噪声

风机实测噪声的比 A 声级(L_{SA})限值应符合表 1 规定。

表 1 风机的噪声限值

叶轮名义外径 d/mm	$d \leqslant 50$	$50 < d \leqslant 110$	$110 < d \leqslant 200$	$200 < d \leqslant 300$
比 A 声级 L_{SA}/dB	$\leqslant 23$	$\leqslant 22$	$\leqslant 20$	$\leqslant 19$

5.7 绝缘电阻

风机的电动机绕阻对机壳及各绕阻之间的绝缘电阻应符合表 2 的规定。

表 2 电动机绕阻对机壳及各绕阻之间的绝缘电阻

试验条件	相对湿度≤75%			75%<相对湿度≤90%
	25 ℃	35 ℃	25 ℃	40 ℃
交流电动机绝缘电阻	≥100 MΩ	≥10 MΩ	≥50 MΩ	≥2 MΩ
直流电动机绝缘电阻	≥20 MΩ	≥2 MΩ	≥12 MΩ	≥0.1 MΩ

5.8 电气强度

整机承受表 3 中规定的试验电压,应无击穿或闪络等。

表 3 试验电压

风机额定电压	直流(DC)		交流(AC)		
	12 V	24 V	110 V	220 V	380 V
试验电压(保持 1 min)	300 V	550 V		1 500 V	
绕阻泄漏电流	≤0.1 mA			≤3 mA	

5.9 动平衡精度

风机叶轮的动平衡校验方法和动平衡精度表示方法应符合 JB/T 9101 的规定,叶轮的动平衡精度限值为 4.0 级。

5.10 耐高温

风机应无漏油现象,电动机绕阻对机壳及各绕阻之间的绝缘电阻应符合 5.7 的规定。

5.11 耐低温

在试验箱内通电检查,风机的启动时间不应超过 5 min,转速不应低于铭牌所示转速的 80%,电动机绕阻对机壳及各绕阻之间的绝缘电阻应符合 5.7 的规定。

5.12 恒定湿热

风机表面应无明显锈蚀、起皮和涂覆脱落等,电动机绕阻对机壳及各绕阻之间的绝缘电阻和整机的电气强度应分别符合 5.7 和 5.8 的规定。

5.13 振动

风机应无机械损伤,零、部件应无松动。

5.14 叶轮超速

叶轮应符合 JB/T 6445—2005 中 6.1、6.2、6.3、6.5 中有关离心式叶轮的规定。

6 试验方法

6.1 外观

用目测的方法检查,并应符合 5.2 的要求。

6.2 接线端子与引出导线及接插件连接强度

在接线端子与引出线上,用精度等级不低于 1 级的测力器逐渐施加 50 N 的拉力;接线端子与接插件上逐渐施加 20 N 的拉力,作用力达到最大值后保持 10 s。

6.3 运转试验

风机组装完成后,在额定电压和频率下进行运转;轴承部位振动速度测量按 JB/T 8689 的规定进行。

6.4 空气动力性能

风机的风量、风压测量按 GB/T 1236—2000 中 32.2[试验装置符合图 70a)或图 70g)]或 32.3[试验装置符合图 71b)]的规定进行。

6.5 噪声

风机噪声测量按 GB/T 2888 的规定进行。

6.6 绝缘电阻

在室温试验条件下:当被试机的额定电压小于等于 60 V 时,用 250 V 兆欧表测量风机绝缘电阻;当被试机的额定电压在 60 V～660 V 时,用 500 V 兆欧表测量风机绝缘电阻。

6.7 电气强度

试验电源频率为 50 Hz,正弦波、电源功率和输出阻抗应保持不变。试验电压按表 3 要求,试验时从零缓慢上升至规定值(不小于 10 s),保持全值 1 min,然后匀速降至零值。出厂检验时,允许用表 3 规定的试验电压值的 120%,历时 1 s 的试验代替。若需重复试验时,其试验电压为规定值的 80%。

6.8 动平衡精度

风机的叶轮动平衡试验按 JB/T 9101 的规定进行。

6.9 耐高温

当工作环境温度为 -25 ℃～55 ℃,相对湿度不大于 90% 时,将风机置于试验箱中,箱温逐渐升高到 57 ℃±2 ℃,将风机施加额定电压和频率,连续运转 2 h。

当风机工作环境条件超出上述范围时,耐高温性能试验应由供需双方协商确定。

6.10 耐低温

当工作环境温度为 -25 ℃～55 ℃,相对湿度不大于 90% 时,将风机置于试验箱中,箱温逐渐降至 -27 ℃±2 ℃,保持 2 h 后,在箱内对风机施加额定电压和频率,检查风机的启动时间、额定电流、绝缘电阻以及转速。

当风机工作环境条件超出上述范围时,耐低温性试验应由供需双方协商确定。

6.11 恒定湿热

当工作环境温度为 -25 ℃～55 ℃,相对湿度不大于 90% 时,试验前将风机置于 40 ℃±5 ℃ 的恒温箱中,保持 3 h,然后将风机置于温度 40 ℃±2 ℃、相对湿度 90%～95%,保持 48 h。试验中风机表面应无凝露或箱顶水珠滴到风机上。试验后在箱内测量风机绝缘电阻。在室内放置 2 h 后,测量风机电气强度。

当风机工作环境条件超出上述范围时,恒定湿热性能试验应由供需双方协商确定。

6.12 振动

安装风机的试验支架应有足够的刚性,并固定在振动台面上,在试验频率范围内支架应不产生谐振,风机施加额定电压和频率,连续运转,并承受振频(10~55~10) Hz,扫描一次 1 min,振动加速度为 9.81 m/s²,三个互相垂直方向(即 X、Y、Z 方向)各振 30 min。

6.13 叶轮超速试验

风机叶轮的超速试验按 JB/T 6445—2005 的规定进行。

7 检验规则

7.1 检验类别

风机的检验分为出厂检验、抽样检验和型式检验三类。

7.2 出厂检验

7.2.1 每台风机应经制造厂质量检验部门检验合格后并附有合格证方可出厂。

7.2.2 检验项目、要求和试验方法按表 4 的规定。

表 4 检验项目

序号	项 目	出厂检验	抽样检验	型式检验	要 求	试验方法
1	外观	√	—		5.2	6.1
2	接线端子与引出导线及接插件连接强度	—			5.3	6.2
3	运转试验	√	√		5.4	6.3
4	空气动力性能		—		5.5	6.4
5	噪声				5.6	6.5
6	绝缘电阻				5.7	6.6
7	电气强度	√	√	√	5.8	6.7
8	动平衡精度				5.9	6.8
9	高温		—		5.10	6.9
10	低温				5.11	6.10
11	恒定湿热	—			5.12	6.11
12	振动				5.13	6.12
13	叶轮超速试验				5.14	6.13

注:"√"为应检项目,"—"为不检项目。

7.3 抽样检验

7.3.1 应从出厂检验合格的风机中抽样,抽样检验项目按表 4 的规定。

7.3.2 抽样方法及判定依据由制造厂确定或由供需双方协商确定。

7.4 型式检验

7.4.1 在下列情况之一时,应进行型式检验:

　　a) 试制定型后第一次生产的新产品或转厂生产的老产品;

　　b) 正式生产后,当结构、材料、工艺有较大改变,可能影响产品的性能时;

　　c) 正常生产时,定期或定量的周期性检验(周期由制造厂家自定或由供需双方商定);

　　d) 产品停产两年后,再次生产时;

　　e) 国家质量监督机构提出进行型式试验要求时。

7.4.2 检验项目、要求和试验方法按表 4 的规定。

8 标志、包装、贮存

8.1 标志

8.1.1 每台风机应在明显的位置上设置永久性铭牌,铭牌应符合 GB/T 13306 的规定,铭牌内容如下:

    a) 产品名称和型号;

    b) 输入功率、额定电压、频率;

    c) 风量;

    d) 风压;

    e) 净质量;

    f) 制造日期和编号;

    g) 制造单位名称。

8.1.2 包装标志

产品包装箱表面上应标出下列内容:

    a) 产品名称和型号;

    b) 制造单位名称和地址;

    c) 毛质量、外形尺寸、数量;

    d) 运输包装箱应有小心、轻放、怕湿、向上等图示标志,并符合 GB/T 191 规定。

8.1.3 产品应在相应的地方(如铭牌、产品说明书等)标注产品执行标准编号。

8.2 包装

8.2.1 包装前应对风机易生锈部位采取防锈、涂封措施,然后将风机用塑料袋封好。

8.2.2 包装盒或包装箱应符合 JB/T 9065 的规定。包装内应有产品合格证和产品说明书。

8.3 贮存

8.3.1 风机贮存时应包装完整。

8.3.2 风机应存放在清洁、无腐蚀气体、通风良好的库房内。

8.3.3 堆放时应平稳,且离地面的高度不小于 200 mm。

8.3.4 存放环境温度为 $-10\ ℃\sim40\ ℃$,相对湿度不大于 90%。

8.3.5 产品贮存一年后,应开箱检查零、组件,如发现保护层生锈、涂覆层剥落、标志模糊不清等现象应进行返修或更换。

附　录　A

（资料性附录）

风机的型号编制方法

A.1　产品型号

A.1.1　型号的组成

风机的型号由产品代号、规格尺寸、电动机与叶轮连接方式和设计改进序号组成，其排列顺序如下：

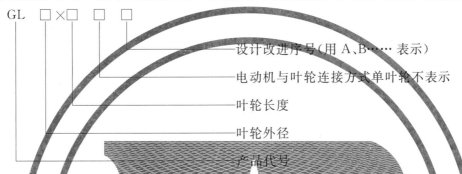

- 设计改进序号(用 A、B……表示)
- 电动机与叶轮连接方式单叶轮不表示
- 叶轮长度
- 叶轮外径
- 产品代号

A.1.2　型号示例

例 1：叶轮外径 40 mm，长度 200 mm，电动机与单叶轮连接的小型贯流式通风机。

型号为：GL40×200

例 2：叶轮外径 50 mm，长度 100 mm，电动机与双叶轮连接，第一次设计改进的小型贯流式通风机。

型号为：GL50×100SA